汽车售后服务企业管理

QICHE SHOUHOU FUWU QIYE GUANLI

主　编　黄敏雄

副主编　胥　刚

主　审　尹万建

中南大学出版社
www.csupress.com.cn
·长沙·

内容提要

本书遵循职业教育的发展规律,根据汽车售后服务企业从业人员的岗位能力需求进行了知识和技能的整合。内容结合高等职业教育改革需求,强调互联网及汽车新技术的运用,突出工作岗位实际业务能力及实践操作能力的训练与培养。

《汽车售后服务企业管理》分为三个部分(第一部分 汽车售后服务企业管理基本知识;第二部分 汽车售后服务企业经营管理;第三部分 汽车售后服务企业技术管理),共有十二个任务,每个任务分若干模块完成。第一部分阐述了管理学及汽车售后的基础知识,通过汽车售后服务企业 6S 管理、PDCA 循环管理等管理要素,实现提高售后服务企业管理者管理水平的目标;通过汽车维修企业分类、维护基础的基本常识及现行的国家汽车维修制度,诠释了"汽车医生"与"汽车护士"的汽车维修的人才培养理念。第二部分论述了汽车售后服务企业人力资源管理、经销商管理、汽车 4S 店服务流程、汽车维修业务接待流程、汽车销售流程等经营管理基础知识。同时还要求学习者在实践中掌握目前售后服务企业中的经营管理要素及作业流程(二手车交易、二手汽车置换、汽车租赁、汽车物流、汽车保险与理赔、汽车消费贷款服务等)。在新能源汽车售后服务管理中,阐述了新能源汽车基础知识及维修维护规范、故障救援报修及服务跟踪等作业内容。在第三部分"汽车售后服务企业技术管理"中,论述了售后服务企业车间管理、配件管理、美容与装饰服务管理。

图书在版编目(CIP)数据

汽车售后服务企业管理 / 黄敏雄主编. —长沙:
中南大学出版社,2021.7
ISBN 978-7-5487-4511-2

Ⅰ. ①汽… Ⅱ. ①黄… Ⅲ. ①汽车—售后服务—企业经营管理—高等职业教育—教材 Ⅳ. ①F407.471.6

中国版本图书馆 CIP 数据核字(2021)第 122685 号

汽车售后服务企业管理
QICHE SHOUHOU FUWU QIYE GUANLI

主编 黄敏雄

□责任编辑	胡小锋	
□责任印制	唐 曦	
□出版发行	中南大学出版社	
	社址:长沙市麓山南路	邮编:410083
	发行科电话:0731-88876770	传真:0731-88710482
□印　装	长沙印通印刷有限公司	

□开　本	787 mm×1092 mm 1/16 □印张 17.5 □字数 445 千字	
□互联网+图书	二维码内容　字数 152 千字	
□版　次	2021 年 7 月第 1 版 □2021 年 7 月第 1 次印刷	
□书　号	ISBN 978-7-5487-4511-2	
□定　价	48.00 元	

图书出现印装问题,请与经销商调换

前言

PREFACE

随着我国汽车工业及互联网技术发展，"互联网+售后服务"已经成为汽车售后服务的基本模式。为适应信息化条件下汽车售后服务市场职业人才的需求，满足汽车售后服务企业从业人员职业素质、技术水平和业务能力的要求，我们编写了这本教材。

本书的编写从职业院校学生学习实际出发，结合汽车售后服务企业对从业人员的岗位能力要求，在内容和体系上进行了创新和改革，特别在"互联网+售后服务"方面提出了新的观点，强化了新能源汽车售后服务要求。通过三个部分的十二个任务阐述了汽车售后服务企业管理、经营管理及技术管理的内涵。这对提升汽车售后服务企业从业人员对新能源汽车技术的运用水平、树立良好的企业形象、提高我国汽车售后服务企业核心竞争力有较大的帮助。

本教材体现三个方面的特色：

1.理念：以现场实际岗位工作任务为主体，以优质服务企业运营为宗旨，融入现代管理学的基础知识，加强现代职业教育理论的运用，基础理论知识通过线上、课内课外完成，实践操作及理论验证在线下学校虚拟车间及校外校企合作企业内完成。在课后练习中安排有相关的实习及社会实践内容，引导学生在"做"中"学"、"学"中"做"，在企业职业岗位中培养企业劳动习惯，塑造行业职业品质及职业素养。

2.框架：将汽车售后服务企业运营管理案例穿插在每一任务单元中，通过相应模块完成工作学习任务；任务单元之间都有相应的实践操作内容和学生自我总结评价；每个任务之间相互联系又相互独立，便于不同专业、不同学校进行内容及课时的调整使用。

3.内容：涵盖面广，图文并茂，简明易懂；大量案例更具启发性、实用性。"互联网+售后服务"的经营理念，为我国未来汽车售后服务企业模式改革创新奠定了相应的基础。

本书由湖南汽车工程职业学院黄敏雄老师编著，胥刚老师参加整理相关案例资料，中国汽车工程学会全国首批认证汽车专家、国家教学名师尹万建教授主审。在编写过程中，参考和借鉴了大量的文献资料，在此特向资料的作者们表示诚挚的敬意和衷心的感谢！同时在编写过程中受到各界同仁大力支持和帮助，在此一并感谢！由于编著者时间和水平有限，书中难免存在不妥及疏漏之处，敬请广大读者批评指正。

《汽车售后服务企业管理》可作为高等职业院校汽车类专业的教材和教学参考资料，也可作为汽车售后服务企业从业人员和汽车爱好者创业学习的参考读物。

编　者

2021 年 1 月

课时建议

学习任务		建议课时		
		理论课时	实践课时	合计
第一部分 汽车售后服务 企业管理 基本知识	任务一　汽车售后服务企业管理	2	0	2
	任务二　我国汽车维修行业发展	2	0	2
	任务三　汽车维修企业行业法规与质量管理	4	2	6
第二部分 汽车售后 服务企业 经营管理	任务一　汽车售后服务企业人力资源管理	2	0	2
	任务二　汽车售后经销商管理	2	0	2
	任务三　4S 店前台接待	4	2	6
	任务四　汽车销售服务	2	2	4
	任务五　新能源汽车售后管理	4	2	6
	任务六　汽车售后其他管理	10	4	14
第三部分 汽车售后 服务企业 技术管理	任务一　汽车售后服务企业车间管理	4	2	6
	任务二　汽车售后服务企业配件管理	6	2	8
	任务三　汽车售后美容与装饰服务管理	4	2	6
合计		46	18	64

说明：

　　1. 理论课教学组织通过网络线上自学及线下互动答疑完成。

　　2. 部分实践课需要在企业中与企业员工共同完成，完成时间持续较长(有的需要在课余时间到企业中调研一个月)。建议教学安排以任务完成质量为核心，工作任务可以安排在假期完成(实践任务布置、人员分工、资料收集及素养养成等)。

目录
CONTENTS

第一部分

汽车售后服务企业管理基本知识

任务一　汽车售后服务企业管理

学习目标

1. 了解汽车销售及维修企业的类型与特点。
2. 了解管理及管理学的概念与作用。
3. 能够描述汽车维修质量管理体系及相关常识。
4. 掌握 6S 管理、PDCA 管理内涵及在实践中的运用，培养现代汽车售后服务企业管理能力。

知识结构图

【任务引入】

2019 年 9 月 5 日，客户王女士到维修站进行车辆常规保养及检修变速器异响。作业过程中，她发现企业员工仪容仪表不规范，对自己车辆的维修作业不够专业，维修质量也不尽人意。经交涉无效后，她通过售后维权获得了相应的赔偿。

【任务分析】

汽车售后服务企业科学化、规范化管理是提高企业工作效率、质量的保证。本任务通过管理学基础知识及 6S 管理、PDCA 循环管理内涵的学习，让学习者熟悉现代汽车售后服务企业管理要素及管理方法，监督学习者养成良好的生活习惯、学习习惯，培养现代企业管理理念，增强质量意识，提升综合职业素养。

知识链接

模块一　管理学基础知识

一、管理的概念、作用与性质

1. 管理与管理学

管理就是在特定的环境下的社会组织中的管理者,通过计划、组织、领导、控制等职能的发挥来有效地分配、协调包括人力资源在内的一切可以调用的资源,以实现一定的个人无法实现的预期目标的活动或过程。

(1)管理是为实现组织目标服务的,是一个有意识、有目的地进行的过程。

(2)管理工作的过程是由一系列相互关联、连续进行的活动所构成的。这些活动包括计划、组织、领导、控制等,它们成为管理的基本职能。

(3)管理工作要通过综合运用组织中的各种资源来实现组织的目标。

(4)管理工作是在一定的环境条件下开展的,环境既提供了机会,也构成了威胁。

管理学是一门综合性的交叉学科,是系统研究管理活动的基本规律和一般方法的科学。管理学是适应现代社会化大生产的需要产生的,它的目的是:研究在现有的条件下,如何通过合理的组织和配置人、财、物等因素,提高生产力水平。

2. 管理的职能及作用

1)计划

组织中所有层次的管理者都必须从事计划活动,必须制订符合并支持组织的总体战略目标,必须制订支配和协调他们所负责的资源的计划。

2)组织(根本职能)

计划的执行要靠他人的合作。根据工作的要求和人员的特点,合理安排岗位,形成一个有机的组织结构,使之协调运转(组织职能是其他一切管理活动的保证和依托)。

3)领导

配备在组织机构各种岗位的人员,由于各方面存在很大差异,在相互合作中必然会产生矛盾和冲突,因此需要领导进行领导、指导和沟通。

4)控制

为了确定目标及为此而制订的计划得以实现,就需要有控制职能。控制的实质是使实践活动符合于计划,计划就是控制的标准。

5)创新

由于时代的进步,每位管理者每天都会遇到新情况、新问题,创新自然地成为管理过程不可或缺的重要职能。管理的基本职能如图1-1所示。

聚合企业的资源,以最优的投入获得最佳的回报,以实现企业目标。管理的基本作用如图1-2所示。

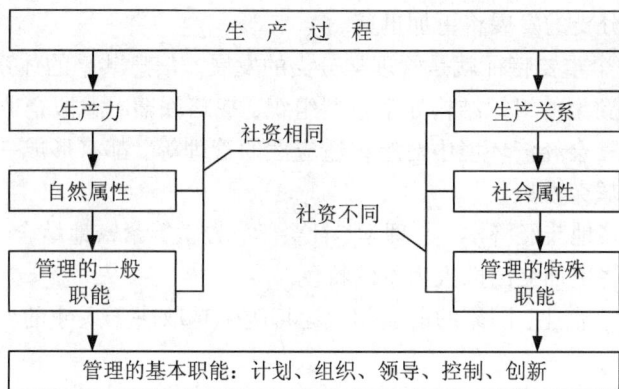

图 1-1 管理的基本职能

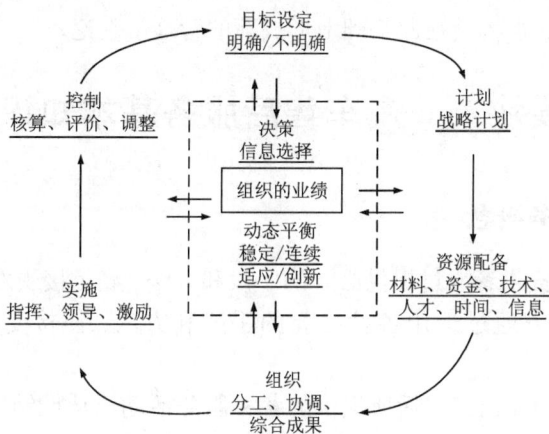

图 1-2 管理的基本作用

3.管理的性质

管理的两重性是指管理所具有的合理组织生产力的自然属性和为一定的生产关系服务的社会属性。

(1)管理的自然属性。即同生产力相联系的管理的普遍性,是由生产力决定的。又称管理的生产力属性或一般性。

(2)管理的社会属性。又称管理的生产关系属性或者管理的特殊属性。

二、管理学的发展趋势

现代科学技术的快速发展导致管理科学发生了深刻的变革,使管理在功能、组织、方法和理念上产生根本性变化,从而使管理学研究呈现以下发展趋势。

(1)管理学在科学体系中的地位将进一步提高。

(2)管理学发展的理论化、哲学化趋势。

管理的发展史,由管理活动到管理学,由管理学到管理学原理,由管理学原理到管理哲学,这表明了人类对管理认识深化的历程,也正是管理理论发展的总趋势。

（3）新的管理学分支的发展将更加迅速。

管理学发展的一个重要特征就是管理学分支的发展。信息共享的体系的建设与管理，人力资源管理的创新，新型的组织结构如学习型组织、战略联盟、虚拟企业等新型组织形式的管理，在更为复杂的社会经济环境中对组织适应性的管理等，都将形成一些新兴的管理学分支，使年轻的管理学繁荣发展。

（4）管理学将更多地与经济学、心理学、社会学、数学等紧密地结合。

（5）管理学研究将更加突出以人为本的特色。

在知识经济时代，企业、国家的前途和命运将越来越取决于人才的数量和质量。

（6）理论与实践的结合更加紧密。

管理学发展最强大的推动力是管理的实践。随着社会生产力的发展，社会组织结构的变化和管理活动的创新，将会为管理学的发展提供更多的研究对象和案例，也将会在此基础上形成新的管理学理论。

模块二　汽车售后服务基本知识

一、汽车售后服务概念

服务一般是指服务提供者通过提供必要的手段和方法，满足接受对象需求的过程。在这个过程中，服务的提供方通过运用各种必要的手段和方法，使接受服务对象的需求得到满足。

售后服务，就是在商品出售以后所提供的各种服务活动。从推销工作来看，售后服务本身同时也是一种促销手段。在追踪跟进阶段，推销人员要采取各种形式的配合步骤，通过售后服务来提高企业的信誉，扩大产品的市场占有率，提高推销工作的效率及收益。

1.服务的基本特征

1）无形性

相对于实体货物而言，服务很少是可触摸的，纯服务中很少或没有货物，主要或全部由不可触摸的要素组成。

2）同时性

服务的生产与消费同时发生。服务的生产与消费是无法分开的，也就是服务的生产与消费同时发生，也称为"生产与消费不可分性"。

3）可变性

服务的质量和水平与服务提供者、服务接受者和时间等因素密切相关，甚至随着这些因素而发生变动，因此服务比生产和货物的消费有更大的可变性。

4）不可存储性

服务是一种不能存储的顾客体验和经历，而不像有形产品那样可放在仓库中存储。

2.汽车售后服务范畴

售后服务是售后最重要的环节，售后服务的优劣能影响消费者的满意程度。优质的售后服务是品牌经济的产物，名牌产品的售后服务往往优于杂牌产品。名牌产品的价格普遍高于杂牌产品的,一方面是基于产品成本和质量,同时也因为名牌产品的销售策略中已经考虑到了售后服务成本。

汽车售后服务是指将与汽车相关的要素同顾客进行交互作用或由顾客对其占有活动的集合。我们通常所说的汽车售后服务,一般是指汽车在售出之后维修和保养所使用的零配件和服务,包括汽车零配件销售、汽车修理服务和汽车美容养护三大类。也就是说,从汽车下线进入用户群开始,到整车成为废弃物为止的全过程,都是汽车后市场各环节服务所关注的范畴。它可能在售前进行,也可能在售时进行,但更多的是在车辆售出后,按期限所进行的质量保修、技术咨询以及配件供应等一系列服务工作。这些服务内容称为传统服务,而在现代理念指导下的汽车售后服务不仅局限于传统服务,其所包含的内容将更新、更广。

根据汽车在使用过程中服务的范围不同,汽车售后服务可分为狭义的汽车售后服务和广义的汽车售后服务两种。

狭义的汽车售后服务,指从新车进入流通领域,直至其使用后回收报废的各个环节涉及的各类服务。它包括汽车营销服务(如销售、广告宣传、贷款与保险资讯等)以及整车出售及其后与汽车使用相关的服务(如维修保养、车内装饰、金融服务、车辆保险、"三包"索赔、二手车交易、废品回收、事故救援和汽车文化等)。

广义的汽车售后服务,可延伸至原材料供应、产品开发、设计、质量控制、产品外包装设计以及市场调研等汽车生产领域。

3.汽车售后服务内涵

1)内涵一:汽车售后服务的目标是满足顾客需求,实现顾客满意

汽车售后服务的终极目标是实现顾客满意。汽车售后服务的本质是服务,汽车售后服务的质量是汽车售后服务企业的生命。用户的满意程度反映了对汽车售后服务的认同程度,因此汽车售后服务以提高顾客满意度为中心,突出服务质量。

2)内涵二:汽车售后的精髓是汽车售后服务系统的整合,一体化思想是其基本思想

汽车售后服务链是把整个汽车售后服务系统从原材料采购开始,经过生产过程和仓储、运输及配送到达用户,以及用户使用过程的整个过程看作是一条环环相扣的链,努力通过应用系统的、综合的、一体化的先进理念和先进管理技术,在错综复杂的市场关系中使汽车售后服务链不断延长,并通过市场机制使得整个社会的汽车售后服务网络实现系统总成本最小化。

3)内涵三:现代汽车售后服务的界定标志是信息技术

现代汽车售后服务与传统汽车售后服务的区别在于,现代汽车售后服务是以信息作为技术支撑来实现其整合功能的。现代汽车售后服务对信息技术的依赖达到了空前的程度,可以说现代信息技术是现代汽车售后服务的灵魂。现代汽车售后服务和信息技术融为一体,密不可分。

4)内涵四:现代汽车售后服务呈现出系统化、专业化、网络化、电子化和全球化的趋势

汽车售后服务系统化是系统科学在汽车售后服务中应用的结果。人们利用系统科学的思想和方法建立汽车售后服务体系,包括宏观汽车售后服务系统和微观汽车售后服务系统。从系统科学的角度看,汽车售后服务系统也是社会大系统的一部分。现代汽车售后服务从系统的角度统筹规划和整合各种与汽车售后服务相关的活动。现代汽车售后服务系统的运行过程是追求系统整体活动的最优化,不追求单个活动的最优化。

5)内涵五：可持续发展是现代汽车售后服务的重要内容

汽车行业的迅速发展，造成的最直接后果是汽车保有量的激增，使城市交通阻塞，噪声与尾气污染加重，对环境产生了较大的负面影响，增加了环境负担。现代汽车售后服务要从节能与环境保护的角度对汽车售后服务体系进行改进，不断提高汽车售后服务水平，促进经济的可持续发展。

4. 汽车售后服务的主要特征

1)系统性

汽车售后服务的主要特点是系统性。汽车售后服务所涉及的主要内容有原材料和配件供应、物流配送、售后服务、维修检测、美容装饰、智能交通和回收解体等，它们相互关联，组成一个有机的整体。它运用系统的思想和现代化的科学管理方法以及最新手段，将分散的、各自为政的局部利益，巧妙地连接在一起，形成了一个各部分有机结合的系统服务工程。

2)经济性

国际汽车市场上，汽车销售和售后服务的利润水平都很高。在美国，汽车售后服务业被誉为"黄金产业"。在欧洲，汽车售后服务业也是汽车产业获利的主要来源。有关统计显示，从销售额看，国外成熟汽车市场中配件占39%，制造商占21%，零售占7%，服务占33%，而国内汽车市场中配件占37%，制造商占43%，零售占8%，服务占12%，数据显示目前国内汽车销售额中制造商的比重依然偏大。

从销售利润看，国外成熟汽车市场中整车的销售利润约占整个汽车业利润的20%、零部件供应的利润约占20%，而50%~60%的利润是在服务领域中产生的。以美国为例，美国汽车售后服务业年产值高达1400亿美元，汽车维修业的利润率达到27%。

3)广泛性

汽车售后服务系统涉及的因素很多，涉及的学科领域也较广。从逻辑学的层面上讲，涉及了系统设计、系统综合、系统优化和最优决策等各个方面；从时间关系看，包括了规划、拟定、分析和运筹等各个阶段。

4)后进性

汽车售后服务活动作为客观存在的实体已经有很长的时间了，汽车售后服务活动是伴随着汽车的诞生而发生的。而汽车售后服务工程的形成仅有短短的几十年时间。汽车售后服务技术的发展落后于汽车制造技术的发展，汽车售后服务工程的产生要比汽车运用和制造的历史短暂，即具有后进性。

部分汽车企业
售后服务理念

模块三　汽车售后服务企业 6S 管理基础

一、6S 管理内容

6S 即整理（SEIRI）、整顿（SEITON）、清扫（SEISO）、清洁（SEIKETSU）、素养（SHITSUKE）、安全（SECURITY），是在 5S 管理基础上发展出一个"安全"的内容，因内容的日文罗马标注发音的英文单词都以"S"开头，所以简称 6S 现场管理。

6S 之间彼此关联：整理、整顿、清扫是具体内容；清洁是将上面的 3S 实施的做法制度化、规范化，并贯彻执行及维持结果；素养是指培养每个员工养成良好的习惯，并遵守规则做事；安全指重视成员安全教育，每时每刻都有"安全第一"的观念(如图1-3所示)。

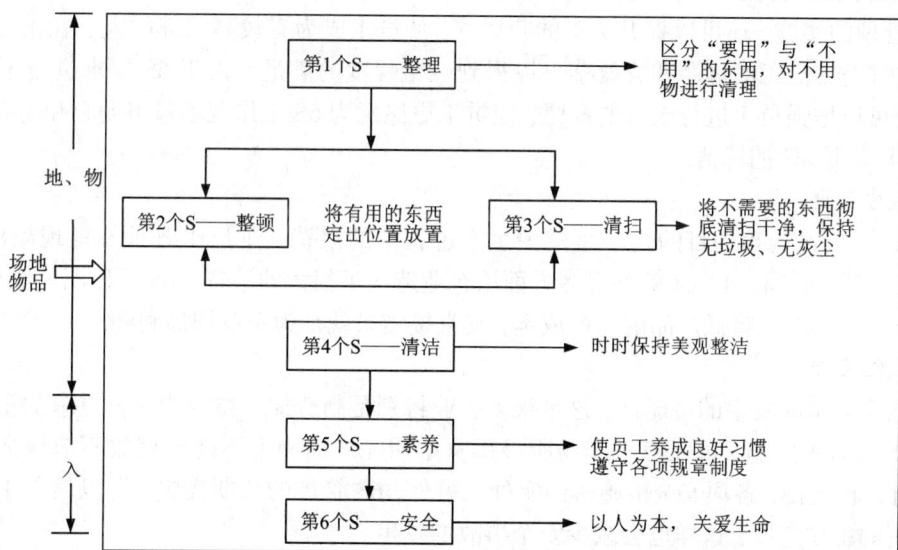

图1-3　6S之间关系

整理(SEIRI)——将工作场所的任何物品区分为有必要和没有必要的，除了有必要的留下来，其他的都消除掉。目的：腾出空间，空间活用，防止误用，塑造清爽的工作场所。

整顿(SEITON)——把留下来的必要用的物品依规定位置摆放，并放置整齐加以标识。目的：工作场所一目了然，消除寻找物品的时间，整整齐齐的工作环境，消除过多的积压物品。

清扫(SEISO)——将工作场所内看得见与看不见的地方清扫干净，保持工作场所干净、亮丽的环境。目的：稳定品质，减少工业伤害。

清洁(SEIKETSU)——将整理、整顿、清扫进行到底，并且制度化，经常使环境保持美观的状态。目的：创造明朗现场，维持上面的3S成果。

素养(SHITSUKE)——每位成员养成良好的习惯，并遵守规则做事，培养积极主动的精神(也称习惯性)。目的：培养具有良好习惯、遵守规则的员工，营造团队精神。

安全(SECURITY)——重视成员安全教育，每时每刻都有"安全第一"的观念，防患于未然。目的：建立起安全生产的环境，所有的工作应建立在安全的前提下。

二、6S管理作用

1. 提升企业形象

实施6S管理，有助于企业形象的提升。整齐清洁的工作环境，不仅能使企业员工的士气得到激励，还能增强顾客的满意度，从而吸引更多的顾客与企业进行合作。因此，良好的现场管理是吸引顾客、增强客户信心的最佳广告。此外，良好的企业形象一经传播，就使6S

企业成为其他企业学习的对象。

2. 提升员工归属感

6S 管理的实施，还可以提升员工的归属感，使员工成为有较高素养的人。在干净、整洁的环境中工作，员工的尊严和成就感可以得到一定程度的满足。由于 6S 要求进行不断的改善，因而可以增强员工进行改善的意愿，使员工更愿意为 6S 工作现场付出爱心和耐心，进而培养"工厂就是家"的感情。

3. 减少浪费

企业实施 6S 管理的目的之一是减少生产过程中的浪费。工厂中各种不良现象的存在，在人力、场所、时间、士气、效率等多方面给企业造成了很大的浪费。6S 可以明显减少人员、时间和场所的浪费，降低产品的生产成本，其直接结果就是为企业增加利润。

4. 保障安全

降低安全事故发生的可能性，这是很多企业特别是制造加工类企业一直寻求的重要目标之一。6S 管理的实施，可以使工作场所显得宽敞明亮。地面上不随意摆放不应该摆放的物品，通道比较通畅，各项安全措施落到实处。另外，6S 管理的长期实施，可以培养工作人员认真负责的工作态度，这样也会减少安全事故的发生。

5. 提升效率

6S 管理还可以帮助企业提升整体的工作效率。优雅的工作环境、良好的工作气氛以及有素养的工作伙伴，都可以让员工心情舒畅，更有利于发挥员工的工作潜力。另外，物品的有序摆放减少了物料的搬运时间，工作效率自然能得到提升。

6. 保障品质

产品品质保障的基础在于做任何事情都有认真的态度，杜绝马虎的工作态度。实施 6S 管理就是为了消除工厂中的不良现象，防止工作人员马虎行事，这样就可以使产品品质得到可靠的保障。例如，在一些生产数码相机的厂家中，对工作环境的要求是非常苛刻的，空气中若混入灰尘就会造成数码相机品质下降，因此在这些企业中实施 6S 管理尤为必要。

三、6S 管理推行要领

1. 整理

(1)现场检查：对所在的工作场所(范围)进行全面检查，包括看得到的和看不到的。

(2)制定标准："要"和"不要"物品的标准。

(3)清除不要物品。

(4)适度定量：调查需要物品的使用额度，决定日常用量。

(5)制定废弃物处理方法。

(6)自我检查：每日循环整理现场。

2. 整顿

(1)分析现状：落实整理工作，规划作业流程。

(2)物品分类：确定物品放置场所，规定放置位置，进行标识。

(3)定置管理：画线定位。

3. 清扫

(1)领导以身作则，人人参与。

（2）建立清扫责任区（室内外），责任到人，不留死角。

（3）清扫、点检、保养相结合。

（4）杜绝污染源，建立清扫基准、行为规范。

4. 清洁

制度标准化，彻底维护以上 3S 的成果。

5. 素养

加强学习与监督，制定相关的奖励与处罚措施，形成一定的企业文化。

6. 安全

安全制度、措施、教育相互协调，进行严格考核制度。

比亚迪汽车售后服务企业现场6S管理

比亚迪汽车售后服务企业现场6S管理标准考核表

模块四 汽车售后服务企业 PDCA 循环质量管理

一、PDCA 概述

PDCA 循环作为全面质量管理体系运转的基本方法，其实施需要搜集大量数据资料，并综合运用各种管理技术和方法。PDCA 的含义如下：P（PLAN）——计划；D（DO）——执行；C（CHECK）——检查；A（ACT）——处理，对总结检查的结果进行处理，成功的经验加以肯定并适当推广、标准化，失败的教训加以总结，未解决的问题放到下一个 PDCA 循环里。

PDCA 最早是由美国质量管理专家戴明提出来的，又称为"戴明环"。一个 PDCA 循环一般都要经历以下 4 个阶段、8 个步骤（如图 1-4 所示）。

二、PDCA 循环特点

1. 周而复始

PDCA 循环的 4 个阶段不是运行一次就完结，而是周而复始地进行。一个循环结束了，解决了一部分问题，可能还有问题没有解决，或者又出现了新的问题，再进行下一个 PDCA 循环，依此类推。

2. 大环带小环

类似行星轮系，一个公司或组织的整体运行的体系与其内部各子体系的关系，是大环带小环的有机逻辑组合体。

3. 阶梯式上升

PDCA 循环不是停留在同一个水平上的循环，不断解决问题的过程就是水平逐步上升的过程。

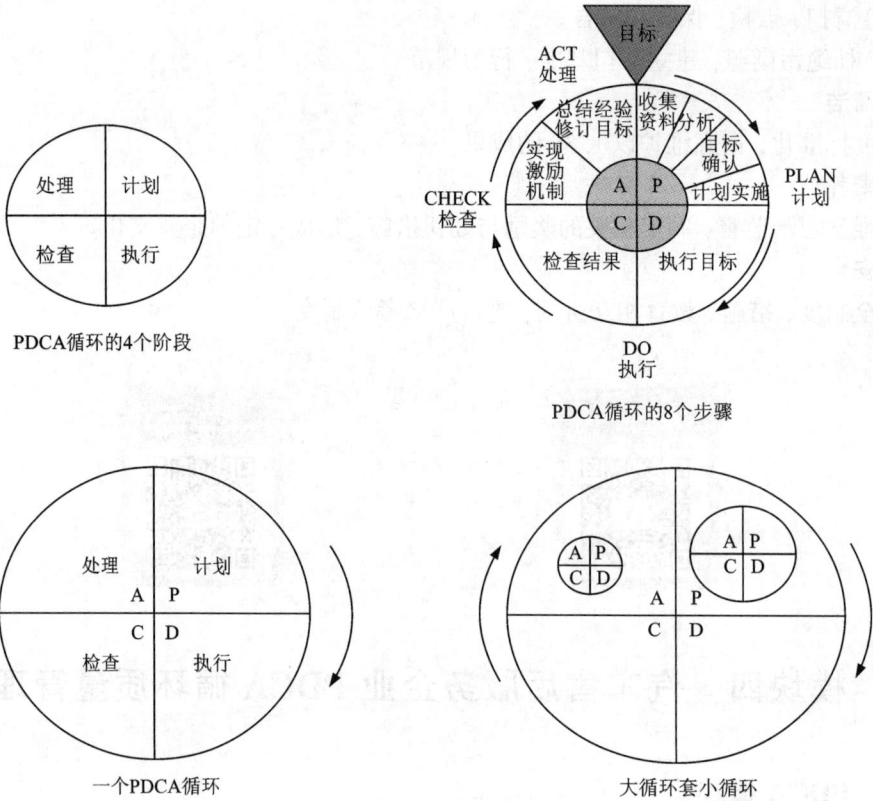

图 1-4　PDCA 循环

4. 统计的工具

PDCA 循环应用了科学的统计观念和处理方法, 成为推动工作、发现问题和解决问题的有效工具。

三、PDCA 推行步骤

步骤一: 分析现状, 找出题目。强调的是对现状的把握和发现题目的意识、能力, 发掘题目是解决题目的第一步, 是分析题目的条件。

步骤二: 分析产生题目的原因。找准题目后分析产生题目的原因至关重要, 运用头脑风暴法等多种集思广益的科学方法, 把导致题目产生的所有原因统统找出来。

步骤三: 要因确认。区分主因和次因是最有效解决题目的关键。

步骤四: 拟定措施、制订计划(5W1H)。即: 为什么拟定该措施(Why)? 要达到什么目标(What)? 在何处执行(Where)? 由谁负责完成(Who)? 什么时间完成(When)? 如何完成(How)? 措施和计划是执行力的基础, 应尽可能使其具有可操作性。

步骤五: 执行措施、执行计划。高效的执行力是组织完成目标的重要一环。

步骤六: 检查验证、评估效果。"下属只做你检查的工作, 不做你希望的工作", IBM 的前 CEO 郭士纳的这句话将检查验证、评估效果的重要性一语道破。

步骤七：标准化，固定成绩。标准化是维持企业治理现状不下滑，积累、沉淀经验的最好方法，也是企业治理水平不断提升的基础。

步骤八：处理遗留题目。所有题目不可能在一个PDCA循环中全部解决，遗留的题目会自动转进下一个PDCA循环，如此，周而复始，螺旋上升。PDCA推行步骤如图1-5所示。

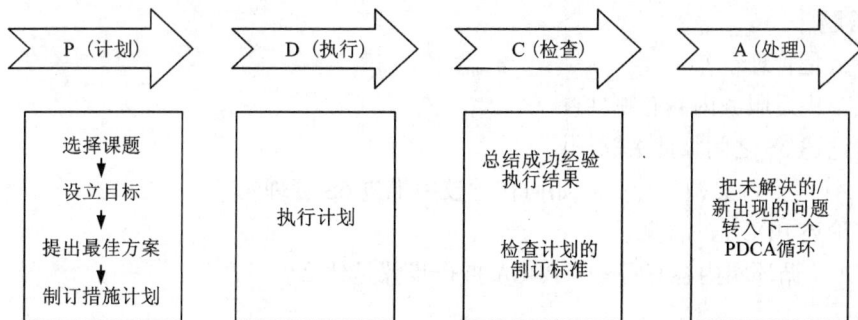

P（计划）	D（执行）	C（检查）	A（处理）
选择课题 ↓ 设立目标 ↓ 提出最佳方案 ↓ 制订措施计划	执行计划	总结成功经验 执行结果 检查计划的 制订标准	把未解决的/ 新出现的问题 转入下一个 PDCA循环

图1-5　PDCA推行步骤

野马汽车的成功

任务总结

对于汽车售后服务企业，员工的职业素养与日常作业行为可以反映一个企业的管理内涵与水平。客户王女士的维权活动，提醒企业在专业化管理的过程中，必须重视员工的职业素养，加强员工基础职业品质的教育，提升整个汽车售后服务企业的现代化管理水平。

- 知识点：管理学、6S、PDCA管理要素。
- 技能点：6S、PDCA管理在企业中的推进。
- 素养点：具备汽车售后服务企业的职业素养、服务意识，提高从业人员的专业技术技能水平。

一、思考与讨论

1.填空题

(1)管理就是在特定的环境下的社会组织中的管理者，通过（　　　　）、（　　　　）、（　　　　）、（　　　　）等职能的发挥来有效地分配、协调包括人力资源在内的一切可以调用的资源，以实现一定的个人无法实现的预期目标的（　　　　）或（　　　　）。

(2)管理的基本职能有（　　　　）、（　　　　）、（　　　　）、（　　　　）、（　　　　）。

(3)管理的性质有（　　　　）、（　　　　）两个方面。

(4)售后服务，就是在（　　　　）出售以后所提供的（　　　　）。

(5)服务的基本特征是（　　　　）、（　　　　）、（　　　　）、（　　　　）。

(6)汽车售后服务包括（　　　　）、（　　　　）、（　　　　）三大内容。

(7)汽车售后服务的主要特征：（　　　　）、（　　　　）、（　　　　）、（　　　　）。

（8）6S 管理内容：（　　　　　）、（　　　　　）、（　　　　　）、（　　　　　）、（　　　　　）、
（　　　　　）。

（9）6S 管理作用：（　　　　　）、（　　　　　）、（　　　　　）、（　　　　　）、（　　　　　）、
（　　　　　）。

（10）PDCA 循环特点：（　　　　　）、（　　　　　）、（　　　　　）、（　　　　　）。

2. 简答题

（1）什么是管理学？

（2）汽车售后服务内涵有哪些？

（3）请论述 6S 之间彼此关联图。

（4）6S 管理推行要领是什么？如何在学校中推进 6S 管理？

（5）请论述 PDCA 的含义。

（6）PDCA 循环圈内容有哪些？PDCA 推行步骤是什么？

二、案例分析

1955 年，日本就提出了"安全始于整理整顿，终于整理整顿"的宣传口号。当时他们只推行了前两个 S，即"整理、整顿"，其目的仅为了确保作业空间和安全。后因生产和品质控制的需要而又逐步提出了后面的 3S，也即清扫、清洁、素养，形成了今天的 5S 管理活动，从而使应用空间及适用范围进一步拓展。随着日本的 5S 管理的著作逐渐问世，对整个现场管理模式起到了冲击的作用，并由此掀起了 5S 管理的热潮。二战后许多日本企业导入 5S 管理活动使得产品质量得以迅猛提升，丰田汽车公司对 5S 管理的有效推行，奠定了精益生产方式的基础。随着管理的要求及水准的提升，后来有些企业又增加了其他 S，如：安全（SECURITY），形成 6S 管理。

（1）现代企业管理竞争是管理技术的竞争、是企业文化的竞争。通过以上案例，你认为这个说法正确吗？为什么？

（2）丰田汽车公司的精益生产方式在现代企业中还有指导意义吗？

三、实训项目

1. 实训内容与要求

（1）以学校校外合作汽车售后服务企业为载体，选择 10 家以上汽车售后服务企业营销展厅、汽车检修车间与企业管理者共同进行 6S 现场评估。

（2）调研汽车售后服务企业，用 PDCA 循环管理理念对售后服务企业进行管理质量分析。

（3）完成时间：一周。

2. 实训组织与作业

（1）通过 4S 店各部门（销售、配件、前台、接待、财务等）对 6S 的不同要求进行评估，填写检查表，并为企业提供合理化建议。

（2）以 4 人为 1 组，撰写调研报告，以 PDCA 质量管理分析法，帮助企业找出企业目标管理的不足。

组织要求：与企业员工现场沟通，以 6S 管理高标准要求自己的实践行为；群策群力，通过 PDCA 质量管理法，为企业提供智力支持。

四、学生自我学习总结

根据模块线上线下学习内容,建议从以下几个方面进行总结。

(1)理论知识还有哪些学习不到位的地方,需要补充和拓展?

(2)实践运用6S、PDCA等现代汽车售后服务企业管理方法,实践对比个人能力是否符合专业培养标准要求。

(3)检查工作习惯是否符合职业化工作岗位要求。

任务二　我国汽车维修行业发展

学习目标

1. 了解世界汽车技术的发展及国内外汽车维修行业的发展现状与趋势。
2. 熟悉汽车维修企业分类。
3. 掌握汽车维修质量管理体系及相关常识。
4. 能够运用《机动车维修管理规定》有关条例管理汽车维修企业。
5. 加强质量管理意识，提高行业职业品质。

知识结构图

【任务引入】

2017年10月20日，客户王女士工作比较忙，自己的奥迪汽车出故障后就随意到一家汽车维修站进行维修。三天后，故障仍然没有解决。王女士发现这家汽车修理店根本就没有修理奥迪汽车的技术能力，这不但耽误了她的工作，而且还浪费了她的时间，王女士后悔当初没有选择汽车4S店进行维修。

【任务分析】

汽车技术的发展，需要从业者不断更新个人的知识与技能，以更好地为客户服务。本任务通过对汽车新技术、维修行业发展及企业经营形式划分内容的学习，让学习者熟悉现代汽车的发展方向；通过对汽车维修方法与操作工艺、国家三包法、ISO质量管理等内容的学习，让学习者重视质量管理，重视自己的职业素养。

知识链接

模块一　汽车维修企业基础知识

一、汽车维修行业基础知识

1. 现代汽车技术的发展

1）自动驾驶

从 2013 年开始，自动驾驶便成了汽车技术发展的重头戏，不仅众多的主机厂、零部件厂商会集中展示自动驾驶相关技术和产品，而且一些 IT 企业如乐视、谷歌等纷纷加入了"造车"运动，自动驾驶成为未来汽车主流技术之一。

目前自动驾驶汽车技术正日趋成熟，与之相对应的是，各家企业想方设法降低成本，使自动驾驶汽车最终成为广大消费者能够负担得起的商品。虽然这个过程可能很漫长，但自动驾驶主导未来汽车技术已成定局。

2）人工智能

人工智能使电脑可以更加像人那样去思考、做出预判、学习和解决问题，它在自动驾驶汽车研发过程中的重要性更加凸显，车企、零部件企业以及其他相关企业也加快了相关技术的研发。

无人驾驶汽车本质上就是一种具有高度人工智能的移动式服务机器人，是通过机器学习、自然语言处理和分析，产生更加精准与个性化的响应，从而不断接近真实人类在各种驾驶场景中的反应，使系统实现与人等同的操作效果。

3）智能互联

受"互联网+"的影响，以及汽车技术革新的需要，传统汽车正逐渐脱离原本"交通工具"的属性，通过嫁接各种"黑科技"朝智能化、网联化方向发展。其中智能网联作为时下最热门的汽车技术之一，也是未来车企需要关注的方向。智能互联顾名思义即通过汽车联网、V2V（车与车）、V2I（车与基础设施）、V2P（车与人）、自动驾驶、智能交通基础设施等要素，融合传感器、雷达、GPS 定位、人工智能等技术，实现智能交通和万物的互联互通，并且单车会自动分析汽车行驶的安全及危险状态，按照人的意志到达目的地，最终替代人来自主操作。通过一系列的技术使汽车与驾驶者、家居、自行车、维修站互联，提高出行效率，提升驾驶安全，彻底改变人们的汽车生活，让汽车成为除家庭、工作之外的第三大生活空间。

4）生物识别

据《2016—2025 年全球汽车行业生物识别技术》报告显示，到 2025 年，有将近三分之一的汽车会安装生物传感器，通过生物识别技术操控车辆。随着智能汽车技术的发展，目前生物识别在汽车上的应用越来越广泛，除了常见的语音识别和指纹识别，手势识别、面部识别等技术性更高的生物识别技术也开始逐渐被应用在汽车上，以改善驾驶体验、乘员健康以及行车安全。

随着消费者对车辆安全性、智能化、个性化要求的不断提升，未来汽车利用生物识别技术操控车辆，监测驾驶员心跳、脑电波、压力水平、脉搏、疲劳状况的场景必定越来越常见，甚至成为未来汽车的"标配"也未可知。

5）固态激光雷达

固态激光雷达是激光雷达固态化、小型化、低成本化发展要求下的产物。自动驾驶汽车技术的快速发展，加速了自动驾驶汽车的"落地"，然而自动驾驶汽车要真正变成广大消费者负担得起的商品，必须解决成本问题，在此背景下产生的固态激光雷达作为一种可行方案必然是未来车企需努力的方向之一。

6）新能源汽车

目前全球新能源汽车发展已经形成了共识。从长期来看，包括纯电动、燃料电池技术在内的纯电力驱动将是新能源汽车的主要技术方向；在短期内，油电混合、插电式混合动力将是重要的过渡路线。目前来看，全球新能源汽车的发展还面临着一些共同的难题，例如关键技术的突破、汽车工业的转型、基础设施的建设以及消费者的接受度等。

2. 汽车维修行业的发展

汽车保有量增长特别是私人轿车保有量高速增长对汽车维修行业产生了深远影响，汽车维修需求明显增加。随着汽车技术含量的增加，汽车维修由机械修理为主稍带一些简单电路检修的传统方式，逐步转向依靠电子设备和信息数据进行诊断与维修。许多汽车维修设备生产厂家推出专用检测设备和仪器，为机动车维修行业注入了高科技成分。有了这些专用的检测仪，就可以方便地探明汽车各系统的工作情况，准确判断故障所在，为快速地排除故障提供了强大的技术保障，同时对维修技术人员也提出了更高的要求。

传统的汽车维修方式、维修制度以及经营模式必然被现代汽车维修方式所代替。以往的汽车维修往往就维修谈维修，现代汽车维修已经从汽车销售、零件销售、资讯及售后服务四位一体阶段发展到网络预约及个性化服务消费阶段。汽车维修的新趋势是维修对象的高科技化、维修设备现代化、维修咨询网络化、维修诊断专家化、维修管理信息化及服务对象的社会化和个性化的统一。汽车维修企业发展要素中，起主导作用的因素将是管理、技术、装配和信息。倡导汽车维修行业的服务优质化、品牌化、现代化，势在必行。

二、国外汽车维修行业状况

欧美国家的汽车维修业目前已经有了比较明确的专业分工：车身刮剐蹭、碰伤修埋；玻璃、雨刷修理；引擎、配气系统、消声系统等修理；电机、水箱、空调、电瓶修理；刹车系统、转向系统、轮胎等修理；变速器、离合器、传动系统其他部件修理。这些分类当中，除了车身修理之外，其他的都是以大规模的连锁加盟方式进行经营运作的，并结合专修技术、现代化的管理模式、强大的采购量和物流仓储、配送来降低成本和增大市场份额，从而创造出单一维修企业不可比拟的优势和利润。

1. 美国汽车维修：连锁经营唱主角

专业连锁维修店是美国人为驾车维护的首选，许多人把它形象地比作汽车售后服务行业中的"麦当劳"。

美国发展成为当今世界第一汽车大国，除了一些大规模的汽车制造公司在汽车制造方面的巨大贡献外，汽车连锁业的逐渐完善可谓功不可没。从19世纪20年代开始，美国汽车维修行业的连锁经营模式就已经开始了它的首航，其着眼点放在专业性和广泛性上，在美国的

50个州随处可见这种连锁经营模式的汽车维修保养店，并且主要的公路和高速路沿途都布满这类连锁店。

2.加拿大汽车维修：行业标准有特色

加拿大的汽车修理已成为一种产业，而专业的汽车技工需要为车主提供汽车性能评估、汽车维修以及保养维护的服务。

为了规范汽车维修市场，加强驾车者和汽车服务商之间的联系，解决双方的纠纷和常见问题，加拿大在全国范围内成立了国有的非营利性机构——"驾车者安全担保计划"（MAPC），为汽车驾驶员和服务商提供有关汽车维修养护方面的培训，并制定了严格的行业标准，监管全国的汽车零售商、销售公司团体和维修服务商。

加入"驾车者安全担保计划"的汽车维修厂都会悬挂醒目统一的MAPC标志，这个标志在加拿大如同"绿色环保标志""纯羊毛标志"等标志一样家喻户晓，也是车主选择汽车维修地点的依据。悬挂这个标志意味着汽车维修厂家是通过国家维修技术鉴定的服务商，它必须遵守"驾车者安全担保计划"规定的所有行业标准，履行对消费者的承诺，并接受该计划的监督。"驾车者安全担保计划"的成员资格只授予那些诚实可信、严守职业道德的服务商。在"驾车者安全担保计划"的加盟维修厂里，消费者享有整个维修过程的控制权，服务商必须与顾客进行全面、诚实的沟通，不能对汽车状况和维修内容有所隐瞒或扭曲，必须为顾客提供最适当的维修方案，以提高车辆的可靠性能、保障车主的安全。服务商必须在店面的明显位置悬挂"驾车者安全担保计划"的服务标准和担保承诺，并严格遵守。

3.日本汽车维修：尽享人性化服务

日本汽车市场的兴旺带动了汽车维修领域的蓬勃发展。多年来，日本汽修领域形成了完善的服务体系，人性化的服务使得日本有车族们安心享受着完美的"车居生活"。

在日本，几家大型汽车公司同时也是汽车维修厂的主要供应商。因看好汽修领域巨大的市场，同时为完善售后服务许多直营或加盟的特约维修站应运而生。由于特约维修站有配套的技术、品牌的质量保证、统一的标准等，许多日本人愿意将车送到特约维修站进行维修和保养。特约维修站有一整套专业的车辆技术资料支持，维修人员经验丰富，当汽车进行维修时，运用这些技术资料可以快速查找出故障原因，设计出最佳的排除故障方案，而且在维修站里使用的都是与客户车型相匹配的原厂件，能够保证汽车维修的质量，让客户放心。

三、我国汽车维修企业发展

随着我国汽车产业的高速发展与汽车进入千家万户，私家车已经占据民用车辆保有量的78%以上，目前汽车维修服务已经成为名副其实的最基本的民生服务业。汽车维修业的服务范围、生产经营模式及作业方式在过去的30年中已经发生了根本性变化，汽车维修服务范围从为道路运输车辆服务、为企事业单位和政府工作用车服务变为为全社会民众服务；汽车维修生产经营模式从过去的旧件加工修复为主变为以养护为主，配合更换零配件；维修作业方式从过去定期修理、大拆大卸式的生产作业模式变为以不解体检测诊断、视情维修为主。最根本的变化是从过去重点对车服务变为现在对人、对车一体化的和谐优质服务。

1. 国内的汽车维修行业经营模式

1)"四位一体"和"连锁经营"

"四位一体"即目前已传入中国的4S形式，目前国内主要的轿车生产企业基本都采取这种方式。这种模式源于欧洲，包括整车销售、配件供应、维修服务和信息反馈等。欧洲在汽车保有结构方面的特点是车型集中，每一种车型都有较大的保有量，所以"四位一体"的经营模式得以存在和发展。"连锁经营"是以美国为代表的连锁经营模式，在最近20多年来得到了迅速发展。它整合了世界各个品牌汽车维修保养的资源，从而打破纵向垄断，在价格服务透明化的基础上提供汽车保养、维修、快修、美容和配件供应等一条龙服务，从而使车主可以一站式解决问题。

2)"特约服务站"经营模式

"特约服务站"必须得到厂家授权，所以它们只负责给特定品牌的汽车提供服务，其维修中使用的专用维修设备大多由该品牌汽车制造商提供。零部件也都是原厂件。特约维修店垄断了新车保修业务，所以每一家维修店的客户因此也是相对稳定的。不过虽然这种模式有比较固定的客户，但是同时也降低了新客户的增长率。其客户的增长与生产厂家的销售量是成正比的，所以随着这类经营模式的增多，势必导致客户的减少和激烈的竞争。与此同时，现在国内的大部分车主在驾车过了厂商承诺的保养期后，大多数不会再到指定的服务站进行维护，这也造成了客户的相对流失。

3)"独立经营"模式

以前的汽车维修基本上都采用这种模式。随着市场的日益竞争，部分独立经营的维修厂发展成为品牌4S店；部分维修厂区因厂商的授权成为品牌特约维修店；当然也有相当一部分坚持独立经营的特点，坚持多品牌经营而且取得比较好的业绩。它与前两种模式相比，往往具有一些特色的优势，有可能是维修技术、客户服务或者价格等方面的差异。然而这种模式有灵活、易于管理等优点。即使面对的竞争对手越来越强，它还是能拥有自己的一席之地。但是如果失去了自己独特的竞争优势，这种经营模式将会在以后的竞争中处于不利地位。

经济全球化发展的趋势给我国汽车维修企业带来了巨大的压力，同时也带来了千载难逢的机会：技术引进、技术交流等为国内的整个汽车维修行业技术水平实现跨越发展提供了先决条件。当然，国内汽车维修行业与中国的汽车产业一样，存在技术不足、服务水平不高，从业人员素质参差不齐等问题。纵观我国汽车维修行业现有的维修质量、维修从业人员素质和技术手段，整个行业的生存空间堪忧。维修从业人员素质与技能的培养、维修管理经营等都关系着我国汽车维修行业的发展、整个汽车售后服务市场的发展，进而影响着整个汽车产业的发展。

2. 我国汽车维修企业所面临的主要问题

1)汽车配件市场无序经营现象严重

目前国内的汽车配件市场无序经营现象严重。首先从生产领域来说，整车生产企业认可的配件、配套零部件生产企业剩余产能生产的配件、仿制配件、假冒伪劣配件等一同流入市场；其次从进口渠道来说，正规渠道进口的经国外汽车生产厂家认可的配件、正规渠道进口的未经国外汽车生产厂家认可的配件、非正规渠道进口的经国外汽车生产厂家认可的配件、非正规渠道进口的未经国外汽车生产厂家认可的配件等均打着"原厂正宗"的旗号涌进国内的汽车配件市场；最后从经营业户来说，有人合法经营，但也有部分经营业户使尽手段、胡搅蛮缠、坑蒙拐骗，令车主防不胜防。

2）维修管理技术相对落后

维修管理是一项涉及范围广、人员多又相互联系的系统性工作，如企业运行情况的记录，维修间隔的控制，项目的实施，这其中包含了人、作业程序、检查落实、经济性分析控制等问题，只要有一个环节出现问题那都必将影响到工序作业的最终实施结果。

3）汽车维修从业人员现状堪忧

与发达国家的汽车维修行业相比，我国的汽车后市场服务体系仍然处于初级阶段。汽车维修全行业整体表现为劳动生产率低、管理水平低、服务质量低、事故率高、维修成本高。最近一次全国性调研是交通部组织的，调研结果表明，汽车维修行业从业人员的整体状况不容乐观，维修行业从业人员法律意识淡薄、技术素质不高，已成为制约汽车维修业持续发展的主要"瓶颈"。目前，很多国内汽车维修企业的人力资源已无法满足现代汽车维修的需要，从业人员整体学历偏低、高等级技能人才比例偏低、接受专业训练的人才比例低、工资待遇低，留不住人才等等。"人才难得，人才难留"，这是许多汽车维修企业共同面临的问题。

4）汽车维修保养市场竞争加剧，主体多元化

在经济全球化、贸易自由化、资本多元化、信息网络化的今天，中国的汽车维修市场亦逐步步入国际化的轨道，成为全球市场的一部分，大型的区域性安全市场已经不复存在。合资和独资的国外汽车维修企业大踏步地走入中国市场，它们凭借先进的仪器设备、高效的管理模式、雄厚的技术和资金实力、全新的服务理念向中国市场渗透和扩张，争夺市场份额，国外汽车维修企业的涌入，使竞争者数量增大，企业所能把握的利润空间缩小，行业竞争加剧，这对国内汽车维修企业无疑是雪上加霜。

5）服务同质化，客户多样化

汽车维修企业是为汽车提供服务的，而汽车仅仅是一个载体，最终的服务对象是车辆的生产者、所有者、使用者。随着汽车在国内的普及，这三者的地位、层次、素质和观念都发生了巨大的变化，对车辆的服务要求也各不相同。国内汽车维修业尽管2011年以来发展迅猛，许多优秀企业也在通过相应手段提高其竞争力，如往4S店发展、加强形象建设、提高服务质量等，可其最后的结果差不多都是宽敞明亮的客户接待大厅、设备精良的车间、亲情服务等等，一切都在照搬国外的所谓"先进经验"，而客户在维修企业仅得到这样的服务：保修时业务员的热情接待、等待修理时有一个舒适的环境、修理后作为会员的折扣、电话的回访等，而许多实质性的、深层次的却没有发生任何变化。与国外的同行相比只是"形似"而"神不像"。

同时随着维修技术资料由垄断型向共享型的发展，不管是某种车型的特约维修站、4S店，还是综合性的汽车修理企业，对技术资料的占有不会有太大的区别，因此客户所能得到的服务虽然会有一定的差异，却未能有本质性的区别，也就是说客户不可能得到有针对性的服务或特色服务。

3. 国内汽车维修行业发展方向

1）汽车维修向专业化、协作化方向发展

在国外，相当一部分企业演化成为特约维修企业，维修对象集中于某一家或者某几家著名公司的产品。1995年美国汽车市场上通用、福特和克莱斯勒三大汽车公司的产品，约占市

场份额的 74%；在日本，丰田、日产和本田三大公司也集中了全国汽车产量的 86%。另外，随着汽车技术的不断进步，汽车的系统与结构越来越复杂，以前那种万能型的维修模式也变得越来越不适应技术发展趋势，因而企业的经营不断向自己的特长方向发展。

2）维修作业由手工作业转向机械化、自动化、电子化方向发展

随着科学技术的不断进步，国外汽车维修企业正日益摆脱以往传统的手工作坊作业方式，越来越多地采用机械化、自动化、电子化检修仪器设备。在国外，维修企业普遍配置发动机综合性能检测仪、四轮定位仪、故障解码器、电动或液压举升器等，在专业化的维修企业，如车身维修企业，亦配置车身测量及矫正设备、电子调漆设备、喷/烤漆房等，以保证维修质量，提高作业速度，减轻劳动强度，实现了劳动生产率高、维修质量高、维修费用低、雇用人数低的节约型经营。

3）注重技术及职业培训，提高从业人员素质

在逐渐摆脱传统生产方式的同时，国外维修企业均加强对从业人员受教育程度及职业素质的培养，大力吸纳经过正规训练的专门技术人员和技工，摒弃落后的"师傅带徒弟"方式。一般而言，发达国家均要求技工首先进入技术学院（Technical College），经过 2 年专业学习及实习后，方可进入汽车维修业独立工作。即便如此，各国的维修业也都普遍重视从业人员的继续教育和再培训，使其能应对汽车技术迅猛发展所带来的挑战。

4）提高环境保护意识，加强旧件修复工艺水平

环境保护是一个国家可持续发展的基础。汽车维修过程中，更换下来的大量的废旧配件都会给环境带来较大的污染。汽车零件的专业化方面的修复，就其所消耗的材料、能源和工时等方面来说均大大低于制造新件的成本，而且不产生垃圾和污染，有利于环保。在美国，约 40% 的旧件修复工作集中在几家大型零件修复企业，主要是制造厂家附设的修旧厂内；在德国的西部地区，几乎所有的废旧发动机曲轴都集中在 3 家专业修理厂加以修复，从而使用户利益得到充分保障。

对于汽车维修行业来说，首要任务是大力整合汽车维修行业市场，重拳出击，建立完善的市场机制，如汽车维修服务产品"三包"责任制。其次是人才培育，只有从业人员的素质提高了，才能有效推动行业健康持续发展。

模块二　汽车维修企业分类

汽车维修企业（Enterprise of vehicle maintenance and repair）是从事汽车维护和修理生产的经济实体。一般包括汽车维护企业、汽车修理企业、汽车专项修理业户、汽车技术状况诊断检测站等。汽车修理厂是专门修理汽车和总成的单位，一般设置在汽车站内部，也有是单独企业的。

一、按行业管理分类

按照我国 2005 年 8 月 1 日起正式实施的《机动车维修管理规定》，我们把汽车维修行业分为三类：即一类汽车维修企业、二类汽车维修企业和三类汽车维修企业。

1. 一类汽车维修企业

此类企业从事汽车大修和总成修理生产，亦可从事汽车维护、汽车小修和汽车专项修

理。应该具有完整的整车维修能力，包括车辆机械、钣金、电气、喷漆、美容和车辆的日常维护等内容。一类整车维修企业要求有 800 平方米以上的生产场地、200 平方米的停车场、40 平方米的接待室、5 台以上的举升机、2 条以上的地沟，要求有大梁校正仪，还有车速、前照灯、侧滑、悬架等一系列检测设备，各个环节的技术人员齐备，并要求技术人员持有有关部门颁发的技术资格证书，如图 2-1 所示。

图 2-1　一、二类汽车维修企业资格证书

2.二类汽车维修企业

二类整车维修企业(汽车维护)是从事汽车整车维修，一级维护、二级维护和汽车小修作业的企业。要求有 200 平方米的维修场地、150 平方米的停车场、20 平方米的接待室，各岗位人员齐备，证书齐全。

3.三类专项维修业

三类汽车维修企业专门从事汽车专项修理，基本由个体经营者经营。

专项修理的主要项目为：发动机修理、车身维修及喷漆、电气系统维修、变速箱维修、后桥维修、刹车系统维修、调整轮胎动平衡、四轮定位、供油系统维修、散热系统维修、磨轴镗缸、空调保养维修、汽车装潢、贴膜、汽车风挡玻璃更换等。

二、按照经营形式划分

目前，在我国汽车维修市场有代表性的汽车维修企业经营模式有：四位一体(4S)企业经营模式、维修连锁企业经营模式、特约维修企业经营模式、综合类特约维修企业经营模式。

1.四位一体(4S)企业经营模式

4S 店是一种以"四位一体"为核心的汽车特许经营模式，包括整车销售(Sale)、零配件供应(Sparepart)、售后服务(Service)、信息反馈(Survey)等。4S 店是 1998 年以后才逐步由欧洲传入中国的。由于它与各个厂家之间建立了紧密的产销关系，具有购物环境优美、品牌意识强等优势。它拥有统一的外观形象、统一的标识、统一的管理标准、只经营单一的品牌的特点。它是一种个性突出的有形市场，具有渠道一致性和统一的文化理念，4S 店在提升汽车品牌、汽车生产企业形象上的优势是显而易见的。

1)多层次有针对性的服务

汽车 4S 店的顾客主要分为两类：将要购买汽车的人和已经购买汽车的人。对于潜在客户，应该通过各种途径了解他们的购车心理，关注其在意的购车因素，并给予他们最好的服务。对于老顾客，应该更多地关注他们已经留下的资料信息，争取在已有的信息资料的基础之上建立一个顾客数据库，给予他们更好的售后服务，这也是发掘潜在客户的一个重要途径。

2）定点的服务

服务存在依附性，必须要与一定的有形产品或者是固定场所联系起来。对于汽车4S店来说，汽车的服务营销必须要在汽车市场或者是售后服务中心进行。汽车售后的保养和维修，需要一定的专业空间，只有专业的定点服务网点，配备齐全的设备和专业的技术，才能提高服务的质量，使顾客真正地放心。

3）对服务人员素质要求高

对于服务这种无形的产品，其是否被顾客所认可，很大程度上取决于消费者对提供服务人员的认可，不仅包括对他们的专业技术、技能的认可，也包括对他们的服务态度的认可。

汽车2S店是继4S店之后的另外一种经销商争相发展的经营模式，又叫二级经销商，是只提供整车销售和售后服务的标准店，与传统4S店相比，少了零配件和信息反馈的功能。

2S店是4S店的二级网点，又叫二级经销商，一般分为两种形式：一种是城市展厅，具备销售和信息反馈跟踪功能；另外一种是提供整车销售和售后服务的标准店。

汽车3S店是去掉整车销售（Sale）功能的企业，竞争优势在于，它有标准、有规范、有流程、有品牌形象，是最专业的汽车维修企业。

汽车5S店增了一项附加功能（Supplement——可持续性），为前往购车、看车的消费者提供休息用的网吧、大屏幕DVD影院，以及足底按摩、美发厅、遥控模型车的比赛场地等。

现在也有6S店一说，除了包括整车销售（Sale）、零配件供应（Spare part）、售后服务（Service）、信息反馈（Survey）以外，还包括个性化售车（Selfhold）、集拍（Sale by amount，集体竞拍，购车者越多价格越便宜）。

2. 维修连锁企业经营模式

连锁经营模式起源于欧美等经济发达的国家，是大工业生产和流通领域发展到一定程度的产物。一般是指经营同一商品或服务的若干经济组织，通过一定的联结纽带，按照一定的规则组合成的一个联合体，在整体规划下进行专业化分工，并在此基础上实施集中化管理和标准化运作，最终使复杂的商业活动简单化，以提高经济效益，谋取规模效益的一种经营模式。

汽车维修企业连锁经营具有统一的品牌形象、统一的服务理念、统一的设备配套、统一的宣传推广、统一的价格体系、统一的经营管理、统一的备件配送、统一的技术培训八大特点。

汽车维修连锁经营的核心在于实现了资源的整合与共享，它能够发挥大型团队的整体优势，又不失中小企业的灵活，加盟企业将在技术、品牌、配件、管理、竞争力等各方面获得提升。

随着汽车保有量的大幅度增加，消费者对汽车及零配件的保养和维护的意识不断增强，对服务的专业化、人性化、便利性要求越来越高。汽车快修连锁是汽修市场上的新型业态，具有"短（路程短）、平（价格平）、快（速度快）"的特点。"快修店"的出现，是对4S店售后服务的一种补充。

3.特约维修企业经营模式

特约维修企业大多数是在独立经营型汽车维修企业基础上转变过来的，通过认证后可以获得多个汽车制造企业的售后特约服务授权，是汽车制造企业汽车销售售后服务的外延组织。它专门做索赔维修、质保期的汽车维护和其他技术服务。这类企业的员工、组织管理、设施、设备等均符合汽车制造企业的条件，员工经常接受汽车制造厂的培训，配件从汽车制造厂销售公司配件中心进货。

4.综合类特约维修企业经营模式

决定我国现阶段汽车维修企业经营模式最主要的因素，不在于汽车维修企业经营模式的形式和规模，而在于其内涵是否与市场经济发展相适应，是否最大限度满足人民群众的需要。

汽车品牌较多且某一种车型品牌的汽车保有量较小的中小城市，为了保证维护修理质量和减轻车主用户费用，应该大力发展综合类特约维修企业。

家用汽车产品修理、更换、退货责任规定

机动车维修管理规定

任务总结

客户王女士由于没有选择正规的汽车4S店对自己的奥迪汽车进行车辆故障诊断与修理，以致耽误了她的时间与工作。最后通过维权来获取自己的正当消费权益。对于汽车售后服务企业经营者而言，必须改善自己的经营环境与技术水平，遵守行业规章制度，完善管理目标，否则会被汽车售后市场抛弃。

- 知识点：熟悉现代汽车的基本修理常识及汽车技术发展方向，熟悉汽车企业的分类。
- 技能点：学会分析汽车行业的发展及经营要求。
- 素养点：具备汽车维修行业的法律意识、质量意识、服务意识，提高从业人员的专业技术水平。

一、思考与讨论

1.填空题

(1)现代汽车技术的发展，体现在(　　　　)、(　　　　)、(　　　　)、(　　　　)、(　　　　)、(　　　　)六个方面。

(2)汽车维修企业一般包括(　　　　)、(　　　　)、(　　　　)、(　　　　)等。

(3)我们把汽车维修行业分为三类：(　　　　)、(　　　　)、(　　　　)。

2.简答题

(1)什么是汽车维修企业？

(2)请你论述国外汽车维修行业发展现状及方向。

(3)国内的汽车维修行业经营模式有哪些？

(4)汽车4S店的经营特色是什么？

二、案例分析

北京丰台区某消费者因车辆产品质量问题与4S店发生争议，要求4S店按照汽车三包规定提供相关服务，4S店告知消费者车辆所有人为公司而非个人，故不享受汽车三包服务。

分析处理意见：

汽车三包规定第二条：在中华人民共和国境内生产、销售的家用汽车产品的三包，适用本规定。

汽车三包规定主要调整消费者为生活消费需要购买和使用的乘用车。汽车三包规定以保护为生活消费需要购买和使用汽车产品的消费者的权益为主旨。故企业、事业单位、政府机关为生产、公务等购买的汽车产品的三包责任不属于汽车三包规定的调整范围，其三包责任可依据《产品质量法》等其他有关法律法规的规定和双方约定执行。

(1)你如何理解汽车三包法规中的消费权益？

(2)汽车三包法规对企业有哪些约束？

(3)消费者如何提高个人的维权能力？

三、实训项目

1. 实训内容与要求

由学校联系公安交通管理部门，参观汽车检测线，了解以下内容：

(1)熟悉汽车检测线检测内容、检测程序。

(2)汽车环保检测与安全检测要求。

完成时间：4节课。

2. 实训组织与作业

(1)以10人为一组，全班分4~5组，由公安交通管理部门工作人员引领学生参观学习。

(2)记录学习内容，总结参观学习的体会(学习内容，工作岗位的职业素养，个人实现职业理想的方案、步骤)。

组织要求：遵守纪律，按规作业。服从指挥，注意安全。

四、学生自我学习总结

根据模块线上线下学习内容，建议从以下几个方面进行总结。

(1)理论知识还有哪些学习不到位的地方，需要补充和拓展？

(2)熟练掌握汽车三包法规在实践工作中的运用，提高客户关怀的能力。

(3)了解企业规章制度，提高纪律意识与安全规范。

任务三　汽车维修企业行业法规与质量管理

学习目标

1. 了解汽车维修企业行业法规与制度。
2. 熟悉汽车维护基础知识。
3. 了解汽车维修质量管理体系及相关常识。
4. 掌握汽车维护作业规程。
5. 熟悉相关品牌汽车维修手册查阅方法，掌握汽车经营企业相关国家、行业规定。

知识结构图

【任务引入】

2017 年 12 月 20 日，客户王女士到汽车 4S 店进行汽车维护。在更换机油后，王女士发现所更换的机油品牌不是正品配件品牌。王女士与经营方进行理论，4S 店自知理亏，没有按照规定，用了便宜的机油养护客户车辆，是一种商业欺诈行为，于是同意更换机油，并赔偿王女士相应的损失。

【任务分析】

汽车维护是现代汽车延长使用寿命的基础。只有通过规范、专业化的零配件管理及严谨的维护作业过程，才能保证汽车品牌的信誉及客户的满意度，维护客户、消费者的合法权益。

学习者通过对汽车维修作业组织、方式、内容的学习，能掌握现代汽车维修工艺；通过对维修质量管理、三包法、ISO 质量管理的学习，能提高产品质量意识与品牌意识。

模块一　汽车维护基础知识

一、汽车维护概述

1.汽车维护的概念

汽车维护是指当汽车行驶到规定时间或里程后，根据汽车维护技术标准，按规定的工艺流程、作业范围、作业项目的技术要求对汽车进行的预防性作业，如清洁、检查、紧固、润滑、调整和补给等。

2.汽车维护的作用

定期对汽车零部件或总成进行清洁、检查、紧固、润滑、调整；对汽车易消耗或变质的油、水或其他液体进行更换或补给，改善零部件的使用环境，保证零部件处于最佳技术状况；时刻保持汽车处于良好的运行环境、技术运行状态，延长汽车的使用寿命与经济寿命；确保行车安全，充分发挥汽车的使用效能，并将运行消耗降至最低，从而取得良好的经济效益、社会效益和环境效益。

图3-1为汽车零部件两种情况的磨损曲线，由图我们可以得知，维护适当就会减少汽车零部件的磨损量，增加汽车的行驶里程，延长汽车的使用寿命。

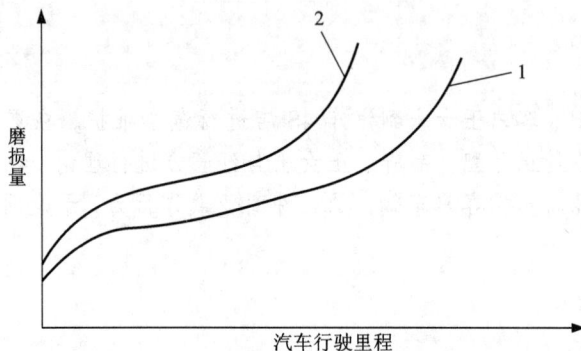

图3-1　汽车零部件的磨损曲线

1—使用方法得当的曲线；2—使用方法不当的曲线

要求：

(1)车辆经常处于良好的技术状况，保持车辆的完好率。

(2)在合理使用的条件下，不致因维护不当而造成机件事故，影响行车安全。

(3)在运行过程中，降低燃、润料以及配件和轮胎的消耗。

(4)各部总成的技术状况尽量保持均衡，保持汽车的经济寿命与使用寿命。

(5)减少车辆噪声和排放污染物对环境的污染。

二、汽车维护目的与原则

我国交通运输部颁布的《汽车运输业车辆技术管理规定》中明文规定，汽车维护作业贯彻"预防为主、定期检测、强制维护、视情修理"的原则，即汽车维护必须遵照交通运输管理部门规定的行驶里程或时间间隔进行作业，要按期强制执行，不得拖延，并在维护作业中遵循汽车维护分级和作业范围的有关规定，以保证维护质量。

"预防为主"的意思是指汽车维护是预防性的，是为了预防汽车各零部件早期损坏，尽可能延长各零部件的使用寿命而进行的，如保持车容整洁及车况良好，预先发现并消除汽车的各种故障隐患而采取的一系列针对性的维护操作。

"定期检测"是指汽车在定期进行的维护中，检测仪器或设备对汽车的主要性能和技术状况进行检测测评，以了解和掌握汽车的综合技术状况和各相关零部件的磨损程度，并做出技术鉴定，根据鉴定结果确定该车的附加作业或小修理项目，从而结合一、二级维护作业一并进行相关附加作业或小修作业，以恢复或强化汽车的使用性能。

"强制维护"是指在计划预防维护的前提下所执行的强制性的维护制度，特别是对于投入营运的客车或货车，必须遵照交通运输管理部门和汽车使用说明书规定的行驶里程或时间间隔定期进行汽车维护工作，不得任意拖延，且每次按期进行的维护作业档案必须到所辖地区相关交通运输管理部门进行备案，对于未能备案或未按规定进行维护的车辆，按相关规定给予重罚等处理。为了保证汽车维护的质量，各交通管理部门还要对承担维护的维修企业进行评估、考核及定期检查，甚至对每一个企业每月的允许维护车辆的台数进行限制，以全方位体现强制维护的原则。

"视情修理"的原则体现了现代汽车维护和维修既紧密结合，又有很大区别。它们的要求不同，维护作业带有强制性，而维修作业是根据情况采取的操作。通常在车辆维护过程中可能会发现某一部位或机件将要发生故障或可能导致损坏的前兆，就必须利用正在进行维护的时机，对相关部位视情况进行修理。同样对汽车进行修理的过程中，对一些没有损坏的机件也要进行必要的维护操作，保持机件应有的技术状况。

三、汽车维护的作业内容

汽车维护作业的内容主要包括清洁、检查、紧固、润滑、调整、补给等几个方面。汽车维护作业一般不得对车辆总成进行解体，也不能对汽车各主要总成大拆大卸，只有在确实发生故障需要解体时方可进行解体操作，这也是区别与划分汽车维护和修理的界限。

(1)清洁作业是为了提高汽车维护质量，以防止机件腐蚀、减轻零部件磨损和降低燃油消耗为基础，并为检查、补给、润滑、紧固和调整等作业做好前期工作准备。其工作内容主要包括对燃油、机油和空气滤清器滤芯进行清洁，对汽车的外表进行清洁养护以及对有关总成、零部件内外部而进行的清洁作业。

(2)检查作业是通过对汽车各部件的检查，以确定零部件的磨损、变异和损坏等情况。其工作内容是检查汽车各总成和机件是否齐全，连接是否紧固；是否存在漏水、漏油、漏气和漏电等现象；利用汽车上的指示仪表、报警装置以及其他随车诊断装置，检查各总成、机构和仪表的技术状况；对影响汽车安全行驶的转向、制动和灯光等工作情况应加强检查；对汽车各总成进行拆检、装配、调整时应检查各主要部件的配合间隙。

（3）补给作业是指在汽车维护过程中，对汽车的燃油、润滑油及其他所有特殊工作液进行加注补充；对蓄电池进行补充充电、对轮胎进行补气等作业。

（4）润滑作业是为了减小各构件摩擦副的摩擦力，减轻机件的磨损所进行的作业。其工作内容包括按照汽车的润滑图表和规定周期，用规定牌号的润滑油或润滑脂进行充分润滑，保证发动机、变速器、转向器和驱动桥等按规定补充、更换润滑油。

（5）紧固作业是为了使汽车各部分机件连接可靠，防止机件松动。汽车在运行中，由于震动、颠簸、热膨胀等原因，会改变零部件的紧固程度及连接的密封程度，以至于零部件失去连接的可靠性。紧固工作的重点应放在负荷重且经常变化的各部分机件上（如汽车底盘），应及时对各连接螺栓进行必要的紧固和更换。

（6）调整作业是保证汽车各总成和机件能长期正常工作的重要环节，调整工作的好坏，对减少机件磨损、保持汽车使用的经济性和可靠性有直接的重要关系。内容主要是按技术要求，调整相关机件，以达到恢复总成、机件的正常配合间隙及良好工作性能等目的。

四、汽车维护的分类、周期及作业范围、作业内容

1. 汽车维护的分类

根据《汽车维护、检测、诊断技术规范》有关规定，我国的汽车维护可分为定期维护和非定期维护两大类，并将定期维护分为日常维护、一级维护和二级维护3类；而将非定期维护分为季节性维护、走合期维护及封存维护等。如图 3-2 所示。

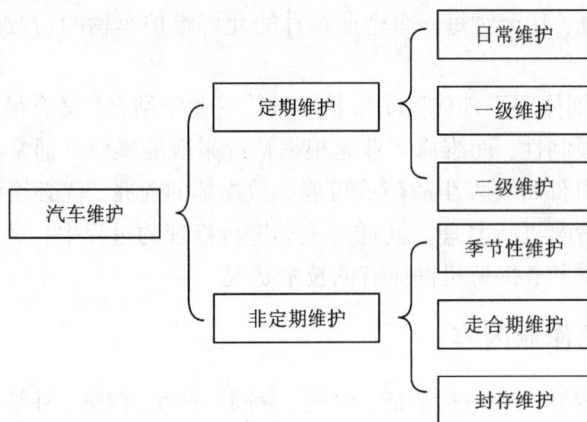

图 3-2　汽车维护分类

随着传感技术和计算机控制技术在汽车行业的广泛应用，汽车的电子化程度越来越高，装置越来越复杂，通过拆卸修理车辆已经不能适应现代汽车的维护与修理要求了，不恰当的维修工艺也许就会损坏敏感器件，造成意想不到的损失。

目前提出了深化维护的理念。汽车深化维护是针对汽车各大关键系统进行的免拆、彻底、快速、深层次的养护。免拆的好处是它在不破坏原厂工艺的情况下对汽车部件进行全面养护。它依据科学的维护方法和技术规范定期或定里程地对车辆进行维护，既克服了传统保养方法的弊端，又能使汽车在免拆清洗的基础上获得深度养护，使汽车各部件始终工作良好，达到延长各部件使用寿命的目的。

2.汽车维护的周期

按照汽车维护"强制维护"的原则,每一类维护都有明确规定的维护周期。汽车日常维护的周期通常分为每日出车前维护、行车中维护和收车维护三个阶段。而汽车一级和二级维护周期的确定,一般根据车辆使用说明书的有关规定,或依据汽车使用条件的不同,由省级交通行政主管部门规定汽车行驶里程来确定。对不便于用行驶里程统计、考核的汽车,可用行驶时间间隔确定汽车一、二级维护周期。其间隔时间应根据本地汽车使用强度和条件的不同,参照汽车说明书一、二级维护推荐的里程周期,由各地区相关部门自行规定。鉴于部分国外引进车型的维护规定与我国汽车强制维护规定的内容有所不同,为保证汽车的合理使用,在汽车实际维护工作中一般应以厂家维护指导说明书规定内容为准。

3.汽车维护作业范围

汽车各级维护的作业范围如表3-1所示。

表3-1　汽车维护作业范围

维护类型	维护内容
日常维护	(1)坚持"三检",即在出车前、行车中、收车后检视车辆的安全机构及各部位机件连接的紧固情况 (2)防止"四漏",即检查是否有漏水、漏油、漏气、漏电等现象 (3)保持"四清"与油液充足,即保持机油、空气、燃油三个滤清器及蓄电池的清洁,保持各种油液的充足
一级维护	一级维护作业的中心内容包含了日常维护作业内容,主要以清洁、润滑和紧固作业为主,还要检查有关制动、操纵等安全部件的功能
二级维护	二级维护作业的中心内容包含了一级维护作业内容,主要以检查并调整转向节、制动蹄片、悬架等经过一定时间的使用后容易损坏或变形的安全部件为主,并进行拆检轮胎和轮胎换位等操作
季节性维护	由于冬、夏两季的温差大,为保证车辆在冬、夏两季的合理使用,在换季之前应结合定期维护,并附加一些相应的项目,使汽车适应气候变化后的运行条件,此种附加性的维护称为季节性维护
走合期维护	新车运行初期所进行的走合期维护,主要目的是使各相对运转的零部件进行磨合,以达到改善零件摩擦表面几何形状和表面层的物理机械性能的效果
封存维护	解除悬挂与轮胎负载,保证蓄电池工作性能,维持车辆各润滑点的充分润滑

4.汽车维护作业内容

汽车维护的内容主要有三类:清洁、紧固和润滑。清洁作业的目的是保持车辆内外部整洁,防止水和灰尘等腐蚀车身及内外零部件,使汽车各功能性组织处于良好的清洁环境中工作。紧固作业是因为当车辆行驶一定的里程后,车辆各部件连接处的螺栓、螺母等紧固件由于颠簸、震动等原因,可能发生松动甚至脱落,若不及时按要求拧紧或配齐,则会隐藏事故隐患,无法保证行车安全,故对各连接件要进行紧固作业。润滑作业包括发动机润滑、变速器润滑、驱动桥润滑、转向器润滑以及轮毂润滑等。润滑作业是保证车辆各运动部件正常运转、减少运动阻力、降低温度、减少磨损的重要手段。

1)汽车日常维护的作业内容

汽车日常维护作业的中心内容是清洁、补给和安全检视。是由驾驶员在每日出车前、行车中和收车后负责执行的车辆维护作业。

汽车日常维护作业的作业流程如图3-3所示。

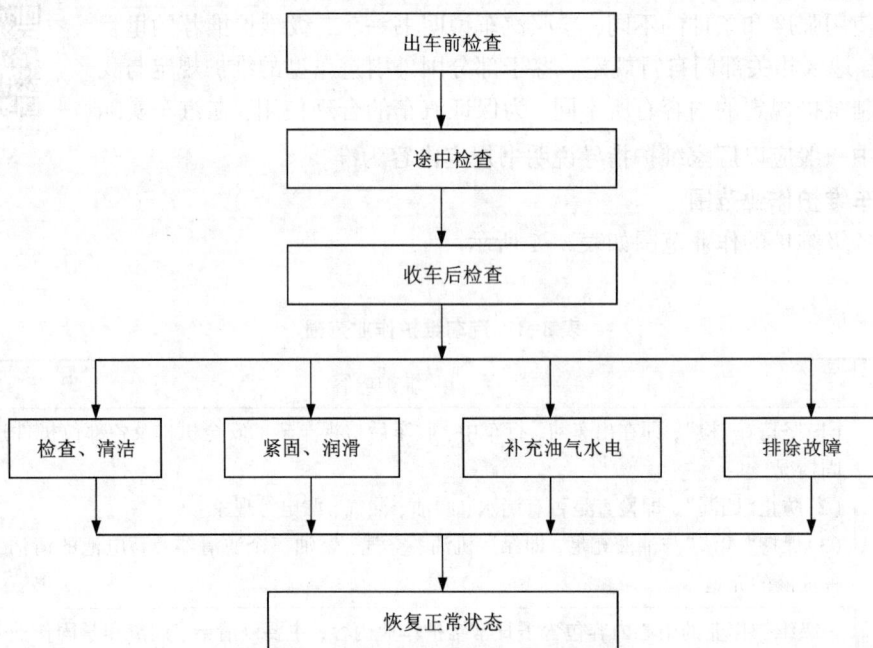

图3-3　汽车日常维护作业流程

2)汽车一级维护

(1)一级维护的定义及要求。

汽车的一级维护是指车辆除完成日常维护作业外,还应进行以清洁、润滑和紧固为中心的作业内容,并检查有关制动、操纵等安全部件。一级维护的间隔是按汽车生产厂家推荐或规定,一般间隔里程为7500~15000 km或6个月。

由于一级维护作业中零部件的紧固、检查、更换以及润滑油添加有些属于专业性维护作业,需要利用专业设备和专业工具按技术标准进行,所以,汽车一级维护应由维修企业负责执行,即应进厂维护。

(2)一级维护保养的工艺流程及作业内容。

一级维护的工艺流程,如图3-4所示。

作业的内容:现代汽车一级维护除了日常维护,以清洁、润滑为作业中心内容外,还包括检查制动、操纵、行驶等大量维护作业。汽车一级维护的作业内容如表3-2所示。

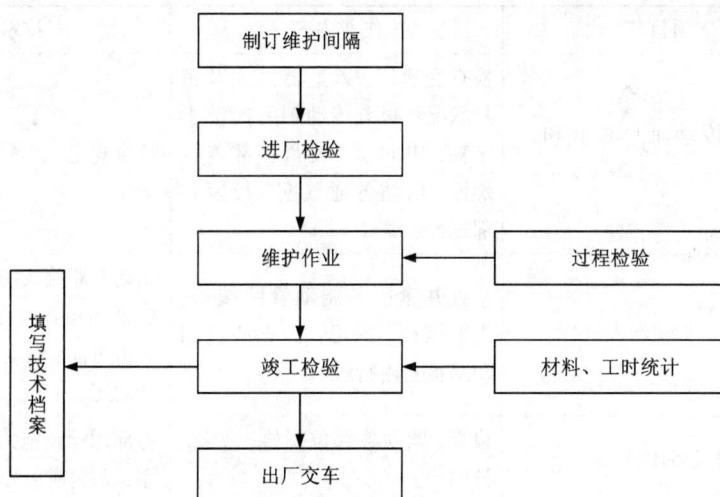

图 3-4　一级维护作业的工艺流程

表 3-2　汽车一级维护作业项目及技术要求

序号	项目	作业内容	技术要求
1	点火系	检查、调整	正常工作
2	发动机空气滤清器、空压机空气滤清器、曲轴箱通风空气滤清器、机油滤清器和燃油滤清器	轻轻拍打，并用不大于 0.5 MPa 清洁压缩空气由里向外吹净或更换	各滤芯应清洁无破损，上下衬垫无残缺，密封良好；滤清器应清洁，安装牢靠
3	曲轴箱油面、冷却液液面、制动液液面高度	检查	符合规定
4	曲轴箱通风装置、三效催化转化装置	外观检查	齐全、无损坏
5	散热器、油底壳、发动机前后支垫、水泵、喷油器等连接螺栓	检查并校紧各部螺栓、螺母	各连接部位螺栓、螺母应紧固，锁销、垫圈及胶垫应完好有效
6	空压机、发电机、空调机传动带	检查皮带磨损、老化程度，调整皮带松紧度	符合规定
7	转向器、转向垂臂、传动十字轴承、横直拉杆、转向节及臂、前轴	检查转向器液面及密封状况；润滑并紧固万向节十字轴、横直拉杆、球头销、转向节等部位	符合规定
8	离合器	检查、调整离合器行程	操纵机构应灵敏可靠；踏板自由行程应符合规定

续表3-2

序号	项目	作业内容	技术要求
9	变速器、传动轴、轴承和差速器	检查变速器、差速器液面及密封状况,润滑传动轴万向节十字轴、中间承,校紧各部连接螺栓,清洁各通气塞,校紧各部螺栓、螺母	符合规定
10	制动系	检查并紧固各制动管路接头、支架螺栓、螺母;检查调整制动踏板自由行程	制动管路接头应不漏油,支架螺栓紧固可靠。制动联动机构应灵敏可靠,制动踏板自由行程符合规定
11	车架、车身及各附件	检查、紧固各部位螺栓、支架、挂钩	各部螺栓及拖钩、挂钩应紧固可靠,无裂损,无窜动,齐全有效
12	轮胎、轮辋及压条挡圈	检查轮辋损伤、变形及压条挡圈;检查轮胎气压(包括备胎),并视情况补气;检查轮毂轴承间隙及轴承松紧度	轮辋及压条挡圈应无裂损、变形;轮胎气压应符合规定,气门嘴帽齐全;轮轴承间隙无明显松旷
13	悬架机构	检查	无损坏、连接可靠
14	蓄电池	检查、紧固	电解液液面高度应符合规定,通气孔畅通,电桩接头清洁、牢固
15	灯光、仪表、信号装置	检查、调整	齐全有效,安装牢固
16	全车润滑点	按润滑图加注润滑脂	各润滑嘴安装正确,齐全有效
17	全车	检查	不漏油、不漏水、不漏气、不漏电、不漏尘,各种防尘罩齐全有效

3)汽车的二级维护

(1)二级维护的定义及要求。

汽车的二级维护是指汽车经过一段较长时间的使用(一般间隔里程为 15 000~30 000 km 或 12 个月)后,除完成一级维护作业外,以检查、调整为主,并拆检轮胎,进行轮胎换位,检查发动机工况和排气污染装置等,由维修企业负责执行的车辆维护作业。其中心内容为:检查和调整。

当汽车行驶到一定里程后,零部件的磨损和变形增加,为了延长汽车的使用寿命和保证行车安全,必须按期进行汽车的二级维护。汽车二级维护是现在维护制度中的最高级别维护,二级维护要求在维护前进行不解体检测诊断,确定附加作业项目,其目的是维持汽车各总成、系统和机构良好的工作性能,及时排除故障和隐患,保证汽车的动力性、经济性、环保性、操纵性及安全性能满足要求,确保汽车在二级维护间隔内能够正常行驶。

（2）二级维护保养的工艺流程及作业内容。

二级维护保养的工艺流程如图 3-5 所示。

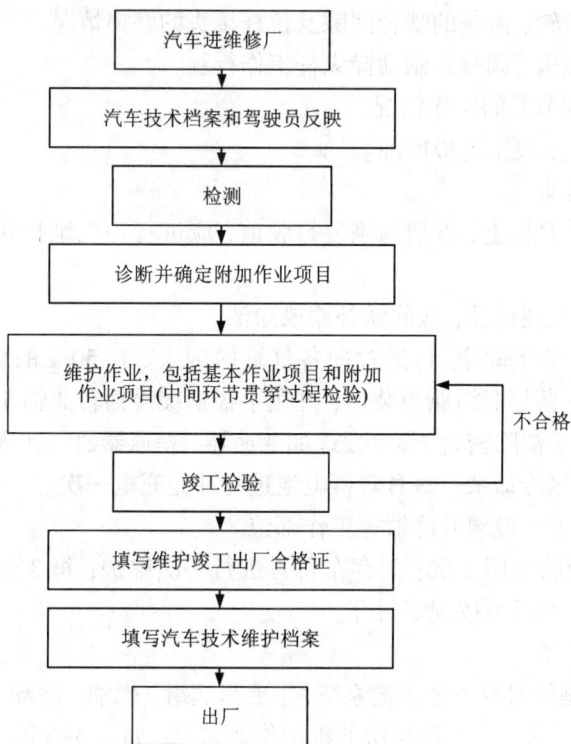

```
          ┌─────────────────────┐
          │      汽车进维修厂      │
          └──────────┬──────────┘
          ┌──────────┴──────────┐
          │  汽车技术档案和驾驶员反映  │
          └──────────┬──────────┘
          ┌──────────┴──────────┐
          │        检测         │
          └──────────┬──────────┘
          ┌──────────┴──────────┐
          │  诊断并确定附加作业项目   │
          └──────────┬──────────┘
     ┌────────────────┴──────────────────┐
     │ 维护作业，包括基本作业项目和附加          │◄────┐
     │ 作业项目(中间环节贯穿过程检验)           │     │ 不合格
     └────────────────┬──────────────────┘     │
          ┌──────────┴──────────┐              │
          │       竣工检验        ├──────────────┘
          └──────────┬──────────┘
          ┌──────────┴──────────┐
          │   填写维护竣工出厂合格证   │
          └──────────┬──────────┘
          ┌──────────┴──────────┐
          │   填写汽车技术维护档案    │
          └──────────┬──────────┘
          ┌──────────┴──────────┐
          │        出厂         │
          └─────────────────────┘
```

图 3-5　汽车二级维护保养工艺流程

（3）二级维护的基本作业内容。

通常轿车二级维护作业的基本作业内容除一级维护作业的项目外，以检查、调整为主，并拆检轮胎，进行轮胎换位，并视需要更换发动机机油。

①根据需要拆检燃油泵，清洁空气滤清器滤芯，必要时更换汽油滤清器。

②检查机油滤清器，若被堵塞，应予以更换。

③紧固汽缸盖、进排气管及消声器的连接螺栓，并检查其衬垫及排气管弹性吊耳是否完好无损。若有缺应予以更换。

④检查离合器的传递扭矩能力及离合器的踏板的自由行程。捷达轿车离合器踏板自由行程为 15~20 mm。若离合器踏板自由行程不在此标准值范围内，可能是离合器踏板自由行程自动调整机构有故障，应进行检修。

⑤检查变速传动装置各部分的紧固情况及换挡机构和齿轮的磨损情况，添加或更换变速传动装置润滑油，清洗通气塞。

⑥检查并润滑前轴等角速万向节，若发现异常情况，应分解检查或更换万向传动装置。

⑦检查减震器的工作情况，若发现明显漏油，应予以更换。

⑧检查前后横向稳定器的连接情况及横向稳定器衬套是否破损。

⑨检查转向节有无损伤和裂纹，拆检转向拉杆接头的磨损，并按规定调整转向轮前束

角，标准参照相关说明书。

⑩拆检、调整并润滑前后轮毂。检查制动器摩擦衬片，必要时更换制动器摩擦衬片。

⑪检查转向器的固定情况及转向盘的自由行程。转向盘的自由行程应小于规定值。否则应检查并调整转向器齿轮、齿条的啮合间隙及拉杆接头的磨损情况。

⑫检查驻车操纵机构，调整手制动操纵杆工作行程。

⑬检查发电机及调节器的工作情况。

⑭清除火花塞积炭，校正电极间隙。

4）汽车封存维护作业

封存时间超过两个月以上，在启封恢复行驶前，应进行一次维护作业，检验合格后方可进行行驶。

(1)清除灰尘，如发现锈蚀，应除锈补漆或涂油。

(2)对发动机进行充分润滑，可通过向各气缸内倒入 30~50 g 的脱水机油的方式实现，将火花塞螺纹处涂上一薄层润滑脂再装回，并用手摇柄缓慢摇转曲轴 5~10 转。

(3)检查密封情况，消除密封不良状态(如变速器、差速器通气孔等)。

(4)加添燃油，放尽冷却水。每月对蓄电池进行补充充电一次。

(5)润滑驾驶室合页、玻璃升降器等工作部位。

(6)每半月检查轮胎气压 1 次；封存车每月进行一次维护；每 3 个月应进行一次原地起动运转或短距离路试，然后再按规定封存。

5）深化维护作业内容

汽车的深化维护是针对汽车各关键系统(主要指润滑、燃油、冷却、转向、制动以及自动变速器系统)进行免拆、彻底、更深层次的维护作业内容，如表3-3所示。

表3-3　深化维护作业内容

维护系统	行驶里程/km	作业项目
润滑系统	5000~10000	清洗作业： 在发动机噪声过大、加速无力、水温过高时 技术要求： 清洗发动机内部的油泥和其他积物，避免机油在高温下的氧化稠化，减少发动机部件的磨损，延长发动机寿命，提高发动机动力
燃油系统	10000~15000	清洗作业： 在发动机喘抖、迟滞和加速不良、冒黑烟、无力、费油时 技术要求： 清除系统内部的胶质和积碳
冷却系统	换季维护(或正常行驶每6个月)	清洗作业： 在水温过高、漏水、开锅时 技术要求： 防止腐蚀发生，避免并制止密封件和水箱的渗漏，彻底更换旧的冷却液

续表3-3

维护系统	行驶里程/km	作业项目
自动变速器	20000~25000	清洗作业： 在变速箱打滑、水温偏高、换挡迟缓、系统渗漏时 技术要求： 防止变速箱打滑、水温偏高、换挡迟缓、系统渗漏等。清除有害的油泥和漆膜沉积物，恢复密封垫和 O 型圈的弹性
动力转向系统	40000~45000	清洗作业： 在转向困难、系统渗漏，更换动力转向机配件后 技术要求： 清除系统中有害的油泥、漆膜，清除低温时的转向困难，制止并预防动力转向液的渗漏，清除转向噪声，彻底更换旧的制动液、转向液
制动系统	50000	清洗作业： 在 ABS 反应过早、过慢时 技术要求： 清洗有害的油泥、漆膜，清除超高温或超低温时工作失灵的危险，有效防止制动液变质过期，彻底更换旧的制动液

模块二 汽车维修制度

一、汽车修理制度

1.汽车维护与维修基础知识

汽车维护——为维持汽车完好技术状况或工作能力而进行的作业。

汽车修理——为恢复汽车完好技术状况或工作能力和延长使用寿命而进行的作业。

汽车维修——汽车维护和修理的泛称。就是对出现故障的汽车通过技术手段排查，找出故障原因，并采取一定措施使其排除故障并恢复达到一定的性能和安全标准。

汽车修理是为了恢复汽车完好技术状况或工作能力和延长使用寿命而进行的恢复性作业。其目的是恢复汽车在使用过程中，由于汽车机件的自然磨损、故障、老化和其他损伤而丧失的工作能力。其作业主要内容是对超过允许极限配合尺寸的零件、总成进行修理或者更换，对损坏的零件、总成进行修理或者更换，以恢复汽车的良好技术状况。

2.汽车维修制度

1）概述

汽车维修制度是指为保证汽车完好技术状态，实施汽车维护修理工作所采取的技术组织措施的规定，体现技术维护和修理的性质和原则。车辆技术维护和修理的性质分为计划预防性和非计划预防性两种。前者规定以预防为主，强制维修，或强制维护视情况修理的原则；后者则规定视情维护和修理的原则。现代汽车对主要总成和机构设置了有关主要技术状况的监测装置，更由于汽车不解体检测诊断技术的发展，得以实现以诊断为中心的维修制度。

2）我国的维修制度发展

中国的汽车维修制度作为政府的法规于 1952 年、1954 年、1964 年、1965 年、1980 年和 1990 年共颁布了六次。前五次都属计划预防性维护与维修原则。1990 年颁布的《汽车运输业车辆技术管理规定》，贯彻了以预防为主，强制维护、视情修理的原则。采用三级维护制（日常维护、一级维护、二级维护），并在二级维护前强制进行检测诊断，根据诊断结果按不同作业范围和深度视情进行修理。修理分四类：车辆大修、总成大修、车辆小修和零件修理。

《机动车维修管理规定》于 2005 年 6 月 24 日交通部发布，2015 年 8 月 8 日交通运输部《关于修改〈机动车维修管理规定〉的决定》第一次修正；2016 年 4 月 19 日交通运输部《关于修改〈机动车维修管理规定〉的决定》第二次修正；2019 年 6 月 21 日交通运输部《关于修改〈机动车维修管理规定〉的决定》第三次修正。

二、汽车修理分类

汽车修理按作业范围可分为车辆大修、总成大修、车辆小修和零件修理四大类。

1. 车辆大修

车辆大修是新车或经过大修后的汽车，在行驶一定里程（或时间）后，经过检测诊断和技术鉴定，用修理或更换汽车任何零件的方法，恢复汽车的完好技术状况，完全或接近完全恢复汽车寿命的恢复性修理。

2. 总成大修

总成大修是汽车的总成经过一定使用里程（或时间）后，用修理或更换总成任何零部件（包括基础件）的方法，恢复其完好技术状况和寿命的恢复性修理。

3. 车辆小修

车辆小修是用修理或更换个别零件的方法，保证或恢复汽车工作能力的运行性修理，主要是消除汽车在运行过程或维护作业过程中发生或发现的故障及隐患。

4. 零件修理

零件修理是对因磨损、变形、损伤等而不能继续使用的零件进行修理。

三、汽车修理工艺组织

1. 汽车修理方法

汽车修理可分为许多工序作业，按规定顺序完成这些作业的过程，称为工艺过程。由于修理厂的劳动组织方法、技术及设备和所修车型等的不同，其工艺过程也不同。通常有就车修理法和总成互换法两种。

1）就车修理法

特点：所有的总成都是由原车拆下的总成和零件装成的，由于各总成的修理周期不同，采用就车修理法时，必须等修理周期最长的总成修竣后方能装配汽车，因此大修周期较长。如图 3-6 所示。

2）总成互换法

总成互换法是指用储存完好的总成替换汽车上的需修总成。这就要求建立一个总成周转库，并储备一定数量的总成。特点：缩短了汽车的停厂时间（大修进度快），适用于大型的运输公司、出租车公司，且同一车型的数量多。如图 3-7 所示。

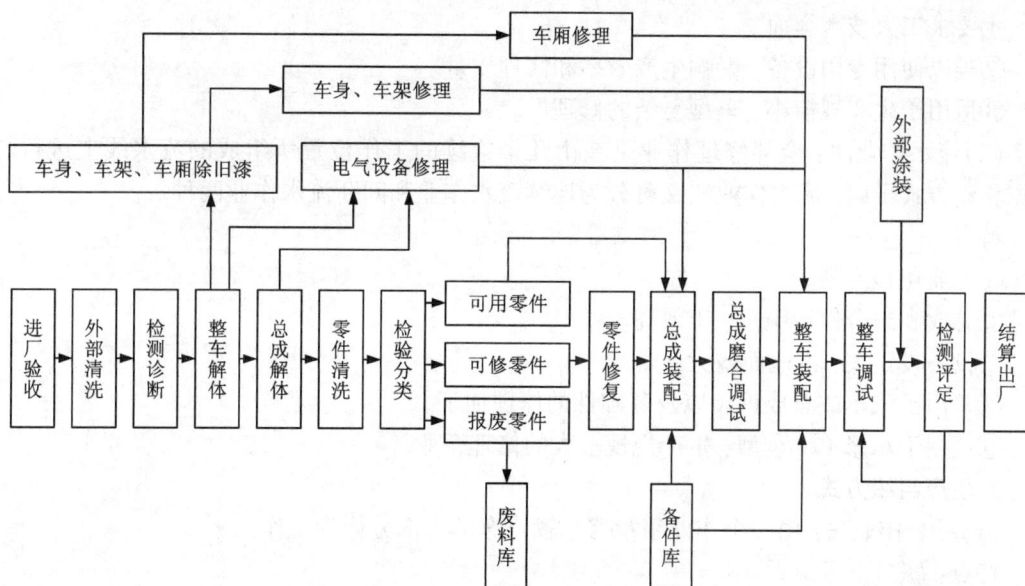

图 3-6 就车修理法工艺流程

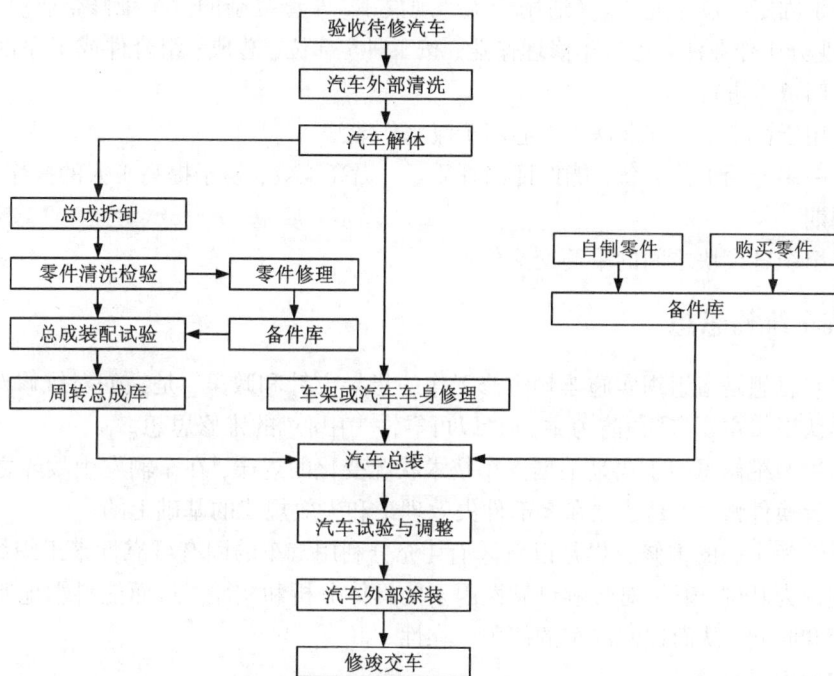

图 3-7 总成互换法工艺流程

2.汽车修理的作业组织

(1)作业组织方式:

固定工位作业法:在一个工作位置上完成全部修理工作。

特点：

①要求工人技术全面。

②难以使用专用设备，影响生产效率和修理质量。

③适用于生产规模小、车型复杂的修理厂。

（2）流水作业法：全部修理作业是在由几个连续的工作位置所组成的流水线上进行的，根据移动方式不同，流水作业法又可分为连续流水作业和间断流水作业两种。

特点：

①专业化程度高。

②总成和组合件运距短、工效高。

③设备投资大，占地面积大。

④常用于汽车或总成拆装以及基础件的修理加工。

⑤适用于承修单一车型、生产规模较大的修理企业。

3. 生产组织方式

（1）综合作业法：由一个作业组承修一辆汽车的大部分修理工作。

特点：

①需要技术全面的修理工人。

②修理周期长，成本高。

③适用于固定工位作业法。（适用于生产规模小、车型复杂的汽车维修企业。）

（2）专业分工作业法：将汽车修理作业，按工种、部位、总成、组合件或工序由一个或几个专业组专门负责进行。

①既适用于固定工位作业法，也适用于流水作业法。

②便于采用专用工艺装备，能保证修理质量，提高工效，易于提高工人的操作技术水平，缩短修理周期。

③利于组织各模块之间的平衡交叉作业。

四、汽车维修思想

汽车维修思想是指组织实施车辆维修工作的指导方针和政策，是人们对维修对象、维修目的的总体认识。主要有"预防为主"和"以可靠性为中心"的维修思想。

预防为主的维修思想主要是根据汽车技术状况变化的规律，在车辆发生故障之前就提前进行维护或者换件修理，是建立在零部件失效理论和失效规律的基础上的。

以可靠性为中心的维修思想是以最低消耗充分利用汽车的固有可靠性来组织维修，它是以可靠性理论为基础，通过对影响可靠性因素的具体分析和实验，从而能科学地制订出维修作业的内容和时间，从而控制汽车的使用可靠性。

汽车的使用可靠度：

$$R(t) = P_S(t)P_g(t)$$

$P_S(t)$——在汽车工作时间 t 内，按总成或零部件突然损坏计算的无故障工作概率；

$P_g(t)$——在汽车工作时间 t 内，按总成或零部件逐渐损坏计算的无故障工作概率。

模块三 汽车维修质量管理

一、汽车维修质量管理基础知识

1. 汽车维修质量管理与质量保证体系

汽车维修业是一个专业性、技术性较强的行业。汽车维修质量管理是一项全方位的、经常性的技术管理工作。汽车维修企业和道路运政管理机构必须运用法律的、经济的和行政的手段对汽车维修质量实施综合性管理。

1）汽车维修质量与汽车维修质量检验

（1）汽车维修质量。

汽车维修是一项技术服务，因而汽车维修质量是汽车维修服务活动是否满足与托修方约定的要求，是否满足汽车维修工艺规范及竣工质量评定标准的一种衡量。

汽车维修质量可分解为两个方面：一方面是汽车维修服务全过程的服务质量，包括维修业务接待、维修进度、维修经营管理（主要指收费）的质量水平；另一方面是汽车维修作业的生产技术质量，具体是指维修竣工汽车满足相应竣工出厂技术条件的一种定量评价。

（2）汽车维修质量的评定参数。

汽车维修质量的主要衡量标志是经维修的汽车是否符合相应的竣工出厂技术条件。这里所讲的"技术条件"即汽车主要性能参数（也可称为质量特性参数），是汽车维修质量的主要评定参数。

①动力性。

汽车的动力性通常用发动机功率、底盘输出功率和汽车直接挡加速时间来衡量。

②燃料经济性。

汽车的燃料经济性通常用汽车经济车速百公里油耗来衡量。

③制动性能。

汽车的制动性能通常用制动距离、制动稳定性或制动力、制动力平衡、车轮阻滞力、制动系统协调时间和驻车制动力来衡量。

④转向操纵性。

汽车的转向操纵性通常用转向轮的侧滑量、转向盘操纵力及最大自由转动量来衡量。

⑤废气排放和噪声。

汽车废气排放和噪声主要用怠速污染物排放量（汽油车）、自由加速烟度排放量（柴油车）和噪声级来衡量。

⑥密封性。

汽车的密封性有汽车防雨、防尘密封性和连接件密封性两个方面。

⑦可靠性。

汽车各总成部件的连接状况，灯光、仪表的工作状况等。

2）维修企业的汽车维修质量

维修企业的汽车维修质量反映该企业的整体服务水平和服务信誉，其主要标志是汽车维修竣工出厂质量监督抽查一次合格率、返修率、投诉率，以及汽车维修质量纠纷和质量事故发生的情况等。

2.汽车维修质量检验

1)汽车维修质量检验的概念

(1)汽车维修质量检验的定义。

汽车维修质量检验是指采用一定的检验测试手段和检查方法,测定汽车维修过程中和维修后(含整车、总成、零件、工序等)的质量特性,然后将测定的结果同规定的汽车维修质量评定参数标准相比较,从而对汽车维修质量做出合格或不合格的判断。

(2)汽车维修质量检验的目的。

对于汽车维修企业,进行汽车维修质量检验的目的是对汽车维修过程实行全面质量控制,判断汽车维修后是否符合有关质量标准,对竣工车辆检验代表汽车维修企业检验维修质量,同时也代表托修方验收维修质量。对于汽车维修质量管理机构,进行汽车维修质量检验,是为了实施行业质量监督。

(3)汽车维修质量检验的方法。

汽车维修质量检验的方法分为两类:一是传统的经验检视方法,二是借助于各种量具、仪器、设备对其进行参数测试的方法。

经验检视方法凭人的感官检查、判断,带有较大的盲目性;仪器仪表测试可通过定性或定量的测试和分析,准确地评价和掌握汽车技术状况。随着现代科学技术的进步,特别是汽车不解体检测技术的发展,人们可以在室内或特定的道路条件下,不解体测试汽车的各种性能,而且安全、迅速、准确。

(4)汽车维修质量检验的工作步骤。

汽车维修质量检验是一个过程,一般包括如下工作步骤:

①明确汽车维修质量要求。

根据汽车维修技术标准和考核汽车技术状态的指标,明确检验的项目和各项质量标准。

②测试。

用一定方法和手段测试维修汽车或总成有关技术性能参数,得到质量特性值。

③比较。

将测试得到的反映质量特性值的数据同质量标准要求做比较,确定是否符合汽车维修质量要求。

④判定。

根据比较的结果判定汽车或总成维修质量是否合格。

⑤处理。

对维修质量合格的汽车发放汽车维修竣工出厂合格证,对不合格的维修汽车,记录所测得的数值和判定的结果,查找原因并进行反馈,以便促使维修工序改进质量。

2)汽车维修质量检验分类及检验内容

(1)按检验对象分类。

①汽车维修质量检验。

②自制件、改装件质量检验。

③燃料、润滑油及原材料(含外购、外协件)质量检验。

④机械设备、计量器具等质量检验。

（2）按检验方式分类。

①自检。

自检指维修人员对自己操作完成的工作，认真地对照汽车维修技术标准，自我进行质量评定（是否合格，分析原因，提出改进措施，杜绝不合格维修质量）。自检是汽车维修中最直接、最基本、最全面的检验。自检中维修人员对维修质量进行自我评定，坚持实事求是的态度是自检的关键，只有这一环节做好了，整个汽车维修质量才有保证。

②互检。

互检指下一道维修工序对上一道维修工序的质量检验，如汽车二级维护作业中，安装制动摩擦片时对制动鼓（或制动盘）的工作表面加工质量进行检验。过程检验员对维修过程中维修操作人员维修质量的抽检也属于互检范围。互检重点是对关键维修部位维修质量进行抽检把关，以免给后道维修工序的工作甚至维修竣工汽车造成不必要的后患、故障和返工。

③专职检验。

专职检验指对汽车维修过程中的关键点（维修质量控制点）进行预防性检验及整车维修竣工出厂的把关性总检验。汽车维修企业应根据其规模配备足够的专职过程检验员和竣工出厂的总检验员，严把汽车维修质量关。

（3）按汽车维修工艺过程分类。

①进厂检验。

进厂检验是对送修汽车进行外部检视和交接（严格地讲，进厂送修车的外检并不属于质量检验的范畴），必要时进行简单的测量和路试以验证报修项目的准确性。

进厂送修车交接检验的目的在于填写双方认可的汽车交接清单，办理交接手续，承修方通过对送修汽车的外观和行驶检查，制订修理计划。送修汽车的进厂检验可由检验部门专职检验员配合生产部门进行，也可由生产部门的调度员兼任。

在现行的汽车维护制度中，要求汽车二级维护前应进行各部分技术性能参数的检测诊断，为确定附加作业项目提供分析依据。这种维护前检测也可归为进厂检验的一种。

汽车或总成送修前应进行修前检验，即送修技术鉴定，根据鉴定结果有针对性地安排维修，以免超前维修或失修。

②零件分类检验。

大修汽车或总成解体、零部件清洗后，应按技术标准进行检验分类，将原件分为可用的、需修的和报废的三大类。分类的主要依据为：是否超过修理规范中规定的"大修允许"和"使用极限"。凡零件磨损尺寸和形位误差在大修允许范围内的为可用件；凡零件的磨损或形位误差超过允许值，但仍可修复使用的为需修件；凡零件严重损坏，无法修复或修理成本太高的，为报废件。

③汽车维修过程检验。

汽车维修过程检验又称工序检验，其目的在于防止不合格的零件装配到总成或部件中；防止不合格的总成或部件装到整车上。

汽车维修过程检验是汽车维修质量管理工作中的重要环节，没有过程的质量控制，就没有整体质量保证。汽车维修过程检验一般由承修人员负责自检，专职过程检验员抽检，维修中的关键零部件、重要工序以及总成的性能试验均属专职过程检验员的检验范畴。汽车维修企业应根据自身的实际情况确定必要的维修质量控制点，由专职维修过程检验员进行强制性的检验。

汽车维修过程检验是控制汽车维修质量的关键，而质量控制点是汽车维修质量管理和质量保证活动中需要控制的关键部位和薄弱环节；质量控制点设在关键、重要特性所在的工序或项目中，保证质量的稳定；在汽车维修过程中，重复故障及合格率低的工序、对下一道维修工序影响大的工序中应设几个检验点，使影响该工序质量的因素处于受控状态是很必要的。如发动机总成修理中，气缸的搪磨加工质量，影响发动机装配质量和工作性能，应视为质量控制关键部位，严加控制。

④汽车维修竣工出厂检验。

汽车维修竣工出厂检验必须由专职汽车维修质量检验员承担。一般在汽车维修竣工后、交车(或送汽车维修质量监督检验站或检测中心检测)前进行。汽车维修质量检验员对照维修质量技术标准，全面检查汽车，测试有关性能参数。汽车检验合格后签发汽车维修竣工出厂合格证，并向用户交付有关技术资料。汽车维修竣工出厂后在质量保证期内汽车发生故障或损坏，承修方和托修方按有关规定"划分和承担相应的责任"。

⑤汽车的返修鉴定。

返修是对维修质量不合格汽车的补救和纠正措施。汽车返修的检测、判断工作应由质量检验员负责。检验员通过检验和鉴定，分清责任，组织、协调和实施返修，并登记、填写汽车返修记录表。

⑥汽车维修质量评定检验。

经道路运政管理机构认定的汽车维修质量监督检验站(或检测中心)对汽车维修企业的维修竣工车辆进行质量评定的抽检。

3. 汽车维修质量管理

1)汽车维修质量管理的概念

汽车维修质量取决于许多相关因素，实践表明，旨在改善维修质量的一些个别与零散措施都不能产生对汽车维修质量进行整体控制的预期效果。为了提高汽车维修质量，必须系统地实施一些综合管理措施。

汽车维修质量管理是为保证和提高汽车维修质量所进行的调查、计划、组织、协调、控制、检验、处理及信息反馈等各项活动的总称。

汽车维修质量管理应理解为一种经常性的和有计划的工作过程，应贯穿于汽车维修服务全过程，其目的在于完善工艺方法和维修组织形式，以保证修竣出厂汽车的技术状况及其使用性能的最佳水平。

汽车维修质量管理是汽车维修企业管理系统中的一项重要组成部分。

2)汽车维修质量管理职能

(1)制定汽车维修质量方针和目标。

汽车维修质量方针即汽车维修质量管理的政策性法规，如交通部发布的第28号令《汽车维修质量管理办法》，明确管理职责和工作要求及必须遵循的规章和标准、质量管理制度等。

汽车维修质量管理目标指经过全面质量管理汽车维修质量所要达到的质量评价指标，如竣工出厂检测一次合格率、返修率等。

(2)汽车维修质量控制。

汽车维修质量控制指为保证和提高汽车维修质量、满足汽车技术状况要求所采取的维修技术活动。汽车维修质量控制过程包括以下几个步骤：

①确定汽车维修质量的控制对象，即确定所要控制的汽车技术经济指标，如汽车二级维护竣工，发动机动力性能应满足：发动机功率应不小于额定功率的85%。

②制定作为汽车维修质量控制依据的标准。

③确定评价和衡量汽车维修质量控制对象的方法，一般应以各项标准规定的方法进行。

④衡量和评价被控制对象，即衡量和评价维修汽车的各项技术性能指标。

⑤说明经维修汽车的实际技术状况与控制标准之间的差异。

⑥找出差异的原因，采取纠正措施。

(3)汽车维修质量保证。

所谓汽车维修质量保证指为使车主确信维修竣工出厂汽车能够满足汽车维修质量要求所必需的有计划、有系统的活动。

①质量担保(外部质量保证)。

质量担保是汽车维修企业在汽车维修质量方面对托修方的一种质量许诺(担保)，并具有充足而确凿的汽车维修质量证据。如与托修方签订汽车维修合同、汽车维修竣工出厂实行出厂合格证制度、汽车维修企业必须执行汽车出厂质量保证期制度等。

②汽车维修质量保证工作(内部质量保证)。

为了保证汽车维修质量，汽车维修企业必须加强从待修汽车进厂、维修过程、修竣质量总检验到出厂前送检(送汽车维修质量监督检验站上线检测)全过程的质量管理活动。如质量教育工作、质量信息工作、标准化工作、计量工作以及强化汽车维修质量检验(汽车进厂、维修过程及竣工出厂检验)制度，建立汽车维修技术档案等。

质量保证与前面所讲的质量控制是两个完全不同的概念。但是，质量保证与质量控制的某些活动是相互关联的。质量控制是质量保证的重要内容，只有在生产技术活动中，严格质量控制，使汽车维修服务及竣工质量要求全面满足托修方的要求，质量保证才能提供足够的信任。

3)汽车维修质量管理制度

汽车维修质量管理制度是质量管理部门或企业质量管理机构，为贯彻汽车维修质量管理方针和目标，依据有关法规、标准制定的管理规章，如明确汽车维修质量管理职责和质量管理方针及目标，提出实施汽车维修质量检验制度等。汽车维修质量管理制度是汽车维修质量管理工作的行为准则。目前，汽车维修行业实施的维修质量管理制度主要有以下几方面：

(1)汽车维修质量检验人员的培训、考核及持证上岗制度。

汽车维修生产中配备合格的检验人员是汽车维修质量的根本保证。各级道路运政管理机构应做好对各维修企业(或业户)质量检验人员的培训、考核和资格认定工作。只有通过认定的检验人员才有资格签发竣工出厂合格证，否则视为无效。道路运政管理机构要加强对质量检验人员的管理，对责任心不强、弄虚作假者要及时处理，吊扣其质检人员上岗证及质检人员编号章。

(2)汽车维修质量检验制度。

汽车维修质量检验以汽车维修企业自检为主，实行专职人员检验与维修工人自检、互检相结合的检验制度；道路运政管理机构以定期或不定期的形式对汽车维修企业的维修质量进行抽查，以加强日常的质量监督管理工作。

（3）汽车维修配件、辅助原材料检验制度。

《汽车维修质量纠纷调解办法》明确指出：汽车维修企业作为承修方，在汽车维修质量事故中承担"使用有质量问题的配件、油料或装前未经鉴定"的责任。为加强对汽车维修配件质量控制，避免因使用有质量问题的配件、辅助原材料而造成的汽车维修质量事故，企业应落实对配件、原材料的检验工作。

（4）计量管理制度。

计量管理是对汽车维修、检验过程中所用计量器具、检测仪器的管理。严格执行计量器具定期检定、保证量值传递的准确性是计量管理的中心内容。

（5）汽车维修技术档案管理制度。

这是质量信息工作的保证。只有做好汽车维修检验原始记录并妥善保存，才能为质量管理提供可靠的质量评定依据和反馈信息，有助于保证和提高汽车维修质量。

（6）汽车维修竣工出厂合格证制度。

对进行二级维护以上维修作业的汽车，实行竣工出厂合格证制度是保证汽车维修质量的一项重要措施。汽车修竣后要经专职检验员按验收标准进行严格的检验，经检验合格签发出厂合格证。汽车维修竣工出厂合格证由道路运政管理机构统一印制和发放。

（7）汽车维修竣工出厂质量保证期制度。

汽车维修质量除要求经维修恢复汽车技术性能外，还要求汽车维修质量稳定，保证有一定的使用期限。因此，实行汽车维修竣工出厂质量保证期制度是提高汽车维修质量、维护用户合法权益的一项重要措施。质量保证期的长短是根据维修作业的级别、作业的深度来确定的。目前，汽车和危险货物运输车辆整车修理或总成修理质量保证期为车辆行驶 20 000 公里或者 100 日；二级维护质量保证期为车辆行驶 5 000 公里或者 30 日；一级维护、小修及专项修理质量保证期为车辆行驶 2000 公里或 10 日。其他机动车整车修理或者总成修理质量保证期为机动车行驶 6 000 公里或者 60 日；维护、小修及专项修理质量保证期为机动车行驶 700公里或者 7 日。质量保证期中行驶里程和日期指标，以先达到者为准。机动车维修质量保证期，从维修竣工出厂之日起计算。

（8）汽车维修质量返修制度。

在质量保证期内，因维修质量造成汽车的故障和损坏，维修企业应优先安排返修，并承担全部返修费用，如因维修质量造成机件事故和经济损失，由承修方负责。

4）汽车维修质量管理体系

为实施汽车维修质量全面管理，将管理工作的各项内容分别落实到一定的责任机构和责任人，由承担汽车维修各项管理责任的责任机构和责任人所形成的管理系统叫汽车维修质量管理体系。

交通部第 28 号令《汽车维修质量管理办法》明确了汽车维修行业管理部门和道路运政管理机构对汽车维修质量管理的职责，为汽车维修进行有效的质量控制和质量保证、实现汽车维修质量管理提供了依据。

ISO 9001质量
管理体系

二、汽车修理技术鉴定

1.汽车维修管理主要技术标准

(1) GB/T 15746—2011 汽车修理质量检查评定方法

(2) GB/T 18274—2000 汽车鼓式制动器修理技术条件

(3) GB/T 18275.1—2000 汽车制动传动装置修理技术条件 气压制动

(4) GB/T 18275.2—2000 汽车制动传动装置修理技术条件 液压制动

(5) GB/T 18343—2001 汽车盘式制动器修理技术条件

(6) GB/T 18344—2001 汽车维护、检测、诊断技术规范

(7) GB/T 19910—2005 汽车发动机电子控制系统修理技术要求

(8) GB/T 27876—2011 压缩天然气汽车维护技术规范

(9) GB/T 27877—2011 液化石油气汽车维护技术规范

(10) GB/T 3798.1—2005 汽车大修竣工出厂技术条件 第1部分：载客汽车

(11) GB/T 3798.2—2005 汽车大修竣工出厂技术条件 第2部分：载货汽车

(12) GB/T 3799.1—2005 商用汽车发动机大修竣工出厂技术条件 第1部分：汽油发动机

(13) GB/T 3799.2—2005 商用汽车发动机大修竣工出厂技术条件 第2部分：柴油发动机

(14) GB/T 5336—2005 大客车车身修理技术条件

(15) GB/T 5624—2005 汽车维修术语

(16) JT/T 511—2004 液化石油气汽车维护、检测技术规范

(17) JT/T 512—2004 压缩天然气汽车维护、检测技术规范

(18) JT/T 720—2008 汽车自动变速器维修通用技术条件

(19) JT/T 795—2011 事故汽车修复技术规范

2.车辆技术状况的等级划分及评定的依据

根据中华人民共和国交通部颁布的《汽车运输业车辆技术管理规定》，车辆技术状况的等级按下列条件划分：

(1) 一级，完好车：新车行驶到第一次定额大修间隔里程的三分之二和第二次定额大修间隔里程的三分之二以前，汽车各主要总成的基础件和主要零部件坚固可靠，技术性能良好；发动机运转稳定，无异响，动力性能良好，燃润料消耗不超过定额指标，废气排放，噪声符合国家标准；各项装备齐全、完好，在运行中无任何保留条件。

(2) 二级，基本完好车：车辆主要技术性能和状况或行驶里程低于完好车的要求，但符合 GB 7258—2004 的规定，能随时参加运输。

(3) 三级，需修车：送大修前最后一次二级维护后的车辆和正在大修或待更新尚在行驶的车辆。

(4) 四级，停驶车：预计在短期内不能修复或无修复价值的车辆。

评定车辆技术状况等级的依据是《汽车技术等级评定标准》(JT/T 198—2004)。

3.送修规定及技术鉴定

1) 汽车大修的送修标志

(1) 发动机总成。

气缸磨损严重，圆柱度达到 0.175~0.25 mm 或圆度达到 0.050~0.063 mm（以磨损量最

大的一个气缸为准);最大功率或气缸压力较标准降低 25% 以上;燃料和润滑油的消耗量显著增加。

(2)车架总成。

车架断裂、锈蚀、弯曲、扭曲变形逾限,大部分铆钉松动或铆钉孔磨损,必须拆卸其他总成后才能进行校正、修理或重铆。

(3)变速器总成。

壳体变形、破裂,轴承孔磨损逾限,变速齿轮及轴恶性磨损、损坏,需要彻底修复。

(4)后桥(驱动桥、中桥)总成。

桥壳破裂、变形、半轴套管承孔磨损逾限,减速器齿轮恶性磨损,需要校正或彻底修复。

(5)前桥总成。

前轴裂纹、变形,主销承孔磨损逾限,需要校正或彻底修复。

(6)货车车身总成。

驾驶室锈蚀、变形严重、破裂,或货厢纵、横梁腐朽,底板、栏板破损面积较大需要彻底修复。

2)汽车大修竣工验收技术鉴定

(1)鉴定内容。

①对大修竣工后的整车外观以及发动机、底盘、电器设备、车身的装配修理质量和各项性能全进行全面检查,测试。

②要用仪器测试发动机,底盘的各项性能

a.用气缸压力表,测发动机气缸压力。

b.用真空表测发动机进气歧管真空度。

c.用废气分析仪测试汽车尾气。

d.用声级计测试喇叭的声级。

e.测试制动、滑行和加速性能。

③路试检查

a.路试检查制动效能、滑行性能、加速性能。

b.路试检验转向系、变速器的换挡情况。

(2)汽车大修验收的一般程序。

①路试前的检验:主要是检查汽车装备的完整性,装备的精密性,以及各大总成和电气仪表的正常工作性。一是汽车在静态下的外观检视,二是发动机无负荷运转(车辆原地不动)时的检视,各项目均应达到原厂规定的标准。

②路试中的检验:通过路试来检查竣工车辆的动力性、经济性、操纵性及滑行性能的恢复情况,通过观察各部声响来判断和衡量发动机及底盘工作情况,尤其通过路试鉴定其制动效果。

③路试后的检验调整:对于路试中所暴露出来的问题,逐条加以消除,并按技术条件重新对全车有关部件(发动机、底盘、电气设备等)进一步进行检查与调整,以符合规定的要求。

(3)一般技术要求。

①装配的零部件、总成和附件应符合相应的技术条件。各项装备应齐全,并按原设计的

装配技术标准安装。

②主要结构参数应符合原设计规定。由于修理而增加的自重，不得超过原设计自重的3%。

③驾驶室、客车厢应形状正确、曲面圆顺、转角处无褶皱、蒙皮完整、无松弛、无污垢及机械操作的缺陷。

④喷漆颜色协调、均匀、光亮，漆层无裂纹、剥落、起泡、流痕、皱纹等现象。不需涂漆的部位，不得有漆痕。

⑤驾驶室、客车厢、货厢及翼板左右对称。各对称部位离地面高度差：驾驶室、翼板、客车厢不大于10 mm，货厢不大于20 mm。

⑥座椅的颜色、形状、尺寸、座间距及调节装置应符合原设计要求。

⑦门窗启闭灵活，关闭紧密，锁卡可靠，合缝匀称，不松旷。风窗玻璃透明，不炫目。

⑧转向机构各连接部件不松旷，锁卡可靠。转向盘自由转动量符合要求（带转向助力器的除外），总重不小于4.5t汽车不大于30°，总重小于4.5t的汽车不大于15°。

⑨离合器踏板、制动踏板的自由行程和手制动的有效行程应符合原设计要求。

⑩仪表、灯光、信号、标志齐全，工作正常。

⑪轮胎气压应符合原设计要求。限速装置应加铅封。

⑫各部润滑应符合原设计要求。

⑬各部运行温度正常，各处无漏水、漏油、漏电、漏气现象。

（4）主要性能要求。

①发动机起动容易，在各种转速下运转正常、无异响。

②传动机构工作正常，无异响。离合器结合平稳，分离彻底，操作轻便，工作可靠。变速器挂挡轻便，准确可靠。

③转向机构操纵轻便，行驶中无跑偏、摆头现象。前轮定位，最大转向角及最小转弯半径应符合原设计要求。

④制动性能应符合《中华人民共和国机动车制动检验规范》的规定。

⑤汽车空载行驶初速为30 km/h时，滑行距离应不小于200 m。

⑥带限速装置的汽车，以直接挡空挡行驶，从初速20 km/h加速到40 km/h的时间应符合规定。

⑦带限速装置的汽车，以直接挡空载行驶，在经济车速下，每百公里燃油消耗量应不高于原设计规定值的85%，汽车走合期满后每百公里燃油消耗量应不高于原设计规定。

⑧驾驶室、客车厢不得漏水。汽车在多尘路上行驶，在所有门窗都关闭的情况下，当车外空气含尘量不低于200毫克/立方米时，驾驶室、客车厢内的含尘量不得高于车外含尘量的25%。

⑨汽车噪声应符合GB 1495—2002《汽车加速行驶车外噪声限值及测量方法》的规定。

⑩汽车排放限制应符合国家有关规定。

（5）测试条件。

性能测试应在平坦、干燥、清洁的中高级路面，长度和宽度适应测试要求，纵向坡度不大于1%的直线道路上往返进行，测试数据取平均值。

（6）检验规定。

①大修竣工的汽车，经检验合格，应签发合格证。

②大修竣工的汽车，应在明显部位安装铭牌，其内容包括发动机和车架号码，承修单位名称，修竣出厂年、月、日等。

③修竣工的车辆，经送修与承修单位双方确认合格后，办理出厂交接手续。出厂合格证和有关技术资料应随车交付送修单位。

（7）保用条件。

承修单位对大修竣工的发动机应给予质量保证，质量保证自出厂之日起，不少于3个月或行驶里程不少于10000 km。在送修单位严格执行走合期的规定，合理使用、正常保养的情况下，质量保证期内出现的修理质量问题承修单位应负责包修。

任务总结

案例所描述的汽车售后4S店的经营行为是一种商业欺诈行为，也是违法行为。经营者只有创新管理理念与行为，加强员工管理，更新现代汽车技术思想，使经营企业内的维修作业方式尽快达到信息化、专业化的要求，才能使企业具有一定社会美誉度、才不会出现类似客户王女士的投诉结果。

- 知识点：熟悉汽车维修组织、汽车维修方式、汽车维修大修标志、汽车维修质量标准等基础知识。
- 技能点：能够完成车间维修组织，能完成汽车维护作业。
- 素养点：具备现代汽车维修思想与服务理念，以企业为平台，干一行，爱一行，实现自身价值。

一、思考与讨论

1.填空题

（1）汽车维护的内容主要有三类：（　　　）、（　　　）、（　　　）。

（2）汽车维护作业的内容主要包括（　　　）、（　　　）、（　　　）、（　　　）、（　　　）、（　　　）等几个方面。

（3）汽车修理按作业范围可分为（　　　）、（　　　）、（　　　）、（　　　）四大类。

（4）汽车修理方法主要有（　　　）、（　　　）。

（5）汽车修理的作业组织形式有：（　　　）、（　　　）。

2.简答题

（1）汽车零件的磨损曲线如何描述？

（2）什么是汽车修理工艺组织？

（3）深化维护实施过程中要注意什么？

（4）汽车维修质量检验有哪些？员工如何树立汽车维修质量意识？

二、案例分析

随着汽车的普及和信息技术的提高，"家门口一站式服务"及社区服务店应运而生，互联网+汽车保养成为汽车售后服务的便捷模式。

互联网+汽车保养的优势显而易见，4S 店的行业垄断不断被"互联网+"的模式打破，它直击部分商家服务不透明、诚信体系缺失、价格高、质量难保证、耗费时间等养车与维修方面的车主消费痛点。

现在年轻一代的车主，热衷于到正规的网店或商城购买汽车配件，然后预约线下有信誉的门店进行保养。这样一来价格会比 4S 店便宜两三倍，而且无论配件质量还是保养技术都比较高。而目前的汽车后市场，也正急需更多有前瞻性的创业者去解决车主的痛点。

(1)你如何理解互联网+汽车保养的意义？

(2)能否在手机上装 App，通过互联网+汽车保养的模式进行日常汽车维护作业？

三、实训项目

1. 实训内容与要求

在国家"大众创业、万众创新"政策感召下，通过调研，请你拟定一个创办汽车售后服务 2S 店的方案(以社区服务店为主)。

(1)手续要求(营业执照、税务登记证)。

(2)选址建议。

①社区汽车消费人群数量为考虑首选。

②服务店不须在闹市区，要求道路宽敞、车流量大、停车洗车自由方便。

③店门口宽敞，但不能靠红绿灯太近，店面后有院子最佳。

④洗车聚集点，加油站、宾馆、停车场附近。

⑤如果店面临街，一定要将指示牌做好，千万不可省下这点投资。

⑥以服务社区人口为宗旨。

(3)完成时间：一个月。

2. 实训组织与作业

以 4 人为 1 组，分工自由，选择品牌汽车项目，调研后撰写创办汽车售后服务 2S 店方案。

组织要求：遵循客户为中心的理念，满足各类型的客户消费需求。

四、学生自我学习总结

根据模块线上线下学习内容，建议从以下几个方面进行总结。

(1)理论知识还有哪些学习不到位的地方，需要补充和拓展？

(2)是否具备汽车维修企业现场维修作业组织能力，技能水平是否符合专业培养标准要求？

(3)如何以企业为平台，提高汽车维修质量意识和管理水平？

第二部分

汽车售后服务企业经营管理

任务一　汽车售后服务企业人力资源管理

学习目标

1. 了解汽车售后服务企业人力资源管理要求。
2. 掌握汽车售后服务企业员工管理制度、招聘与录用方法。
3. 熟悉企业员工薪酬与绩效管理要求。
4. 具备指导入职者职业素养的能力。

知识结构图

【任务引入】

张先生是一个即将走出校门的汽车技术服务管理专业的毕业生。他对未来工作及薪资的设想是：先进入一家世界知名品牌汽车 4S 店工作，通过 3 年左右的基层锻炼后，如果没有提升的空间做到业务经理的话，他就准备辞职去重新找工作。你认为张先生的想法是否正确？为什么？

【任务分析】

本任务从汽车售后服务企业人力资源管理的员工日常管理入手，重点介绍了企业员工招聘与录用管理、薪酬与绩效管理，使学习者熟悉与掌握员工日常管理制度、方法与要求。通过绩效管理，提高员工的主观能动性及工作积极性。

知识链接

模块一　汽车售后服务企业员工管理制度

汽车售后服务企业员工管理制度

(1)员工要树立"用户第一、质量第一"的经营观念，热情接待车主，精心维修车辆，确保修车质量。

（2）企业领导是企业的领导核心，在企业的经营活动中处于"中心"地位，员工要听从班组长和主管的指挥，各级都要服从企业法人代表的领导。

（3）新员工进企业必须经考核批准，要有介绍人和担保人，填写员工登记表，提供身份证、技术等级证明，试用期为1~3个月，试用合格后与企业方签订合同。

（4）员工要遵守作息制度。上下班要专人考勤，请假要办理书面手续，上班不准在单位内打私人电话，不准在接待室闲谈，不准在企业内会客。

（5）坚守工作岗位，上班要穿工作服，佩戴标志，不准穿拖鞋，不准串岗聊天，不准在客户车上休息，不准乱动车内开关，不准上班时间做私活。

（6）业务接待是单位的窗口，要提高接待质量，对客户要主动热情，维修项目确定要准确，工期要准时，报价要合理，交接要细心，车辆进出单位要手续完善。业务接待是接待员的工作，不准员工同车主私下洽谈业务，严禁以修车为名向客户索取额外报酬。

（7）严格执行门卫管理制度，进出单位车辆和人员门卫有权检查，员工携带物品出企业，要登记报告，未经批准不准带进带出。

（8）车间内严禁吸烟，员工要遵守安全管理制度，严格遵守安全操作规程，禁止野蛮操作，属个人责任的零件、设备损坏要根据责任大小按比例予以赔偿。

（9）加强工具设备管理，建立工具设备档案。由班组使用的设备工具要办理手续，责任到人，定期维修保养。设备要设专人保管，定期检验维护。员工要爱护公物，对于工具设备、维修车辆及车上的物品、车间电器，要妥善保管，车钥匙要专人保管，下班要锁好车门，防止丢失。属个人责任的丢失，要视情况予以赔偿。

（10）严禁无驾驶证移动车辆和试车，严禁私自将客户车开出单位外，发生事故责任由个人承担。

（11）严格履行工作程序，换料领料要审批，备料要填写备料单，注明车型、年号、年份、零件名称等内容并上交旧件，市内采购要在2~3小时完成，市外3~5天，报价当天答复，特殊情况除外。配件价格要合理，不能高于市场价格。

（12）严格执行仓库管理制度，配件部要熟悉市场价格，领发料要有签字手续，进出库要有单据。货物要做到账与物相符，仓库要把好配件质量关，严防假冒、伪劣配件入库。如出现假冒、错发、漏收，给企业带来损失的要追究当事人责任。

（13）质量是企业的生命。严格执行质量管理、工艺管理制度，把好质量关，努力做到维修一台，合格一台。要认真细致地做好车辆进单位检验、过程检验、出单位检验的工作，减少返修率。返修不计工时，而且要视情况予以处罚。工人要严格按工艺程序操作，对于违反工艺程序造成的返修质量事故，要追究当事人的责任。出单位车要有保用制度，出单位后要做好跟踪服务。

（14）要严格执行工期管理制度。从接车开始就要向客户交代完工交车时间。在作业过程中，从配件供应、维修、加工等各个方面保证工期，必要时组织加班加点，保证车辆按期交给车主。对于确有特殊情况不能按期的，应提前通知车主并做好解释工作。

（15）要保持工作环境的整洁卫生。车间及车场的卫生要划片定点落实到班组，作业区要保持干净整洁，经常打扫，不准地上有油污、垃圾，废油要倒置在指定的地方。

（16）在修理过程中发生的追加项目，应首先申报，经单位与车主联系取得同意后方可继续加工。在维修过程中如发生了质量事故，如损坏、丢失了零配件等情况，班组应首先报告，单位经调查落实后，根据责任大小予以处罚。

（17）全体员工要模范遵守国家法规法纪，严禁在单位内及宿舍内赌博。

（18）以上各条除注明罚款比例外，其他如有违反，根据情节轻重处罚5~200元，情节严重且屡教不改的要予以辞退或除名。

模块二　招聘与录用管理

通过合理优化人力资源管理，建立公平公正的人力资源管理环境，提高企业管理效益。

一、员工招聘原则

（1）员工招聘总体要求：公平、公正、公开、客观。

（2）不招聘录用以下人员：

①曾因重大过失被公司开除者或未经批准擅自离职者。

②身份、资历、学历等信息造假者。

③服刑期间或存在违法犯罪活动、被通缉在案者。

④存在酗酒、吸毒等不良嗜好者。

⑤患有精神病或传染病，以及身体条件不能与岗位适用者。

⑥尚在社会其他企事业单位就职，未与其解除劳动关系者。

⑦未经过正常招聘、甄选、录用程序者。

二、招聘流程与要求

（1）用人单位需增补人员时，依本部门的人员编制，应先填写招聘需求审批表，经部门负责人签核后报至综合部，由总经理核准后开始招聘程序。

（2）人力资源管理部门依据招聘需求审批表，确定招聘方式。

①外部招聘。

按照用人部门招聘需求审批表的条件，通过各类媒体、人才网、人才交流会、人才招聘会等渠道发布招聘广告。

②内部竞聘。

公司内部员工可进行自我推荐，参加公司内部竞聘。内聘成功可依照公司《人事异动管理制度》办理调动手续。

（3）面试程序。

①综合部接待应聘人员，填写应聘人员信息登记表，同时审核相关证件。

②根据岗位情况参加"×××企业（公司）在线人力资源系统素质测评"。

③相关技术岗位参加岗位技能笔试、初试，并填写面试记录表。

④通过初试的候选人，由用人部门组织复试，并填写面试记录表。

⑤复试合格者，由综合部在2日内发出录用通知并开始相关录用审批程序。

模块三　薪酬与绩效管理

企业通过调动各岗位员工的工作积极性，做到准确、公正地评价员工履职的绩效与发展潜力。

一、薪酬管理原则

×××企业(公司)的薪酬管理制度贯彻按劳分配、效率优先兼顾公平的基本原则，在薪酬分配管理中综合考虑相关行业薪情、社会物价水平、员工所在岗位在公司的相对价值以及公司支付能力等因素。

二、适用范围

本制度适用于与×××企业(公司)签订劳动合同的所有员工。特殊岗位有特殊约定的不受×××制度约束。

三、分配原则

根据录用、管理、考评、薪酬分配一体化的原则，×××企业(公司)所有人员的薪酬分配统一由人力资源部管理，并实行统一的岗位绩效工资制度。

如有特殊情况经×××企业(公司)法人代表批准后可以不按照此制度执行，但需报人力资源部备案。

四、薪资体制

(1)公司所有员工实行岗位绩效工资制。

(2)工资构成。

①应发工资=基本工资+岗位工资+绩效工资+福利津贴+奖金+其他增加额-(预留工资10%+考勤扣款+其他扣款)。

②实发工资=应发工资-社会保险费-个人所得税

③绩效工资=提成工资×绩效分数

说明：单位创利方案提成和绩效考核制度，其他扣款包括餐费、罚款、工服个人负担部分、培训个人负担部分等；社会保险费包括五险个人负担部分。

④预留工资：服务经理、服务顾问、车间技师、保险顾问、保险经理、备件部门员工、大客户部门员工、销售经理、销售顾问每月实发工资将预留3%年底发放，发放金额根据绩效考核成绩、质量检查成绩等决定。

五、薪资的计算及支付

(1)薪资的核算部门为人力资源部，人力资源部应当于每月15日前(遇休息日提前)完成核算工作。

(2)员工日工资计算方法：日工资=(基本工资+岗位工资)/本月天数。

(3)各部门所提供绩效考核数据应当于每月5日前(遇休息日提前)交至人力资源部，否则对责任人罚款500元/日。

（4）员工薪资计算日期为当月 1 日到月末。

（5）薪资给付时间为次月 20 日，遇休息日顺延给付。公司因特殊原因或者不可抗事件不得不延缓工资支付时，应提前通知员工，并确定延缓支付的日期。

（6）薪资的发放部门为财务部。

（7）薪资虚报、误算或超领时，当事人必须在发现后立即退还，因误算而超付的薪资，人力资源部可向员工行使追索权。

（8）经公司同意的培训及教育，公司按规定付给员工薪资。

（9）员工请假、加班等工资的核算参照公司考勤制度执行。

（10）正式员工离职应提前一个月通知公司，办理好交接手续后方可离职，公司按出勤工作日支付该员工工资并于次月 20 日结算工资；离职未提前一个月通知公司者，当月工资不予结算。

六、试用期薪酬

试用期内员工领取工资的 80%，暂不参与绩效考核也不涉及绩效工资；涉及提成的员工试用期即参加绩效考核核算绩效工资。

七、薪酬调整

（1）薪酬在适当期内应予以调整。薪酬调整分为自动调薪、普遍调薪和临时调薪三类。

①自动调薪，即员工转正调薪。

②普遍调薪，即结合当地物价水平和行业薪酬水平进行工资调薪，调薪比例根据具体情况而定，原则上普调每年一次，每年的 3 月为薪酬调整月。

薪酬增加额＝原基本工资×调薪比例

③临时调薪，主要是指由于晋升、调岗、降级等原因引起的不确定调薪，包括外界环境变化或公司经营状况变化的其他调薪。

（2）员工调薪须经过规定操作程序，除了公司普遍调薪，其余所有涉及员工调薪的都须提前填写薪资调整审批表。

品牌4S店创利部门提成方案

八、绩效管理

绩效管理，是指各级管理者和员工为了达到组织目标共同参与的绩效计划制订、绩效辅导沟通、绩效考核评价、绩效结果应用、绩效目标提升的持续循环过程。

绩效管理的目的是企业通过绩效考核的实施，改善部门业绩，提升员工工作能力与业务水平，科学评估部门与个人工作结果，激励先进、鞭策平庸。

1.考核方式

组合考核方式，即经营指标与管理指标、阶段性考核指标相结合方式。

2.绩效考核的类型（如表 4-1 所示）

表 4-1　绩效考核的类型

业绩考核指标	销售数量、销售利润、售后服务达成率、售后利润等
行为考核指标	客户开发数量、客户拜访数量、客户回访数量等

续表4-1

业绩考核指标	销售数量、销售利润、售后服务达成率、售后利润等
客户满意度考核指标	客户投诉率、客户投诉处理满意率等
工作态度考核指标	积极性、责任性、协作性、服从性、纪律性等
工作能力考核指标	汽车知识、销售技能、业务流程知识、售后维修技能等

3.4S 店绩效考核

1) 主要岗位绩效考核 KPI（Key Performance Indicator，绩效指标）
（如表 4-2 所示）。

表 4-2　绩效考核 KPI

部门	职位	KPI
总经理室	总经理	营运目标
销售部	销售总监	销量目标 销售利润目标 客户满意度
	展厅销售经理	展厅销量目标 销售利润目标 客户满意度
	展厅销售主管	展厅销量目标 销售利润目标 客户满意度
	大客户销售经理	大客户销量目标 销售利润目标 客户满意度
	二级网点销售经理	网络销量目标 销售利润目标 网络发展规划
	二手车销售经理	展厅销量目标 销售利润目标 客户满意度
	销售顾问	展厅销量目标 销售利润目标 客户满意度
	销售计划主管	经销商订单6个月滚动计划 库存深度 库存损耗率
	库管员	库存车管理 库存损耗率

续表4-2

部门	职位	KPI
服务部	服务总监	营业额 利润 进厂台次 客户满意度 客户保有量 人员出勤率 人员流失率
	服务经理	营业额 进厂台次 客户满意度 客户流失率 投诉处理满意率
	服务顾问	接车台次 营业额 故障诊断准确率 报价准确率 客户满意度 客户投诉率
	索赔员	索赔通过率 客户满意度 索赔台次
	机电技工	一次修复率 维修台次 维修工时
	备件经理	备件供应满足率 备件周转率 库存金额 备件外销金额 备件盘存准确率
	备件订货计划员	备件供应率 备件周转率
	备件库管员	出库单次 出入库准确率 备件盘存准确率
	技术经理	一次修复率 按时交车率 维修技师劳动效率 维修技师生产率 技术支援台次

续表4-2

部门	职位	KPI
服务部	质量检查员	一次修复率 内部返修率
	内部培训员	一次修复率 培训天数
	工具/资料管理员	工具完好率 盘存准确率 资料完好率
市场部	市场经理	市场计划制订 市场活动预算使用 市场活动效果评估
	市场信息专员	信息收集完整性 信息分析及时性 信息准确性
	广告专员	集客量
	促销专员	集客量 销售成交率
客户服务部	客服经理	销售及服务客户满意度指标
	客服专员(销售)	销售回访及客户满意度指标
	客服专员(服务)	服务回访客户满意度指标 流失客户与新增客户分析
	客户专员	相关业务(保险、续保、分期)完成率分析

2)绩效考核步骤

(1)数据收集。

数据收集人:被评估员工的直接领导人。收集数据的类型:用以计算被考核员工KPI得分的相关数据。

(2)填写表格。

首先由被考核员工依据个人业绩计划完成工作总结,完成后交直接领导人填写上级评估表格,其他KPI由内、外部客户评估。

(3)开会评估。

主要问题:听取直接领导人的评估意见,研究决定对被考核员工的评估结果和奖惩方案等,重点讨论最好和最差20%员工的处理方案。

(4)沟通反馈。

决策反馈负责人:被考核员工的上级领导人。

主要内容:提出被考核员工的未来努力方向,听取被考核员工的意见和看法。

后续工作:安排有关员工的培训、安排新员工的招聘、改进评估体系等。

3)考核流程

考核流程如图 4-1 所示。

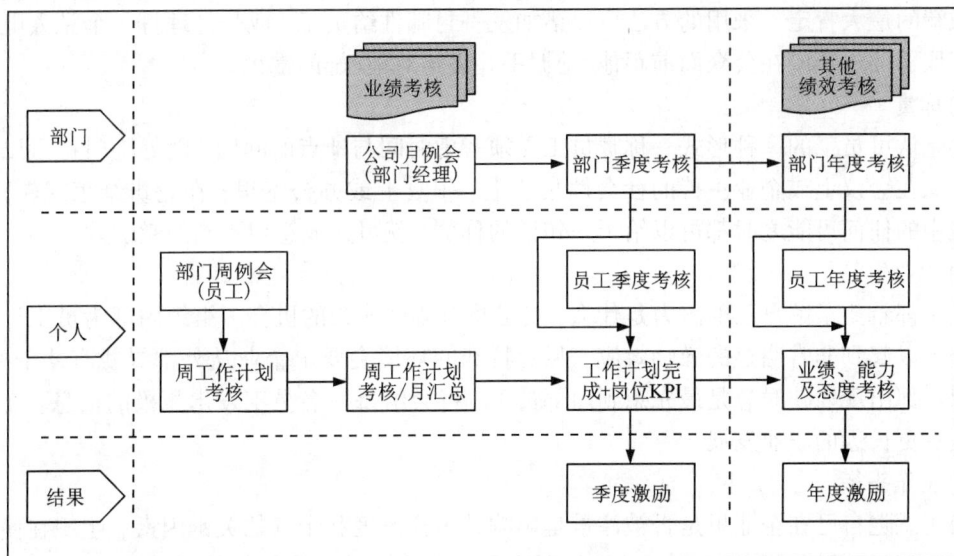

图 4-1　员工考核流程

4.员工激励

员工激励是指通过各种有效的手段,对员工的各种需要予以不同程度的满足或者限制,以激发员工的需要、动机、欲望,从而使员工形成某一特定目标并在追求这一目标的过程中保持高昂的情绪和持续的积极状态,充分挖掘潜力,全力达到预期目标的过程。

1)行政激励

行政激励指按照企业的规章制度及规定程序给予的具有行政权威性的奖励和处罚。按规定程序给予的警告、记小过、记大过、留用察看、开除等处罚和嘉奖、记小功、记大功、荣誉称号(确定的各类委员、代表、标兵、模范、先进工作者等,科技进步成果奖和科学发明奖等)。

2)物质激励

物质激励指企业按照规章制度及规定程序以货币和实物的形式给予员工良好行为的一种奖励方式,或者对其不良行为给予的一种处罚的方式,一般有奖品、奖金、休假、疗养、旅游等福利待遇;处罚方式有扣发奖金、工资,罚款等。

3)升降激励

升降激励指企业按照规章制度及规定程序通过职务和级别的升降来激励员工的进取精神。

4)调迁激励

调迁激励指企业按照规章制度及规定程序通过调动干部和员工去重要岗位、重要部门担负重要工作或者去完成重要任务,使干部和员工有一种信任感、尊重感和亲密感,从而调动积极性,产生一种正强化激励作用。调迁激励方式有岗位调动、部门调动、任务调动和入学深造等。

5. 员工激励方法

1）认可

当员工完成了某项工作时，最需要得到的是上司对其工作的肯定。上司的认可就是对其工作成绩的最大肯定。采用的方法可以诸如发一封邮件给员工，或是经理打一个私人电话祝贺员工取得的成绩或在公众面前跟他/她握手并表达对他/她的赏识。

2）称赞

这是认可员工的一种形式。称赞员工无须考虑时间与地点的问题，随处随时都可以称赞员工。如在会议上或企业主持的社会性集会上、午宴上或办公室里，在轮班结束或轮班前、轮班之中的任何可能之时都可以给予一句话的称赞，就可达成意想不到的激励效果。

3）职业生涯

员工都希望了解自己的潜力是什么，自己将有哪些成长的机会。组织内部为员工设计职业生涯可以起到非常明显的激励效应。尽管特殊的环境会要求企业从外部寻找有才干的人，但如果内部出现职缺时总是最先想到内部员工，将会给每一名员工发出积极的信息：在企业里的确有更长远的职业发展。

4）工作头衔

员工感觉自己在企业里是否被注重是影响其工作态度和士气的关键因素。组织在使用各种工作头衔时，要有创意一些。可以考虑让员工提出建议，让他们接受这些头衔并融入其中。最基本地讲，这是在成就一种荣誉感，荣誉产生积极的态度，而积极的态度则是成功的关键。

5）良好的工作环境

入职的新员工对于"工作条件"非常在意，工作环境在整个激励员工的因素中排在第二位，这是影响员工满意度的一个重要因素。

6）给予一对一的指导

指导意味着员工发展。传递给员工的信息是企业非常在乎他们、肯定他们的努力。在公共场合要认可并鼓励员工，起到一个自然的激励作用。

任务总结

售后服务是围绕着商品销售过程而开展的配套服务体系。做好售后服务工作，体现企业以客户为中心的文化内涵及员工职业能力。张先生通过了解应聘企业员工制度管理、薪酬与绩效管理制度，能够清晰个人职业规划，查找自己在职业能力及学习能力方面的不足，为忠诚服务企业打下良好基础。

- 知识点：汽车售后服务企业员工管理制度，企业员工招聘与录用要求。
- 技能点：汽车售后服务企业员工招聘与录用方法。
- 素养点：通过案例，能够查阅资料后掌握各企业员工管理细则，在实践中提高企业员工工作的积极性与创造性。

一、思考与讨论

1.填空题

(1)员工要树立( )、( )的经营观念,热情接待车主,精心维修车辆,确保修车质量。

(2)员工招聘总体要求:( )、( )、( )、( )。

(3)公司所有员工实行( )工资制。

(4)员工日工资计算方法:( )。

(5)薪酬调整分为( )、( )、( )三类。

(6)员工激励是指通过各种有效的手段,对员工的各种需要予以不同程度的( )或者( ),以激发员工的( )、( )、( )。

2.简答题

(1)什么是汽车售后服务企业员工管理制度?

(2)请论述人力资源管理部门面试程序。

(3)汽车售后服务企业员工招聘与录用条件是什么?常用些什么方法?

(4)企业员工薪酬与绩效管理内涵有哪些?

(5)员工激励方法有哪些?

二、案例分析

在德国大众汽车公司流传着这样一句话:对于一个家庭而言,第一辆车是销售员销售的,而第二、第三辆乃至更多的车都是服务人员销售的,服务的本质是销售。

现在,产品的售后服务逐渐成了每一个品牌不得不关注的热点,因为它直接关系到一个产品品牌形象的确立,关系到一个企业的生存与发展。与此同时,几乎每一个品牌都发出了这样的感叹,那就是售后服务难做,客户的要求越来越细、越来越高、越来越多。营销专家认为,让售后服务成为持续交易的基础,首先要解决三个方面的问题:

(1)服务场景和有形展示方面。汽车售后服务企业除了装修风格和人员着装之外,服务价格的公示、收费的合理性、不输于正品质量的配件品质、原厂配件等都在传递品牌价值。

(2)服务流程方面。客户在售后服务时最需要的是公平和便捷,特别是服务补救的时候,惠普的笔记本"售后门"事件引起的全国数百个维权群,丰田汽车的"召回门"事件,都需要在流程上体现出来。正确的流程才有正确的结果,没有事前拟定的处理原则、设计好的预案和确保执行的制度,很难仅仅依靠现场服务人员的应变去回应客户以令其满意。

(3)高素质的服务人员方面。没有客户不喜欢热情、积极、善于倾听、愿意解决问题、有权力解决问题、经过培训知道如何解决问题的服务人员,他们可以有效地弥补有形展示和流程方面的不足。但如果没有良好的作业环境、持续有效的培训支持、足够的激励政策,很难想象一位满腹怨言的服务人员能提供优质的服务。

(1)作为汽车售后服务企业前台服务顾问,如何做到会倾听客户的抱怨?为什么?

(2)你如何理解"缺少了售后服务你所销售的产品就不是一个完整的产品"这句话?谈谈理由。

三、实训项目

1. 实训内容与要求

实训项目：陈先生的车出现了故障，来你所在的 4S 店进行维修，请你模拟使用 5W2H 的前台接待标准流程话术来接待。

（1）When 是指故障发生的时间，包括季节、时间早晚等。

（2）Where 是指故障发生的地点，如国道、高速公路、市内公路等。

（3）Who 是指故障发生时的驾驶人，即是谁在驾驶车辆。

（4）What 是指故障发生时的详细情况，主要内容包括：哪个系统发生了什么故障，当时发动机、变速箱、仪表指示灯、灯光、空调、音响及其他功能的状态。

（5）Why 是指故障发生原因咨询，即问题发生前车辆有没有发生过其他故障或做过维修保养、改装或事故维修等。

（6）How 是指故障怎么发生的，即客户是否有简单的感觉判断，发生时有没有其他伴随现象，如下雨、特殊路面、特殊地区等。

（7）How much 是指故障发生的频率，到目前为止共发生了多少次。

要求：

（1）个人礼仪设计。

（2）用专业用语详细介绍企业维修作业项目、要求、工时等内容。

（3）填写客户接待单与故障问诊单。

（4）与车间进行沟通。

（5）安排客户休息。

完成时间：8 节课。

2. 实训组织与作业

实训项目：根据模拟情境，进行两人 5W2H 的前台接待标准话术流程的训练。

组织要求：相互配合，热情服务，热爱本职，体现价值。

四、学生自我学习总结

根据模块线上线下学习内容，建议从以下几个方面进行总结。

（1）理论知识还有哪些没有掌握好的地方，需要补充和拓展？

（2）熟练运用 5W2H 的前台接待标准话术流程，能够按照企业制度进行员工招聘、薪酬与绩效管理。

（3）了解汽车售后服务企业人力资源管理制度是否影响你个人的职业规划。你在学校里掌握的专业能力能否满足企事业单位职业岗位需求。

任务二　汽车售后经销商管理

学习目标

1. 了解汽车售后服务企业特约经销商概念。
2. 学会描述特约经销商的类型、部门设置、职责。
3. 掌握汽车 4S 店的筹建方法、前台接待要求。
4. 掌握提升汽车售后服务客户满意度的方法与途径。

知识结构图

【任务引入】

　　王先生的大众汽车行驶了 28000 公里，按正常的运行要求要进行定期维护保养。但王先生对维护保养地点、方式、配件、价格、质量等犹豫不决，是自己在××商城上网购配件到一般的修理厂去做维护保养，还是到所销售车辆的售后服务企业去做维护保养？在当今情形下，你认为哪种选择比较正确？谈谈你的理由。

【任务分析】

　　汽车售后经销商需要掌握的基础知识包括汽车 4S 店销售渠道、4S 店的筹建方法、前台接待要求等内容。基于客户满意度的要求，学习者通过汽车售后经销商管理基础知识的学习，能够掌握汽车 4S 店的概念及四位一体经销模式特点、销售服务店的类型、服务接待要求等专业知识及专业技能。

知识链接

模块一　汽车销售服务类型

一、汽车售后分销渠道

目前我国的汽车分销渠道可以分为：特许经营专卖店(4S店)、汽车交易市场、汽车超市、汽车大道、网络营销等多种渠道模式。汽车超市、网络电商平台的兴起也促进了汽车销售模式的多样化。

1.特许经营专卖店

从1999年广州本田的第一个4S店诞生起，4S模式在中国得到迅猛发展，这是目前我国主要的汽车营销模式。"四位一体"模式，简称4S，全称为汽车销售服务4S店(Automobile Sales Servicshop 4S)，是一种集整车销售、零配件供应、售后服务、信息反馈四位一体的汽车销售企业。

6S店的说法，除整车销售、零配件供应、售后服务、信息反馈以外，还包括个性化售车(Selfhold)、集拍(Sale by amount，集体竞拍，购车者越多价格越便宜)。

2.汽车交易市场

汽车交易市场多为专卖店和普通经销商组成的有形交易市场，为客户提供除销售外的延伸服务如贷款、保险、上牌等服务，帮助用户办理购车手续。汽车交易市场凭借规模效益，一方面降低了经营商的经营费用，另一方面因为汽车交易市场有着可观的销量和客户群，使汽车制造企业不能排斥汽车交易市场。当然，它也存在明显的不足：众多厂商、经销商鱼目混珠，无法保障良好的售后服务。

3.汽车超市

这种百货超市式的大型汽车交易市场，就是在城市中规划出一块专业销售汽车的市场，其中聚集了各种品牌的汽车专卖店，同时具备车辆展示、销售、美容保养、专用服饰和书籍以及贷款、保险、上牌等一站式的服务功能。这种销售模式营业面积较大，销售品种齐全，消费者能在超市内完成购车的各个环节。它的优势体现在：一是将高、中、低车型同场销售，为消费者提供最多的选择，享受更全面的售后服务。二是以规模效应降低销售成本和管理费用，利用各种品牌销售业绩之间"互补"来规避市场风险。三是通过新业态实现资源整合，将价格和服务整合为核心竞争力。

4.汽车大道

汽车大道的表现为品牌汽车经销商在宽敞的公路两边盖起一个又一个的4S店。这类汽车营销组织在20世纪80年代就已在北美产生，至今仍在加拿大的蓝里市、美国的西雅图市等地存在。上海闸北区的联合汽车大道作为国内第一条汽车大道，吸引了国内外知名的汽车经销商入驻，并兴建起汽配商店、汽车俱乐部、汽车旅馆、餐饮娱乐、汽车金融保险和文化中心等相关产业组成的全方位贸易区。

5.网络营销

1)电子商务概述

电子商务是指人们利用电子手段所进行的商业、贸易等商务活动，是商务活动的电子化、网络化和自动化。它不仅指互联网上的交易，而且指所有利用电子信息技术来解决问题、降低成本、增加价值和创造商机的商务活动。

2）电子商务营销模式

随着网络信息技术的发展，电子商务带动了汽车产业，汽车网络营销模式开始崭露头角。这种模式可以让消费者轻松地了解汽车产品的最新信息，通过定制服务以满足消费者的个性化需求，是信息时代汽车营销模式新的发展趋势。常见的除汽车生产企业或汽车经销商建立网站的方式外，利用淘宝、京东等网购平台是很大的亮点。网络电商营销模式正展现强大的生命力。

目前的汽车电商业务均是以 O2O 模式展开。所谓"O2O 模式"，即将线下的商务机会与互联网结合的销售模式。天猫、苏宁的具体购车流程为：在线或是电话咨询预约试驾、线上确认车型、拍下新车并进行支付、订单生成、收到验证码短信，买家凭借短信验证码前往 4S 店提车，最后进行在线确认和评价。

二、特约经销商

1.特约品牌经销商概念

特约经销商是在某个行业中比较有实力和名气的公司，被生产企业邀请代理自己的产品以便更快地在这一个地区打开自己的产品的销路和提高产品的知名度，这一类代理商被称为特约经销商。

4S 销售模式是目前我国主要的汽车营销模式。

2."四位一体"特约经销作用

4S 品牌专卖模式不仅包括传统的汽车销售，还包括给汽车消费者提供质量优良的原厂配件以及汽车制造企业认证的售后服务，同时通过信息反馈，给汽车制造企业及时提供有效的客户信息，是汽车制造企业可靠的信息源，同时保证汽车制造企业在售后方面的收入和利润。

3."四位一体"特约经销商特点

（1）统一的管理标准、系列化的建筑风格与标识，只经营单一的品牌。

（2）现代化的网络管理与信息交流。

（3）规范化的接待服务流程。

（4）在上牌、保险、理赔等方面形成专业化的维修服务与售后服务体系。

（5）有专用的维修工具及量具，合理的收费价格，实现最大的社会效益。标准汽车 4S 店如图 5-1 所示。

图 5-1　标准汽车 4S 店

4. 经销商与汽车制造企业关系

汽车制造企业和汽车经销商是同一个利益链条上的两个不同的利益主体，汽车制造企业提供产品，经销商直接面对客户，二者之间的利益有共同点也有冲突。汽车制造企业制定市场开发步骤和战略规划。经销商在区域经销市场深耕细作，实现品牌战略目标的同时实现自身的发展。二者都从汽车品牌发展过程中获益。但商家的逐利性会让二者又存在利益分歧，利益最大化是每一商家追求的目标，只有各方利益平衡发展才能实现共赢和持续发展。如图 5-2 所示。

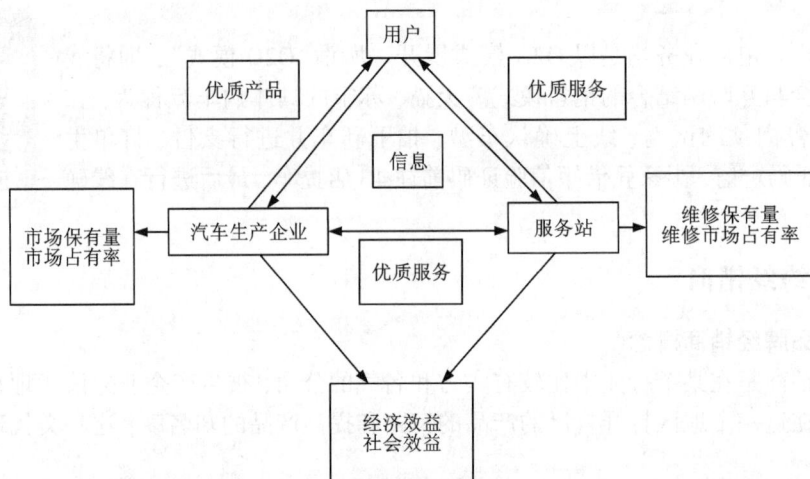

图 5-2　经销商与汽车制造企业关系

5. 未来汽车企业营销模式

1)"四位一体"经营模式的发展趋势

目前，随着我国加入 WTO 和汽车产品关税的逐步下调，采取"四位一体"经营模式跟国际接轨的新型营销模式及较完善的销售服务体系受到了消费者的认可和欢迎，在业内得到了广泛的认知和推广。为了快捷地服务于客户，建立 2S 店（包含销售、快修功能），或者以汽车超市的模式来经营汽车售后服务，这都是未来汽车产品销售的发展方向。

2)电子商务平台营销

目前，电子商务代表了先进生产力的发展方向，与传统汽车产业组织和运作模式相比具有无可比拟的优势。凭借传统资源优势，依托电子网络技术，整合、改造自身的业务与管理，颠覆了传统汽车营销模式，"四位一体"经营模式进行转型发展是传统汽车工业走向网络经济的必由之路。

比亚迪汽车经销商

吉利汽车经销商

模块二　汽车售后服务企业组织架构

一、经销商组织机构

1.企业组织机构（如图 5-3 所示）

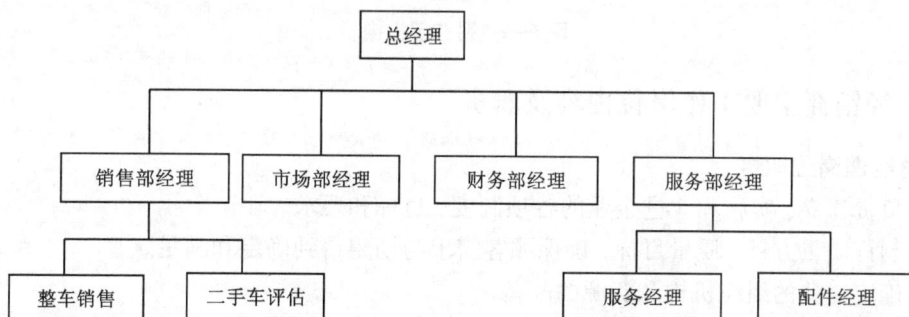

图 5-3　企业组织机构

2.整车销售部机构（如图 5-4 所示）

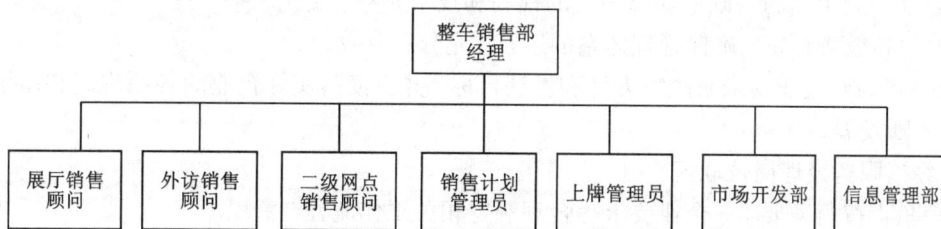

图 5-4　整车销售部机构

3.市场、综合管理部机构（如图 5-5 所示）

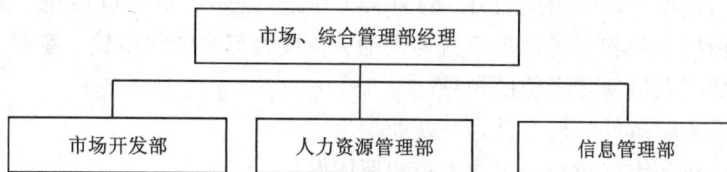

图 5-5　市场、综合管理部机构

4.财务部机构（如图 5-6 所示）

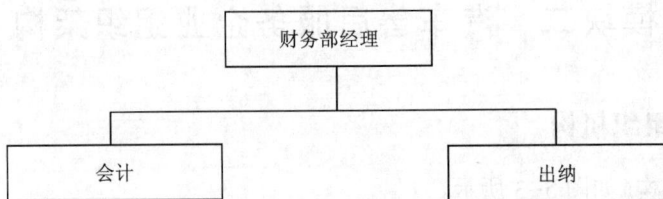

图 5-6　财务部机构

二、经销商主要工作岗位内容及职责

1.总经理岗位职责

(1)负责建立、实施和改进企业的各项制度、目标和要求。

(2)制订质量方针、质量目标,确保顾客需求与期望得到确定和满足。

(3)确定企业的组织机构和资源的配备。

(4)确保企业现有业绩,并使管理体系持续改进。

(5)负责向全体员工传达,满足顾客和法律、法规的重要性。

(6)组织企业各部门力量,完成董事会确实的各项经济指标。

(7)关心职工生活、劳动保护,防止发生重大安全事故,加强职工安全教育。

(8)在发展生产的基础上提高职工的福利和技术业务、文化水平。

(9)主持管理评审,确保管理体系的适宜、充分和有效。

(10)规划好企业的未来战略方针和发展目标,并贯彻落实好企业的各项规定和指示,带领企业不断发展。

2.经销服务经理岗位职责

(1)负责按行业要求、企业要求等合理制定相关工作流程、章程。

(2)负责主持售后服务中心日常工作的开展,监督指导业务接待、索赔员的工作,协调各部门及与其他部门的关系。

(3)负责接待和处理重大客户投诉工作。

(4)负责对顾客满意度的改进,进行总体协调,保证成绩稳步提高。

(5)负责部门各项会议的定期召开,对日常工作进行总结,并不断改进、优化。

(6)负责与授权企业和市场信息交流与沟通,各报表与文件的审核、签发。

(7)负责对部门人员每月岗位的考核。

(8)负责售后索赔事件的最终认定、处理。

(9)负责抓好车间维修质量、安全生产和环境保护。

(10)负责企业各项制度在本部门的宣导及信息的传递。

(11)负责质量管理体系中相关工作。

(12)负责商务发展计划的制订、实施、改正、评估(PDCA)。

3.整车销售部经理工作职责

在总经理的领导下,负责销售部的销售工作,带领销售人员完成销售任务:

(1)在企业总经理的领导下,对本企业整车销售部门实行行政领导,每日向总经理分别汇报前一日工作和当日工作安排。

(2)负责落实整车销售部门各岗位责任制及内部管理制度。

(3)严格执行与企业签订的买卖合同及贯彻落实各项管理规定。

(4)负责本部门人员的考核及培训,确保完成企业整车销售年度经营目标。

(5)负责制订并落实整车促销活动和宣传方案并对整车销售活动进行动态控制。

(6)调查、收集并反馈市场销售信息,监督控制二级网点的销售业务。

(7)负责协调好展厅所有人员工作和其他部门的工作,完成领导交给的其他工作。

(8)定期安排销售顾问进行职业技能培训和学习。

4. 服务经理岗位职责

(1)负责监督、指导业务接待、索赔员的具体工作并作月度考核。

(2)制订、安排和协调售后服务工作的具体开展,协调业务接待、索赔、收银、维修车间、配件之间的关系,保证全部的员工有良好的工作状态。

(3)积极开展和推进各项业务工作,控制管理及运作成本,完成工作目标。

(4)控制和提高车间维修质量,安全生产成本控制和环境管理,落实企业各项制度在本部门的宣导及相关信息的传递。

(5)严格按企业运作标准或相关要求开展工作。

(6)定期对本部门的工作进行审核及改进,做好业务统计分析工作,定期填写并上报各种报表。

5. 展厅销售顾问工作职责

(1)向来展厅咨询的客户推介产品,在双方达成销售共识后,与客户签订销售合同。

(2)通过展厅业务洽谈,促成客户最终实施购买行动,向客户介绍各类整车的性能、价格以及售后质量保修政策,并根据客户需求向客户推荐合适的车型,协助客户办理交款、贷款、接车、上牌等购车手续。

(3)客户回访及落实客户信息反馈。

(4)负责客户休息区的环境卫生及绿化布置,每日清洁。

6. 配件经理岗位职责

(1)负责监督、指导配件工作人员做好配件管理工作,保证充足的、纯正的配件供应。

(2)负责根据授权企业要求和市场需求,合理库存,将库存周转率控制在合理范围以内,加快资金周转。

(3)负责及时向相关部门传递汽配市场信息及本站业务信息。

(4)负责每月向相关部门提供月度报表及相关文件。

(5)负责配件环境卫生、管理,确保仓库整洁有序,零件、工具摆放规范,执行好6S管理。

(6)负责定期对配件部进行盘点,确保账、卡、物一致。

(7)负责定期召开部门会议,不断提高配件工作人员业务水平和服务意识,保证本部门员工良好的工作状态。

(8)负责企业各项制度在本部的宣导及相关信息的传递。

(9)负责本部人员的配件业务的培训指导及制订本部门培训计划。

(10)负责质量管理体系中的相关工作,协调与其他业务部门的关系。

7. 配件管理员岗位职责

(1)负责配件仓库的清洁卫生,配件规范摆放,标志清晰,并做好配件的维护工作。

(2)负责配件的收发管理及库存件的定期盘点并记录,确保账、卡、物一致,根据提货清单迅速、准确地提供配件,配件发放遵循先进先出的原则。

(3)负责对配件进货质量的检验和破损件的回退工作。

(4)负责库存量的统计,若发现库存不足或过多应及时上报。

(5)对配件的放置标准、防护要求、规范标识、规范搬运负责。

(6)熟悉授权企业配件收发流程,不断提高业务水平。

(7)完成部门负责人交办的相关工作。

8. 车间主任岗位职责

(1)负责合理安排维修人员的工作及车间看板的管理、开展并控制车间6S的具体实施,并保证本部人员有良好的工作状态。

(2)负责督促员工对车间工具、设备定期保养和维护,并做记录,形成质量管理体系。

(3)负责车间安全生产环境卫生的管理,零件、工具规范摆放,执行好6S管理。

(4)负责协调与各部门关系,控制维修质量及生产成本,确保车辆维修按时、按质完成。

(5)负责车间管理过程中的事务处理,并及时向管理层反映。

(6)负责定期召开会议,使车间工作流程不断优化与改进。

(7)负责确定维修员工的培训需求及计划制订,平时对本部人员岗位考核并及时上报和存档。

(8)负责企业各项制度在本部门的宣导及信息的传递。

9. 维修人员岗位职责

(1)根据前台和车间主任的分配,认真、仔细地完成维修工作,并在维修过程中对客户车辆采取有效的防护措施。

(2)负责按委托书项目进行操作,在维修过程中所出现的问题及时向管理层汇报,仔细、妥善地使用和保管工具设备及资料。

(3)耐心、周到、热情地解答客户相关疑问,提高服务质量。

(4)对每个维修项目必须自检,合格后转到下个工序,不断提高专业技术,保证维修质量。

(5)负责维修后的整理工作,保持车间整洁、有序及开展6S的具体实施。

(6)完成部门负责人交办的相关工作。

10. 索赔员岗位职责

(1)熟悉授权企业索赔业务的具体工作流程,按规范流程进行索赔申请及相应索赔事务,定期整理和妥善保存所有索赔档案。

(2)负责协助业务接待,认真检查索赔车辆,做好车辆索赔的鉴定,保证索赔的准确性,在授权企业开展的质量返修和相关活动中,做好报表资料的传递与交流。

(3)主动收集、反馈有关车辆维修质量、技术等相关信息给相关部门。

(4)积极向客户宣导授权企业的索赔条例,客观真实地开展索赔工作。

(5)完成部门负责人交办的相关工作。

11. 工具保管员岗位职责

(1)负责工具间的卫生清洁、定期打扫整理。

(2)负责对专用工具或书籍进行编号、登记，建立台账，并做标识。

(3)负责按规范流程办理工具借用手续，并做详细记录。

(4)负责对专用工具的妥善保管及日常维护，督促维修人员按时归还。

(5)负责定期对专用工具和书籍进行盘点并做记录。

(6)负责对归还工具的验收，如有损坏或遗失及时登记并上报。

12. 办公室主任岗位职责

(1)配合总经理安排日常工作，做好对企业各类文件的控制和信息管理。

(2)协助总经理做好各部门各项目标、任务的考核。

(3)制订培训计划，协助领导做好员工考评工作，对企业进行人事管理及员工培训管理。

(4)负责内部质量审核和质量改进工作的日常管理工作，做好纠正和预防措施以及质量改进工作的日常管理工作。

(5)贯彻企业质量方针，遵纪守法，敬业守则，完成领导交办的相关任务。

13. 内训师岗位职责

(1)负责本企业内部培训的授课工作和技术部工作。

(2)切实落实授权企业对本企业的专业技术培训计划。

(3)切实掌握企业内部技术的培训率，并对员工的内部技术培训进行考核及评估跟踪工作。

(4)收集和分析重大技术案例和故障案例，对员工进行及时传达、学习。

(5)负责组织研究技术难题攻关工作。

(6)协助企业开展培训的其他相关工作。

14. 财务经理岗位职责

(1)制定网点财务会计制度：根据《会计法》《企业会计制度》《企业会计准则》，结合网点的实际情况，制定网点的财务制度、会计制度以及核算办法，并组织会计人员贯彻实施，编制财务计划及经济效益预测分析。

(2)编制财务收支计划及预算：根据总量目标及历史经验数据，分别制订费用预算、损益预算和投资预算，预算批准后按月进行监督，并进行经济效益和预算执行情况的分析。季度或年终，按各部门预算内容，完成业绩控制报告。根据分析结果完成员工考核和激励工作。

(3)保证资金的收支平衡：根据全年的现金流量预算，编制资金的平衡和使用计划，监督预算的执行。

(4)进行例外事件的处理及工商税务等审计的接待工作。

(5)资金审核：日常业务中负责资金审核的任务。对费用报销进行财务检查，给出具体的费用预算项目，提出费用开支渠道。对特殊情况的财务报告提出处理意见。

(6)便于合理地支配和使用资金。流动资产的周转和变现纳入资金的平衡计划，保证资金的及时回笼及资金的安全。

(7)完成财务报表及分析：根据专职会计的月度数据，统一填报资产负债表、损益表、月度考核完成情况表。

模块三 汽车销售服务平台的构建

一、汽车 4S 店的筹建

1. 筹建可行性分析

1）建设目标与理由

（1）建设规模。

建设规模需考虑以下方面：一是城市总体发展与建设布局；二是该城市汽车后市场消费需求；三是城市交通生态环境及交通设施的完善；四是企业经营可行性与资金保障。

（2）选址与建设条件。

一是基础设施配套完善，二是交通、物流、通信条件便捷，三是地理位置优越，四是周围社区人口规模等。

（3）建设标准。

内涵上要体现企业文化元素；建筑上要满足日常运营所需的层高、墙体与墙面、地面、天棚、功能区划分等。

2）项目建设进度

项目建设进度包括项目实施准备、资金筹集安排、勘察设计和设备订货、施工准备、生产准备、试运营直到竣工验收和交付使用等几个工作阶段。

3）经济与社会效益分析（如表 5-1 所示）

表 5-1 主要财务经济技术指标

序号	项目	单位	数量	备注
1	销售税金及附加	万元		
2	总成本	万元		
3	利润总额	万元		
4	所得税	万元		
5	税后利润	万元		
6	总投资	万元		
7	投资利润率	%		
8	投资利税率	%		
9	销售利税率	%		
10	财务内部收益率	%		
11	累计财务净现值	万元		
12	动态投资回收期	年		

4)市场预测

市场预测包括地方经济、产业政策、行业发展态势及行业准入。

5)场址选择

(1)项目选址及用地规划。

考虑城市整体规范与交通便利,电力、电信、给排水等设施方便,在企业发展上有一定的空间。

(2)土地利用的合理性分析。

前期要分析土地出让价格及地形、地貌、道路、景观及周边人们的汽车消费习惯等因素。

6)生态环境影响评估

(1)环境与生态现状。

了解选址区域生态环境,主要由地理环境、地质环境、地形地貌、大气环境、植被覆盖等。

(2)生态环境影响分析。

坚持以人为本,充分考虑人对环境的生理及心理需求。做到布局合理,交通方便,对周围没有环境、空气及噪声等污染。

(3)生态环境保护措施。

贯彻执行国家有关环境保护、能源节约和职业安全方面的法规、法律,对项目可能造成周边环境影响或劳动者健康和安全的因素,必须在可行性研究阶段进行论证分析,提出防治措施,并对其进行评价,推荐技术可行、经济,且布局合理,对环境有害影响较小的最佳方案。一是按要求规划维修车间的机修、钣金、清洗等工位,维修车辆必须在固定工位进行施工作业;二是在消防、给排水等工程设计符合国家环境保护要求;三是认真落实汽车4S店6S管理要素;四是加强日常文明施工宣传教育及处罚力度;五是废水、废气、废油等排放达到国家标准。

7)社会影响分析

施工过程中的扬尘及噪声影响,设备运输与厂房建设过程中对周围交通、道路及人员出行的影响,作业过程中安全影响。施工过程中产生的废水、废气、固体废物等对环境影响。

2.投资估算与资金筹措

根据本企业固定资产投资、流动资金及建设基本金进行投资,同时考虑投资的回报率、利润率。主要有固定资产投资、无形资产投资、其他资产投资、涨价预备费、基本预备费等估算内容。

资金筹措工作是根据对建设项目固定资产投资估算和流动资金估算的结果,研究落实资金的来源渠道和筹措方式,从中选择条件优惠的资金。一般由建设单位自筹解决。

3.经济估算

主要内容有总成本费用估算(固定成本与可变成本),销售收入、销售税金及附加和增值税估算,损益及利润分配估算,现金流估算。

4.不确定性分析

由于资料和信息的有限性,筹建过程中实际情况可能有出入,这对项目投资决策会带来风险。为避免或尽可能减少风险,就要分析不确定性因素对项目经济评价指标的影响,以确定项目的可靠性。

二、新能源汽车及销售网络平台的搭建

1. 新能源汽车界定

新能源汽车是指采用非常规的车用燃料作为动力来源（或使用常规的车用燃料、采用新型车载动力装置），综合车辆的动力控制和驱动方面的先进技术，形成的技术原理先进、具有新技术、新结构的汽车。

2. 分类

新能源汽车包括纯电动汽车、增程式电动汽车、混合动力汽车、燃料电池电动汽车、氢发动机汽车、其他新能源汽车等。

1）纯电动汽车

纯电动汽车（Blade Electric Vehicles，BEV）是一种采用单一蓄电池作为储能动力源的汽车，它利用蓄电池作为储能动力源，通过电池向电动机提供电能，驱动电动机运转，从而推动汽车行驶。

2）混合动力汽车

混合动力汽车（Hybrid Electric Vehicle，HEV）是指驱动系统由两个或多个能同时运转的单个驱动系联合组成的车辆，车辆的行驶功率依据实际的车辆行驶状态由单个驱动系单独或多个驱动系共同提供。因各个组成部件、布置方式和控制策略的不同，混合动力汽车有多种形式。

3）燃料电池电动汽车

燃料电池电动汽车（Fuel Cell Electric Vehicle，FCEV）是利用氢气和空气中的氧在催化剂的作用下，在燃料电池中经电化学反应产生的电能作为主要动力源驱动的汽车。燃料电池电动汽车实质上是纯电动汽车的一种，主要区别在于动力电池的工作原理不同。一般来说，燃料电池是通过电化学反应将化学能转化为电能，电化学反应所需的还原剂一般采用氢气，氧化剂则采用氧气，因此最早开发的燃料电池电动汽车多是直接采用氢燃料，氢气的储存可采用液化氢、压缩氢气或金属氢化物储氢等形式。

4）氢发动机汽车

氢发动机汽车是以氢发动机为动力源的汽车。一般发动机使用的燃料是柴油或汽油，氢发动机使用的燃料是气体氢。氢发动机汽车是一种真正实现零排放的交通工具，排放出的是纯净水，其具有无污染、零排放、储量丰富等优势。

5）其他新能源汽车

其他新能源汽车包括使用超级电容器、飞轮等高效储能器的汽车。

3. 新能源汽车销售模式

1）网络营销模式

网络营销模式，即借助网络平台，通过互联网（博客、微博、微信等）进行产品宣传，打破传统的纸媒、电视、展示会等产品营销推广方式。美国特斯拉汽车采用了该模式，特斯拉汽车粉丝们在网络中成立特斯拉 QQ 群、特斯拉论坛、特斯拉微信圈等。

2）品牌直销模式

品牌直销模式，即让产品直接进入终端消费者手中，打破传统代理销售模式，采用建立品牌体验店为基础，不委托代理销售，提供产品订单接收、生产、销售等一条龙服务，消费者

可通过网上预约订购，个性化定制。

3）融资租赁模式

融资租赁模式，是指出租人根据承租人对租赁物件的特定要求和对供货人的选择，出资向供货人购买租赁物件，并租给承租人使用，承租人则分期向出租人支付租金，在租赁期内租赁物件的所有权属于出租人所有，承租人拥有租赁物件的使用权，最终承租人能够获得租赁物的所有权。目前该模式已成为全球汽车销售的重要方式之一。

4）产品本地化模式

由地方行政出台的相关地方性保护政策，在国家节能与新能源汽车目录基础上，分别又制定当地的新能源汽车采购目录，通过地方"小目录"保护当地市场。如比亚迪汽车股份有限公司拿下天津公交集团 2000 辆纯电动客车 K9 的订单，在南京投厂拿下了 650 辆纯电动公交大巴 K9 以及 400 辆纯电动出租车的订单等案例。

5）新型租赁模式

除上述几种模式外，国内还诞生了"微公交""团租"等新型租赁模式。新型租赁模式主要代表企业是国内的康迪公司，其汽车租赁模式是采用两门两座康迪"小电跑"和四门五座纯电动熊猫两种车型，由康迪和吉利成立的浙江左中右电动汽车服务有限公司负责运营，只接受日租，小电跑和电动熊猫的租金分别为 20 元/时和 25 元/时，租期未满一小时，可按分钟计费，主要针对上班族、出差人员等。团租指康迪将社区作为大客户，由左中右公司将几十辆两门纯电动"小熊猫"打包租给重点社区居民，租户第一年要交 3675 元车辆保险和 1000 元押金，只要租用期间没有交通违章，押金在租借合同到期后将全额返还，租期 3 年，电池保养和维修工作都由康迪集团负责，车主不需要额外付费。

目前康迪的"分时租赁"模式已经走向上海。而社区"团租"模式，采取小区集体租车模式，充分地利用了消费的示范效应。

三、客户满意度管理

1. 客户关系管理理论

客户关系管理（Customer Relationship Management，CRM）概念最早由 Garnet Group 于 1997 提出，但是关于客户关系管理（CRM）目前还没有十分统一的定义。目前，普遍这样理解 CRM：它是企业与客户进行交互的循环流程，进而产生、收集和分析客户数据，然后企业把结果应用到企业的服务和市场活动中。为了更加深刻地理解 CRM，需要再从以下三方面来理解：

（1）客户关系管理（CRM）首先是一种管理理念，起源于西方的市场营销理论，产生和发展于美国。其核心思想是将企业的客户（包括最终客户、分销商和合作伙伴）作为最重要的企业资源，通过完善的客户服务和深入的客户分析来满足客户的需求，保证实现客户的终生价值。

（2）客户关系管理（CRM）又是一种旨在改善企业与客户之间关系的新型管理机制，它实施于企业的市场营销、销售、服务与技术支持等与客户相关的领域，要求企业从"以产品为中心"的模式向"以客户为中心"的模式转移。也就是说，企业关注的焦点应从内部运作转移到客户关系上来。

（3）客户关系管理（CRM）也是一种管理软件和技术，它将最佳的商业实践与数据挖掘、数据仓库、一对一营销、销售自动化以及其他信息技术紧密结合在一起，为企业销售、客户服务和决策支持等领域提供了一个业务自动化的解决方案，使企业有了一个基于电子商务的面对客户的前沿，从而顺利实现由传统企业模式到以电子商务为基础的现代企业模式的转化。

2.客户关系管理策略

1）客户保持策略

随着市场从"产品"导向转变为"客户"导向，客户成为企业中重要的资源之一，谁赢得客户谁就能成为真正的赢家。

客户细分是根据客户属性划分的客户集合，它是成功实施客户保持策略的基本原则之一。基于客户全生命周期利润的客户细分称为客户价值细分。客户价值细分的两个基本维度是客户当前价值和客户增值潜力，每个维度分成高、低两档，由此可将整个客户群分成4组，细分的结果可用一个矩阵表示，成为客户价值矩阵。

（1）客户当前价值。

客户当前价值是假定客户现行购买行为模式保持不变时，客户未来可望为企业创造的利润总和的现值。某客户的当前价值表示如果企业将客户关系维持在现有水平上时，可望从该客户处获得的未来总利润。

（2）客户增值潜力。

客户增值潜力是假定通过采用合适的客户保持策略，使客户购买行为模式向着有利于提高企业利润的方面发展时，客户未来可望为企业增加的利润总和的现值。因此，某客户的增值潜力是指如果公司愿意增加一定的投入进一步加强与该客户的关系，则公司可望从该客户处获得的未来增益。客户增值潜力是决定企业资源投入预算的最主要依据，它取决于客户增量购买、交叉购买和推荐新客户的可能性和大小。

客户保持对企业的利润底线有着惊人的影响，能否有效地保持有价值的客户已成为企业成功的关键，而成功地实施客户保持战略的首要任务是客户价值细分，然后根据不同的客户价值确定不同的资源配置方案和客户保持策略。

2）客户关怀策略

客户关怀是从市场营销中的售后服务发展而来的，在以客户为中心的商业模式中，客户关怀是客户保持的重要方面。随着竞争的日益激烈，企业依据基本的售后服务已经不能满足客户的需要，必须提供主动的、超值的、让客户感动的服务才能赢得客户信任，这就是客户关怀的理念。

（1）客户关怀的目的。

客户关怀的目的是提高客户满意度和忠诚度。为了提高满意度和忠诚度，企业必须完全掌握客户信息，准确把握客户需求，快速响应客户个性化需求，为客户提供便捷的购买渠道、良好的售后服务与经常性的客户关怀。

（2）客户关怀的内容。

客户关怀发展的领域开始只是服务领域。目前，客户关怀不断地向实体产品销售领域扩展，贯穿了市场营销的所有环节，包括这几部分：

①售前服务（向客户提供产品信息和服务建议等）。

②产品质量(应符合有关标准、适合客户使用、保证安全可靠)。

③服务质量(指在与企业接触的过程中客户的体验)。

④售中服务(产品销售过程中客户所享受到的服务)。

⑤售后服务(包括售后的查询和投诉以及维护和修理)。

(3)客户关怀的手段。

客户关怀手段指企业与客户交流的手段,主要有主动电话营销、网站服务、呼叫中心等。

3)防范客户流失策略

(1)实施全面质量管理。

关系营销的中心内容就是最大限度地达成客户满意,为客户创造最大的价值,而提供高质量的产品和服务是创造价值和达成客户满意的前提。实施全面质量管理,有效控制影响质量的各个环节、各个因素,是创造优质产品和服务的关键。

(2)重视客户抱怨管理。

客户抱怨是客户对企业产品和服务不满意的反应,它表明企业经营管理中存在缺陷。许多企业对客户抱怨持敌视的态度,甚至感到厌恶和不满,认为它们会有损企业的声誉。相反,其实客户抱怨是企业发展的动力,也是企业创新的信息源泉。所以,企业要重视客户抱怨管理。

(3)建立内部客户体制,提升员工满意度。

对于一个企业来说,员工满意度的增加会导致员工提供给客户的服务质量的增加,最终会导致客户满意度的增加。20世纪70年代,日本企业的崛起,很重要的原因就是由于日本企业采用人性化的管理,极大程度地提升了员工的满意度,激发员工努力工作,为客户提供高质量的产品和服务。

(4)建立以客户为中心的组织机构。

拥有忠诚客户的巨大经济效益让许多企业深刻地认识到,与客户互动的最终目标并不是交易,建立持久忠诚的客户关系才是最终的目的。在这种观念下,不能仅仅把营销部门看成唯一的对客户负责的部门而企业的其他部门则各行其是,营销要求每一个部门、每一名员工都应以客户为中心,所有的工作都应建立在让客户满意的基础上,为客户增加价值,以客户满意为中心,加强客户体验,创造无缝的完美客户体验,让客户达到长期满意。

(5)建立客户关系评价体系。

客户关系的正确评价对于防范客户流失有着很重要的作用,只有及时地对客户关系的牢固程度进行衡量,才有可能在制定防范措施时有的放矢。尽管对客户关系评价的做法各有特点,但在方法上具有相似性,都是采用一系列的可能影响客户满意度的指标来进行衡量,然后对每一项指标进行得分加总,最后得出结论,看看客户在多大程度上信任企业,企业在多大程度上对客户的需求做出适当的反应,客户和企业又有着多少共同利益。通过评价,可以分辨客户关系中最牢固的部分和最薄弱的部分,还可以分辨出最容易接纳的客户关系和有待加强的客户关系。

3. 客户关系管理在汽车营销中的应用策略

1)树立以客户价值为中心的思想

企业的全体员工必须树立以客户价值为中心的营销理念,充分了解和发掘每个客户的客户价值,将过去的基于一次性交易的大规模营销转变为通过寻找、建立和维持长期的客户关系而获得企业长期成功的个性化营销。只有这种理念根深蒂固于企业和员工的头脑中，CRM作为一种有效的客户关系管理系统，一种管理工具，才能显现出强大的生命力。

2）准确评估客户终生，制定有针对性和差异化的营销策略

客户终生价值是指在整个交易关系维持生命周期里，减除吸引客户、销售以及服务成本并考虑资金的时间价值，企业能从其客户处获得的收益总和。

3）组建高效营销团队

建设以客户为导向的企业文化，以客户价值为中心的营销理念的贯彻实施和企业营销目标的实现主要取决于营销团队的工作绩效，因而组建一支高效的营销团队、建设客户导向的企业文化是企业营销管理工作的基础。

4）优化营销业务流程

在实施CRM过程中，必须建立以客户为中心的营销业务流程，一个流程是一系列相关职能部门配合完成的，体现为客户创造价值的服务，注重整个流程的最优化。

5）根据客户的需求实现客户的个性化

企业各个客户的需求各不相同，我们要识别客户个性化需求，分析客户价值差异及企业的优势和劣势。根据客户需求、价值及企业现状选择客户，实施不同的营销模式。

4. 汽车售后服务企业满意度

1）客户满意度理念

客户满意度是个相对概念，是客户期望值与最终获得值之间的匹配程度。客户满意度是指客户对其明示的、通常隐含的或必须履行的需求或期望已被满足的程度的感受。满意度是客户满意情况的综合反馈。它是对产品或者服务性能，以及产品或者服务本身的评价，给出了（或者正在给出）一个与消费的满足感有关的快乐水平，包括低于或者超过满足感的水平，是一种心理体验。保持客户和长期满意度有助于客户关系的建立，并最终提高企业的长期赢利能力，取得最高程度的客户满意度是营销的最终目标。

客户是企业最大的投资者，坚持客户第一的原则，这是市场经济本质的要求。汽车售后服务的经营目的是为满足各个层次车主的需要。任何企业都以追求经济效益为最终目的，要实现自己的利润目标，从根本上讲必须满足客户的需求、愿望和利益，才能获得企业自身所需的利润，客户满意可以为企业创造价值。企业经营活动的每一个环节都必须做到眼里有客户、心中有客户，全心全意为客户服务，最大限度让客户满意，这样才能在激烈的市场竞争中获得持久的发展。

2）"客户总是对的"的理念

"客户总是对的"的理念，是建立良好的客户关系的关键所在，在处理客户抱怨时，这是必须遵循的黄金准则。"客户总是对的"，这是服务行业的一种要求。必须遵循以下三条：

（1）站在客户的角度考虑问题。

（2）应设法消除客户的抱怨和不满，不应把对产品或服务有意见的客户看成讨厌的人。

（3）切忌同客户发生任何争吵，失去客户也就意味着失去信誉和利润。

3）"员工也是上帝"的理念

客户的满意，必须要有满意的员工来服务。只有满意的员工，才能创造客户的满意；只有做到员工至上，才能做到把客户放到第一位。

5. 汽车售后服务终极目标

1）忠诚营销

忠诚营销（Loyalty Marketing）的经济学基础是帕累托定律，即"20/80 定律"，80% 的收入是由 20% 的顾客贡献的。企业只要抓住最核心的 20% 的客户，就可以赢得绝大多数的收入和利润。忠诚营销对于企业长期的经营战略和持续的利润增长具有非同寻常的意义。

客户忠诚度每提升 1%，会带来客户终身价值 4% 的增长。普通顾客转变为忠诚顾客进程图，如图 5-7 所示。

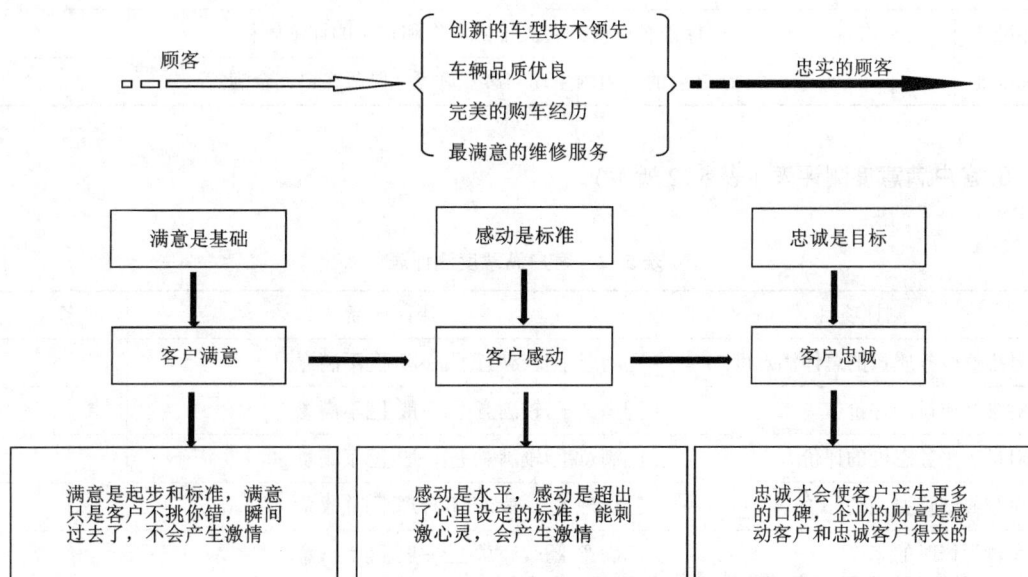

图 5-7　普通顾客转为忠诚顾客进程图

2）销售标准和售后服务标准

（1）销售标准。

标准 1	客户进入展厅即受到礼貌的迎接和问候，并说明如果顾客需要，销售顾问随时提供帮助
标准 2	表现出对客户的兴趣，倾听客户的谈话，建立咨询关系，以确定客户需求
标准 3	给客户一次试车的机会
标准 4	保证客户得到全面的解答，以及愉快的、没有压力的购车经历
标准 5	使用一份交车检验单，销售顾问在商定的日期把车完好地交给客户
标准 6	销售顾问把客户介绍给客户服务和售后服务人员
标准 7	销售顾问在客户购车一周内，回访客户，确保客户完全满意

（2）售后服务标准。

标准1	对保养及维修服务提供方便的预约
标准2	提供周到的、人性化的服务
标准3	在客户来到维修部门4秒之内，就开始接待程序。在维修保养之前，尽量与客户一同检查车辆
标准4	认真确定维修项目，正式礼貌地向客户说明，并提供一份精确的估价单
标准5	尽快开始车辆的维修工作
标准6	在商定的时间内将车准备好
标准7	保证客户得到有关维修工作和费用的详细解释
标准8	在之后的一周内主动与客户联系，保证客户完全满意

6. 客户满意度测评表（表5-2所示）

表5-2　客户满意度测评表

测评项目	测评成绩	备注
1. 对维修服务质量的总体满意度	□满意 □较满意 □一般 □不满意	
2. 对维修质量的评价	□满意 □较满意 □一般 □不满意	
3. 对员工服务态度的评价	□满意 □较满意 □一般 □不满意	
4. 对维修结算费用的评价	□合理 □一般 □不合理 □乱收费	
5. 车辆返修时的态度	□满意 □较满意 □一般 □不满意	
6. 是否未经同意增加维修项目	□不会 □有时会 □经常	
7. 维修工作人员满足客户需要	□努力 □较好 □一般 □未满足	
8. 维修服务工作效率	□高 □较高 □一般 □低	
9. 有无价格欺诈行为	□没有　□有	
10. 您是否感觉您是维修方的重要客户	□是的 □一般 □不是	
除此之外，您还有什么意见或建议		
评议单位(车主)：		
满意度：　　　分	年　　月　　日	

7. 提高客户满意度的方法

（1）树立服务意识，重视"客户资源"的价值。

（2）提高员工综合职业素质，不断收集与研究客户需求。

管理人员要提高个人的管理能力与执行力；前台服务顾问要提高个人专业知识与沟通技巧；车间维修人员要提高个人的专业维修水平，提高车辆的维修质量，减少返修率。

（3）加强企业硬件设施设备的现代化、智能化的建设水平。划分客户类型，为不同的客户提供不同方式的服务。

（4）强化核心服务流程，严格执行服务纪律，通过调查问卷、电话、微信、微博、咨询等方式，建立起顾客满意服务的机制。

（5）积极做好客户的沟通与回访工作，积极解决客户抱怨，与客户建立亲善关系。

（6）通过大数据分析企业月度、季度、半年、年度的工作数据，及时收集客户反馈意见或建议，通过合理的绩效考核来保证客户的利益最大化。

任务总结

客户满意度是衡量汽车售后服务企业服务质量的标准。汽车售后服务企业只有为客户提供及时、准确、专业的服务质量，才能达到企业健康发展的目标。随着汽车工业的发展，汽车的大众化消费及新能源汽车技术的开发，学习者只有熟悉与了解新能源汽车技术及售后服务营销模式的基本知识，才能与时俱进地给类似于王先生的客户提供更多专业化的服务。服务质量是学习者永恒的目标。

- 知识点："四位一体"经销模式，新能源汽车的销售。
- 技能点：汽车4S店的筹建方法。
- 素养点：具备汽车售后服务企业前台接待的职业素养与专业能力。

一、思考与讨论

1.填空题

（1）我国的汽车分销渠道可以分为：（　　　　）、（　　　　）、（　　　　）、（　　　　）、（　　　　）等多种渠道模式。

（2）汽车销售服务4S店（Automobile Sales Servicshop 4S），是一种集整车销售（　　　　）、（　　　　）、（　　　　）、（　　　　）四位一体的汽车销售企业。

（3）电子商务是指人们利用电子手段所进行的（　　　　）、（　　　　）等商务活动，是商务活动的（　　　　）、（　　　　）和自动化。

（4）新能源汽车包括（　　　　）、（　　　　）、（　　　　）、（　　　　）和其他新能源汽车等。

（5）新能源汽车销售模式有（　　　　）、（　　　　）、（　　　　）、（　　　　）、（　　　　）。

2.简答题

（1）请你论述汽车销售服务4S店的内容。

（2）什么叫特约经销商？"四位一体"特约经销商的特点是什么？

（3）新能源汽车的定义是什么？

（4）什么叫客户关系管理？

（5）请你论述汽车4S店客户关系管理策略。

（6）什么叫客户满意度？

（7）什么叫忠诚营销？

（8）在汽车销售服务企业中，如何提高客户满意度？

二、案例分析

2010年8月2日，吉利控股集团正式完成对福特汽车公司旗下沃尔沃轿车公司的全部股权收购。吉利集团向福特公司支付了13亿美元现金和2亿美元银行票据，余下资金也将在下半年陆续结清。随着吉利沃尔沃的资产交割的顺利完成，也意味着这场至今为止中国汽车行业最大的一次海外并购画上了一个圆满的句号。

兼并、收购、接管、买断，是企业并购市场中常见的几种表现形式。而并购本身是实现产业结构调整和企业迅速扩张的有效途径。通过并购，企业可以实现跳跃式甚至是几何式增长，有效地促进了企业的资本和资源的流动，从而实现产业资源的重新配置和产权结构的调整。

吉利此次收购沃尔沃的实体资产包括：整车厂、零部件厂、研发中心和仓储中心的厂房、生产设备、试验及测试、工装模具、存货及其他相关资产。而无形资产则包括：沃尔沃自有知识产权的商标、专利及注册等2450项；福特无偿转让给沃尔沃的发动机、平台、模具等技术专利及有关专利1500项和200多个设计专利；以及福特无偿许可给沃尔沃的发动机技术45项、安全技术20项等；同时，还有福特有限许可给沃尔沃的混合动力技术专利230项，及其他沃尔沃完成生产和未来发展计划所需要的技术。即是通过并购，沃尔沃为吉利提供了不仅仅是有形资产，更重要的是强大的技术即无形资产，有利于吉利打造一个中国豪车市场品牌。而吉利则是为沃尔沃提供了广阔的中国市场，挽救沃尔沃于金融危机之中。

(1)中国汽车工业要走向世界，走企业并购是唯一的方法吗？

(2)如何对吉利收购沃尔沃进行SWOT分析？

三、实训项目

1.实训内容与要求

实训项目：以学校校外合作汽车售后服务企业为载体，选择10家以上的汽车售后服务企业，按照车型品牌、文化要求，制作客户满意度调查表。

完成时间：1天。

2.实训组织与作业

实训项目：调研汽车售后服务企业，制作客户满意度调查表，通过数据分析提高客户满意度的方法及途径，并为企业提供相应的合理化建议；调研期间，学习企业工作岗位及企业文化，对照个人的职业规划，调整个人的学习态度与方法。

组织要求：相互合作，取得真实数据，为企业发展提供建设性的意见或建议。

四、学生自我学习总结

根据模块线上线下学习内容，建议从以下几个方面进行总结。

(1)汽车售后服务企业经销商管理理论知识还有哪些没有掌握好的地方，需要补充和拓展？

(2)通过团队筹建汽车4S店时，个人能够起到什么作用？技能水平是否符合专业培养标准要求？

(3)通过客户满意度调研，在汽车销售服务平台的构建过程中，对照个人职业素养，还有哪些方面需要提高？

任务三　4S 店前台接待

学习目标

1. 了解汽车 4S 店前台接待服务礼仪规范及其他业务知识。
2. 学会分析客户要求与期望。
3. 掌握汽车 4S 店维修业务接待流程与操作要领。
4. 掌握客户关系管理要素。
5. 实现职业规范的学习效果。

知识结构图

【任务引入】

张先生的长城汽车行驶了 30000 公里，到 4S 店做二级维护时，4S 店前台接待人员非常热情地接待了他，给他介绍了车辆维护项目与价格，同时还建议他做一些常规的其他维护内容，张先生认为业务人员所推荐的项目能够接受。通过业务接待人员的介绍他学习了许多平时操作方面的知识，他认为此次维护保养过程很愉快。

对于售后服务企业来讲，客户关怀是吸引与强化忠诚客户的主要途径。

【任务分析】

本任务从员工日常接待礼仪入手，以提高汽车售后服务企业业务接待员工的职业素养为目标，通过论述汽车售后服务的业务接待流程与操作注意事项，融入客户关系管理相关理论知识与实践知识，以提高汽车售后服务企业员工的职业素养与规范操作水平。

模块一　规范汽车售后服务接待人员的服务礼仪

一、汽车4S店前台接待要求和岗位职责

（1）每天早晨清扫前台卫生，准备、整理、摆放好销售顾问接待客户所需的洽谈卡、算价单、车辆订购单、试乘试驾单等资料。

（2）保证设备安全及正常运转（包括复印机、空调及打卡机等），销售顾问负责接待客户及接听客户来电。

（3）对进店客户进行第一时间接待，记录进店客户信息。及时出门迎接和送出大门。

（4）配合销售顾问准确录入经销商展厅客流量表。

（5）将客户咨询电话和网络营销电话，准确录入DS-CRM系统（客户关系管理系统），并且保证录入的客户信息与电话集客表中的客户信息一致性。

（6）及时与试驾专员沟通，将试乘试驾协议书中的信息及时录入DS-CRM系统。确保试驾客户在CRM中的信息与试乘试驾协议书完全一致。

（7）客户到店进行交车时，配合销售顾问做交车仪式，导出交车录音，按日期储存。

（8）每天下班前1小时重新核对一下经销商展厅客流量表、CRM、电话集客表所填写的信息的准确性。为到店客户在离店之前做现场满意度调查。

二、前台接待基本礼仪

1. 礼仪的定义

礼仪是指在社会交往中必须遵循的律己、敬人的行为规范。礼仪起源于宗教祭祀活动，后发展为人们道德行为的规范。

2. 服务礼仪

1）服务的含义

服务是指服务方遵照被服务方的意愿和要求，为满足被服务方需求而提供相应满意活动的过程。

服务过程包括两个方面：一是服务方，属被支配地位。二是被服务方，属支配地位。与一般的商品相比，服务是一种特殊的商品。

2）服务礼仪的含义

服务礼仪是礼仪在服务行业内的具体运用，是礼仪的一种特殊形式。

3. 服务的特征

（1）无形性（指服务与有形的实体相比，其特质及组成的元素是无相物质的，服务的生产与消费大都是同时进行的，服务的生产过程也是服务的消费过程）。

（2）差异性（服务的构成成分及质量水平经常变化，很难控制，服务行业是以"人"为中心的产业，服务虽然有一定的标准，但也会因人、因时、因地而表现出差异性。比如：有经验

和无经验,有服务热情和缺乏服务热情,效果都不一样)。

(3)不可储存性(不像有形产品可以储存起来,以备将来销售,只能在生产的同时即被消费)。

(4)质量测评的复杂性(无法像有形产品一样,按照统一的技术标准进行质量测评)。

4.汽车销售顾问职业形象

是指在职场中公众面前树立的印象,具体包括外在形象、品德修养、专业能力和知识结构这四大方面。它是通过你的衣着打扮、言谈举止反映出你的专业态度、技术和技能等(如图6-1所示)。

图6-1　汽车4S店员工优雅仪态

(1)服务号牌规范佩戴。展厅销售人员上岗必须规范佩戴或摆放统一的服务标识牌或标志。

(2)统一着装,保持整洁。营销人员要统一着装并做到以下几点:

①保持服装、鞋袜的洁净得体和整齐。

②衣、裤口袋尽量不装物品,以免变形,影响美观。

③员工不允许穿拖鞋。男员工应穿深色皮鞋。

④男员工应着深色袜子,女员工袜子应与制服颜色相称,避免露出袜口。

⑤员工上班时不能戴袖套。

(3)发型自然,不染异色。

①男员工不留长发,不剃光头,不蓄胡须,发型轮廓要分明。

②女员工可留各式短发,发型自然。留长发者应束起盘于脑后,佩戴发饰。有刘海应保持在眉毛上方(如图6-2所示)。

(4)仪表大方,装饰得体。

①不得戴有色眼镜从事工作。

②女员工不得佩戴过多或过于耀眼的饰物,每只手最多只能戴一枚戒指,饰物设计要简单。

③柜面员工不得文身,不留长指甲。

图 6-2　汽车 4S 店员工头发要求

（5）优雅仪态。

为客户服务时要注意保持优雅的仪态，具体包括一个小动作、一个眼神或者一次回头。不要用眼角斜视客户。为客户指引方向时，要用邀请的手势。为客户传递物品时，要用双手，不要养成单手传递的习惯，更不要扔东西。避免用手臂依靠在桌子上，靠在椅背伸懒腰等不良行为。

保持最佳服务状态，避免谈论与工作无关的话题，同事之间以礼相待，习惯用"请""对不起""谢谢"等礼貌用语。

（6）自我反省。

要养成每天自我反省的好习惯，每天在工作结束后，都要问问自己："我做得好不好？我这样做够不够？还有没有什么地方需要修正？"通过自我反省不断强化自己的专业形象，提升服务质量，同时提升自己在职场中的能力。

5.销售顾问仪容仪态

（1）男员工。

①短发，头发清洁、整齐，不得染发（黑色除外）。无胡须，短指甲，牙齿干净，口中不能有异味。

②穿经销店统一的制服，大方、得体，不得佩戴墨镜或有色眼镜。胸卡正面朝前佩戴胸前，铭牌佩戴左胸西装或衬衣口袋处。

③制服干净，领口保持洁净，穿前熨烫平整，衬衣需扣紧袖口，着西装需系胸前纽扣。

④裤线笔直，皮带高于肚脐，松紧合适，不要选用怪异的皮带扣。皮带光亮无灰尘，搭配黑色或深色袜子。穿与服装相配色的皮鞋，并保持干净。不得佩戴首饰和与工作无关系的胸饰。

（2）女员工。

①发型文雅，庄重，梳理整齐，长发要用发夹夹好，精神饱满。

②化淡妆，不画眼影，不用人造睫毛，不得佩戴墨镜或有色眼镜。不用深色或艳丽口红，指甲不宜过长，并保持清洁，不涂指甲油。

③穿经销店规定的制服，大方、得体。制服干净，领口保持洁净，穿前熨烫平整，衬衣需扣紧袖口，穿西装需系胸前纽扣。着裙装时，一律搭配肤色丝袜，无破洞和脱丝。胸卡正面朝前佩戴胸前，铭牌佩戴左胸西装口袋处。

④皮鞋保持光亮、清洁，有尘土及时清理，鞋跟不宜过高、过厚。除结婚戒指外，上班时销售人员严禁佩戴其他饰品(如图6-3所示)。

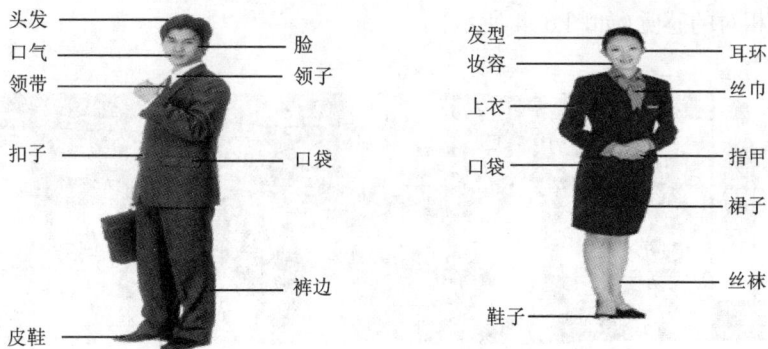

图6-3　汽车4S店男女员工仪容要求

6.销售顾问仪态要求

(1)微笑。

①微笑要主动，在开口说话之前，主动微笑，发自内心，真诚、自信。

②高于对方视线的微笑会让人感到被轻视。

③低于对方视线的微笑会让人感到有戒心。

(2)坐姿。

①一般左侧入座，后背轻靠椅背，挺直端正，不前倾或后仰。如果坐沙发，应该坐在沙发的前端，不仰靠沙发。双膝自然并拢(男性可略分开)。

②女性应双脚交叉或并拢，双手轻放在膝盖上。

③对坐谈话时，身体稍向前倾，表示尊重和谦虚。

④如果长时间端坐，可将两腿交叉重叠，但要注意将腿向回放。禁忌：双腿分开较大，跷二郎腿，脱鞋，把脚放到自己或别人的椅子上。

(3)行姿。

①女员工：抬头、挺胸、收腹。手臂自然摆动，步伐轻柔自然。

②男员工：抬头挺胸，步履稳健，充满自信。

(4)站姿。

①目视前方，挺胸直腰，平肩，双臂自然下垂，收腹，表现出自信的态度。

②女员工：双臂自然下垂，处于身体两侧，右手搭在左手上，贴在腹部。两腿呈"V"字形立正时，双膝与双脚的跟部靠紧，两脚尖之间相距一个拳头的宽度。两腿呈"T"字形立正时，右脚后跟靠在左足弓处。

③男员工：双手相握，可叠放于腹前，或者相握于身后，双脚叉开，与肩平行。身体的重心放在两脚之间。

(5)手势。

引导：指引方向要四指并拢，掌心向上，用邀请的态度。请客户看向车辆某一个部位时，也需用此手势。

（6）视线。

①与客户交谈时，两眼视线落在对方的鼻尖，偶尔可以注视对方双眼。

②切勿斜视或光顾他人他物，避免让客户感觉心不在焉。也不可长时间盯着客户双目，避免出现针锋相对的感觉（如图6-4所示）。

坐姿　　　　　站姿　　　　　引导　　　　　蹲姿　　　　　走姿

图6-4　汽车4S店员工仪态

7. 销售顾问接待礼仪（如表6-1所示）

表6-1　汽车销售顾问礼仪规范

礼仪动作	礼仪规范
握手	伸手的先后顺序是上级在先、客人在先、长者在先、女性在先。握手时间一般在二三秒或四五秒
鞠躬	角度在15度
指引	需要用手指引某样物品或接引客户时，食指以下靠拢，拇指向内侧轻轻弯曲，指示方向
招手	向远距离的人打招呼时，伸出右手，右胳膊伸直高举，掌心朝着对方，轻轻摆动，不可向上级和长辈招手
视线	与客户交谈时，两眼视线落在对方的鼻间，偶尔也可以注视对方的双眼，恳请对方时，注视对方的双眼
介绍顺序	把职位低者、晚辈、男士、未婚者分别介绍给职位高者、长辈、女士和已婚者 介绍时不可单指指人，而应掌心朝上，拇指微微张开，指尖向上。被介绍者应面向对方，介绍完毕后与对方握手问候，如：您好！很高兴认识您！
坐姿与行走	坐着时，除职位高者、长辈和女士外，应起立 并肩——女士在右；前后——女士在前；上楼——女士在前 下楼——女士在后
递交名片	双手的拇指、食指和中指合拢，夹着名片右下部分，使对方好接拿，以弧状的方式递交于对方的胸前
接拿名片	双手接拿，认真过目，然后放入自己名片夹的上端，同时交换名片时，可以右手递名片，左手接名片
微笑	工作中必须随时保持微笑，无论是在打电话还是在面对客户还是同事之间的打招呼

续表6-1

礼仪动作	礼仪规范
问候	在公司与客户相遇，应主动为客户让路并目视客户，微笑地说：您好！ 有客户来店时，前台、销售顾问等销售岗位人员必须竭诚相待、主动问候客户，站立、鞠躬，微笑着亲切地说："您好，欢迎光临！" 看到客户想询问事情，或是客户与您说话时，要主动回应。同时设法将客户带至会客区，端上饮料
电话	销售顾问要认真对待每一个咨询电话，不管客户语气、态度如何，购车意向是否强烈，都要当成有希望成交的潜在客户，一定要主动寻找机会留下客户信息，主动邀请客户在适当时机来展厅 接听电话时动作要迅速，在铃响不超过三遍时就接，并立即应答问好，问候语要简洁、明快。声音要清晰、甜美，态度要热情，就好像对方（客户）在眼前一样

8.汽车销售顾问专业术语

在汽车销售人员接待客户的过程中，语言规范性很重要。语言能传递汽车销售人员的素质和水平，汽车销售接待礼仪要求汽车销售人员谈吐要得体规范，落落大方，尽量给客户留下好的印象。（如表 6-2 所示）

表 6-2　汽车销售顾问专业术语案例

专业术语类型	专业术语案例
迎宾用语	"您好，您想看什么样的车？" "请进，欢迎光临我们的专卖店！" "请坐，我给您介绍一下这个车型的优点。"
友好询问用语	"请问您怎么称呼？我能帮您做点什么？" "请问您是第一次来吗？是随便看看还是想买车？" "我们刚推出一款新车型，您不妨看看。不耽误您的时间的话，我给您介绍一下好吗？" "您是自己用吗？如果是的话您不妨看看这辆车。" "好的，没问题，我想听听您的意见行吗？"
招待介绍用语	"请喝茶，请您看看我们的资料。" "关于这款车的性能和价格有什么不明白的请吩咐。" 道歉用语： "对不起，这种型号的车刚卖完了，不过一有货我马上通知您。" "不好意思，您的话我还没有听明白。""请您稍等。""麻烦您了。""打扰您了。""有什么意见，请您多多指教。""介绍得不好，请多原谅。"
恭维赞扬用语	"像您这样的成功人士，选择这款车是最合适的。" "先生（小姐）很有眼光，居然有如此高见，令我汗颜。" "您是我见过的对汽车最熟悉的客户了。" "真是快人快语，您给人的第一印象就是干脆利落。""先生（小姐）真是满腹经纶。您话不多，可真正算得上是字字珠玑啊！""您太太（先生）这么漂亮（英俊潇洒），好让人羡慕。"

续表6-2

专业术语类型	专业术语案例
送客道别用语	"请您慢走，多谢惠顾，欢迎下次再来！" "有什么不明白的地方，请您随时给我打电话。" "买不买车没有关系，能认识您我很高兴。"
电话礼仪	打电话(事先准备笔及纸做记录)： "您好，我×××售后服务部的×××。" "×××先生，您好，我是×××店售后服务部服务顾问×××，我来向您报告有关您汽车的保养状况，不知您是否有5分钟时间让我来说明？" "请问您能帮忙留言吗？我是×××店售后服务部服务顾问×××，联络电话×××。"
	接电话： 接听电话时首先就要清楚报出自己的姓名及公司名，让对方马上识别。 "×××店售后服务部，您好，我是服务顾问×××。" 对方如果打错了电话，婉转地说："对不起，您打错电话了"，"对不起，没这人，请再确认"，待对方确信打错电话才挂断电话
	转接电话 如果对方请你代传电话，应弄明白对方是谁，要找什么人，以便与接电话的人联系。用语："请问您哪里？""找哪一位？" 确认转接后，应告知对方"稍等片刻"，并迅速找人。如果不放下听筒呼喊距离较远的人，可用手轻捂住话筒或保留按钮，然后再呼喊接话人。用语："马上为您转接，请稍后。" 转接电话，必须确认电话完成转接无误，如果转接一段时间后，指定接话人仍无法应答电话，应立即重复接听，并寻问对方是否继续等待。用语："××先生，对不起，×××可能不在，是否由我为您服务？"
	电话留言 "对不起，×××他现在不在，我是服务顾问×××，请问可以让我来服务吗？" "对不起，×××他目前在开会，是否可以留言，我会转告他。"

模块二　汽车4S店服务流程

一、接待服务

1.接待准备
(1)服务顾问按规范要求检查仪容、仪表。
(2)准备好必要的表单、工具、材料。
(3)环境维护及清洁。

2. 迎接客户

(1)主动迎接,并引导客户停车。

(2)使用标准问候语言。

(3)恰当称呼客户。

(4)注意接待顺序。

3. 环车检查

(1)安装三件套。

(2)登录客户及车辆基本信息。

(3)环车检查,记录相关检查结果,并及时与客户沟通。

(4)详细、准确填写接车登记表并须有客户的签字确认。

4. 现场问诊

了解客户关心的问题,询问客户的来意,仔细倾听客户的要求及对车辆故障的描述。

5. 故障确认

(1)可以立即确定故障的,根据质量担保规定,向客户说明车辆的维修项目和客户的需求是否在质量担保范围内。

如果当时很难确定是否属于质量担保范围,应向客户说明原因,待进一步进行诊断后做出结论。如仍无法断定,将情况上报公司售后服务经理审批,以做出结论。

(2)不能立即确定故障的,应向客户解释这种情况须经全面仔细检查后才能确定,并且有相应的检测依据。

6. 获得及核实客户、车辆信息

(1)向客户取得行驶证及车辆保养手册。

(2)引导客户到接待前台,与前台业务员办理进厂维护(维修)手续,完成后,征询客户意见后,引导客户到休息区。

7. 确认备品供应情况

查询备品库存,确定是否有所需备品。

8. 估算备品/工时费用

(1)查看 DMS 系统(Dealer Management System,汽车经销商管理系统)内客户服务档案,以判断车辆是否还有其他可推荐的维修项目。

(2)尽量准确地估算维修费用,并将维修费用按工时费和备品费进行细化。

(3)将所有项目及所需备品录入 DMS 系统。

(4)如不能立即确定故障的,告知客户待检查结果出来后,再给出详细费用清单。

9. 预估完工时间

根据企业相关优惠或维修套餐项目,结合维修项目所需规定工时及店内实际情况预估出完工时间。

10. 制作任务委托书

(1)询问并向客户解释说明公司接受的维护(维修)项目及付费方式。

(2)说明交车程序、方法,询问客户对旧件的处理方式。

(3)询问客户是否接受免费洗车及其他服务项目。

(4)将以上信息录入 DMS 系统。

（5）告诉客户在维修过程中如果发现新的维修项目会及时与其联系，在客户同意并授权后才会进行维修。

（6）印制任务委托书，就任务委托书向客户解释，并请客户签字确认。

（7）将接车登记表、任务委托书客户联交客户。

11. 安排客户休息

征询客户意见，引导客户在休息区域等待。

二、作业管理

1. 服务顾问与车间主管交接

（1）服务顾问将车辆开至待修区，将车辆钥匙、任务委托书、接车登记表交给车间主管。

（2）依任务委托书与接车登记表与车间主管交接车辆。

（3）向车间主管交代作业内容。

（4）向车间主管说明交车时间要求及其他需注意事项。

2. 车间主管向班组长派工

（1）车间主管按维护（维修）项目及配件供给情况确定派工优先顺序。

（2）车间主管根据各班组的技术能力及工作状况，向班组派工。

3. 实施维修作业

（1）班组接到任务后，根据接车登记表对车辆进行验收。

（2）确认故障现象，必要时试车。

（3）根据任务委托书的工作内容，进行维修或诊断。

（4）维修技师凭任务委托书领料，并在出库单上签字。

（5）非工作需要不得进入车内，不能开动客户车上的电器设备。

（6）对于客户留在车内的物品，维修技师应小心地加以保护，非工作需要严禁触动，因工作需要触动时要通知服务顾问以征得客户的同意。

4. 作业过程中存在的问题

（1）作业进度发生变化时，维修技师必须及时报告车间主管及服务顾问，以便服务顾问及时与客户联系，取得客户谅解或认可。

（2）作业项目发生变化时——进行增项处理。

5. 自检及班组长检验

（1）维修技师作业完成后，先进行自检。

（2）自检完成后，交班组长检验。

（3）检查合格后，班组长在任务委托书写下车辆维修建议、注意事项等，并签名。

（4）交质检员或技术总监质量检验。

6. 总检

质检员或技术总监进行100%总检。

7. 车辆清洗

（1）总检合格后，若客户接受免费洗车服务，将车辆开至洗车工位，同时通知车间主管及服务顾问。

（2）清洗车辆外观时，必须确保不出现漆面划伤、外力压陷等情况。

(3)彻底清洗驾驶室、后备箱、发动机舱等部位。烟灰缸、地毯、仪表等部位的灰尘都要清理干净，注意保护车内物品。

(4)清洁后将车辆停放到竣工停车区，车辆摆放整齐，车头朝向出口方向。

三、交车服务

1.通知服务顾问准备交车

(1)将车钥匙、任务委托书、接车登记表等物品移交车间主管，并通知服务顾问。

(2)告知服务顾问停车位置。

2.服务顾问内部交车

(1)检查任务委托书以确保客户委托的所有维修保养项目的书面记录都已完成，并有质检员签字。

(2)实车核对任务委托书以确保客户委托的所有维修保养项目在车辆上都已完成。

(3)确认故障已消除，必要时试车。

(4)确认从车辆上更换下来的旧件。

(5)确认车辆内外清洁度(包括无灰尘、油污、油脂)。

(6)其他检查：除车辆外观外，不遗留抹布、工具、螺母、螺栓等。

3.通知客户，约定交车

(1)检查完成后，立即与客户取得联系，告知车已修好。

(2)与客户约定交车时间。

(3)大修车、事故车等不要在高峰时间交车。

4.陪同客户验车

(1)服务顾问陪同客户查看车辆的维修保养情况，依据任务委托书及接车登记表，实车向客户说明。

(2)向客户展示更换下来的旧件。

(3)说明车辆维修建议及车辆使用注意事项。

(4)提醒客户下次保养的时间和里程。

(5)说明备胎、随车工具已检查及说明检查结果。

(6)向客户说明、展示车辆内外已清洁干净。

(7)告知客户3日内销售服务中心将对客户进行服务质量跟踪电话回访，询问客户方便接听电话的时间。

(8)当着客户的面取下三件套，放于回收装置中。

5.制作结算单

(1)引导客户到服务接待前台，与前台服务顾问进行洽谈，确认结算金额、服务项目，客户确认后，打印结算单。

(2)打印出车辆维修结算单及出门证。

6.向客户说明有关注意事项

(1)根据任务委托书上的"建议维修项目"向客户说明这些工作是被推荐的，并记录在车辆维修结算单上。特别是有关安全的建议维修项目，要向客户说明必须维修的原因及不修复可能带来的严重后果，若客户不同意修复，要请客户注明并签字。

（2）对保养手册上的记录进行说明（如果有）。

（3）对于首保客户，说明首次保养是免费的保养项目，并简要介绍质量担保规定和定期维护保养的重要性。

（4）将下次保养的时间和里程记录在车辆维修结算单上，并提醒客户留意。

（5）告知客户会在下次保养到期前提醒、预约客户来店保养。

（6）与客户确认方便接听服务质量跟踪电话的时间并记录在车辆维修结算单上。

7. 解释费用

（1）依车辆维修结算单，向客户解释收费情况。

（2）请客户在结算单上签字确认。

8. 服务顾问陪同客户结账

（1）服务顾问陪同自费客户到收银台结账。

（2）结算员将结算单、发票等叠好，注意收费金额朝外。

（3）将找回的零钱及出门证放在叠好的发票等上面，双手递给客户。

（4）收银员感谢客户的光临，与客户道别。汽车维修结算单如表6-3所示。

表6-3 汽车维修结算单

工号 NO.：_____ 顾客：_____ 车型：_____ 车牌号：_____

维修类别	班组	工时费	材料费	管理费	税费	总额

序号	材料名称	单位	数量	单价	金额	备注
1						
2						
3						
4						
5						
6						
7						
8						
9						
总额	万　千　百　拾　元					￥

日期：_____ 制表：_____ 财务：_____ 复核：_____

9.服务顾问将资料交还客户

(1)服务顾问将车钥匙、行驶证、保养手册等相关物品交还给客户。

(2)将能够随时与服务顾问取得联系的方式(电话号码等)告诉客户。

(3)询问客户是否还有其他服务要求。

10.送客户离开

送别客户并对客户的惠顾表示感谢。

四、跟踪服务

1.载体

电话、网络或 QQ 群等方式。及时了解客户使用车辆情况并解答客户提问。

2.要求

根据档案资料,业务人员定期向客户进行电话跟踪服务。跟踪服务的第一次时间一般选定在客户车辆出厂两天至一周之内。

3.内容

询问客户车辆使用情况,对我公司服务的评价,告知对方有关驾驶与保养的知识,或针对性地提出合理使用的建议,提醒下次保养时间,欢迎保持联系,介绍公司新近服务的新内容、新设备、新技术,告之公司免费优惠客户的服务活动。做好跟踪服务的记录和统计。

模块三　汽车维修接待员业务知识

一、汽车维修业务接待的作用

(1)汽车维修业务接待岗位的设立,充分体现了汽车维修企业的经营管理规范化程度。

(2)汽车维修业务接待可带动协调各个管理环节,有利于提高工作效率。

(3)汽车维修业务接待可作为企业与客户之间的桥梁,协调双方利益,增加双方的信任度,从而凝聚广大客户,提高企业的经济效益和社会效益。

二、服务顾问素质要求

1.业务接待员的从业要求

(1)具有汽车维修专业大专以上文化程度,或者取得汽车维修中级资格证书。

(2)有 C 类以上驾驶证,能熟练驾驶小轿车及以上车辆,有在一线汽车维修岗位从事维修工作、具有 3~5 年以上的工作经验。

2.能力要求

1)社会能力

(1)具备优雅的形体语言及表达技巧。

(2)思维敏捷,具备对客户心理的洞察能力。

(3)具有与客户、同事沟通协调的能力。

2)专业能力

(1)接受过专业的接待技巧的培训,能够制定及实施业务接待流程。

（2）能对车辆进行初步诊断，确定维修项目，估算维修费用，签订维修合同，引导客户正确进行车辆维护和修理。

（3）能够协助相关人员对维修过程、维修进度和维修质量进行跟踪。

（4）能够协助质量检测人员对已竣工的车辆进行检查验收。

（5）具备一定的财务知识，熟悉汽车维修价格结算流程。

（6）能够熟练使用计算机。

（7）能建立客户档案。

3. 知识要求

（1）了解汽车结构与原理知识。

（2）了解汽车材料、汽车零配件知识等。

（3）掌握汽车维护与修理知识、汽车质量担保、保险理赔知识。

（4）接受过专业业务接待技巧的培训。

（5）有一定相关企业的工作经历。

4. 业务接待员的岗位职责

（1）负责全面贯彻落实售后服务核心流程预约工作，与客户初步确定维修项目、时间、配件等。

（2）负责接待客户，初步对客户车辆进行故障诊断，对索赔范围、金额进行初步鉴定，与客户达成协议等工作。

（3）负责为客户提供维修、保养、车辆使用的咨询及提醒服务。

（4）负责平衡车间生产、调度安排。

（5）负责向维修技师传达客户的想法，描述车辆的故障，分配维修工作任务。

（6）对客户车辆全面检测（包括外观），如必要应试车。

（7）负责交车、维修项目及发票的解释工作。

（8）负责建立、完善客户档案，并及时更新。

（9）保持与客户的联系，了解客户的需求。

（10）负责任务委托书、车辆维修结算单的填写及解释工作。

（11）负责与索赔业务员、车间主管及现场维修员工之间的沟通，协助索赔鉴定和保险理赔工作。

模块四　汽车维修业务接待流程

维修服务流程一般是从预约开始，经过维修接待、维修作业、质量检验、结账与交车，最后跟踪回访。如图6-5所示。

一、预约

预约是汽车维修服务流程的首个环节。它是一个与客户建立良好关系的机会，在接受用户预约时，根据维修服务中心作业容量定出具体作业时间，以保证作业效率，并均化每日的作业量。预约可分为主动预约和被动预约。

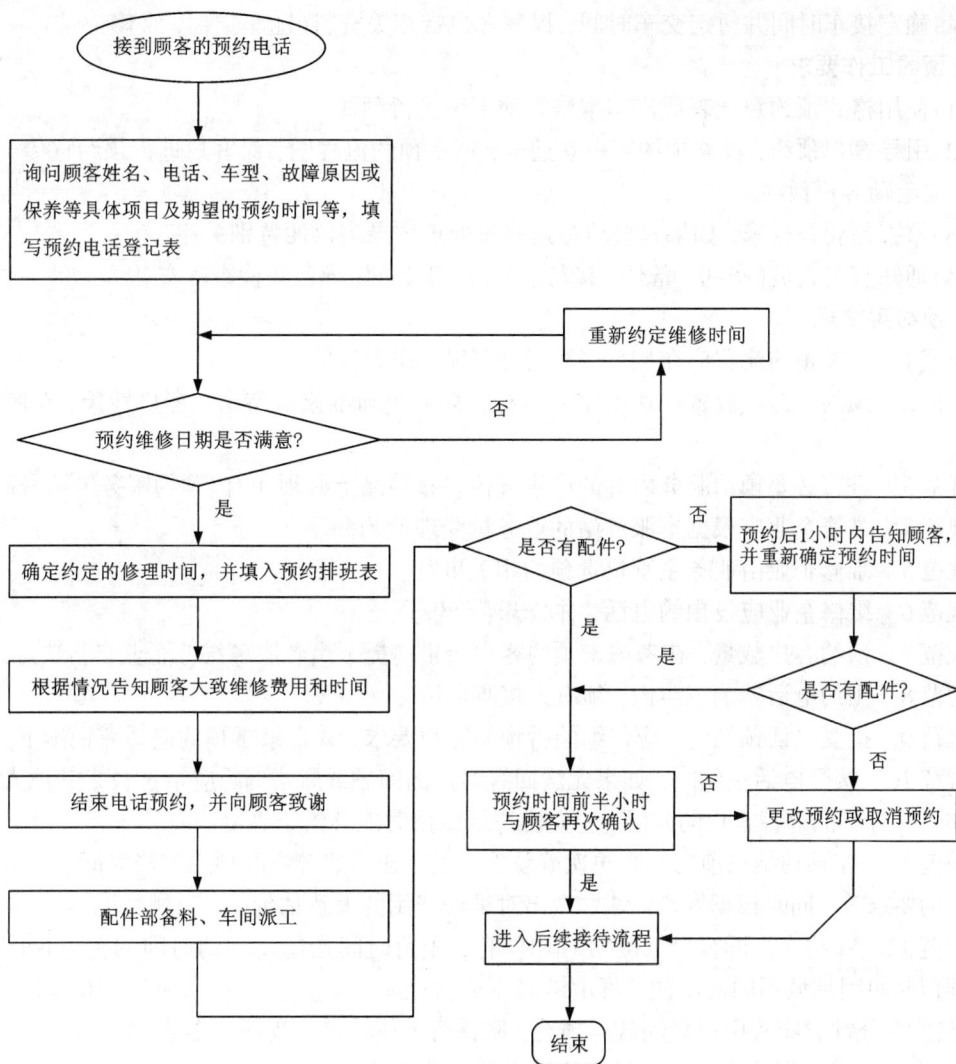

图 6-5　预约标准规范流程图

1.预约优势

(1)客户可以方便地根据自己的日程安排服务时间。

(2)客户可以更充分地安排诊断时间从而得到质量更好的服务。

(3)企业方可以合理安排维修工作量,节约时间,从而提高生产效率。

(4)进行合理科学的配件、工位、设备等安排,使客户获得优质的维修服务,提高客户满意度和忠诚度。

2.预约工作内容

(1)咨询客户及车辆基础信息(核对用户数据,登记新用户数据)。

(2)询问行驶里程、上次维修时间及是否为返修、确认客户需求及车辆故障问题等。

(3)介绍特色服务项目及询问客户是否需要这些项目,介绍相关维修价格信息及接待员的姓名。

(4)确定接车时间并暂定交车时间,提醒客户带相关资料(随车文件,维修记录)。

3.预约工作要求

(1)使用格式预约登记表或汽车维修管理系统进行预约。

(2)引导客户预约,设立预约客户欢迎板,展示预约流程图,对客户进行预约宣传,采取优惠手段激励客户预约。

(3)检查是否是返修,如果是要填写返修车处理记录表以便特别关注。

(4)通知有关人员(车间、备件、接待、资料、工具)做准备并检查落实。

4.预约实施规范

规范1　有关预约流程应在接待区醒目处张贴,作为宣传。

规范2　预约欢迎板放置在接待室入口处,必须明确维修接待员、客户姓氏、车牌号及预约时间。

规范3　进行必要预约服务内容的广告宣传。宣传品上必须印有"预约服务电话号码"。

规范4　维修企业应根据本服务站的业务量受理预约。

规范5　维修企业由业务主管负责预约相关事宜。

规范6　维修企业应设预约电话,并公开、公告。

规范7　预约客户数量,在考虑未预约客户余量前提下由各服务维修企业自行决定。

规范8　预约电话铃响三声内,须有人接听电话。

规范9　接受电话预约时,应仔细倾听预约客户要求,并记录于预约电话登记本上。

规范10　接受电话预约时,如果无法回答客户的问题或顾虑时,应亲自联络其他人员协助。如果一时不能解答客户的问题,应向客户承诺何时能够给予答复。

规范11　在预约结束前向客户再次确认客户的要求,如客户的预约维修时间、故障描述及客户的要求等,同时根据客户需求,做出对维修费用的大致估价,并向顾客说明。

规范12　守约。告诉客户工位"预留时间",预留时间指超过预约时间的工位再等待时间。预留时间因地域不同而不同,可由维修企业自己确定。如:"预留时间为10分钟"意思是:超过10分钟意味着用户自动放弃预约,原预留工位将另行安排。告诉用户你将"提前一个小时再次确认",即给用户打电话确认用户是否准时赴约。

规范13　接线员须提醒客户带随车文件和随车工具,如行驶证、保养手册等。

规范14　预约结束时须向客户表达感谢,欢迎客户光临本服务维修企业。

规范15　对预约成功客户,可传递以下言语:"谢谢您的预约,我们恭候您的光临。"

规范16　对于未预约成功的客户,可传递以下言语:"非常抱歉,这次未能满足您的需求。如果您今后有需要,欢迎再次预约。"

预约范例

二、维修接待

1.填写接车问诊表

为避免在客户提车时产生不必要的误会或纠纷,维修接待员在车辆进入维修车间前必须与客户一起对车辆进行环车检查。环车检查的主要内容有车辆外观是否有漆面损伤、车辆玻璃是否完好、内饰是否有脏污、仪表盘表面是否有损坏、随车工具附件是否齐全、车内和行李舱是否有贵重物品等。检验完成后，填写接车问诊表并经客户签字确认。

接车问诊表一般是一式两份，一份交由客户保管，一份由企业保管。接车问诊表如表6-4所示。

表6-4 接车问诊表

长城汽车 专注 专业 专家

问诊单

委托书号：　　　　　　进站时间：　　年　月　日　时　分
送修人：　　　　　　电话：　　　　　　地址：

车型	车牌号	底盘号	车身颜色	购车日期	行驶里程

故障描述	

接车问诊	1)车辆出现了什么问题：	4)故障出现时车辆的状态：
	2)车辆发生故障的具体部位：	5)故障是否可以再现： 是□ 否□
	3)故障出现的时间、路况：	6)是否需要到工位诊断： 是□ 否□
	初步诊断结果：	

环车检查项目确认

车身确认　A-凹陷 D-掉漆 R-划痕 L-裂纹 P-破损 X-锈	功能确认(正常画"√"，否则画"×") 座椅□　　点烟器□　油量确认： 音响□　　防盗器□　E　　F 空调□　　雨刮器□ 天窗□　　玻璃升降□
	物品确认(正常画"√"，否则画"×") 眼镜　□　　工具包□ 备胎　□　　千斤顶□ 警示牌□　　灭火器□ 其他物品(　　　　　　　　　)

内饰确认(正常"√"，否则"×") 主控台　□　　　车顶　□ 门内饰板□　　各操作面板□	特别说明(如车辆经过改装、事故等，请在此注明)

预估维修项目

序号	修理内容	材料	工时	性质	派工	自检签字确认
1						
2						
3						
4						
5						
6						

预计完工时间：　　月　日　时

旧件处理方式： □带走 □不带走，服务站处理	洗车需求： □是 □否	在店等待： □是 □否	质检员签字确认：	服务顾问确认签字：

备注：此单据须随车传递维修车间，与《任务委托书》统一存档。

接车检查单如表6-5所示。

表6-5　接车检查单

<table>
<tr><td colspan="6">常规保养接车检查单
（适用于首保为5000公里的车型）</td><td colspan="2">委托书编号：</td></tr>
</table>

客户姓名/单位		车牌号：		行驶里程	km	接车时间：
VIN码*：		发动机号*：		车型*：		车主性质：公车/私车/运营车
联系电话：		上次保养里程： km		上次保养日期： 年 月 日		质量担保保养□ 常规保养□

随车物品	1		备胎检查	是□ 否□	燃油存量检查
	2		是否洗车	是□ 否□	

是否需要送车：是□ 否□　　送车地址：

是否需要带走旧件：是□ 否□　　放置位置：

车辆外观检查	车辆内饰检查
▼凹陷□　▲划痕□　◆石击□　●油漆□	▽污渍□　△破损□　◇色斑□　○变形□

委托内容

保养套餐勾选		保养更换项目		易损件更换	需求
		更换项目	需求		
A	□5000公里	机油		雨刮	
B	□每10000公里保养	机油滤清器		刹车片	
		放油螺栓		轮胎	
C1	□每20000公里保养	空气滤芯		精益养护	
C2	□每30000公里保养	花粉滤芯		发动机润滑系统养护	
		燃油滤清器		燃油系统养护	
D	□每60000公里保养	火花塞		进气系统养护	
机油升级	□优选机油	自动变速箱ATF油		空调系统养护	
	□高端机油	变速箱齿轮油及齿轮油滤清器			
		制动液			

保养预计金额	材料费	元	增项预计金额	材料费	元
	工时费	元		工时费	元
总预计金额		元	预计交车时间		

用户其他需求
及维修建议

付款方式：□现金　□支票　□刷卡

日期：　　服务顾问签字：　　　　客户签字：　　　　经销商名称：

2.填写维修施工单

维修施工单(任务委托书或维修委托任务书)是客户委托维修服务企业进行车辆维修的合同文本。

维修施工单的主要内容包括：客户信息、车辆信息、维修服务企业信息、维修作业任务信息、附加信息及客户签字。

1）客户信息

包括车主名称和联系方式等。

2）车辆信息

包括车牌号、车型、颜色、底盘号、发动机号、上牌日期、行驶里程等。

3）维修服务企业信息

包括企业名称、客服电话和业务接待员姓名等，以便客户联系方便。

4）维修作业任务信息

包括进厂时间、预计完工时间、维修项目、工时费和预计配件材料费等。维修施工单如表6-6所示。

表6-6　汽车维修施工单〈代结算单〉

承修单位：　　　　　　　　　　　　　　　　年　　月　　日

托修单位		联系电话		工作单号	
车型厂牌		牌照号码		发动机号	
维修分类		约定交车日期		结算方式	

随车附件列表	□大 灯	□转向灯	□刹车灯	□示宽灯	□牌照灯	□车内灯	需修理在□内打√
	□收录机	□天 线	□点烟器	□烟 缸	□电 扇	□摇 把	
	□空调器	□反光镜	□室内镜	□门窗玻璃	□雨刷器	□喇 叭	
	□手工具	□靠垫座套	□脚 垫	□遮阳板	□轴头亮盖	□千斤顶	
	□备 胎	□车门拉手	□标 牌	□	□	□	

序号	维　修　项　目	工　时

委托修理留言		结算			
		工费		外加工费	
		料费		税金	
		喷漆费			
	签字：　　年　月　日	总计			

经办人：　　　　　　　　　　　　出厂日期：　　年　　月　　日

5）附加信息

包括客户是否自带配件（某些品牌的专营店不准自带配件）、客户是否委托企业处理换下的旧件等，上述内容都需要同客户做一个准确的约定，并得到客户的确认。客户签字意味着对维修项目、有关费用和时间的认可。

维修施工单一式三份，其中一联交付客户，作为客户提车时的凭证，以证明客户曾经将该车交付维修企业维修，客户结算提车时收回或盖章（"已提车"字样）。企业自用的两份，一份用于维修车间派工及维修人员领料使用，另一份留底保存，以便查对。

3. 维修接待服务实施规范

客户如约来到维修服务企业保养或修理车辆，发现一切准备工作就绪，维修接待员正在欢迎他的光临，这会让客户感到愉快。这恰恰也是客户又一次对维修企业建立良好信任的开端。因此，维修接待员应当具有良好的形象和礼仪，并善于与客户进行有效的沟通，体现出对客户的关注与尊重，体现出高水平的业务素质。

1）迎接客户（如图6-6所示）

规范1　4S店门卫应始终保持立正的站立姿势，衣着干净整洁、精神饱满。

规范2　客户车辆进入维修服务中心入口处时，门卫要主动为客户打开维修服务中心大门，并向客户敬礼或行注目礼表示欢迎，应引导客户到指定的停车区。

当维修服务中心入口处有交通堵塞或交通不便时，门卫应主动进行交通疏导，让客户车辆方便进入。

规范3　当客户要通过时，工作人员应主动侧身给客户让道，并向客户说声："您好！"

规范4　1分钟内接待客户。客户到达维修服务中心后的1分钟内，须有人迎接，并按预约车辆、非预约车辆两种类型将客户引导至相应类别业务的接待台前。

规范5　如果是预约客户，将预约客户引导至预约车辆业务接待前台，并在车顶放置预约车辆标识牌；如果是非预约车辆，则将客户引导至非预约车辆接待前台，前台工作人员按顺序通知维修接待员进行接待。

规范6　维修接待员应礼貌、热情、得体、规范地招呼客户，迎接客户时均应保持站立姿势，身体略向前倾，眼睛应注视着客户的眼睛，时刻面带微笑，并向客户传递这样的言语："您好，欢迎光临，很荣幸为您服务。"

规范7　维修接待员应主动向客户递交名片和维修服务中心的有关服务信息资料。

规范8　同客户寒暄，积极问话。

规范9　确认来意，问明是何种业务（定期保养、保修、维修），是否有特殊要求，是否有过返修。

规范10　维修接待员应建立每一位来维修中心客户的档案及客户车辆的档案。

规范11　对于老客户，应查询客户以往的维修档案，了解车辆以往的维修情况，以便于对车辆有比较全面的把握，为提出可行的维修建议提供有效依据。对于新客户，要新建客户档案及客户车辆档案，并存档。

规范12　仔细倾听客户对车辆故障的描述，并在工单上做好记录。询问客户有关的详情（利用5W1H手法），必要时请技术专家协助诊断。如表6-7所示。

规范13　除快速保养外，倾听客户需求的时间应在6分钟以上。

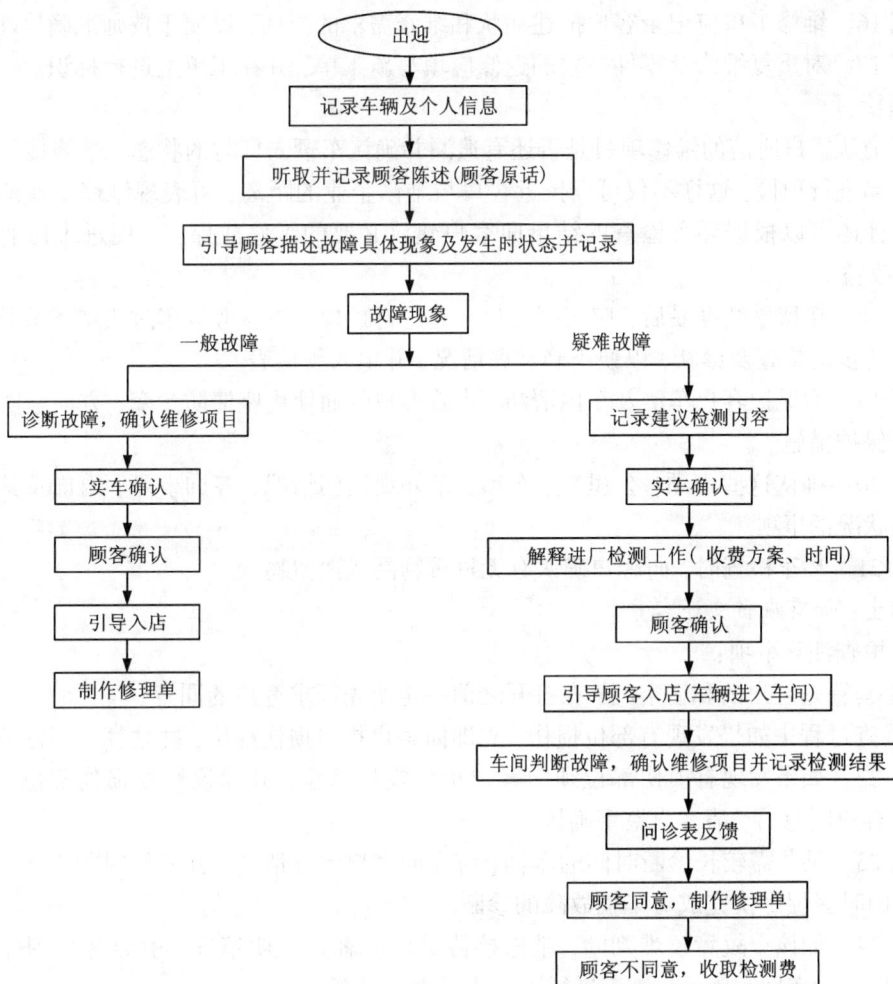

图 6-6 迎接客户规范作业流程图

表 6-7 询问客户详情 5W1H 手法

项目	意义
What(何事)	问题的性质或客户需求
Who(何人)	谁发现了这个问题
When(何时)	何时发生或多久发生一次
Where(何处)	在哪里发生
Why(为何)	为什么这样做
How(如何)	客户如何处理

规范 14　在客户描述故障过程中,应帮助客户尽量将故障描述清楚,对于不清楚的地方,应在客户叙述完后问清楚,而不能随意打断客户说话。

规范 15　中断客户讲话时，应向客户说明理由。

规范 16　维修工单应记录客户描述症状和维修需求的原话，以便于技师准确诊断维修。

规范 17　对重复维修及零件失效的返修应填写新工单，并在工单上进行标识。

2）预检

为了确认客户所需的维修项目是否还有遗漏并确认车辆入厂时的状态，维修接待员应建议客户一起进行预检，这样不仅可以拉近客户与维修企业的距离，可表现维修企业的热忱和细心，而且还可以根据环车检查的结果向客户建议必要的维修或保养，促进维修业务的展开，增加收益。

规范 18　接待手续办妥后，应陪同客户一起进行预检，并参考该车过去的维修记录，对车辆进行初步的检查及诊断，以便正确掌握情况，并填入预检表。

规范 19　为保护客户车辆及车内清洁，当着客户的面使用座椅防尘套、方向盘防尘套和脚踏垫等保护措施。

规范 20　确认这些事项：公里数、车型、车外观损伤情况、咨询事项、内饰及其他肯定车辆原始状况的事项。

规范 21　环车检查时，向客户确认有无贵重物品或遗留物。

小贴士：如有应当交还客户。

环车检查注意事项：

★ 手套箱是客户的私密空间，在打开之前一定要先征求客户的同意。

★ 检查过程中如果发现有部位损伤，立即向客户指出损伤部位，并估算一下修补费用。

规范 22　如果发现有损伤部位须向客户指出损伤部位，并建议修复损伤部位，估算费用。征得客户同意后，请客户签字确认。

规范 23　某些需较长诊断时间的车辆，应先向客户解释清楚，并开暂时收车单，安排客户休息，同时督促尽快完成对车辆故障的诊断。

规范 24　如该车故障较难判断，维修接待员应向客户说明情况，引导客户到休息区休息，并立即通知车间主管，对该车进行进一步详细的诊断。

规范 25　碰到疑难杂症，有条件的维修服务中心应向上一级服务部申请技术援助或向有关技术专家求助。

规范 26　应尽量做到一次就将客户车辆故障诊断清楚，可利用客户以往修车档案来帮助进行故障诊断。

规范 27　如有必要，车间主管应陪同维修业务接待员、客户一同进行预检。

一位美国汽修店老板的生意秘诀

规范 28　应将车辆环车检查的结果填入工单，并请客户确认，同时对不良的部位建议客户进行修理。

三、维修作业（如图 6-7 所示）

维修接待员待客户签字确认维修工单后，将维修工单交给维修车间。车间维修技术员根据维修工单（任务委托书或维修合同）的要求，按要求正确使用工具和维修资料，对所有车辆机械装置和车身各部件执行高质量的维修和保养，使车辆恢复出厂时的参数，达到质量要求，确保客户的满意度。

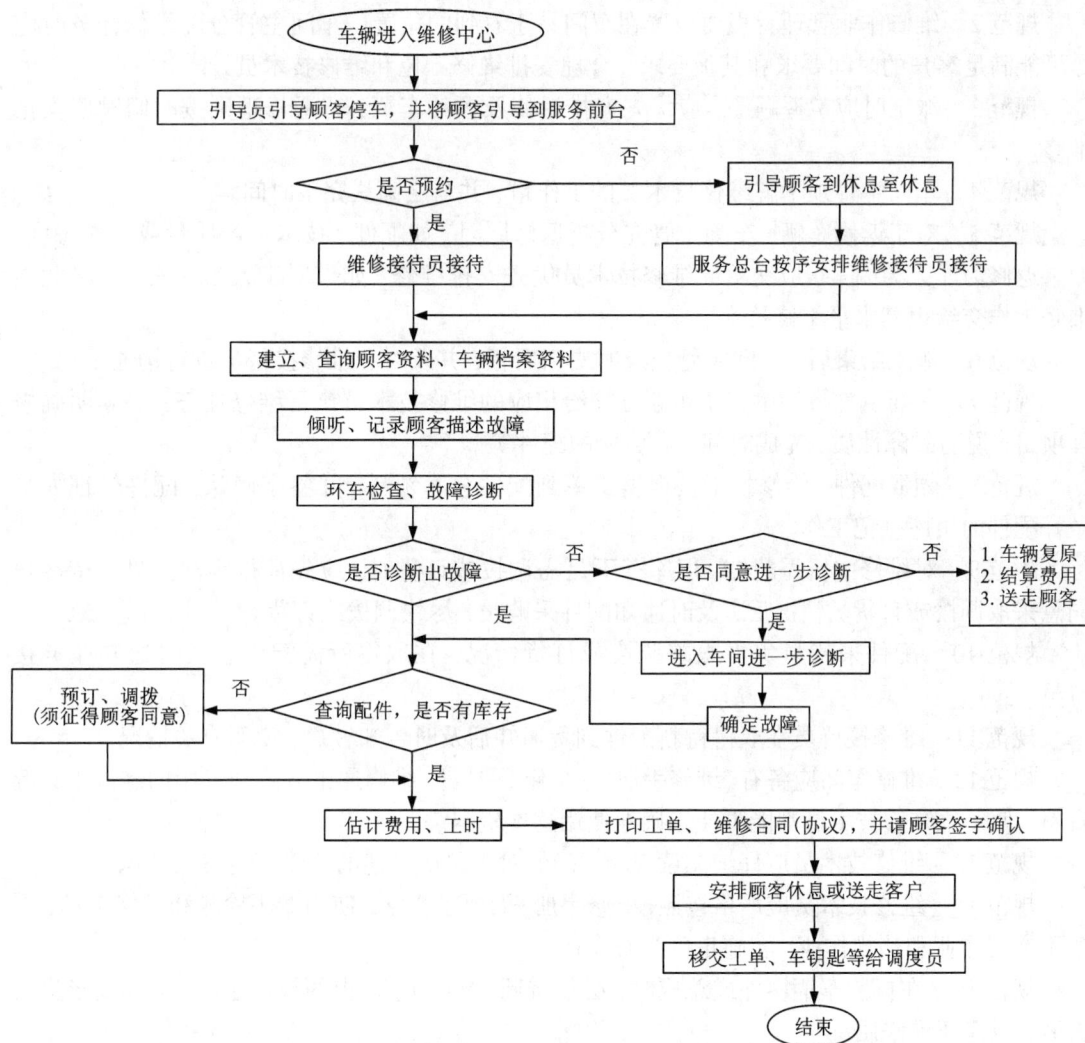

图 6-7 维修作业流程图

要想让客户对维修服务中心满意和青睐，不仅要保证服务质量，还要保证维修质量。

1. 接待员的工作内容

在维修作业进行的过程中，维修接待员要跟进车辆的维修进度。这个过程主要是通过看板管理来完成。

(1)随时掌握工作进度，确保按计划准时交车。

(2)能迅速答复客户关于其车辆的维修进度情况。

(3)掌握维修车间的工作负荷，估算正确交车时间。

(4)与相关部门联系，防止超负荷运作或积压。

2. 维修作业流程与实施规范

规范 1 应设立维修作业管理看板，正确反映维修车间内主要修理进度情况，并根据实际情况进行实时调整，一般隔一小时或半小时更新一次。

规范2　维修作业管理看板要放置在车间易于看到的位置。车间主管分配维修任务时应尽可能满足客户的时间要求和其他要求，合理安排维修工位和维修技术员。

规范3　派工时应掌握顺序，应优先安排返修及预约车辆，普通修理则按时间顺序安排维修。

规范4　车间主管须了解维修技术员的工作量，并与之确认完工时间。

规范5　对于返修车辆，车间主管先分析返修原因，如配件、技术生产质量或工作态度。如果返修为非人为因素，应交给原维修技术员优先安排维修；如果属于人为因素，则将此项维修工作交给更高水平维修技术员来完成。

规范6　派工结束后，车间主管应及时更新看板，并及时和维修接待员进行沟通。

规范7　车间主管将工单和车钥匙分配给相应的维修技术员执行维修任务；必须明确修理项目，说明故障性质、完成时间、需更换的配件等。

规范8　领取配件，维修技术员根据工单到配件仓库领料，并签字确认，配件管理人员做好配件的出库登记工作。

规范9　对维修中所需配件，但库存不足需调拨或订货时，应先征得客户意见。待客户同意采取调拨或订货的情况后，及时通知配件采购员，尽快调拨或订货。

规范10　配件采购员负责跟踪调拨或订货情况，在取得所需配件后及时通知业务接待员。

规范11　维修接待员在取得待料配件到货通知后及时告知客户，说明有关情况。

规范12　维修车间应备有《维修手册》、维修数据表、维修通讯方式和专用的维修工具等资料，使每位维修技术员都能方便正确地使用这些资料。

规范13　维修技术员应仔细阅读工单，确保对工单所描述的故障有清楚的认识。

规范14　维修技术员应严格按照《维修手册》的要求，合理使用专用检测和维修工具，严禁不文明作业和违规作业，实施正确维修作业。

规范15　在拆装车辆零件或总成时，必须按照《维修手册》上的规定顺序、力矩要求进行拆装，以保证维修质量。

规范16　维修技术员须重视修理的质量，必须采用上下道工序互检的方法，树立质量第一的观念，争取保时保质将客户的车修好，并按约定时间向客户交出修好的车辆。

规范17　必须保证车辆在工位内才能拆解任何零件或组件。所有必须携出修车工位的零件都需注明工单号码的标识。先前工作所遗留在修车工位的组件必须完全清移出工位，避免影响接下来的维修作业。

规范18　在预计时间内必须完成至少95%以上的维修工作。

规范19　车辆的一次修复率应保证在90%以上。

规范20　维修技术员汽车维修作业时应穿着干净统一的工作服，使用车辆保护垫，放置翼子板护布，以保持车辆的清洁。

规范21　维修技术员应严格遵守《维修手册》的要求，对维修工单上的维修或保养项目实施作业，钣金作业、喷漆作业执行特殊工种作业流程。

规范22　维修技术员对新出库配件必须检验合格后方可安装，对检查不合格的配件交车间主管进行质量鉴定。

规范 23　如车辆要使用液压千斤顶举升，须使用保险千斤顶支撑牢靠，保证安全。

规范 24　如需拆卸内饰，必须在保证双手清洁的前提下进行拆装。

规范 25　将更换下来的旧件包装好，放在一个指定的地方，以便交车时维修接待员提取交还车主。

规范 26　在维修过程中如果要拆卸电瓶，须在完工后，将收音机等用电设备复原。

规范 27　若有泥、水、油渍等落在地面上，须立即清理。

规范 28　在进行车辆修理时，维修技术员严禁在维修车间内吸烟，特别是禁止在客户车内吸烟和擅自使用客户车上的音响、空调等设备。

规范 29　如车辆有多个工种维修，在本人负责维修项目结束之后，应及时完成与下道工序的交接工作。

规范 30　对于客户遗留在车内的物品，维修技术员要小心加以爱护，以备客户提车时物归原主。

规范 31　每天工作结束后，须清洁本人负责的设备(如举升器)，并清理负责区域地面，整理工具箱，杜绝有车辆支在举升器上过夜的现象。

规范 32　如果维修车辆需在厂内过夜，须将车辆锁好，门窗关好，并将钥匙交给专员统一进行保管。

规范 33　对于索赔性质的修理，维修技术员在维修过程中应按照维修企业担保条例认真加以检修。

规范 34　维修技术员在维修中遇到各种技术问题，应及时向车间主管汇报，寻求技术支持。维修技术员若遇到以下情况时必须告知车间主管。

情况一：若遇到项目更改或时间变化，应及时告知车间主管。

情况二：若遇到由于操作不当引起的车辆损失，应及时告知车间主管。

情况三：对于索赔性质的修理中有疑问应及时向车间主管汇报，让疑问及时得到解决。

情况四：完工自检后，应及时将工单及钥匙交给车间主管。

规范 35　在完成修理后，维修技术员应完成以下后续整理工作。

后续工作一：维修技术员对本次完成的作业进行自检，确保无四漏现象(漏油、漏水、漏电、漏气)，螺栓按规范进行紧固，拆卸的附件全部安装到位，使用的工具全部收回。

后续工作二：将客户车辆上的电台和时钟等用电设备进行复位。

后续工作三：将更换的旧配件放到指定处，以便在交车时由维修接待员交还给客户处理。

后续工作四：将换下的索赔配件交付索赔员，以便日后归还配件企业。

后续工作五：维修技术员应在工单上记录下修理的内容、时间、车辆今后使用方面的建议和配件更换的情况等，并签名。

后续工作六：将剩余的未使用的配件和旧配件分别保管好，向车间主管汇报情况。

规范 36　对检查出的故障，客户不同意修理的项目，在维修工单或合同上注明，并告知维修接待员，在交车时经客户签名确认。

规范 37　应及时了解车辆维修进度，并将车辆修理情况告知维修接待员。

规范 38　如有维修进度改变时，车间主管应及时通知维修接待员，以便及时使用电话或其他方式迅速告知客户，并同时调整维修作业管理看板。

规范39　当维修内容改变而影响客户的维修费用或交车时间时，车间主管应及时同维修接待员商量，做出决定，并及时告知客户实际情况。

规范40　当追加维修作业内容时，须通知配件主管，委托其确认配件库存，制作出库单，重新做报价单，并通知维修接待员。维修接待员应及时通知客户，征求客户意见。客户同意后方可对维修追加内容进行作业。

规范41　对于索赔性质的修理中有疑问的，车间主管应将疑问反馈给维修接待员，并对原工单不符合之处提出建议。

规范42　车间主管负责现场的技术指导工作。

规范43　车间主管随时检查修车的质量。

规范44　当出现维修服务中心不能解决的问题时，车间主管应及时同上一级售后服务部联系，以得到相关技术人员的技术援助。

规范45　如遇到重大质量问题、发生频率相对高的问题，车间主管应填写技术报告并及时上报上级部门相关人员。

规范46　维修接待员应及时了解车辆修理状况，便于回答客户询问。

规范47　当维修进度、维修内容和维修时间改变时，维修接待员须及时使用电话或其他方式将信息反馈给客户，同时必须向客户说明更改后的修理项目、时间、预计费用、支付方法、交车时间。在征得客户同意后告知车间主管以实施新的维修方案，并对客户的配合表示感谢。

维修接待员沟通的重要性

规范48　对于索赔性质的修理中有疑问的，维修接待员应向索赔员询问，并立即打电话或以其他方式将修改信息反馈给客户，并征得客户同意，必要时重新开具工单。

四、质检

车辆在车间维修完成后，经过了维修技术人员严格的自检、班组组长复检和车间主管/质检技术员的终检，维修质量得到了很好保障。但是，为了确保在交付车辆时能兑现对客户的质量承诺，维修接待员还应该在车辆交付前对竣工车辆进行严格的交车前检查，掌握客户车辆的详细维修细节和车辆状态，确保能让客户满意。

1. 质检的工作内容

1) 质量检查

质量检查能有助于发现维修过程中的失误和验证维修的效果。质量检查也是对维修技术员考核的一个基础依据。质量检查是维修服务流程中的关键环节。维修技术员将车辆维修结束后，需由质检员进行检验并填写质量检查记录。当涉及转向系统、制动系统、传动系统、悬挂系统等行车安全的维修项目和异响类的专项维修项目时，必须交由试车员进行试车并填写试车记录。车辆在维修作业结束后，必须经过质量检验员的检验合格后，才是真正的竣工。

2) 整理旧件

若在维修工单上注明客户需要将旧件带走，维修技术员则应将旧件擦拭干净，包装好，放在车上或放在指定的位置。

3)车辆清洁

维修车辆经质量检查合格后,应该对车内外进行必要的清洁,以保证车辆交付给客户时维修完好、内外整洁、符合客户要求。车辆清洁以后要通知维修接待员。

4)交车前检查

维修车辆的所有维修项目结束并经过检验合格之后,维修接待员进行交车前检查。

检查的主要工作内容是核对维修项目、工时费、配件材料数量,材料费是否与估算的相符,完工时间是否与预计相符,故障是否完全排除,旧件是否整理好,车辆是否清洁。检查合格后通知客户交车。

2.质检作业流程与实施规范

1)质检作业流程(如图 6-8 所示)

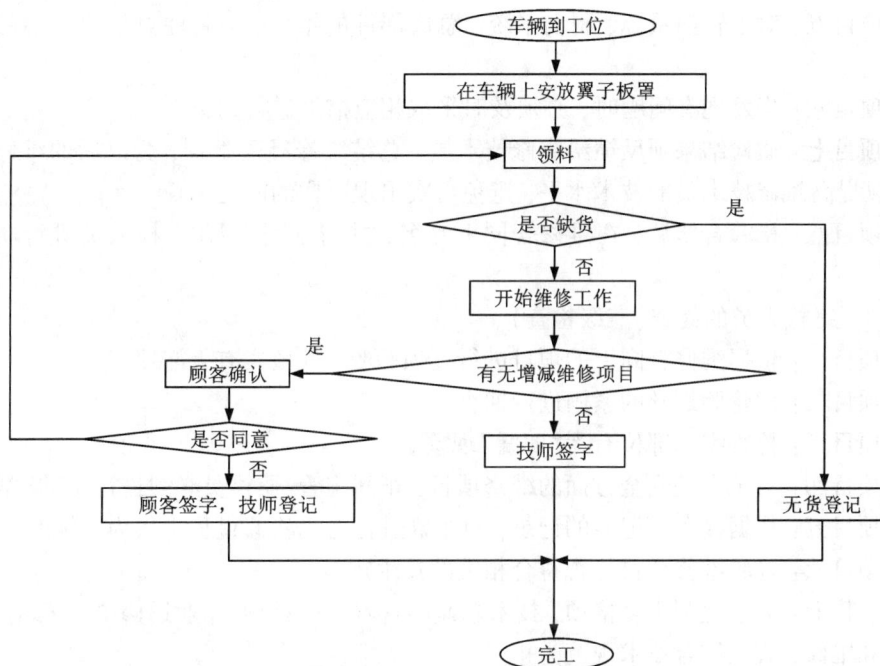

图 6-8　汽车维修作业质检作业流程

2)质检实施规范

规范 1　维修技术人员的自检(一级检查)。车辆维修完成后,须根据各项维修的作业内容做逐项检查。

自检项目一:查看客户要求的各项服务内容是否完成,尤其应该认真细致地检查维修工作,检查是否存在问题。如果发现还存在问题,须及时解决。

自检项目二:若有问题且影响到与客户的维修项目及费用或交车时间,必须及时反馈给接待员,以便及时向客户汇报。

自检项目三:对于大修车辆,维修技术员须同车间主管/质检员进行过程检验,检测发动机主要装配数据的测量,并填写发动机大修检验单中的相关内容。

自检项目四：自检合格之后在维修合同上签字确认，把检查完成事项填入管理进度看板，与下一步质检的班组组长/质检员进行车辆交接，将工单、更换的配件、钥匙等交与该质检员。

规范2　维修班组长的检验(二级检查)。

检查项目一：按照规定必须对所完成的各个维修项目进行复检确认，更换配件的确认等，确保做到无漏项、无错项。

检查项目二：对接车登记表上客户反馈的问题确认，做到检查有结果，调整有记录。

检查项目三：对于重要修理、安全性能方面的修理、返修等，应优先检验，认真细致，确保维修质量。

检查项目四：对车辆进行运转试车，确认维修项目无"四漏"现象发生，确保维修项目符合技术规范。

检查项目五：对于转向系统、制动系统、总成部件的维修，应将注意事项在维修合同上醒目注明。

检查项目六：当发现有问题时，必须及时采取相应措施进行纠正。

检查项目七：质检结果须反馈给维修技术员，总结维修经验教训，为以后的维修作业提供借鉴，以提高维修技术员的技术水平，避免再次出现同样的问题。

检查项目八：检验合格后，在维修合同上签名，并与车间主管/质检人员进行质检工作交接。

规范3　终检人员的终查(三级检查)。

检查项目一：依据维修合同上的项目进行逐项验收，并核实有无漏项。

检查项目二：对轮胎螺丝的紧固进行抽查。

检查项目三：检查维修部位有无"四漏"现象。

检查项目四：对于有关安全方面的维修项目，车间主管/质检员必须进行路试检测。

检查项目五：依据接车登记表的记录，对车辆进行有无检修过程中人为损坏的检查。

检查项目六：检验维修项目是否符合相关的技术规范。

检查项目七：对于检测不合格项，技术总监/质检员开具维修作业返修单，交维修班组长重新检查和维修，直至符合技术规范为止。

检查项目八：对完工车辆的清洁状况进行检查。

检查项目九：做好最终检验记录，并在维修工单和合同上签字确认。

检查项目十：将维修合同、工单和车钥匙交给维修接待员，交代相关事宜(如已更换旧件的存放位置)，告知维修接待员车辆已修好，可安排交车。

规范4　总质检合格后，终检人员将钥匙交给洗车人员，请洗车人员对车辆进行清洗工作。

规范5　洗车人员洗车完毕后，车间调度员通知业务维修接待员，并将完工车辆、车钥匙和行驶证等一起移交给维修接待员。

规范6　车间主管/质检员将维修合格的车辆移交给维修接待员时，维修接待员应对车辆的维修项目、更换的配件、旧件进行检查，确保任务的全面完成。

规范7　维修接待员进行交车前的检查。对车辆的内外部清洗情况、车辆外观状况、"下次保养和车辆在使用过程中的注意事项提醒小贴士"进行确认。

规范 8　对于保修期内的车辆，客户反馈有维修质量问题的，维修接待员在第一时间通知车间主管/质检员，同时调出该车维修档案，供接车参考。

规范 9　对厂外返修车辆，维修接待员、车间主管/质检员应以积极的态度对待，第一时间安抚客户，将客户的不满及损失降到最低。

规范 10　车间主管、班组长同时会同相关人员第一时间对发生的问题进行分析，以最短的时间、最合理的方案完成返修任务。

规范 11　车间主管/质检员会同相关技术员对车辆做故障检测和诊断，确认返修车辆出现的问题是何种原因造成的。如果属于人为因素，维修接待员开具维修合同及维修作业返修单，并将接车登记表一同交车间进行作业；若属于更换配件及附件原因的，则对问题配件进行质量鉴定，出具质量问题报告，以便有关索赔人员向厂家进行相关的索赔。

规范 12　对发生的返修现象，技术总监及班组长认真分析产生返修的具体原因，制定相关的预防措施，组织全体员工实施，并将汇总、分析、改进落实情况上报服务经理。

对返修作业做到"三不放过"，即原因不查清不放过、不教育到人不放过、防范措施不到位不放过。

规范 13　维修保质期。

小修保修期：出厂后 10 天或行驶里程为 2000 公里，两者以先到者为准。

二级维护保修期：出厂后 30 天或行驶里程为 5000 公里，两者以先到者为准。

大修保修期：出厂后 100 天或行驶里程为 20000 公里，两者以先到者为准。

五、结算/交车

1. 结算/交车的内容

在客户来接车之前，维修接待员应把结算单打印好。客户到维修服务企业后，维修接待员接待客户，向客户解释车辆的维修情况和结算单内容。这么做是为了尊重客户的知情权，消除客户的疑虑，让客户明白消费，提高客户满意度。

内容一：维修过程解释

如果是常规维护，维修接待员应给客户一份维护记录单，告诉客户下次维护的时间或里程，以及需要更换的常规件和相应里程需作业的常规项目，同时在车辆维护手册上做好记录。

如果是故障维修，维修接待员应告诉客户故障原因、维修过程及有关注意事项。

内容二：结算单内容解释

维修接待员应主动向客户解释清楚结算单上的有关内容，特别是维修项目工时费用和配件材料费用，让客户放心。如果实际费用与估算的费用有差异，需向客户解释说明原因，得到客户的认同。

给客户说明完以后，引导客户到收银台结算。

结算单是客户结算修理费用的依据，包括：客户信息、客户车辆信息、维修企业信息、维修项目及费用信息、附加信息和客户签字等。客户签字意味着客户认可维修项目及费用。

结算单一般一式两份，客户联给客户带走，另一联由维修服务企业的财务部门存档。财务人员负责办理收款、开发票、开出门证等手续。结算应该准确高效，避免客户等待时间过长。

交车是下次维修保养的开始，交付客户一辆洁净的车辆非常重要。尤其是一些细节，如烟灰盒里的烟灰必须倒掉，时钟要调正确，座椅位置调正确，汽车外观的保养占用的时间很少，却能收到事半功倍的效果。"额外的举手之劳"常常会在很大程度上增加客户的满意度。体现物超所值的服务，是交车工作必须重视的。在完成车辆离开的相关手续后，维修接待员应亲自将客户送出门外，并提醒客户下次维护时间和车辆下次应该修理的内容。

2.结算/交车服务流程

1)结算/交车服务流程(如图6-9所示)

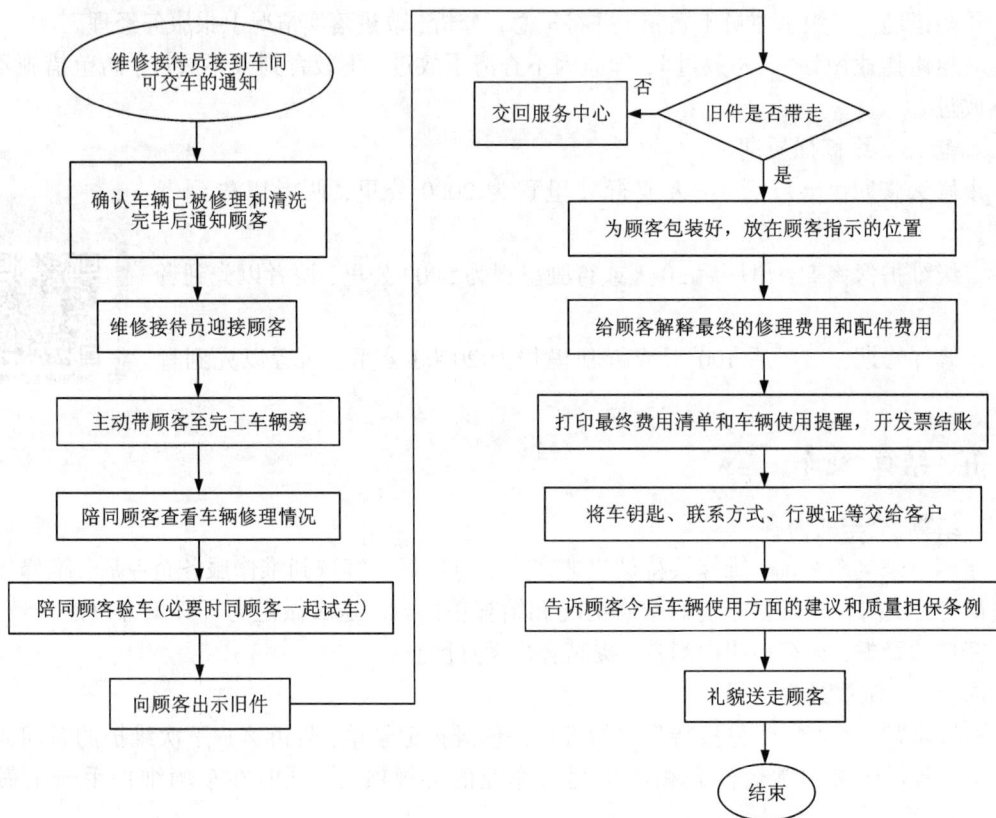

图6-9　汽车维修作业结算/交车服务流程图

2)结算/交车服务实施规范

规范1　原负责接待的维修接待员在确认已完成维修内容以后，及时与客户取得联系，确定最终的交车时间及付款事宜等。

规范2　维修接待员准备好维修合同、工单(对于保险修理的须有车辆保险公司维修授权委托书)、结算书、报价单、旧配件、车钥匙及行驶证等。

规范3　维修接待员打印好有关质保条例及今后客户车辆保养方面的建议。

规范 4　竣工车辆停放在竣工区，且车头朝向客户离开方向。

规范 5　维修接待员陪同客户检验竣工车辆，并解释签收。

说明一：应先陪同客户查看和核对车辆的修理情况，当着客户的面取下座椅防尘套、方向盘防尘套和脚踏垫等保护设施。

说明二：属非索赔件的修理，应将旧零件当面给客户查看并返还给客户。如果客户要带走旧件，为客户包装好，并放在客户指示的位置（如行李舱）；如果客户不需要，维修接待员把旧件放在指定的地方，由维修服务中心负责将它们进行处理；如果是索赔件，则无须向客户出示。

说明三：维修接待员应用通俗易懂的语言向客户解释维修项目内容及客户的询问。客户满意后请客户在工单上签字确认。

说明四：向客户建议下次保养使用方面的注意事项。

说明五：向客户确认电话回访的时间和形式，预约下次保养时间，并做好记录。

规范 6　结账。

说明一：维修接待员陪客户到收银台结账，同时将客户的车钥匙、行驶证交给车辆调度员。

说明二：收银员必须站立，且面带微笑地为客户服务。

说明三：出纳复核费用是否正确，并打印最终费用清单。

说明四：维修接待员依据最终费用清单向客户解释各个维修项目及费用来由。

说明五：提醒客户再次确认维修费用，并请客户签字确认。

说明六：复查修理说明，确保字迹清楚、论述充分以便于客户理解。

说明七：付款结账，须在工单上做"付讫"标记，将发票和提车联交给客户，并提醒客户点清和妥善保管。

说明八：结账结束后收银员需向客户表示感谢，并祝客户平安。

说明九：维修接待员将打印好的有关质保条例及今后客户车辆使用方面的建议交给客户，并请客户保存好。

规范 7　维修接待员将电话号码留给客户，便于客户发现问题时打电话反馈。

规范 8　车辆调度人员将客户车辆开至业务大厅门口，并将车钥匙、行驶证交给客户。

规范 9　维修接待员同客户到其汽车边并送客户到维修站门口，与客户道别，表示谢意，并欢迎下次光临。目送客户，直至看不到客户，方可转身离去。

规范 10　交车服务（包括付费和取车时间）应控制在 10 分钟以内。

规范 11　送走客户后有关人员将该维修客户车辆维修资料的变更部分输入电脑，完善客户档案，并存档。

规范 12　车间主管将工单索赔联交索赔员，维修联、存档联装入客户档案袋。

六、跟踪回访

跟踪回访是维修服务流程中的最后一道环节，属于与客户的接触沟通和交流环节，一般通过电话访问的方式进行。较好的后续跟踪服务，一方面能够掌握售后服务中心维修业务存在的不足，另一方面又能够更好地了解客户的期望和需求，接受客户和社会监督，增强客户的信任度。

1.跟踪回访服务内容

维修服务企业应在交车之后 3 日内对客户进行跟踪回访,跟踪回访体现对客户的关心,更重要的是了解对维修质量、客户接待、收费情况和维修时效性等方面的反馈意见,以利于维修企业发现不足、改进工作。

回访人员应做好回访记录,作为质量分析和客户满意度分析的依据。如果在回访中发现客户有强烈抱怨和不满,应耐心地向客户解释说明原因并及时向服务经理汇报,在一天内调查清楚情况,给客户一个合理的答复,以平息客户抱怨,使客户满意,而不可忽视。回访记录单如表 6-8 所示。

表 6-8　回访记录单

日期

序号	客户姓名	车牌号	联系电话	维修单号	出厂时间	车辆使用情况	工作人员态度	工作人员效率	工作人员业务水平	满意度	意见或建议
1											
2											
3											
4											

2.跟踪回访服务流程与实施规范

1)跟踪回访服务流程(如图 6-10 所示)

2)跟踪回访服务实施规范

规范 1　维修保养后,质量跟踪员必须在客户取车后 3 个工作日内对维修质量和服务质量进行电话跟踪回访,开展满意度调查,并记录于回访记录单中。其具体操作方法如下。

步骤一:从交车日起 3 日内,给客户打电话询问车辆情况。

步骤二:首先,向客户的来店表示谢意。

步骤三:询问结果是否称心如意。

步骤四:确认费用、完工日期是否满意。

步骤五:听取客户的感想,询问有无其他意见。

步骤六:对于有不满或抱怨的客户,必须耐心听取具体原因,电话跟踪后及时向售后服务经理反映真实情况,共同研究改善对策。

步骤七:电话跟踪访问结束时,须说:"感谢您接受我们的跟踪访问,再见!"

规范 2　每天应将当天存在质量问题的电话跟踪导出到售后电话跟踪处理日报表中,并提交给客户服务经理。

规范 3　存在维修质量问题的处理。

说明一:须向客户致歉,安抚客户的情绪,并承诺尽快将处理意见反馈给客户。

说明二:客户服务中心经理应和车间主管负责制定处理意见及内部改进措施,并详细记录于维修后电话跟踪处理日报表中。

顾客提车后3日内打电话询问维修和服务质量

顾客是否满意 — 是

否

向顾客致歉，询问具体情况，并详细记录，承诺会尽快处理

每天及时报告客服经理当天回访情况

维修质量问题 — 客服经理和技术总监负责制定解决方案

配件问题 — 客服经理和配件经理负责制定解决方案

服务质量问题 — 客服经理和车间主管负责制定解决方案

提醒顾客下次保养时间

将跟踪回访服务的情况记录于跟踪回访服务表中

24小时内，向顾客反馈处理意见，再次向顾客表示歉意

每周汇报一次，并存档

顾客是否满意

结束

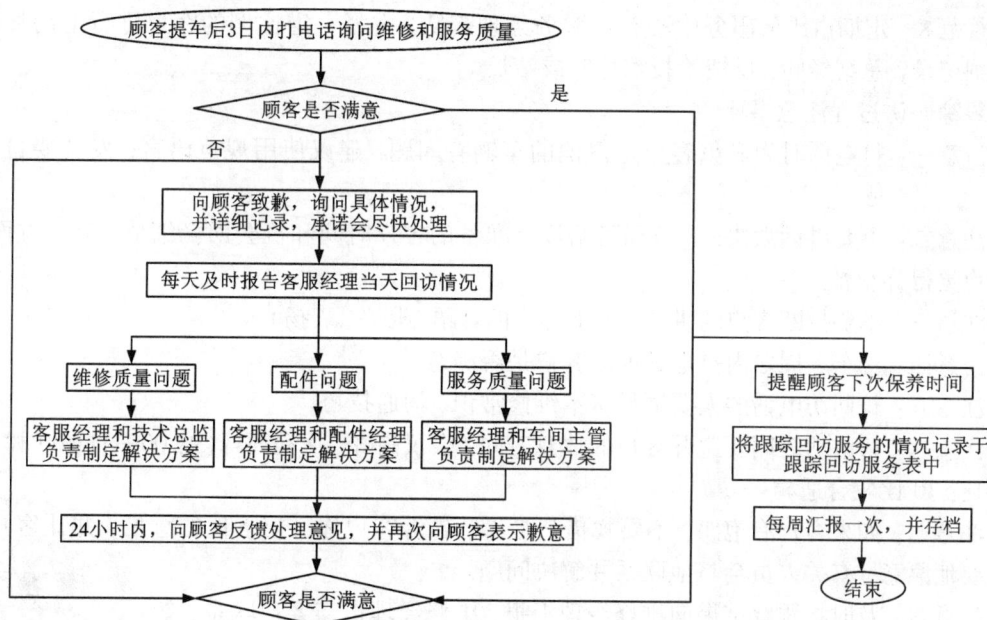

图 6-10 汽车维修作业跟踪回访服务流程图

说明三：服务跟踪必须在次日再次致歉客户，并向客户反馈处理意见。

说明四：如果客户对处理意见不满意，应再次讨论处理意见直至客户满意为止。

说明五：对于发生维修质量问题的客户，应在返修后，再次进入维修后电话跟踪服务。

规范4　存在配件方面问题的处理。

说明一：客户服务中心经理应和配件经理负责制定处理意见及内部改进措施，并详细记录于维修后电话跟踪处理日报表中。

说明二：如果是配件质量存在问题，承诺尽快将处理意见反馈给客户，次日向客户致歉并向客户反馈处理意见。

说明三：如果是配件价格或配件供货方面的问题，须向客户表示歉意，并承诺会尽快处理。

规范5　存在服务质量问题的处理。

说明一：服务质量跟踪员向客户询问具体情况，并根据实际情况向顾客致歉。

说明二：客户服务中心经理应和服务经理负责制定处理意见及内部改进措施，并详细记录于维修后电话跟踪处理日报表中。

说明三：对于有重大抱怨的客户，次日服务跟踪员须再次向客户致歉，并反馈处理意见给客户。

说明四：在客户档案备注中标记为重点客户。

规范6　在进行电话跟踪服务时，应进行定期保养提醒及提示客户可享受的预约服务。如果维修服务中心近期有什么维修服务方面的优惠活动，应提示或推荐给客户。

规范7　客户服务中心经理应每周向站长提供维修后电话跟踪质量周报，此报告对有质

量问题的跟踪服务进行汇总。

规范 8　定期由维修服务中心客户服务经理带队，选择一定比例的客户进行上门拜访，并详细记录，总结经验，反馈给技术总监或站长。

跟踪回访过程注意事项

注意一：打电话时为避免客户觉得他的车辆有问题，建议使用规范语言，发音要自然、友善。

注意二：不要讲话太快，一方面可给没有准备的客户时间和机会回忆细节，另一方面避免客户觉得你很忙。

注意三：不要打断客户的讲话，记下客户的评语(批评、表扬)。

注意四：交车一周之内打电话询问客户是否满意。

注意五：打回访电话的人要懂得基本维修常识、沟通技巧。

注意六：打电话时间要避开客户的休息时间、会议高峰、活动高峰(9：00—11：00 和 16：00—18：30 比较合适)。

注意七：如果客户有抱怨，不要找借口搪塞，告诉客户你已记下他的意见，并让客户相信只要他愿意，有关人员会与他联系并解决问题。

注意八：及时将跟踪结果向维修经理汇报，维修经理再与客户联系，如属服务质量问题则将车开回进行维修，属服务态度问题的向客户表示歉意，直至客户满意。这样从预约开始到跟踪结束，形成一个闭环。总之要对客户不满的原因进行分析并采取改进措施。

维修后跟踪服务
电话范例

注意九：对客户的不合理要求进行恰当解释。

任务总结

本任务按照企业工作岗位标准规范了 4S 店前台接待流程、汽车维修作业流程。通过规范流程的描述，学习者掌握汽车 4S 店前台接待业务要求、礼仪要求、作业要求及注意事项等方面的知识，通过实践活动，提高个人的专业能力，学习品牌汽车文化理念与客户关怀理念。

"任务导入"中的 4S 店的员工，严格执行企业质量管理制度，让张先生接受规范性的贴心服务，最终成为忠诚客户。这对企业发展及社会美誉度有着积极意义。

- 知识点：4S 店前台接待服务礼仪规范，维修业务接待流程操作要领。
- 技能点：掌握 4S 店前台接待服务礼仪规范、维修业务接待流程。
- 素养点：严格执行本行业的专业规范礼仪及客户作业操作要求，在实际工作中落实客户关怀理念。

一、思考与讨论

1.填空题

(1)礼仪是指在社会交往中必须遵循的(　　　)、(　　　)的(　　　)。礼仪起源于(　　　)活动，后发展为人们(　　　)的规范。

(2)服务是指服务方遵照被服务方的(　　　)和(　　　)，为满足被服务方需求而提供相应(　　　)的过程。

（3）服务过程包括两个方面：一是服务方，属（　　　　　　）。二是被服务方，属（
　　）。与一般的商品相比，服务是一种（　　　　　　）的商品。

（4）服务的特征：（　　　　　）、（　　　　　）、（　　　　　）、（　　　　　）。

（5）跟踪服务载体主要有（　　　　　）、（　　　　　）、（　　　　　）等方式。

（6）（　　　　　）是汽车维修服务流程的（　　　　　　），它是一个与客户建立良好关系的机
会。预约可分为（　　　　　）和被动预约。

2. 简答题

（1）汽车销售顾问职业形象表现在什么地方？

（2）4S 店前台接待服务礼仪规范有哪些？

（3）汽车销售顾问专业术语如何表达？

（4）论述汽车 4S 店服务流程。

（5）汽车维修业务接待的作用是什么？

（6）服务顾问素质要求有哪些？

（7）维修业务接待流程操作要领是什么？如何实现？

（8）汽车维修业务接待过程的注意事项有哪些？

（9）客户关怀的中心思想是什么？

二、案例分析

吉利收购沃尔沃的 SWOT 分析

S（strength）是优势、W（weakness）是劣势、O（opportunity）是机会、T（threat）是威胁，它们
是 SWOT 分析法中的 4 个要素。SWOT 分析，又称为态势分析法。

（1）Strength

吉利收购沃尔沃得到了政府和国内资本的大力支持，包括中国银行在内的多家国内银行
承诺为吉利收购沃尔沃提供至少 10 亿美元的贷款，以较低的利息优惠提供给吉利。这使吉
利没有了后顾之忧。另外，吉利本身在香港上市，有较强的融资能力。并且，在正式收购的
两年前吉利已经着手并购的事宜，将目标设定沃尔沃，前期的准备在收购上发挥了很大的
作用。

（2）Weakness

在劣势上面，吉利与福特相比仍然处于较低的水平，吉利是属于国内市场规模并不是很
大的民营汽车生产商，而要接管沃尔沃需要更加全球化的眼光和管理思维和全球管理能力。
这对于中等规模的吉利而言，是一个明显的挑战。另外，吉利和沃尔沃的品牌定位和技术水
平是处于两个不同的层次的，如何整合这两个品牌的不同的优势，是吉利、沃尔沃需要考虑
的内容。

（3）Opportunity

此次并购中，吉利用 18 亿美元换来了 100% 的股权，仅占当年福特收购沃尔沃的三分之
一不到。首先这是在全球经济危机之下的一个意外的收获，对于吉利提升品牌价值和形象、
加快国际化进程有着很大的帮助。另外，沃尔沃掌握的技术能够令吉利获取到宝贵的技术和
经验，也有利于吉利培养更多的人才，提升技术水平。

（4）Threat

文化差异和沃尔沃欧洲市场的持续低迷是吉利收购沃尔沃时的两大威胁。如何在并购之后克服文化的差异，让沃尔沃真正地融入中国本土的血液中来，是吉利想要获得长足发展必须克服的。在海外收购的历史中，运筹和设计都很完美的企业进行海外收购之后却整合失败的有很多。

（1）吉利收购沃尔沃过程中的 SWOT 分析，对大学生创新创业有何指导意义？

（2）我国汽车行业，是否能够通过新能源技术的开发达到弯道超车的目的？

三、实训项目

1. 实训内容与要求

实训项目一：按汽车 4S 店员工基本素养要求，进行员工个人日常礼仪训练（站姿、坐姿、走姿、蹲姿等）。

完成时间：2 周。

实训项目二：按汽车 4S 店员工基本素养要求，进行员工电话礼仪训练。

完成时间：1 天。

实训项目三：按汽车 4S 店服务顾问，按标准填写接车问诊表。

完成时间：2 节课。

2. 实训组织与作业

实训项目一：首先进行个人训练，然后进行 5~10 人一组的小组训练。

实训项目二：两人一组（客户、服务顾问）进行员工电话礼仪训练。

实训项目三：两人一组（客户、服务顾问）进行接车问诊训练。

要求：在组织实施过程中，注意团队配合，按照行业操作程序及作业规范执行。学习企业员工吃苦耐劳、爱岗敬业及精益求精的精神。

组织要求：严格训练企业员工基本素养，考核周详、到位。

四、学生自我学习总结

根据模块线上线下学习内容，建议从以下几个方面进行总结。

（1）理论知识还有哪些学习不到位的地方，需要补充和拓展？

（2）个人基本技能能否达到金牌销售人员规范要求？

（3）个人的职业素养与职业品德与企业文化发展是否一致？

任务四　汽车销售服务

学习目标

1. 了解顾问式汽车销售基础知识。
2. 熟悉 4S 店汽车标准销售流程。
3. 掌握现代汽车网络销售及售后配套服务要点。
4. 掌握汽车 4S 店在业务接待过程中提升客户满意(CS)的方法与操作要领。
5. 提高客户满意度服务能力。

知识结构图

【任务引入】

李先生准备购买一辆新车,他不知道是到 4S 店去购买还是通过网络平台购买比较合适,而且他对车辆的性能也不是很了解。他通过网络、朋友及同事,基本了解了现代汽车市场当中主流车型的性能、价格及性价比。你认为李先生如此购买车辆合适吗?他需不需要汽车服务顾问的现场解答或汽车服务顾问对其进行其他渠道(热线电话、广告等)的宣传?

【任务分析】

网络平台服务及个性化服务是汽车售后服务的作业特点。本任务要求学习者学习顾问式销售基础知识、汽车 4S 店标准销售流程、现代汽车网络销售方法等专业知识。在实践操作上要求学习者通过客户满意度的创建,掌握现代汽车销售服务流程及客户满意度的创建方法、步骤。在企业实践中学习企业员工爱岗敬业的精神及接受企业文化的熏陶。

知识链接

模块一　汽车销售顾问岗位素养要求

一、汽车销售顾问的作用

1.汽车销售顾问的定义

汽车销售顾问是指为客户提供顾问式的专业汽车消费咨询和导购服务的汽车销售服务人员，其工作范围实际上也就是从事汽车销售的工作。其立足点是以客户的需求和利益为出发点，向客户提供符合客户需求和利益的产品销售服务。

2.汽车销售顾问的作用

其具体工作包含：客户开发、客户跟踪、销售导购、销售洽谈、销售成交等基本过程，还可能涉及汽车保险、上牌、装潢、交车、理赔、年检等业务的介绍、成交或代办。

在4S店内，其工作范围主要定位于销售领域，其他业务领域可与其他相应的业务部门进行衔接。

3.顾问式销售模式

顾问式销售体现在以原则为基础，着重于双方的利益而非立场，寻求彼此互利的解决途径，而不违背双方认可的原则。

具体操作是以客户的观点看问题，诚心诚意地了解客户和客户的需要，抓住关键问题及彼此间的顾虑，寻求彼此都能接受的结果，并商讨出达成结果的各种可能方案，实现"双赢"。

如何把梳子卖给和尚

二、汽车销售顾问岗位素养要求

1.素质

(1)具备丰富的销售经验及熟悉本企业的业务流程。
(2)熟悉各销售车型的报价及其他延伸物组成。
(3)具有汽车专业基础理论知识，熟悉汽车构造和基本行驶原理。
(4)熟悉汽车销售服务流程细则及要求。
(5)了解国家、行业、企业相应的政策、法规、制度。
(6)了解客户的心理，善于与客户沟通。

2.心态

1)真诚

态度是决定一个人做事能否成功的基本要求，作为一个汽车销售人员，必须抱着一颗真诚的心，诚恳地对待客户，对待同事，只有这样，别人才会尊重你，把你当作朋友。

2)自信心

信心是一种力量，每天工作开始的时候，都要鼓励自己，要能够看到本汽车企业和汽车产品的优势与不足，同时还要熟悉对手的信息，用一种必胜

汽车销售大师乔·吉拉德的故事

的信念去面对客户和消费者。明白自己不仅仅是在销售商品，同时也是在销售自己，客户接受了你，才会接受你的商品。

3. 做个有心人

机遇对每个人来说都是平等的，只要你是有心人，就一定能成为行业的佼佼者。台湾企业家王永庆刚开始经营自己的米店时，就记录下客户每次买米的时间，记住客户家里有几口人，这样，他算出人家买的米能吃几天，快要吃完时，就给客户送过去。正是因为王永庆的这种细心，才使他的事业发展壮大。

4. 韧性

销售工作实际是很辛苦的，要不断地去拜访客户，去协调客户关系，甚至跟踪消费者提供服务，销售工作绝不是一帆风顺的，会遇到很多困难，但要有解决的耐心，要有百折不挠的精神。这就要求业务代表具有吃苦、坚持不懈的韧性。

5. 良好的心理素质

具有良好的心理素质，才能够面对挫折、不气馁。每一个客户都有不同的背景，也有不同的性格、处世方法，销售顾问受到打击时要能够保持平静的心态，要多分析客户，不断调整自己的心态，改进工作方法，使自己能够去面对一切责难。只有这样，才能够克服困难。同时，也不能因一时的顺利而得意忘形，须知"乐极生悲"，只有这样，才能够胜不骄、败不馁。

6. 交际能力

每一个人都有长处，每一个销售代表不一定要八面玲珑、能说会道，但一定要多和别人交流，培养自己的交际能力，尽可能多地交朋友，这样就多了机会。另外，朋友也是资源，善用资源才会成功。

7. 热情

热情是具有感染力的一种情感，它能够带动你周围的人去关注某些事情，当你很热情地去和客户交流时，你的客户也会"投之以李，报之以桃"。

8. 知识面要宽

销售代表要和形形色色、各种层次的人打交道，不同的人所关注的话题和内容是不一样的，只有具备广博的知识，才能与对方有共同话题，才能谈得投机。因此，要涉猎各种书籍，无论天文地理、文学艺术、新闻、体育等，只要有空闲，养成不断学习的习惯。

9. 责任心

销售代表的言行举止都代表着你所在的公司，如果你没有责任感，你的客户也会向你学习，这不但会影响你的销量，也会影响公司的形象。无疑，这对市场会形成伤害。

10. 谈判力

其实业务代表无时不在谈判，谈判的过程就是一个说服的过程，就是寻找双方最佳利益结合点的过程。在谈判之前，要搞清楚对方的情况，所谓知己知彼，了解对方的越多，对自己越有利，掌握主动的机会就越多。

模块二　汽车销售基础知识

一、汽车市场主要车系特点

1. 欧系车

欧系车设计较为严谨、科学,质量非常可靠,技术非常先进,在制造技术、零部件的制造和选材方面比较严格,拥有良好的技术性和耐久性。在车身工艺方面的造诣一直处于世界领先地位,造型耐看、底盘扎实、油耗适中、车身厚重。

缺点是过度依赖技术和设计的先进性,选材不计成本,所以车价偏高。

代表厂商:德国大众,法国标致·雪铁龙、雷诺。

2. 美系车

美系车强调舒适性和动力性,兼顾安全性。悬挂系统和隔音设计非常出色,发动机强调大排量、大扭力,空调效果好,成了安全舒适豪华的代表。

缺点:过分地强调大马力和大车身,往往导致美国车给人以油耗大的坏印象。

代表厂商:通用、福特。

3. 日系车

日系车在设计理念上重视两小一大,即油耗最小、使用成本最小,舒适性和使用便利性最大。日本车往往都是小排量的发动机,而且节油技术非常先进,保养和维护成本都比较小,使用成本非常低。在汽车的设计方面,特别是驾驶舱的设计方面,选材非常科学,善于营造舒适、温馨的氛围,各种储物室和舒适性电子装备非常多,强调最大的舒适性、便利性。

缺点:成本控制做得很好,导致一些不容易被发现的零部件质量比较低,设计方面对安全性的重视程度不够好。

代表厂商:丰田、本田、铃木、三菱。

4. 国产车

目前国产车的整体设计、制造水平比欧系车、日系车落后十年左右,突出表现在三大系统(车身、底盘、发动机)设计能力不足,缺乏自主知识产权,所以要想生存,只能另辟蹊径,顺应时代发展形势,走新能源汽车发展道路。

代表厂商:比亚迪、吉利、奇瑞、长城、长安。

二、汽车车型知识

作为一名汽车销售人员,必须具备专业的汽车基础知识。只有这样,你才能引起客户的关注和重视;也只有这样,才能塑造自己在客户心中的专业形象。汽车销售人员应掌握以下基本的汽车知识。

根据不同的标准,可以把汽车分为不同的类型。

分类标准:联合国欧洲经济委员会(the United Nations Economic Commission for Europe,UNECE 或者 ECE)标准。

1. 汽车分类

1）乘用车

乘用车（Passenger Vehicle）是在其设计和技术特性上主要用于载运乘客及其随身行李和/或临时物品的汽车，包括驾驶员座位在内最多不超过9个座位，它也可以牵引一辆挂车。乘用车涵盖了轿车、微型客车以及不超过9座的轻型客车。乘用车下细分为基本型乘用车（轿车）、多功能车（MPV）、运动型多用途车（SUV）、专用乘用车和交叉型乘用车。

MPV（Multi-Purpose Vehicles），多用途汽车，是从旅行轿车演变而来，它集旅行车宽大乘员空间、轿车的舒适性和厢式货车的功能于一身，一般为两厢式结构，可以坐7~8人。车内每个座椅都可以调整，并有多种组合方式，前排座椅可以180度地旋转，如图7-1所示。

运动型多用途车（Sport Utility Vehicle，SUV），该车型起源于美国，这类车既可载人，又可载货，行驶范围广泛，驱动方式应为四轮驱动，如图7-2所示。

图7-1 多功能车（MPV）

图7-2 运动型多用途车（SUV）

2）商用车

商用车包含了所有的载货汽车和9座以上的客车，分为客车、货车、半挂牵引车、客车非完整车辆和货车非完整车辆，共五类，如图7-3所示。

2. 汽车识别代码

汽车识别代码（VIN）是制造厂为了识别每一辆汽车而给每一辆车指定的一组字码，由字母和阿拉伯数字组成，共17位。车辆识别代码包括世界制造厂识别代号（WMI）、车辆说明（VDS）和车辆指示（VIS）三个部分。按照识别代码编码顺序，从VIN中可以识别出该汽车的生产国别、制造公司或厂家、车的类型、品牌名称、车型系列、车身形式、发动机型号、车款年份、安全防护装置型号、检验数字、装配工厂名称和出厂顺序号码等。

目前，世界上绝大部分汽车公司都使用了汽车识别代码。它的重要性也越来越被更多的人所认识和重视。无论是汽车整车的销售人员，还是配件销售人员，无论是汽车维修工、车辆保险人员、二手车的评估人员，还是车辆交通管理人员，以及与汽车相关的其他人员，都应该对汽车的规格参数和性能特征等信息有一个清楚的了解、认识和掌握，汽车识别代码正是他们必不可少的信息工具。

3. 汽车总体构造

一辆汽车的零部件有成千上万，但其总体构造通常由发动机、底盘、车身、电气设备四个部分组成，如图7-4所示。

4. 汽车主要性能指标

汽车主要性能指标是汽车销售过程中应重点介绍的内容之一。汽车的性能是影响客户购

自卸车			皮卡		
载货车			微卡		通常所说的小四轮
牵引车			轻卡		常见的分闭式轻卡
挂车			微客		也就是通常所说的面包车
专用车		如：沙石车、油罐车、扫雪车等			

图 7-3　常用商务车

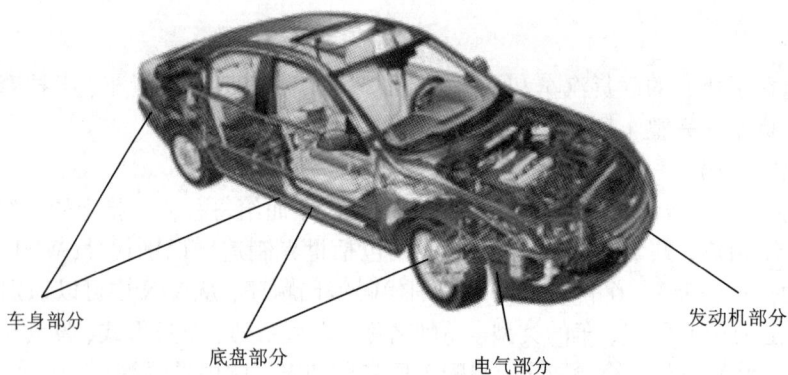

图 7-4　汽车总体构造

买汽车的最重要因素之一。汽车的主要性能包括动力性、燃油经济性、制动性、操控稳定性、行驶平顺性、通过性等。专业的汽车销售人员应对自己所销售的汽车的各种性能指标都了如指掌。

5. 汽车车型配置

汽车的车型配置是指在同一系列的车辆上，各个分系统和零部件的有无、大小、功能强弱、质量差别等。汽车销售人员应熟悉汽车的各种配置，因为一个系列的汽车往往包括配置不同的很多型号。它们可能在外形上没有很大区别，但各种零部件数量、汽车质量及功能、汽车价格不尽相同。汽车销售人员要恰当地给客户做推荐，介绍汽车的各种配置情况。

6.现代汽车技术

未来的汽车将会更加人性化以及融入更多的文化元素。同时还要兼备安全、环保、智能等元素。汽车因此越来越成为一种终极智能移动设备，具备智能化安全系统、高能效和沟通便捷的信息娱乐平台，新能源汽车技术更是未来汽车的发展方向。

汽车销售人员应熟悉各种常用的现代汽车技术，如电子控制防抱死制动（ABS）系统、导航控制系统、电子控制空气囊SRS及安全带装置、防撞雷达报警和自动制动系统、智能空调系统和智能钥匙。由此给客户提供专业化、职业化的服务。

三、汽车销售知识

1.汽车消费信贷

在汽车销售的过程中，客户经常会在付款方式和价格方面提出异议。如果汽车销售人员在说服客户时能向他们解释清楚分期付款的好处，对促进成交非常有利。所以，汽车销售人员必须了解汽车消费信贷的有关知识，比如汽车消费贷款的对象及条件、汽车消费贷款的额度、汽车消费贷款的期限、汽车消费贷款的利率、贷款买车后的还款方式和汽车消费贷款的程序等。

2.新车上户及年检

在我国，随着汽车市场的逐渐成熟，服务成为各个汽车经销商在激烈的竞争中更加关注的问题。很多商家把帮助客户新车上户作为吸引客户的促销手段。因此，汽车销售人员必须熟悉新车上户的各个环节，对新车上户的程序、车辆上路前需要交纳哪些费用和汽车的年检都向客户讲解清楚、明白。

3.新车保险

通常汽车销售人员并没有义务为客户办理汽车保险事宜，但是，为了赢得客户的信任，树立顾问的形象，汽车销售人员必须掌握汽车的保险知识，以随时解答客户的疑问，处理有关保险的异议，实现顺利成交。汽车销售人员应对车辆损失险、第三者责任险、机动车附加险、车辆损失险的附加险和第三者责任险的附加险都有非常透彻的了解。

4.新能源汽车销售特点

1）限购+城市补贴

这是北上广深为代表的一线城市相对其他城市在购车补贴、车辆上牌等方面的优势，目前以上销售模式仍占据较大的新能源汽车市场份额。

2）纯电动占比高，插电式稳步提升

纯电动一直是中国新能源汽车市场的主力军，近两年混合动力汽车成为过渡产品，插电式混合动力汽车逐步崛起，市场份额逐渐扩大。

3）畅销车型向中大型车辆过渡

一直以来，中国电动车市场呈现"一大一小两头挤"的特点，近年来形势有了明显的变化，代表"小"的A00/A0级车型仍然还是市场主力，但"大"的内涵已经由电动客车变成中大型乘用车。

4）插电式SUV或成新的爆发点

插电式SUV一直以来都是中国汽车市场的亮点，插电式混合动力车型又规避了当前城市车主充电难题,插电式SUV或成为电动车新的爆发点。高端市场中,外资车型宝马X5、奔驰GLE、沃尔沃XC90、奥迪Q7 e-tron 2.0TFSI等早早地就占据了市场。

四、其他销售知识

销售人员应该具备全面的知识,专业的销售顾问不仅仅要了解本行业内的知识,而且还要了解跨行业的知识动态,另外必要的商务礼仪知识也是销售人员所需要的。

1.行业内知识

(1)了解×××品牌汽车的历史、理念和品牌背景优势。

(2)了解×××品牌汽车的产业状况、行业趋势以及国家地方政策。

(3)了解×××品牌汽车的产业状况、产业趋势。

(4)掌握×××品牌汽车产品定位、所有卖点、配置、技术指标、奖项等知识。

(5)熟练掌握×××品牌汽车产品相对于竞争产品的独特技术特点,并组织好相关话术。

(6)了解竞争对手的技术特点、相关信息,并针对竞争对手卖点组织好相关话术,做到知己知彼。

(7)了解经销店在本地的优势、特点;明确知道经销店在当地所处的地理位置;了解经销店的银行开户账号;了解当地×××特约服务站的电话号码。

2.跨行业知识

客户可能涉及的行业知识也是我们应了解的重点,另外还有其他的新闻、消息,以便与客户拉近距离,例如:

(1)主要客户群体的行业知识。

(2)主要客户所在地的地区背景、地理分布、地区优势、地区风俗习惯等。

(3)主要客户群体所关注的信息,如本地区新闻、本地经济、体育娱乐新闻等。

(4)其他国家新闻,如金融、股票、体育、经济、时事等。

3.商务礼仪知识

礼仪的本质体现在真诚与相互尊敬。汽车销售作为一种商务活动,在此期间销售人员需要注意一定的商务礼仪。这不仅可以表现出公司的文化水平和管理境界,更重要的是可以帮助销售人员给客户留下深刻、美好的印象,让客户感觉到销售人员的个人修养和专业素质,增强客户的信任感。

模块三 汽车销售流程

一、汽车销售流程(如图7-5所示)

1.汽车销售规范

1)客户开发

客户开发是汽车销售的第一个环节,这一环节主要是关于如何去寻找潜在客户,因为销售的数量依赖于销售服务商如何将潜在客户转变为现实客户。潜在客户的两个前提:购买能力、购买欲望。

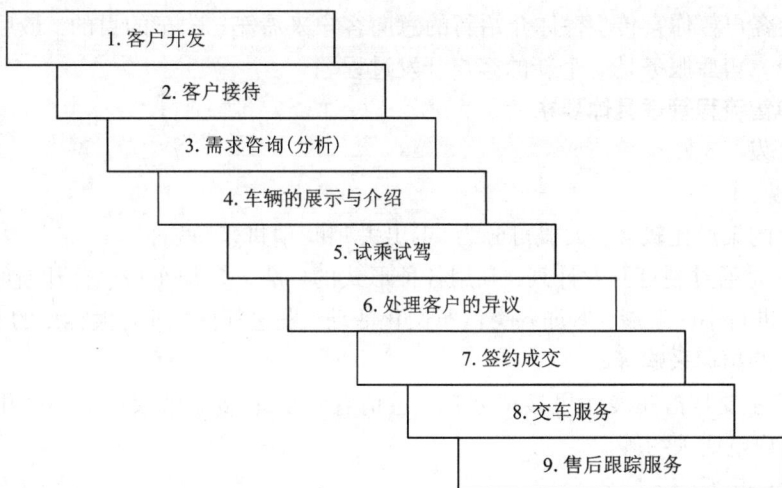

图 7-5　汽车销售流程图

2）客户接待

在客户接待环节，要求服务顾问有效地接待客户，获得客户的资料，把客户引导到下一环节中去。

3）需求咨询（分析）

需求咨询也叫需求分析。在需求分析里，我们将以客户为中心，以客户的需求为导向，对客户的需求进行分析，为客户介绍和提供一款符合客户实际需要的汽车产品。

4）绕车介绍

在绕车介绍中，我们将紧扣汽车这个产品，对整车的各个部位进行互动式的介绍，将产品的亮点通过适当的方法和技巧进行介绍，向客户展示能够带给他哪些利益，以便顺理成章地进入到下一个环节。

5）试乘试驾

试乘试驾是对第四个环节的延伸，客户可以通过试乘试驾的亲身体验和感受以及对产品感兴趣的地方进行逐一确认。这样客户可以充分地了解该款汽车的优良性能，从而增加购买欲望。

6）异议的处理

在这一环节，销售人员的主要任务就是解决问题，解决客户在购买环节上的一些不同的意见。

7）签约成交

在签约成交过程中，主要是汽车销售人员帮助客户完成汽车购置的思维过程，解决在成交的这个环节上所面临的"临门一脚"的问题。

8）交车服务

第八个环节是交车服务，交车是指成交以后，要安排把新车交给客户。在交车服务时我们应具备规范的服务行为。

9）售后跟踪

最后一个环节是售后跟踪。对于保有客户，销售人员应该运用规范的技巧进行长期维系，以达到让客户替你宣传、替你介绍新的意向客户来看车、购车的目的，最后使客户成为你的忠诚客户。售后服务是一个新的客户开发过程。

2.汽车销售流程管理具体要求

1）客户开发

（1）一般渠道。

寻找客户的渠道比较多，大概可分为"走出去"和"请进来"两种。

"走出去"是通过制订开发计划，利用各种形式的广告、参加车展、召开新闻发布会、进行新车介绍、进行小区巡展、参加各类汽车文化活动、发送邮件、进行大客户的专访、参与政府或一些企业的招标采购等。

"请进来"主要是指在展厅里接待客户，邀请客户前来参加试乘试驾，召开新车上市展示，或接受客户电话预约等。

（2）特有渠道。

除了上述的一般渠道，4S店客户开发还有一些特有渠道。

①定期跟踪老客户。这些老客户也是我们开发客户的对象，因为老客户的朋友圈子、社交圈子也是我们的销售资源。

②及时跟踪老客户的推荐。

③售后服务站外来的老客户。比如，奔驰汽车的维修站也会修沃尔沃、宝马品牌的车等，而这些客户也是我们开发的对象。

（3）客户开发的准备工作。

①要详细了解和熟悉产品的品牌、车型、技术参数、配置等等。要做到在与客户交流的时候，对于相关问题你都能流利地回答。

②要熟悉本公司对这个汽车产品销售的政策、条件和方式。

③要详细了解汽车销售过程中的各项事务，如付款方式、按揭费用的计算、上牌的手续、保险的内容、保险的费用等等。

④要了解竞争对手的产品与你所售车型的差异。准确地了解客户的真实想法，以便给客户提供专项服务，并且能够满足客户的特殊需求。

⑤了解客户。了解客户属于哪个类型，这样，你在与客户进行交流的时候，就会有的放矢，占据主动。

⑥了解客户真实的购买动机、付款能力、采购时间等等（如表7-1所示）。

表7-1　客户开发表

	特定开拓	展厅活动	户外活动	地区广告
举办目的	以特定消费群为对象，开展拜访活动，以增加客源	设计活动主题以吸引有兴趣的客户来店，与商品、服务人员接触	在能吸引人群的场所做展示等活动，扩大知名度，与群体接触	选择潜在客户关注的媒体，以增加销售服务店知名度
对象	公司、机关、团体等	有较强购买欲望的潜在客户	有消费潜力的居民区，商业区等	潜在客户群

续表7-1

	特定开拓	展厅活动	户外活动	地区广告
时机	经常性实施	展厅开业、新车上市、节假日等	新车上市、节假日等	长期、有促销活动安排时
要领	收集信息,选定目标,约定时间拜访	邀请、通知我们所掌握信息的潜在客户	事先发布信息,做好活动准备工作	电视、报纸、杂志夹页、电台等

(4)客户开发技巧。

①寻找潜在客户。

寻找潜在客户的主要途径有电话黄页、行业名录、朋友或熟人介绍、保有客户介绍等。在这个阶段,销售人员应努力收集尽量多的信息。

②访前准备。

一般来说,访前准备是正式接触到客户前的所有活动,汽车销售人员应对自己收集到的潜在客户信息分类整理,制订客户拜访计划,根据计划逐一拜访客户。

在客户拜访前,首先与客户电话预约,确认客户的方便时间,然后准备齐各种资料(名片、产品资料、公司简介、车辆使用和维护费用测算表、车辆上牌和保险费用表等),按时赴约。

对于单位采购,需要销售员找准四个人:车辆选型人、主要使用人、决策人、上级主管。根据获得的信息,依据先易后难的接触原则逐一拜访。

③初次拜访。

初次拜访是汽车销售人员与潜在客户的首次真正接触,在初次见面时,销售人员必须引起潜在客户的注意,使其对销售人员产生较深的、良好的印象,否则销售人员以后的行动可能会不起作用。

在这一阶段,销售人员要进行大量的提问和倾听。提问(如需要什么样的车、喜欢哪些车、对油耗的看法)有助于吸引客户的注意力;在倾听的过程中,一旦发现问题,销售人员就可以向潜在客户介绍解决问题的方法,并努力创造一个轻松愉快的氛围,尽量不要让客户产生"你是来推销汽车的印象"。及时找到客户的兴趣所在和关注点,要让客户尽快喜欢并信任销售人员。

④记录客户信息。

依据初次拜访获得的信息,依次登记在销售拜访登记表上,并分级分类管理。首先把个人购车和单位购车分开管理,个人用户依据购买意向1周内购车、1个月内购车、3个月内购车、6个月内购车,分O、A、B、C级进行跟踪管理;对于单位购车客户依据其采购周期和平均的采购批量分A、B、C三级管理,A级是采购周期短和采购批量大的客户,B级是采购周期短采购批量小的客户,C级为采购周期长采购批量大的客户。

针对个人用户,O级客户要1周回访2次,这类客户一般情况下已经看过并试过各个品牌的车辆,正在圈定的两三个车型之间进行比较并最终做出选择。如果我们的产品是被选车型,那么就了解其在哪里看的车、谁接待的,如果已经有其他的销售员正在跟踪回访就迅速放弃;如果其未把我们的产品列入被选车型,了解原因和客户的需求,"要站在客户的立场上"把我们的产品介绍给客户。A 级客户 1 周回访 1 次，B 级客户 1 月回访 2 次，C 级客户 2 月回访 1 次。

针对单位客户，回访时间不定期，要利用一些恰当的借口多次与客户接触，要能够获得客户的信任，建立朋友式的关系，最终能升华到兄弟般的情谊。A 级客户是重中之重，销售员要充分利用一切社会关系，尽快建立与其的紧密联系；B 级和 C 级客户，要通过不断的接触，不断加强联系。(如图 7-6 所示)

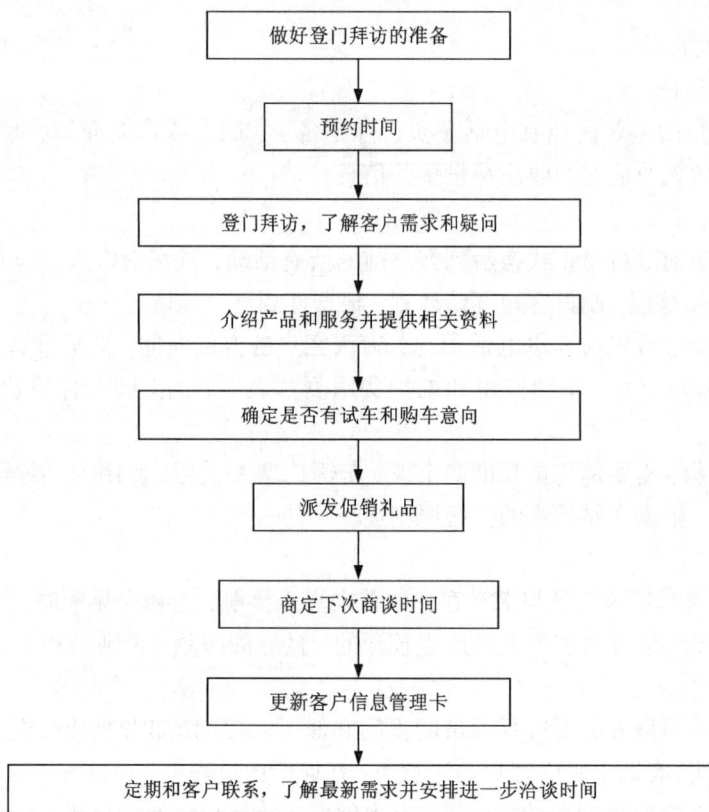

图 7-6　登门拜访程序

⑤消除成交障碍。

如果成交前存在有异议，销售人员要肯定客户的异议，分析异议存在的原因，要在满足客户主要需求的前提下，消除成交障碍，让客户感觉到我们的车性价比最高。

针对单位采购，成交障碍主要存在两个阶段：选型和采购(或招标)。在选型期，要确保我们的车型能够顺利入围。在采购(或招标)阶段，如果是一般采购，要在赢得采购负责人信任的基础上，通过最大化地满足他的一些利益需求，以消除成交障碍。

⑥成交。

向客户解释合同细节后签订，然后带领客户付款开票，同时通知服务站洗车并做好交车前的 PDI 检查，请客户喝茶(咖啡)等待，把随车资料和注意事项一一介绍给客户，并询问是否需要提供协助上牌服务，如需要则和客户约好上牌的时间，带领客户验车，介绍售后服务经理并合影留念,最后欢送客户离去。

⑦售后回访。

及时的售后回访和节日问候,提醒客户及时来维修站做养护、维修,不但可以增加我们的售后服务收益,而且还能提高客户的满意度,形成良好的"口碑"宣传效应,更好地促进产品的销售。

2)客户接待

(1)来电接待处理流程(如图7-7所示)。

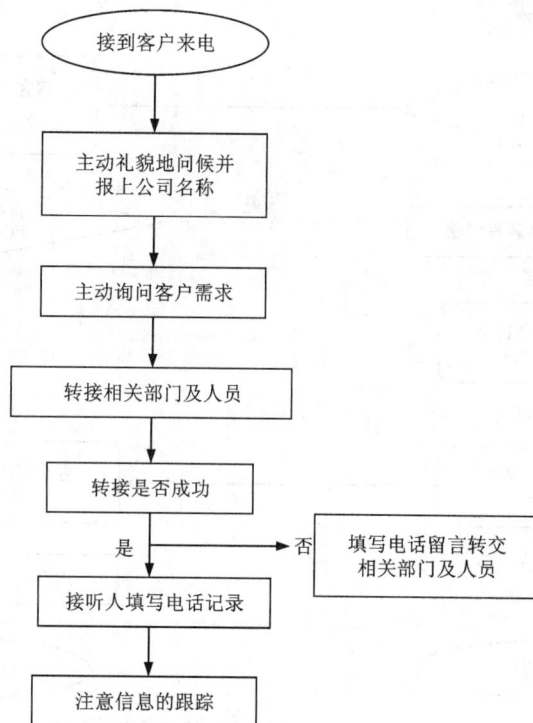

图7-7　来电接待处理程序

电话记录单(如表7-2所示):

表7-2　销售顾问电话记录单

日期		销售顾问	
姓名	客户的姓名(注意姓名特殊的发音,少数民族姓名书写要求)		
电话号码	办公室或家里的所有号码,掌握在什么时间给客户回电最为方便		
客户的需求	记录时有条不紊,只有完全理解客户的需求时,才进行记录		
详细信息	以专业的方式记录详细的信息,以便销售服务店的每位员工都能够理解你的记录		
你的回答	记录回答客户的详细信息,如车型、是否有现货、价格及时间等		
下一步行动	记录你与客户的下一步行动,如客户将光临销售店等		

（2）展厅接待流程（如图7-8所示）。

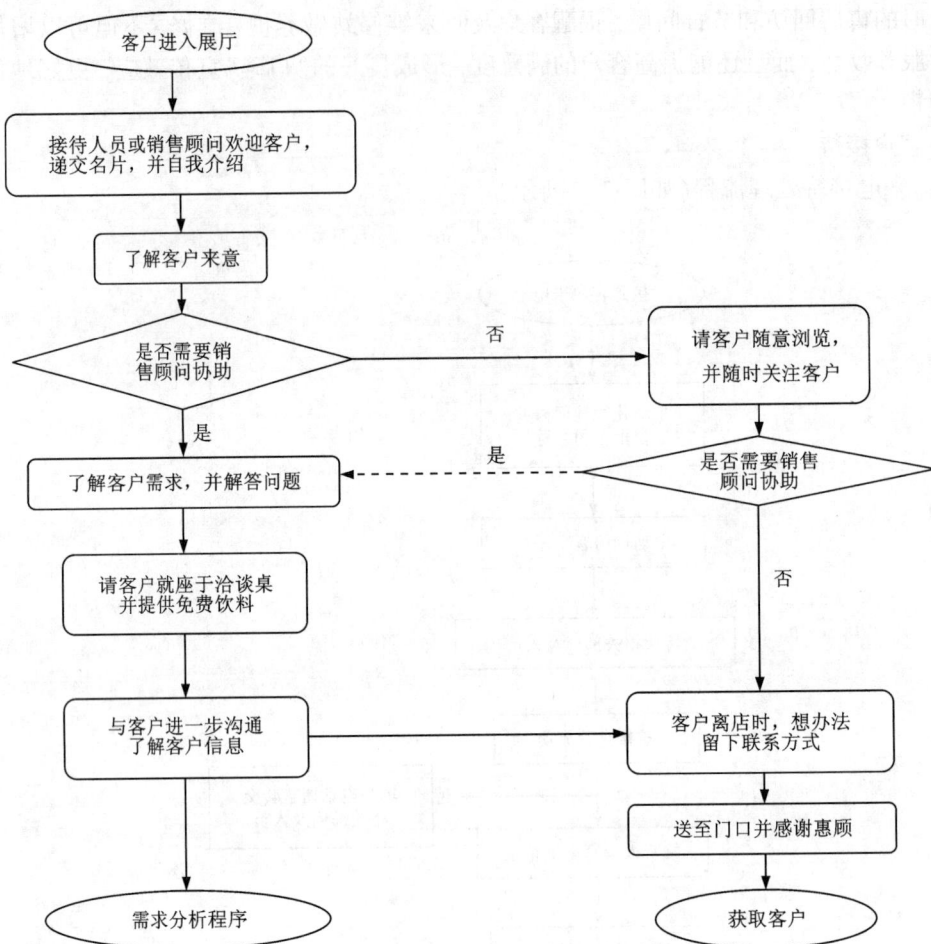

图7-8 展厅接待流程

（3）展厅内接待礼仪要求。

基本礼仪符合销售顾问仪容仪表标准。

（4）交换名片时机、方法。

销售顾问递交名片时，需将名片上的名字反向对己，双手食指弯曲与大拇指夹住名片左右两端，恭敬地送到对方胸前，并将自己的姓名自信而清晰地说出来。

初次相识，可在刚结识时递上自己的名片，并将自己的姓名自信而清晰地说出来，这有利于客户迅速知晓你的基本情况，加速交往进程。

有约访问或有介绍人介入，客户已知你为何许人，可在告别时取出名片交给对方，以加深印象。

销售顾问接受名片时，应用双手去接，专心并自然地朗读一遍，以示尊敬；接受名片时，用双手去接；接过名片时，要专心地看一遍，并自然地朗读一遍，以示尊敬或请教不认识的名字，如对方名片上未留电话，应礼貌询问。不可漫不经心地往口袋中一塞了事，尤其是不能往裤子口袋塞名片；若同时与几个人交换名片，又是初次见面时，要暂时按对方席位顺序把名片放在桌上，等记住对方后，及时将名片收好。

（5）交谈姿态要求。

坐于洽谈桌时，应坐于客户右侧，姿态保持端正，并事先备妥相关资料；距离维持在70~200厘米之间，面部表情温和，音调适中，表现真诚。

面部表情：给客户展现出一张热情、温馨、真诚的笑脸，以拉近彼此心理距离，部分消除客户本能的戒备和警惕心理，来赢得客户的尊重和信任。

目光：自然、大方、不卑不亢。放松精神，把自己的目光放虚些，不要聚集在对方的某个部位。

手势：适当地利用手势，可以起到加强、强调交谈内容的作用。注意不要使手势过分夸张，否则会给客户一种华而不实的感觉。

站姿：四肢伸展、身体挺直，身体不宜晃动、抖动，双手不宜抱于胸前或插口袋等。

坐姿：男性两膝离开约可放进两个拳头左右距离，两脚平落地上，大腿和小腿约成90度角。女性两膝并拢，腿弯曲与椅子呈直角，脚跟并拢，脚前尖微微开放。两手轻轻放于膝盖，面桌而坐时，前臂可放于桌面之上，而肘部要离开桌面。

客户是德高望重的前辈时，为表示尊敬，销售顾问应坐直身体并略前倾约10~20度；客户的年龄、经历等与自己差异不大，可把身体靠在椅背上，随便一些，以拉近双方的心理距离。若有女士在场，则应略加收敛，以示礼貌和尊重。

握手：手要洁净、干燥和温暖，先问候再握手。伸出右手，手掌呈垂直状态，五指并拢，握手3秒左右，同时目光注视对方并面带微笑，握手的先后顺序是上级在先、主人在先、长者在先、女性在先。

位置：无论是站、坐、走都不宜在客户身后，也不宜直接面对面，而应站或坐在客户的一侧，既可以看到对方的面部表情，又便于双方沟通。

距离：与客户初次见面，距离要适中，一般维持在70~200厘米之间，可根据与客户的熟悉情况适当缩短彼此的空间距离，但一般至少要保持在伸出手臂不能碰到对方的距离。

（6）展厅内接待前准备。

展厅内接待前的准备工作有：

★ 准备饮水机、饮品、杯子、糖果、烟、烟灰缸（干净）、雨伞等。

★ 准备电脑、展厅集客量统计表、洽谈记录本、名片、笔等。

★ 查看商品车库存（品种、颜色、数量、优惠标准等）情况及即将到货情况。

★ 浏览当月工作计划与分析表。

★ 桌面整理干净，需布置装饰品（如鲜花等），保持室内空气清新自然。

★ 电脑开机，随时方便输入客户信息或调出客户档案等。

★ 销售顾问必须具备工具包（人人配备，随身携带）。

★ 办公用品——计算器、笔、记录本、名片（夹）、面巾纸、打火机。

★ 资料——公司介绍材料、荣誉介绍、产品介绍、竞争对手产品比较表、媒体报道剪辑、客户档案资料等。

★ 销售表——产品价目表、（新、旧）车协议单、一条龙服务流程单、试驾协议单、保险文件、按揭文件、新车预订单等。

(7)展车准备。

需备有展车管理名册及检查表。

展车清洁工作要落实到销售顾问每个人头上，保证时刻保持清洁，车内空气清新。

展车车门不用上锁，方便来客进入车内观看、动手体验。

3)展厅内接待(如表7-3所示)

表7-3　展厅内接待

客户状态	服务顾问状态
客户进入展厅	客户上门时需30秒钟内觉察客户来临并趋前打招呼"欢迎光临××展厅"，2分钟内与客户进行初步接触，注意不要以貌取人
客户要求自行看车或随便看时	★回应"请随意，我愿意随时为您提供服务" ★撤离客户一定距离，在客户目光所及范围内，随时关注客户是否有需求 ★在客户自行环视车辆或某处10分钟左右，仍对销售顾问没有表示需求时，销售顾问应再次主动走上前"您看的这款车是……是近期最畅销的一款……""请问……" ★未等销售员再次走上前，客户就要离开展厅，应主动相送，并询问快速离开的原因，请求留下其联系方式或预约下次看车时间
客户需要帮助时	★亲切、友好地与客户交流，回答问题要准确、自信、充满感染力 ★提一些开放式问题，了解客户购买汽车的相关信息，如：大众车给您的印象如何？您理想中的车是什么样的？您对大众产品技术了解哪些？您购车考虑的最主要因素是什么？(建议开始时提一些泛而广的问题，而后转入具体问题) ★获取客户的称谓"可以告诉我，您怎么称呼吗？"并在交谈中称呼对方(张先生、王女士等) ★主动递送相关的产品资料，给客户看车提供参考 ★照顾好与客户同行的伙伴 ★不要长时间站立交流，适当时机或请客户进入车内感受，或请客户到洽谈区坐下交流
客户在洽谈区	★主动提供客户饮用的茶水，并于此时运用客户洽谈卡，收集潜在客户的基本信息，递茶水杯时，左手握住杯子底部，右手伸直靠到左前臂，以示尊重、礼貌 ★交换名片"很高兴认识您，可否有幸跟您交换一下名片？这是我的名片，请多关照"；"这是我的名片，可以留一张名片给我吗？以便在有新品种或有优惠活动时，及时与您取得联系" ★交谈时，多借用推销工具，如公司简介、产品宣传资料、媒体报道、售后服务流程，以及糖果、香烟、小礼物等；除了谈产品以外，寻找恰当的时机多谈谈对方的工作、家庭、或其他感兴趣的话题，建立良好的关系
客户离开时	★陪同客户走向展厅门口，送客户上车，预约下次来访时间，挥手致意，目送客户离去 ★递交名片，并索要对方名片(若以前没有交换过名片)；提醒客户清点随身携带的物品以及销售与服务的相关单据 ★预约下次来访时间，表示愿意下次造访时仍由本销售顾问来接待，便于后续跟踪
客户离去以后	★10分钟之内整理洽谈桌，恢复原状，整理展车，调整至最初规定位置并进行清洁 ★当天完成客户信息整理，并在CRM系统(客户关系管理系统)中建立或更改客户档案，记录下次回访时间，制订下一步联系计划

4)电话营销

(1)主动打电话。

销售顾问依据客户相关信息做好事先准备,列出谈话要点,以礼貌、简洁、清晰地说明打电话的目的。

★ 首先查阅潜在客户信息档案,准备谈话要点及相关材料及产品资料。

★ 称呼对方并问候,再陈述公司名称及你的姓名,"汪经理您好! 我是一汽大众××经销商的销售顾问×××,您还记得吗? 上周六您到我们公司看过宝来1.8T……"

★ 简洁、清晰、礼貌、微笑地说明打电话的目的,对于客户谈及的主要内容,应随时记录,并在谈话结束前进行总结确认。

★ 感谢客户接听电话,并等客户先挂断电话后再挂电话。

(2)接听电话。

★ 在3次铃声前微笑着依据展厅接电话标准接电话(×××汽车公司,您好! 我是销售顾问××,很高兴为您服务);认真倾听,热情回应,并随手做好记录。

★若为咨询购车的客户,应于3句话内先探询客户的称呼,获取客户的姓名,交流中礼貌地称呼对方。

★谈话结束时,感谢客户来电,等客户先挂断电话后再挂电话。

(3)后续工作。

★ 当天完成客户信息整理,并在CRM系统中建立或更改客户档案,记录下次回访时间,制定下一步联系计划。

5)客户需求分析

(1)概述。

切实了解客户购买汽车的需求特点,为推荐、展示产品和最终的价格谈判提供信息支持。

让客户体验到汽车4S店"客户至上"的服务理念和品牌形象。

(2)了解客户需求的方法。

观察的重点:

衣着:一定程度上反映经济能力、选购品位、职业、喜好。

姿态:一定程度上反映职务、职业、个性。

眼神:可传达购车意向、感兴趣点。

表情:可反映情绪、选购迫切程度。

行为:可传达购车意向、感兴趣点、喜好。

随行人员:其关系决定对购买需求的影响力。

步行/开车:可以传达购买的是首部车/什么品牌、置换、预购车型等信息。

(3)询问技巧。

探询客户需求需运用5W1H(如表7-4所示)的方法,采用开放式询问,并用封闭式问答得到具体结论。

表 7-4　5W1H

5W1H	
谁(who)	您为谁购买这辆车?
何时(when)	您何时需要您的新车?
什么(what)	您购车的主要用途是什么?您对什么细节感兴趣?
为什么(why)	为什么您一定要选购三厢车呢?
哪里(where)	您从哪里获得这些信息的?您从哪里过来?
怎么样(how)	您认为××车动力性怎么样?

①开放式询问——适用于希望获得大信息量时,了解客户信息越多,越有利于把握客户的需求。

②封闭式询问(肯定或否定)——适合于获得结论性的问题。

你喜欢这辆×××车吗?我们现在可以签订单吗?

(4)倾听的技巧。

善于倾听,形成一个良好的交流氛围,真正成功的销售顾问都是一个好听众。

①创造良好的倾听环境与人文环境,没有干扰,空气清新、光线充足。

②眼睛接触,精力集中,表情专注,身体略微前倾,认真记录。

③用肢体语言积极回应客户的表达,如点头、眼神交流等和感叹词(嗯、啊)。

④忘掉自己的立场和见解,站在对方角度去理解对方、了解对方。

⑤根据客户的思路,适度地提问,明确含糊之处,让客户把话说完,不要急于下结论或打断他。

⑥将客户的见解进行复述或总结,确认理解正确与否。

(5)综合与核查客户需求。

听完客户的陈述,总结归纳其主要需求,并以提问的方式确认理解是否正确,销售顾问必须在需求分析中尽力去了解客户的需求(如表7-5所示)。

表 7-5　客户需求分析

项目	了解信息内容	分析	主攻角度
购买愿望	对车辆造型、颜色、装备的要求	品牌/车型	时尚/声誉/舒适/安全
	主要用途年行驶里程	品牌/车型	底盘/发动机/操控性/安全/舒适/经济
	谁是使用者	品牌/车型	女:时尚/操控便利/健康/舒适/安全/经济 男:操控性/动力性/安全/舒适/声誉
	对××品牌车的了解程度	品牌倾向	品牌价值/品牌口碑/品牌实力
	选购车时考虑的主要因素	购买动机	时尚/声誉/安全/舒适/经济/健康/同情心

续表7-5

项目	了解信息内容	分析	主攻角度
个人信息	姓名、联系方式	/	/
	职业、职务	品牌/车型	声誉/赞美/感情投资
	兴趣爱好	品牌/车型	操控性/动力性/投其所好
	家庭成员	/	内部空间/后备厢/感情投资/舒适性
使用车经历	品牌、车型	品牌/车型	同品牌、产品升级 不同品牌、品牌价值/品牌口碑/品牌实力
	当初选购的理由	/	旧车满意之处、大众新车有提高
	不满意的因素	品牌/车型	旧车不满意之处
购买时间	/	重要程度	早买早享受/价格/国际接轨/后续跟踪

（6）有针对性地推荐车型。

销售顾问须在分析客户需求的基础上，有针对性地推荐车型，满足客户的实际需要，完成顾问式销售。

通过交流，在获得大量信息的基础上，进行分析，提炼出客户1~2个主要购买动机，并通过询问来得到客户的确认。再结合××品牌车现有车型的产品定位，进行有针对性的产品推荐。

6）车辆展示

（1）概述。

通过全方位展示××品牌车的特点，使客户确信××品牌产品的物有所值，有效的产品优势和异议处理来解决客户对于产品及服务的问题和困惑，以进一步满足客户的购买需求，促成交易的完成。

（2）六方位介绍要点。

①展车左前方。

展车总体介绍，如：这款车是×××公司生产的××品牌汽车，整车造型特点圆润、饱满，线条流畅、简洁，富有现代感。它动力强劲，操控灵活，行驶稳定，驾驶乐趣十足。它是用最先进的技术和出色的使用价值为客户提供了舒适的驾驶环境和安全的可靠保障。

产品定位，如捷达——理性的选择；宝来——驾驶者之车；高尔夫——世界经典；奥迪——高顶多功能商务车等。

②展车正前方。

在这个点上可以介绍的内容有车前部造型特点（如前脸、前大灯等），车身附件（如前大灯、保险杠、散热格栅、前挡风玻璃等）。

发动机舱：在这个点上，首先指导开启方法，并请客户亲自开启。可以介绍的内容有舱内布置规则性、发动机技术、车身材料与新工艺。

③展车右侧前。

在这个点上可以介绍的内容有车身制造工艺（如不等厚钢板、激光焊接、空腔注腊、车身衔接处零间隙、低部装甲等);车身附件(如侧保险杠、车轮尺寸、防盗螺栓、车门把手、门锁、绿色玻璃、防夹功能等);油漆质量(表现为硬、亮、平、耐剐蹭);底盘(如刹车盘、悬挂等)。

④展车正后方。

在这个点上可以介绍的内容有车尾部造型特点(如以方形为主,配小圆角弧度,形状规则、美观且人性化);车身附件(后挡风玻璃、后保险杠、尾灯等);后备厢(开启便利性、角度、弹簧、容积、毛毡)。

⑤驾驶舱。

在这一点上,销售员应先将司机座椅向后调,高度向下调;方向盘向上、向里调整,以便客户方便进入,且可以按照自己的身材将座椅和方向盘调整到适合的位置。接下来,请客户坐进驾驶室。需要介绍的内容有座椅和方向盘(如座椅——环保面料、包裹性、硬度、调整方向、调整距离,方向盘——调整方向、触摸感觉);仪表(如显示清晰度、布局合理性);配置(如安全、舒适及其使用功能等);储物空间、杯架、遮阳板以及其他所有人性化设计(如图7-9所示)。

⑥展车右侧后门。

在这个点上可以介绍的内容有后排座椅(如舒适性、折叠、中央扶手、安全带)、空间、视野。

图7-9　六方位介绍要点

(3)展示车辆要点。

①介绍展车时需让客户看到、听到、触摸到、操作到,运用情境销售让客户确实了解FAB法则。

②介绍产品应使用客户听得懂的语言,专有名词须加说批注。

③多与客户互动,鼓励客户提问,并耐心回答其关注的问题。

④介绍车舱时应主动邀请客户实际进入试乘,销售顾问应在门口采用半蹲式,或坐于客户侧边进行介绍。

⑤介绍车辆时应仔细聆听客户反馈意见,了解客户关注重点,强调客户利益,利用FAB法则将车的特性转化成客户利益表达出来。

FAB 法则

F（Function），就是属性，也叫配置；A（Action），就是指作用；B（Benefit）是利益。按照顺序来看，F 是配置，A 是作用，B 是利益。我们通过 FAB 这种方法，把产品的亮点展示给客户。

7）试乘试驾

（1）试乘试驾前操作步骤（如表 7-6 所示）。

表 7-6　试乘试驾前操作步骤

操作步骤	操作要求
第一步：试乘试驾邀请	1.销售顾问对有购买意愿的客户发出试乘试驾邀请 2.有技巧地引导客户同意试乘试驾
第二步：准备资料	1.试乘试驾线路图，协议书，调查表 2.试乘试驾试音碟
第三步：车辆检查	1.保证车内外清洁，车内部安装专用地毯 2.检查油量：20 升为宜 3.确保车辆性能：灯光、空调、音响以及发动正常
第四步：审核驾照	1.请客户出示本人合法有效驾驶证件 2.注意发证机关、有效期、准驾车型（C1 及 C1 以上）、驾龄（一年或一年以上） 3.留下相关有效证件，试车完毕后退回
第五步：签协议书	1.请客户在试驾协议书上签名 2.提醒客户写明驾驶证号、联系人、电话号码、时间 3.请客户再次核对驾驶证号
第六步：线路图说明	1.向客户解释行驶路线、范围 2.向客户说明试乘试驾安全注意事项
第七步：提醒客户填写意见表	1.提醒客户在试乘试驾结束后回展厅填写试乘试驾意见表 2.告知有礼品相赠

（2）试乘试驾时的操作步骤。

第一步：引导客户到车旁

客户在试乘试驾时，往往会和自己的亲朋好友一起来参加，销售顾问要想取得积极的试驾体验，就必须做好试乘试驾中的人际沟通（如表 7-7 所示）。

第二步：出发前给客户的静态展示

①请客户入座副驾座及后排，协助客户完成座椅、方向盘调节及系好安全带。

表7-7　试乘试驾中的人际沟通

步骤	注意事项	话术
第一步：主动结识客户的朋友	在客户进门后，一旦发现与客户同行的人从未出现过，就要主动要求客户给你介绍	"王先生，您能给我介绍一下您的这位朋友吗？"
第二步：和对方打招呼并递名片	客户介绍后销售顾问就要和对方打招呼，并递上名片，最好说一点赞美的语言	"王先生提到您很多次了，一直说您是行家呢，一会您一定得给我指点指点。"
第三步：试驾过程中的主动沟通	此阶段的要诀就是销售顾问要主动、多说好话、多向客户请教。尽量不给客户留下挑剔的时间和机会	"王先生，刚才这个起步您的感受如何？""程先生，您觉得呢？"

②车内空间和布局展示(静态介绍)：座椅调节便捷、方向盘调整便捷、空间宽敞、仪表台布局典雅、显示鲜明，座椅舒适度、空调舒适度、体验音响效果等。

③启动后：点火启动后声音沉稳，发动机怠速状态下安静无抖动。

第三步：客户试乘阶段

①首先由销售人员驾驶；

②给客户做示范驾驶(针对驾驶技术不熟练的客户)；

③动态介绍重点：在车辆起步、加速、制动性、匀速、转弯等工作状态下的操作优势、特点。

第四步：中途换乘

①行驶一段距离，到达预定换乘处，选择安全的地方停车，并将发动机熄火。

②取下钥匙，由销售人员自己保管。

③帮助客户就座，确保客户乘坐舒适。

④待客户进入驾驶位置后，亲手交给客户钥匙。

⑤提醒客户调节后视镜、方向盘，系好安全带，关好车门。

⑥请客户亲自熟悉车辆操作装备，如制动踏板、离合器、转向器、节气门踏板、手制动器等五大操纵机件及本品牌特殊操纵开关。

⑦销售顾问请客户再次熟悉试车路线，再次提醒安全驾驶事项。

第五步：客户试驾阶段

①驾驶中让客户充分体验驾驶快乐，适当指引路线。

②适当引导客户体验车辆性能(动力性、舒适性等)、强化动态优势，寻求客户认同。

③注意观察客户驾驶的方式，控制客户驾驶的节奏，若客户有危险驾驶动作，及时提醒并在必要时干预。

④尽量多赞美客户，让客户拥有满足感。

(3)试乘试驾后操作步骤(如表7-8所示)。

表 7-8　试乘试驾后操作步骤

步骤	操作细节	话术
第一步：试乘试驾车停放	1.乘试驾车回到指定区域，按规定停放	
	2.销售顾问应首先下车，主动替客户开车门，防止客人头部碰到车门	"先生，您这边请，小心别碰头。"（站到门后，面向客户，一手拉门一手护住门框）
	3.提醒客户确认无东西遗忘在车内	"先生，请您确认下是否还有东西遗忘在车里了"
	4.环车一周检查车辆，确认外观	
第二步：邀请客户回展厅休息	1.邀请客户回到展厅，帮客人递送茶水、毛巾	"先生（女士），我们先回展厅休息下。""今天您辛苦了，请喝茶，这里有热毛巾，擦一下会舒服些。"
	2.请客户填写意见表	"先生，感谢您试驾我们的汽车，为了给您提供更好的产品服务，希望您能给我们一些意见，这里有张意见表，麻烦您填在上面。"
	3.归还证件，表示感谢	"这是您的驾驶证，请您收好。""非常感谢你能参加我们这次活动。"
第三步：适机促成成交	1.回答客户需求和疑问	
	2.适机深入洽谈促进成交	"我想这部××汽车非常适合您的要求，也希望您成为××汽车大家庭的一员，如果您对这部车感觉满意，我们可以马上为您办理手续。"
	3.若成交，转入订单操作流程。若未成交，做成 A 卡（潜在客户卡），转入 A 卡操作流程	
第四步：送走客户	1.赠送礼品	"先生，这是我们的小礼品，请笑纳。"
	2.礼貌送客到门口	"感谢您的光临，期待您再次来到我们××4S 专卖店。"（送客户至展厅外，并目送离去，挥手致意）
第五步：交回车钥匙，做好登记	1.交回车钥匙	
	2.填写试乘试驾登记表	
	3.在洽谈完毕、客户离店后向库管人员汇报车辆状况、油量，包括预警功能故障、卫生污点等	

（4）试乘试驾流程（如图 7-10 所示）。

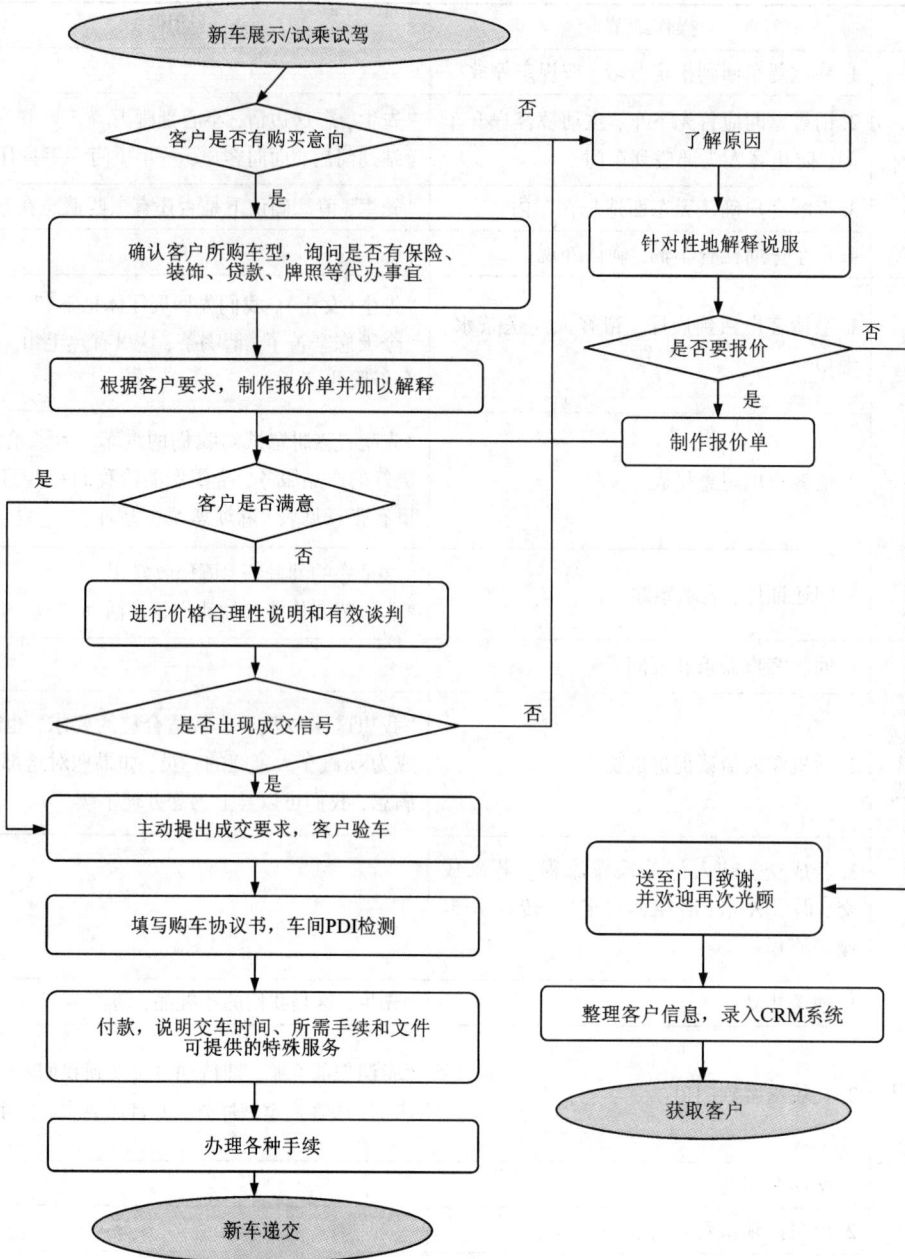

图7-10　试乘试驾流程

(5)试乘试驾说明。

①基于配合政府对驾驶安全的考虑，驾车人员必须具备合格车辆驾驶证(请先行复印客户合格车辆驾驶证)；

②必须有销售团队成员亲自参与试驾，不可答应客户独自试驾；

③由试车专员先行做试驾示范，再换手让客户试驾；

④在试驾开始之前，销售顾问请试驾的客户签署试乘试驾客户协议书；做适当的产品介绍及安全驾驶须知；在试驾后，销售顾问请试驾的客户签署试乘试驾客户信息及意见反馈表；

⑤请依照事先规划试驾路线进行试驾，不得超越试驾范围；不得做出危险驾驶动作。(例高速过弯、甩尾、不当换挡、非指定位置紧急刹车等)；试驾过程中请依照交通规则行驶，途中若产生违规事项驾驶者应全权负责。

8)处理客户的异议

(1)客户异议的含义。

通过异议可以判断出客户的购买需求程度。异议可以反映客户对产品的了解和接受程度，能够反映客户存在的购买障碍。

(2)客户异议产生的根源。

①销售顾问原因。

销售顾问的言谈举止不能获得客户的好感，服务不周到，销售顾问不恰当的沟通(欺瞒客户、过多的专业术语、姿态过高等)。

②客户原因。

没有购买需求(或者没有激发出兴趣)而且拒绝改变，客户情绪或内在原因(没有支付能力、不想在这个时候与销售顾问交谈等)。

③汽车产品原因。

汽车产品在品质、功能、价格、服务等方面不能让客户满意。

(3)客户异议的分类。

①真实的异议。

由于价格、信心等原因提出的异议。

②虚假/隐藏的异议。

用来敷衍、应付销售顾问，目的是不想和销售顾问会谈或不希望被打搅，希望获得自己独立的思考空间。

(4)处理异议的方法。

①三个原则

第一个原则，正确对待；第二个原则，避免争论；第三个原则，把握时机。

②五个技巧

第一，忽视法。装作站在对方的立场上，让对方感觉到他有这样的想法，你能理解，你同意他的观点等。

第二，迂回否定法。重复客户提出来的问题。在这个过程当中，你可以根据客户的想法，迂回说出自己的观点，由于你在认真听他说话，又阐述了站点的立场，客户对你怀有的敌意会慢慢淡薄。

第三，认同和回应法。你可以对客户说，"你有这样的想法，我认为这是可以理解的"。你这么一说，客户肯定会说，"我们总算找到共同语言了"。

第四，直接反驳法。客户对企业的服务、诚信提出怀疑时，要及时纠正客户的疑惑。

第五，询问法。探询客户购车疑虑，鼓励客户说出心中的疑虑，努力消除疑虑，从容地解答。

9) 报价和达成交易

(1) 了解客户是否有购买意向。

① 宣传××产品优良的品质、良好的信誉、完善的服务；确认客户想购车型以及保险、装饰、按揭、上牌等代办意向。

② 根据客户需求填写报价单，并给予讲解。

③ 成交的关键时刻，在公司政策允许范围内，可适度折让，以避免交易失败。

(2) 与客户达成交易。

① 当客户对价格无异议时，及时提出成交要求，交预订金；客户所购车型无现货时，填写购车协议书，有现货时，请客户验车并协助客户确认所有车辆交接细节。

② 将车送至车间，请机修工进行 PDI 有关项目的检测。

③ 销售员带客户办理付款手续（包括车款、装饰费、代办上牌、保险等各种手续等），说明交车时间、所需手续和文件及可提供的特殊服务。

④ 将客户所需花费的费用依报价单内容详细填写。

(3) 履约与余款处理。

① 销售员确定客户预订车辆已到，提前通知客户准备余款，并确定补交时间。

② 销售员跟踪确认直至客户完成交纳款。

③ 若交车时间有延误，第一时间通知客户，说明原因并表示道歉，获得客户的谅解，重新协商交车时间，让客户确认。

(4) 交易失败时。

即使交易失败，销售顾问仍应保持良好的服务态度，将客户送至门口，表示感谢，并说明会再努力达成客户要求。

(5) 交车前的 PDI 检查。

① PDI 含义及意义。

● PDI 含义：PDI（Pre-Delivery Inspection，出厂前检查）即车辆的售前检验记录。

● PDI 意义：PDI 检查是一项售前检测证明，是新车在交车前必须通过的检查。因为新车从生产厂到达经销商处经历了上千公里的运输路途和长时间的停放，为了向客户保证新车的安全性和原厂性能，PDI 检查必不可少。越是高档车辆，其电子自动化程度越高，PDI 项目的检查也就越多。

通过 PDI 检查，可以使用户对车辆有初步了解，提高经销商的服务质量水平和形象，提高用户对×××汽车产品的满意度，对售后出现的纠纷起依据作用，是发现、消除质量缺陷的重要环节。

② PDI 检查内容及流程（如表 7-9 所示）。

表 7-9　新车交接 PDI 检查表

服务商名称：_____　服务商代码：_____　经销商名称：_____

车型：_____　发动机号：_____　运输商名称：_____

车身颜色：_____　车架号：_____　检查日期：_____

外观与内饰	□内部与外观缺陷（如变形、擦伤、锈蚀及色差等） □油漆、电镀部件和车内装饰 □关闭车门检查缝隙情况 □车玻璃有无划痕 □随车物品、合格证、工具、备胎、使用说明书 □VIN 码、铭牌 □示宽灯及牌照灯 □大灯（远近光）、雾灯开关 □制动灯和倒车灯	室内检查与操作	□离合器踏板高度与自由行程 □制动踏板高度与自由行程 □油门踏板自由行程与操作 □方向盘自由行程 □收音机调节 □方向盘自锁功能 □驻车制动调节 □遮阳板、内后视镜 □室内照明灯 □前后座椅安全带及安全带提示灯	点火开关及车门装置	□组合仪表灯及性能检查 □门灯；中门儿童锁 □车门、门锁工作是否正常 □门边密封条接合情况 □钥匙的使用情况 □滑动门的工作情况，必要时加润滑脂 □电瓶和起动机的工作及各警告灯的显示情况 □手动车窗及开关
发动机舱	□制动液位及缺油警告灯 □发动机机油液位 □冷却液位及浓度 □玻璃清洗剂液位 □传动皮带的张紧力 □油门控制拉线 □离合器控制拉线		□座椅靠背角度及头枕调整 □加油盖的开启 □手套箱的开启及锁定 □前后雨刮器及清洗器的工作情况 □点烟器及喇叭的操作		
底部及悬挂系统	□底部状态及排气系统 □制动管路有无泄漏或破损 □轮胎气压（包括备胎）（前轮：220 kPa；后轮：250 kPa） □燃油系统管路有无泄漏或破损 □悬架的固定 □确认保安件螺母扭矩		□变速器液位 □确认所有车轮螺母扭矩 □齿轮、齿条护罩情况	驾驶试验	□制动器及驻车制动的效果 □方向盘检查与自动回正 □变速器换挡操作 □离合器、悬挂系统工作情况
热态检查	□燃油、防冻剂、冷却液、制动液及废气的渗漏　□电瓶电压≥12V，怠速时≥13.5V □冷却风扇的工作情况 □热起动性能 □有无其他异响				
故障描述					
处理方法					

说明：

1. 以上检查项目：合格"√"、异常"×"；

2. PDI 检查：对以上项目的正确安装、调试及操作进行详细检查，简述故障现象及处理方法，并签字确认。

3. 本"PDI 检查表"所列的项目也许是您所检查的特定车型所没有的，为此请结合实际车型进行检查。

4. 此表一式两份，销售部和服务部各保存一份，保存期两年。

PDI 检查人员签字：＿＿＿＿＿　　运输商签字：＿＿＿＿＿　　接车员签字(经销商公章)：＿＿＿＿＿

10)签约成交

(1)交车前准备。

①准备好需要签字的各种文件。

②检查车辆是否清洁、清新，车内地板铺上保护纸垫。

③确认并检查车牌、发票、随车文件和工具等。

④再次确认客户的服务条件和付款情况。

⑤将车放在已打扫干净的交车区内。

⑥协调好售后服务部门及客服中心，保证交车时相关人员在场。

⑦电话联系客户，确定交车时间，询问与客户同行人员、交通工具，并对交车流程和所需时间简要介绍。

⑧特殊服务的准备(照相机、礼品、服务优惠券等)。

⑨准备好车辆出门证。

(2)交车流程(含交车过程客户接待)。

①销售员到展厅门口等候、热情地迎接客户。

②介绍交车程序，并得到客户认可。

③引导客户依报价单所载各项金额到各相关部门缴款。

④对各项费用进行清算(超过或不足部分给予说明)。

⑤按照售前检查证明 PDI 与客户一起逐项检查，客户无异议时，请客户签字。

⑥根据《安全使用说明》，讲解车辆规范操作要领。

⑦介绍保养周期和质量担保规定。

11)售后跟踪服务

(1)售后跟踪准备。

①查阅 CRM 系统中的客户信息，包括基本信息、购买车型、维护保养、投诉、索赔等历史信息。

②分析、选择跟踪形式(电话跟踪、上门拜访、信件等)及时间段。

③准备记录用的笔本。

(2)销售顾问交车后，必须在48小时内完成售后回访。

①以饱满、热情的态度进行跟踪回访，体现服务的延续。

②若新购车辆使用没有问题，则祝贺客户的正确选择。"您非常有眼光，选择××品牌是

明智之举"。

③若新购车辆使用有问题，耐心听取，做好记录，并积极与服务部门进行协调，督促尽早答复客户，并得到客户的认可。

④记录整个联系过程，并录入 CRM 系统中。

(3)保持与客户联系流程图(如图 7-11 所示)。

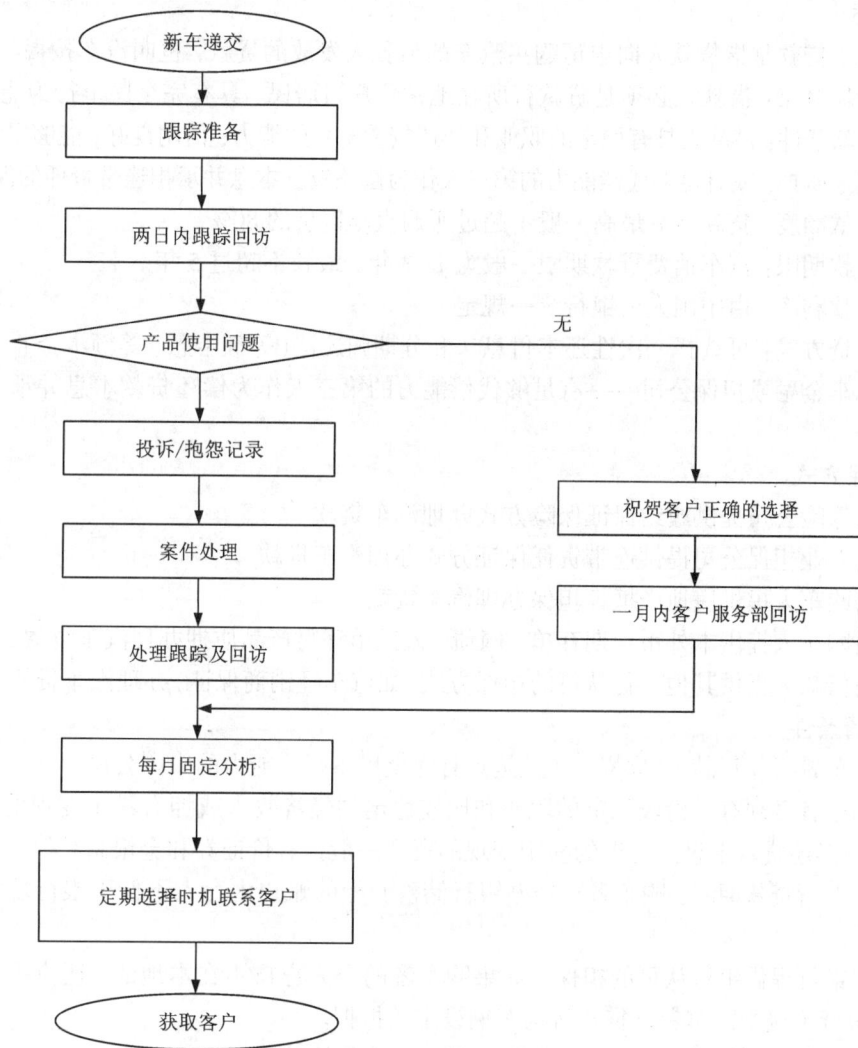

图 7-11　客户联系流程图

(4)后续联系。

①销售顾问交车后，须在 2~3 周内完成售后二次回访，进行车辆使用方面的关怀。

②销售顾问回访中适度运用 123 法则(1 个客户、2 个月之内、介绍 3 个潜在客户)。

③客服中心交车后 3~4 周内完成售后回访关怀，并建立客户满意度记录。

模块四　汽车销售配套服务

一、汽车贷款服务

1. 概述

(1)汽车贷款是指贷款人向申请购买汽车的借款人发放的贷款,也叫汽车按揭。

(2)贷款对象:借款人必须是贷款行所在地常住户口居民、具有完全民事行为能力。

(3)贷款条件:借款人具有稳定的职业和偿还贷款本息的能力,信用良好;能够提供可认可资产作为抵、质押,或有足够代偿能力的第三人作为偿还贷款本息并承担连带责任的保证人。

(4)贷款额度:贷款金额最高一般不超过所购汽车售价的80%。

(5)贷款期限:汽车消费贷款期限一般为1~3年,最长不超过5年。

(6)贷款利率:由中国人民银行统一规定。

(7)还贷方式:可选择一次性还本付息法和分期归还法(等额本息、等额本金)。

(8)汽车金融或担保公司——有足够代偿能力的第三人作为偿还贷款本息并承担连带责任的保证人。

2. 担保方式

(1)由保险公司提供履约保证保险方式办理汽车贷款。

(2)由专业担保公司提供连带责任保证方式办理汽车贷款。

(3)由购车人提供房地产抵押担保办理汽车贷款。

(4)由购车人提供本外币定期存单、国债、人民币理财产品质押办理汽车贷款。

(5)由借款人提供其他我行认可的担保方式(如汽车经销商保证)办理汽车贷款。

3. 申请条件

(1)购车者必须年满18周岁,并且是具有完全民事行为能力的中国公民。

(2)购车者必须有一份较稳定的职业和比较稳定的经济收入或拥有易于变现的资产,这样才能按期偿还贷款本息。这里的易于变现的资产一般指有价证券和金银制品等。

(3)在申请贷款期间,购车者在经办银行储蓄专柜的账户内存入不低于银行规定的购车首期款。

(4)向银行提供银行认可的担保。如果购车者的个人户口不在本地的,还应提供连带责任保证,银行不接受购车者以贷款所购车辆设定的抵押。

(5)购车者愿意接受银行提出的认为必要的其他条件。

4. 提供资料

(1)个人借款申请书。

(2)本人及配偶有效身份证明。

(3)本人及配偶职业、职务及收入证明。

(4)结婚证(未婚需提供未婚证明,未达到法定结婚年龄的除外)及户口簿。

(5)身份证、户口簿或其他有效居留证件原件,并提供其复印件。

(6)与经销商签订的购车协议、合同或者购车意向书。

(7)已存入或已付首期款证明。

（8）担保所需的证明文件或材料。

（9）合作机构要求提供的其他文件资料。

5. 办理贷款流程（如表7-10所示）

表7-10 办理贷款流程

步骤	流程	主办	内容
1	客户接待	销售部，经销商	负责来电、来店客户接待，信贷业务简单介绍
2	客户咨询	信贷业务部	业务操作标准、细则判定、首付及期限、消费购车费用、提供资料
3	客户决定购买	销售部	确定车型、车价、车色及配备
4	征信	档案管理部	对客户所提供资料，档案员传真至银行进行资信审核及公安征信
5	签订销售协议	信贷业务部	经客户确认车型、车价、费用、签订销售协议
6	办理按揭手续 签订借款合同	信贷业务部	1. 填写贷款资格审查表 2. 签订银行借款担保合同 3. 公证申请书
7	代办保险	信贷业务部	签订车险投保单，交由内勤人员请保险公司出具保单
8	交首付款及费用	财务部	根据销售协议收取首付款及相关费用
9	通知上牌	售后服务部	根据客户要求代办上牌，凭发票、合格证原件、客户身份证原件上牌
10	终审	信贷审核部	1. 审核客户资料 2. 审核合同签字 3. 审核合同内容 4. 审核通过后签字
11	所有资料报银行	信贷审核部	经审查确认后所有资料送银行放款
12	手续齐全 客户提车	销售部，信贷业务部	1. 信贷部确认手续并签字 2. 销售部协助客户办理提车手续等
13	办理抵押登记	信贷管理部	根据机动车登记证书原件和借款抵押合同到车管所办理抵押登记
14	客户资料归档	信贷档案部	整理客户资料、发票等
15	通知客户来领取公证书、存折等	信贷业务部	通知客户来领取公证书、存折(卡)等
16	还款日提醒及回访	信贷业务部	客户首期还款日前5~10天通知其按时还款，上门回访

6. 办理渠道

（1）银行贷款 选择通过银行贷款的方式贷款买车，贷款利率适中，且可选车型种类多。不过实际在办贷款过程中比较花费时间和精力，银行为控制风险，通常审核时间较长，且需要申请者提交的资料很多。

（2）信用卡分期　众所周知，信用卡分期是没有利息费的，这也是通过信用卡分期买车的最大好处。同时，信用卡分期方便快捷，一个电话也可搞定。有时遇到银行和汽车经销公司合作的时候，还能享受一定的折扣。不过需要注意的是，信用卡分期虽然没有利息费，却有手续费，分期时间越长手续费率越高，通常分期超过一年的手续费率就会与银行同期消费贷款利率持平或略高。

（3）汽车金融公司　通过汽车金融公司贷款买车，除了方便快捷以外，申请门槛还不高，只要消费者具有一定的还款能力并且支付了贷款首付，就能够申请到贷款。不过消费者也需要注意，汽车金融公司贷款买车，贷款成本通常比较高，一般除了需要支付贷款利息费外，还有手续费等一系列的费用产生。

（4）小额贷款公司　通过小贷公司贷款买车，门槛不高，车型选择不受限制，费率相对银行高一些。贷款方式和还款方式较灵活，审批相对银行来说稍快。

7.汽车贷款利率相关名词

①法定利率　国务院批准和国务院授权中国人民银行制定的各种利率为法定利率。法定利率的公布、实施由中国人民银行总行负责。

②基准利率　中国人民银行对商业银行和其他金融机构的存、贷款利率为基准利率。基准利率同中国人民银行总行确定。

③合同利率　贷款人根据法定贷款利率和中国人民银行规定的浮动同谋范围，经与借款人共同商定，并在借款合同中载明的某一笔具体贷款的利率（如表7-11所示）。

深圳大兴别克特殊贷款
创造购车"0"门槛

表7-11　2019年五大银行贷款利率表

	贷款期限	贷款利率
工商银行	6个月以内(含6个月)	5.60%
	6个月~1年(含1年)	6.00%
	1~3年(含3年)	6.15%×年数
	3~5年(含5年)	6.40%×年数
	5年以上	6.55%×年数
建设银行	1~3年(含3年)	5.31%×年数
	3~5年(含5年)	5.4%×年数
农业银行	1年	3.5%
	2年	7%
	3年	11%
中国银行	1年	4%
	2年	8%
	3年	12%

续表7-11

贷款期限	贷款利率
1年(可选择贷款6个月)	5.1%
1~3年(含3年)	5.5%×年数
3~5年(含5年)	5.5%×年数
5年以上	5.65%×年数

(招商银行)

二、汽车上牌与过户服务

1. 上牌服务(如表7-12所示)

表7-12　汽车上牌服务

步骤	作业名称	作业地点	准备的资料或材料	收到的凭证或物件	备注
1. 选车、购车	选车与交款	4S店	1.身份证 2.人民币	1.发票 2.保修手册 3.车辆及其他物品	按4S店购车要求执行
2. 交购置税、保险	购买购置税	国税部门征收处	1.购车发票 2.汽车出厂合格证明(合格证) 3.单位代码证或个人身份证(进出口车辆须提供海关证明,商检证明)	1.车辆购置税完税证明 2.购置税发票	按国家税务标准执行
	买保险(含交强险)	比较大的销售点;4S店或者保险公司	1.购车发票(包含车架号) 2.发动机号等信息 3.个人身份证	保单	按需要购置汽车保险
3.选号、上牌	选号	车管所(网上管理所)	受理凭证	1.车辆购置税完税证明 2.购置税发票	
	上牌	车管所;有的地区车辆安全检测站和车管所是分离的	1.购置税完税证明 2.购车发票(车管所登记联) 3.交强险保单(车管所登记联) 4.身份证复印件 5.机动车合格证、机动车免检证	1.牌照 2.行驶证和机动车登记证书	机选或自选

2. 过户服务

车辆过户就是把车辆所属人的名称变更。

1) 基本流程

车管所查档 → 刑侦、工商验车 → 领取行驶证受理回执 → 领取行驶证正本 → 购置税过户 → 保险更名。

2) 过户需要提交的资料

(1) 机动车注册、转移、注销登记/转入申请表原件。

(2) 现机动车所有人的身份证明原件及复印件。

(3) 机动车所有权转移的证明、凭证原件或者原件及复印件。其中，二手车销售发票、协助执行通知书和国家机关、企业、事业单位和社会团体等单位出具的调拨证明应当是原件。

(4) 中华人民共和国海关监管车辆解除监管证明书或者海关批准的转让证明原件(海关监管的机动车)。

(5) 行驶证原件。

(6) 机动车查验记录表原件(张贴机动车标准照片和车架号拓印)。

(7) 机动车登记证书原件。

(8) 机动车标准照片1张。

(9) 授权委托书及代理人身份证明(由代理人代理申请的机动车登记和相关业务)。

3) 所需证件

(1) 原车主身份证。

(2) 新车主身份证。

(3) 车辆行驶证正/副本。

(4) 车辆购置税本。

(5) 车船使用税完税证明。

(6) 机动车登记证书。

(7) 机动车刑侦验车单。

(8) 保险单/卡/发票。

说明：以上均需提供原件。

4) 详细流程

(1) 开具交易：缴纳二手车交易税。私户1%收取，公户4%收取。

(2) 车辆外检：将车开到检车处，车辆进行外检、拓号、拆牌和照相，领取车辆照片，贴于检查记录表上，进入过户大厅办理归档手续。

(3) 车牌选号：取号机取号之后，拿着相关材料排队缴纳过户费用。

(4) 转移迁出：需要的材料包括机动车注册、转移、注销登记表/转入申请表，检查记录表，原机动车产权登记证，原行驶证，原车主身份证，原车牌号，车辆照片，交易市场过户发票。

5) 过户类型

(1) 个人过户给公司。

(2) 公司过户给公司。

(3)个人过户给个人。

(4)亲属过户。

直系亲属机动车过户有两种方式：一种是交易方式，即仍需去机动车交易市场办理相关手续。办理点可以是本人身份证所属车管分所，或是转让方身份证所属车管分所，但转让方不必本人去办理。另一种是赠予方式，可到公证处办理一个赠予公证，凭借赠予声明和公证书来办理转移登记。但公证费用按照赠送车辆的价值百分比来收取，一般高于交易方式的费用(如图7-12所示)。

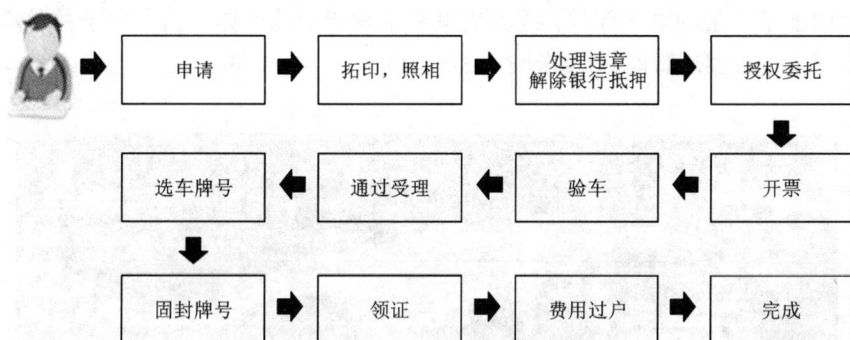

图7-12 车辆过户流程

6)不能过户的情况

(1)未经批准擅自改装、改型及变更载货重量、乘员人数的。

(2)达到报废年限的(如车况较好，经特殊检验合格后可以过户，但不准转籍)。

(3)属控购车辆无申报牌照证明章的。

(4)申请车主与原登记车主印章不相符的。

(5)违章、肇事未处理结案的或公安机关对车辆有质疑的。

(6)未参加定期检验或检验不合格的。

(7)进口汽车属海关监管期内，未解除监管的。

(8)人民法院通知冻结或抵押未满的。

三、智能化汽车服务系统

1. 汽车智能化概述

智能车辆是一个集环境感知、规划决策、多等级辅助驾驶等功能于一体的综合系统，它集中运用了计算机、现代传感、信息融合、通信、人工智能及自动控制等技术，是典型的高新技术综合体。

智能汽车首先有一套导航信息资料库，存有全国高速公路、普通公路、城市道路以及各种服务设施(餐饮、旅馆、加油站、景点、停车场)的信息资料；其次是定位系统，利用这个系统精确定位车辆所在的位置，与道路资料库中的数据相比较，确定以后的行驶方向；道路状况信息系统，由交通管理中心提供实时的前方道路状况信息，如堵车、事故等，必要时及时改变行驶路线；车辆防碰系统，包括探测雷达、信息处理系统、驾驶控制系统，控制与其他车辆的距离,在探测到障碍物时及时减速或刹车,并把信息传给指挥中心和其他车辆;紧急报警系统,如果出了事故,自动报告指挥中心进行救援;无线通信系统,用于汽车与指挥中心的联络;自动驾驶系统,用于控制汽车的点火、改变速度和转向等。

汽车智能化的范畴主要分为三类:整车控制、车身控制与车载信息。从具体和现实的方面来看,智能汽车较为成熟的和可预期的功能和系统主要是包括智能驾驶系统、生活服务系统、安全防护系统、位置服务系统以及用车服务系统等。

汽车智能化实际上也是汽车电子化的三个领域;在交通工具从马车进化到汽车,再到新能源汽车的进程中,整个发展过程实际上是汽车电气化的升级:汽车已不仅是机械+液压的结合,而是增加了大量的电子部件,成为机电整个发展的综合体。汽车电子的核心在于电控系统,通过拟人过程实现智能化(如图7-13所示)。

图7-13　智能汽车

汽车电子核心技术包括:

(1)线控系统(信号传输的途径,由此延伸出各类总线结构)。

(2)通信协议(强调确定性、稳定性,通过若干网络节点实现)。

(3)数据通信(符合统一协议的数据在线控系统中传输)。

(4)高压电源(用电元件增加,整体驱动电压升高,动力驱动、制动、转向成为可能)。

(5)具有容错空间的电子电气架构。

2.汽车4S店智能化信息系统应用服务平台(Application Service Provided,ASP)

1)智能化信息系统

汽车4S店智能化信息系统包含五层结构,用户可通过账号密码登录用户系统,进入系统后,可进行功能选择。系统共设置三个功能项,分别是汽车销售管理、汽车服务管理、商务谈判。相关功能使用完成后,即可进入网上支付系统,另外与4S服务站相同,系统设置了信息反馈系统,可对客户进行满意度调查,或者处理客户投诉等。

2)智能应用系统

(1)汽车销售管理系统。

如果客户来店订车,但店里恰好没有库存,可根据客户的销售订单转入到采购订单,进行整车采购和入库管理。如果客户来店订车,恰好店里有车,可直接依据销售订单转入销售单。车辆入库后，可以实现库内整车调拨，同一地区的同品牌 4S 店可实现调拨，不同地区的同品牌 4S 店也可实现调拨。

如果在销售过程中需要一条龙服务，系统可完成销售过程中的一些代办业务。一条龙服务包括导购、试乘试驾、购车签约、新车上牌、代缴费用，如税费金额、保险项目金额、装饰项目金额等。在系统收款之后，帮助客户完成交车环节。在交车之前，需对车辆进行静态与动态检查。检查得到车主认可后，车辆就可以正式交车了。

（2）汽车服务管理系统。

汽车进 4S 店维修，前台接待人员可提取客户描述及客户需求，提出转入车间管理环节。在前台接待中，为了对事故车进行定损、及时通知库管人员备料或者给意向修车的车主提示，常常需要进行估价。车辆进厂前，应环车检查，检查过程中记录好随车附件状态。车辆到车间后，向客户提供估价信息，询问客户是否需要继续进厂维修。客户车辆进厂后，给车辆派工，可单派、分派、合派。领料环节包括选料、领料及退料。有的配件维修率不高，为减少过多库存，可采用即进即出领料。所有项目完成以后，由车间总检人员对车辆进行总的检查，经检查确认后，车辆可以结算出厂。出厂前，可预约下次保养维护的时间，出厂后可以对客户满意度进行回访。

（3）谈判系统。

汽车 4S 店实际工作中常常需要进行谈判定价，系统有自动谈判、人工谈判两种谈判方式。自动谈判系统中，谈判系统采用智能 Agent 技术，能够随着谈判经验的积累，逐渐适应电子商务环境中复杂的谈判条件。系统作为代理谈判人与谈判对手进行谈判。这种谈判系统主要依据是系统建议、协议规则、合同规则三个方面。人工谈判系统中，由谈判人员在系统设置环境下完成。由谈判人员把握住谈判的节奏和进程，从而占据主动。这就要求谈判人员有强大的专业背景，以资料作支撑，以理服人，强调与我方协议成功给对方带来的利益。谈判成功后，系统将谈判结果通过网络银行进行网上电子支付。

3. 智能化汽车服务销售企业管理

随着中国汽车销量的强劲增长势头，私家车拥有量的暴增，汽车售后服务市场的潜力无限。通过互联网，实现智能化管理，降低人工成本，同时刺激客户消费，实现客户沉淀的效果，这是汽车服务销售企业所要关心的问题。

通过管理软件+营销方案+微营销的方式解决汽车服务销售企业的员工管理、会员管理、客源以及营业额的问题，能快速、高效地帮助汽车服务销售企业解决经营难题，提升工作效率，降低人工成本，提升盈利能力。

1）扫车牌，快速识别新老客户

扫车牌后，如果是新客户，需要录入信息后才有车主信息。传统的管理系统，录入新客户的车辆信息，往往要先记录车牌，再到 PC 端录入。智能化汽车服务管理系统，录入车牌时仅需用手机扫一扫，一秒录入车牌。录入车牌后，可以新建客户信息，以便后期更好服务客户。

如果是老客户，员工扫车牌后就可以清楚了解客户最近到店时间、充值账户余额、累积消费金额、车主信息、充值记录、消费明细等。老顾客一进门，新员工立马识别并热情接待，让顾客感觉到自己被服务的优越感，可以提升客户服务体验。

2）微信卡券

引导老客户主动传播企业服务。

①设置首次关注微信送优惠券,把线下客户引导到微信公众平台。

②给长时间不到店消费的潜在流失客户、老客户发送可以转发的微信卡券,并鼓励转发,让企业的服务项目快速传播。老客户带动新客户进店消费,为企业带来源源不断的客流。

3)微信会员卡

把客户引导到企业的微信商城付款,在商城设置企业会员价,展示原价和会员价,让客户主动了解成为会员条件,企业可以引导客户进行充值或者消费满一定金额成为会员。此外,客户成为会员后,会员可以通过手机绑定微信会员卡,查询余额、充值记录、消费明细、会员积分等信息。透明的消费让会员更信赖企业。会员积分可以兑换商品,吸引客户充值消费,可以进一步沉淀客户。

4)线上+线下双结合收银开单

系统收银、开单、库存管理等功能,根据收银单据,系统自动统计每天、每月、每年营业额情况,有利于管理者做决策。开单收银对接库存,随时查看商品库存,商品不足时会自动提醒。线上支持微信消费提醒,线下支持打印小票、施工单,让消费更智能、更有保障。

5)预约功能

客户可以在线选择自己喜欢的员工、时间、工位等进行"一键预约",系统自动通知对应员工做相应服务的准备,简单快捷又贴心。避免客户排队等待,减少企业工位等待,节约客户等待时间,提高员工对接效率,提高企业运营效率。

6)员工提成管理

企业可以通过会员管理,为员工设置服务项目提成,让员工多劳多得,可以有效提升员工的工作积极性,提升服务质量。

7)车主关怀

系统自动收集用户信息及行为记录,通过数据分析,分析结果用于自动提醒的数据来源。自动发送消费信息、年审时间、保险到期、会员生日等消息提醒。关怀每一位车主客户,让客户感受到贴心服务,提升客户回头率,提高业绩。无须人工打电话回访客户,节约人力物力。

用心服务每一个客户,是汽车服务企业盈利的不二法门。通过智能化管理系统,发送微信消费记录,让客户消费更透明,提升客户体验,从而让客户更信任;用微信卡券,让老客户带动新客户到店消费,为企业带来更多客户源;用员工管理提高员工工作积极性,激发员工工作热情,从而提升企业服务质量;会员管理、微信积分商城、车主关怀可以留住老客户,吸引客户复购,提升客户回头率。通过这些方式,促进线上线下融合,带给客户更为流畅的体验,也切实为商户带来实实在在的收益。

任务总结

用心服务每一个客户,是汽车服务企业盈利的基础。在企业内了解汽车销售所必须具备的专业知识、基本技能及基本礼貌礼仪,是提高企业服务质量的基本要素。通过现代网络技术及现场演示等方法用心为客户提供优质服务,让客户成为企业的忠诚客户。

智能化、网络化汽车销售特点与方法是企业员工需要掌握的新知识、新理念。通过系统学习，新的汽车销售与服务模式能为客户提供更加便利的服务内容。

● 知识点：汽车销售顾问式销售基础知识，4S 店汽车标准销售流程及售后的其他知识（如新车上牌、购置保险等），智能化、网络化汽车销售新知识。

● 技能点：顾问式销售服务流程、上牌、购置保险流程。

● 素养点：具备顾问式销售服务的专业能力，加强服务意识、团队意识、再学习意识。

一、思考与讨论

1. 填空题

(1)汽车销售顾问岗位素养要求有（　　　　）、（　　　　）、（　　　　）、（　　　　）、（　　　　）、（　　　　）、（　　　　）、（　　　　）、（　　　　）、（　　　　）。

(2)汽车可分为（　　　　）、（　　　　）两类。

(3)（　　　　）是制造厂为了识别每一辆汽车而给每一辆车指定的一组字码，由字母和阿拉伯数字组成，共（　　　　）位，包括（　　　　）、（　　　　）和（　　　　）三个部分。

(4)一辆汽车的零部件有成千上万，但其总体构造通常由（　　　　）、（　　　　）、（　　　　）、（　　　　）四个部分组成。

(5)汽车的主要性能包括（　　　　）、（　　　　）、（　　　　）、（　　　　）、（　　　　）、（　　　　）等。

(6)5W1H 的含义是（　　　　）、（　　　　）、（　　　　）、（　　　　）、（　　　　）、（　　　　）。

(7)试乘试驾时分（　　　　）、（　　　　）、（　　　　）、（　　　　）、（　　　　）五个步骤。

(8)汽车贷款是指贷款人向申请购买汽车的借款人发放的（　　　），也叫汽车（　　　）。

(9)汽车智能化的范畴主要分为三类：（　　　　）、（　　　　）与（　　　　）。

2. 简答题

(1)汽车销售顾问的定义、作用有哪些？

(2)顾问式销售模式的含义是什么？

(3)美系车有哪些特点？

(4)请论述汽车销售流程。

(5)请论述展厅接待流程。

(6)请论述登门拜访程序。

(7)新能源汽车销售特点是什么？

(8)客户异议产生的根源是什么？

(9)智能化汽车服务销售企业管理是什么？

(10)请论述 PDI 的含义及意义。

二、案例分析

客户购买意向确定

奇瑞汽车 4S 店销售顾问小米这天刚好在接待客户，另一销售顾问小朱正在接待一位客户。当小米把自己的客户送走后，听到小朱他们似乎发生了争执，而客户看上去也不怎么高兴，就过去打圆场(这时候体现了团队合作精神，当同事接待客户遇到紧急场面时，别的销售顾问需要上前帮忙打圆场)。这时候就听到购车老徐说："不买了，买个车还这么麻烦。"小米就问："怎么回事呢?"原来是他们要黑色的舒适型，但库存没有了，唯一的一台还是别的客户预定的，这件事情就很为难。但他坚持要黑色的。小米安抚客户老徐重新坐下来谈，万事好商量嘛! 小米问："先生，您瞧，买车是喜事，何必这么急匆匆呢。有什么问题我们商量，我小米签单也不是一次两次了，向来都是很干脆的，也有很多客户买了我的车后主动介绍新客户来的，首先你要相信我。当老徐再次坐下谈后，小米就没再跟客户谈车的事，而是岔开话题，问客户老家是哪里，客户说是湖南，小米说他老家也是湖南韶山的，这样就聊起来了。(这样一来，拉近了与客户之间的距离，人在外地都有思乡观念的，再一个跟他说是老乡，能打消客户的很多顾虑，放松心情，谈话的氛围轻松多了，事情也有了转机)老徐就用湖南话问小米："老乡，那你卖了这么久这 F3 的车子，到底好不好呢? 我心里没底啊!"小米就给他分析了车市行情(先前已经做过绕车介绍了)，这样客户觉得这车的性价比还蛮高的。小米就问老徐在上海做什么生意的，客户说是做雕塑的。小米这时候想起来这客户的矛盾就在车的颜色上。小米就问客户做得好不好，要不要经常去工厂看的，办公区离工厂远不远等，看似不着边的简单的对话里面包含了客户需求分析，其实大家都知道做雕塑的，工作环境中灰多，黑色车就显得不耐脏了，而银色的车刚好可以弥补这个缺陷;从另一方面来说，现在冬天到了，天黑得快，银色的车光线穿透力强，容易察觉，在高速上行驶更安全(当然，这是针对客户临时的话术)。客户在听完小米这么诚恳的两点分析后，觉得很有道理。小米就陪着老徐说话(有很多客户的时候，就需要这种团队合作，一起把客户搞定)。小米又问了老徐平常有什么爱好，老徐表示他对文艺方面有爱好，特别是民歌，小米刚好又是学民歌出身的，跟客户刚好可以聊得起来(其实不一定非要是专业的，销售顾问在平时就要有综合素质的积累，这样在谈客户的时候就能缓和气氛、拉近与客户之间的距离)。老徐表示很满意与小米的交流，按照小米的指导，签订了购车意向。

(1)如何引导好客户? 为什么?

(2)怎样站在客户角度分析问题，替客户解决问题?

(3)怎样运用专业的术语和分析帮助和引导客户形成购车意向?

三、实训项目

1. 实训内容与要求

实训项目一：模拟汽车营销展厅内接待流程。(整个流程必须按企业品牌文化执行)

完成时间：2 天。

实训项目二：模拟车辆过户服务流程。

完成时间：2 天。

2.实训组织与作业

实训项目一：以学院售后服务企业展示为载体，以4人为1组进行训练。

实训项目二：参观车辆管理所，记录车辆过户要点。以4人为1组按要求现场操作车辆过户服务流程。

组织要求：学习企业工作人员规范操作流程及爱岗敬业的工作精神。

四、学生自我学习总结

根据模块线上线下学习内容，建议从以下几个方面进行总结。

(1)对于新能源汽车理论知识还有哪些学习不到位的地方需要补充和拓展？

(2)顾问式销售、展厅接待等技能水平是否符合专业培养标准要求？

(3)规范操作流程及爱岗敬业职业精神。

任务五　新能源汽车售后管理

学习目标

1. 了解新能源汽车售后从业人员职业素养要求。
2. 能够描述新能源汽车基础知识。
3. 掌握新能源汽车从业人员专业培训要求与方法。
4. 掌握新能源汽车维护规范及操作方法、售后服务跟踪要求及途径。
5. 学会新能源汽车故障救援报修方法。
6. 树立节能减排、爱护环境的意识，提高环境保护能力。

知识结构图

【任务引入】

　　王先生在购买新车时，根据国家对购买新能源汽车的补贴政策，他想购买 BYD 秦这款车。但到 4S 店之前，有朋友告诉他，我们国家的新能源汽车在技术、质量、售后服务与配套管理上还没有走上正轨，王先生就犹豫了。作为汽车售后服务顾问，你从专业的角度与王先生沟通交流，介绍新能源汽车的发展趋势及我们国家新能源汽车的发展水平，打消王先生的购车顾虑。

【任务分析】

　　随着地球能源逐渐枯竭及环境的影响，新能源汽车成为未来世界汽车的发展方向。本任务中通过学习新能源汽车基础知识，掌握新能源汽车维护、维修、故障救援操作规范和方法。要求学习者在提高对新能源汽车认知的基础上，加强个人的业务知识的学习。熟悉新能源汽车售后服务跟踪要求及途径，掌握新能源汽车故障救援报修方法，为客户提供更优的服务。

知识链接

模块一　新能源汽车的基本知识

1. 新能源定义

新能源又称非常规能源，是指传统能源之外的各种能源形式，指已经开始开发利用或正在积极研究、有待推广的能源，如太阳能、地热能、风能、海洋能、生物质能和核聚变能等。

新能源的各种形式都是直接或者间接地来自太阳或地球内部深处所产生的热能。包括了太阳能、风能、生物质能、地热能、水能和海洋能以及由可再生能源衍生出来的生物燃料和氢所产生的能量，如图 8-1 所示。

图 8-1　新能源产业

2. 新能源汽车分类

按动力源的不同，主要有三种：混合动力汽车（Hybrid Electric Vehicle，HEV）、纯电动汽车（Electric Vehicle，EV）和燃料电池电动汽车（Fuel Cell Electric Vehicle，FCEV）。

按照电池种类的不同，又可以分为镍氢电池动力汽车、锂电池动力汽车和燃料电池动力汽车。

1）混合动力汽车

混合动力是指那些采用传统燃料的，同时配以电动机/发动机来改善低速动力输出和燃油消耗的车型。按照燃料种类的不同，主要又可以分为汽油混合动力和柴油混合动力两种。目前国内市场上，混合动力车辆的主流都是汽油混合动力，而国际市场上柴油混合动力车型发展也很快。

优点：油耗低、污染少；能够回收下坡、制动等工况时的动能；在电池单独驱动时实现"零排放"。

2）纯电动汽车

电动汽车顾名思义就是主要采用电力驱动的汽车，大部分车辆直接采用电机驱动，有一部分车辆把电动机装在发动机舱内，也有一部分直接以车轮作为四台电动机的转子。对于电动车而言，目前最大的障碍就是基础设施建设以及价格影响了产业化的进程，与混合动力相比，电动车更需要基础设施的配套。

优点：零排放、能源利用率高、结构简单、噪声小、原料广、平抑电网峰谷差。

3) 燃料电池电动汽车

燃料电池电动汽车是指以氢气、甲醇等为燃料，通过化学反应产生电流，依靠电机驱动的汽车。其电池的能量是通过氢气和氧气的化学作用，而不是经过燃烧，直接变成电能的。燃料电池的化学反应过程不会产生有害产物，因此燃料电池车辆是无污染汽车，燃料电池的能量转换效率比内燃机要高 2~3 倍，因此从能源的利用和环境保护方面来看，燃料电池电动汽车是一种理想的车辆。

单个的燃料电池必须结合成燃料电池组，以便获得必需的动力，满足车辆使用的要求。

与传统汽车相比，燃料电池电动汽车具有以下优点：

①零排放或近似零排放。

②减少了机油泄漏带来的水污染。

③降低了温室气体的排放。

④提高了燃油经济性。

⑤提高了发动机燃烧效率。

⑥运行平稳、无噪声。

4) 氢动力汽车

氢动力汽车是一种真正实现零排放的交通工具，排放出的是纯净水，其具有无污染、零排放、储量丰富等优势，因此，氢动力汽车是传统汽车最理想的替代方案。与传统动力汽车相比，氢动力汽车成本至少高出 20%。

优点：排放物是纯水，行驶时不产生任何污染物。

5) 燃气汽车

燃气汽车是指用压缩天然气（CNG）、液化石油气（LPG）和液化天然气（LNG）作为燃料的汽车。近年来，世界上各国政府都积极寻求解决这一难题，开始纷纷调整汽车燃料结构。燃气汽车由于其排放性能好，可调整汽车燃料结构，运行成本低、技术成熟、安全可靠，所以被世界各国公认为当前最理想的替代燃料汽车。

6) 生物乙醇汽车

乙醇俗称酒精，在汽车上使用乙醇，可以提高燃料的辛烷值，增加氧含量，使汽车缸内燃烧更完全，可以降低尾气的有害物的排放。

乙醇汽车的燃料应用方式：

①掺烧，指乙醇和汽油掺和应用。在混合燃料中，乙醇和容积比例以"E"表示，如乙醇占 10%，15%，则用 E10，E15 来表示，目前，掺烧乙醇汽车占主要地位。

②纯烧，即单烧乙醇，可用 E100 表示，目前应用并不多，属于试行阶段。

③变性燃料乙醇，指乙醇脱水后，再添加变性剂而生成的乙醇，这也是属于试验应用阶步。

④灵活燃料，指燃料既可用汽油，又可以使用乙醇或甲醇与汽油比例混合的燃料，还可以用氢气，并随时可以切换。如福特、丰田汽车均在试验灵活燃料汽车（FFV）。

目前世界上已有 40 多个国家不同程度应用乙醇汽车，有的已达到较大规模的推广，乙醇汽车的地位日益提升。

新能源汽车的其他方案：空气动力汽车、飞轮储能汽车、超级电容汽车等，如图 8-2 所示。

图8-2　新能源汽车

3. 组成设备

从全球新能源汽车的发展来看,其动力电源主要包括锂离子电池、镍氢电池、燃料电池、铅酸电池、超级电容器,其中超级电容器大多以辅助动力源的形式出现。主要原因是这些电池技术还不完全成熟或缺点明显,与传统汽车相比不管是从成本上、动力上还是续航里程上都有不少差距,这也是制约新能源汽车的发展的重要原因。

(1)铅酸蓄电池。

铅酸蓄电池已有100多年的历史,广泛用作内燃机汽车的起动动力源。它也是成熟的电动汽车蓄电池,可靠性好、原材料易得、价格便宜。它有两大缺点:一是比能量低,所占的质量和体积太大,一次充电行驶里程较短;另一个是使用寿命短,使用成本过高。

(2)镍氢蓄电池。

镍氢蓄电池循环使用寿命较长,能量密度高,但价格较高,存在记忆效应。

(3)锂离子电池。

锂离子二次电池作为新型高电压、高能量密度的可充电电池,其独特的物理和电化学性能,具有广泛的民用和国防应用的前景。其突出的特点是:重量轻、储能大(能量密度高)、无污染、无记忆效应、使用寿命长。在同体积重量情况下,锂电池的蓄电能力是镍氢电池的1.6倍,是镍镉电池的4倍,并且人类只开发利用了其理论电量的20%~30%,开发前景非常光明。同时它是一种真正的绿色环保电池,不会对环境造成污染,是最佳的能应用到电动车上的电池。

(4)镍镉电池。

镍镉电池的应用广泛程度仅次于铅酸蓄电池,其比能量可达55(W·h)/kg,比功率超过190 W/kg。可快速充电,循环使用寿命较长,是铅酸蓄电池的两倍多,可达到2000多次,但价格为铅酸蓄电池的4~5倍。缺点是有"记忆效应",容易因为充放电不良而导致电池可用容量减小。须在使用10次左右后,做一次完全充放电,如果已经有了"记忆效应",应连续作3~5次完全充放电,以释放记忆。另外镉有毒,使用中要注意做好回收工作,以免镉造成环境污染。

(5)钠硫蓄电池。

钠硫电池的优点:一个是比能量高。其理论比能量为760(W·h)/kg,实际已大于100(W·h)/kg,是铅酸电池的3~4倍;另一个是可大电流、高功率放电。其放电电流密度一般可达 200~300 mA/mm^2，并瞬时间可放出其 3 倍的固有能量；再一个是充放电效率高。由于采用固体电解质，所以没有通常采用液体电解质二次电池的那种自放电及副反应，充放电电流效率几乎 100%。钠硫电池的缺点主要在于其工作温度在 300℃~350℃，所以，电池工作时需要加热保温。而高温腐蚀严重，电池寿命较短。已有采用高性能的真空绝热保温技术，可有效地解决这一问题。但也有性能稳定性及使用安全性不太理想等问题。电池设备如图 8-3 所示。

| 铅酸蓄电池 | 镍氢蓄电池 | 锂离子电池 | 镍镉电池 | 钠硫蓄电池 |

图 8-3　电池设备

4. 充电站设备

汽车充电站和汽车加油站相类似，是一种"加电"的设备，是一种高效率的充电器，可以快速地给手机、电动车、电动汽车等充电。

在充电方式中，新能源汽车充电主要有三种模式，一种为桩式充电，一种为架式充电，另外一种就是无线充电。前两种模式对于场地的要求较高，这也是新能源汽车推广遇到的主要难题之一，而无线充电则很好地解决了这一难题。汽车充电站如图 8-4 所示。

图 8-4　汽车充电站

氢能

模块二　新能源汽车售后从业人员素养要求

据统计，中国新能源汽车产业2020年总值已经达到13680亿元，其中生产占36.3%，销售占40.6%，售后占34.1%。也就是售后服务产业占到新能源汽车产业的三分之一，市场规模呈增长态势，表现出较高的市场潜力。

可见中国的新能源汽车已经形成制造汽车—销售汽车—服务汽车的阶段，即步入到新能源汽车商品化及服务化的阶段。国内的新能源汽车售后服务业与国外相比较还处于初级阶段，从经济模式、法律法规到品牌创建、服务理念都存在巨大差异。建立起一套可持续、健康的服务体系，才能使我国的新能源汽车售后服务业在巨大的商机中抓住机会。

相关资料显示，到2022年底，我国纯电动汽车和插电式混合动力汽车产量将达到320万辆。预计到2035年，在国家"碧水蓝天"政策的影响下，我国新能源汽车生产能力年产将达到1400万辆的规模，新能源汽车的发展空间将会呈井喷式的发展。

售后服务是新能源汽车流通领域的重要环节，是一项系统工程，包涵了新能源汽车销售后的有关汽车索赔、质量保障、零部件供应、维修保养服务、技术咨询及指导、市场信息反馈、维修技工培训与产品及市场运作等内容。

一、熟悉新能源汽车专业知识

从事新能源汽车服务的人员不仅需要传统售后服务人员必备的专业礼仪与职业素养，还需要具备新能源汽车新技术方面的专业知识。如汽车电动机驱动、电池材料的应用、汽车电动机控制技术、充电机的应用和原理、混合动力的控制和应用等。维修职位通常要求的人员必须是汽车维修专业，并且具有汽车技术服务及维修工作经验。

二、相应的专业英语水平

目前新能源汽车上有些部件国内无法生产，这个时候就需要维修人员具备一定的英语基础和较强的自学能力。因此，新能源背景下的汽车售后从业人员需要在传统的运用基础上增加电动汽车专业技术能力和一定英语能力和自学能力。

三、较强的现场工作能力

新能源背景下售后服务从业人员，不但要确立厚基础、重实践的人才培养思想，而且还要熟悉汽车维修服务行业的其他业务，如保险、理赔、二手车、技术咨询与培训等；不仅要求从业人员掌握专业理论知识，还要求从业人员具备现场动手实践操作能力。

四、具备较强的分析能力、沟通能力、学习能力等，能够熟练操作计算机

现在汽车售后服务不仅仅是针对某一台车的技术销售与维修服务，还包括零部件物流配送、客户的跟踪等等，即服务人员由专才向通才发展。对于新能源汽车来说，专才就是指服务人员具备传统汽车的实战经验，懂得新能源汽车电池、电机、混合动力和控制系统的维修和保养等知识；通才则在专才的基础上，增加对配件的名称、用途、损坏部件的维修与更换的标准及市场价格行情的实时掌握，以便与客户能够进行更好的交流和沟通，即从业人员不

仅要会买车、修车，而且还要会和客户进行沟通，适应不断发展的汽车新技术。

信息化管理已经成为企业管理的主要方法，要求从业人员必须熟练操作计算机。

罗兰贝格：新能源汽车售后服务的现状与未来发展趋势

模块三　新能源汽车从业人员专业知识培训

随着科技的发展和社会的进步以及节能环保等方面的要求，新能源汽车正加快脚步走进千家万户，社会对新能源汽车服务高技能人才的需求量越来越大。新能源汽车高技能从业人员的稀缺已经成为阻碍新能源汽车售后服务产业发展的瓶颈。国家劳动和社会保障部和电力公司进行的职业资格认证包括汽车维修等级证、高压电工证、新能源汽车维修专项技能证等。

一、培训目标

(1)熟悉新能源客车的主要零部件的结构和工作原理、生产工艺和装配要点。

(2)了解常见故障和排除方法，零部件的拆装要领和注意事项等。

(3)能够给用户介绍新能源客车的结构、使用注意事项、报修程序和安全注意事项等。

二、培训设施及条件

技术培训可以在职业院校中进行，职业院校应按照一体化教学的要求建设新能源汽车一体化学习教学区。该教学区可分为三大功能区域：理论学习区、台架学习区、实车学习区。理论学习区用于理论部分的教学任务以及方便小组讨论、成果展示等多种教学方式的开展；台架学习区适用于检测入门阶段的一体化训练；实车学习区则是满足实车故障诊断方面的要求，以企业实际工作任务训练为主。

三、培训方式

模块化、一体化。

四、培训课时

10~12天(6节/天)。

五、培训计划(如表8-1所示)

表8-1　新能源汽车社会培训计划表

模块	一体化培训内容	课时		总课时
		理论课时	实践课时	
1	新能源汽车认知	1	0	1
2	纯电动汽车认知	4	2	6

续表8-1

模块	一体化培训内容	课时		总课时
		理论课时	实践课时	
3	混合动力汽车认知	2	2	4
4	新能源汽车电源系统	1	0	1
5	高压电操作	4	4	8
6	电源测试设备的使用	2	2	4
7	电池充放电性能测试	1	1	2
8	电池容量和内阻检测	1	1	2
9	电池与电源管理系统检测	4	2	6
10	充电系统的检测	2	2	4
11	新能源汽车驱动系统	2	2	4
12	纯电动驱动系统原理	1	0	1
13	混合动力驱动系统原理	1	0	1
14	故障诊断设备的使用	1	2	3
15	电机及传感器检测	1	2	3
16	纯电动驱动系统故障诊断	1	5	6
17	混合动力驱动系统故障诊断	1	5	6
18	新能源汽车辅助电器系统	2	4	6
19	电动空调系统检测	2	2	4

模块四　新能源汽车维护规范

一、新能源汽车维护作业术语

（1）清洗。用有效的方法消除锈迹、油垢及其他污物等的作业。

（2）检查。对车辆及其他部件和总成的可靠性和有效性的观察与检测。

（3）紧固。按技术规范的规定，将机件或总成的紧固件校紧。

（4）拆检。将机件或总成拆解，进行详细检查，不符合要求者，进行修复或更换。

（5）润滑。零部件经过清洁或清洗后，按规定加注润滑油或润滑脂。

（6）调整。对总成或部件按技术要求的规定，进行调节整定。

（7）检修。根据检查结果，对不符合技术要求的部件进行修理。

（8）整形。用专用设备对物件变形部位进行整形，使其恢复原状。

（9）新能源部分。纯电动公交(小)客车上采用动力蓄电池为动力源的设备和配套的总成、附件及相关联的控制电路、仪表等。

(10)绝缘包扎妥当。指高压线接头处或外表绝缘老化破损处，按绝缘包扎工艺处理而言。即使用黄腊带、橡皮包布及塑料胶带(或黑包布)等三种绝缘材料依次自内而外，分层整齐包扎紧密。

(11)拆装。将总成从车上拆下来，按技术规范进行各项作业后，再将总成装回。

(12)齐全。指数量、规格和要求都符合规定。

(13)基本绝缘。新能源高压电气设备的导电体与机壳间的绝缘电阻。

(14)附加绝缘。新能源高压电气设备的机壳与车身金属部件间的绝缘电阻。

(15)总绝缘。整车新能源高压电气设备全部接通情况下，新能源高压电气设备的导电体与车身金属部件间的绝缘电阻。

二、安全作业注意事项

(1)电气电路的维护必须由持电工证(电工证说明：国家安全生产监督管理总局发放的特种作业操作证——电工作业类，低压运行维修证)的合格电工执行，并严格遵守电工安全操作规程进行。

(2)维护和保养新能源部分所需工具：兆欧表、万用表、钳流表(含直流及交流)、具有绝缘手柄的操作工具(含力矩扳手、快速扳手、螺丝刀等)、绝缘手套、绝缘鞋等。检测用仪器需要先确认功能及附件均工作正常后方可使用，操作工具应提前使用绝缘胶带包裹除去与标准件接触点以外的裸露金属部分。避免因仪器故障或操作工具裸露金属部分误触带电部件，导致高压事故。

(3)在系统进行维护和保养前必须首先切断动力电源。步骤为先将钥匙开关置于"OFF"并拔出钥匙(维护和保养期间，应将钥匙收起并妥善保管)，关闭低压总火翘板开关，并将低压电源总开关手柄拨到"OFF"位置然后依次拔出总正、总负快断器。

复原时，应确保低压24V总电源开关处于"OFF"档、总火翘板开关处于关闭状态，钥匙开关置于"OFF"，然后依次插入总正、总负快断器。

(4)集成式控制器，有高压直流输入线和高压交流输出线，维护人员维护时拔下快断器，对高压电源进行检查维护时，在任何情况下不能同时接触电池的正负极；以上操作必须佩戴绝缘手套和穿绝缘鞋、使用绝缘工具。

(5)检查电机绝缘时，要拔下快断器，电机连接线要与主控制器分离。

(6)对整车进行电焊焊接时，必须断开24V电源，拔掉快断器，拔掉ABS、CAN模块、整车控制器、集成控制器上所有线束插件，否则可能导致以上控制模块损坏。为保证焊接完成后车辆正常运行，请在完成焊接后将各接插件复原，复原时请首先按照企业使用要求进行高压回路复原操作，然后依次复原各个低压部件插件。

(7)在底盘下进行作业时，必须断开点火钥匙。

(8)严禁擅自拆装电池系统总成中任一组成部件；严禁将电池箱作为承重台使用及用其他物品覆盖在电池箱上，严禁将电池箱与火源接触及在太阳下暴晒。

(9)当进行维护作业需要对高压元件进行拆卸时，请与厂家联系或由专业高压电工断开储能装置连接插头，切断高压电源后进行。非具有操作资质的人士不能打开高压部件外壳并对内部进行测量等操作。

(10)在进行一般维护作业时应严格防止高压线束的绝缘层破损漏电。严禁在无特殊情况下破损或剪断橙色高压供电线束；清洗车辆时，请避开高/低压元件，严禁用水直接冲洗高/低压元件；维护复原时，各螺栓连接处的力矩要严格按照螺栓扭矩要求来执行。

三、新能源汽车维护分级和周期

1. 维护分级

新能源部分维护按作业级别分为：

（1）走合期维护。

（2）一级维护。

（3）二级维护。

（4）重点维护。

2. 维护周期

走合期维护、一级维护、二级维护、重点维护的维护周期如表8-2所示。

表8-2 新能源部分维护周期

维护分级	间隔里程	间隔时间
走合期维护	≤2500 km	≤一个月
一级维护	≤5000 km	≤一个半月
二级维护	≤30000 km	≤六个月
重点维护	≤60000 km	≤十二个月

注：

1. 走合期维护为新车出厂后的首次维护。

2. 间隔里程和间隔时间，以先到者为准。

四、维护作业要点

1. 维护原则

在执行各级维护时，高一级维护应包含低一级维护的作业性质和技术要求。

2. 走合期维护

以清洁、检查为主。清除新能源设备上的灰尘和油污。按技术要求，检查各新能源设备的性能，并测量整车高压电气设备的总绝缘。

3. 一级维护

以清洁、检查、紧固为主。清除新能源设备以及高压舱内的灰尘、油污以及杂物，紧固各高压电气设备的接线螺母。

4. 二级维护

以清洁、检查、紧固、调整和检测为主。清除新能源设备以及高压舱内的灰尘、油污以及杂物，紧固各高压电气设备的接线螺母，检查所有高压接插件的紧固状态，检查接插件内部无异物后，插合接插件并确保接插件已经插合到位。

5. 重点维护

以紧固、调整和检测为主。紧固各高压电气设备的接线螺母，检查所有高压接插件的紧固状态，检查接插件内部无异物后，插合接插件并确保接插件已经插合到位。按技术要求，对整车所有电气设备进行维护及高压电绝缘测量。

纯电动车辆的存放和维护保养管理办法

模块五　新能源汽车故障救援报修

新能源电动汽车厂商和经销商都提供了 24 小时的救援服务。很多电动汽车厂商和经销商还在开发移动端的智能救援和监控服务，甚至可以达到对电动汽车的实时监控、随时提醒。

为了对电动汽车的售后提供更好的安全保障，如北汽新能源成立了监控中心，通过对销售车辆进行远程监控、故障预警等提示服务，为司机的安全出行提供了保障。该监控方式就是在北汽电动汽车的副驾驶位置下方，安装数据采集器，内置 SIM（客户识别模块）卡，通过它即可进行信号接收与发送。

监控中心的监控分为主动监控和被动监控两个维度。主动监控是指监控中心会根据监测数据及时了解车辆的安全情况，一旦发现安全隐患，就会将车辆监控信息发送至用户系统，并由专人联系用户，确认用户的行驶情况并及时安排相关服务，有效防止如车辆抛锚的情况发生，减少用户损失。

被动监控则是指用户的车辆轮胎发生问题或车辆行驶没电等情况，用户可主动拨打客服电话，监控中心则会马上安排工作人员进行服务和维修。

这些电动汽车的相关数据每 10 秒会上传一次，每台车每天传送 300 多条实时数据。客户可通过北汽新能源的远程 App 查询到 30 个数据，除此之外，通过手机就可以对车辆充电状态进行操作、实现定时开启车内空调等。

腾势新能源汽车推出了可在手机移动端呼叫救援的 App，通过这款 App 软件，无论是在道路行驶中，还是在家中，都可以呼叫腾势的道路救援团队，技术人员会第一时间赶到现场提供帮助。然后 App 上会收到官方发送的确认位置短信，车主回复后，救援方会再次给车主发送信息，让车主在救援人员到场后回复短信确认。通过 App 上发送的信息沟通，救援人员会赶到车主所在位置对车辆进行检修。

一、寻找"充电宝"充电

通过拨打服务电话，服务公司就会派充电车到场，车上装有发电机，可直接为车辆充电，如图 8-5 所示。

二、打电话给保险公司，免费拖车

故障车辆，在没电的情况下免费拖车；属于人为原因，则需要车主支付拖车费用。保险公司免费救援服务如表 8-3 所示。

图 8-5　电动汽车应急充电救援车

表 8-3　保险公司免费救援服务

保险公司在车辆没电时免费拖车救援服务		
保险公司	免费拖车距离	次数/年
中国太平洋保险	50 公里以内	不限
中国平安保险	50 公里以内	不限
中国人民保险	100 公里以内	不限

三、企业免费拖车救援

直接打电话给厂家,让企业拖车救援。

腾势新能源:3 年保质期内,两月一次免费拖车。

宝马新能源:3 年整车质保期内,总共 5 次免费拖车。

北汽新能源:3 年保质期内,一天一次免费拖车。如图 8-6 所示。

腾势新能源汽车　　　　　　宝马新能源汽车　　　　　　北汽新能源汽车

图 8-6　典型汽车救援

模块六　新能源汽车客户关系及服务跟踪

通过对接受服务的新能源汽车客户的定期回访，来查找工作中的失误和问题所产生的原因，减少或消除客户的误解、抱怨，特别是在客户对新能源汽车技术、使用技巧方面的咨询，并使客户感受到关心与尊重，从而与客户建立更加牢固的关系，以增加客户的忠诚度。

一、跟踪方式

信息回访、电话回访、上门回访、活动回访。

二、跟踪服务流程（如图8-7所示）

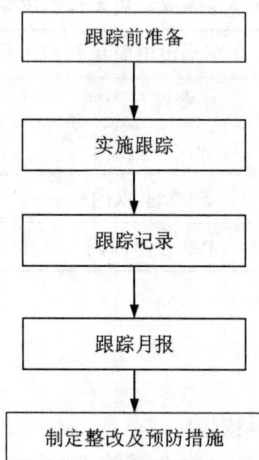

```
┌──────────────┐
│  跟踪前准备   │
└──────┬───────┘
       ↓
┌──────────────┐
│   实施跟踪    │
└──────┬───────┘
       ↓
┌──────────────┐
│   跟踪记录    │
└──────┬───────┘
       ↓
┌──────────────┐
│   跟踪月报    │
└──────┬───────┘
       ↓
┌────────────────────┐
│  制定整改及预防措施  │
└────────────────────┘
```

图8-7　跟踪服务流程

1. 跟踪前准备

（1）客户关系顾问从每天的维修委托书或通过DMS系统挑选出需要回访的客户及长时间没有联系的客户，填写客户跟踪记录表。

（2）确定需要跟踪回访的问题。

（3）确定执行时间及计划内容。

2. 实施跟踪

（1）客户关系顾问按照跟踪计划实施电话回访。

（2）按照企业及客户提出的问题填写客户跟踪记录表，如表8-4所示。

3. 跟踪记录

按企业规定做好客户回访记录表，如表8-4所示。

回访电话技巧

表 8-4 客户回访记录表

序号	客户资料				回访实施			回访记录					后续处理		备注
	使用委托序号	客户姓名	车牌号	电话	回访日期	回访地点	回访拟解决问题	上次存在问题	问题1	问题2	问题3	其他问题	解决问题	再次回访	
1															
2															
3															
…															

4. 跟踪月报

客户关系顾问在做完客户回访记录表之后,应在月末编制客户回访月报,对客户反映出来的问题进行汇总、统计,并及时将此客户回访月报上报给总经理、业务经理、服务经理。客户回访月报如表 8-5 所示。

表 8-5 客户回访月报

序号	月报内容
1	本月应回访数量
2	实施回访数量及百分比(实施回访数量/本月应回访数量)
3	成功回访数量及百分比(成功回访数量/本月应回访数量)
4	对上次维修的满意度
5	各个问题的满意度
6	客户反映比较多的问题等

5. 制定整改及预防措施

针对客户回访记录表、客户回访月报等所反映出来的问题,各经销商的服务经理或售后业务经理应及时制定出相应的整改措施,以便最短时间内解决问题,以消除客户的抱怨。

整改措施应明确措施的责任人和完成时间,所有事项要报总经理批准。由责任人具体实施,业务经理负责监督,并将执行结果报总经理。

整改及预防措施的制定要与客户档案及维修记录进行挂钩。避免不必要的维权纠纷。预防纠正措施表如表 8-6 所示。

表 8-6　预防纠正措施表

编号：

部门		主管	
不符合项目			
不符合原因			

预防及纠正措施	责任人	完成时间	总经理批准

预防纠正措施跟踪及完成情况

跟踪人：　　　　日期：　　　　　　总经理：

模块七　新能源汽车售后服务

一、营销模式

1. 长期租赁模式

新能源汽车企业为客户购买与其需求相匹配的车辆后以长期租赁的方式租给客户使用。

新能源汽车企业为所提供车辆办理配套上牌、货车营运证、市内通行证（如有）、年审年检、保险购买及理赔、维修保养等服务；客户使用新能源汽车企业所购买的车辆及配套服务，向新能源汽车企业支付租金；车辆产权归新能源汽车企业所有。

2. 融资租赁模式

新能源汽车企业为客户购买与其需求相匹配的车辆并为其所提供的车辆办理配套上牌、货车营运证、市内通行证（如有）、年审年检、保险购买及理赔、维修保养等服务。客户在合同约定期限内使用新能源汽车企业所购买的车辆及配套的服务，向新能源汽车企业支付租金。

合同期内车辆产权归新能源汽车企业所有，合同到期后产权归客户所有（涉及新能源汽车过户问题，双方可再探讨变通方案）。

3. 直接购买模式

新能源汽车企业为客户推荐合适车型，可为客户所购买车辆提供配套上牌、货车营运证、市内通行证（如有）、年审年检、保险购买及理赔、维修保养等有偿服务及相应金融支持。

客户通过购买方式一次性获得车辆所有权。

二、车辆选购

1. 熟悉新能源汽车品牌内涵

相比于传统的燃油汽车，新能源车具有节能环保、享受不少购车优惠政策、后期养护成本较低等特点。电动汽车不等同于新能源汽车。新能源汽车是指除汽油、柴油发动机之外所有其他能源汽车，包括纯电动汽车、插电式混合动力汽车、燃料电池电动汽车、氢动力汽车，以及其他能源汽车。

2. 参考新能源汽车优惠政策

购买新能源车，并不是所有车型都能够获得优惠补贴。在选购前，可以参考国家及本地区发布的新能源汽车推广应用推荐车型目录。根据个人的用车需求及环境条件，重点了解一下续航里程、售后服务、充电标准等方面内容。

3. 掌握售后服务内容及使用注意事项

向销售人员了解售后服务内容，比较重要的有免费保养服务、是否有"趴窝"拖车服务、质量原因修车期间的出行代步服务、是否有私人充电桩赠送安装及维修服务、快速充电口免费开启服务等内容。

充电标准方面需要了解充电口标准、充电时间、充电电流、充电桩的兼容性等，避免出现兼容性差、电流小等待时间长的问题。

4. 试乘试驾

选车时每款车的参数都差不多，通过试乘试驾，了解车辆的使用性能与驾驶需求。

三、新能源汽车租赁服务

随着新能源汽车的优惠政策的实施、技术性能的提高，新能源汽车逐渐进入大众的视野。许多营运商特别是汽车租赁公司开始推出新能源汽车租赁业务。新能源汽车租赁这种商业模式需要在金融资本、充电基础设施、汽车租赁公司和智能用车管理平台等几方的密切配合下，才能取得实际的运营效果。

1. 租赁模式

(1)分时租赁。随着充电桩数量不断增加和智能化运营管理水平的提高，新能源汽车租赁，尤其是非常依赖充电设施的分时租赁这种商业模式将得到有效发展。

(2)专车、大客户租赁。

(3)滴滴专车。滴滴专车平台能够显著提高各租赁公司车辆的使用率。

(4)融资租赁。融资租赁的方式能够有效分摊企业的资金成本，减少运营风险。

(5)新能源货车物流配送平台。营运企业物流信息平台能够提供为车找货(配货)、为货找车(托运)的服务。

客户可通过手机 WAP 和手机 App 端完成为个人和单位车辆长期租赁、短期租赁、带司机租车、为车找货等全方位服务，并提供有偿享受车辆定位和自动抢单等增值服务。

2. 租车流程

租车流程如图 8-8 所示。

新能源纯电动汽车租赁合同

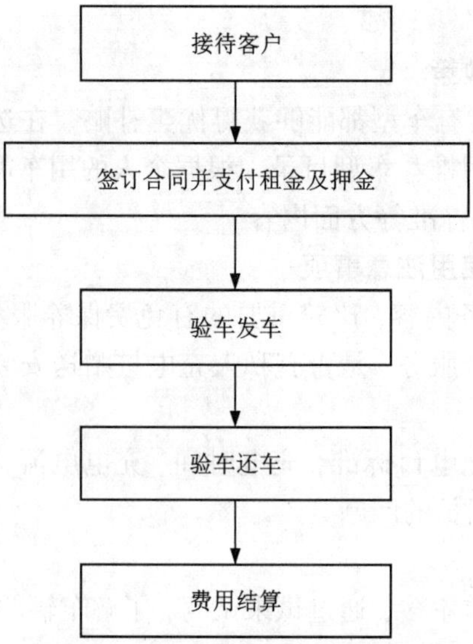

```
        ┌─────────────┐
        │  接待客户    │
        └─────────────┘
              │
  ┌──────────────────────────┐
  │  签订合同并支付租金及押金  │
  └──────────────────────────┘
              │
        ┌─────────────┐
        │  验车发车    │
        └─────────────┘
              │
        ┌─────────────┐
        │  验车还车    │
        └─────────────┘
              │
        ┌─────────────┐
        │  费用结算    │
        └─────────────┘
```

图 8-8 新能源汽车租赁服务流程

任务总结

汽车工业因其尾气排放污染环境、高能耗等一系列负效应，面临日益严峻的挑战。相对传统的燃油汽车，新能源汽车能够有效减少汽车排放废气污染，从而实现交通能源多元化。从能源角度讲，全球石油危机日益严重，汽车工业又是能耗的最大组成部分，新能源汽车的开发和使用能有效解决交通能源重消耗的问题，实现低碳经济可持续发展。新能源汽车的普及是时代发展的需要，也是社会进步的需求。在掌握相关新能源汽车知识的基础上，汽车售后服务顾问应引导客户王先生熟悉和了解世界及我们国家新能源汽车的未来发展，从而帮助王先生进行合理、理性消费。

- 知识点：新能源汽车基础知识。
- 技能点：新能源汽车维护规范及操作方法，新能源汽车故障救援报修。
- 素养点：具备新能源汽车从业人员的基本素养和服务能力。

一、思考与讨论

1.填空题

(1)(   )又称非常规能源，是指传统能源之外的各种能源形式，指刚开始开发利用或正在积极研究、有待推广的能源，如(   )、(   )、(   )、(   )、(   )和核聚变能等。

(2)按动力源的不同，新能源汽车主要有三种：(   )、(   )、(   )。

(3)按照电池种类的不同，新能源汽车又可以分为(   )、(   )和(   )汽车。

(4)新能源汽车维护作业术语有(   )、(   )、(   )、(   )、

（　　　　）、（　　　　）、（　　　　）、（　　　　）、（　　　　）、（　　　　）等。

（5）新能源电动汽车厂商和经销商都提供了（　　　　）小时的救援服务等。

（6）新能源服务跟踪方式有（　　　　）、（　　　　）、（　　　　）、（　　　　）。

2.简答题

（1）请论述新能源汽车从业人员素养要求。

（2）新能源汽车从业人员专业知识培训内容有哪些？

（3）新能源汽车维护安全作业的注意事项有哪些？

（4）新能源汽车维护作业要点是什么？

（5）请论述新能源汽车跟踪服务流程。

（6）新能源汽车技术咨询内容有哪些？

（7）新能源汽车故障救援报修内容是什么？

二、案例分析

奇瑞新能源汽车将推"5个3"战略　构建新能源汽车生态圈

2019年乃至未来，奇瑞新能源将实施"5个3"战略。所谓"5个3"战略是指3块业务、3个品牌、3类产品、3类技术、3种模式的战略布局。

奇瑞新能源汽车在销售业务方面，将实施直销、4S+分销、联合运营三种模式。在汽车租赁业务方面，将提供直租、代理转租、金融业务等服务。

在服务体系方面，还将搭建互联网平台，同时充分利用奇瑞的售后服务体系，为新能源车主提供服务。此外，进一步完善保险和充电服务。

品牌建设方面，在汽车租赁领域，奇瑞新能源汽车建立了自己的汽车租赁品牌——开新租车，去做车辆的落地运营，但始终保持开放性的态度去迎接市场及合作伙伴。此外，奇瑞新能源还将推出蜜蜂服务品牌，聚焦以"三大片区、五个基地及重点省份"为主的服务网络建设推进。

说到新能源汽车技术，三电技术是绕不过的一环。得益于奇瑞在新能源方面的技术底蕴，奇瑞新能源将深入布局三电技术、智能网联技术以及轻量化技术。

在未来的产品规划方面，奇瑞新能源主要聚焦于城配物流、支干线物流、网约车三类细分市场。

在金融领域，奇瑞新能源将依托奇瑞集团五大生产制造基地及奇瑞金融公司，拓展第三方金融服务平台，共同打造产融一体化的奇瑞新能源金融模式。

在运营层面，奇瑞新能源将提供租赁、销售以及联合运营等运营模式；同时还将常规物流业务通过嫁接互联网平台，使得人—车—货信息完美匹配，减少车辆的空置率，从而提高终端客户的收入；此外，奇瑞新能源推出了蜜蜂服务，力争用2~3年时间，整合线下3000+服务网点，实现覆盖无盲区。

（1）新能源汽车生态圈的构建需要我们在技术上突破哪些关键技术？为什么？

（2）以奇瑞新能源汽车技术为例，你认为我国新能源汽车推广还存在哪些瓶颈？

三、实训项目

1. 实训内容与要求

实训项目：调研所学习生活的城市，撰写新能源汽车的使用调研报告。

完成时间：2周。

2. 实训组织与作业

实训项目：以4人为1组，设计调研表，并通过调研报告，给出所生活城市新能源汽车发展定位及措施。

组织要求：相互协作，内容真实，方案合理、有可取性。

四、学生自我学习总结

根据模块线上线下学习内容，建议从以下几个方面进行总结。

(1)新能源汽车售后服务理论知识还有哪些学习不到位的地方需要补充和拓展。

(2)新能源汽车维护安全作业、跟踪服务等技能水平是否符合专业培养标准要求。

(3)新能源汽车客户服务态度是衡量职业品质的因素之一，你个人的学习实践效果是否满足企事业单位职业岗位人才需求。

任务六　汽车售后其他管理

学习目标

1. 了解二手车交易基础知识。
2. 掌握二手汽车置换步骤。
3. 熟悉汽车租赁业务、物流服务。
4. 熟悉了解汽车消费贷款服务内容。
5. 具备代办汽车保险、理赔业务、消费贷款的能力。

知识结构图

【任务引入】

王先生是刚毕业的大学生，在工作中需要经常外出与客户进行沟通，苦于没有资金购买新车。他想通过朋友购买一辆二手车，但又听同事讲，购买二手车要到正规的二手车市场去完成相关的业务流程，才能不吃亏、不上当。在当今我国二手车市场情形下，你应该给王先生哪些建议或意见？谈谈你的理由。

【任务分析】

目前，国内的二手车、汽车租赁市场、汽车物流服务管理逐渐成熟与完善。本任务论述二手车交易、汽车租赁业务、物流服务等方面的基础知识；要求学习者掌握二手汽车置换步骤、汽车租赁业务、物流服务流程等的基础知识；在实际技能上具备汽车消费贷款、保险与理赔业务、二手汽车置换的规范作业的能力；同时对提高汽车售后经营企业延伸业务的服务水平及质量提出了从业人员相应的素养要求。

知识链接

模块一　二手车交易基础知识

一、二手车及交易概述

二手车是指在公安交通管理机关登记注册，在达到国家规定的报废标准之前或在经济使用寿命期内服役，并仍可继续使用的机动车辆。二手车，英文译为"Second Hand Vehicle"或"Used Car"，意为"第二手的汽车"或"使用过的汽车"，在中国称为"旧机动车"。

二手车交易主要内容包括：二手车评估前期工作、技术状况鉴定、寄卖、置换业务、价格评估、交易实务。主要手续包括车务手续、车辆保养维修手续、税费手续。

二手车交易税发票是由国家规定的，在进行二手车交易时，应当由二手车交易市场经营者按规定向买方开具税务机关监制的统一发票，作为二手车转移登记的凭据。二手车交易手续如表9-1所示。

表9-1　二手车交易手续

个人过户给个人的手续	个人过户给单位的手续
1. 卖方身份证原件	1. 卖方身份证原件
2. 买方身份证原件	2. 单位组织机构代码证书及公章
3. 车辆原始购置发票	3. 车辆原始购置发票
4. 车辆的机动车登记证书	4. 车辆的机动车登记证书
5. 车辆行驶证原件	5. 车辆行驶证原件
6. 机动车到场	6. 机动车到场
单位过户给个人的手续	单位过户给单位的手续
1. 单位组织机构代码证书及公章	1. 买方单位组织机构代码证书及公章
2. 买方身份证原件	2. 卖方单位组织机构代码证书及公章
3. 车辆原始购置发票	3. 车辆原始购置发票
4. 机动车登记证书	4. 机动车登记证书
5. 车辆行驶证原件	5. 车辆行驶证原件
6. 机动车到场	6. 机动车到场

二、二手车过户

1.定义

二手车过户,顾名思义就是把车辆所属人的名称变更。办理二手车过户可以从法律上完成车辆所有权的转移,保障车辆来源的合法性,如避免买到走私车和盗抢车等,同时明确了买卖双方与车辆相关的责任划分,如债务纠纷、交通违法等,确保了买卖双方的合法权益。

2.过户的条件

有合法来源和手续、无遗留银行质押和法院封存记录、无遗留交通违章和未处理事故记录、无遗留欠费记录、所有证件齐备。二手车过户所需的资料、证件有原车主身份证、新车主身份证、车辆行驶证正/副本、购置税本、车船使用税完税证明、机动车登记证书、机动车刑侦验车单、保险单/卡/发票。以上均需提供原件。

3.二手车过户前的准备

(1)开具交易:缴纳二手车交易税。私户(裸车现价)1%收取,公户(裸车现价)3%收取。

(2)车辆外检:将车开到过户验车处,车辆进行检查、拓号、拆牌和照相,需缴纳10元的拓号费。领取车辆照片,贴于检查记录表上。这些办完后,可以将车停到停车场,进入过户大厅办理归档手续。

(3)车牌选号:取号机取号之后,拿着相关材料排队缴纳过户费。另外,过户费各个交易市场略有不同。

(4)转移迁出:需要的材料包括机动车注册、转移、注销登记表/转入申请表、检查记录表,原登记证,原行驶证,原车主身份证,原车牌号,车辆照片,交易市场过户发票。

"车辆变动情况登记表"(表9-2)填表说明

(1)本表由车主到主管税务机关申请办理车辆过户、转籍、变更档案手续时填写。

(2)办理过户手续的,过户后的车主填写以下各栏:车主名称、邮政编码、联系电话、地址、完税证明号码、车辆原牌号、车辆新牌号及车辆变动情况过户栏。其中"完税证明号码"填写过户前原车主提供的完税证明号码。

(3)办理转籍手续的,车主本人填写以下各栏:车主名称、邮政编码、联系电话、地址、完税证明号码、车辆原牌号、车辆新牌号及车辆变动情况转籍栏。其中"完税证明号码"填写转籍前主管税务机关核发的完税证明号码;转入、转出车主名称应填写同一名称。

(4)办理既过户又转籍手续的,过户后的车主填写以下各栏:车主名称、邮政编码、联系电话、地址、完税证明号码、车辆原牌号、车辆新牌号及车辆变动情况转籍栏。其中"完税证明号码"填写过户、转籍前主管税务机关核发的完税证明号码;"转出车主名称及地址"填写过户前车主名称及地址;"转入车主名称及地址"应填写填表车主的名称及地址。

(5)办理变更手续的,车主本人填写以下各栏:车主名称、邮政编码、联系电话、地址、完税证明号码、车辆原牌号、车辆新牌号及车辆变动情况变更栏。

(6)本表"备注"栏填写新核发的完税证明号码。

(7)本表一式二份(一车一表),一份由车主留存,一份由主管税务机关留存。

表 9-2　车辆变动情况登记表

填表日期：××××年××月××日

车主名称	×××	邮政编码	×××××
联系电话	×××××××	地址	××区××路××号
完税证明号码	××××××××××		
车辆原牌号	××××××	车辆新牌号	××××××

<table>
<tr><td colspan="6" align="center">车辆变动情况</td></tr>
<tr><td rowspan="2">过户</td><td colspan="2">过户前车主名称</td><td colspan="3">×××</td></tr>
<tr><td colspan="2">过户前车主身份证件及号码</td><td colspan="3">身份证
××××××××××××××××</td></tr>
<tr><td rowspan="4">转籍</td><td rowspan="2">转出</td><td colspan="2">车主名称</td><td colspan="2">×××</td></tr>
<tr><td colspan="2">地址</td><td colspan="2">××区××路××号</td></tr>
<tr><td rowspan="2">转入</td><td colspan="2">车主名称</td><td colspan="2">×××</td></tr>
<tr><td colspan="2">地址</td><td colspan="2">××区××路××号</td></tr>
<tr><td rowspan="5">变更</td><td colspan="5" align="center">变更项目</td></tr>
<tr><td colspan="2" align="center">发动机号码</td><td colspan="2" align="center">车辆识别代号（车架号码）</td><td align="center">其他</td></tr>
<tr><td>变更前</td><td>×××××</td><td>变更前</td><td>×××××××</td><td></td></tr>
<tr><td>变更后</td><td>×××××</td><td>变更后</td><td>×××××××</td><td></td></tr>
<tr><td colspan="5" align="center">变更原因：
例：车辆修理</td></tr>
<tr><td colspan="6">接收人：　　　　　　接收时间：　　　　　　　　主管税务机关（章）：

　　　　　　　　　　　　年　　月　　日</td></tr>
<tr><td>备注</td><td colspan="5"></td></tr>
</table>

4. 二手车过户的基本流程

(1) 旧机动车交易签订由工商部门监制的旧机动车买卖合同，双方各持一份，经工商部门备案，方能办理车辆变更或转籍。

＊注意：证件是否齐全，是否与车主身份证一致。如有不符，应当由原车主提前变更。

(2) 合同签订后开具旧机动车交易发票，相关费用的承担由买卖双方协商决定。

(3) 持旧机动车交易发票和旧机动车买卖合同前往车管所办理车辆行驶、登记证的变更或转籍。特别要注意交易车辆有无违章或未处理的事故。

(4) 持已经变更的登记证、车辆行驶证，前往购置附加费大厅办理购置费的变更或转籍，二手车过户的基本流程如图 9-1 所示。

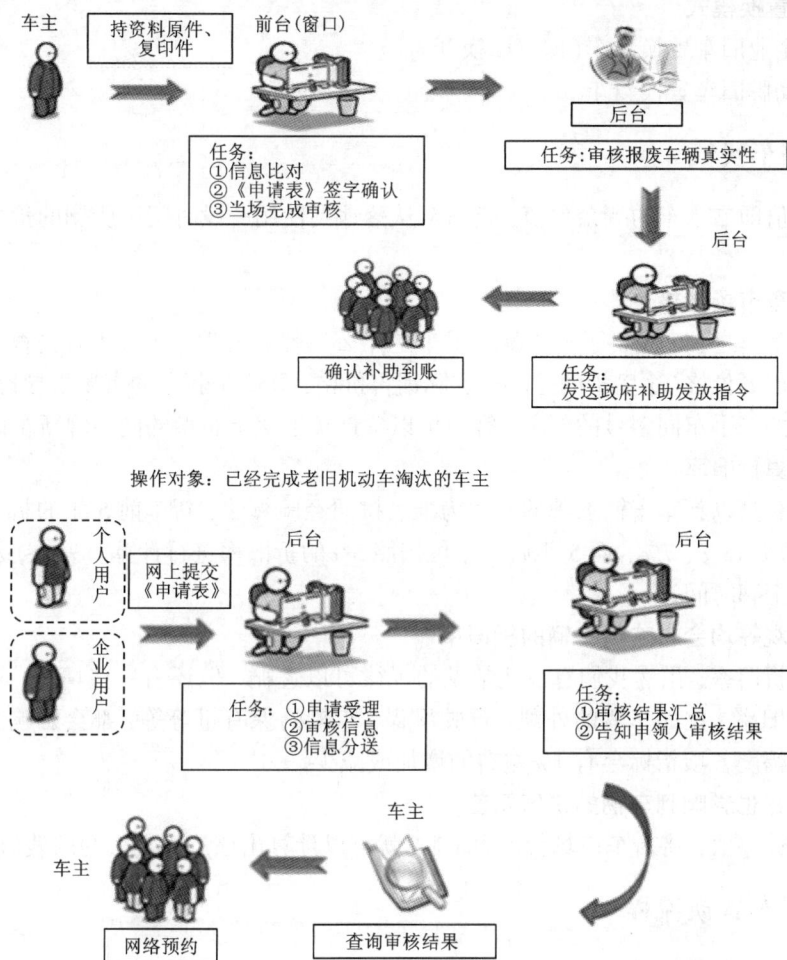

图 9-1　二手车过户的基本流程

模块二　二手汽车置换

一、二手汽车置换定义及模式

1.定义

旧车置换,是消费者用二手车的评估价值加上另行支付的车款从品牌经销商处购买新车的业务。

旧车置换有狭义和广义之别。狭义就是以旧换新业务,经销商通过二手商品的收购与新商品的对等销售获取利益,狭义的置换业务在世界各国都已成为流行的销售方式。广义的汽车置换指在以旧换新业务基础上,同时兼容二手商品整新、跟踪服务、二手商品再销售乃至折抵分期付款等项目的一系列业务组合,使之成为一种有机而独立的营销方式。

2. 二手车置换模式

(1)用本企业旧车置换新车(即以旧换新)。

(2)用本品牌旧车置换新车。

二、二手车残值

二手车残值即二手车的剩余价值,指新车从落地到使用一段时间后所剩的价值就是二手车残值。

1. 查询新车市场价格

在购买二手车之前,先要了解该款二手车是什么品牌的哪款车型,然后去查询这款二手车的新车最新市场价格(这里指的是新车实际销售价格,并不是新车的市场指导价格)。如果没有与要购买的二手车同型号的新车,客户可以拿最接近该款车型的同品牌新车做参照。

2. 初步估算折旧率

车龄的计算是以新车车辆上牌的时间为准。按照经验算法,新车前 5 年的折旧率分别为 15%、12%、10%、8%、7%,而 5 年后每年可按照 5% 的折旧率进行计算。另外,新车的出厂时间未必就是上牌时间。

3. 车辆外观等均会影响到车辆的折旧率

调整实际折旧率,虽然我们有一些常见的规律可以遵循,但还有一些情况,可以增加或减少车辆的折旧率,比如车辆的外观、行驶里程、车辆的保有量等等,都会影响到车辆的折旧率。折旧率幅度各项指标会有 1% 左右的增加或减少。

4. 行驶里程也影响到车辆的价值偏差

修正车价偏差值,将新车市场价×折旧率,就可以计算出该二手车大约的残值。

三、二手车置换流程

1. 领取置换补贴的流程

(1)车主将老旧机动车转出本市或送到具有正规资质的解体厂进行报废。

(2)车主到网上或办理网点填写并提交老旧机动车淘汰政府补助、企业奖励资金申请表格。

(3)车主提交申请后,交易办理平台会对车主信息进行审核。

(4)交易平台在车辆档案完成转出或注销后的 3 个工作日内完成审核,并向车主公示审核结果。

(5)审核通过后,车主可通过平台信息系统打印或到办理网点领取企业奖励凭证。

(6)携带相关凭证到汽车销售单位购置新车。

(7)汽车销售单位将车主所购新车的有关信息上传至交易办理平台。

(8)平台会在 3 个工作日内完成审核并公示。

(9)车主到业务办理网点提交老旧机动车淘汰及新车更换的有关材料,并申请政府补助。

(10)审核合格后,15 个工作日内即可将政府补助划拨至以车主名义设立的中国建设银行活期银行的储蓄账户。

2. 运行中的二手车置换流程

置换流程:出售旧车、保留号牌、更新指标、购新车、验车上牌。

（1）了解置换市场信息，提前评估车辆，做到心中有数。

（2）过户手续要齐全（机动车登记证书，机动车行驶证，购车发票，车主身份证，车辆购置附加费证明，保险单），协议条款清晰、明白。

（3）进行专业评估，进行车辆检测，建议车主到可信度高、权威性高的检测机构去进行车辆检测，一般要进行 33 项检测。

（4）签订置换协议或合同。

（5）款项交易，新车需交钱款=新车价格-旧车评估价格。补足新车差价后，办理提车手续。二手车置换流程如图 9-2 所示。

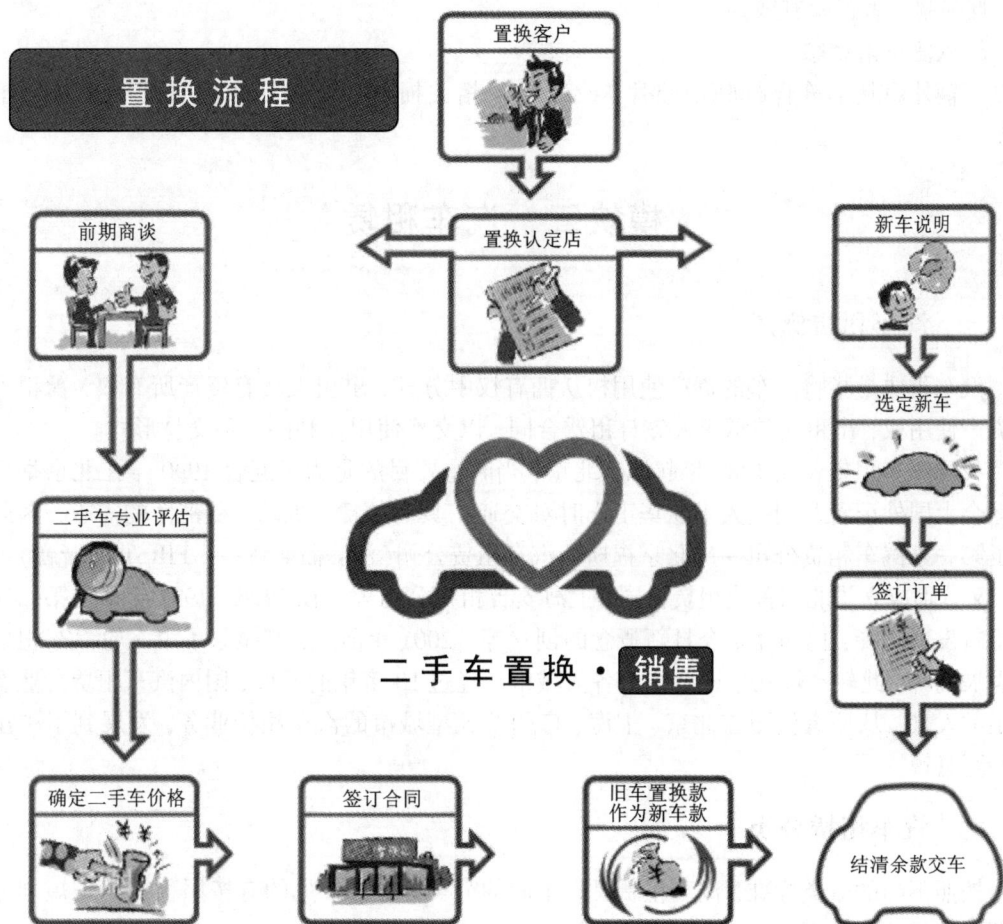

图 9-2　二手车置换流程

四、汽车置换注意事项

1. 手续一定要齐全

为方便将旧车置换出去，客户在到 4S 店进行置换评估之前，一定要先检查车辆的手续是否齐全。包括身份证原件及复印件、车辆原始购置发票或上次过户发票原件及复印件、车辆的机动车登记证书原件及复印件，以及车辆行驶证原件及复印件。

2. 了解车辆价格

在进行置换之前，客户不妨先在网络、二手车市场上了解二手车价格的概况，做个参考，然后可以到专业的二手车经纪公司、4S 店进行实际评估。

3. 控制置换时间

了解我国汽车置换相关补贴政策，可直接把旧车全权或者部分权益委托 4S 店办理，由其出售二手车及办理相关手续。

4. 注意事项

置换的二手车辆应在年检有效期内，且消除车辆违章，车辆必须在交易日之前不拖欠税费，且强制三者保险有效。

5. 恢复正常状态

车辆外观基本符合行驶证照片，改装以及相关损伤部分按照车辆管理要求恢复正常状态。

模块三　汽车租赁

一、汽车租赁概述

汽车租赁是指将汽车的资产使用权从拥有权中分开，出租人具有资产所有权，承租人拥有资产使用权，出租人与承租人签订租赁合同，以交换使用权利的一种交易形式。

我国汽车租赁业在 1989 年起源于北京，当时主要目的是为了迎合 1990 年在北京举行的亚运会上国外记者及相关人士在华工作时对交通工具的便捷、机动、私密性的需求，因此建立了第一家汽车租赁公司——北京福斯特汽车租赁公司（注：福斯特——FIRST 的谐音）。随后，又分别成立了北京首汽租赁公司、上海安吉租赁公司等。在 1996—1998 年形成第二轮汽车租赁发展高峰，比如北京今日新概念的创立等。2001 年前后，又掀起了第三轮汽车租赁企业发展高峰，此轮高峰几乎遍及国内各大城市。经过 10 多年的发展，国内汽车租赁行业有了长足的发展，从原有仅限在北京、上海、广州等大型城市的汽车租赁业务，发展到了中小城市乃至县镇。

二、汽车租赁分类

按照不同的分类标准，汽车租赁具有不同的分类方法，常见的有按照租赁期长短划分和按照经营目的划分两类。

1. 按照租赁期长短划分

在实际经营中，一般认为 15 天以下为短期租赁，15~90 天为中期租赁，90 天以上为长期租赁。

长期租赁，是指租赁企业与用户签订长期（一般以年计算）租赁合同，按长期租赁期间发生的费用（通常包括车辆价格、维修维护费、各种税费开支、保险费及利息等）扣除预计剩存价值后，按合同月数平均收取租赁费用，并提供汽车功能、税费、保险、维修及配件等综合服务的租赁形式。

短期租赁，是指租赁企业根据用户要求签订合同，为用户提供短期内(一般以小时、日、月计算)的用车服务，收取短期租赁费，解决用户在租赁期间的各项服务要求的租赁形式。

2. 按照经营目的划分

汽车租赁按照经营目的划分为融资租赁和经营租赁。

融资租赁是指承租人以取得汽车产品的所有权为目的，经营者则是以租赁的形式实现标的物所有权的转移，其实质是一种带有销售性质的长期租赁业务，一定程度上带有金融服务的特点。

经营性租赁，指承租人以取得汽车产品的使用权为目的，经营者则是通过提供车辆功能、税费、保险、维修、配件等服务来实现投资收益。

三、租赁方式与责任

1. 企业租车

(1)营业执照副本、组织机构代码证书、企业信息卡、企业法人身份证、公章、委托书。

(2)承租方经办人本市户口本、身份证、驾驶证。

2. 个人租车

(1)承租方应按要求携带有效证件如身份证、驾驶证、户口簿等，与业务部门签订租车合同。

(2)承租方应严格履行租赁公司规定的合同条款。

(3)承租方应预付全部租金，抵押金不能视为租金。

(4)承租方提供转账支票，必须款进账后方可办理租车手续。

(5)承租方每天按24小时为一个租车日，每天限180~260公里。这个具体根据各地租赁公司不同而定，超一公里收取相应的租金，剩余公里数累计租车时可以与租赁公司具体谈。

(6)承租方在使用过程中，若违反租赁公司的有关规定，租赁公司有权在任何时候收回车辆，并终止合同。

3. 外籍人员租车

(1)租车人本人护照、本市居留证1年以上、中国驾驶执照、本市户口担保人一名。

(2)担保人需提供本人户口本、身份证、担保承诺书。

4. 汽车租赁公司需要承担的责任

(1)车辆正常维修、保养、年审和保险由汽车租赁公司负责。因承租人延误车辆的保养或年审，由此造成的损失由承租人负全部责任。

(2)在租赁期内，承租人要按《车辆使用手册》操作及保养。在出车前，必须做常规检查，如机油、刹车油、冷凝水、轮胎气压和灯光等，若发现问题，须速送租赁公司指定的维修点维修，否则后果自负。

(3)承租人在租赁期内，有义务妥善保管好、使用好所租用的汽车及其有关的证件，保持车身清洁直到归还租赁公司为止。如有遗失应即时通知租赁公司及有关部门。

四、租赁步骤

1. 了解手续

在租车之前一定要做好足够的准备工作，了解租车的一些相关手续。保障个人的利益及租赁成本。

2. 选择车辆

在选择租车的时候，保证候选车技术性能，选择满足个人合适价位和服务需求的车辆。

3. 选择公司

选择信誉与服务质量高的公司，保障工作需求。

共享汽车租赁

模块四　汽车物流服务

一、概述

汽车物流是指汽车供应链上原材料、零部件、整车以及售后配件在各个环节之间的实体流动过程。广义的汽车物流还包括废旧汽车的回收环节。

汽车物流是集现代运输、仓储、保管、搬运、包装、产品流通及物流信息于一体的综合性管理，是沟通原材料供应商、生产厂商、批发商、零售商、物流公司及最终用户的桥梁，是商品从生产到消费各个流通环节的有机结合。在汽车产业链中起到桥梁和纽带的作用，是实现汽车产业价值流顺畅流动的根本保障。

中国汽车产业正在形成供应链体系，如钢厂与汽车厂之间，整车厂与配件厂之间，汽车生产厂与分销商之间正在逐步形成战略合作伙伴关系。支撑这些合作关系的是物流与配送的服务。汽车整车及其零部件的物流配送是各个环节必须衔接得十分平滑的高技术行业，是国际物流业公认的最复杂、最具专业性的领域。

二、运作模式

汽车行业物流配送的主要模式有市场配送模式、合作配送模式和自营配送模式，其中市场配送模式是我国汽车行业的主流配送模式。

1. 市场配送模式

所谓市场配送模式就是专业化物流配送中心和社会化配送中心，通过为一定市场范围的企业提供物流配送服务而获取赢利和自我发展的物流配送组织模式。

2. 合作配送模式

所谓合作配送模式是指若干企业由于共同的物流需求，在充分挖掘利用各企业现有物流资源基础上，联合创建的配送组织模式。

3. 自营配送模式

所谓自营配送模式是指生产企业和连锁经营企业创建完全是为本企业的生产经营提供配送服务的组织模式。选择自营配送模式的企业自身物流具有一定的规模，可以满足配送中心建设发展的需要。如上汽集团自有的安吉物流，也具有一定的规模。但随着电子商务的发展，这种模式将会向其他模式转化。

一汽大众的
"零库存"

模块五　代办汽车保险与理赔业务

1. 汽车保险基础知识

车辆保险，即机动车辆保险，简称车险，也称作汽车保险。它是指对机动车辆由于自然灾害或意外事故所造成的人身伤亡或财产损失负赔偿责任的一种商业保险。

2. 汽车保险种类

机动车辆保险一般包括交强险和商业险，商业险包括车辆主险和附加险两部分。

商业险主险包括车辆损失险、第三者责任险、车上人员责任险(司机责任险和乘客责任险)、全车盗抢险。

附加险包括玻璃单独破碎险、车辆停驶损失验、自燃损失险、新增设备损失险、发动机进水险、无过失责任险、车载货物掉落责任险、车辆划痕损失险、不计免赔特约险等(如图9-3所示)。

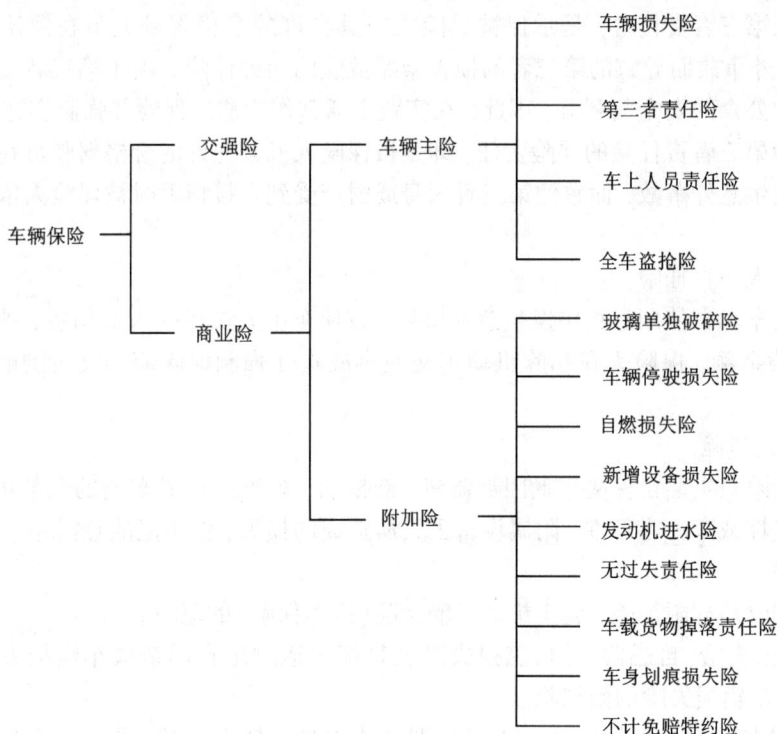

图 9-3　机动车保险种类

1) 交强险

交强险，全称机动车交通事故责任强制保险，是中国首个由国家法律规定实行的强制保险制度。

2) 车辆主险

(1) 车辆损失险。

车辆损失险是指保险车辆遭受保险责任范围内的自然灾害或意外事故，造成保险车辆本身损失，保险人依照保险合同规定给予赔偿。

驾驶员在使用保险车辆过程中，因下列原因造成保险车辆的损失，保险人负责赔偿：

①碰撞，是指保险机动车及其符合装载规定的货物与车体以外的固态物体的意外直接撞击。

②倾覆，是指保险车辆由于自然灾害或意外事故翻倒，车体触地，失去正常状态和行驶能力，不经施救不能恢复行驶。

③坠落，保险机动车在行驶中发生意外事故，整车腾空后下落，造成本车损失的情况。

④火灾，是指保险车辆本身以外的火源引起的、在时间或空间上失去控制的燃烧（即有热、有光、有火焰的剧烈的氧化反应）所造成的灾害。

⑤爆炸，是指物体在瞬息分解或燃烧时放出大量的热和气体，并以很大的压力向四周扩散，形成破坏力的现象。发动机因其内部原因发生爆炸或爆裂，轮胎爆炸等，不属于本保险责任。

（2）第三者责任险。

机动车辆第三者责任险，是承保被保险人或其允许的合格驾驶人员在使用被保险车辆时、因发生意外事故而导致的第三者的损害索赔危险的一种保险。由于第三者责任险的主要目的在于维护公众的安全与利益，因此，在实践中通常作为法定保险并强制实施。

机动车辆第三者责任险的保险责任，即是被保险人或其允许的合格驾驶员在使用被保险车辆过程中发生意外事故，而致使第三者人身或财产受到直接损毁时被保险人依法应当支付的赔偿金额。

（3）车上人员责任险。

负责赔偿车辆在使用过程中发生意外事故，致使车上人员遭受人身伤害，被保险人依法应支付的赔偿金额，保险人在扣除机动车交通事故责任强制保险应当支付的赔款后，给予赔偿。

（4）全车盗抢险。

全车盗抢险负责赔偿保险车辆因被盗窃、被抢劫、被抢夺造成车辆的全部损失，以及其间由于车辆损坏或车上零部件、附属设备丢失所造成的损失，但不能故意损坏。

3）附加险

车辆附加险简称附加险，属于机动车辆保险（汽车保险）的范畴。

（1）自燃损失险（自燃险）：自燃损失险就是指车辆发生自燃造成车辆损失而进行的保险，本保险为车辆损失险的附加险。

（2）车身划痕损失险（划痕险）：划痕险是用来保护车辆车漆的，承保范围仅限于车身无明显碰撞的车漆损伤。

（3）玻璃单独破碎险（玻璃险）：玻璃险是指风挡玻璃或者车窗玻璃单独破碎而进行的保险，不包括事故中造成的车辆玻璃破损。

（4）发动机进水险（发动机特别损失险）：指在车辆涉水或者水中启动后造成发动机故障而进行的保险。

3.机动车投保流程(如图9-4所示)

图 9-4 机动车投保流程图

模块六 汽车消费贷款服务

一、汽车消费贷款基础知识

1.概念

汽车消费贷款是银行对在其特约经销商处购买汽车的购车者发放的人民币担保贷款的一种新的贷款方式。指贷款人向申请购买汽车的借款人发放的贷款,也叫汽车按揭。

2.汽车消费贷款基本条件

1)贷款对象

借款人必须是贷款行所在地常住户口居民、具有完全民事行为能力。

2)贷款条件

借款人具有稳定的职业和偿还贷款本息的能力,信用良好;能够提供可认可资产作为抵、质押,或有足够代偿能力的第三人作为偿还贷款本息并承担连带责任的保证人。

3)贷款额度

贷款金额最高一般不超过所购汽车售价的80%。贷款期限:汽车消费贷款期限一般为1~3年,最长不超过5年。

4)贷款利率

一般消费贷款由中国人民银行统一规定,信用卡贷款是由贷款银行当地总行制定。

5)还贷方式

可选择一次性还本付息法和分期归还法(等额本息、等额本金)。汽车金融或担保公司等有足够代偿能力的第三人作为偿还贷款本息并承担连带责任的保证人。

6)申请贷款条件

申请汽车消费贷款除了必须在银行所认可的特约经销商处购买限定范围内的汽车外,申请汽车消费贷款的购车者还须具备以下条件:

(1)购车者必须年满18周岁,并且是具有完全民事行为能力的中国公民。

(2)购车者必须有一份较稳定的职业和比较稳定的经济收入或拥有易于变现的资产,这样才能按期偿还贷款本息。这里的易于变现的资产一般指有价证券和金银制品等。

(3)在申请贷款期间,购车者在经办银行储蓄专柜的账户内存入不低于银行规定的购车首期款。

(4)向银行提供银行认可的担保。如果购车者的个人户口不在本地的,还应提供连带责任保证,银行不接受购车者以贷款所购车辆设定的抵押。

(5)购车者愿意接受银行提出的认为必要的其他条件。

如果申请人是具有法人资格的企、事业单位,则应具备以下条件:

(1)具有偿还银行贷款的能力。

(2)在申请贷款期间有不低于银行规定的购车首期款存入银行的会计部门。

(3)向银行提供被认可的担保。

(4)愿意接受银行提出的其他必要条件。

贷款中所指的特约经销商是指在汽车生产厂家推荐的基础上,由银行各级分行根据经销商的资金实力、市场占有率和信誉度进行初选,然后报到总行,经总行确认后,与各分行签订"汽车消费贷款合作协议书"的汽车经销商。

3.汽车消费贷款申请流程

1)客户申请

客户向银行提出申请,书面填写申请表,同时提交相关资料。

2)签订合同

银行对借款人提交的申请资料审核通过后,双方签订借款合同、担保合同,视情况办理相关公证、抵押登记手续等。

3)发放贷款

经银行审批同意发放的贷款,办妥所有手续后,银行按合同约定以转账方式直接划入汽车经销商的账户。

4)按期还款

借款人按借款合同约定的还款计划、还款方式偿还贷款本息。

5)贷款结清

贷款结清包括正常结清和提前结清两种。

(1)正常结清:在贷款到期日(一次性还本付息类)或贷款最后一期(分期偿还类)结清贷款。

（2）提前结清：在贷款到期日前，借款人如提前部分或全部结清贷款，须按借款合同约定，提前向银行提出申请，由银行审批后到指定会计柜台进行还款。

贷款结清后，借款人应持本人有效身份证件和银行出具的贷款结清凭证领回由银行收押的法律凭证和有关证明文件，并持贷款结清凭证到原抵押登记部门办理抵押登记注销手续。

二、汽车按揭流程步骤

汽车按揭款流程可以分为以下几个步骤：

1. 购车人到银行营业网点进行咨询

购车人到银行营业网点进行咨询，网点为用户推荐已与银行签订"汽车消费贷款合作协议书"的特约经销商。

2. 到经销商处选定拟购汽车，与经销商签订购车协议

到经销商处选定拟购汽车，与经销商签订购车协议，明确车型、数量、颜色等。

3. 到银行网点提出贷款申请

到银行网点提出贷款申请必需的资料有：个人贷款申请书、有效身份证件、职业和收入证明以及家庭基本状况、购车协议、担保所需的证明文件、贷款人规定的其他条件。

4. 银行审核用户资信

银行在贷款申请受理后 15 个工作日内通知购车借款人，与符合贷款条件的借款人签订"汽车消费借款合同"。汽车消费贷款额度最高不超过购车款的 60%~80%（各贷款银行有所不同），贷款期限最长不得超过 3~5 年（各贷款银行有所不同）。若用户不符合贷款条件，银行将申请材料退回申请人。

5. 签订借款和担保合同

若申请人符合贷款条件，银行与其签订借款合同和有关担保合同。担保方式及相应手续如下：

（1）用户提供第三方连带责任保证方式的（银行、保险公司除外），保证人与银行签订保证合同，也可以由保险公司提供连带责任履约保证或由银行提供保函。

（2）用户以抵押或质押方式担保，应与银行签订抵押或质押合同。以房屋作抵押的，须经指定评估机构评估确认后，由银行会同抵押人到房屋所在区县房地产登记处办理抵押登记，在取得权证后合同生效。以质押方式担保的，质押合同以权利凭证移交给银行后合同生效。

（3）以上手续完成后，银行应及时向特约经销商发出贷款通知书。

（4）以所购汽车作抵押的，银行应及时向特约经销商发出贷款通知书，并在所购汽车上牌后由银行统一到车辆管理所办理抵押登记。

6. 银行发放贷款，用户办理车辆保险、提车

特约经销商在收到贷款通知书 15 日内，将客户购车发票、缴费单据及行驶证（复印件）等移交银行。银行在客户办理财产保险手续后发放贷款。险种包括：车辆损失险、第三者责任险、盗抢险和自燃险等。各类保险期限均不得短于贷款期限。

7. 客户按时还款

汽车按揭流程步骤如图 9-5 所示。

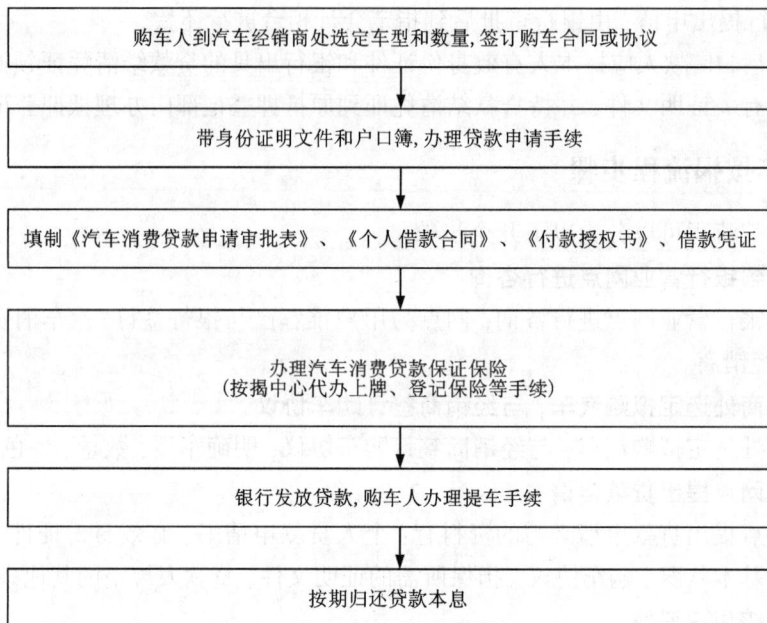

图 9-5 汽车按揭流程步骤

任务总结

在我国二手车市场逐渐完善的情形下，根据王先生的实际情况，可以帮助他酌情选择自己满意的二手车。学习者通过对二手车交易、汽车租赁业务、物流服务等基础知识的学习，能掌握汽车售后二手车交易、汽车租赁业务、物流服务的操作步骤与操作方法。在实际技能上具备操作汽车消费贷款、保险与理赔业务的能力，可以为不同类型的客户提供更加丰满的服务内容与服务方式。

- 知识点：二手车交易、汽车租赁业务、物流服务的基础知识。
- 技能点：二手车交易、汽车租赁业务、物流服务的作业流程，可以进行汽车消费贷款、保险与理赔等业务的作业流程。
- 素养点：具备汽车售后企业运行的延伸职业素养，为不同类型的客户提供更加翔实的服务内容与服务方式。

一、思考与讨论

1.填空题

(1)(   )是指在公安交通管理机关(   )，在达到国家规定的(   )之前或在(   )期内服役，并仍可继续使用的机动车辆。

(2)二手车交易主要内容包括：(   )、(   )、(   )、(   )、(   )、(   )。主要手续包括(   )、(   )、(   )。

(3)（　　　　　），顾名思义就是把车辆所属人的名称（　　　　　）。

(4)（　　　　　），是消费者用二手车的评估价值（　　　　　）另行支付的车款从品牌经销商处购买新车的业务。

(5)二手车残值即二手车的（　　　　　），从新车落地到使用一段时间后的折损等，其目前所剩的（　　　　　）就是二手车残值。

(6)（　　　　　）是指将汽车的资产使用权从拥有权中分开，（　　　　　）具有资产所有权，（　　　　　）拥有资产使用权，出租人与承租人签订（　　　　　），以（　　　　　）的一种交易形式。有按照（　　　　　）划分和按照（　　　　　）划分两类。

(7)租赁方式可分为（　　　　　）、（　　　　　）、（　　　　　）。

(8)汽车物流是指汽车供应链上（　　　　　）、（　　　　　）、（　　　　　）以及售后配件在各个环节之间的实体流动过程。广义的汽车物流还包括（　　　　　）的回收环节。

(9)车辆保险，即（　　　　　），简称（　　　　　），也称作汽车保险。它是指对机动车辆由于（　　　　　）或（　　　　　）所造成的人身伤亡或财产损失负赔偿责任的一种（　　　　　）。

(10)汽车消费贷款是银行对在其特约经销商处购买汽车的购车者发放的人民币担保贷款的一种新的贷款方式。指（　　　　　）向申请购买汽车的（　　　　　）发放的贷款，也叫（　　　　　）。

2.简答题

(1)二手车交易、汽车租赁业务、物流服务的流程是什么？

(2)二手车交易需要办哪些手续？二手车过户前应准备些什么？

(3)请论述机动车投保流程、二手车置换流程、汽车消费贷款申请流程。

(4)请论述车辆保险分类。

(5)汽车消费贷款、保险与理赔有哪些具体要求？

二、案例分析

福特汽车公司物流外包决策过程

在没有进行物流外包之前，福特公司为了确保原料的供给，公司总部建造了内陆港口和错综复杂的交通网络——铁路、公路、海运，公司拥有庞大的车队用于运输物料和原材料配送，意图控制整个原材料的供应、制造、运输、销售过程。但是公司在汽车销售市场上却在走下坡路，不仅出口业务受到日本、韩国等新兴汽车生产国的强烈冲击，连国内市场也受到最大的对手通用公司的蚕食。公司决策层经过分析发现，物流活动并不是公司的核心竞争力。福特公司对整个供应链进行控制的做法不仅不能保持高的服务水平，相反带来了巨大的财务包袱，损害了公司汽车业务的发展。在这种历史背景下，福特公司审时度势，将许多不具有竞争力的子公司都剥离出去，其金融都被转移用于开发和维持自己的核心业务——汽车制造和汽车租赁等具有竞争力优势的业务，而原料的供应、运输等不具有竞争力的工作都交给独立专业化公司去做。

福特公司的做法是进行全球资源配置计划及重点供应商进行运输外包委托。全球资源配置计划着重于评价全球范围内的供应商，以获得一流的质量、最低的成本和最先进的技术的提供者。

福特汽车公司与供应商保持着紧密的合作，并在适合的时候为供应商提供一定的技术培训，不少国外的供应商都与福特汽车公司在工程、合作设计等方面保持着良好的合作关系。

除了采用全球采购策略，福特公司还将运输业务外包，缩短了零部件和成品的交付时间，降低了运输和库存成本。

(1)现代企业管理竞争中，如何集中企业核心管理思想，建立具有一定企业文化的物流供应链？

(2)如果你毕业后个人创业，如何降低经营成本，提高企业的竞争力？

三、实训项目

1.实训内容与要求

实训项目：调研汽车售后服务企业，模拟10家以上的公司(二手车交易、汽车租赁业务、物流服务)，编撰企业运行流程图。

完成时间：3天。

2.实训组织与作业

实训项目：以4人为1组，利用课余时间分工协助调研，完成作业任务。

组织要求：相互协作，深入了解各企业的特点与优势，制定合理方案。

四、学生自我学习总结

根据模块线上线下学习内容，建议从以下几个方面进行总结。

(1)二手车及消费贷款等理论知识还需要升华的地方。

(2)是否熟练掌握机动车投保流程、二手车置换流程、汽车消费贷款申请流程等操作作业流程。

(3)能否在机动车投保流程、二手车置换流程、汽车消费贷款申请流程中体现职业素养与职业精神。

第三部分

汽车售后服务企业技术管理

任务一　汽车售后服务企业车间管理

学习目标

1. 了解汽车售后服务企业组织架构。
2. 熟悉汽车售后服务企业组织框架内各岗位职责与制度。
3. 学会汽车售后服务企业车间管理要点(环境、场地、工具、设备、员工等)。
4. 掌握汽车维修质量检验标准与方法。
5. 具备汽车售后维修车间各工种安全作业规范的职业素养。

知识结构图

【任务引入】

王先生的大众捷达汽车行驶了40000公里，到4S店做二级维护时，4S店前台接待人员非常热情地接待了他，让他了解了维护项目与价格。根据王先生的车辆运行情况及车辆使用状况，接待人员建议他做汽车维护套餐服务项目，既节约了维护费用又节约了维护时间，还邀请王先生在客户休息区观看汽车整个维护作业过程。王先生对业务人员客户关怀式的服务非常满意，他还咨询了一些汽车维修质量方面的问题。他认为此次维护保养过程很愉快。

【任务分析】

汽车售后服务企业车间科学化管理能够提高汽车售后服务质量，还能让客户真切地感受到品牌汽车文化的熏陶。学习者通过学习车间管理制度与管理方法，能够了解与掌握基本的汽车维修车间的管理要素，明确信息化、专业化的车间管理目标，提升自己的职业素养与规范自身的操作行为。

知识链接

模块一　汽车售后服务企业组织架构

一、汽车 4S 店基本组织架构图（如图 10-1 所示）

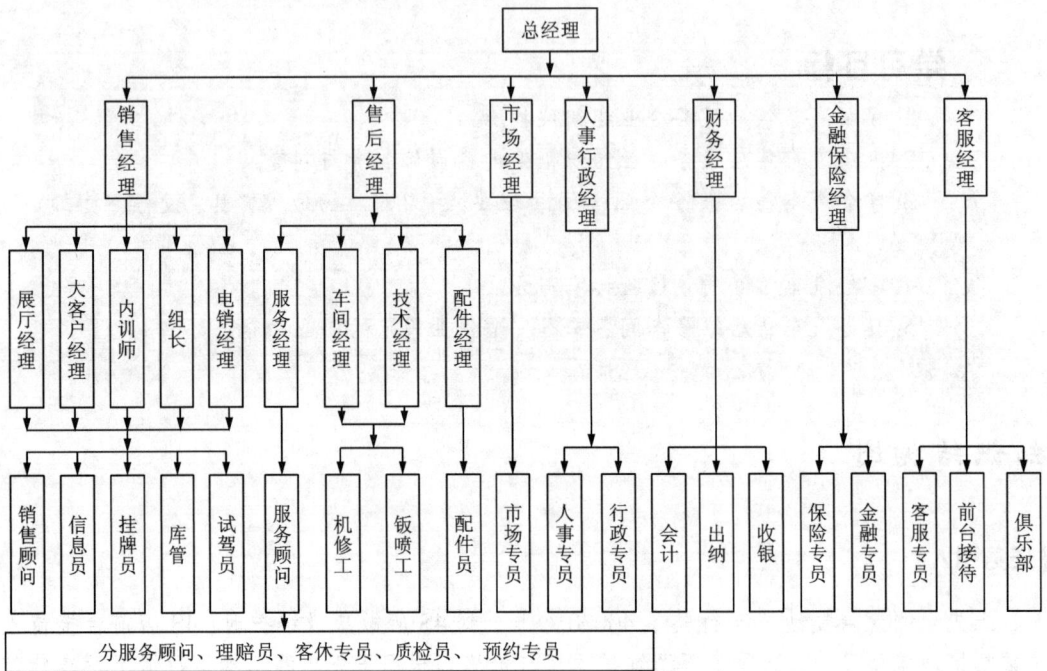

图 10-1　汽车 4S 店基本组织架构图

二、各岗位职责

1.总经理岗位职责

(1)全面主持企业的工作，保证经营目标的实现。

(2)确定企业的经营方针与经营计划。

(3)决定企业的组织体制和人事编制。

(4)组织实施企业的年度工作计划。

(5)对内投资决策的制订与实施。

2.客户服务经理岗位职责

(1)负责专营店整体客户关系管理和信息系统管理，协调各职能部门开展工作。

(2)监督客户区域内(包括展厅和售后客户休息室)的场地、设施、布置，确保其处于完好和可用状态。

(3)监控所有与客户直接接触岗位人员的服务质量。

(4)处理与协调抱怨客户的接待工作及客户投诉。

(5)管理客户回访和客户信息工作,并根据反馈意见实施改进。

(6)围绕客户满意度,根据售后服务的现状和需求,协调广告和市场活动开展忠诚度提升计划,提高推荐购买率。

(7)策划并组织实施客户关怀和服务促销活动。

(8)定期制作客户关系管理运营绩效报表,汇报总经理。

3. 售后服务经理岗位职责

(1)制订售后服务部业务、生产、备件、经营工作目标和计划,并合理分解至各岗位人员。

(2)监督和指导售后服务流程、各部门基础业务管理、现场 6S 等工作的正确实施。

(3)售后服务人员管理、绩效评估、岗位调整、培训发展、激励考核。

(4)收集分析本区域汽车售后市场及客户需求动态,根据专营店业务状况执行市场拓展计划。

4. 前台主管岗位职责

(1)确保客户满意(CS 不断提升),避免客户抱怨及投诉。

(2)组织实施企业售后服务策略,负责前台业务管理,保障售后服务流程有效执行。

(3)领导/监督保修索赔业务正常进行。

(4)负责本部门员工的考勤、绩效评估、级别晋升考核管理。

(5)制订本部门的内部培训计划并有效实施,不断提升本部门人员的岗位能力。

(6)与售后信息员有效沟通,不断改善前台工作存在的问题。

5. 车间主管岗位职责

(1)执行并落实售后服务策略,确保达成经营指标。

(2)合理调配并管理车间内人员、工位、设施资源,控制并执行车间业务流程,并确保专营店售后服务维修流程得以有效执行。

(3)负责车间环境、工具、设备和安全管理,落实执行各项环境、安全检查措施、车间现场 6S 管理。

(4)车间人员考勤管理、绩效评估、级别晋升考核,车间突发事件及时响应并上报。

(5)负责车间与前台、备件及其他相关部门工作协调和信息反馈。

(6)24 小时救援人员安排/出车安排。

6. 备件主管岗位职责

(1)备件人员管理(考勤/绩效/考评),备件现场 6S 管理。

(2)制定执行备件管理规章制度并有效执行。

(3)严格执行备件业务流程,确保专营店售后服务核心流程有效执行。

(4)对前台及车间提供必要的支持。

7. 服务顾问岗位职责

(1)严格执行售后服务标准流程,确保客户满意。

(2)按标准接待流程接待进店车辆并向客户提供咨询服务。

(3)达成个人当月业绩目标。

(4)收集、分析、反馈客户意见、信息和需求,与客户建立紧密联系,向客户传递本企业的品牌形象、服务形象。

(5)如果出现客户抱怨及投诉,第一时间响应处理,并及时上报前台主管或售后服务经理。

(6)不断提升个人岗位技能(良好的服务意识及执行力,产品专业知识,沟通技巧,客户关怀技巧)。

8.机修/钣喷班组长岗位职责

(1)严格按照标准维修工艺和流程操作,合理分配组内员工作业,不断提升本组的作业效率。

(2)对本组维修车辆进行过程检验及组长完检,确保一次性修复。

(3)达成本组当月目标任务。

(4)对前台服务顾问提供技术支持,必要时对进店维修车辆进行试车、诊断,与客户进行技术上的沟通(在服务顾问协助下)。

(5)在组内进行故障诊断,出现疑难问题时对组内成员提供技术支持。

9.前台接待员岗位职责

(1)接听前台服务电话并做好记录,及时将电话信息转给相应人员。

(2)在车辆进店高峰期接待并引导客户在客户休息区等待,提升客户满意度。

(3)在车辆进店高峰期,协助服务顾问接待进店维修车辆。

(4)及时更新前台预约看板、人员管理看板、维修车辆管理看板。

(5)在信息员及精品销售员不在岗时顶替他们工作。

(6)前台主管安排的其他工作。

模块二　汽车售后服务企业车间管理

一、车间管理制度

1.质量管理制度

贯彻执行国家和行业主管部门有关《汽车维护工艺规范》、《汽车维护出厂技术条件》、交通部《汽车维修质量管理办法》等有关规定,贯彻执行有关汽车维修质量的规章制度。

(1)建立健全内部质量保证体系,加强质量检验,进行质量分析。

(2)收集保管汽车维修技术资料及工艺文件(车辆档案、标准计量、质量分析等)管理,确保完整有效,及时更新。

(3)对维修车辆一律进行三级检验,严格进行汽车维护前检验、过程检验、竣工检验,严格执行竣工出厂技术标准,未达标准不准出厂,认真执行汽车维修质量的抽查监督制度。

(4)材料仓库应严把配件质量关,严格做好采购配件的入库验收工作。

2.维修车辆进出厂登记制度

1)进厂检验

维修车辆进厂后,检验员应记录驾驶员对车况的反映和报修项目,查阅车辆技术档案,了解车辆技术状况，检查车辆整车装备情况，然后按照《汽车维护、检测、诊断技术规范》（GB/T 18344—2016）的要求选择项目进行维修前的检测，确定附加作业项目，并把检验、检测的结果填写在检验签证单上，未经检验签证的车辆，作业人员应拒绝作业。

2）过程检验

在维修作业的全过程中，都要进行过程检验。过程检验实行维修工自检、班组内部互检及企业检验员专检相结合的办法。过程检验的主要内容是零件磨损、变形、裂纹情况；配合间隙大小；有调整要求的调整数据；重要螺栓螺母扭矩。对涉及转向、制动等安全部件更须严格地检查。对不符合技术要求的部件，应进行修复、更换，以确保过程作业的质量。过程检验的数据由检验员在检验签证单上完整记录，未经过程检验签证的车辆，企业检验员有权拒绝进行竣工检验。

3）竣工检验

竣工检验由检验员专职进行。必须严格按《汽车二级维护竣工出厂技术条件》逐项进行检验签证，必要时进行路试。竣工检验的结果应逐一填写在检验签证单上，未经竣工检验合格的车辆不得送检测站检测，不得出厂。

4）检验标准

（1）《汽车维护、检测、诊断技术规范》（GB/T 18344—2016）。

（2）《道路运输车辆综合性能要求和检验方法》（GB 18565—2016）。

（3）《机动车运行安全技术条件》（GB 7258—2012）。

3. 竣工出厂合格证管理制度

（1）竣工出厂合格证是汽车二级维护质量合格的凭证。

（2）竣工出厂合格证由检验员统一管理。核发出厂合格证时，应认真填写汽车维修竣工证销号单，销号单应妥善保管，使用完毕后及时送交通运输管理核发部门核销。

（3）竣工出厂合格证凭质检员签发的汽车维修检验签证单和汽车综合性能检测站检测合格的汽车综合性能检测报告开具。

（4）没有经检验员签署的汽车维修检验签证单，或汽车综合性能检测不合格的车辆，都不得开具竣工出厂合格证。

4. 汽车维修档案管理制度

汽车维修档案管理工作，是汽车维修的基础管理工作，也是企业生产、技术管理的基础工作。

（1）汽车维修档案由业务部门负责收集、整理、保管。汽车大修、总成大修、汽车二级维护的维修档案一车一档，一档一袋。档案内容包括维修合同、检验签证单、竣工证存根、工时清单、材料清单等；相关资料在维修登记本中保存。

（2）维修档案应保持整齐、完整。一车一档装于档案袋中。档案袋应有标识，以便检索。

（3）档案放置应便于检索、查阅，同时防止污染、受潮、遗失。

（4）车辆维修竣工后，检验员应在车辆技术档案中记载总成和重要零件更换情况及重要维修数据（如气缸、曲轴直径加大尺寸）。

（5）单证入档后除工作人员外，一般人员不得随意查阅、更改、抽换。如确需更正，应经有关领导批准同意。

（6）车辆维修档案保存期2年。

5. 计量器管理制度

(1)计量器应实行统一专人保管或由使用人负责保管。除非持证计量员，任何人不得随意拆卸计量器。

(2)保证计量器的受检率达100%。

(3)保管人应定时做好计量器的清洁、防锈、防潮等维护工作。

6. 检测仪具和设备管理制度

(1)检测仪具和设备由生产技术部门统一管理。

按照企业发展和生产的实际需要，制订采购计划。

(2)仪具和设备到货后应组织有关人员进行验收，验收合格、安装调试后，应即登录入册。

(3)新设备投入使用前应先按照使用说明书的要求进行，实行专人保管，责任落实。对设备技术状况组织定期检查、维护工作，严禁"带病"工作。

(4)检测仪具和设备的操作人员要做到四懂(懂原理、懂构造、懂性能、懂用途)，三好(管好、用好、维护好)，四会(正确使用、维护保养、一般检修、排除故障)。

(5)加强设备安全管理，采取有效措施，消除设备隐患，防止重大事故发生，对已发生的设备事故，应当根据"三不放过"("事故原因分析不清，事故责任未清，群众未受教育、没有防范措施"不放过)的原则进行严肃处理。

7. 环境保护管理制度

(1)维修车辆清洗应在规定的固定地点进行，每天应对汽车清洗地点进行清扫，保持下水道疏通，场地整洁。

(2)汽车拆卸维修时，应做到油、水不落地，拆下的零件应放置在零件盆中，废油接入油盆中，拆修完毕后，立即清扫场地。

(3)废旧料应分类放置在规定的收集地点，废机油倒入收集桶内，定期处理废旧料和废机油。

(4)锉削制动蹄片时应防止有害粉尘扩散，危害人体健康，有条件的应装置防尘罩或去尘装置。

(5)车辆喷漆应在烤漆房或喷漆间内进行，防止漆尘飞扬，污染环境。

(6)检修空调机时，制冷剂不得随意排放到大气中，应使用冷媒回收装置回收利用。

(7)维修车辆的废气排放应达到国家标准的规定要求，不得随意降低标准，不达到标准的车辆不准出厂。

(8)环保工作由生产技术部门负责，定期进行监督检查，落实奖惩措施。

8. 安全生产制度

(1)全部员工必须按规定参加安全生产教育，严格遵守各工种安全操作规程和机具操作规程，任何人不得违反。

(2)必须按规定穿着劳动保护用品，不得穿拖鞋上班；工场内严禁吸烟，工作时不得在工场打闹、追逐、大声喧哗。

(3)非工作需要不得动用任何车辆，汽车在企业内行驶车速不得超过8 km/h，不准在企业内试刹车。严禁无证驾驶。

(4)加强对易燃物品的管理，不得随意乱放；进入油库，严禁吸烟，严禁携带易燃易爆物品进入油库。在车间、油库、材料间等处所应配备充足的灭火器材，并加强维护，使之保持良好技术状态，所有员工应会正确使用灭火器材。

(5)工作灯应采取低压(36伏以下)安全灯，经常检查导线、插座是否良好。手湿时不得扳动电力开关或插电源插座，电源线路保险丝应按规定安装，不允许用铜线、铁线代替。非电工不得搬弄配电盘上的开关及电器设施。下班前必须切断所有电器设备的前一级电源开关。严禁电器、电动机在雨天淋雨受潮。

(6)作业结束后要及时清除场地油污杂物，并将设备机具整齐安放在指定位置，以保持施工场地整齐清洁。

(7)定期进行安全生产检查。

9. 配件材料管理制度

(1)根据生产需要及时编制采购计划单，计划单经企业领导签字同意后即按单就近采购。

(2)材料及零配件进库前要验收，没有验收或验收不合格的不准进库使用。

(3)材料入库后要立卡、入账，做到账、卡、实物三符合。

(4)材料应分类、分规格堆放，堆放应按"五五"法保持整洁。

(5)保持仓库整洁，做好材料、配件的防锈、防腐、防失窃工作，做好仓库的消防工作。

(6)维修技师凭派工单领料，由库管员填写材料单，领料人签名，领用大总成件要经分管领导签字同意，领新料必须交旧料，严格执行领新交旧制度。

(7)加强对旧料的管理工作，上交旧料前贴好标签，出单位时交还车主。

(8)材料及零配件的领用应执行"先进先出"的规定，严格执行价格制度，不得随便加价。

(9)仓库每个月进行一次清仓盘点，消除差错，压缩库存。

10. 计算机服务管理系统制度

(1)对计算机进行安装、维护、升级和管理工作，应由专门科室及经培训的操作人员进行操作，并检查输入数据或参数设置的完整和正确性。

(2)应对计算机系统管理软件进行功能评测、验证，并保存计算机软件的源代码以形成文件。

(3)计算机使用应按《保密和保护所有权程序》规定保证数据及信息的保密安全。

(4)所有计算机应设置防护病毒程序。使用磁盘进行操作时，必须事先进行计算机病毒检查，未经检查的磁盘不得使用。若程序或数据已遭破坏，应用备份软件恢复。

(5)计算机出现故障时，应及时通知系统管理员。在修理计算机时，应采取必要的安全保密措施，防止计算机中存储的程序或数据失密或被修改。

11. 车间设备(举升机)安全操作规程

(1)使用前应清除举升机附近妨碍作业的器具及杂物，并检查操纵手柄、安全保险装置、钢丝绳等是否正常。

(2)待升举的车辆驶入后，应将举升机支撑架块调整移动对正该型车辆规定的可承力部位。支撑时应保持车辆的相对平衡后才能按上升按钮。

(3)举升机应由一个人操作，升、降前都应向在场人员发出信号，升举时人员应离开车辆，升举到需要的高度时，必须插入保险销，确认安全可靠后才可开始车底作业。

(4)有人作业时严禁升降举升器。

(5)作业完毕应切断电源，清除杂物，打扫举升器周围场地，以保持整洁。

(6)定期(半年)排除举升机储油缸积水,并检查油量,应认真按润滑面要求进行注油。

(7)严格执行限载规定。发现举升机有异常现象,应立即停车,派专职修理人员排除故障。

12. 汽车维修机工安全操作守则

(1)工作前应检查所使用工具是否完整无损,施工中工具必须摆放整齐,不得随地乱放,作业完成后应将工具清点检查并擦干净,按要求放入工具车或工具箱内。

(2)拆装零部件时,必须使用合适工具或专用工具,不允许用铁锤直接敲击零件,所有零件拆卸后要按一定顺序整齐安放,不得随地堆放。拆装车辆做到油、水、零件不落地,保持双手、零件、工具、场地的清洁。

(3)废油应倒入指定的废油桶收集,不得随地倒泼,防止废油污染。

(4)修理作业时应注意保护汽车漆面光泽装饰,对地毯及座位必要时要使用保护垫布、座位套,以保持修理车辆的整洁。

(5)在车上修理作业及用汽油清洗零件时,不得吸烟;不准在修理汽油车的旁边烘烤零件或点燃喷灯等。

(6)用千斤顶进行底盘作业时,必须选择平坦、坚实场地并用三角木将前后轮塞稳,然后用车辆保险凳将车辆支撑稳固,严禁单纯用千斤顶顶起车辆在车底作业。放松千斤顶时,要先看车下及周围是否有人,只有确认人员都在安全位置时,才能放松千斤顶。

(7)在修理过程中应认真检查原零件或更换件是否合乎技术要求,并严格按修理技术规范精心进行施工和检查调试。

(8)发动机进行起动检验前应先检查各部位的装配工作是否已全部结束,是否按规定加足了润滑油、冷却水,起动时置变速器于空挡位置,拉紧手制动。车底有人时,严禁发动车辆。

(9)发动机在运转中不允许进行检修工作。汽车路试后进行底盘检修时,要防止被排气管烫伤。发动机过热时,不能打开水箱盖,谨防沸水喷出烫伤。

(10)指挥车辆行驶、移位时,不得站在车辆正前与后方,并注意周围障碍物。

13. 汽车维修钣金工安全操作守则

(1)工作前要先将工作场地清理干净,以免妨碍工作或引发火警,并认真检查所使用的工具、机具状况是否良好,连接是否牢固。

(2)进行校正作业或使用车身校正台时应正确挟持、固定、牵制,并使用适合的顶杆、拉具、夹具及站立位置,谨防物件弹跳伤人。

(3)使用折床、点焊机、电焊机时,必须事前检查各部及焊机接地情况,确认无异常情况后,方可按启动程序开动使用。

(4)电焊条要干燥、防潮,工作时应根据工件大小选择适当的电流及焊条。电焊作业时,操作者要戴面罩及劳动防护用品。

(5)焊补油箱、油管时,必须放净燃油,并用高压蒸气彻底清洗,确认无残留油气后,拆除螺栓,打开通气孔才能谨慎施焊。如无清洗条件不得焊补油箱。焊补密封容器应预先开好通气孔。

(6)氧气瓶、乙炔气瓶要放在离火源较远的地方,不得在太阳下暴晒,不得撞击,所有氧焊工具不允许沾上油污、油漆,并要定期检查焊枪、气瓶、表头、气管是否漏气。

(7)搬运氧气瓶及乙炔气瓶时必须使用专门的搬运小车，切忌在地上拖拉。

(8)进行氧焊点火时先开乙炔气阀后开氧气阀，熄火时先关乙炔气阀，再关氧气阀。经常检查、保持水封回火防止器的水位。发生回火(回燃)现象时应迅速卡紧胶管。

14.汽车维修漆工安全操作守则

(1)严禁在存放漆料的地方和喷漆车间内点火吸烟。

(2)喷漆作业时要穿防止产生静电的化学纤维质料的衣服，凡进行喷漆、调漆、刷漆时必须配戴口罩及有关劳动保护用品，并打开通风设备。

(3)待喷漆车辆入烤漆房前应将底盘及翼子板等各部泥土、灰尘擦拭干净，严禁在喷漆房内清除灰尘，喷、刷漆时必须妥善保护好挡风玻璃及车头灯等装置。

(4)在喷漆作业时不得打开喷漆车间的门。

(5)进行保温烘干作业时不得将温度调节器设定在80℃以上。

(6)经常检视、清洁进气滤网，防止阻塞。

(7)检查供油泵工作是否正常，供油泵不得漏油。每月应对煤油箱进行一次排水作业。

15.汽车维修电工安全操作守则

(1)工作前应备齐工具并检查是否完整无损，技术状态是否良好。

(2)在车上进行电工作业时应注意保护汽车漆面光泽、装饰、地毯及座位，必要时应使用保护垫布、座位套以保持修理车辆的整洁。

(3)在装有微机(电脑)控制系统如 EFI(或 ECCS)系统的汽车上进行电工作业时不能随意触动电子控制部分的各个接头，以防意外损坏其装置内部的电子元件，如要连接或断开 EFI(或 ECCS)系统与任何一个模块之间的电气配线进行作业时，务必将点火开关关闭，并拔掉蓄电池负极插头，不然会造成控制器元件损坏。

(4)蓄电池充电作业时，要保持室内通风良好，并杜绝明火，充电时应将蓄电池盖打开，电液温度不得超过450℃。检查蓄电池时应戴防护眼镜。

(5)新蓄电池充电必须遵守两次充足的技术规程，在充电过程中要取出蓄电池时应先将电源关闭，以免损坏充电电机及蓄电池。

16.汽车维修胎工安全操作守则

(1)工作前应先检查机具是否完好，并准备好作业场地。

(2)装卸轮胎时，车辆的支承必须稳固，不准在支承不稳固的情况下作业。气门必须装正，并装于标志所指方向的位置，双胎并装时，气门必须相对排列。

(3)轮胎气压应符合规定标准，后轮气压不得低于前轮。

(4)轮胎必须装符合规定尺寸的轮辋，轮辋突缘有损伤和锈蚀时，不应装用，轮辋螺孔不准有曲折、磨边和毛刺等现象，禁止用大锤敲击轮辋。拆装轮胎时要注意防止弹簧挡圈弹出伤人。

(5)双胎并装时要保持一定距离，两轮通风洞必须对正，胎内垫有较大帘布的轮胎或补洞胎、翻新胎不准装在前轮上，对旋转方向性有规定的轮胎，应注意所安装轮胎的旋转方向是否一致。

(6)割胎刀、锉刀等必须装有木柄，在割胎时不可用力过猛，以防发生事故，磨胎和剪毛时，不准将胎圈撑开很宽。

(7)作业完毕和下班前，应清洁场地、机具，安置好机工具，并做好交接班。

(8)轮胎胎冠花纹应保持如下深度，否则不能继续使用：

①轿车、轻型车、挂车的轮胎应大于 1.6 mm。

②其他车前轮应大于 3.2 mm，其他轮大于 1.6 mm。

(9)轮胎胎面、胎侧不能有长度超过 25 mm 或深度达到露出帘布层的割伤和破损。

(10)最高车速超过 100 km/h 的车辆轮胎，其动平衡应符合规定要求。

17. 汽车维修检验试车安全操作守则

(1)路试起步前，首先检查保修项目完成情况及车轮周围情况，检查油、水，拉紧驻车制动器，挂入空挡并踏下离合器踏板后方可发动，待发动后慢慢松离合器踏板，注意仪表工作是否正常。

(2)起步前必须关好车门、检试制动系时，气压制动系的气压不得低于 294~392 Pa（3~4 kg/cm²）。

(3)倒车必须前后看清楚通道情况，与指挥倒车人取得联系，按手示进行。

(4)试车车辆必须前后挂试车牌，并在指定地点进行路试，参加路试随车人员不得超过3 人。

(5)试踏制动踏板时应先与车上人员示意后再进行试验。

(6)试车完好后，应按规定检查有关部位，待全部及格后，由检验人员签名批准出场，将车辆停放在指定地点，将电源总开关关闭，挂低挡，拉紧驻车制动器，并通知车主前来接车。部分工种安全作业如图 10-2 所示。

轮胎工安全作业　　　机修工安全作业　　　举升机安全作业

钣金工安全作业　　　油漆工安全作业　　　维修电工安全作业

图 10-2　部分工种安全作业

二、车间环境管理

1. 汽车维修环境保护管理制度

(1)认真贯彻执行"预防为主、防治结合、综合治理"的环境保护方针，遵守国家《环境保护法》《大气污染防治法》《环境噪声污染防治法》等有关环境保护的法律法规、规章及标准。

(2)应有废油、废液、废气、废蓄电池、废轮胎及垃圾等有害物质集中收集、有效处理和保持环境整洁的环境保护管理制度。

（3）有害物质存储区域应界定清楚，必要时应有隔离、控制措施。

（4）涂漆车间应设有专用的废水排放及处理设施，采用打磨工艺的，应有粉尘收集装置和除尘设备，应设有通风设备。

（5）调试车间和调试工位应设置汽车尾气收集净化装置。

（6）应定期进行环境保护教育和环保常识培训，教育职工严格执行各种工艺流程、工艺规范和环境保护制度。

（7）严格执行汽车排放标准，全面实施在用车辆的检查/维护制度（I/M制度），控制在用车辆的排放污染，在维修作业过程中，严禁使用不合格的消声装置。

（8）车辆竣工出厂前，要严格检查车辆尾气排放和噪声指标，尾气排放和噪声指标不符合国家标准的车辆，不得出企业。

2. 汽车修理车间环境要求

（1）维修车间要保持通风，尽量要采用自然光源，配备足够的照明设备。

（2）每个工位配备一辆工具车，工具车的工具摆放符合要求。

（3）管线用不同的颜色区分开来，车间通风良好，有排风设备，炎热的夏季每个工位配置驱暑排风扇，车间地面配置地沟，车间有足够的木屑（用桶盛装）用以清除地面油污。维修车间消防与排风管理如图10-3所示。

图10-3　维修车间消防与排风管理

（4）维修工位要标出号码，号码标注在地面上，车间有收集废机油的装置，每日完工后，废机油必须搬离修理间，并在存放处挂有"严禁明火"警示牌。车间设置附料、工具保管仓库。

（5）维修员工统一着装，工作装穿戴整齐、保持清洁。

（6）在维修场地，举升机凸起的部位均以黄色边框警示，相邻工位间隔0.7 m。在相邻通道间以黄色分区边框标示出工具车停放位置，在工位底线处以黄色分区边框标志线标出三配件箱（新件，废件，待处理件）放置处。车间管线架设合理，压缩空气管线接口和电力输出线安装在离地面1.2 m处。

（7）车间内要悬挂限速标志，维修车辆做到三不（水、油、泥）落地。

（8）油漆工、钣金工等特殊工种，在喷漆和电焊作业时要戴好防毒面具和面罩，以保证职工的人身安全。

3. 车间消防与环保要求

（1）维修车间必须保证足够的灭火器材，并保证安全有效的使用。

（2）维修工位的地沟不能直接通下水道，并做到定期打扫，保证畅通。

（3）车间保证良好的通风，使臭气、车辆尾气及热量不聚集，各个工位安装排气管。

（4）易燃、易爆材料及配件存放在专用仓库内，保证温度、湿度、通风等要求，标识明确。

4. 4S 店 6S 管理

6S 管理是指整理（SEIRI）、整顿（SEITON）、清扫（SEISO）、清洁（SETKETSU）、素养（SHITSUKE）、安全（SECURITY）。车间管理与售后企业管理同步进行。

三、车间作业管理

车间作业是指在车间内部，根据生产计划以及产品工艺路线等组织的日常生产活动。车间工位设立是安全作业的基础。

1. 预检工位的设立

（1）车间设有 1~2 个预检工位，预检工位布置在车间入口和接待处附近，尺寸在 3.5 m×7 m 以上（如图 10-4 所示）。

图 10-4　4S 店车间预检工位

（2）预检工位配备车辆举升装置，在地面有蓝地白字醒目标记。

2. 快速保养工位的设立

快速保养工位有"快速保养"字样的醒目标识牌，配备 3~6 个快速工位，工位尺寸在 3.5 m×7 m 以上（如图 10-5 所示）。

3. 四轮检测工位

四轮检测工位可用来检测四轮定位的情况、大梁变形情况，并可进行灯光校正等多项工作，四轮检测仪由专人操作（如图 10-6 所示）。

图 10-5　4S 店车间快速保养工位

图 10-6　4S 店车间四轮检测仪工位

4. 总成修理室的设定

(1)一般特约维修中心都设置总成修理室,总成修理室靠近维修工位,面积在 30 m^2 以上(如图 10-7 所示)。

图 10-7　4S 店车间总成修理室

(2)总成修理室的地面和工作台、工作凳由易于清洗的材料覆盖(如覆盖镀锌铁皮等)。

（3）总成修理室配置必需的修理工具工作台、工作凳、移动式提升装置、液压冲压装置（液压机）、发动机支撑架和平台千斤顶等。

（4）总成修理室有充分通风和照明设备。

5. 钣喷修理车间的设定

1）车损检验工位

车损检验工位，尺寸在 3.5 m×7 m 以上，工位设置在入口附近，便于运输。

2）零件拆卸及重新安装工位

尺寸在 3.5 m×7 m 以上，配有气动工具的空气出口及辅助照明的电源插座。

3）一般钣金工位

钣金修理工区一般设置安排钣金修理工位 4~5 个，尺寸在 3.5 m×7 m 以上。

4）车体维修工位

车体维修工位尺寸在 4.5 m×8 m 以上（地坪式修理工位）。

5）大梁校正仪

包括附件，一般占位 5.5 m×8 m 以上（如图 10-8 所示）。

图 10-8　4S 店车间大梁校正仪

6）油漆工位

（1）油漆打磨工位，四周设有排水沟，并装有多个水龙头。

（2）打磨工区的墙壁在离地面 0~1.8 m 的高度范围内有瓷砖砌成，便于清洗，防止水渍和灰尘的生成。

（3）压缩空气接口和电力输出接口须离地 1.5 m 以上。

（4）喷漆工位尺寸在 3.5 m×7 m 以上，也可在打磨工位上进行喷漆作业。

（5）油漆工区喷漆工位内设有试喷板（可作遮挡飞漆用）。

7）烤漆房

根据工作量可安装 1~2 间烤漆房，房顶和壁上设置白色荧光灯，确保光照度在 800~1000 lx；烤漆房的进、排气和噪声应符合环保要求；烤漆房内应有灭火器和油水分离器，灭火器要定期检查和更换，油水分离器在喷漆前应放出积水（如图 10-9 所示）。

8）调漆房

（1）尺寸在 3.0 m×6.0 m 以上。

（2）要引入自然光线，夜间调漆应在热炽灯下（如图 10-10 所示）。

图 10-9　4S 店车间烤漆房

图 10-10　4S 店车间调漆房

6. 车间休息室

(1)车间内设有员工休息室，安装空调，室内通风良好，光照良好。

(2)休息室内摆放固定座椅若干以及桌子和茶杯架，为每位员工配置茶杯，并配置饮水机。

(3)室内摆放资料柜，柜内存放技术资料和书籍；资料柜由专人保管。

(4)室内装有水龙头 2~3 个，并配置洗涤剂或肥皂(如图 10-11 所示)。

图 10-11　4S 店车间休息室

7. 其他设置

(1)车间辅室安装有剥胎机、轮胎平衡机、制动器修磨机等机械。

(2)专用工具工具间存放专用工具,由专人保管、保养,保持工具及工具间的干净与整洁,使用完毕后按要求进行清洁与保养。

(3)车间采用定人、定机的设备使用岗位责任制,定期对设备进行维护,使其保持最佳状态。

四、4S店场地车间现场管理

(1)车间保持清洁整齐,在维修车辆时做到水、油、泥不落地。

(2)车间悬挂限速标志,车间地面采用涂刷树脂漆或采用水磨石地面(防止泥沙,便于清扫)。

(3)车间入口画有车辆行驶箭头和行驶路线。一般维修区与钣金喷涂区隔开(防止噪声和油漆污染对维修区的影响)。

(4)车间立柱、铝合金框架、落地玻璃以及地板保持清洁明亮,车间地面有足够的强度,能够长期使用。

(5)维修作业区划分设立标识,安装快修区、诊断区、机电维修、钣金、油漆区标识牌。

(6)车间地面、展厅内接待台干净整洁,无破损,地面涂4S店规定的颜色,画好工位线(如图10-12所示)。

图10-12　4S店车间场地要求

(7)车间设有2~3个门,车辆进入门与出去门分开专用,车间的车用道至少7 m宽。

(8)按序检查工具的完整与否,工具车内不得放置配件(如图10-13所示)。

图 10-13　4S 店车间工具车

五、车间安全管理

1. 个人安全防护

1）眼睛的防护

在 4S 店汽车维修车间中，眼睛经常会受到各种伤害，如飞来的物体、腐蚀性的化学飞溅物、有毒的气体或烟雾等，但这些伤害几乎都是可以防护的。

常见的保护眼睛的装备是护目镜和面罩。护目镜可以防护各种对眼睛的伤害，如飞来物体或飞溅的液体。在下列情况下，应考虑佩戴护目镜（如图 10-14 所示）：进行金属切削加工、用錾子或冲子铲剔、使用压缩空气、使用清洗剂等时。面罩不仅能够保护眼睛，还能保护整个面部。如果进行电弧焊或气焊，要使用带有色镜片的护目镜或深色镜片的特殊面罩，以防止有害光线或过强的光线伤害眼睛。

图 10-14　车间常用护目镜

※注意：在摘下护目镜时，要闭上眼睛，防止粘在护目镜外的金属颗粒掉进眼睛里。

2）听觉的保护

汽车 4S 店修理车间是个噪声很大的场所，各种设备如冲击扳手、空气压缩机、砂轮机、发动机等的噪声都很大。短时的高噪声会造成暂时性听力丧失，但持续的较低噪声则更有害。

常见的听力保护装备有耳罩和耳塞，噪声极高时可同时佩戴。一般在钣金车间必须佩戴耳罩或耳塞(如图 10-15 所示)

图 10-15　听力保护装备

3) 手的保护

手是身体经常受伤的部位之一，保护手要从两方面着手：一是不要把手伸到危险区域，如发动机前部转动的传动带区域、发动机排气管道附近等。二是必要时应戴上防护手套。不同的场合需用不同的防护手套，金属加工用劳保安全手套，接触化学品用橡胶手套(如图 10-16 所示)。

4) 脚防护装置

劳保靴应该适合于从事的工作，鞋底应该防滑，脚趾部位应有防压铁头(如图 10-17 所示)。

5) 呼吸道防护装置

某些工作会产生粉尘或涉及使用会释放烟雾的材料。应该使用正确型式的面具，防止吸入粉尘或烟雾(如图 10-18 所示)。

图 10-16　车间保护手套

图 10-17　车间劳保靴

图 10-18　车间呼吸道防护装置

6）衣服、头发及饰物

宽松的衣服、长袖子、领带都容易被卷进旋转的机器中，所以在修理企业中，首先一定要穿合体的工作服，最好是连体工作服，外套、工装裤也可以，这些工作服比平时衣着安全多了。如果戴领带则要把它塞到衬衫里。

工作时不要戴手表或其他饰物，特别是金属饰物，在进行电气维修时可能会导入电流而烧伤皮肤，或导致电路短路而损坏电子元件或设备，特别是划伤客户车辆的漆面。

在修理企业内要穿劳保鞋，可以保护脚面不被落下的重物砸伤，且劳保鞋的鞋底防油、防滑。

长发很容易被卷入运转的机器中，所以长发一定要扎起来，并戴上帽子。车间服饰穿戴要求如图 10-19 所示。

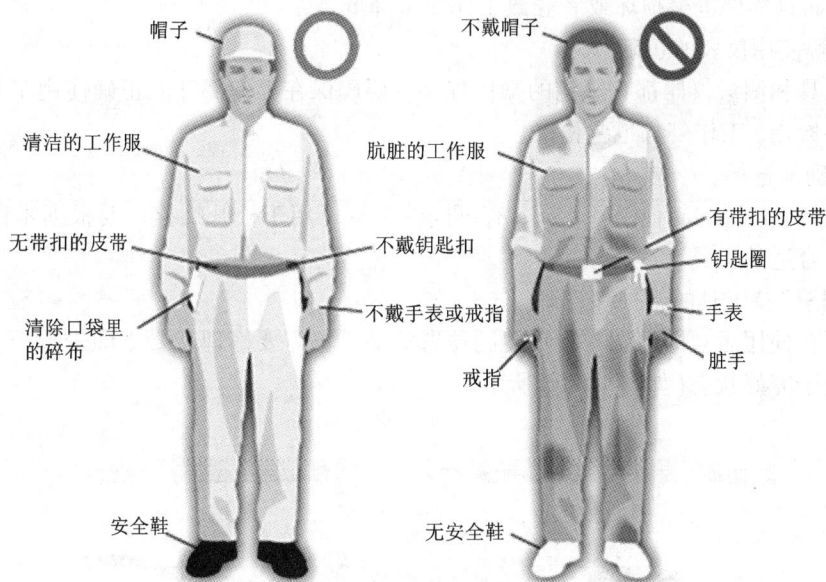

图 10-19　车间服饰穿戴要求

7）搬运时间防护

（1）人工搬运。

从地面或工作台上搬物体是再平常不过的事了。搬抬物体时使用正确的方法有助于减小背部受伤的危险。

关键要点：

不要试图抬过多的重量，20 公斤通常是一个人的安全极限；从地面抬起物体时，两脚应微微分开，屈膝，背部挺直，用腿部肌肉提供力量抬起重物；不要猛颠物体；搬运重物时，让重物贴近身体。搬运 20 公斤以下物体时，应让物体贴近身体，背部挺直，膝盖弯曲。

（2）机械搬运。

对于超过 20 公斤的物体，建议使用活动吊车、举升机或千斤顶等起重装置。每种设备的使用都应进行专门培训，下面是一些常识性的规定：

①切勿超过所用设备的安全工作载荷。

②在车下工作前，一定要用车桥支架支撑好汽车。

举升或悬吊重物时难免有危险，所以，切勿在无支承、悬吊或举起的重物(如悬吊的发动机等)下工作。

③定要保证千斤顶、举升器、车桥支架、吊索等起重设备胜任和适用相应作业，而且状况良好并得到定期维护。

④切勿临时拼凑起重装置。

2. 车间工具管理

1)工具的安全使用

(1)了解正确的用法和功能。

学习每件工具和测量仪器的功能和正确用法。如果用于规定之外的用途，工具或测量仪器会损坏，而且零件也会损坏或者导致工作质量降低。

(2)了解使用仪表的正确方法。

每件工具和测量仪器都有规定的操作程序。要确保在工作部件上正确使用工具，用在工具上的力要恰当，工作姿势也要正确。

(3)正确地选择。

根据尺寸、位置和其他条件不同，有不同的工具可用于松开螺栓。要根据零件形状和工作场地选择合适的工具。

(4)严格坚持工具的维护和管理。

工具要在使用后立即清洗并在需要的位置涂油。如需要修理就要立即进行，这样工具就可以永远处于完好状态(如图 10-20 所示)。

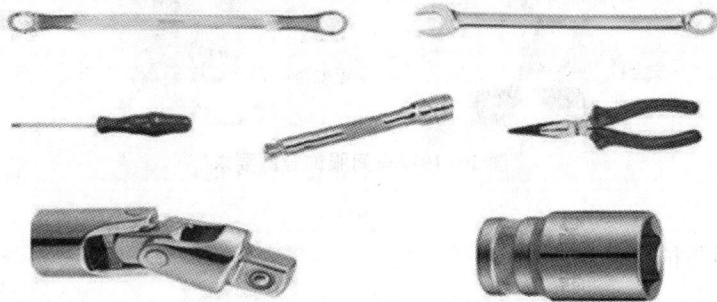

图 10-20　车间常用手动工具

2)动力工具的安全使用

所有的电气设备都要使用三相插座，地线要安全接地，电缆或装配松动应及时维护；所有旋转的设备都应有安全罩，以免部件飞出伤人。

许多维修工序需要将车辆升离地面，在升起车辆前应确保汽车已被正确支撑，并应使用安全锁以免汽车落下。用千斤顶支起汽车时应当确保千斤顶支撑在汽车底盘大梁部分或较结实的部分。

（1）举升机的安全使用。

举升机的类型：目前汽车维修车间主要使用的有板条型、摆臂型、围栏提升型三种（如图 10-21 所示）。

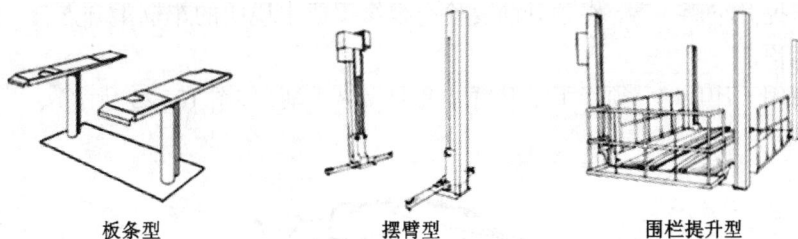

板条型　　　　　　摆臂型　　　　　围栏提升型

图 10-21　车间举升机

操作要求：

升起汽车时要先看维修手册，找到正确的支撑点与起吊中心，错误的支撑点不仅危险，而且会破坏汽车的结构（如图 10-22 所示）。

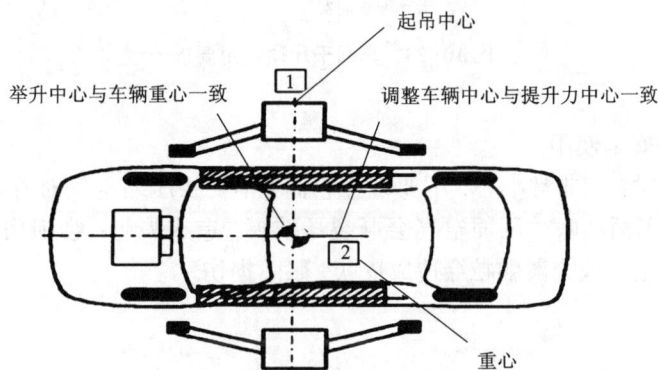

起吊中心

举升中心与车辆重心一致　　1　　调整车辆中心与提升力中心一致

2

重心

图 10-22　车间举升机使用要求

→ 把车辆置于举升器中心。

→ 把支撑板和摆臂固定到维修手册所标示的位置上。

摆臂型：

调整支架直到车辆保持水平为止。

始终要锁住臂。

围栏提升型：

使用车轮挡块和安全机构。

板条型：

如维修手册所指出的使用板提升附件。

※注意：

→ 将支撑板提升附件位置对准车辆被支撑部位。

→ 切勿让支撑板提升附件伸出板外。

（2）千斤顶的安全使用。

使用液压提升车辆一端，在顶升前要检查维修手册中说明的车辆举升点，一次切勿使用多个修车千斤顶。

当修车使用千斤顶时，须降下举升臂并升起操纵手柄（如图 10-23 所示）。

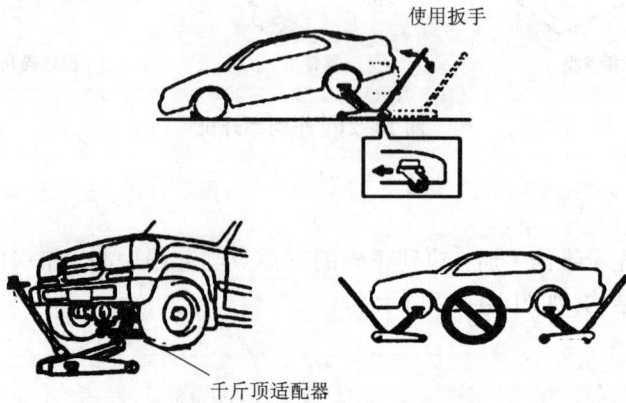

图 10-23　车间千斤顶使用要求

3）压缩空气的安全使用

使用压缩空气时，应非常小心，不要玩弄它们，不要将压缩空气对着自己或别人，不要对着地面或设备、车辆乱吹。压缩空气会撕裂耳鼓膜，造成失聪；会损伤肺部或伤及皮肤；被压缩空气吹起的尘土或金属颗粒会造成皮肤、眼睛损伤。

4）材料

（1）化工材料。

汽车的生产和保养中有可能使用某些带有危险性的材料，使用、存储和搬运如溶剂、密封材料、胶粘剂、油漆、树脂泡沫塑料、蓄电池电解液、防冻剂、制动液、燃油、机油和润滑脂之类的化工材料时一定要小心谨慎，轻拿轻放。这些材料可能有毒、有害、有腐蚀性、有刺激性、高度易燃或能产生危险烟雾和粉尘。

过度暴露于化学品对人产生的影响可能是直接的或缓发的、暂时性的或永久性的、累积的，有可能危及生命。

（2）废气。

发动机废气中包含使人窒息、有害和有毒的化学成分和微粒，如碳氧化物、氮氧化物、乙醛和芳香族烃。发动机应该只在有充分的废气抽排设施或非封闭空间并且全面通风的条件下运行（如图 10-24 所示）。

汽油发动机在产生有毒或有害影响之前并无充分的气味或刺激警告。这些影响可能是即发的或缓发的。

柴油机冒黑烟、使人不适和刺激性通常是烟雾达到有害浓度的预先警报。

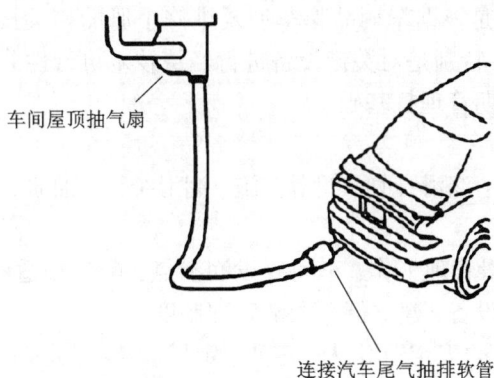

图 10-24 汽车尾气排放

5）粉尘

粉末、粉尘或烟尘多半有刺激性、有害或有毒。避免吸入来自粉状化工材料或干磨操作产生的粉尘。如果通风不足，应戴呼吸防护装置。

细微粉尘属于可燃物，有爆炸危险。要避免达到爆炸极限并远离火源。切勿用压缩空气清除表面或织物上的粉尘。

6）石棉

吸入石棉粉尘会导致肺损伤，有时可致癌。

石棉通常用于制造制动器和离合器衬片、变速器制动带和密封垫。使用制动鼓清洗机（如图 10-25 所示）、真空吸尘器或湿擦的方法清除粉尘。

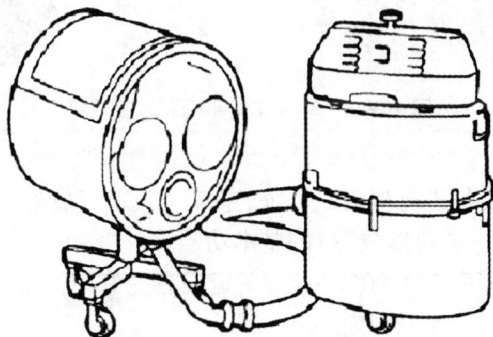

图 10-25 制动鼓清洗机

石棉粉尘垃圾应该弄湿，装入密封容器并做标记，确保安全处置。如果要在含石棉的材料上切割或钻孔，应将该零件弄湿并仅用手用工具或低速动力工具加工。

3. 车间设备管理

设备管理就是把设备的价值运动形态和物质形态合理地结合起来，贯穿于设备管理的全过程。

1) 设备的前期管理

设备的前期管理工作是根据车辆品牌车型及维修手册的相关技术要求，经过市场调研、规划、购置、安装、调试，特别是对关键设备进行经济技术可行性分析，把好选型、安装验收质量关，为搞好设备的后期管理打基础。

2) 设备的润滑管理

设备润滑管理主要指：润滑计划、润滑实施、润滑统计、油质分析。

润滑管理措施：

(1) 专人负责设备润滑管理工作，车间要设润滑点，配备相适应的技术人员和专职润滑工，配备符合要求的润滑设备，建立健全润滑管理制度。

(2) 对设备润滑要做到"五定"（定人、定质、定量、定点、定期）。

(3) 要建立健全润滑油管理办法，妥善保管，不得使用不合格产品。

3) 设备的科学管理

(1) 维修设备要建立台账与卡片，台账主要记录设备的运行工作状态、保养维修信息；卡片主要挂在设备上，主要记录设备日常保养责任人及日常使用记录。

(2) 维修设备必须定点放置，专用工具必须贴上标签与名称、操作规范与安全注意事项、严禁注意事项及危急处理措施等，工作台、砂轮机、扒胎机、动平衡机（如图 10-26 所示）等固定设备还需要以黄色分区边框进行隔离。

图 10-26 车间车轮平衡机、砂轮机

(3) 使用人员操作前必须进行严格的训练，拥有"三好"（管好、用好、维护好）、"四会"（会使用、会维护、会检查、会排除故障）的基本功。

(4) 主要维修设备完好率应在 90% 以上，关键设备完好率保持在 95% 以上。

(5) 建立设备的三级维护保养制度。

①日常维护保养：维修设备操作者班前对设备检测润滑，班中完全按照设备操作规程操作，下班前对设备进行清扫和擦拭。

②一级维护保养：经设备操作员为主、设备管理员辅导，对维修设备进行局部拆卸和检查，疏通油路、调整各部件合理间隙、紧固部件螺栓等。

③二级维护保养：以设备供应商或生产单位技术人员为主，设备操作人员配合对设备进行全面检查与修理，更换或修复磨损件，清洗、更换油液，检查电器部分，做好相关记录。

模块三　汽车 4S 店信息网络管理

汽车销售管理系统主要功能模块(如图 10-27 所示)

(1)客户关系：客户管理、历史客户档案录入、客户档案表、客户通讯录、来电来访记录、活动计划提醒、年审提醒、年检提醒、保险提醒、销售机会列表、销售车辆档案、成交率分析、客户分析、短信群发。

图 10-27　汽车销售管理系统——功能模块

(2)订购管理：国内订车、指令查询、国外订车、仓储入库、仓储出库、仓储库存、国内订车台账、车辆采购台账。

(3)车辆管理：车辆建账入库、车辆采购入库、车辆退货、车辆附加、车辆移出、车辆移入、车辆易货、车辆销售出库、车辆销售退库、经销商销售出库、经销商退货入库、车辆库存、车辆入出库单查询。

(4)销售管理：客户车辆订购、客户车辆销售、销售代办、上牌管理、车辆上牌明细表、按揭管理、保险管理、保险代办明细、经销商车辆订购、经销商车辆销售、经销商退车处理、销售台账。

（5）财务管理：财务收款、应收账款结算、应收账款汇总查询、到期应收账款查询、财务收款明细查询、应付账款结算、付款明细查询、销售车辆开票、开票清单、车辆完税、车辆成本核算。

（6）业务管理：资料文档、商家档案、商家档案列表、整车销售询价、商家往来记录、整车算价单、车辆托管单位档案。

（7）统计查询：采购入库明细查询、车辆退货明细查询、销售出库明细查询、入出库台账、车辆库存表、车辆订购明细、车辆销售明细、销售代办明细、车辆销售收益、车辆销售日汇总表、销售业绩统计、销售分类汇总。

（8）基础数据：机构部门信息、人事档案信息、系统基础数据字典、仓库信息维护、往来单位信息维护、车型信息维护、销售车型维护、选配项目维护、代办项目维护、赠品目录维护、客户车辆档案维护。

维新汽车维修管理系统

（9）维修管理：接车登记、修车台账、派工验收及完工处理、工时浏览、车辆车间修理、维修结算处理、车辆出厂、车辆结算台账、定期保养、客户回访、保修处理、客户基本信息维护、车辆档案信息、故障信息维护、维修项目维护。

任务总结

汽车维修车间科学管理是保障汽车维修质量的载体，管理质量反映一个企业的管理内涵。学习者通过对汽车售后服务企业车间管理要点（环境、场地、工具、设备、员工等）的学习，可以规范自己的职业素养与安全规范操作行为，为科学化管理企业提供理论与实践支持。"任务导入"中的王先生在客户休息区观看汽车整个维护作业过程，透明化地了解了车间服务内容，可以放心消费，这使他日后成为忠诚客户打下坚实基础。

- 知识点：汽车售后服务企业车间管理制度，操作注意事项。
- 技能点：汽车售后服务企业车间岗位规范操作。
- 素养点：具备汽车售后服务企业车间岗位的规范职业行为与职业规范；提高作业质量，充分体现企业员工以客户为中心的思想。

一、思考与讨论

1.填空题

（1）维修车辆进出厂登记制度有（   ）、（   ）、（   ）。

（2）汽车维修（   ）工作，是汽车维修的（   ）工作，也是企业（   ）、技术管理的基础工作。

（3）加强设备安全管理，应当根据"三不放过"（   ）、（   ）、（   ）的原则进行严肃处理。

（4）用（   ）进行底盘作业时，必须选择（   ）、（   ）并用（   ）将前后轮塞稳，然后用车辆（   ）将车辆支撑稳固，严禁单纯用千斤顶顶起车辆在车底作业。

（5）车间环境应认真执行"（　　　　）、（　　　　）、（　　　　）"的环境保护方针。

（6）车间（　　　　），易燃、易爆材料及配件存放在专用仓库内，保证（　　　　）、（　　　　）、（　　　　）等要求，（　　　　）。

（7）（　　　　）是指在车间内部，根据（　　　　）以及产品（　　　　）等组织的日常生产活动。

（8）常见的保护眼睛的装备是（　　　　）和（　　　　）。

2. 简答题

（1）请论述车间工具的安全使用要求。

（2）请论述举升机的安全使用要求。

（3）汽车售后服务企业车间管理制度有哪些？

（4）汽车售后服务企业车间管理要点（环境、场地、工具、设备、员工等）有哪些？

二、案例分析

上海大众汽车公司零缺陷质量管理体系

经过数十年的努力，上海大众汽车公司建立了一套比较完整的质量管理体系，系统囊括了生产规划（PP）、物料管理（MM）、财务账务（FI）、成本控制（CO）、质量保证（QM）、工厂维修（PM）、销售（SD）等12个软件模块。这些模块把企业所有的业务融合成有机的整体，并使其集成在一个数据共享的管理系统之下。上海大众的质量方针是质量高于一切，产品的质量总是优先于产品的数量和供货的日期。上海大众强调工序控制，预防为主，通过改进工艺，优化工序，开展设计和工序的FMEA工作研究，杜绝产生缺陷的各种可能性，采取一切可能采取的质量改进措施，努力成为精益求精、质量上乘的企业。

通过深入的研究和细致的分析，上海大众确立的质量文化为："卓越——追求全过程零缺陷。"

上海大众的质量文化分为3个层次：

第一层次为质量文化的精神层，即："卓越——追求全过程零缺陷"。"卓越"秉承上海大众汽车公司的经营理念："追求卓越、永争第一"，上海大众一直是行业的领头羊，致力于满足顾客的期望，并且超越顾客的期望，追求卓越的质量经营。

第二层次为质量文化的制度行为层。上海大众汽车公司建立了文件化的质量管理体系，将质量文化的精神融入公司的管理制度中，为此，该公司制定了千份的工作指导书、各种规范、工艺和管理制度等，以规范员工的行为，为员工做正确的事情夯实了基础。

第三层次为质量文化的物质层。上海大众汽车公司通过提供必要的管理资源、培养具有高质量意识的员工队伍，使得质量文化有了成长的土壤。

上海大众汽车公司要求员工讲究效率，保证员工第一次就把事情做准，第一次就把事情做实，第一次就把事情做好。

上海大众汽车公司的质量宗旨：满足并超越顾客的需求和期望。公司的质量使命：提供高质量的产品和服务。

上海大众汽车公司追求的质量美誉：可靠——为顾客提供高质量可靠性的产品；可比——与同类产品相比质量领先、物超所值；可信——坚守诚信，使顾客可以充分信赖我们；

可得——使顾客愿意求购并得到我们的产品。

（1）企业质量管理与企业文化建设矛盾吗？为什么？

（2）学习者通过对上海大众汽车公司零缺陷质量管理体系的学习，对其创新创业有何借鉴？

三、实训项目

1. 实训内容与要求

实训项目：在企业现场管理专家及老师的指导下，进行角色扮演体验。

要求：

（1）模拟企业员工岗位（服务经理、车间主任、机修工、维修电工、钣金工、油漆工等）与车间情境。

（2）进行为期一周的模拟车间管理过程。

（3）按企业文化、礼仪及操作规划进行作业。

2. 实训组织与作业

实训项目：

根据模拟情境，进行两人或多人的体验。

（1）制定各工作岗位管理制度。

（2）现场进行设备与工具、安全等的培训学习。

（3）模拟故障车进入车间后的维修作业流程。

组织要求：前期充分准备，学习企业岗位责任要求；过程按部就班，加强合作；作业结束后及时总结，找出不足与整改措施。

四、学生自我学习总结

根据模块线上线下学习内容，建议从以下几个方面进行总结。

（1）在现代企业管理条件下，汽车售后服务企业车间管理还有哪些方面存在不足，需要在理论上拓展与提高？

（2）模拟车间技术总监或车间主任，说说在管理质量上还有哪些上升空间。

（3）具备科学化、精益求精的车间管理的企业职业精神。

任务二 汽车售后服务企业配件管理

学习目标

1. 了解汽车配件采购市场分析及管理要素。
2. 学会汽车配件采购流程。
3. 掌握汽车配件仓储管理及注意事项。
4. 掌握汽车配件网络化、信息化管理。
5. 提高个人信息化运用能力，培养个人企业工作岗位的良好工作习惯。

知识结构图

【任务引入】

王女士的丰田卡罗拉汽车行驶了30000公里，到4S店做二级维护时，王女士提出要用自己在网上买的机油进行加注。4S店车间维修人员发现王女士所买的机油的规格不符合要求。维修人员耐心地给王女士普及相关汽车润滑系的专业知识，并告知伪劣汽车配件产品对汽车维护保养运行使用的危害。王女士认为维修人员的理论水平与实践操作能力较强，她愉快地接受了4S店的建议，同意使用正品机油。

【任务分析】

影响汽车维护质量的原因之一就是是否使用正品配件。本任务从分析配件市场、签订采购合同开始，从日常的配件仓储的管理方法、要求入手，要求学习者学习汽车配件的采购计划、汽车配件的运输及管理知识。如此来提高学习者个人的专业素养及职业能力，强化正品配件进入售后服务市场的合法性，同时也强调了4S店配件网络化、信息化管理的必要性。

知识链接

模块一 汽车配件采购管理

汽车配件采购市场分析

汽车配件采购主要包括3个方面内容：分析市场需求、分析生产需求、确定订单需求。

1.分析市场需求

市场需求和生产需求是评估订单需求的两个重要方面。订单计划不仅仅来源于生产计划，此外制订订单计划还需要分析市场要货计划的可信度。只有这样，才能对市场需求有一个全面的了解，才能制订出一个既满足企业远期发展又满足近期实际需求的订单计划。

2.分析生产需求

分析生产需求是评估订单需求首先要做的工作。要分析生产需求，首先就需要研究生产需求的产生过程，然后再分析生产需求量和要货时间。

3.确定订单需求

根据对市场需求和对生产需求的分析结果，就可以确定订单需求。通常来讲，订单需求的内容是通过订单操作手段，在未来指定的时间内，将指定数量的合格物料采购入库。当需求被确认，需求计划就会产生，这时就要制订采购计划表。一般采购计划表如表11-1所示。

表 11-1 采购计划表

序号	物资名称	规格型号	单位	数量	拟交付时间	技术质量要求	其他要求

项目技术负责人：　　　年　　月　　日　　　　项目经理：

4.采购需求的确认

采购需求的确认是采购的第二个步骤，即有关负责人对需求进行核准，一般包括产品的规格、产品的数量、需求的时间地点等。其主要内容包括3个方面：分析开发批量需求、分析余量需求、确定认证需求。

1)分析开发批量需求

要做好开发批量需求的分析不仅需要分析量上的需求，而且要掌握物料的技术特征等信息。

2)分析余量需求

分析余量需求要求首先对余量需求进行分类。余量认证的产生来源：一种情况是市场销售需求的扩大,另一种情况是采购环境订单容量的萎缩。这两种情况都导致了目前采购环境的订单容量难以满足用户的需求,因此需要增加采购环境容量。对于因市场需求原因造成的,可以通过市场及生产需求计划得到各种物料的需求量及时间;对于因供应商萎缩造成的,可以通过分析现实采购环境的总体订单容量与原订单容量之间的差别,这两种情况的余量相加即可得到总的需求容量。

3)确定认证需求

要确定认证需求可以根据开发批量需求及余量需求的分析结果来确定。

5.配件采购认证准备

准备工作主要包括熟悉需要认证的配件品名、价格调研、研究项目需求标准、了解项目的需求量、制定认证说明书5个步骤。

采购时坚持以下原则:

(1)包括对要采购的物品选择供应商,就是要积极合理地组织货源,保证商品能满足需求,坚持数量、质量、规格、型号、价格全面考虑的原则。

(2)对被选择的供应商进行询价和议价,商品必须贯彻按质论价的政策,优质优价,不抬价,不压价,合理确定商品的采购价格,并在对各供货商的价格比较之后选择最优供货商。

(3)必须详细了解商品的鉴定方法,对相关人员进行相关培训,使其熟练掌握相关技能。

6.确定供货商

销售商择优选择供应商是保证维修质量的基础,供应商选择的标准如下。

(1)良好的社会美誉度。优秀的企业领导人,高素质的管理人员,稳定的员工群体,良好的机器设备,良好的技术,良好的管理制度。

(2)技术水平。技术水平是指供应商提供的技术参数是否达到要求。

(3)产品质量。供应商提供的产品质量是否可靠,是一个十分重要的评估指标。供应商的产品必须能够持续稳定地达到产品说明书的要求,供应商必须有一个良好的质量控制体系。

(4)供应能力,即供应商的生产能力。企业需要核准供应商是否具有相当的生产规模与发展潜力,这意味着供应商的制造设备必须能够在数量上达到一定的规模,能够保证销售商所需数量的产品。

(5)价格。供应商应该能够提供有竞争力的价格,这并不意味着必须是最低价格。

除了以上标准,还有地理位置、可靠性、售后服务、供货提前期、交货准确率、快速响应能力等。

确定配件供应商,在和供应商谈判结束后就可以发放订购单(如表11-2所示)。

表 11-2　汽车配件订购单

供货日期＿＿＿＿＿＿＿　　　　　　　　　　　　　订购编号＿＿＿＿＿＿＿

厂商名称			厂商编号						
厂商地址			电话/传真						
序号	配件号	品名规格	单位	数量	单价	金额	交货日期及数量		其他
合计				仟　佰　拾　万　仟　佰　拾　元　角　分					
交货方式			交货地点						

交易条款：

承制商必须遵循本订购之交期或本公司之采购部电话及书面通知调整之交期，若有延误，每逾一日扣除该批款的 10%。

1. 质量：×××××××××。

2. 不良品处理：×××××××××××××。

3. 其他：×××××××××××××××××××。

7. 签订采购合同

采购合同是采供双方在进行正式交易前为保证双方的利益，对采供双方均有法律效力的正式协议，有的企业也称之为采购协议。采购合同是采购关系的法律形式，对于确立规范有效的采购活动，明确采购方与出让方的权利义务关系，保护当事人的合法权益具有重大意义。采购合同一般包括以下内容：

(1) 合同明确规定要购买什么，价格是多少，或者是怎样确定的。

(2) 合同规定所购买的物品运输和送达的方式。

(3) 合同要涉及物品如何安装(当物品需要安装时)。

(4) 合同包括一个接受条款，具体阐述买方如何和何时接受产品。

(5) 合同提出是否有适当的担保。

(6) 合同说明补救措施。

(7) 合同要体现通用性，包括标准术语和条件，可适用于所有的合同和购买协议。

8. 收货、验货入库

当供应商交货时，采购方需要进行配件检验和接收工作。这一项主要包括如下环节：

(1) 物料检验。

(2) 物料接收。

当物料完成检验并完成入库就可以向有关单位申请贷款，使其在约定时间里到达供应商手里(如图 11-1、图 11-2 所示)。

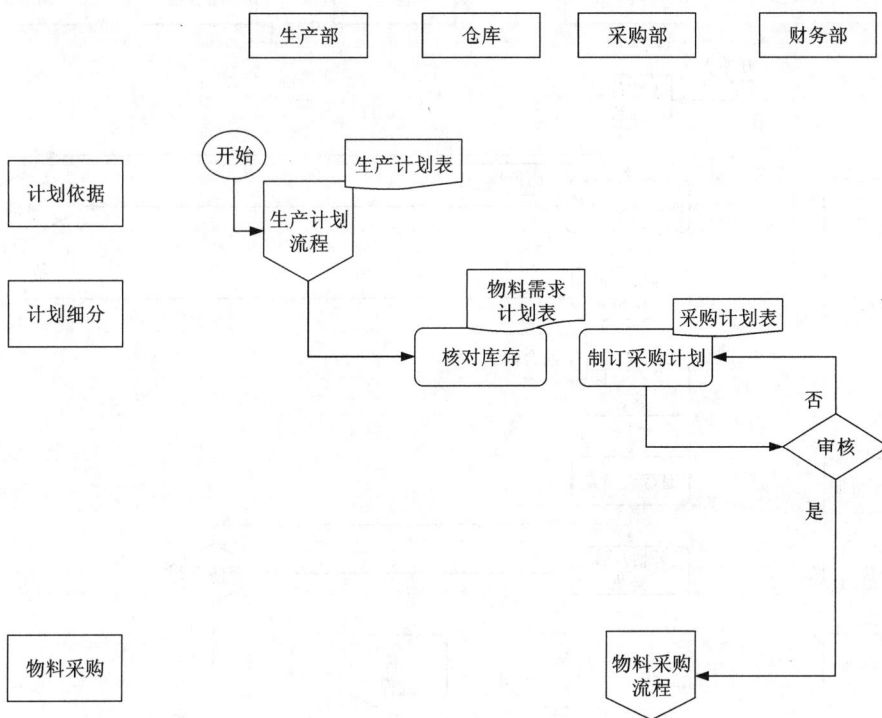

图 11-1　汽车配件采购流程

模块二　汽车配件仓储管理

一、汽车配件仓储管理概述

1.汽车配件仓储管理的目标

汽车配件销售企业的仓储管理,就是以汽车配件的入库、保管、保养和出库为中心而开展的一系列活动。

仓储管理的目标是要以最少的劳动力、最快的速度、最省的费用取得最佳的经济效益,提高客户满意度与市场占有率,达到保质、保量、环保、安全、低耗地完成仓储管理的各项工作和任务。

2.汽车配件的仓储管理的作用

(1)是保证汽车配件使用价值的重要手段。

(2)是汽车配件销售企业为用户服务的一个重要内容。

(3)通过科学化、专业化的仓储管理,使汽车配件达到保质、保量、环保、安全、低耗的目的。

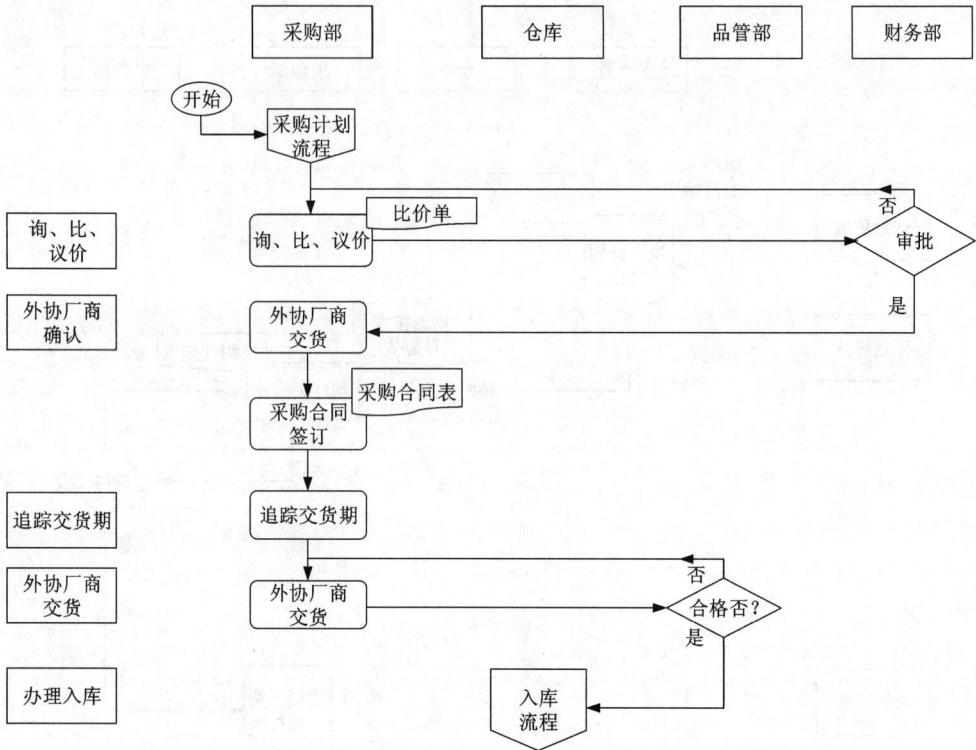

图 11-2　汽车配件入库流程

二、汽车配件入库管理

汽车配件入库是物资存储活动的开始，是仓库业务管理的重要阶段。

1. 接运

接运是指配件仓库向承运部门或供货地点提取配件的工作。配件接运根据到货地点不同分为专线接运、供货单位提货和车站、码头提货等。

(1)专线接运：建有铁路专用线的仓库，具备足够的装卸车能力。

(2)供货单位提货：仓库与供货单位在同一地点时采用的自提货方式进货，若订货合同规定自提的配件，应由仓库自备运输用具直接到单位提取。

(3)车站、码头提货：采用自提货方式进货，由仓库自备运输用具提取。

2. 验收

配件入库前，必须进行严格的验收工作。准确、及时的验收，要求仓库管理人员熟悉验收资料，准备验收所需要的工具和人力。

验收程序：

(1)验收资料及手续的准备。

根据入库凭证(含产品入库单、收料单、调拨单、退货通知单)规定的型号、品名、规格、产地、数量等各项内容进行验收。

参照技术检验开箱的比例，结合实际情况，确定开箱验收的数量。

根据国家对产品质量要求的标准进行验收。

（2）验收的要求及核对资料。

核对将要入库的零配件，要求做到：

及时：验收要及时，以便尽快建卡、立账、销售，这样就可以减少配件在库停留时间，缩短流转周期，加速资金周转，提高企业经济效益。

准确：配件入库应根据入库单所列内容与实物逐项核对，同时对配件外观和包装认真检查，以保证入库配件数量准确，防止以少报多或张冠李戴的配件混进仓库。

如发现有霉变、腐败、渗漏、虫蛀、鼠咬、变色和包装潮湿等异状的汽车配件，要查清原因，做好记录，及时处理，以免扩大损失。

要严格实行一货一单制，按单收货，单货同行，防止无单进仓。

（3）数量及质量检验。

数量验收是基础的入库要求，保证单、物数量的一致。质量验收是保证配件质量的关键步骤之一，需要验收人员掌握一定的技术和注意总结经验。

3.入库程序

入库验收包括数量和质量两个方面的验收。

数量验收是整个入库验收工作中的重要组成部分，是搞好保管工作的前提。库存配件的数量是否准确，在一定程度上是与入库验收的准确程度分不开的。配件在流转的各个环节都存在质量验收问题。

入库的质量验收，就是保管员利用自己掌握的技术和在实践中总结出来的经验，对入库配件的质量进行检查验收。

1）点收大件

仓库保管员接到进货员、技术检验人员或工厂送货人员送来的配件后，要根据入库单所列的收货单位、品名、规格、型号、等级、产地、单价、数量等各项内容，逐项进行认真查对、验收，并根据入库配件的数量、性能、特点、形状、体积，安排适当的货位，确定堆码方式。

2）核对包装

在点清大件的基础上，对包装物上的商品标志和运输标志，要与入库单进行核对。

只有在实物、商品和运输标志、入库凭证相符时，方能入库。

同时，对包装物是否合乎保管、运输的要求要进行检查验收，经过核对检查，如果发现发票与实物不符或包装有破损异状时，应将其单独存放，并协调有关人员查明情况，妥善处理。

3）开箱点验

凡是出厂原包装的产品，一般开箱点验的数量为 5%~10%。

如果发现包装含量不符或外观质量有明显问题时，可以不受上述比例的限制，适当增加开箱检验的比例，直至全部开箱。新产品入库，亦不受比例限制。

对数量不多且价值很高的汽车配件，非生产厂原包装的或拼箱的汽车配件，国外进口汽车配件，包装损坏、异状的汽车配件等，必须全部开箱点验，并按入库单所列内容进行核对验收，同时还要查验合格证。经全部查验无误后，才能入库。

4)过磅称重

凡是需要称重的物资，一律过磅称重，并要记好重量，以便计算、核对。

关于验收工作中发现问题的处理：

(1)在验收大件时，发现少件或多出的件，应及时与有关负责部门和人员联系，在得到他们同意后，方可按实收数签收入库。

(2)凡是质量有问题，或者品名、规格串错，证件不全，包装不合乎保管、运输要求的，一律不能入库，应将其退回有关部门处理。

(3)零星小件的数量误差在2%以内，易损件的损耗在3%以内的，可以按规定自行处理，超过上述比例，应报请有关部门处理。

(4)凡是因为开箱点验被打开的包装，一律要恢复原状，不得随意损坏或者丢失。汽车配件验收流程如图11-3所示。

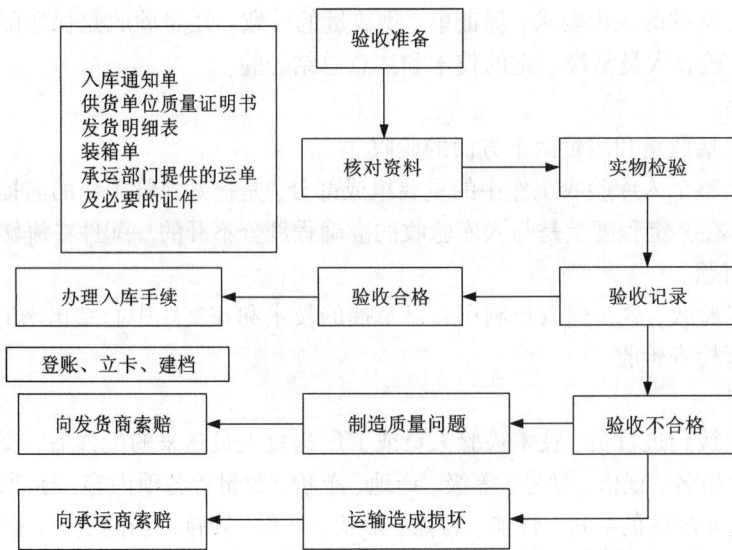

图11-3　汽车配件验收流程

4.入库

汽车配件经验收合格后，应办理入库手续，进行登账、立卡、建立档案并保存好相关资料。

1)登记入账

仓库对每一品种规格及不同级别的物资都必须建立收、发、存明细账，能及时、准确反映物资储存动态的基础资料。

进销存明细账：传统上使用人工记录进销存明细账本，由仓库管理人员登记和保管，现在多使用计算机管理软件。

2)设立卡片

配件物料卡是一种活动的标签，包括了库存配件的名称、规格、型号、级别、储备定额和库存数量，直接挂在货位上。

配件卡的作用:

(1)联系账目与配件的桥梁。

(2)方便配件信息的反馈。

(3)方便采购管理与收发工作。

(4)方便盘点工作。

3)建立档案

每一种技术资料和配件出入库资料都应该建档保存,方便查阅和积累经验。档案的建立必须一物一档,统一编码。

配件出库是仓库业务的最后阶段,它是把配件及时、迅速、准确地发送到客户手中。配件的出库应认真执行"先进先出"的原则,减少物资的储存时间。

5.汽车配件的储存、养护及管理

1)配件存放条件

(1)配件应存放在干燥通风的仓库内,库房温度一般应在 20℃~30℃,相对湿度一般在75%以下,对易吸潮锈蚀的配件,须将货垛设在离开地面的空心垫板上,便于空气流通。

(2)配件在入库验收时,除对配件的名称、规格、计量单位、数量核对无误外,还要检查其是否有破损、缺件、锈蚀、内外包装不良及有无着雨受潮等情况,以便于及时进行索赔和采取措施。

(3)配件计划员凭进货清单打印入库单,数量以实收为准(如有价格变动应及时调整)。入库单一式五份,保管一份,计划四份。

2)配件存放

保证库存配件的准确,节约存储仓位,便于操作,配件的保管应科学、合理、安全。

(1)分区分类:根据配件的车型,合理规划配件的摆放区域(如表 11-3 所示)。

表 11-3 汽车配件仓储分区

分区	说明	分区	轮毂
A	小件	G	玻璃
B	中型件	H	存放箱
C	大型件	I	预备配件位
D	车身部件	J-W	清理件
E	镶条、电缆	X-Z	
F	导管		

(2)五五摆放:根据配件的性质,形状、以五为计量基数做到"五五成行,五五成方,五五成串,五五成包,五五成层",使其摆放整齐,便于过目成数,便于盘点与发放。

按列编排:位置码第二位表示第几列货架,用1,2,3……表示。

按货架号编排:位置码的第三位表示每列货架的第几个货架,用A、B、C……表示。

按层编排:位置码的第四位表示是每个货架的第几层,用1,2,3……表示。

最后把所有配件的位置码在指定位置标注出来(如图11-4所示)。

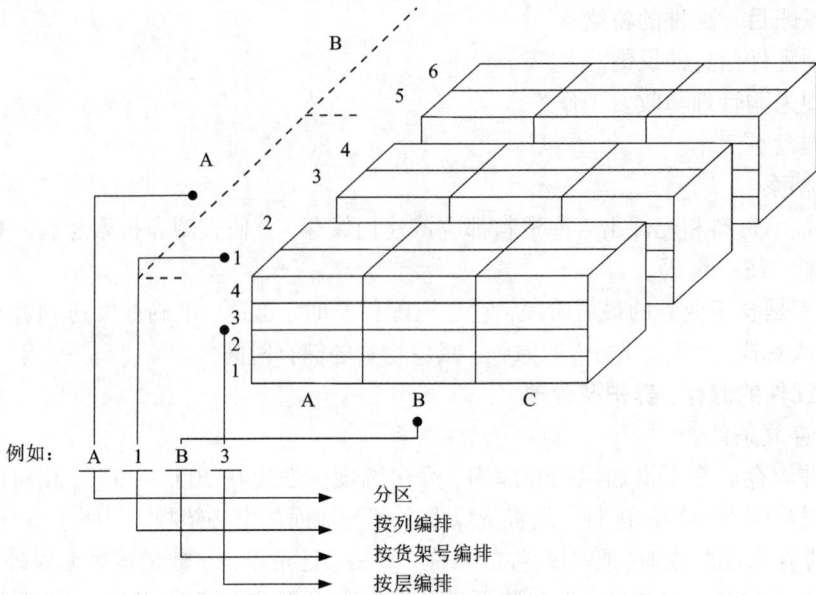

图 11-4　汽车配件存放

(3)编号定位：按库号、架号、层号、位号对配件实行统一架位号，并与配件的编号一一对应，以便迅速查账和及时准确发货。

※ 几种典型配件的储存：

(1)橡胶制品要储存在温度不超过 25℃的仓库内，同时不能受压，以防老化和变形。

(2)各种灯具、玻璃制品、仪表等易损配件，要严防碰撞和重压，以避免配件的失准和破碎及真空灯芯的慢性漏气。

(3)蓄电池要存放在干燥通风的库房内，严防倒置、卧置和重压及剧烈震动，并应注意塞盖的密封，以防潮气侵入。

3)汽车配件的养护

(1)防锈蚀与磕碰伤。

此种事例常见于汽车齿轮件及轴类件，如活塞销、气门；轻微的可以用机械抛光或"00"号砂纸轻轻打磨后重新涂油防护，否则予以报废。对于锈蚀件的防护，目前主要采取定期对易锈蚀配件进行涂防锈油、防锈脂、可剥性塑料胶囊的方法进行处理。

有些配件在出厂前就已锈蚀，原因是生产厂不经除锈便涂漆或涂防锈脂，还有些配件的铸锻毛坯面，往往因清砂或清洗不净残留氧化皮或热处理残渣，虽经蜡封或涂漆，但在油漆下面已发生锈蚀，使油漆脱落，所以必须彻底将锈层、油漆层清除干净后，重新涂漆或蜡封。

(2)电器、仪表配件的防护。

电器、仪表配件由于振动或受潮而使绝缘介质强度遭到破坏，氧化、变质，技术性能发生变化。必须进行电器校准、烘干、擦拭。

(3)蓄电池及传感器的防护。

蓄电池未注意防潮，短期内便造成极板的氧化，使其化学性能下降。许多传感器要求防潮、防震、防污染，如爆震传感器。

（4）玻璃制品、橡胶配件、石棉制品的防护。

防止玻璃制品的破损、橡胶件的老化、石棉制品的损伤。应注意以上制品的经济寿命与技术寿命。

4）汽车配件仓库的管理

（1）作好仓库内外温度、湿度日常变化记录，保持和调节好仓库的温度、湿度，对易吸潮配件要注意更换防潮剂，对防虫蛀配件，夏季要放樟脑丸。

（2）配件在入库时必须严格按照进货单据核对品名、规格、计量单位、数量，并根据配件的性质、类别、数量，安排合理的仓位并留出墙距、柱距、顶距、照明距、通道距，对无特殊性能要求的配件可用高垛位，一般采用重叠式或咬缝式垛位，对于易变形和怕压配件的堆垛高度要灵活掌握，严禁重压。另外堆垛时要排脚紧密、货垛稳固、垛形整齐、分层标量，并将填写好的标签（标签内容为品名、规格、计量单位、产地、单价）挂于垛位或货架上。

（3）配件出库必须与销货单相符，对每天出入库的配件要做到当日计核，做到货卡（保管卡）相符。

（4）要定期和不定期地对配件进行储存质量的检查，发现问题时应及时报告，以便采取措施挽回损失。

（5）要经常对仓库的安全及消防器材进行检查，检查内容包括消防器材是否配置齐全、有效，垛位有无倾斜，门窗、水道等有无损坏、渗漏、堵塞等现象。当出现异常情况时，要立即采取防范措施。

6. 汽车配件盘存

为及时了解配件的库存情况，避免配件的短缺、丢失或积压而影响生产，必须定期对配件进行盘存。汽车配件盘存就是对仓库实际配件库存进行盘点后与账面数量核实的一个过程，如图 11-5 所示。

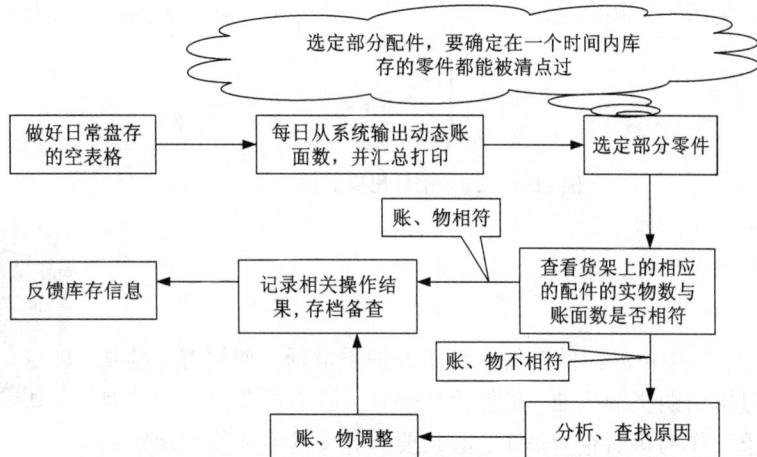

图 11-5　汽车配件存储盘存

盘存内容：查明实际库存量与账、卡上的数字是否相符，查明配件的积压、损坏、变质、丢失等情况的发生。

盘存形式：盘存按频率分日常盘存、月盘存、年终盘存三种类型。

7.汽车配件出库流程

配件出库是根据维修部门开出的零配件出库凭证，按其所列的汽车零配件编号、名称、规格和型号、数量等信息组织零配件出库，向维修部发货等一系列工作。

1)汽车零配件出库的要求

零配件出库要求做到"三不""三核""五检查"。

三不：未接单据不翻账，未经审单不备货，未经复核不出门。

三核：在发货时要"核对凭证，核对账卡，核对实物"。

五检查：对单据和实物要进行"品名检查、规格检查、包装检查、件数检查、质量检查"。

2)出库流程

(1)业务部开具出库单或调拨单，或者采购部开具退货单。单据上应该注明产地、规格、数量等。

(2)仓库收到以上单据后，在对出库配件进行实物明细点验时，必须认真清点，核对准确、无误，方可签字认可出库，否则造成的经济损失，由当事人承担。

(3)出库要分清实物负责人和承运者的责任，在配件出库时双方应认真清点核对出库配件的品名、数量、规格等以及外包装完好情况，办清交接手续。若出库后发生货损等情况责任由承运者承担。

(4)配件出库后仓库管理员在当日根据正式出库凭证销账并清点货品结余数，做到账货相符。汽车配件出库流程如图11-6所示。

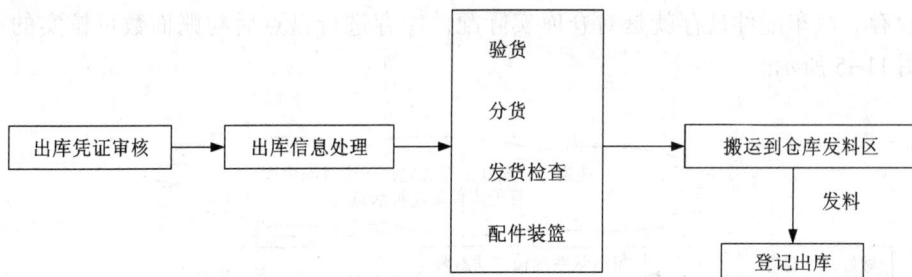

图11-6 汽车配件出库流程

任务总结

旧配件管理制度

汽车维护过程中，使用正品配件是保证汽车维护质量延长使用寿命的基础。客户王女士通过网络购买的机油，虽然价格便宜，但不符合汽车维护对正品配件的安全要求。作为售后企业员工，必须要有扎实的专业知识及实践操作能力，同时还要具备汽车配件及车辆养护的专业能力，打消客户疑虑，才能实实在在地为客户服务。

- 知识点：汽车4S店配件采购市场分析，正品配件储存的基础知识。
- 技能点：4S店配件采购流程，4S店配件网络化、信息化管理。

●素养点：提高智能化、网络化配件管理的专业能力，为客户提供质量好、价格廉的正品配件。

一、思考与讨论

1.填空题

(1)汽车配件采购主要包括3个方面的内容：(　　　　)、(　　　　)、(　　　　)。

(2)汽车配件销售企业的仓储管理，就是以汽车配件的(　　　　)、(　　　　)、(　　　　)和出库为中心而开展的一系列活动。

(3)汽车配件储存，编号定位：按(　　　　)、(　　　　)、(　　　　)、(　　　　)对配件实行统一架位号，并与配件的(　　　　)一一对应，以便迅速查账和及时准确发货。

(4)汽车配件盘存形式：盘存按频率分(　　　　)、(　　　　)、(　　　　)三种类型。

2.简答题

(1)如何分析汽车配件采购市场？

(2)汽车配件采购坚持什么原则？怎样采购配件？

(3)汽车配件入库管理内容有哪些？

(4)汽车配件的储存、养护及管理，对配件存放条件有何要求？

(5)汽车配件的养护内容有哪些？

(6)汽车配件仓储过程中，怎样保证安全管理？

(7)请论述汽车配件出库流程。

(8)储存汽车配件时怎样做到科学化、信息化管理？

二、案例分析

辨别汽车真伪配件

原厂配件是指由整车厂商授权委托零部件企业所生产的配件。这些配件大多会印有整车厂商的商标、标识，并且仅在整车厂商服务渠道内供应。

副厂配件是指没有经过整车厂商授权的企业所生产的配件。需要注意的是，副厂配件是由正规厂家所生产的，具有独立的品牌，产品质量也有相关的保证。

在汽配市场中，有相当一部分假冒伪劣配件被商户冠以"副厂配件"之称，给消费者的选购带来了更多的阻碍。

辨别真伪配件的方法：

(1)外包装是否标有清晰的中文产品相关信息(品牌、编号、生产日期等信息)。

(2)外包装是否印有产品编码。

(3)通过经验法或仪器法检查产品的特性、质量、产品细节等。

(4)网上购买汽配产品时要选择诚信指数较高的商家，或者在有一定售后保障的知名电商网站进行购买。而在购买的同时，要向商家索要发票，作为将来维权的依据。

(1)讨论：在配件价格、性能、方便性及是否正品上，我们应该如何选择，请谈谈理由。

(2)为了降低维修维护成本，经过首保后的车辆，是否不需要到正规的4S店进行养护服务了?

三、实训项目

1. 实训内容与要求

实训项目一：在模拟配件软件管理系统中，制订汽车配件采购合同。

要求：

(1)配件市场前期调研。

(2)配件合同的拟定。

(3)配件采购表(配件品名、数量、价格、进货渠道等)。

(4)完成时间：4 节课。

实训项目二：在配件软件管理系统中，模拟汽车配件的储存(入库、检验、库存、盘存等)。

要求：选择 100 只配件。根据配件特性，合理、科学储存配件。

2. 实训组织与作业

实训项目一：两个人一组，在配件软件管理系统中，制订汽车配件采购合同。相互配合，相互检查。

实训项目二：在配件软件管理系统中，个人单独作业，由小组检查作业效果，教师抽查，企业专家参与。模拟汽车配件的储存(入库、检验、库存、盘存等)。

组织要求：注意安全，相互协助，按企业规范完成每一个环节。

四、学生自我学习总结

根据模块线上线下学习内容，建议从以下几个方面进行总结。

(1)汽车配件理论知识(采购到入库管理等)还有哪些学习不到位的地方，需要补充和拓展?

(2)汽车配件管理技能水平是否符合专业培养标准要求和企业岗位需求?

(3)通过学习是否具备精细化配件仓库管理的职业素养?

任务三　汽车售后美容与装饰服务管理

学习目标

1. 了解汽车美容行业的常用术语。
2. 熟悉汽车美容的基础知识。
3. 学会汽车漆面伤害的检测与处理、漆面抛光及镜面釉处理。
4. 掌握标准洗车流程、打蜡操作流程、汽车改装与汽车装饰工艺。
5. 规范操作流程，培养职业精神。

知识结构图

【任务引入】

　　王女士是一个爱美的90后，她购买新车后，想给自己的爱车做一些汽车美容装饰。她听说好多路边美容店的作业质量不可靠，而且饰品也不正规，但又担心到正规品牌店中进行美容装饰，价格不划算，犹豫再三。请你从客户关怀的角度，给王女士普及一些汽车美容专业知识，让她打消顾虑，能够为爱车进行打扮处理。

【任务分析】

　　汽车美容装饰是现代汽车消费者个性化消费的热点。本任务从汽车美容装饰与改装的角度，让学习者了解汽车美容基础知识(汽车美容、汽车改装、汽车装饰操作流程等)。在技能方面，要求学习者学会汽车漆面伤害的检测与处理、漆面抛光及镜面釉处理策略；掌握标准洗车流程、打蜡操作流程和汽车改装与汽车装饰工艺流程。

　　在整个作业过程中学习者应学会运用客户关怀理念。

知识链接

模块一　汽车美容基础知识

汽车美容是指针对汽车各部位不同材质所需的保养条件,采用不同汽车美容护理用品及施工工艺,对汽车进行保养护理的过程。

汽车美容所包含的内容已经细分到汽车洗车、汽车漆面美容(打蜡、封釉、镀膜、镀晶)、汽车内饰护理(内室清洁、内室桑拿、内室消毒)、汽车其他部件翻新装饰等(发动机翻新、轮毂翻新、大灯翻新、橡塑件翻新等)。汽车精品也是汽车美容的项目。

一、汽车美容行业的常用术语

(1)研磨剂:即含各种摩擦材料的乳剂,用以去除车漆表面的损伤。摩擦材料分为浮岩、陶土和化学物品三种。

(2)抛光剂:用以去除研磨时留下的划痕,也常作为打蜡前的去污剂使用。

(3)上光蜡:不含任何摩擦材料的车蜡。

(4)抛光蜡:含极柔和摩擦材料的车蜡。

(5)镀膜材料:含大量高分子聚合物的车蜡。

(6)保护剂:含高分子聚合物的清洗剂或上光剂,在清洗或上光的同时起到防老化、防腐蚀等保护作用。

(7)溶剂:指溶解力很强的清洗剂,用以去油、除漆等。

(8)透明漆:色彩漆上覆盖的一层清漆。

(9)封釉:汽车封釉是从车蜡衍生出的新概念,是一种从石油副产品中提炼出来的石油制品。封釉以柔软的羊毛或海绵通过振抛机的高速振动和摩擦,把釉分子强力渗透到汽车表面油漆的缝隙中,从而起到美观和对车漆的保护作用。通过专用的封釉机把釉压入车漆内部,形成网状的牢固保护层。

(10)镀膜:镀膜的主要成分是玻璃纤维素,最新的技术为纯无机、玻璃质的镀膜产品。它的特性在于在车漆表面形成保护层,隔绝外界物质对面漆的损害。

二、漆面与皮革知识

1. 车身漆面侵害原因

(1)紫外线对汽车漆面的侵害。阳光中含有强烈的紫外线,汽车油漆经过长期的阳光照射,漆层内部的油分会大量损失,漆面日益变得干燥,于是出现失光、异色斑点,甚至龟裂。

(2)有害气体对漆面的侵害。大气中的有害气体,如二氧化硫、二氧化碳、二氧化氮等含量随着环球大气污染的日益严重在增高。汽车在高速行驶中车体与空气摩擦使车身表面形成一层顽固的交通膜,持续损伤漆面。

(3)雨水对漆面的侵害。由于工业污染,雨水中的二氧化硫、二氧化碳、盐分及其他有害物质的含量越来越多而形成酸雨,造成对漆面的持续侵害。在热带、沿海等地区的潮湿空气中盐分含量很高,也会对车身产生持续的侵蚀。

(4)其他因素对车漆的损害。汽车在运行过程中也会受到外界的伤害，如车漆被硬物等划伤和擦伤、鸟粪和飞漆等黏附于漆面而形成的伤害。

漆面由以上种种原因造成的伤害，不是简单的洗车和普通的汽车美容能够轻易消除的，只有通过专业汽车美容才能得到真正的清洁护理。

2.汽车漆面的基本结构

汽车漆是涂料的一种，喷涂在汽车上，使车身不容易被腐蚀，更给人一种美观的感受。

汽车漆面构成从里到外依次是：底漆、色漆、清漆。

(1)底漆：主要起到防锈的作用，附于金属板上边，也就是漆面的最底层，一般都呈现为灰白色，这一层在车漆上是看不到的。

(2)色漆：顾名思义，就是有颜色的漆，五颜六色的视觉展现就是通过它来决定的。色漆位于漆面的中间层，现在市面上最常用的有普通漆、金属漆、珠光漆三种。

普通漆的主要成分为树脂、颜料和添加剂；金属漆是在普通漆的基础上加入了铝粉、铜粉等金属颗粒；珠光漆是在普通漆的基础上加入了珠光粉、云母片等物质。后两种色漆视觉上要比普通漆更美观，更亮丽。

(3)清漆：又名罩光漆、亮油等，依附在色漆之上，保护色漆的同时，还能给人一种亮丽的感觉。清漆位于汽车漆面的最外一层。

3.汽车漆面的加工工艺

(1)底漆：这一层漆面的加工主要是在厂家进行的，新车或者新的配件，车辆出厂后的漆面修补，如重新喷漆等，会把这一层底漆用刮腻子(原子灰)的形式代替，刮腻子不仅能起到防锈的作用，还能填补漆面凹坑，使漆面更平整。

(2)色漆：在喷涂色漆之前，需要先根据原车颜色进行调漆，颜色调好之后再行喷漆。色漆的喷涂一般需要2~3遍，工艺要求也是极为严格的。另外原厂漆与出厂后漆面修补所用的漆料也是不同的，原厂漆用的是高温漆，需要将近200℃的加工环境，出厂后的漆面修补用的是低温漆，只需要60~70℃的加工环境就可以了。

(3)清漆：清漆为透明色，随着喷漆工艺的不断发展，虽然同是漆面组成的一部分，但好多维修车间都选择忽略该步骤。因为就目前的工艺水平来看，如果在色漆配方设计合理、原料用足的情况下，不喷清漆也能达到不错的效果。

4.汽车漆面的保护手段

汽车在喷完漆后，漆面本身有着一定的硬度，同时也能起到保护车身、美观的作用，但漆面本身还是比较脆弱的，在恶劣的外部环境下很容易产生划痕。为了让漆面更结实、更美观，也就衍生出了一系列的车漆保护项目。

(1)打蜡抛光。一般指的是手工打蜡，手工抛光或者抛光机抛光，自己便可以操作，起到防水防酸雨的作用，但持久力较短，一般1~2个月就失效了。

(2)汽车封釉。是打蜡抛光的升级版。所用车蜡中添加了合成树脂，操作的时候需要用到振抛机将蜡压入车漆内部，较之普通打蜡抛光更坚硬、持久性更强，一般效果可维持半年到一年。

(3)汽车镀膜/镀晶。是打蜡抛光的终极版。这种手段采用了一种新技术：玻璃纤维膜覆盖技术。使用的材料也不再从石油中提取，而是通过植物、硅等原材料提炼合成的。操作简单，性能有所提升，一般效果可维持1~2年。

5.皮革知识

直接从动物身上剥下来经过加工处理的称为生皮，经过各种加工工艺制作而成的称之为皮革。皮革按品种分类有以下几种：

(1)按原料皮的种类分：猪皮革、牛皮革(黄牛皮、水牛革、牦牛革)、羊皮革、马皮革、蛇皮革等。

(2)按用途分：生活用革、工业用革和军用革。

(3)按涂层覆盖能力分：苯胺革涂饰、半苯胺革涂饰、修面涂饰。

(4)按粒面分：全料面(FG)、轻修(SNUFF-BUFFED)、重修(CG)。

(5)按常用品种分：涂料皮(全料面、半粒面)、苯胺革(打光皮、打蜡革、油蜡变革、NUBUCK)、压(印)花革、贴膜革(绒面贴膜革、光面贴膜革)、漆皮、牛二层(SPLIT)等。

三、汽车美容的类型及项目

1. 类型

(1)根据汽车的服务部位分为车身美容、内饰美容和漆面美容。

(2)根据汽车的实际美容程度分为护理美容、修复美容、专业美容。

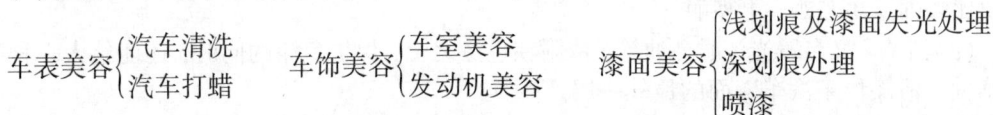

车表美容{汽车清洗、汽车打蜡}　车饰美容{车室美容、发动机美容}　漆面美容{浅划痕及漆面失光处理、深划痕处理、喷漆}

包括主要内容：新车打蜡、汽车清洗、漆面研磨、漆面抛光、漆面还原打蜡、内饰护理。

(3)汽车修复美容。

漆面病态治理、漆面划痕处理、漆面斑点处理、汽车涂层局部修补、汽车涂层整体翻新。

2. 常规汽车美容项目

(1)汽车外部：洗车、底盘清洗、漆面污渍处理(油烟渍、飞漆处理、沥青清除)、新车开蜡、氧化层(酸雨渍)去除、漆面打蜡、漆面封釉、漆面镀膜、漆面划痕处理、金属件增亮、胎铃增亮防锈、玻璃抛光、外饰条清洗、发动机舱清洗、汽车玻璃防雨防雾处理(如图12-1所示)。

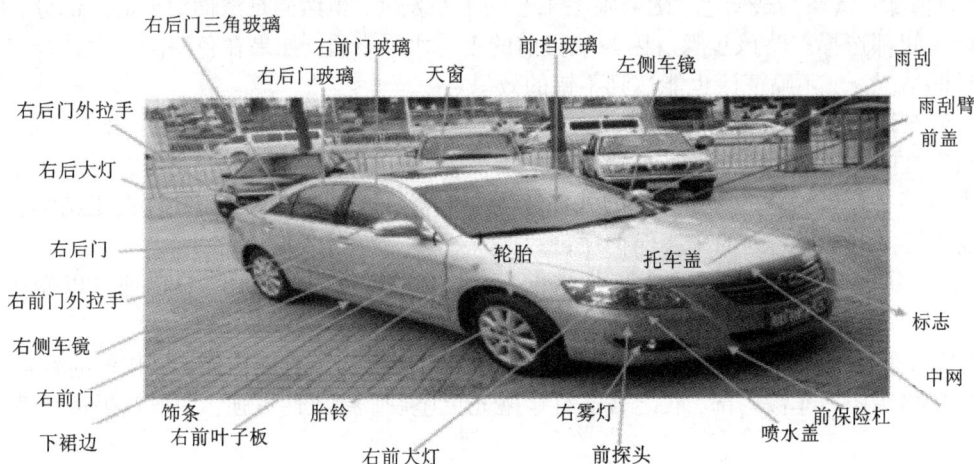

图12-1　汽车外部美容作业内容

(2)汽车内部：全车干洗、皮革镀膜、内饰上光、车内消毒(臭氧、蒸汽)、空调去异味、车内饰品(主要精品类：方向盘套、香水、座椅套、脚垫等)、汽车玻璃隔热防爆膜(如图12-2所示)。

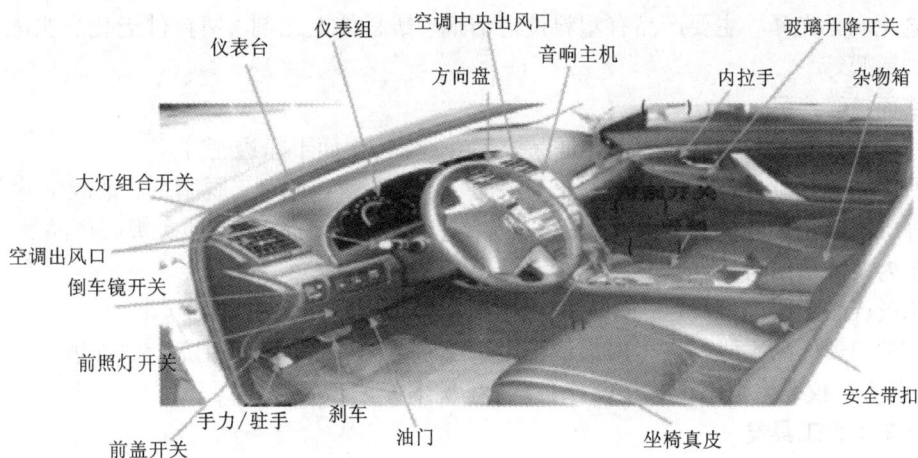

图12-2　汽车内部美容作业内容

（3）其他：外部加装（尾翼、包围等）、汽车精品、汽车音响、其他汽车电子产品（外饰LED灯、导航、防盗器等）、底盘装甲、隔音工程等。

四、汽车美容产品

1.汽车美容洗车产品

汽车美容护理用品按用途可分为以下系列：漆面研磨抛光系列、清洁美容护理系列、仪表板及内饰清洁护理系列、玻璃遮阳隔热系列、发动机清洁及免拆护理系列、底盘护理系列、燃油系统护理系列等。

常见的如洗车液、水蜡、洗车香波、预洗液、泥土松弛剂、中性洗车液；专业点的有虫尸鸟屎清除剂、柏油沥青清除剂、车漆铁粉去除剂、漆面油脂脱脂剂；等等。

2.玻璃清洗与镀膜产品

视窗玻璃类汽车美容产品主要目的是清除玻璃表面污垢，保持玻璃表面清洁透亮，减少车辆视线遮挡，保持驾驶员视线开阔。

主要玻璃类汽车美容产品有玻璃水、视窗玻璃清洁剂、油膜清除剂、玻璃防雾剂、玻璃研磨粉、玻璃研磨剂、玻璃树胶清除剂等车窗清洁养护类产品。

3.轮胎清洁与护理

主要分为清洁类产品和护理类产品，目的主要是清除轮胎上的污垢，保持轮胎的清洁、美容，延长轮胎使用寿命，增强轮胎在日常使用过程中的安全性。

轮胎清洁类产品主要有轮胎清洗剂、轮胎沥青清除剂、轮胎划痕修复剂、轮胎泥沙松弛剂等；轮胎养护类产品主要有轮胎蜡、轮胎上光剂、轮胎养护剂、轮胎保养剂等等。

4.发动机外部清洁与护理

发动机清洁护理产品主要有发动机机舱清洗剂、发动机机舱油污清除剂、发动机机舱油污乳化剂、发动机机舱养护剂、发动机表面铁粉去除剂、发动机隔音棉护理剂、发动机机舱上光剂等产品。

5.塑料件清洁与护理

塑料件清洁护理类产品主要是对大型车辆周身的塑料件进行保护，能够有效防止塑料件部件的老化和无光泽。主要产品有塑料件清洁剂、塑料件上光剂、塑料件老化层去除剂、塑料件保护镀膜等。

6. 漆面镀膜产品

车漆的养护和修复类产品，主要是保护车漆，保持漆面干净透亮等。

主要产品有基础处理类产品、抛光剂(粗、中、细)、还原剂、脱脂剂、油膜清除剂等产品。护理类产品主要有树脂类镀膜产品、玻璃纤维类镀膜产品、玻璃质类镀膜产品。

7. 车内装饰清洁与护理

除味类产品主要有竹炭包、防雾剂、光触媒等。

清洁类护理产品主要有汽车内饰清洁剂、内饰养护剂、内饰上光剂、内饰镀膜、真皮养护、真皮镀膜、仪表台清洁剂、仪表台上光剂、桃木养护产品等。

8. 汽车美容工具类

主要包括洗车机、抛光剂、气泵、抛光盘、还原盘、内饰清洁海绵、车体保护胶带、轮毂清洁刷、轮胎清洁刷、内饰清洁刷、边缝刷、水电气鼓。

9. 汽车坐垫

用于保护汽车原有座椅或增强车内环境的美观而添置的坐椅垫称为汽车坐垫。市面上的汽车坐垫品种有很多，材质上分别有亚麻、冰丝、竹片、玉珠、毛绒、皮革等等。

五、汽车美容施工工具

汽车美容是针对汽车美容具体的作业项目、按照汽车美容部位不同材质所需的保养条件，利用专业美容系列技术设备，采用不同性质的汽车美容护理产品及施工工艺，对汽车进行的全新保养护理。

汽车美容、清洗、轮胎养护设备采购方案

模块二　洗车标准流程

汽车清洗分为普通清洗和精洗两种。普通汽车清洗就是传统意义上的手工洗车及隧道洗车，因其成本低、操作简捷，所以受到众多车友的青睐。

汽车精洗是指汽车内外的清洗，比传统洗车更细致、更干净。

一、车身清洗

1. 迎接客户车车辆

(1)当看见有车开向店面时，应以最快的速度把来车引到洗车区，注意带车安全和手势。并主动为车主开门，另一手放车车门框顶，防止车主下车时头撞到车门框上，同时说"您好，欢迎光临"。

(2)接车员咨询车主需要服务的项目并做好记录。在车主下车时告知车主贵重物自身携带，以免出现不必要的纠纷。请车主将前轮调正，最后请车主到贵宾室休息，当客户要离开时，注意车钥匙是否留在店内。洗车人员速对车辆进行检查，若发现问题，要及时报告。

2. 第一遍冲洗

(1)顺序由车顶——前挡玻璃——引擎盖——前保险杠——左右两边侧面后挡玻璃——后备厢——后保险杠——四轮框——底盘(注意减少重复冲洗)。

(2)调整洗车机压力为 4MPa(兆帕)，水枪方向与车表保持 45°；夹角，水枪与车身之间距离在 25~60 cm 之间,把车身、轮仓、底盘的泥沙洗干净,关机后再关枪,否则压力水管会爆开。

要点:用水枪冲洗车身污物时应由上而下,整个过程始终向另一边的斜下方冲洗。尽管避免正式反向冲洗,以免将泥沙冲回已经冲洗干净的地方,冲车时不可忽视的地方是车身的下部及底盘,因为大量泥沙都聚在这里,如果稍有不慎就会留下泥沙,在进行擦洗时就会划伤漆面,因此尽可能地冲洗掉车身下部的泥沙。轮框内的泥沙也较多,冲水的时候手必须摸到里面,要确定泥沙是否冲干净。

质量标准:车身通体用高压水枪冲洗过,直至车身表面无泥沙为止。

3. 喷洒洗车液和擦洗

(1)洗车液要均匀喷洒全车。

(2)擦洗顺序:引擎盖——车顶——后备厢——左右侧面——保险杠以下部分(车裙、车轮、挡泥板),应尽量减少重复。

要点:洗车液要均匀喷洒全车,无遗漏。擦洗车身的羊毛手套或海绵一定要干净无泥沙而且要很湿润,擦洗完每台车辆后,海绵或羊毛手套一定要冲洗干净并放在干净的水里泡洗。建议车身用羊毛手套、车轮及下部用海绵。在擦洗过程中,要注意边角、轮框、车牌、挡泥板、倒车镜、天线等经常遗漏的部位。

质量标准:均匀、无遗漏地喷洒车身表面,直至车身表面无大粒泥沙。

4. 第二遍冲洗

顺序:车顶——引擎盖——左右侧面——后备厢——胎体(尽量减少重复)。

要点:从上到下擦洗之后,开始冲洗车身,但这时应以车顶、前引擎盖、后备厢、倒车镜为重点,因为冲洗车时已将车身下部冲洗得比较干净,并进行了一定的擦洗。冲洗中部以上部位时,向下流动的水基本能将下部大部分冲洗干净,所以下部和底部可一带而过,无泡沫、无泥沙即可。尽量在洗车液干燥前冲水。

质量标准:无泡沫和泥沙残留物。

二、洒水蜡

根据洗车的价格区分,冲洗完后,在车身上均匀地喷洒一层水蜡。

质量标准:水蜡要均匀、无遗漏地覆盖全车表面。

三、冲洗地毯

(1)把从车内取出的地毯用水枪冲干净。

(2)视冲过水的地毯干净程度而定,比较干净的就不用洗车液擦洗,如果还是很脏,就要用洗车液擦洗干净。

(3)冲干净地毯上的洗车液,然后用脱水机脱干。

质量标准:无泥沙、无油污、无过多的水分。

重点:在使用脱水机时,请注意安全。地毯一定要放平衡,小心地毯在脱水的过程中,被脱水机内部搅破。

四、擦车

(1)把车移到干车区,注意开车和带车的安全。

（2）擦水（外部）。

顺序：引擎盖——车顶——后备厢盖——左右侧面——全车玻璃——前后保险杠——车门边——后备厢内槽（从上到下擦拭，应尽量减少重复）。

要点：先以大毛巾把全车水珠拖一遍，再用中号毛巾擦去前面所留下的水痕，毛巾不能太干、太硬，否则会刮划车漆。请用专用的毛巾擦拭玻璃、倒车镜、车灯。在擦玻璃的时候毛巾叠成方块状。

质量标准：漆面无水渍、无残留物。

（3）吹水、除垢。

顺序：前车灯——前车牌——倒车镜——前保险杠——左右侧面防撞条门把——玻璃边橡胶——车门框——后尾门框——后车灯——后保险杠（顺序可变）。

要点：从前到后，一手拿风枪，另一手拿半湿毛巾和牙刷，牙刷是用来刷毛巾不容易擦到的地方。风枪使用时要与漆面或玻璃保持一定的距离，以免划伤车漆及玻璃。

质量标准：边缝没有水流出，干净无污垢，严格要求各边缝不能藏水，特别是倒车镜、窗边缝、门把手、后盖周边、车灯边缝及车身接缝等。

（4）四门边及备厢门边清洁。

擦门边及尾门边应把各门打开来擦，要求各门槛、门边不得有水滴，特别是门柱的清洁。

要点：门边很脏，要认真擦拭，特别是车门槛。

质量标准：门槛无污垢，门边储物箱里无垃圾及灰尘。

（5）玻璃清洁。

擦玻璃要先擦每块玻璃中间（由上而下擦），然后再擦每块玻璃四边（沿玻璃边擦一遍）。

要点：擦玻璃一定要内外擦，毛巾一定要柔软、干净，不能掉毛，吸水效果要好。

质量标准：无水印，无手印，无油污，无毛巾掉下的毛及灰尘。

（6）内室清洁。

顺序：顶棚——遮阳板——观后镜——仪表台——空调通风口——方向盘——排挡杆——座椅——后座储物台——四门内饰板。

要点：小毛刷要有一点湿润，和干净、柔软的毛巾一起把车内各个部落、各个死角的灰尘全部清除干净，特别脏的地方可用小毛刷配合内饰清洁剂刷洗干净。

质量标准：仪表台、方向盘、遮阳板、内室观后镜、桃木板、四门内饰板、座椅、烟灰缸等无尘、无污垢。

五、吸尘

顺序：仪表台——烟灰缸——座椅缝隙——车内地板——后备厢。取出脚垫，用吸尘器将车内的尘土吸干净。

放上洗好的地毯，喷洒香水或空气清新剂。

要点：在吸尘过程中，应尽量少移动车内的东西。如果移动了，一定要放回原位，还应向有点其他异味的车（如果车主不想除嗅或没时间）喷洒一些香水或空气清新剂，这样车主会更加满意。

质量标准：地毯、备厢、脚垫无泥沙、无垃圾，烟灰缸内干净，储物包、踏脚板无尘无沙。

六、轮胎外侧黑色塑胶件上光

要点：轮胎外侧面要无沙无黄泥，要黑亮，合金胎铃无油泥、无沙粒，外表黑色塑胶件要刷得黑亮，无打蜡后残留的余蜡，挡泥板要黑亮无泥沙。

质量标准：恢复本色，又黑又亮，无泥无沙无油污。

要点：不要让发动机烫伤手，引擎防尘罩要无尘。

质检标准：四油、三水、一胎压都要达到车辆所要求的标准，最后在车的左前门放上红地毯。

七、验车交车

顺序：由外到内。

要点：验车时应特别注意洗车工序容易遗漏的部分和内部清洁时最容易遗漏的地方。

验车标准：外部饰件无尘、无污垢、无水痕、玻璃干净明亮无印痕。室内无尘无沙，无异味。座垫要摆放整齐有序。

交车要点：通知车主"您好，先生/小姐，车已洗好，请验车"，并询问"交费没有"或是否还有其他项目需要服务，最后主动为车主开车门，另一只手扶在门框顶，防止车主头撞在车门框上，并说道"先生/小姐，慢走"或"欢迎您再次光临"。当车主起动车要倒车时，一定要帮车主把车倒到合适的位置。当车主注意到工作人员的时候，工作人员一定要挥手致意，表示友好。

八、现场清理

要点：工具材料要归位，垃圾要迅速清理(在车流量高峰期时除外)，要把用脏的毛巾及时清洗，归类。

注意事项：

(1)迅速检查一遍来车状况，发现问题需立即上报并做记录。

(2)带车安全：不要站在车身的正前方或正后方，应站在车的侧面，以免被车碰到。

(3)冲枪安全：冲车前，手要抓稳冲枪，与车身保持一定的距离，而且要先开机后开枪。冲完水后，要先关机后关枪，以免伤人、伤车、伤机器。

(4)车安全：在工作时，注意车牌、轮眉等较为锋利的车身饰物，以免被刮伤。

(5)门安全：开车门时，注意会不会与其他物品相撞。关门时，注意车门缝里有没有其他物品，以免被撞坏及夹伤。

模块三　汽车美容打蜡操作流程

一、汽车打蜡的作用

1.车蜡可以防水

水滴或雨滴残留在车身表面，在强烈的阳光照射下它们就会因凸透镜效果产生高温，严重时会造成漆面的暗斑，时间长了漆面就会出现锈蚀。

2.车蜡可以抗高温

车蜡在车身表面能够对来自不同方向的入射光产生有效的反射效果，这样可以防止入射光使漆面或底色漆老化变色。

3. 车蜡可以防静电

汽车静电主要来自纤维织物摩擦和尘埃与金属的摩擦。车蜡可以隔断尘埃与车表金属的摩擦，防止静电的产生。

4. 车蜡可以防紫外线

由于紫外线比较易于折射进入漆面，而专业的防紫外线车蜡可以使紫外线对车表的侵害得以最大限度的降低。

5. 车蜡可以上光

上光是车蜡的最基本效果，经过打蜡的车辆，都能看起来光亮照人，车身恢复亮丽如新。

6. 车蜡可以研磨抛光

如果车身表面有漆面出现比较浅的细碎划痕时，可以使用车蜡进行研磨抛光，使划痕看不出来。

二、车蜡的选择

（1）选择车蜡要根据车辆的新旧程度、车漆颜色等来综合选择，高级车要用高档蜡、新车要用彩涂上光蜡、夏天用防紫外线车蜡、风沙大用树酪蜡。

（2）注意颜色要与车漆相适应，深色车漆选用黑色、红色、绿色系列车蜡，浅色车漆选用银色、白色、珍珠色系列车蜡。

三、打蜡操作流程和方法

（1）首先用洗车液清洗车身并擦拭干净；建议在阴天打蜡和洗车，室内也可以。擦干车身后要等待约 30 分钟再上蜡。

（2）用氧化、微纹去除剂处理风化和氧化的车漆面。

（3）用力摇晃车蜡瓶体，再用干净的海绵将车蜡涂抹在漆面；只要抹上薄薄一层即可，不是越厚越好，涂抹时小心不要涂上黑胶的地方。

（4）涂好车蜡后要略等几分钟，等车蜡变干后再用软布擦净表面。如果用的是像鞋油的一样的车蜡，就要等更长时间，要等 2~4 小时之后再操作。

（5）用一块干布把蜡擦掉，再手工进行打亮处理。上蜡和擦蜡时，一定要用纯棉布，可以更好地保护汽车车漆。

（6）如果车身有一些细小的刮痕，想用打蜡修复的话，可以用小的划痕蜡处理。如果刮痕比较明显，就需要用抛光蜡，或者研磨膏处理，这种操作需要专门工具。

（7）刚打完蜡的车不要急于开出去，经过阳光暴晒或沾上灰尘，就会擦出一道道划痕。

四、打蜡操作注意事项

（1）新车有原装蜡，新车不需要打蜡。

（2）打蜡前一定要清洗干净车身表面。

（3）打蜡操作应该选择在阴凉处，车体温度低则效果好。

（4）打蜡时要用海绵块涂适量车蜡在车体上直线反复涂抹。

（5）打蜡时车灯、车牌、车门和行李舱等处会残留车蜡，要及时处理。

模块四　汽车漆面伤害的检测与处理

一、经验检测法

1. 视觉

使用不同的光源来观察，如自然光、荧光灯和其他人造光源，它们会帮助找出漆面缺陷。漆面判断需要较强烈的光源，如强烈日光或不同角度设置的太阳灯。

2. 触觉

单独的观察不能准确地判断缺陷，使用触觉会发现视觉无法发现的问题。

(1)洗手并擦干，用手掌在漆面上触摸，特别是用手指的感觉来发现漆面缺陷。保护很好的漆面摸起来感觉是玻璃一样，否则就无法得到良好的光泽感。

(2)用烟盒的塑料包装纸套在手指上，在漆面触摸。可以放大漆面粗糙度，如果漆面摸起来非常粗糙，说明漆面有较严重氧化层。

二、漆面伤害常用处理方法

1. 漆面失光处理

汽车在使用过程中受到风吹、日晒、雨淋及空气中有害物质的侵蚀，使漆面逐渐失去原有光泽。可采用特殊处理工艺与方法，配合专门的护理品，去除失光，再现漆面亮丽风采。

2. 漆面浅划痕处理

日常护理不当和摩擦会使漆面上出现轻微划痕。在汽车美容作业中一般采用抛光研磨的方法，对漆面上出现的浅划痕进行处理。

3. 漆面深划痕处理

汽车漆面深划痕多为硬性划伤所致，当用手拭痕表面时，会有明显的刮手感觉。目前在汽车美容行业中，深划痕的处理仍采用喷涂施工。

4. 喷漆

喷漆是汽车美容作业中要求最为严格、技术含量最高的施工项目。当汽车漆面出现划伤、破损及严重腐蚀失光等现象时，可采用喷漆工艺来修复。

模块五　漆面抛光及镜面釉处理

一、漆面的抛光

如果说洗车是车体护理的基础，研磨是漆面翻新的关键，抛光则是漆面护理的艺术创作。

1. 抛光的作用

(1)消除漆面细微划痕(发丝划痕)。

(2)处理汽车漆面轻微损伤及各种斑迹，达到光亮无瑕的漆面效果。

2. 抛光的途径

1) 依靠研磨

靠摩擦材料把细微划痕除去。

2) 依靠车蜡

抛光剂中大多有车蜡成分，抛光到一定程度，可依靠蜡质的光泽来弥补漆面残存的缺陷。

3) 依靠化学反应

靠抛光机转速的调整使抛光剂产生化学反应。通过前两种途径得到的漆面光泽称为"虚光"。虚光的缺点是无法达到镜面效果，且光泽缺乏深度、保持时间短（光泽来自车蜡，而不是来自漆面本身）。

真正意义的抛光是利用抛光机旋转产生的热能，使车漆与抛光剂之间产生能量转化，发生化学反应，进而消除细微划痕，让漆面显示出自身的光泽，然后实施上蜡。

3. 抛光的方法

将抛光机调整好转速、海绵轮用水充分润湿后，甩去多余水分。先取少量抛光剂涂于漆面（每一小块作一次处理，不可大范围涂抹），从车顶开始抛光。抛光机的海绵轮保持与漆面相切，力度适中，速度保持一定。抛光时按一定的顺序，不可随意进行。用过抛光剂后再换用增艳剂按以上步骤操作一次。

4. 抛光的注意事项

(1) 抛光剂不可涂在抛光盘上，应用小块毛巾均匀涂抹于漆面待处理部位。

(2) 抛光剂涂抹面积要适当，既要便于抛光操作，又要避免未及时抛光出现干燥现象。

(3) 抛光时要掌握好轻重缓急，棱角边处、漆面不平的地方用力要重而缓慢，来回抛光速度要快。

(4) 抛光时及时洒水，最好雾状喷洒，防止因水流过大冲掉抛光剂。

(5) 欧美汽车的面漆涂层一般较厚，而日本、韩国及国产车辆面漆靠的涂层一般较薄，在抛光时要注意把握好分寸，不能抛露面漆。

(6) 抛光作业可以手工完成，在手工抛光时应注意抛光运动路线，不可胡乱刮擦或做环形运动，应该以车身纵向平行线为准往复运动。

二、镜面釉处理

当整车漆面处理完毕后，镜面会很平滑、光亮，但有时也还会有一些极其细小的划痕、花痕或光环，为了保持漆面的光滑和光亮，需要上镜面釉。镜面釉的主要原料为高分子釉剂等聚合物，可使用专用工具加热后，挤压进车漆的毛孔内，形成牢固的网状保护层，附着在车漆表面形成具有光滑、明亮、密封的釉质镜面保护膜，令车身时刻保持光亮。镜面釉保护膜具有防酸雨、抗氧化、防紫外线、防褪色等多项显著功能，还可抵御硬物轻度刮伤，不怕火、不怕油污等，功效可以保持一年以上。

使用时先用干净软布将抛光残留物清除干净，摇匀镜面釉，用软布或海绵将其涂在漆面上，停留 60 s 后用手工或机器抛光。机器抛光时，保持机器转速 1000 r/min 以下，最后用干净软布擦去残留物。禁使用羊毛轮进行镜面釉处理。

模块六　汽车美容流程

汽车美容流程如图 12-3 所示。

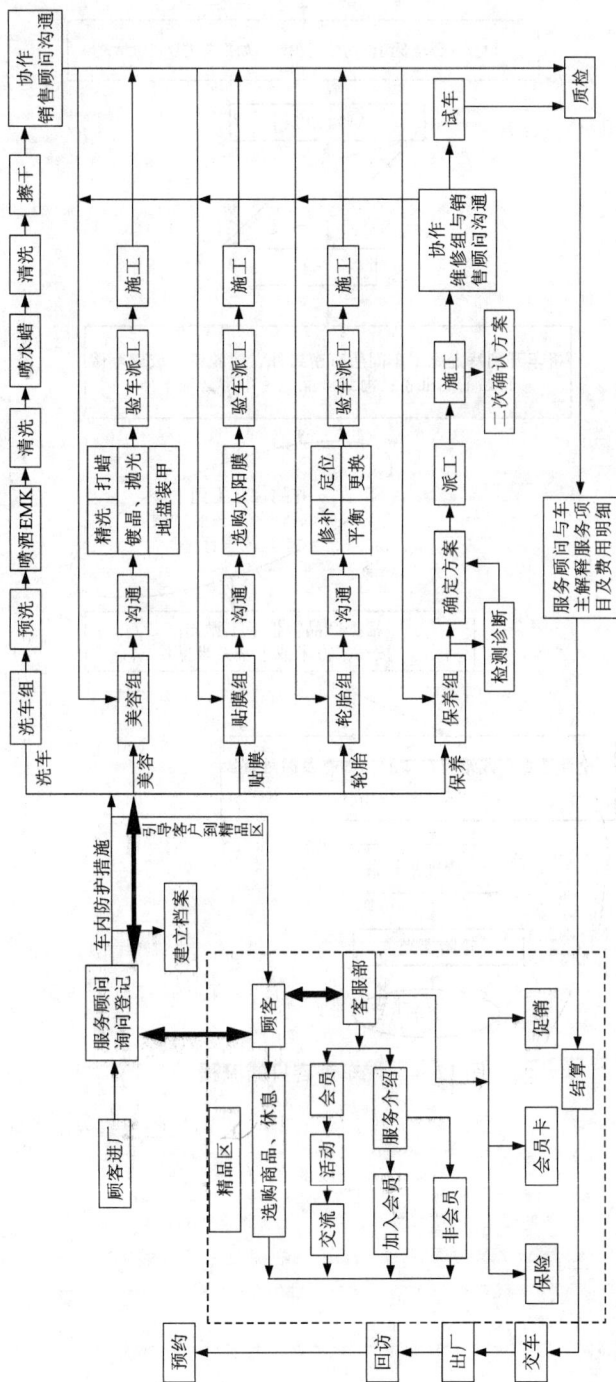

图 12-3　汽车美容流程

一、打蜡流程(如图 12-4 所示)

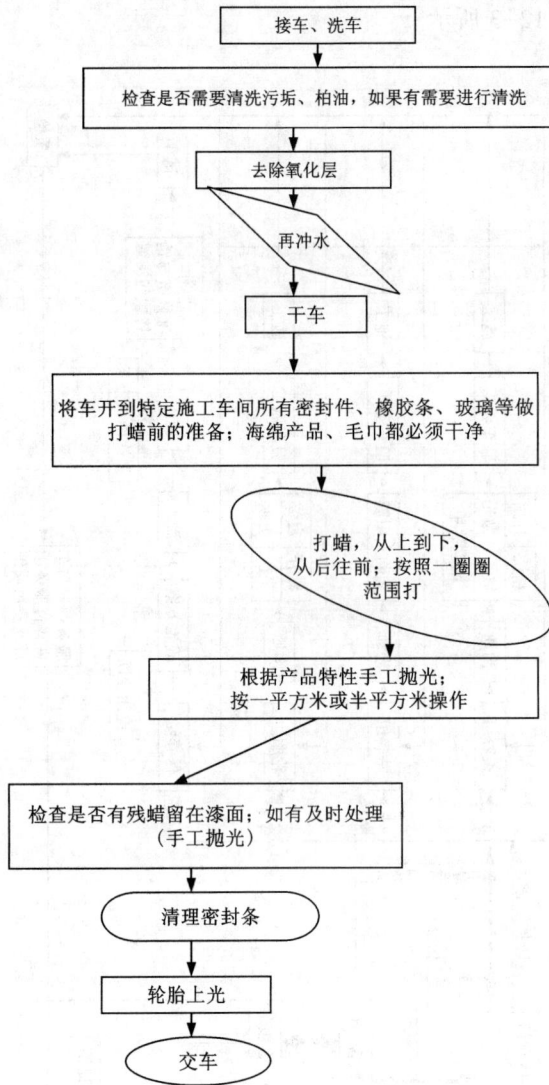

```
┌─────────────────┐
│   接车、洗车      │
└─────────────────┘
┌────────────────────────────────────┐
│ 检查是否需要清洗污垢、柏油，如果有需要进行清洗 │
└────────────────────────────────────┘
┌─────────────────┐
│   去除氧化层      │
└─────────────────┘
        再冲水
┌─────────────────┐
│     干车         │
└─────────────────┘
┌────────────────────────────────────┐
│ 将车开到特定施工车间所有密封件、橡胶条、玻璃等做 │
│ 打蜡前的准备；海绵产品、毛巾都必须干净          │
└────────────────────────────────────┘

     打蜡，从上到下，
     从后往前；按照一圈圈
         范围打

┌────────────────────────────────────┐
│   根据产品特性手工抛光；             │
│   按一平方米或半平方米操作           │
└────────────────────────────────────┘
┌────────────────────────────────────┐
│   检查是否有残蜡留在漆面；如有及时处理  │
│           （手工抛光）               │
└────────────────────────────────────┘

     清理密封条

┌─────────────────┐
│   轮胎上光        │
└─────────────────┘
     交车
```

图 12-4　汽车美容打蜡流程

二、洗车流程(如图 12-5 所示)

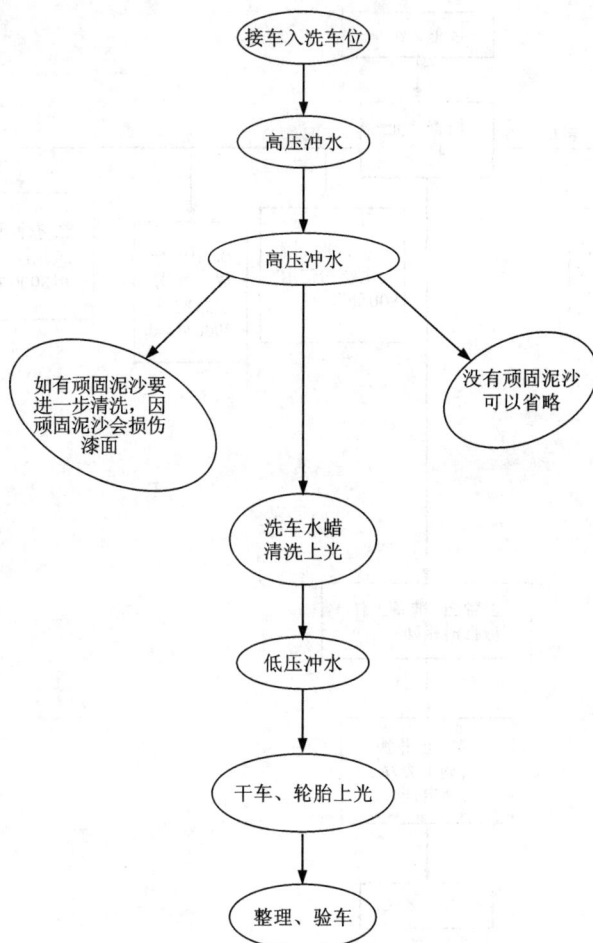

图 12-5　汽车美容洗车流程

三、封釉流程(如图 12-6 所示)

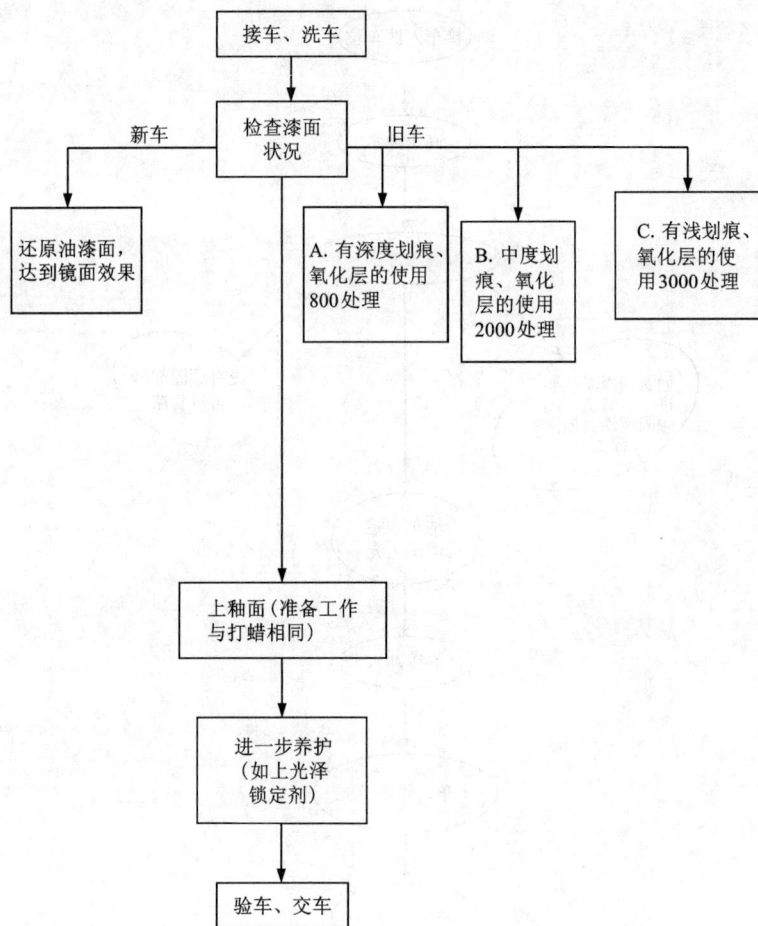

图 12-6　汽车美容封釉流程

使用工具:

(1)抛光机 2 台,细刷子 2 个。

(2)抛光棉、研磨棉、还原棉、打蜡棉各 2 块。

(3)大毛巾 2 条、抛光毛巾 2 条、美纹纸 1 卷。

四、镀膜流程（如图 12-7 所示）

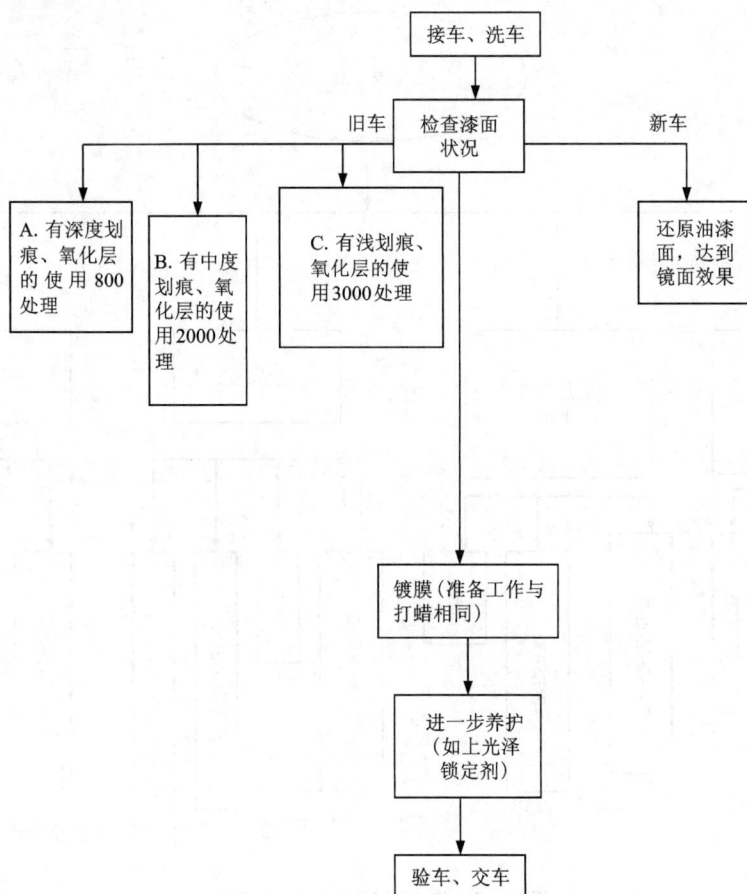

接车、洗车

检查漆面状况

旧车

新车

A. 有深度划痕、氧化层的使用 800 处理

B. 有中度划痕、氧化层的使用2000处理

C. 有浅划痕、氧化层的使用3000处理

还原油漆面，达到镜面效果

镀膜（准备工作与打蜡相同）

进一步养护（如上光泽锁定剂）

验车、交车

图 12-7　汽车美容镀膜流程

使用工具：
(1) 抛光机 2 台、细刷子 2 个。
(2) 抛光绵、研磨绵、还原绵、打蜡绵各 2 块。
(3) 大毛巾 2 条、抛光毛巾 2 条、美纹纸 1 卷。

五、室内干洗(如图 12-8 所示)

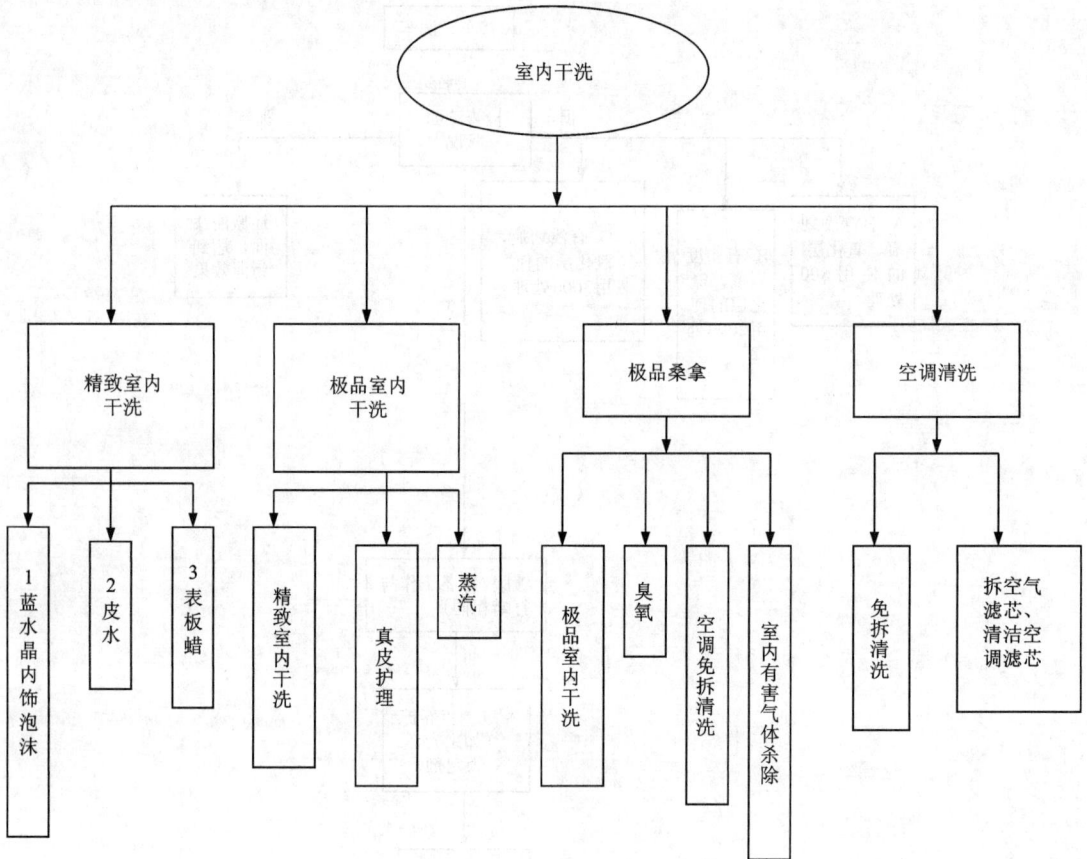

图 12-8　汽车美容室内干洗流程

六、底盘养护(如图 12-9 所示)

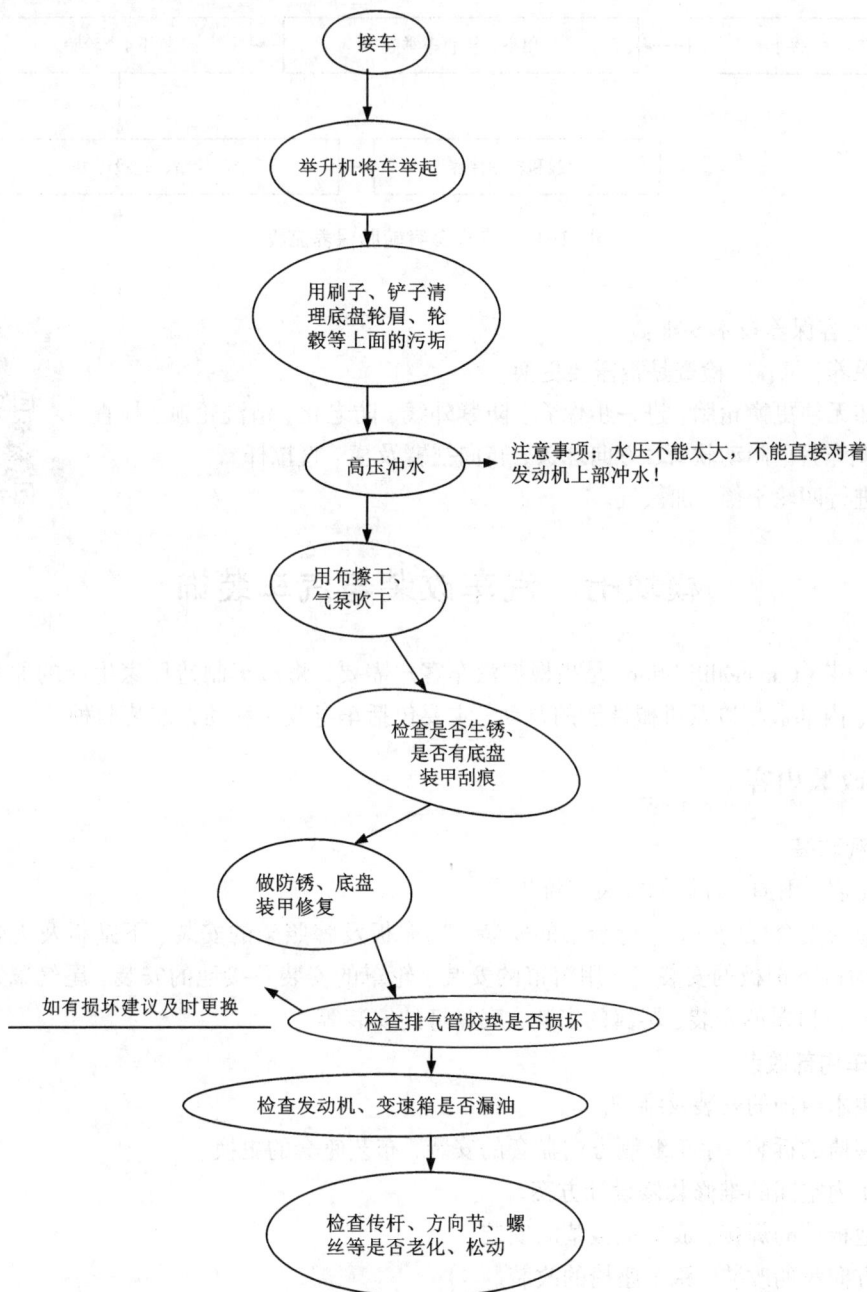

图 12-9 汽车美容底盘养护流程

七、轮胎保养（如图 12-10 所示）

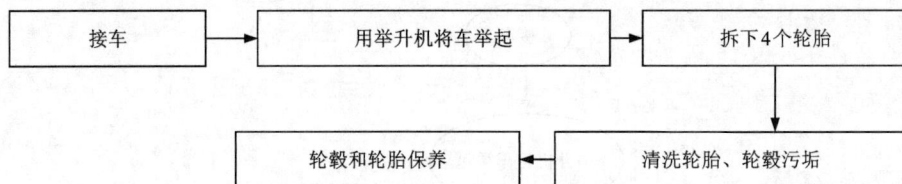

图 12-10　汽车美容轮胎保养流程

轮胎美容保养技术要求：

（1）保养：清洗，检查是否需要更换。

（2）如无须更换轮胎，进一步保养：防紫外线、防老化、清洗轮弧、检查刹车盘、刹车片、制动软管、方向球头、转向摇臂及横、直拉杆。

（3）进行四轮平衡、加氮气。

模块七　汽车改装与汽车装饰

汽车改装（Car modification）是指根据汽车客户需要，将汽车制造厂家生产的原形车进行外部造型、内部造型以及机械性能的改动，主要包括车身改装和动力改装两种。

一、改装内容

1. 外观改装

（1）轮眉、雨眉、灯眉的安装与维护。

（2）前后安全杠的安装、行李架的安装、挡泥板及牌照架的安装、下踏板及无骨雨刷的安装、改动机下护板的安装、车用窗帘的安装、轮罩的安装及接地的安装、尾气罩及尾喉的安装、发动机口罩的安装、尾翼的安装、底盘灯的安装等。

2. 汽车内部改装

（1）桃木内饰的安装及维护。

（2）座椅的拆装、手工缝制方向盘套的安装、布艺座套的更换。

（3）车内空间的维修装修设计方案。

（4）地板革的焊接、成形地板革的安装。

（5）方向盘的改装、跑车座椅的改装。

3. 汽车音响改装

4. 动力改装

动力改装就是提高它的输出功率，改装方式有：加大缸径，提高压缩比，加多气门，自然吸气改为涡轮增压等等。但是必须注意的一点是，改装引擎是相当危险的，一不小心引擎就会损坏，甚至引发严重的安全事故。

5.点火系统改装

点火系统是发动机工作的另一要素,由火花塞和点火线共同构成,原有配置均为单组线束,在电压、电流的通过性和通过量上均不尽如人意。改装用火线的多组线束和高性能导电特质使点火线圈产生的高压电能大量、及时地传导给火花塞。改装后的点火系统使汽车油门变硬、起步迅捷、加速凌厉。

6.操控性改装

(1)制动系统改装。

制动系统改装主要是换高性能制动片。此外,想升级制动系统还可以换高等级制动油;或者换装金属材质的高压制动油管;再者就是使用规格更大的制动倍力器以提高制动踏板的辅助动力。

(2)底盘悬挂系统。

底盘悬挂系统的改装可分为避震器换装、悬挂结构杆强化、车身刚性加强等。影响最大也是最多人改装的项目是避震器。市面上的避震器类型有原厂加强型、原厂加强车身高度可调型、专业高运动型、竞赛专用型等。车主应该根据自己的驾驶习惯和需求来选择避震器。

(3)汽车轮胎。

汽车轮胎也是很重要的,因为强大的动力也好,灵敏的制动也好,最终还是要靠轮胎的抓地来实现的,而且更加专业的职业比赛车,场地比赛的干燥路面和雨天都要用不同的轮胎,越野比赛更是对轮胎提出更高要求。

(4)ECU 系统。

汽车在出厂的时候考虑到车子要卖到世界各地,适应各种不同的环境和油品质量,所以原装 ECU 内的程序是一个符合众多条件的最佳妥协,就是说至少还有 30%~40% 的能量是被封存的(特别是以安全闻名的欧洲车)。

改装注意事项:

(1)汽车改装是要受到限制的。汽车排量、涡轮增压等涉及汽车技术参数的部分绝对不能私自改装。

(2)汽车的型号、发动机型号、车架号不能改,不能破坏车身结构。

(3)更换发动机、车身或者车架的还要提交机动车安全技术检验合格证明;车贴面积不能超过车身总面积的 30%,超过了就必须去相关部门报批;车的外观不能大幅度改动,要求与行驶证上的照片基本保持一致。

(4)改装汽车一定要在符合相关法规的前提下进行。

二、汽车装饰

汽车装饰指通过增加一些附属物品以提高汽车表面和内室的美观性,所增加的附属物品称作装饰品。

1.汽车装饰类型

(1)汽车外部装饰。

汽车外部装饰是在不改变汽车本身功能和结构的前提下,通过加装或改装前后保险杠、大包围、导流板等外饰件,改变汽车的外观,从而使汽车更加靓丽和时尚,以满足人们的审美观和个性化需求。

主要包括：汽车太阳膜装饰，车身贴膜，加装车身大包围，流板和扰流板装饰，天窗装饰，车灯装饰，车底装饰，其他外饰件(车轮饰盖、轮弧饰片装饰、眼线装饰、加装旗杆灯、汽车货架、备胎罩、防撞条、装饰条)。

用在汽车上的车身护条饰条，增加了车身侧面的美感，与车身弧度高度吻合，持久耐用不变形。同时，对车门开关时易磕碰的车身漆提供了有效保护。

(2)汽车内部装饰。

汽车内部装饰是对车内棚壁、地板、控制台等外表面，通过加装、更换面料及放置饰品等方法改变其外观，以营造温馨、舒适的车内环境。

主要包括：真皮方向盘，汽车顶衬装饰，车门衬板，侧围衬板装饰，地板装饰，座椅装饰，车内木质装饰，仪表板装饰，车内饰品装饰，遮阳板化妆镜等。

(3)汽车精品装饰。

汽车精品是一些汽车附属装备，是高科技发展的产物，是浓厚的汽车文化生活的体现，为提高汽车的功能起着显著的作用。

主要包括：车载信息精品(车载 GPS、车载电话、车载对讲机、行驶记录仪)，汽车安全精品(汽车防盗器、倒车雷达、汽车安全预警装置)，汽车多媒体精品，其他车载电器精品(车载冰箱、车载饮水机、车载净湿器、车载微波炉、汽车氧吧)，车用香品等。

2. 汽车饰品选购

购车后为了使爱车打扮得更漂亮，很多车主都会购买汽车饰品，尤其是女性车主。个性的车贴、毛绒玩具、摆饰等等把车内装饰得非常可爱、有个性。但用装饰品装饰爱车要有一定的原则，最重要的就是要不妨碍安全驾驶，不会遮挡视线，新手车主尤其要注意。

(1)美观安全原则。

依据自己喜欢车的空间大小，及自己的兴致喜好选购一些凸显特性、美观、适用的饰品，如车内清爽空气的喷鼻水瓶、放纸巾的纸巾盒、头枕套等都是很实用的饰品，使用车更加方便，生活更舒适。但在购买汽车装饰用品的时候一定要以安全不影响行车为第一原则，避免由于过度装饰爱车而造成事故。

(2)适用原则。车内后视镜上吊一个饰品、汽车后玻璃下摆放毛绒玩具、仪表台上贴上各式的闪亮饰品，这些都是女性车主比较喜爱的汽车饰品，但要适可而止，避免过度装饰造成不必要的行车障碍。

(3)清洁原则。汽车饰品勤清洁，避免异味，并且摆放有序。尤其进入夏季，雨后最好把饰品拿到车外见见阳光，避免产生霉味。

3. 汽车玻璃贴膜工艺

(1)首先将两块大浴巾分别铺在前机盖和仪表上，将椅套套上，用保鲜膜裹紧。

(2)完全、彻底地清洗每一块玻璃，主要照顾的是玻璃的顶部。

(3)向窗玻璃外表面上喷洒少量的窗膜安装液，将软质模具覆盖在上面，经小心地滑动定位后剪切。剪切操作期间使汽车膜牢牢地贴在玻璃上，之后按照模具剪切窗膜。

(4)将窗膜安装液涂抹在玻璃上，之后贴膜。

(5)由于几乎所有的车窗玻璃都不是平整的，所以采用烤枪可把窗膜精确地收缩定型于大部分车窗的复合曲面上。消除在曲面上出现的皱褶。

(6)接下来是内部贴膜。先将窗膜安装液喷洒均匀，之后进行贴膜。

（7）在每片窗膜安定于它的最终位置后，应立即在窗膜表面再次喷洒安装液，润滑积水的表面。之后用长三角塑料刮板进行赶水。

（8）最后用棉布将车窗边缘挤出的水吸出。汽车玻璃贴膜工艺如图 12-11 所示。

图 12-11　汽车玻璃贴膜工艺

任务总结

汽车美容店的
营销方案

汽车美容装饰及改装是现代汽车消费者个性化消费的形式，满足客户的消费需求是汽车售后服务企业必然要经营的内容。王女士是 90 后的爱美女士，对自己车辆美容装饰有一定的要求，售后服务企业必须要坚持客户关怀的原则，分析王女士的个性需求，进行汽车美容专业知识讲解与沟通，打消王女士的消费顾虑，实现个性化消费的目标。

- 知识点：汽车美容基础知识及专业知识的运用。
- 技能点：汽车漆面伤害的检测与处理、漆面抛光及镜面釉处理策略；洗车流程、打蜡操作流程；汽车改装与汽车装饰工艺流程。
- 素养点：在汽车美容与装饰作业店相关知识技能的培养过程中，融入企业管理及创业知识，为社区服务店的开办提供理论与实践基础。

一、思考与讨论

1. 填空题

（1）汽车美容是指针对汽车各部位不同（　　　　　）所需的保养条件，采用不同汽车美容（　　　　　）及（　　　　　），对汽车进行（　　　　　）过程。

（2）汽车漆面构成其实很简单，总共有三层，从里到外依次是：（　　　　　）、（　　　　　）、（　　　　　）。

（3）直接从动物身上剥下来经过加工处理的称为（　　　　　），经过各种加工工艺制作而成的称之为（　　　　　）。

（4）汽车清洗分为（　　　　　）和（　　　　　）两种。

（5）洗车的第一遍冲洗，顺序是顺序由（　　　　　）——（　　　　　）——（　　　　　）——前保险杠——左右两边侧面后挡玻璃——（　　　　　）——后保险杠——（　　　　　）——底盘。

（6）擦车顺序：引擎盖——（　　　　　）——（　　　　　）——左右侧面——（　　　　　）——前后保险杠——（　　　　　）——后备厢内槽。

（7）选择车蜡要根据车辆的（　　　　　）、（　　　　　）等来综合选择，高级车要用（　　　　　）、新车要用（　　　　　）、夏天用（　　　　　）车蜡、风沙大用树酪蜡。

（8）汽车漆面伤害经验检测法从（　　　　　）、（　　　　　）两个方面进行。

（9）漆面伤害常用处理方法有（　　　　　）、（　　　　　）（　　　　　）、（　　　　　）。

（10）汽车改装是指根据汽车车主需要，将汽车制造厂家生产的原形车进行（　　　　　）、（　　　　　）以及（　　　　　）的改动，主要包括（　　　　　）和（　　　　　）两种。

（11）汽车装饰指通过增加一些（　　　　　）以提高汽车表面和内室的美观性，所增加的附属物品称作装饰品。

（12）汽车美容所包含的内容已经细分到（　　　　　）、汽车（　　　　　）美容（打蜡、封釉、镀膜、镀晶）、汽车（　　　　　）护理（内室清洁、内室桑拿、内室消毒）、汽车其他部件（　　　　　）（发动机翻新、轮毂翻新、大灯翻新、橡塑件翻新等）。汽车精品也是汽车美容的项目。

2. 简答题

（1）汽车美容基础知识有哪些？

（2）汽车美容常用术语有哪些？

（3）请论述汽车车身漆面侵害的原因。

（4）汽车漆面的保护手段有哪些？

（5）汽车美容洗车产品有哪些？

（6）汽车打蜡的作用有哪些？

（7）漆面抛光的方法是什么？

（8）论述洗车流程、打蜡流程、封釉流程。

（9）汽车漆面伤害的检测与处理方法是什么？漆面抛光及镜面釉处理策略是什么？

（10）汽车改装与汽车装饰工艺是什么？

（11）在汽车美容行业，客户关怀包括哪些方面？

二、案例分析

百援"爱车身边的美容院"经营策略

（1）客户吸引：良好的服务态度，高档的门面设计，高强的宣传力度，特色的服务项目。

（2）价格策略：初期以薄利多量为原则，随着营业额的提高，耗材用量增多，可从供应商处压价，保障长期固定客户利益。也可以以年卡、季卡、VIP卡等优惠形式稳定固定客源。

(3)服务策略：严格的员工管理制度，耐心热情的服务态度。

(4)经营策略：与百援建设思想一致。

(5)宣传策略：派送宣传页、赠送免费小礼品、设计门面广告。

(6)应急策略：

①顾客稀少、销售额降低时，做出相应价格调整，深入市场，加大宣传力度。

②若出现竞争者且用不正当手段拉拢顾客，以高质量、高服务、低价格面对挑战，尊重经商道德。

③发生供求纠纷，利用法律手段解决。

④外人扰乱经营时，打110报警。

(1)你如何理解汽车美容店特色的服务项目？

(2)尊重经商道德是不是职业道德？为什么？

(3)汽车美容店开连锁店好不好？为什么？

三、实训项目

1. 实训内容与要求

实训项目：根据所学汽车美容专业知识，经市场调研，以20万元为创业资金，设计汽车美容店的创业方案。

方案内容要求：

(1)挑选与租赁场地投资、店面装修投资、购入设备与营业准备投资等的预算方案。

(2)员工招聘与管理方案。

(3)经营方案。

(4)经营目标。

时间要求：1个月。

2. 实训组织与作业

实训项目：以4人为一小组，分工协作，并请教企业员工。

(1)市场调研。

(2)选择品牌汽车。

(3)设计创业方案。

(4)验证与调整。

(5)完善设计方案。

(6)递交设计成果。

组织要求：分工明确，相互配合；个性鲜明，效果显著。

四、学生自我学习总结

根据模块线上线下学习内容，建议从以下几个方面进行总结。

(1)汽车美容理论知识还有哪些学习不到位的地方，需要补充和拓展？

(2)技能水平是否符合专业培养标准要求和现实工作岗位能力要求？

(3)是否已经具备"干一行、爱一行"的职业精神？

参考文献

[1]管洲.汽车营销与策划[M].郑州：郑州大学出版社，2012.

[2]卢圣春.汽车4S店经营与管理培训教程[M].北京：中国国家图书馆.2013.

[3]赵晓宛.汽车售后服务管理[M].北京：北京理工大学出版社，2015.

[4]王晓梅．客户关系管理实务[M].北京：北京大学出版社，2011.

[5]王芳，夏军．电动汽车动力电池系统安全分析与设计[M].北京：科学出版社，2018.

[6]安明华．汽车保险与理赔[M].北京：机械工业出版社，2016.

[7]黄敏雄.汽车配件运营与管理[M].北京：人民邮电出版社，2017.

[8]冯霞.汽车营销基础与实务实训教学系统开发[J].无锡商业职业技术学院学报，2013，1：56-58.

[9]姚美红等.汽车售后服务与管理[M].2版.北京：机械工业出版社，2015.

[10]吴晓斌．汽车营销礼仪[M].北京：人民交通出版社，2014.

内容简介
Introduction

　　本书按高等工业学校工业电气自动化专业教学委员会"电机学""电机与电力拖动基础""电力电子技术"及"电力拖动自动控制系统——运动控制系统"的课程教学要求编写。本书详细介绍了"电机学""电机与电力拖动基础""电力电子技术"及"电力拖动自动控制系统——运动控制系统"等课程的相关实验中，应掌握的基本概念、知识要点、基本要求、重点和难点，以及实验内容及能力考察范围编写。

　　本书在原《电机学与电力电子技术实验指导书》的基础上进行了校正、修订，并增加了新课程的实验内容。

　　本实验指导书是学生在创新实践模式下的实验用书，便于学生通过实验进一步了解从事科学研究的一般方法，培养严谨认真、实事求是的科学态度和工作作风；进一步增强学生的开拓精神和提高学生的创新能力以及工程认证能力；提高学生分析问题和解决问题的能力。

前 言
Foreword

　　为了充分发挥实验室提升学生科学精神、实践能力和创新意识的重要阵地作用，全方位地提高拔尖人才和创新人才的自主培养质量，也为了更好、更深入地配合和开展中南大学的自动化专业、电气工程专业、测控专业、智能专业、机电一体化专业及各卓越班所对应的"电机学""电机与电力拖动基础""电力电子技术""电力拖动自动控制系统——运动控制系统"课程的实验教学，推动中南大学实验教学向更新、更高的方向发展，为社会输送合格、优质的生产力，为新时代中国特色社会主义建设培养合格人才，我们编写了这本《电机学与电力传动实验指导书》。

　　本书在原有的《电机学与电力电子技术实验指导书》基础上进行了校正、修订，并顺应时代潮流，增加了部分新的实验内容。

　　本书内容具有以下特色：

　　1. 知识结构清晰、简洁。先是专业基础课"电机学""电机与电力拖动基础"实验，再到"电力电子技术"实验，最后到专业课"电力拖动自动控制系统——运动控制系统"实验，内容由易到难，由浅入深，好学易用。

　　2. 四门课程的实验每章均有知识要点、基本要求、重点难点、实验内容及能力考察范围的阐述，从而为后面的大型复杂综合性实验——运动控制系统实验奠定坚实的实验基础。

　　3. 坚持守正创新的思想，增加了设计性、综合性和创新性实验内容，便于学生通过实验进一步了解从事科学研究的一般方法，培养严谨认真、实事求是的科学态度和工作作风；进一步增强学生的开拓精神和提高学生的创新能力以及工程认证能力；通过实验，进一步提高学生分析问题和解决问题的能力。

本书由长期在实验教学第一线的黎群辉担任主编，万坤、李德昀担任副主编。参加本书编写的还有实验室的夏鄂、杜登明、刘旭明、朱睿、李杰，特别是夏鄂老师做了大量修改工作。在编写过程中，黄志武、王春生、杨健、董密、危韧勇、张桂新、但汉兵、刘子建、余明杨、王击、邓镇华、刘乾易、殷泽阳等老师提出了许多宝贵意见；中南大学自动化学院副院长徐德刚对本书的再版和修订也提出了有益的建议，并对本书的出版给予了极大的关注；中南大学自动化学院院长王雅琳、副院长梁步阁对本书的出版给予了大力支持，在此，向以上人员表示衷心感谢。

本书可作为电气工程及其自动化、机电一体化、测控、智能科学与技术、自动化等专业及其他电气类、自动化类本科以及高职高专学生"电机学""电机与电力拖动基础""电力电子技术""半导体变流技术""电力拖动自动控制系统——运动控制系统"等课程的实验教学用书。本书既可帮助学生加深对教材内容的理解和掌握，也对提高大学生的动手能力和复杂工程认证能力起到积极的推动作用，还可为这些课程的教学老师、实验指导老师及实验技术人员教学及实验提供参考，从事电机学、电机与拖动、电力电子技术、运动控制系统、机电一体化工作的工程技术人员亦可将本书作为参考用书。

鉴于编者水平和经验有限，书中难免有不妥之处，敬请读者和同行批评指正，以便今后进一步修改完善。

黎群辉

2024 年 6 月

目 录
Contents

第二篇　电力电子技术实验

第三篇　运动控制系统实验（直流调速实验）

第 1 篇

电机学/
电机与拖动基础实验

第 1 章

电机与电力拖动实验装置及实验须知

1.1　电机与电力拖动实验装置简介

1.1.1　设备简介

　　该实验装置主要包括电机与电力拖动实验系统(平台)(图1-1)和4套电机组(图1-2)及智能安全配电管理系统和可调电阻。其中,电机及电力拖动实验系统(平台),从设备面板的最左侧依次往右看,从最上依次往下看,主要由嵌入式一体机电脑、三相交流总电源、MK01直流电压表模块、MK02直流电流表模块、MK03交流电压表模块、MK04交流电流表模块、MK05单相交流表模块、MK06智能测控仪表模块、MK07交流并网及切换开关模块、MK08电力电子控制模块、三相调压器、直流稳压电源、扭矩表、转速表、三相组式变压器、三相芯式变压器、三相电抗器和四套电机组(图1-2)及可调电阻(图1-3、图1-4)组成;智能安全配电管理系统主要由人机界面、监控主机、监控从机及遥控模块等设备组成(为安全起见,这部分设备由实验室老师控制)。

图1-1　电机与电力拖动实验系统(平台)

图1-2　4套电机组(机组1#~4#)

其中：机组 1# 为 M_1-G_1 直流电动机-直流发电机机组；机组 2# 为 M_2-G_2 三相鼠笼式异步电动机-直流发电机机组；机组 3# 为 M_3-G_3 三相绕线式异步电动机-直流发电机机组；机组 4# 为 M_4-G_4 直流电动机-三相同步发电机机组。

可调电阻箱 1#、2#（图 1-3）及单相可调电阻（图 1-4）如图所示。

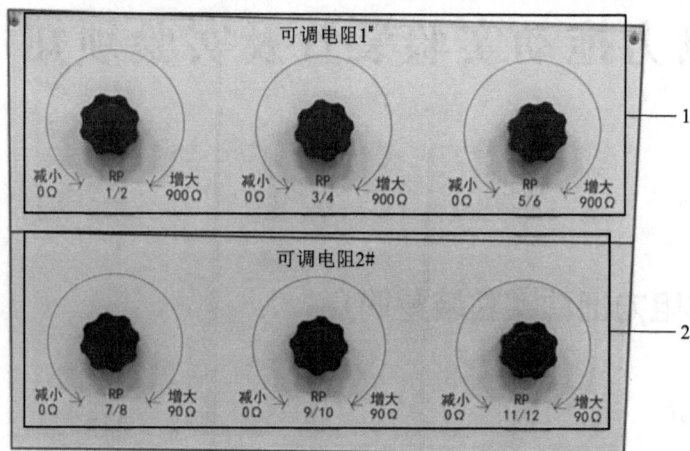

图 1-3 可调电阻箱 1#、2#

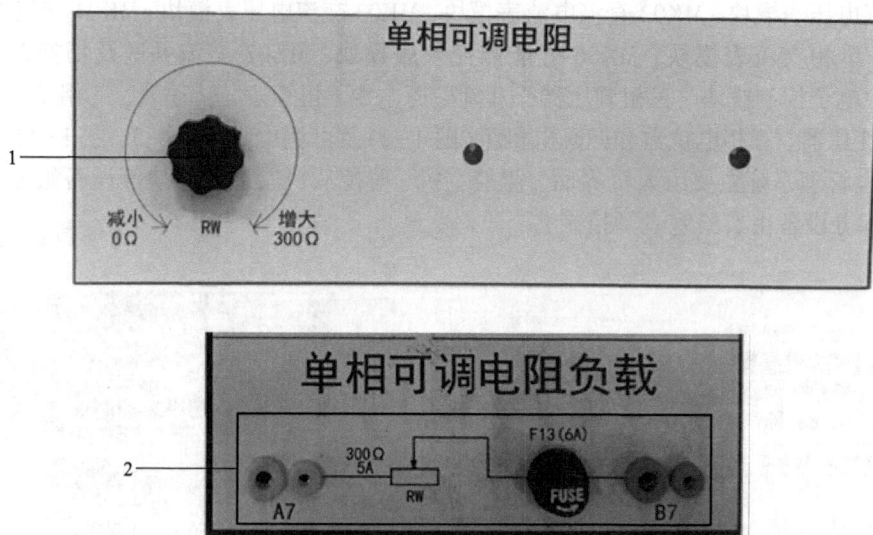

图 1-4 单相可调电阻

1.1.2 电机及电力拖动实验系统主要配置

1. 基本参数

(1) 输入电源：三相四线/三相五线 AC 380 V±10% 电源输入，频率 50 Hz。

（2）装置容量：≤20 kVA。

（3）工作环境：温度-10~+40 ℃，相对湿度<85%（25 ℃），海拔<4000 m。

2. 主要配置

（1）实训平台。

①交流电源（带过流保护措施）：提供三相 AC 430 V 电源（0~430 V 可调），同时可得到单相 0~250 V 可调电源（配有 1 台 3 kVA、0~430 V 规格的三相同轴联动自耦调压器）。

②高压直流电源：提供两路直流励磁电源（0~250 V/3 A、0~150 V/5 A）、直流电枢电源（0~250 V/20 A 连续可调），可指示直流励磁电压和直流电枢电压。

③设有 1 组三相隔离变压器；设有电气火灾保护装置。

④控制屏左、右两侧设有三极 220 V 电源插座及三相四极 380 V 电源插座，提供 LED 灯管（220 V、40 W）1 盏。

（2）配置固定电机机架、转矩传感器、光电编码器测速系统及智能数显转矩表和转速表。

（3）变压器。

①三相组式变压器：由 3 只相同的单相变压器组成，输入 220 V/2.0 A，输出 55 V/8.0 A，容量 500 VA。

②三相芯式变压器：容量 1 kVA，相数为三相，频率 50/60 Hz。

（4）三相电抗器：0.8 H/1.0 A。

（5）电机。

①直流复励发电机（3 台）：额定电压 DC 230 V，额定功率 1 kW，额定转速 1450 r/min，安装方式为卧式。

②直流他（并）励电动机（2 台）：额定电压 DC 220 V，额定电流 8.7 A，额定功率 1.5 kW，额定转速 1500 r/min，安装方式为卧式。

③三相鼠笼式异步电动机：电压 380 V，接线方式为 Y 连接，额定电流 3.7 A，功率 1.5 kW，转速 1400 r/min，绝缘等级 F 级，安装方式为卧式。

④三相线绕式异步电动机：定子 380 V、5 A，转子 100 V、15 A，转速 820 r/min，功率 1.5 kW，绝缘等级 F 级，安装方式为卧式。

⑤三相同步电机：可作电动机和发电机用，电压 400 V，电流 2.7 A，功率 1.5 kW，转速 1500 r/min，功率因数 0.8，励磁电压 42 V，励磁电流 2 A。

（6）线绕式异步电机启动与调速电阻箱（表1-1）。

表1-1　调速电阻箱

类型	数量/个
瓷管波纹电阻 RXG20-1000W-1Ω	3
瓷管波纹电阻 RXG20-1000W-2Ω	3
瓷管波纹电阻 RXG20-1000W-3Ω	3

（7）直流数字电压表、电流表。

①数显电压表：显示位数为 4 位半，显示方式为 LED 显示，输入 DC 0~300 V，电源 AC

85~265 V 或者 DC 85~330 V。

②数显电流表：显示位数为 4 位半，显示方式为 LED 显示，输入为 DC 0~75 mV 分流器接入，可测量 0~20 A 的直流电流，供电电压为 AC 100~240 V。

③三相交流电流表(3 块)：提供 3 块单相交流电流表用于测量三相交流电流，显示方式为 LED 显示，功能为实时测量交流电流，输入范围为 AC 0~6 A，辅助电源为 AC 85~265 V 或 DC 85~330 V。

④三相交流电压表(3 块)：提供 3 块单相交流电压表用于测量三相交流电压，显示方式为 LED 显示，功能为实时测量交流电压，输入范围为 AC 0~600 V，辅助电源为 AC 85~265 V 或 DC 85~330 V，过载能力为电压 800 V 连续。

⑤单相交流功率表(2 块)：单相交流全电量表，功能为测量电压、电流、功率、功率因数、频率、电能，输入范围为 0~9999 W，辅助电源为 AC 85~265 V 或 DC 100~330 V。

(8)智能测控仪表：输入电压 AC 30~600 V，输入电流 0~6 A，可对相电压、线电压、电流、功率、功率因数、频率、正反向有功电能和正反向无功电能等参数进行测量。

(9)可调电阻器。

①3 组 900 Ω 可调电阻器；

②3 组 90 Ω 可调电阻器；

③1 组 300 Ω 可调电阻器。

(10)熔断器及切换开关。

(11)旋转动态扭矩传感器(2 台)：测量范围 0~50 Nm，转速信号 60 脉冲/转，精度等级 0.5 级。

(12)智能接线检测系统：主要由智能接线检测板、定制插拔线、智能接线检测系统组成，运用自动控制技术、云技术、通信技术等实现接线的智能自动评判。

(13)智能安全配电管理系统：本部分内容略，具体由实验室老师掌握。

1.2　设备操作使用说明

1.电源设备

电机及电力拖动实验系统的总电源来自外部 380 V 电源，实验系统正面台体上装有一个电源组合开关：有 380 V 的总电源、380 V 的三相交流电源、250 V 的直流电源、220 V 的单相交流电源，每种电源均由一只空气开关控制。

2.机器

实验室电机有各种不同的规格型号，每一种机器都有铭牌，标明了它的各种额定值，如额定电压 U_e、额定电流 I_e、额定容量 P_e、额定转速 N_e，这些数据是将来做实验时所必需的依据(实验前，首先必须熟悉被测对象，进入实验室后，养成观测抄录被测电机的铭牌数据的习惯)。

电流接线柱的标志符号：如直流机电枢接线为 V_1、V_2，磁场绕组接线为 V_3、V_4，具体应视不同的机组而定，如机组 1# 他励直流电动机和复励直流发电机的电枢绕组分别选用 M_1(V_1、V_2)和 G_1(V_1、V_2)绕组，励磁绕组分别选用 M_1(V_3、V_4)绕组和 G_1(V_3、V_4)……(这些，在以后的每个具体的实验中都会给出)，这些符号要记清楚，以免接线错误。

实验室机器有直流电机(发电机和电动机)、变压器(三相、单相)、异步机(绕线式、鼠笼式)、三相同步发电机。

3. 实验设备

设备已装有完成电机与拖动实验的所有驱动测量仪表,具有控制方式功能,只要按照各种实验的线路图连接导线,就可完成相关的实验。

设备上主要控制显示器件(从设备面板的左边依次往右,从上依次往下看)。

(1)三相交流总电源:合上总电源开关,三相电源指示表进入工作状态,A相、B相、C相电源指示灯亮,表明柜体已得电,合上照明开关即可进行照明。然后将电源启停旋钮旋至闭合端,合上交流电源开关即可对外输出三相交流电源,合上直流电源开关即可对电枢电源、励磁电源1#、励磁电源2#输出直流电源。

(2)三相调压器:三相调压器输入(0~380 V)端(UA₁、UB₁、UC₁、UN₁)接至三相交流电源输出端(LA、LB、LC、LN),三相调压器输出(0~430 V)即可对外输出三相交流可调电源[通过三相调压器(3 kW)调节即可]。

(3)MK01 直流电压表模块:将 MK01 模块电源的仪表电源输入端子 L、N 分别接至三相交流总电源单元处的三相交流电源输出的 LA、LN,然后将直流电压表1#、2#、3#的直流电压输入端子按需接至需要测量直流电压的设备电压端子处,合上 MK01 模块电源处的电源开关,该模块得电即可进行直流电压测量。

(4)MK02 直流电流表模块:将 MK02 模块电源的仪表电源输入端子 L、N 分别接至三相交流总电源单元处的三相交流电源输出的 LA、LN,然后将直流电流表1#、2#、3#的直流电流输入端子按需接至需要测量直流电流的设备电流端子处,合上 MK02 模块电源处的电源开关,该模块得电即可进行直流电流测量。

(5)MK03 交流电压表模块:将 MK03 模块电源的仪表电源输入端子 L、N 分别接至三相交流总电源单元处的三相交流电源输出的 LA、LN,然后将交流电压表1#、2#、3#的交流电压输入端子按需接至需要测量交流电压的设备电压端子处,合上 MK03 模块电源处的电源开关,该模块得电即可进行交流电压测量。

(6)MK04 交流电流表模块:将 MK04 模块电源的仪表电源输入端子 L、N 分别接至三相交流总电源单元处的三相交流电源输出的 LA、LN,然后将交流电流表1#、2#、3#的交流电流输入端子按需接至需要测量交流电流的设备电流端子处,合上 MK04 模块电源处的电源开关,该模块得电即可进行交流电流测量。

(7)MK05 单相交流表模块:将 MK05 模块电源的仪表电源输入端子 L、N 分别接至三相交流总电源单元处的三相交流电源输出的 LA、LN,然后将功率表1#(或2#)的交流电压输入端子按需接至需要测量功率的设备电压端子处,交流电流输入端子按需接至需要测量功率的设备电流端子处,合上 MK05 模块电源处的电源开关,该模块得电即可进行功率测量。

(8)MK06 智能测控仪表模块:将 MK06 模块电源的仪表电源输入端子 L、N 分别接至三相交流总电源单元处的三相交流电源输出的 LA、LN,然后将交流电表的交流电压输入端子按需接至需要测量电参量的设备电压端子处,交流电流输入端子按需接至需要测量电参量的设备电流端子处,合上 MK06 模块电源处的电源开关,该模块得电即可进行电参量测量。

(9)MK07 交流并网及切换开关模块:将 MK07 模块电源的 L、N 分别接至三相交流总电源单元处的三相交流电源输出的 LA、LN,待并测电压输入端子接至三相同步发电机的三相电压端子上时,系统侧电压输入端子对应接至三相交流电源输出端子上,合上 MK07 模块电源处的电源开关,合上相位检测开关,当满足条件(交流同期系统的电压差小于 5 V,频差小于 2 Hz,相角差小于20°)时,按下合闸按钮,KM 闭合,此时处于准同期,然后合上同期开关此时处于同期,即并网成功。

(10)MK08 电力电子控制模块:电力电子实验配套用。

(11)扭矩表:将扭矩表的扭矩输出航空插头(2 芯)接至 MK08 电力电子控制模块的扭矩输入接口,将扭矩表的机组接口航空插头(5 芯)接至机组 1#(或 2#)的机组扭矩接口航空插头即可进行扭矩测量。

(12)转速表 1#、2#:将转速表(1#、2#)的机组接口航空插头(7 芯)接至机组 1#(或 2#、3#、4#)的机组转速接口航空插头即可进行转速测量。

(13)三相组式变压器:按需接入变压器实验电路中使用。

(14)三相芯式变压器:按需接入变压器实验电路中使用。

(15)三相电抗器:按需接入电路中使用。

(16)直流稳压电源:将电枢电源的电枢电压输出(250 V/20 A)接线端子 V_1+、V_1- 按需接至需要提供电枢电源的电路中,将励磁电源 1#(250 V/3 A)或励磁电源 2#(150V/5A)、励磁电压输出的接线端子 V_2+、V_2-(或 V_3+、V_3-)按需接至需要提供励磁电源的电路中,合上电枢电源开关、励磁电源 1#(或励磁电源 2#)电源开关,如此即可对外输出直流稳压电源。

(17)机组 1#、2#:将机组 1#、2#的机组扭矩接口航空插头(5 芯)接至扭矩表的扭矩输出航空插头,机组 1#、2#的机组转速接口航空插头(7 芯)接至转速表 1#或 2#的机组接口航空插头,直流电机的电枢绕组按需接好,直流电机的励磁绕组按需接好,三相异步电机按需接好线。

(18)机组 3#、4#:将机组 3#、4#的机组转速接口航空插头(7 芯)接至转速表 1#或 2#的机组接口航空插头,直流电机的电枢绕组按需接好,直流电机的励磁绕组按需接好,三相异步电机、三相同步发电机按需接好线。

(19)可调电阻 1#:按需接入,即可对外提供 0~900 Ω 内可调的电阻。

(20)可调电阻 2#:按需接入,即可对外提供 0~90 Ω 内可调的电阻。

(21)三相可调电阻负载:将三相可调电阻负载的接线端子 R、S、T 按需接入,即可通过电阻切换开关切换 0~3 挡位(即投入不同的电阻负载,分别为 6 Ω、3 Ω、1 Ω、0 Ω)。

(22)单相可调电阻负载:将单相可调电阻负载的接线端子 A_7、B_7 按需接入,即可对外提供 0~300 Ω 内可调的电阻。

(23)1、2、3、4 是三相变压器的独立接线孔。1、2 数字孔为变压器原边线圈(220 V),3、4 孔为副边线圈(55 V 或 110 V)。

(24)调压器黑色标记左旋到位时,输出电压最小(0 V),向右旋转输出电压是最大值。

(25)所有电阻器左旋到位时,接入的电阻是最小值(0 Ω)。

(26)交流电压、电流测试点,直流电压、电流测试点都是用万用表可检测的信号插孔,测得的结果可与面板上的显示仪表读数比较,也可与液晶显示的读数比较。

(27)智能安全配电管理系统:本部分内容略,具体由实验室老师掌握。

1.3　电机与电力拖动实验须知

1.3.1　电机与电力拖动实验注意事项

为了按时完成电机与电力拖动实验,确保实验时的人身安全与设备安全,要严格遵守如下安全操作规程规定。

(1)实验合闸前及实验完成后:①须将电阻器放置最大值;②调压器须左旋到底;③保证所有空气开关、电源开关断开。

(2)实验时,人体不可接触带电线路。

(3)接线、拆线及变换量程都必须在切断电源的情况下进行。

(4)禁止穿长袍/大衣进行实验,围巾、领带、辫子等不要拖曳在外,以免被机器卷进离合器或皮带而发生危险。

(5)不要站在机器转动部分的近旁,停车时不要用手或脚去抵触其转动部分,以免碰伤。

(6)禁止赤脚进行实验,实验时必须穿胶底鞋(绝缘鞋)。

(7)学生独立完成接线或改接线路后必须经指导教师检查和允许,并引起组内其他同学注意后方可接通电源。实验过程中,须注意机器的运行情况(如声音、气味、振动、温度等),如运行不正常或发生事故,应立即切断电源,查清问题和妥善处理故障后,才能继续进行实验。

(8)直流电机实验不允许直接启动,必须满磁启动,必须串电阻启动或降压启动。电机启动前,应先检查功率表及电流表的电流量程是否符合要求,以及是否有短路回路存在,以免损坏仪表或电源。

(9)实验室总电源的接通应由实验指导人员来完成,实验台控制屏上的电源须经实验指导人员允许后方可接通,不得自行合闸。

1.3.2　电机与电力拖动实验规则

(1)实验前必须做好预习工作,抽问不通过者不准参加实验。

(2)学生必须在实验室指定地点进行实验,不得乱取仪表。

(3)柜体面板和仪表上不准用笔做记号。

(4)学生接完线经全组检查通过后再经教师检查,确认无误后,才能合上开关进行实验。

(5)仪表不得超过量程使用。

(6)实验完毕将调压器左旋到位,电阻器右旋到位。把所有空气开关、电源开关断开,把所有连接导线从面板上取下,归类整理并放回原处。

(7)安全用电。本实验室是强电实验室,室内到处有电,必须严格按照所学原理与操作规程进行规范操作,不得谈笑。

(8)实验室严禁吸烟、饮食;水杯、水瓶等不允许放在实验台面板上;雨伞统一放实验室门外的雨伞架上。

(9)学生做出严重错误行为以致损坏教学设备的,必须负责赔偿,并呈请学校处理。

(10)学生必须服从教师及实验室工作人员指导。

1.3.3　电机与电力拖动实验基本要求

电机与电力拖动实验课的目的在于使学生掌握基本的实验方法与操作技能。学生能根据实验目的、实验内容及实验设备来拟定实验线路，选择所需仪表，确定实验步骤，测取所需数据，进行分析研究，得出必要结论，从而完成实验报告。学生在整个实验过程中，必须集中精力，及时认真地做好实验。现按实验过程对学生提出下列基本要求。

1. 实验前的准备

实验前应复习教科书有关章节，认真研读实验指导书，了解实验目的、项目、方法与步骤，明确实验过程中应注意的问题(有些内容可到实验室对照实物预习，如熟悉组件的编号、使用及其规定值等)，并按照实验项目准备记录抄表等。

实验前应写好预习报告，经指导教师检查认为确实做好了实验前的准备后，方可开始做实验。

认真做好实验前的准备工作，对于培养学生的独立工作能力，提高实验质量和保护实验设备都是很重要的。

2. 实验的进行

(1)建立小组，合理分工。

每次实验都以小组为单位进行，每组由3~4人组成，实验人员对实验进行中的接线、调节负载、保持电压或电流、记录数据等工作应有明确的分工，以保证实验操作协调，记录的数据准确可靠。

(2)选择组件和仪表。

实验前先熟悉该次实验所用的机组及配件，记录电机铭牌和选择仪表量程，然后依次排列组件和仪表，以便于测取数据。

(3)按图接线。

根据实验线路图(对于设计性的实验，要求学生自己拟定线路图)及所选组件、仪表，按图接线，线路力求简单明了，按接线原则应先接串联主回路，再接并联支路。为查找线路方便，每路可用相同颜色的导线或插头。

(4)启动机组，观察仪表。

在正式实验开始之前，先熟悉所用仪表及仪表刻度，并记下倍率，然后按一定规范启动电机，观察所有仪表是否正常(如指针正、反向是否超过量程等)。如果出现异常，应立即切断电源，并排除故障;如果一切正常，即可正式开始实验。

(5)测取数据。

预习时对电机的实验方法及所测数据的大小要做到心中有数。正式实验时，根据实验步骤逐次测取数据。

(6)认真负责，实验有始有终。

实验完毕，须将数据交指导教师审阅。经指导教师认可后，才允许拆线，并须把实验所用的组件、导线及仪器等物品整理好。

1.3.4　电机与电力拖动实验报告要求

实验报告是根据实测数据和在实验中观察和发现的问题，经过分析研究或分析讨论写出的心得体会。

实验报告要简明扼要、字迹清楚、图表整洁、结论明确。

实验报告应包括以下内容：

(1)实验名称、专业班级、学号、姓名、实验日期、室温(℃)。

(2)列出实验中所用组件的名称及编号、电机铭牌数据(P_N、U_N、I_N、n_N)等。

(3)列出实验项目并绘出实验时所用的线路图，并注明仪表量程、电阻器阻值、电源端编号等。

(4)数据的整理和计算。

(5)按记录及计算的数据用坐标纸画出曲线。图纸尺寸不小于 8 cm×8 cm，图形尺寸的长度比例不大于 1∶1.5，同一机器的几条曲线可绘在同一坐标纸上，以作比较，但必须妥善安排，不得拥挤，尽可能避免两条以上曲线相交，可用不同颜色绘制各种曲线，这样更加清晰。绘曲线时通常将自变量作为横坐标，他变量(因变量)作为纵坐标，坐标标度的比例为：合理的标度为 1 mm(或 1 小格)，若等于 A 个测量单位，则 A 应是 10 的倍数，或是 1、2、5 这些数字中的一个，不得是 2.5 或 3 的倍数。坐标名称及单位必须标出，或者用相对单位制。绘出的曲线应是平滑的，故绘曲线时应先描点，然后用铅笔将所描的点以曲线尺或曲线板连成光滑曲线，如果某些点离此光滑曲线很远，则弃去，曲线两旁的点不要擦去，不在曲线上的点仍按实际数据标出。

(6)根据数据和曲线进行计算、分析、讨论与总结。根据实验结果，得出相应结论，分析实验过程中产生误差的原因，这是实验报告中很重要的部分，在一份好的实验报告中，明确清晰的分析与结论是必不可少的。实验者应根据实验要求，开动脑筋，深入细致地思考，分析实验结果与理论是否符合，如果实验结果与理论计算值相差较大，要认真分析并说明实验产生误差的原因，对某些问题提出一些自己的见解(有目的地培养自己的创新能力)，最后写出结论。

(7)实验报告应写在一定规格的报告纸上，保持整洁。每次实验每人独立完成一份报告，力求内容正确，书写整齐，按时送交指导教师批阅。如有不合规格或严重错误者，须返还修正后在一星期内交上。

第 2 章

直流电机实验

2.1 知识要点

2.1.1 直流电机基本结构

直流电机是以导体在磁场中运动产生感应电动势或载流导体在磁场中受力为基础来实现机电能量转换的。为实现机电能量转换,直流电机的结构包括定子和转子两部分,且都有铁芯和线圈(绕组)。定子用来建立磁场,并作为机械支撑;转子(电枢)用来产生感应电势、电流,实现机电能量转换。

直流电机之所以能够工作,是因为在结构上有一个非常重要的部件,即换向器。当直流电机作发电机运行时,换向器的作用是将电枢绕组内的交变电动势转换成电刷之间极性不变的直流电动势;当直流电机作电动机运行时,换向器的作用是在线圈的有效边从 N 极(或 S极)下转到 S 极(或 N 极)下时改变其中的电流方向,使 N 极下的有效边中的电流总是流向一个方向,而 S 极下的有效边中的电流总是流向另一个方向,这样才能使有效边上受到的电磁力的方向不变,而且产生同一方向的转矩。

2.1.2 直流电机的工作原理

直流电机在结构上因为有换向器这个重要的部件,所以它的能量转换的方向是可逆的。也就是说,同一台电机既可以作发电机运行,将机械能转换成电能,也可以作电动机运行,将电能转换为机械能。它们的电磁关系和能量转换关系,可用下列三个基本方程式来描述。

(1)电压平衡方程式。

在发电机中,$E=U+I_aR_a$,即发电机的电势 E 为负载电压 U(发电机的端电压)和电枢电阻压降 I_aR_a 所平衡。

在电动机中,$U=E+I_aR_a$,即电动机的外加电枢电压为电枢的反电势和电枢回路中的电阻压降所平衡。需注意的是,在电动机运行状态,它的转速、电动势、电枢电流、电磁转矩能自动调整,以适应负载变化,保持新的转矩平衡。

(2)电势方程式。

$$E=C_e\Phi n \quad (方向由右手定则确定)$$

在发电机中,电动势 E 为输出电功率的电源电动势,在电势作用下产生电枢电流 I_a, E 与 I_a 方向相同。

在电动机中,电动势 E 为反电势,它与外加电压产生的电流 I_a 方向相反。

(3)转矩方程式。

$$T = C_t \Phi I_a (\text{方向由左手定则确定})$$

在发电机中,电磁转矩 T 为阻转矩,方向与 n 相反,原动机的转矩 $T_1 = T + T_0$,式中 T_0 为空载损耗转矩。

在电动机中,电磁转矩 T 为拖动转矩,方向与 n 相同, $T = T_L + T_0$,式中 T_L 为负载转矩。

注意:电机稳速运行时,转矩是平衡的。

2.1.3　直流电机的分类

按照励磁方式的不同,直流电机分为:他励、并励、串励和复励(复励又分为积复励和差复励)。

在发电机中,用得较多的是他励直流发电机和并励直流发电机。为使并励直流发电机能自励(端电压能够建立起来),必须满足三个条件:其一,要有剩磁;其二,由剩磁感生的电流所产生的磁场方向应与剩磁磁场方向相同;其三,励磁回路中的电阻值不能超过它的临界电阻。这三个条件缺一不可,否则,并励直流发电机将无法建立电压(无法发电)。

发电机的重要运行特性是它的空载特性和外特性。

在电动机中,用得较多的是他励直流电动机和并励直流电动机。

2.1.4　他励直流电动机的机械特性

机械特性是电动机最重要的运行特性,他励直流电动机的机械特性表达式为:

$$n = \frac{U - I_a(R_a + R_{ad})}{C_e \Phi} = \frac{U}{C_e \Phi} - \frac{R_a + R_{ad}}{C_t C_e \Phi^2}T = n_0 - \Delta n \tag{2.1}$$

机械特性曲线见图 2-1,机械特性的硬度为:

$$\beta = \frac{dT}{dn} = \frac{\Delta T}{\Delta n} \times 100\% \tag{2.2}$$

β 表示特性的平直程度。电枢回路的附加电阻 $R_{ad} = 0$,电枢电压 $U = U_N$,磁通 $\Phi = \Phi_N$ 时,机械特性称为固有机械特性。

人为地改变 U、Φ 或增加 R_{ad} 时所得到的机械特性称为人为机械特性。

电动机启动、调速、制动的方法就是利用人为机械特性。

改变外加电压的方向和励磁电流的方向都可以改变电动机的转向。

在通过计算绘制机械特性时要注意两点:

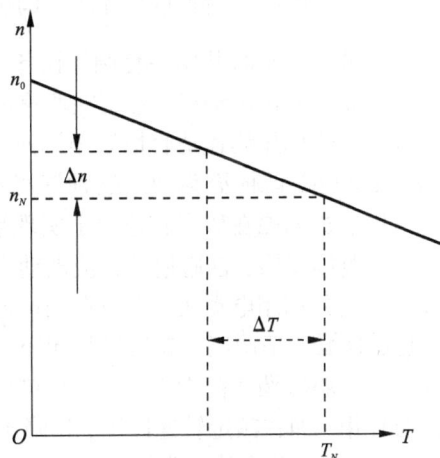

图 2-1　他励直流电动机的机械特性

（1）$C_e\varphi_N = \dfrac{(U_N - I_N R_N)}{n_N}$ 对同一台直流电动机而言是唯一的；

（2）额定转矩：$T_N = 9.55 \dfrac{P_N}{n_N}$ 是电动机轴上的输出转矩。

电磁转矩：$T = C_t \varphi I_N \neq T_N$。

2.1.5 直流电动机的启动

直流电动机不允许直接启动。因为直流电动机启动的瞬间，由于 $n = 0$，$E = 0$，电动机电枢回路的固有电阻 R_a（又叫直流电动机的电枢电阻）很小，$1.1 \sim 1.5$ kW 的直流电动机 R_a 一般为 $7 \sim 2.5$ Ω，60 kW 以上的直流电动机 R_a 更小，一般只有 0.18 Ω 左右，所以，启动电流 $I_a = U_N / R_a$ 会很大，这既对电网运行极其不利，又会使电动机换向器火花增大，对换向不利。因此，启动时必须设法减少启动电流。

由启动电流 $I_{st} = U_N / (R_a + R_{st})$ 可知，常用的启动方法有以下两种：

其一，降压启动，这是用得最多的一种启动方法；

其二，电枢回路串接外接电阻启动，用此法时一定要注意根据实际要求来设计启动电阻的大小。

注意：启动转矩 T_{st} 是电磁转矩，只能用 $T_{st} = C_t \Phi I_{st}$ 来计算，且要注意 $C_t \neq \dfrac{I_{st}}{I_N}$。

2.1.6 他励直流电动机的调速

根据生产机械的要求，人为地改变电动机的转速，称为调速。直流电动机具有良好的调速性能。由式（2.1）可知，他励直流电动机的调速方法有以下三种。

（1）改变电枢外加电压 U 调速。这种调速方法的主要特点是：

①可以在额定转速以下实现平滑无级调速。

②由于调压时机械特性硬度不变，调速的稳定性较高，调速范围 $D = \dfrac{n_{max}}{n_{min}}$ 较大。

③可与电机启动时共用一套调压设备。

④为了充分利用电动机，希望在调速过程中维持电枢电流 I_a 不变，即电动机的转矩 $T = C_t \Phi_N I_a$ 不变，故调压调速适合恒转矩调速。这种调速方法用得最多。

（2）改变励磁磁通 Φ 调速。这种调速方法的主要特点是：

①可以通过弱磁在额定转速以上实现平滑无级调速。

②调速范围受限，普通他励直流电动机的最高转速不得超过额定转速的 1.2 倍。

③为了充分利用电动机，希望在调速过程中维持电枢电流 I_a 不变，即功率 $P = U I_a$ 不变，所以，它适合恒功率调速。在这种情况下，电动机的转矩 $T = C_t \Phi I_a$ 要随着主磁通 Φ 的减少而减少。基于弱磁调速范围不大，很少单独使用它，有时为了扩大调速范围，常将它和调压调速配合使用，即在额定转速以下，用降压调速，而在额定转速以上，用弱磁调速。

（3）在电枢电路中外串附加电阻 R_{ad} 调速。此法缺点较多，在生产实际中较少采用。

2.1.7 他励直流电动机的四象限运行

在平面坐标系中，如果用 X 轴代表电磁转矩（T），Y 轴代表电机转速（n），电磁转矩（T）

与电机转速(n)的关系就是电机的机械特性。他励直流电动机机械特性曲线所在的四象限分别代表直流电动机的 4 种不同运行状态，如图 2-2 所示，第 I、III 象限分别代表电动机的正、反向电动运行状态，第 II、IV 象限分别代表电动机的正、反向回馈制动状态。

机械特性如果从第 II 象限运行到第 III 象限，则代表电动机处于电源反接的制动状态；如果从第 II 象限运行到第 IV 象限穿过坐标原点，则代表电动机处于能耗制动状态；如果从第 I 象限运行到第 IV 象限，则代表电动机从正向电动运行过渡到电势反接(倒拉反接)的制动运行状态。

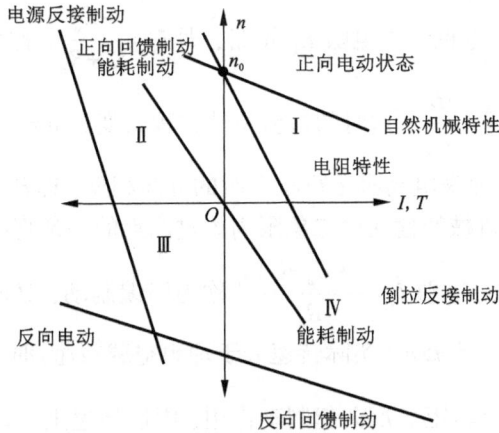

图 2-2　他励直流电动机的四象限运行

2.1.8　他励直流电动机在各运行状态下的主要特征

他励直流电动机在各种运行状态下(又叫四象限运行)的主要特征体现在各物理量的关系与符号的确定上。电磁转矩 T、转速 n、电枢电流 I_a、电势 E、电压平衡方程式及符号的确定和应用场合比较见表 2-1。

表 2-1　电磁转矩 T、转速 n、电枢电流 I_a、电势 E、电压平衡方程式及符号的确定和应用场合比较

运行状态	电动状态	回馈制动	倒拉反接制动	电源反接制动	能耗制动
电压平衡方程式	$U=E+I_a(R_a+R_b)$	$E=U+I_a(R_a+R_b)$	$U+E=I_a(R_a+R_b)$	$U+E=I_a(R_a+R_b)$	$E=I_a(R_a+R_b)$
符号确定	$n>0$, $T>0$, $I_a>0$, E 与 U 方向相反	$n>0$, $T<0$, $I_a<0$, E 与 U 方向相反	$n<0$, $T>0$, $I_a>0$, E 与 U 方向相同	$n>0$ 或 <0, $T<0$, $I_a<0$, E 与 U 方向相反	$U=0$, $n>0$, $T<0$(第 II 象限), $n<0$, $T>0$(第 IV 象限)
应用场合	拖动生产机械	电车下坡或重物下放，当 $n>n_0$ 时控制位能性负载的下降速度	一般在 $n<n_0$ 时控制位能性负载的下降速度	使系统迅速停车(或反向)	使惯性系统迅速停车(或控制位能性负载的下降速度)

2.1.9 直流电动机的制动

电动机拖动生产机械，在生产过程中要求电动机能制动、停车或减速等。所谓制动就是指在电动机的轴上加一个与旋转方向相反的转矩，以达到使机组快速停转，或限制机组的转速在一定的数值内的目的，如电车下坡、重物下放等。在他励直流电动机中，因磁通的方向恒定不变，由 $T = C_t \Phi I_a$ 可知，可以通过改变电枢电流的方向来改变电磁转矩的方向。因为 $I_a = \dfrac{U - E_a}{R_a}$，所以，有以下三种方法改变 I_a 的方向。

(1) 切除电源电压 U，电枢经外电阻 R_b 短路，即 $I_a = \dfrac{-E_a}{R_a + R_b}$，称为能耗制动。由于能耗制动时 $U = 0$，$n_0 = 0$，$I_a = \dfrac{U - E_a}{R_a} = \dfrac{-E_a}{R_a}$，这时的机械特性方程式变为 $n = \dfrac{U}{C_e \Phi} - \dfrac{R_a + R_b}{C_e C_t \Phi^2} T = -\dfrac{R_a + R_b}{C_e C_t \Phi^2} T$。电流 I_a 和电磁转矩 T 都与原来电动机运行状态时的方向相反，即转速方向未变，电流 I_a 和电磁转矩 T 的方向为负，故机械特性在第二象限内为过原点的一条直线。

(2) 如果 $n > n_0$，则 $E_a > U$，即 $I_a = \dfrac{-(E_a - U)}{R_a}$，称为回馈制动，又叫再生制动，如电车下坡时，其位能驱使电机升速，当 $n > n_0$（实际转速大于理想空载转速）时，$E_a > U$，此时的电枢电流 $I_a = \dfrac{(U - E_a)}{R_a}$ 改变方向，电磁转矩 T 反向起制动作用，限制转速上升。此时的电动机转变为发电机状态，能将电车下坡时失去的位能转变为电能回馈给电网，故称回馈制动（也叫反馈制动、再生制动或发电制动），见图 2-2，回馈制动的机械特性为穿过理想空载转速点的直线。

(3) 将电源电压改变方向，并串入限流电阻 R_b，即 $I_a = \dfrac{-U - E_a}{R_a + R_b}$，此乃电源反接制动。当电源经过反向开关反接时，加到电枢两端的电压极性与电动机运行时相反。由于磁场和转向不变（$n > 0$），电势方向未变，所以 U 和 E_a 方向相同，此时 $I_a = \dfrac{-U - E_a}{R_a + R_b}$ 变为负值，电磁转矩 T 改变方向成为制动转矩。电动机变成了发电机，把机械能转换成电能，将电能消耗在电枢回路的电阻中，电机的转速从 n_1 下降至零，电机停转。机械特性曲线会在第二象限出现。当工作机械为阻力负载时，电动机反转，机械特性曲线进入第三象限，其稳定转速为 $-n_1$。即：电源反接过程的机械特性位于第二象限，反接的瞬间，电枢两端电压为 $U + E_a \approx 2U$，电枢电流 I_a 会很大，所以必须串入限流电阻 R_b，以限制电枢电流，通常限制电枢电流要小于两倍额定电流，即 $R_a + R_b \geqslant \dfrac{U_N}{I_N}$，这是实验过程中必须注意的地方（电源反接制动一般应用在生产机械要求迅速减速、停车和反向的场合，以及要求经常正反转的机械上）。实验中还要注意的地方就是：电源反接与倒拉反接不同，前者的特点是，U 改变方向和 E_a 方向相同，然后电流 I_a 和转矩 T 的方向改变，机械特性位于第二象限；而后者的特点是，电势 E_a 改变方向与 U 方向相同，而电流 I_a 和 T 的方向未变，但转向改变，机械特性位于第四象限，这是因为电枢回路串入电阻 R_b 较大，此时转速降 $\Delta n = \dfrac{R}{C_e C_t \Phi^2} T > n_0$，故转速 n 为负值。

2.1.10　直流电动机的反向

在电力拖动装置工作过程中，根据生产的要求，也常常需要改变电动机的转向。改变电动机转速方向的方法有两种：一是将电枢绕组反接；二是将励磁绕组反接。由于励磁绕组匝数较多，电感较大，反向励磁的建立过程缓慢，从而使反接过程不能迅速进行，所以通常采用反接电枢绕组的方法使电动机反转。如果电动机正转，转矩和转速的方向为正，那么反转时，转矩和转速应为负，因此他励直流电动机反转电动状态的机械特性位于第三象限内，反转回馈制动状态的机械特性应该位于第四象限内。

2.2　基本要求

（1）在了解直流电动机基本结构的基础上，着重掌握直流电动机的基本工作原理，特别应掌握转矩方程式、电势方程式和电压平衡方程式。

（2）掌握直流电动机的机械特性，特别是人为机械特性。

（3）掌握直流电动机的启动、调速和制动的各种方法及其优缺点和应用场所。

（4）学会用机械特性的四象限来分析直流电动机的运行状态。

（5）学会根据他励直流电动机的铭牌技术参数，确定电动机启动等运行特性，设计他励直流电动机的实验线路图，拟定实验步骤、实验线路，绘出设计图，通过计算确定电枢回路中启动电阻的阻值及功率的大小、励磁回路中励磁调节电阻的阻值及功率的大小。

2.3　重点难点

1. 重点

（1）电动机最重要的运行特性是它的机械特性，由于机械特性是根据转矩、电势、电压平衡方程式推导出来的，而机械特性又是分析启动、调速和制动特性的依据，所以机械特性是电动机内容的重中之重。特别要掌握直流电动机的人为机械特性。

（2）他励直流电动机的启动特性。

（3）他励直流电动机的调速特性。

2. 难点

本章节较难理解的内容是电流、电势的换向过程和电动机的制动过程，以及直流电动机在各种运行状态下的电磁转矩 T、负载转矩 T_L、转速 n、电枢电流 I_a 和电势 E 等正、负符号的确定。

2.4 实验内容及能力考察范围

实验一 直流电动机的启动、换向和调速控制实验

【实验目的】

(1)了解直流电动机的主要结构及特点。
(2)掌握直流电动机电枢串电阻的启动方法和改变转向的方法。
(3)掌握直流电动机的调速方法。

【实验器材】

(1)机组 1#：直流电动机 M_1。
(2)MK01 直流电压表模块：直流电压表 1#、2#。
(3)MK02 直流电流表模块：直流电流表 1#、3#。
(4)MK07 交流并网及切换开关模块：转换开关 SW_1、SW_2。
(5)单相可调电阻负载：R_w。
(6)直流稳压电源(250 V/20 A)电枢电源。
(7)直流稳压电源(250 V/3 A)励磁电源 1#。
(8)导线若干。

直流电动机实物图

【实验内容】

(1)直流电动机的启动。
(2)直流电动机转向的改变及调速。

【知识储备及能力考察范围】

1. 直流电动机的主要结构及各绕组的接线方式(分类)

(1)直流电动机的构造(由定子与转子组成,定子包括主磁极、机座、换向极、电刷装置等;转子包括电枢铁芯、电枢绕组、换向器、转轴和风扇等)及各部分的作用。

(2)直流电动机各绕组的接线方式(分类)。

直流电动机就是将直流电能转换成机械能的电机。根据励磁方式的不同,直流电动机可分为下列几种类型。

①他励直流电动机。

励磁绕组与电枢绕组没有电的联系,励磁电路是由另外独立的直流电源供给的。因此励磁电流不受电枢端电压或电枢电流的影响。

②并励直流电动机。

并励绕组两端电压就是电枢绕组两端电压,但是励磁绕组是用细导线绕成的,其匝数很

多，因此具有较大的电阻，使得通过它的励磁电流较小。

③串励直流电动机。

励磁绕组是和电枢绕组串联的，所以这种电动机内磁场随着电枢电流的改变有显著的变化。为了使励磁绕组中不致产生大的损耗和电压降，励磁绕组的电阻越小越好，所以串励直流电动机通常用较粗的导线绕成，它的匝数较少。

④复励直流电动机。

励磁绕组与电枢绕组的连接方式既有并联又有串联时，称为复励式。按串励绕组与并励绕组产生磁势方向的异同，又可将复励式电机分为差复励和积复励。串励绕组与并励绕组产生的磁势方向相同时，称为积复励；串励绕组与并励绕组产生的磁势方向相反时，称为差复励。

2. 他励直流电动机的启动

电动机转子从静止状态开始转动，转速逐渐增大，最后达到稳定运行状态的过程称为启动。电动机在启动过程中，电枢电流 I_a、电磁转矩 T、转速 n 都随时间变化，是一个过渡过程。开始启动的一瞬间，转速等于零，这时的电枢电流称为启动电流，用 I_{st} 表示，对应的电磁转矩称为启动转矩，用 T_{st} 表示。一般对直流电动机的启动有如下要求：

①启动转矩足够大[$T_{st} > T_L$ （ T_L 为负载转矩）时，电动机才能顺利启动]。

②启动电流 I_{st} 要限制在一定的范围内。

③启动设备操作方便，启动时间短，运行可靠，成本低廉。

(1)直接启动(全压启动)。

直接启动就是先接通励磁电源建立磁场，然后在他励直流电动机的电枢上直接加以额定电压的启动方式。

直接启动时启动电流将达到很大的数值，出现强烈的换向火花，造成换向困难，还可能引起过流保护装置的误动作或引起电网电压的下降，影响其他用户的正常用电；同时，启动转矩也很大，会造成机械冲击，易使设备受损。因此，除个别容量很小的电动机外，一般直流电动机是不容许直接启动的。

对于他励/并励直流电动机，为了限制启动电流，可以采用电枢回路串电阻启动或降低电枢电压启动的启动方法。

(2)电枢回路串电阻启动。

电枢回路串电阻启动就是启动前在电枢回路串入电阻，以限制启动电流，而当转速增大到额定转速后，再把启动变阻器从电枢回路中切除的启动方法。

电动机启动前，应使励磁回路串联附加的电阻为零，以使磁通达到最大值，从而产生较大的启动转矩。

电枢串电阻启动设备简单，操作方便，但能耗较大，它不宜用于频繁启动的大、中型电动机，可用于小型电动机的启动。

(3)降低电枢电压启动(减压启动)。

降低电枢电压启动，即启动前将施加在电动机电枢两端的电源电压降低，以减小启动电流（一般限制在 $1.5 \sim 2\ I_N$），电动机启动后，再逐渐提高电源电压，使启动电磁转矩维持在一定数值，保证电动机按需要的加速度升速。这种启动方法需要专用电源，投资较大，但启动电流小，启动转矩容易控制，启动平稳，启动能耗小，是一种较好的启动方法。

3. 直流电动机的反转

要使电动机反转，必须改变电磁转矩的方向，而电磁转矩的方向由磁通方向和电枢电流方向所决定。所以，只要使磁通 Φ 或电枢电流 I_a 中的任意一个参数改变方向，电磁转矩 T 即可改变方向。在控制时，通常直流电动机的反转实现方法有以下两种。

(1)改变励磁电流方向。

保持电枢绕组两端电压极性不变，将励磁绕组反接，使励磁电流反向，磁通 Φ 即可改变方向。

(2)改变电枢电压极性。

保持励磁绕组两端电压极性不变，将电枢绕组反接，电枢电流 I_a 即可改变方向。

由于他励直流电动机的励磁绕组匝数多，电感大，励磁电流从正向额定值变到反向额定值的时间长，反向过程缓慢，而且在励磁绕组反接断开的瞬间，绕组中将产生很大的自感电动势，可能造成绝缘击穿，所以实际应用中大多采用改变电枢绕组电压极性的方法来实现电动机的反转。但在电动机容量很大，对反转速度变化要求不高的场合，为了减小控制电器的容量，可采用改变励磁绕组极性的方法来实现电动机的反转。

4. 直流电动机的调速

(1)调节电枢供电电压。

改变电枢电压主要是从额定电压往下降低电枢电压，从电动机额定转速向下变速，其属恒转矩调速方法，对于要求在一定范围内无级平滑调速的系统来说，这种方法最好。变化遇到的时间常数较小，能快速响应，但是需要大容量可调直流电源。

(2)改变电动机主磁通。

改变磁通可以实现无级平滑调速，但只能减弱磁通进行调速(简称弱磁调速)，从电机额定转速向上调速，属恒功率调速方法。励磁电流变化遇到的时间常数比电枢电流变化遇到的时间常数要大得多，因此响应速度较慢，但所需电源容量也小。

(3)电枢回路串电阻调速。

电动机电枢回路外串电阻进行调速的方法，设备简单，操作方便。但是只能进行有级调速，调速平滑性差，机械特性较软，空载时几乎没什么调速作用，还会在调速电阻上消耗大量电能。

【实验步骤】

1. 直流电动机启动与换向

(1)他励直流电动机的启动换向实验原理图见图 2-3。

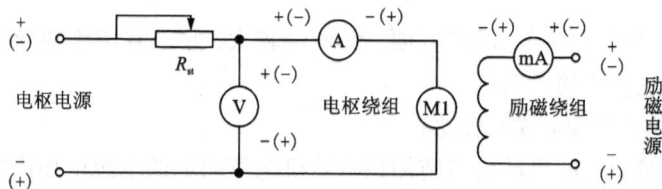

图 2-3　他励直流电动机的启动换向实验原理图

（2）按图 2-4 接线，用专用电缆连接转速表机组接口与机组 1# 转速接口，接好线经老师检查无误后方可通电调试。

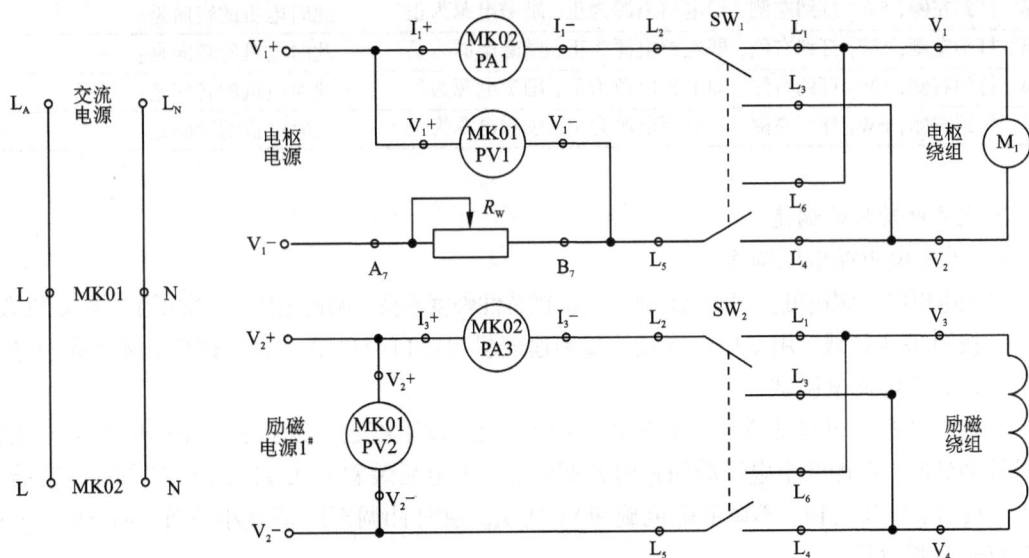

图 2-4　他励直流电动机实验接线图

（3）检查电枢电源和励磁电源 1# 是否在初始状态（按下红色电源按钮，右侧两个电压旋钮逆时针调到底，上电后装置 C.C 灯灭，C.V 灯亮；实验过程中，只调节电压旋钮，不调节电流旋钮）；将 R_w 顺时针调至阻值最大位置，将 SW$_1$、SW$_2$ 开关打到左侧位置。

（4）通过一体机软件上电（或接通电源启停旋钮），依次合上交流电源开关、直流电源开关、电枢电源面板开关和励磁电源 1# 面板开关。

（5）调节励磁电源 1#，使励磁电流达到额定值（0.43 A），调节电枢电源，使电枢电压达到220 V，再逆时针调节 R_w，使电动机 M$_1$ 转速达到 1500 r/min，电动机 M$_1$ 完成启动，再减小电枢电源，使电动机 M$_1$ 转速达到 800 r/min，在表 2-2 中记录转向。

（6）先断开电枢电源面板开关，再断开励磁电源 1# 面板开关，再将 SW$_1$ 开关打到右侧位置，SW$_2$ 开关保持左侧位置；先合上励磁电源 1# 面板开关，再合上电枢电源面板开关，电动机 M$_1$ 完成启动，在表 2-2 中记录转向。

（7）先断开电枢电源面板开关，再断开励磁电源 1# 面板开关，再将 SW$_2$ 开关打到右侧位置，SW$_1$ 开关保持右侧位置；先合上励磁电源 1# 面板开关，再合上电枢电源面板开关，电动机 M$_1$ 完成启动，在表 2-2 中记录转向。

（8）先断开电枢电源面板开关，再断开励磁电源 1# 面板开关，再将 SW$_1$ 开关打到左侧位置，SW$_2$ 开关保持右侧位置；先合上励磁电源 1# 面板开关，再合上电枢电源面板开关，电动机 M$_1$ 完成启动，在表 2-2 中记录转向。

（9）实验完成后，切断电源启停旋钮，依次断开交流电源开关、直流电源开关、电枢电源面板开关和励磁电源 1# 面板开关；先将电枢电源电压旋钮逆时针调到底，再将励磁电源 1# 电压旋钮逆时针调到底，将 R_w 顺时针调至阻值最大位置，将 SW$_1$、SW$_2$ 开关打到中间位置。

表 2-2　直流电动机换向记录

参数	转向
SW_1 打到左侧，SW_2 打到左侧，即电枢电源为正，励磁电源为正	此时电机的转向是：
SW_1 打到左侧，SW_2 打到右侧，即电枢电源为正，励磁电源为负	此时电机的转向是：
SW_1 打到右侧，SW_2 打到右侧，即电枢电源为负，励磁电源为负	此时电机的转向是：
SW_1 打到右侧，SW_2 打到左侧，即电枢电源为负，励磁电源为正	此时电机的转向是：

2. 直流电动机的调速

(1) 改变电枢端电压调速。

改变电枢电压调速可实现无级调速，其机械特性硬度不变，调速范围大，常用于恒转矩负载。

① 按图 2-4 接线，用专用电缆线连接转速表机组接口与机组 1# 转速接口，接好线经老师检查无误后方可通电调试。

② 检查电枢电源和励磁电源 1# 是否在初始状态（按下红色电源按钮，左侧两个电流旋钮顺时针调到底，右侧两个电压旋钮逆时针调到底，上电后装置 C.C 灯灭，C.V 灯亮；实验过程中，只调节电压旋钮，不调节电流旋钮）；将 R_W 逆时针调至阻值最小位置，将 SW_1、SW_2 开关打到左侧位置。

③ 通过一体机软件上电（或接通电源启停旋钮），依次合上交流电源开关、直流电源开关、电枢电源面板开关和励磁电源 1# 面板开关。

④ 调节励磁电源 1#，使励磁电流达到额定值（0.43 A），调节电枢电源，将实验数据记录在表 2-3 中。

⑤ 实验完成后，切断电源启停旋钮，依次断开交流电源开关、直流电源开关、电枢电源面板开关和励磁电源 1# 面板开关；先将电枢电源电压旋钮逆时针调到底，再将励磁电源 1# 电压旋钮逆时针调到底，将 R_W 顺时针调至阻值最大位置，将 SW_1、SW_2 开关打到中间位置。

表 2-3　电枢电压与转速关系

电枢电压/V	70	90	110	130	150	170	190
转速/$(r \cdot min^{-1})$							

(2) 电枢回路串电阻调速。

该调速特性会导致机械特性变软，调速范围不大，不是无级调速。

实验步骤请参考"直流电动机启动与换向"步骤。

【能力考察及注意事项】

(1) 他励直流电动机换向实验涉及开关的组合与选择及接线。

(2) 在给他励或并励直流电动机接通电源的瞬间，启动电流很大，这样大的启动电流将会烧坏换向器，因此电枢电路中需串联一个可调启动电阻 R_{st}，启动时将电阻 R_{st} 调至最大值，使电阻值随着电动机转速的增大而逐渐减小，当电动机达到额定转速时，完全切除启动电阻（即将启动电阻调为零）。这是第二个知识与能力的考察点。

（3）使用并励/他励直流电动机时，切忌在电动机运转时断开励磁电路，以免造成励磁电流等于零，而主磁极上仅有很少的剩磁，使反电动势小，这样电枢电流将会急剧增大，电动机转速也将急剧增大，造成俗称的"飞车"，引起严重事故。这是第三个知识与能力的考察点。

【问题研讨】

（1）根据实验结果得出相应结论。

（2）总结直流电动机改变转向有几种方法，一般采用什么方法？启动前，应做好哪些准备工作，为什么？

（3）直流电动机调速有哪几种方法？比较这些方法的优缺点。

实验二 直流电动机实验线路的综合设计

电机与拖动实验室的主要设备是实验机组。它是由直流电动机（或交流电动机）与直流发电机组成电动机-发电机机组，简称 M-G 组，其间通过联轴器将电动机轴与发电机轴直接相联结，使两台电机同速旋转。电机与拖动实验室共有 4 套机组：

M_4-G_4 代表直流电动机-三相同步发电机机组；

M_3-G_3 代表三相绕线式交流电动机-直流发电机机组；

M_2-G_2 代表三相鼠笼式交流电动机-直流发电机机组（可根据需要，将直流发电机 G_2 接成他励/并励/复励发电机）；

M_1-G_1 代表直流电动机-直流发电机机组（可根据需要，将直流电动机 M_1 接成他励/并励的形式，将直流发电机 G_1 接成他励/并励发电机）。

注意，不同机组的额定参数是不同的，4 套机组各自的额定参数如下。

M_1-G_1 机组的额定数据如下。直流电动机 M_1 的额定数据：$P_N = 1.5$ kW，$U_N = 220$ V，$I_N = 6.8$ A，$n_N = 1500$ r/min，他励，$U_{fn} = 220$ V，$I_{fN} = 0.43$ A。直流发电机 G_1 的额定数据：$P_N = 1.0$ kW，$U_N = 230$ V，$I_N = 4.35$ A，$n_N = 1450$ r/min，复励，$U_{fn} = 230$ V，$I_{fN} = 0.25$ A。

M_2-G_2 机组的额定数据如下。三相鼠笼式交流电动机 M_2 的额定数据：$P_N = 1.5$ kW，$U_N = 380$ V，Y 接法 $I_N = 3.7$ A，$n_N = 1400$ r/min。直流发电机 G_2 的额定数据：$P_N = 1.0$ kW，$U_N = 230$ V，$I_N = 4.35$ A，$n_N = 1450$ r/min，$U_{fn} = 230$ V，$I_{fN} = 0.25$ A，复励。

M_3-G_3 机组的额定数据如下。三相绕线式交流电动机 M_3 的额定数据：$P_N = 1.5$ kW，定子 $U_N = 380$ V/5 A，转子 100 V/15 A，50 Hz，$I_N = 5$ A，$n_N = 820$ r/min。直流发电机 G_3 的额定数据：$P_N = 1.0$ kW，$U_N = 230$ V，$I_N = 4.35$ A，$n_N = 1450$ r/min，复励 $U_{fn} = 230$ V，$I_{fN} = 0.25$ A。

M_4-G_4 机组的额定数据如下。直流电动机 M_4 的额定数据：$P_N = 1.5$ kW，$U_N = 220$ V，$I_N = 8.7$ A，$n_N = 1500$ r/min，他励 $U_{fn} = 230$ V，$I_{fN} = 0.43$ A。三相同步发电机 G_4 的额定数据：$P_N = 1.5$ kW，$U_N = 400$ V，$I_N = 2.7$ A，50 Hz，$n_N = 1500$ r/min，$U_{fn} = 42$ V，$I_{fN} = 2$ A，$\cos \varphi = 0.8$。

根据实验室的以上机组设备，分别完成以下课题设计任务，并在实验室验证通过。

任务一：试设计 M_1-G_1 机组作直流电动机特性实验的电气线路图。

1. 设计要求

（1）直流电动机与发电机均接成并励式。

（2）直流电动机采用电枢串电阻启动，其启动电流限制在额定电流范围内，在励磁回路串电阻来调节电动机的励磁电流。

(3)直流发电机的励磁电流可由零调至 $1.2I_{ef}$，（I_{ef} 为额定励磁电流，一般 $I_{ef} \approx 8\%I_N$），采用电阻箱作发电机的负载，其负载可由零调至额定负载。

2. 选择实验仪表及其他设备

实验时所用开关、电阻器、电流表、电压表、转速表等设备应按被试电机的额定数据选择。例如：被试电机的额定电流为 6.8A，则用来测量此电流的电流表量程应选为 10A。在选择仪表等设备时，假设被试电机的额定数值如前所述。

3. 画出实验线路图

4. 电气原理图是否正确

(1)设计的电路是否满足设计要求。

(2)所设计的电路是否有开路。

(3)所设计的电路是否有短路。

(4)仪表量程与电阻器的阻值与允许通过的电流是否恰当。

5. 拟出详细的实验步骤

任务二：试设计 M_3-G_3 三相绕线式交流电动机–直流发电机机组作他励/并励直流发电机特性实验的电气线路图。

1. 设计要求

(1)三相绕线式交流电动机转子回路串电阻限流降压启动，直流发电机接成他励式。

(2)计算三相绕线式交流电动机转子回路串电阻阻值大小，其启动电流限制在额定电流范围内，在励磁回路通过调节励磁电源电压的大小来调节发电机的励磁电流。

(3)求出直流发电机的负载电阻的大小，通过调节其负载电阻来调节发电机的负载电流，其负载可由零调至额定负载。

(4)测取在该机组状态下他励/并励直流发电机的空载特性和外特性，并观察并励直流发电机的自励过程和自励条件，测取剩磁电压。

2. 选择实验仪表及其他设备

实验时所用开关、电阻器、电流表、电压表、转速表等设备应按被试电机的额定数据选择。例如：被试电机的额定电流为 4.35A，则用来测量此电流的电流表量程应大于 6A。在选择仪表等设备时，假设被试电机的额定数值如前所述。

3. 绘制实验线路图

学生自行绘制。

4. 电气原理图是否正确

(1)设计的电路是否满足设计要求。

(2)所设计的电路是否有开路。

(3)所设计的电路是否有短路。

(4)仪表量程与电阻器的阻值与允许通过的电流是否恰当。

5. 拟定详细的实验步骤

学生自行拟定。

【能力考察及注意事项】

(1)启动电阻 R_q 与磁场电阻 R_t 应选多大（阻值及功率的大小），需根据电机的铭牌参数计算确定。

(2)仪表和其他设备的选型。

(3)直流电动机的启动前准备工作、操作顺序、实验步骤及结论分析。

实验三　直流发电机实验

【实验目的】

(1)了解接线方法与仪表的使用方法。

(2)掌握他励直流发电机空载特性和外特性实验的方法,根据实验数据,画出他励直流发电机的空载特性、外特性与调节特性曲线。

(3)通过实验观察并励直流发电机的自励过程和自励条件,测定剩磁电压。

(4)掌握并励直流发电机空载特性和外特性实验的方法,根据实验数据,画出并励直流发电机的空载特性、外特性与调节特性曲线。

【实验器材】

(1)实验机组 2#:三相鼠笼式异步电动机 M_2、直流发电机 G_2。

(2)MK01 直流电压表模块:直流电压表 1#。

(3)MK02 直流电流表模块:直流电流表 1#、3#。

(4)直流稳压电源(250 V/3 A)励磁电源 1#。

(5)MK07 交流并网及切换开关模块:SW_1、SW_2、SW_3。

(6)单相可调电阻负载:R_W。

(7)可调电阻 1#:RP_1。

(8)可调电阻 2#:$RP_{7/8}$、$RP_{9/10}$。

(9)三相调压器。

(10)导线等。

【实验内容】

(1)他励/并励直流发电机实验,根据实验数据画出以下特性曲线。

①测空载特性保持 $n=n_N$ 使 $I_L=0$,测取 $U_0=f(I_f)$。

②测外特性保持 $n=n_N$ 使 $I_f=I_{fN}$,测取 $U=f(I_L)$。

③测调节特性保持 $n=n_N$ 使 $U=U_N$,测取 $I_f=f(I_L)$。

(2)并励直流发电机实验,观察自励过程,验证并励直流发电机发电的三个条件。

(3)将他励和并励直流发电机外特性实验数据画在同一坐标纸上,进行比较。

【知识储备及能力考察范围】

(1)直流发电机空载特性是指发电机未接负载(外部用电设备),其电枢电流恒为零的运行状态。此时电机电枢绕组只有励磁电流 I_f 感生出的空载电压 U_0,其大小随 I_f 的增大而增加。但是，由于电机磁路铁芯有饱和现象，所以两者不成正比，反映空载电压 U_0 与励磁电流关系 I_f 的曲线（磁滞回线）称为发电机的空载特性。

（2）什么是发电机的运行特性？在求取直流发电机的特性曲线时，哪些物理量应保持不变，哪些物理量应测取？

（3）做空载特性实验时，励磁电流为什么必须保持单方向调节？

（4）并励发电机的自励条件有哪些？当发电机不能自励时应如何处理？

【实验步骤】

（1）他励直流发电机实验原理图见图 2-5。

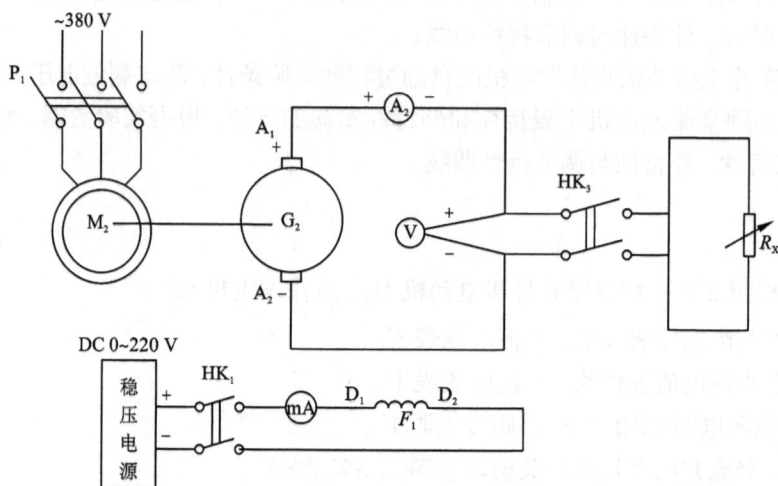

图 2-5 他励直流发电机实验原理图

（2）他励直流发电机实验按图 2-6 接线，用专用电缆线连接转速表机组接口与机组 $2^{\#}$ 转速接口，接好线经老师检查无误后方可通电调试。

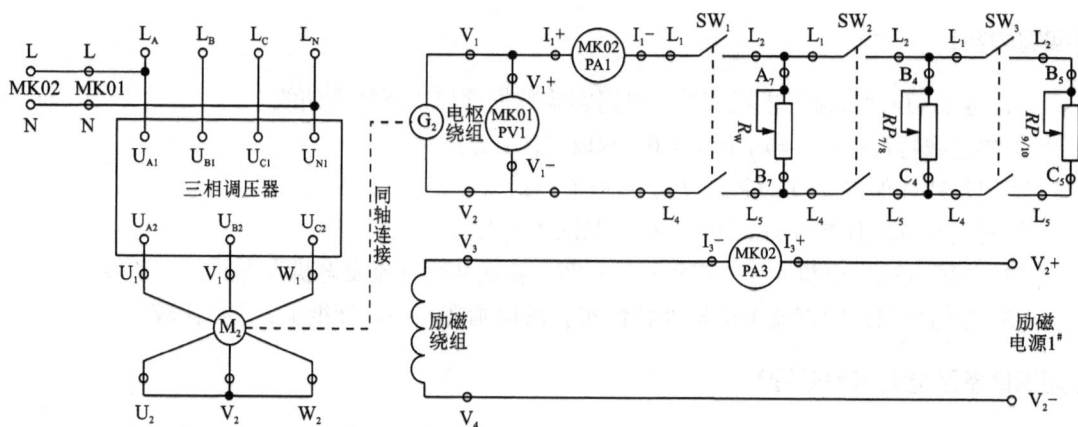

图 2-6 他励直流发电机实验接线图

1)他励直流发电机空载特性实验保持 $n=n_N$ 使 $I_L=0$，测取 $U_0=f(I_f)$。

①检查励磁电源 1# 是否在初始状态(按下红色电源按钮，右侧两个电压旋钮逆时针调到底，上电后装置 C.C 灯灭，C.V 灯亮，实验过程中，只调节电压旋钮，不调节电流旋钮)，将三相调压器逆时针调到底。将 R_w、$RP_{7/8}$ 和 $RP_{9/10}$ 顺时针调至阻值最大位置，将 SW_1、SW_2、SW_3 开关打到中间位置。三相调压器逆时针调到底，保证调压器的起始位置是输出电压为 0 的位置。

②通过一体机软件上电(或接通电源启停旋钮)，依次合上交流电源开关、直流电源开关和励磁电源 1# 面板开关。

③顺时针方向调节三相调压器，使输出电压达到额定值(相电压 220 V)，观察三相相电压基本对称，如果严重不对称，一定要报告老师。此时机组 2# 达到 1500 r/min。

④调节励磁电源的调压旋钮 1#，使发电机 G_2 的空载电压逐步升高，达到 1.2 倍额定值(264 V)，并尽可能在 220 V 附近单方向多测几点。在表 2-4 中记录该实验过程中的数据。

⑤实验完成后，通过一体机软件下电(或切断电源启停旋钮)，依次断开交流电源开关、直流电源开关和励磁电源 1# 面板开关；将励磁电源 1# 电压旋钮逆时针调到底，将三相调压器逆时针调到底。

表 2-4　他励直流发电机的空载实验($n=n_N$，$I_L=0$)

序号	1	2	3	4	5	6	7
I_f/A							
U_0/V							

注：I_f 为励磁电流，U_0 为空载电压。

⑥根据空载实验数据，画出空载特性曲线，由空载特性曲线计算出被试电机的饱和系数和剩磁电压的百分数。

2)他励直流发电机外特性实验保持 $n=n_N$ 使 $I_f=I_{fN}$，测取 $U=f(I_L)$。

①实验按图 2-7 接线(实际上同图 2-6，但需注意，此时只要把 SW_1 右边的负载接上即可)，用专用电缆线连接转速表机组接口与机组 2# 转速接口，接好线经老师检查无误后方可通电调试。

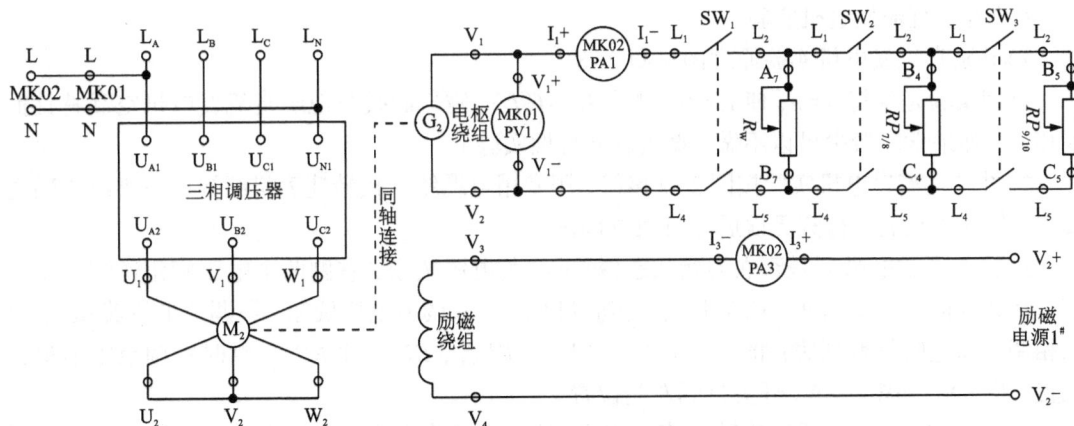

图 2-7　他励直流发电机外特性实验接线图

②检查励磁电源 1# 是否在初始状态(按下红色电源按钮,右侧两个电压旋钮逆时针调到底,上电后装置 C.C 灯灭,C.V 灯亮;实验过程中,只调节电压旋钮,不调节电流旋钮),将三相调压器逆时针调到底;将 R_W、$RP_{7/8}$ 和 $RP_{9/10}$ 顺时针调至阻值最大位置,将 SW_1、SW_2、SW_3 开关打到左侧位置。

③接通电源启停旋钮,依次合上交流电源开关、直流电源开关和励磁电源 1# 面板开关。

④调节三相调压器,使输出电压达到额定值(220 V 交流),此时机组 2# 达到 1500 r/min。

⑤调节励磁电源 1#,使励磁电流达到额定值(0.25 A)。

⑥同组同学协调配合,逆时针方向尽可能地同时、同速调节 R_W、$RP_{7/8}$、$RP_{9/10}$ 三个电阻使电枢电流达到额定值 3.5 A,此时发电机 G_2 达到额定运行状态,记录此时的 $I_L = 3.5$ A,$U = ?$,$n = n_N = 1500$ r/min,$I_f = I_{fN}$。

⑦尽可能地同时、同速、同方向(顺时针)增大 R_W、$RP_{7/8}$、$RP_{9/10}$ 三个电阻,即减小发电机 G_2 的负载。在 R_W、$RP_{7/8}$、$RP_{9/10}$ 均顺时针调至最大后,逐步断开负载开关(开关由左侧打到中间),按照先断开 SW_3,再断开 SW_2,最后断开 SW_1 的顺序进行,此时发电机 G_2 处于空载状态,在表 2-5 中记录实验数据(实验过程中保持励磁电流不变)。

⑧实验完成后,切断电源启停旋钮,依次断开交流电源开关、直流电源开关和励磁电源 1# 面板开关;将励磁电源 1# 电压旋钮逆时针调到底,将三相调压器逆时针调到底,将 R_W、$RP_{7/8}$ 和 $RP_{9/10}$ 顺时针调至阻值最大位置,将 SW_1、SW_2、SW_3 开关打到中间位置。

表 2-5 他励直流发电机外特性实验数据

$n = n_N = $ _____ r/min, $I = I_{fN} = $ _____ A

序号	1	2	3	4	5	6	7
记录点	$I_L = 3.5$ A			$R_W = $ 最大值	断开 SW_3	断开 SW_2	断开 SW_1
U/V							
I_L/A							

注:I_L 为电枢电流,即负载电流;U 为电枢电压。

⑨在坐标纸上绘出他励发电机的外特性曲线,并按下式计算出电压变化率:

$$\Delta U\% = [(U_0 - U_N)/U_N] \times 100\%$$

(3)并励直流发电机实验。

1)并励直流发电机实验原理图见图 2-8。

空载实验是保持 $n = n_N$ 使 $I_L = 0$,测取 $U_0 = f(I_f)$(磁化曲线与他励直流发电机空载特性曲线相同,如果学时较少可以不做,直接做外特性实验)。

2)并励直流发电机实验按图 2-9 接线,用专用电缆线连接转速表机组接口与机组 2# 转速接口,接好线经老师检查无误后方可通电调试。

3)检查励磁电源 1# 是否在初始状态(按下红色电源按钮,右侧两个电压旋钮逆时针调到底,上电后装置 C.C 灯灭,C.V 灯亮,实验过程中,只调节电压旋钮,不调节电流旋钮),将三相调压器逆时针调到底;将 R_W、$RP_{1/2}$、$RP_{3/4}$、$RP_{5/6}$、$RP_{7/8}$ 和 $RP_{9/10}$ 顺时针调至阻值最大位置,将 SW_1、SW_2、SW_3 开关打到左侧位置。

4)开始实验之前,需要给励磁绕组充磁(注:若之前实验有往发电机 G_2 的 V_3、V_4 通过

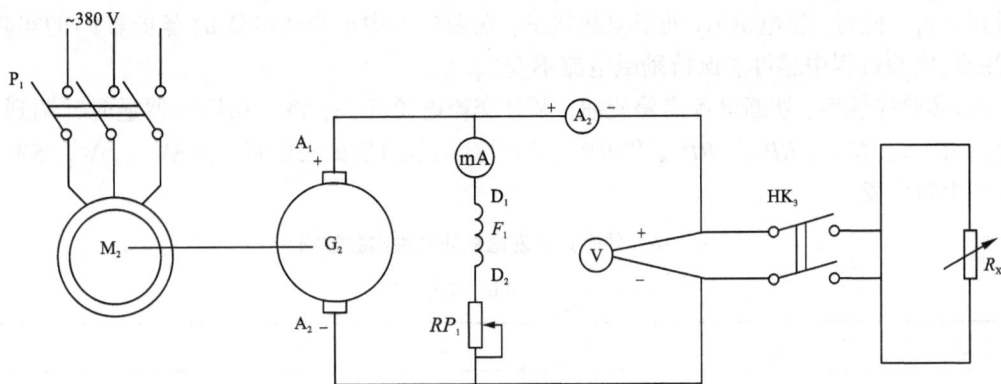

图2-8 并激直流发电机实验原理图

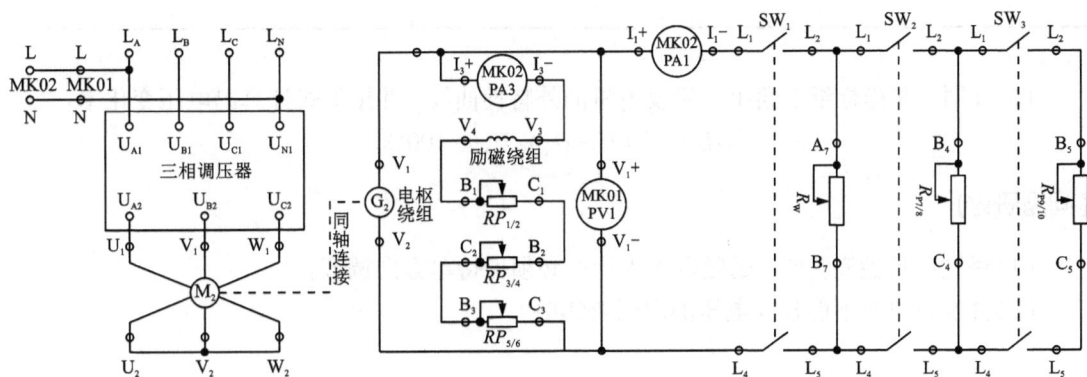

图2-9 直流并励发电机实验接线图

电压,则不需要进行此步骤)。充磁步骤如下:

①拆开发电机 G_2 的 V_3、V_4 连接线;

②将励磁电源 $1^\#$ 的 V_2+ 接发电机 G_2 的 V_3,励磁电源 $1^\#$ 的 V_2- 接发电机 G_2 的 V_4;

③接通电源启停旋钮,合上直流电源开关和励磁电源 $1^\#$ 面板开关,调节励磁电源 $1^\#$,使励磁电流达到额定值(0.25 A),保持 10 s;

④切断电源启停旋钮,断开直流电源开关和励磁电源 $1^\#$ 面板开关,将励磁电源 $1^\#$ 电压旋钮逆时针调到底,按图2-9恢复接线。

5)通过一体机软件上电(或接通电源启停旋钮),合上交流电源开关。

6)调节三相调压器,使输出电压达到额定值(220 V),此时机组 $2^\#$ 达到 1500 r/min。

7)逆时针调节 $RP_{1/2}$、$RP_{3/4}$、$RP_{5/6}$,使励磁电流接近额定值(0.25 A)。

8)同组同学协同配合,逆时针方向尽可能地同时、同速调 R_W、$RP_{7/8}$、$RP_{9/10}$ 三个电阻使电枢电流达到额定值 3.5 A,此时发电机 G_2 达到额定运行状态,记录此时的 $I_L = 3.5$ A,$U = ?$,$n = n_N = 1500$ r/min,$I_f = I_{fN}$。

9)尽可能同时、同速、同方向(这时为顺时针方向)逐渐增大 R_W、$RP_{7/8}$、$RP_{9/10}$ 三个电阻,即减小发电机 G_2 的负载。在 R_W、$RP_{7/8}$、$RP_{9/10}$ 三个电阻均顺时针调至最大后,再逐步断开负载开关(开关由左侧打到中间),断开负载开关的顺序为:先断开 SW₃,再断开 SW₂,最后断开 SW₁。此时,发电机 G₂ 处于空载状态,在表 2-6 中记录从步骤 8)至步骤 9)的实验数据(注意:实验过程中尽可能保持励磁电流不变)。

10)实验完成后,切断电源启停旋钮,断开交流电源开关;将三相调压器逆时针调到底,将 R_w、$RP_{1/2}$、$RP_{3/4}$、$RP_{5/6}$、$RP_{7/8}$ 和 $RP_{9/10}$ 顺时针调至阻值最大位置,将 SW₁、SW₂、SW₃ 开关打到中间位置。

表 2-6 并励直流发电机外特性实验数据

$n = n_N = $ ____ r/min, $RP_1 = $ 常数

序号	1	2	3	4	5	6	7
记录点	$I_L = 3.5$ A			$R_w = $ 最大值	断开 SW₃	断开 SW₂	断开 SW₁
U/V							
I_L/A							

11)在同一张坐标纸上绘出并励发电机的外特性曲线,并按下式计算出电压变化率:

$$\Delta U\% = [(U_0 - U_N)/U_N] \times 100\%。$$

【问题研讨】

(1)做空载特性实验时,励磁电流为什么必须保持单方向调节?

(2)并励发电机不能建立电压的原因有哪些?

实验四 他励直流电动机运行特性实验

【实验目的】

(1)了解直流电动机的主要结构及各绕组的接线方式。

(2)熟悉他励直流电动机电枢串电阻的启动方法。

(3)掌握用实验的方法测取他励直流电动机的运行特性,并根据实验数据画出他励直流电动机运行特性曲线。

【实验器材】

(1)机组 1#:直流电动机 M₁、直流发电机 G₁。

(2)MK01 直流电压表模块:直流电压表 1#。

(3)MK02 直流电流表模块:直流电流表 1#、2#、3#。

(4)MK07 交流并网及切换开关模块:SW₁、SW₂、SW₃。

(5)单相可调电阻负载:R_w。

(6)可调电阻 2#:$RP_{7/8}$、$RP_{9/10}$。

(7)直流稳压电源(250 V/20 A)电枢电源。

（8）直流稳压电源（250 V/3 A）励磁电源 1#。

（9）直流稳压电源（150 V/5 A）励磁电源 2#。

（10）导线等。

【实验内容】

（1）他励直流电动机的运行特性实验。

（2）根据实验数据画出运行特性曲线。

【实验步骤】

（1）他励直流电动机的运行特性实验原理图见图 2-10。

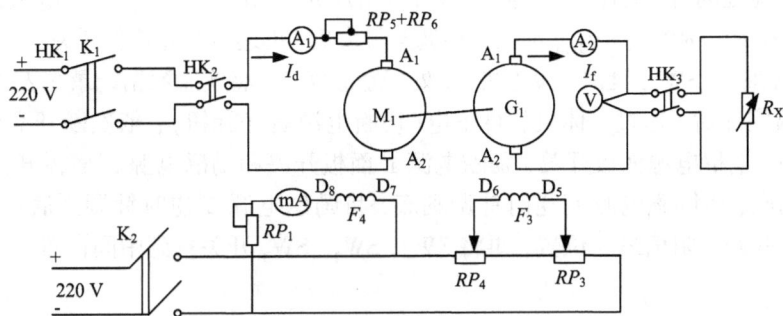

图 2-10　他励直流电动机实验原理图

（2）实验按图 2-11 接线，用专用电缆连接转速表机组接口与机组 1# 转速接口，接好线经老师检查无误后方可通电调试。

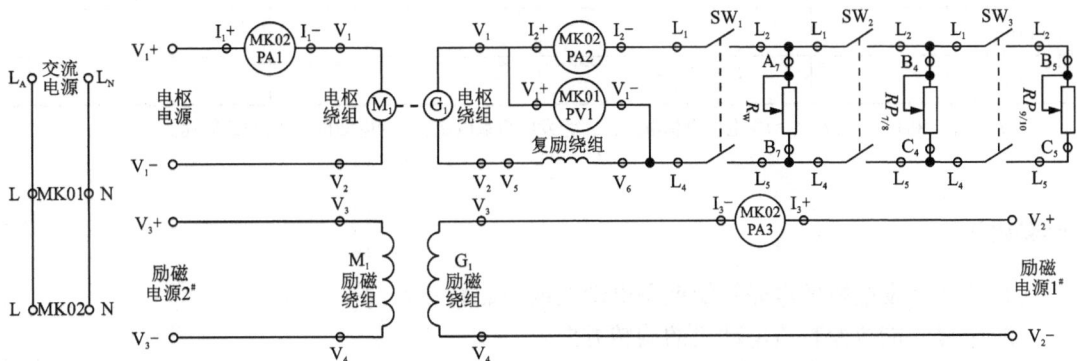

图 2-11　他励直流电动机实验接线图

（3）检查电枢电源、励磁电源 1# 和励磁电源 2# 是否在初始状态（按下红色电源按钮，右侧两个电压旋钮逆时针调到底，上电后装置 C. C 灯灭，C. V 灯亮；实验过程中，只调节电压旋钮，不调节电流旋钮）；将 R_W、$RP_{7/8}$ 和 $RP_{9/10}$ 顺时针调至阻值最大位置，将 SW_1、SW_2、SW_3 开关打到中间位置。

（4）接通电源启停旋钮，依次合上交流电源开关、直流电源开关、电枢电源面板开关、励磁电源 1# 面板开关和励磁电源 2# 面板开关。

（5）调节励磁电源 2#，使电动机 M_1 励磁电流达到额定值（0.43 A，保证满磁启动）。

（6）调节电动机的电枢电源，使电动机 M_1 转速达到额定转速（1500 r/min）。

（7）调节励磁电源 1#，使发电机 G_1 空载电压达到额定值（220 V）。

（8）逐步合上负载开关（开关由中间打到左侧），先合上 SW_1，再合上 SW_2，最后合上 SW_3。

（9）组员协同配合，逆时针方向尽可能地同时、同速调节 R_W、$RP_{7/8}$、$RP_{9/10}$ 三个电阻，使电动机 M_1 的电枢电流达到 6 A，同时调节电枢电源，使机组 1# 转速保持在 1500 r/min，使电枢电流达到额定值（6.8 A），此时电动机 M1 达到额定运行状态，将实验数据记录在表 2-7 中。

（10）尽可能地同时、同速、同方向（顺时针）增加 R_W、$RP_{7/8}$、$RP_{9/10}$ 三个电阻，即减小发电机 G 的负载，在 R_W、$RP_{7/8}$、$RP_{9/10}$ 都顺时针调至最大后，再逐步断开负载开关；先断开 SW_3，再断开 SW_2，最后断开 SW_1，此时，发电机 G_1 处于空载状态，将实验数据记录在表 2-7 中。

（11）实验完成后，通过一体机软件下电（切断电源启停旋钮），依次断开交流电源开关、直流电源开关、电枢电源面板开关、励磁电源 1# 面板开关和励磁电源 2# 面板开关；将电枢电源逆时针调到底，将励磁电源 1# 逆时针调到底，将励磁电源 2# 逆时针调到底；将 R_W、$RP_{7/8}$ 和 $RP_{9/10}$ 顺时针调至阻值最大位置，再将 SW_1、SW_2、SW_3 开关打到中间位置。

表 2-7 他励直流电动机运行特性实验数据记录

序号	1	2	3	4	5	6	7
记录点	I_d=6.8 A			R_W=最大值	断开 SW_3	断开 SW_2	断开 SW_1
I_d/A							
I_f/A							
N/(r·min^{-1})							
U_f							

注：I_d 为电动机电枢电流；I_f 为发电机电枢电流；U_f 为发电机端电压；N 为电动机转速（机组转速）。

【问题研讨】

（1）为什么发电机的电磁转矩就是电动机的负载转矩？

（2）怎样才能改变直流电动机的旋转方向？

（3）为什么减小 R_z，会使电动机的电枢电流加大？

（4）直流电动机的运行特性包括哪些？如何用实验方法求取这些特性？

（5）直流电动机启动前应注意什么？何谓直接启动？为什么直流电动机不能直接启动？

（6）实验结束，怎样安全关机？阐述操作步骤并说明为什么必须这样。

（7）在测试数据的整个过程中，要保持什么，测试什么，怎样做到？

（8）直流电动机的调速方法有哪些？各自的优缺点是什么？在实际生产中一般采用哪种方式调速？

实验五　他励直流电动机在各种运行状态下的机械特性(四象限运行)

任务 1　他励直流电动机电动及回馈制动实验

【实验目的】

了解和测定他励直流电动机电动及回馈制动下的机械特性。

【实验器材】

(1)机组 1$^{\#}$：直流电动机 M_1、直流发电机 G_1。

(2)MK01 直流电压表模块：直流电压表 1$^{\#}$、2$^{\#}$。

(3)MK02 直流电流表模块：直流电流表 1$^{\#}$、2$^{\#}$、3$^{\#}$。

(4)MK07 交流并网及切换开关模块：转换开关 SW_1、SW_2、SW_3。

(5)可调电阻 2$^{\#}$：$RP_{7/8}$、$RP_{9/10}$、$RP_{11/12}$。

(6)可调电阻 1$^{\#}$：$RP_{1/2}$、$RP_{3/4}$、$RP_{5/6}$。

(7)单相可调电阻负载：R_W。

(8)直流稳压电源(250 V/20 A)电枢电源。

(9)直流稳压电源(250 V/3 A)励磁电源 1$^{\#}$。

(10)直流稳压电源(150 V/5 A)励磁电源 2$^{\#}$。

(11)导线若干。

【实验内容】

$R = 0\ \Omega$ 时他励直流电动机在电动运行状态及回馈制动状态下的机械特性。

【实验步骤】

(1)按图 2-12 接线，接好线经老师检查无误后方可通电调试。

(2)检查电枢电源、励磁电源 1$^{\#}$和励磁电源 2$^{\#}$是否在初始状态(按下红色电源按钮，右侧两个电压旋钮逆时针调到底，上电后装置 C.C 灯灭，C.V 灯亮；实验过程中，只调节电压旋钮，不调节电流旋钮)；将 R_W 顺时针调至阻值最大位置，将 $RP_{1/2}$、$RP_{3/4}$ 和 $RP_{5/6}$ 顺时针调至阻值 450 Ω 位置，将 $RP_{7/8}$、$RP_{9/10}$ 和 $RP_{11/12}$ 逆时针调至阻值最小位置，将开关 SW_1、SW_2 和 SW_3 打到左侧位置。

(3)通过一体机软件上电(或接通电源启停旋钮)，依次合上交流电源开关、直流电源开关、电枢电源面板开关、励磁电源 1$^{\#}$面板开关和励磁电源 2$^{\#}$面板开关。

(4)调节励磁电源 2$^{\#}$，使电动机 M_1 励磁电流达到额定值(0.43 A)。

(5)调节电枢电源，使电动机 M_1 转速达到额定转速(1500 r/min)。

(6)调节励磁电源 1$^{\#}$，使发电机 G_1 励磁电流达到额定值(0.25 A)。

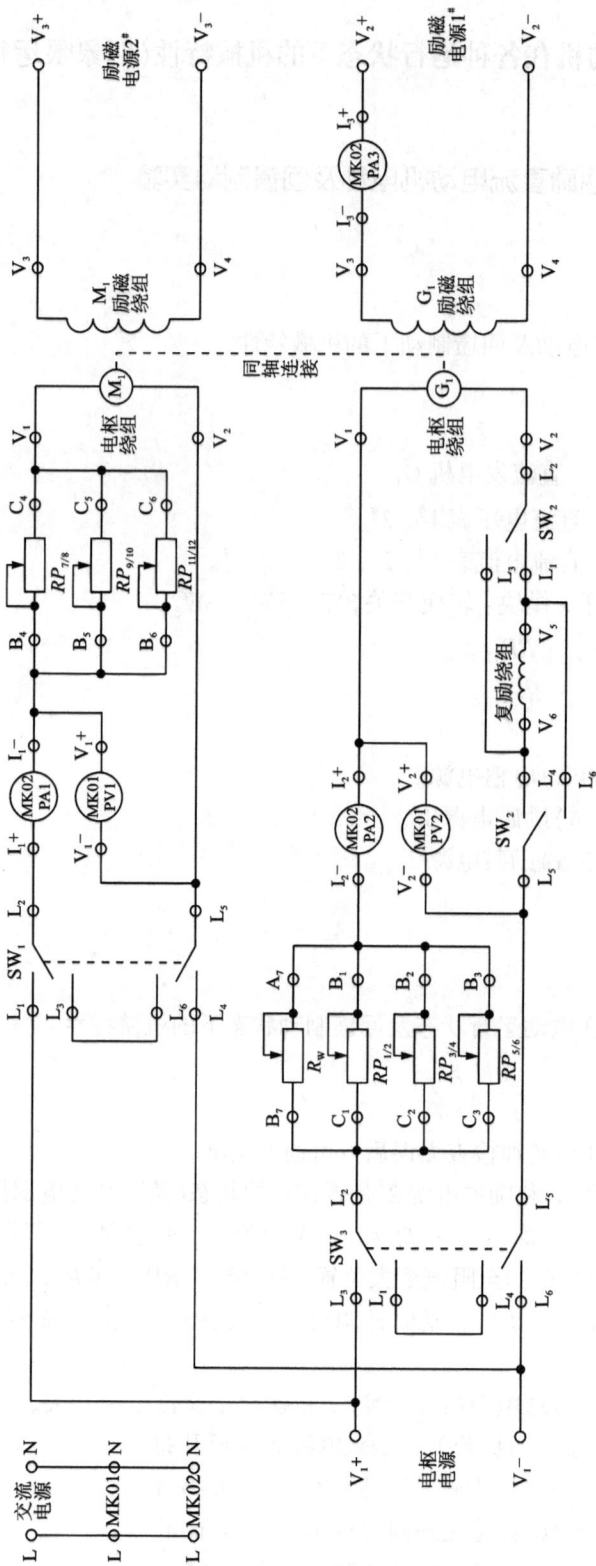

图2-12 他励直流电动机电动运行及回馈制动实验接线图

（7）逆时针调节 R_W，使电动机 M_1 电枢电流达到 6 A，再调节电枢电源，使机组 1# 转速保持 1500 r/min，电枢电流达到额定值（6.8 A），此时电动机 M_1 达到电动额定运行状态，将实验数据记录在表 2-8 中。

（8）逐渐顺时针同步增大负载电阻 R_W、$RP_{1/2}$、$RP_{3/4}$ 及 $RP_{5/6}$，即减小发电机 G_1 的负载。将 R_W、$RP_{1/2}$、$RP_{3/4}$ 及 $RP_{5/6}$ 顺时针调至阻值最大位置后，将开关 SW_3 打到中间位置，此时发电机 G_1 处于空载状态，将实验过程数据记录在表 2-8 中。

（9）将 R_W、$RP_{1/2}$、$RP_{3/4}$ 及 $RP_{5/6}$ 同步逆时针调至阻值最小位置，将开关 SW_2 打到右侧位置；调节励磁电源 1#，使发电机 G1 的空载电压与电枢电源电压相等（SW_3 开关 L_2/L_5 端子与 L_3/L_6 端子之间的电压），并且极性相同，再将开关 SW_3 打到右侧位置（特别注意，需严格按照步骤进行 SW_2、SW_3 开关的切换操作，否则会烧坏 SW_3 开关）。

（10）减小励磁电源 1#，电动机 M_1 转速升高，当电动机 M_1 电枢电流为 0 A 时，电动机 M_1 转速为理想空载转速，继续减小励磁电源 1#，使电动机 M_1 进入第二象限回馈制动状态运行，直到转速达到约为 1800 r/min，将实验过程数据快速记录在表 2-8 中（1800 r/min 附近快速记录）。

（11）实验完成后，通过一体机软件下电（或切断电源启停旋钮），依次断开交流电源开关、直流电源开关、电枢电源面板开关、励磁电源 1# 面板开关和励磁电源 2# 面板开关；将电枢电源、励磁电源 1# 和励磁电源 2# 逆时针调到底；将 R_W、$RP_{1/2}$、$RP_{3/4}$、$RP_{5/6}$、$RP_{7/8}$、$RP_{9/10}$ 和 $RP_{11/12}$ 顺时针调至阻值最大位置，再将 SW_1、SW_2、SW_3 开关打到中间位置。

表 2-8　直流电动机电动运行及回馈制动特性

序号	1	2	3	4	5	6	7	8	9	10	11	12	13	14	15
I_1/A															
$n/(\text{r}\cdot\text{min}^{-1})$															

注：I_1 为直流电动机电枢回路电流。

（12）根据实验数据绘制 $R = 0\ \Omega$ 时他励直流电动机在电动运行状态及回馈制动状态下的机械特性。

任务 2　他励直流电动机电动运行、反接制动及能耗制动实验

【实验目的】

了解和测定他励直流电动机电动运行、反接制动及能耗制动的机械特性。

【实验器材】

（1）机组 1#：直流电动机 M_1、直流发电机 G_1。

（2）MK01 直流电压表模块：直流电压表 1#、2#。

（3）MK02 直流电流表模块：直流电流表 1#、2#、3#。

(4) MK07 交流并网及切换开关模块：转换开关 SW_1、SW_2、SW_3。

(5) 可调电阻 $2^#$：$RP_{7/8}$、$RP_{9/10}$、$RP_{11/12}$。

(6) 可调电阻 $1^#$：$RP_{1/2}$、$RP_{3/4}$、$RP_{5/6}$。

(7) 单相可调电阻负载：R_W。

(8) 直流稳压电源(250 V/20 A)电枢电源。

(9) 直流稳压电源(250 V/3 A)励磁电源 $1^#$。

(10) 直流稳压电源(150 V/5 A)励磁电源 $2^#$。

(11) 导线若干。

【实验内容】

(1) $R=60\ \Omega$ 时他励直流电动机在电动运行状态及反接制动状态下的机械特性。

(2) $R=10\ \Omega$ 时他励直流电动机在能耗制动状态下的机械特性。

【实验步骤】

1. $R=60\ \Omega$ 时他励直流电动机在电动运行状态及反接制动状态下的机械特性

(1) 按图 2-13 接线，接好线经老师检查无误后方可通电调试。

(2) 检查电枢电源、励磁电源 $1^#$ 和励磁电源 $2^#$ 是否在初始状态(按下红色电源按钮，右侧两个电压旋钮逆时针调到底，上电后装置 C.C 灯灭，C.V 灯亮；实验过程中，只调节电压旋钮，不调节电流旋钮)；将 R_W、$RP_{1/2}$、$RP_{3/4}$、$RP_{5/6}$、$RP_{7/8}$、$RP_{9/10}$ 和 $RP_{11/12}$ 顺时针调至阻值最大位置，将开关 SW_1、SW_2 打到左侧位置，将开关 SW_3 打到中间位置。

(3) 通过一体机软件上电(或接通电源启停旋钮)，依次合上交流电源开关、直流电源开关、电枢电源面板开关、励磁电源 $1^#$ 面板开关和励磁电源 $2^#$ 面板开关。

(4) 调节励磁电源 $2^#$，使电动机 M_1 励磁电流达到额定值(0.43 A)。

(5) 调节电枢电源，使电动机 M_1 电枢电压达到额定值(220 V)。

(6) 调节励磁电源 $1^#$，使发电机 G_1 励磁电流达到额定值(0.25 A)。

(7) 检查直流发电机 G_1 空载电压与电枢电压的极性是否相反(SW_3 开关 L_2/L_5 端子与 L_1/L_4 端子之间的电压)，若极性相反，则把开关 SW_3 打到左侧位置，将实验数据记录在表 2-9 中。

(8) 逐渐逆时针同步减小负载电阻 R_W、$RP_{1/2}$、$RP_{3/4}$ 及 $RP_{5/6}$(注意各路负载电流不要超过额定值)，直至电动机 M_1 转速为零。继续同步减小负载电阻 R_W、$RP_{1/2}$、$RP_{3/4}$ 及 $RP_{5/6}$(注意各路负载电流不要超过额定值)，使电动机 M_1 进入反向旋转，转速在反方向上逐渐增大，此时电动机 M_1 是在反接制动状态下运行，直至负载电阻为零(R_W、$RP_{1/2}$、$RP_{3/4}$ 和 $RP_{5/6}$ 最后 1/5 量程，应快速调节)，将实验过程数据记录在表 2-9 中。

(9) 实验完成后，通过一体机软件下电(或切断电源启停旋钮)，依次断开交流电源开关、直流电源开关、电枢电源面板开关、励磁电源 $1^#$ 面板开关和励磁电源 $2^#$ 面板开关；将电枢电源、励磁电源 $1^#$ 和励磁电源 $2^#$ 逆时针调到底；将 R_W、$RP_{1/2}$、$RP_{3/4}$、$RP_{5/6}$、$RP_{7/8}$、$RP_{9/10}$ 和 $RP_{11/12}$ 顺时针调至阻值最大位置，再将 SW_1、SW_2、SW_3 开关打到中间位置。

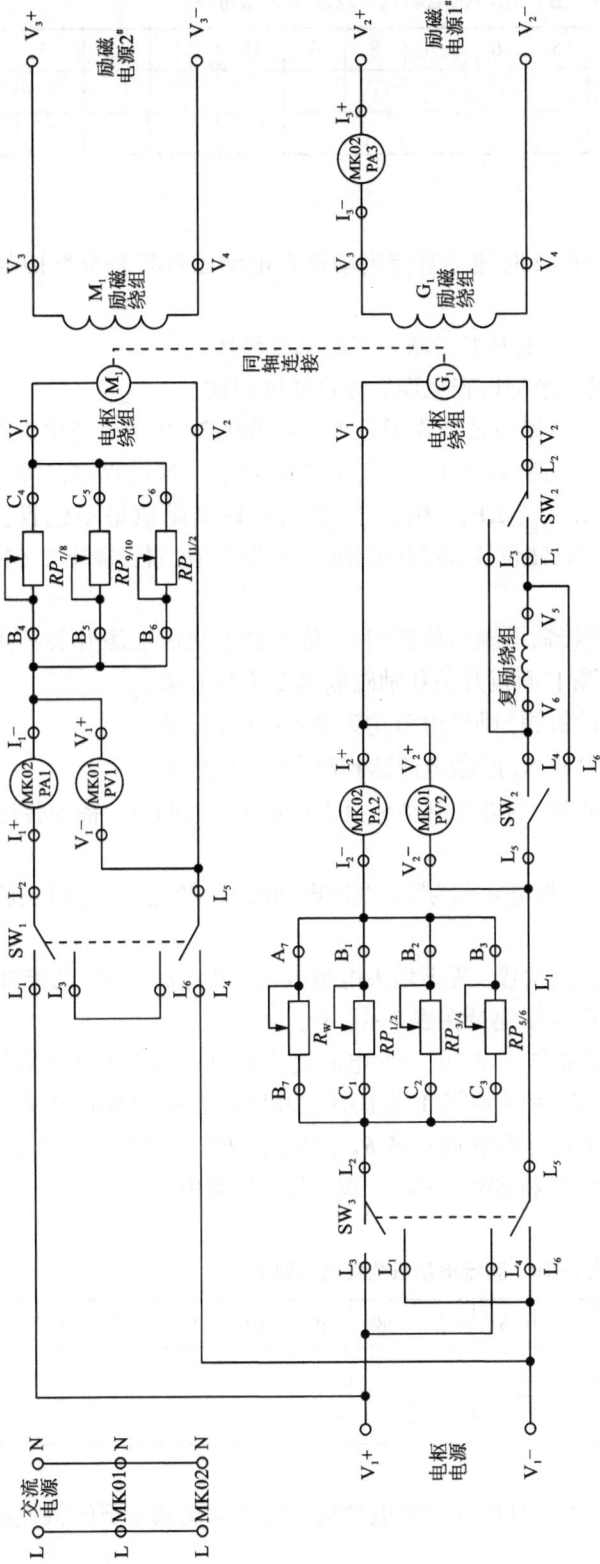

图2-13　他励直流电动机电动运行、反接制动及能耗制动实验接线图

表 2-9　直流电动机电动运行及反接制动特性

序号	1	2	3	4	5	6	7	8	9	10	11	12	13	14	15
I_1/A															
$n/(\text{r}\cdot\text{min}^{-1})$															

注：I_1 为电动机电枢电流。

（10）根据实验数据绘制 $R=60\ \Omega$ 时他励直流电动机在电动运行状态及反接制动状态下的机械特性。

2. $R=10\ \Omega$ 时他励直流电动机在能耗制动状态下的机械特性

（1）按图 2-13 接线，接好线经老师检查无误后方可通电调试。

（2）检查电枢电源、励磁电源 1# 和励磁电源 2# 是否在初始状态（按下红色电源按钮，右侧两个电压旋钮逆时针调到底，上电后装置 C.C 灯灭，C.V 灯亮；实验过程中，只调节电压旋钮，不调节电流旋钮）；将 R_W、$RP_{1/2}$、$RP_{3/4}$ 和 $RP_{5/6}$ 逆时针调至阻值最小位置，将 $RP_{7/8}$、$RP_{9/10}$ 和 $RP_{11/12}$ 顺时针调至阻值 30 Ω 位置，将开关 SW_1 打到右侧位置，将开关 SW_2、SW_3 打到左侧位置。

（3）通过一体机软件上电（或接通电源启停旋钮），依次合上交流电源开关、直流电源开关、电枢电源面板开关、励磁电源 1# 面板开关和励磁电源 2# 面板开关。

（4）调节励磁电源 2#，使电动机 M_1 励磁电流达到额定值（0.43 A）。

（5）调节励磁电源 1#，使发电机 G_1 励磁电流达到额定值（0.25 A）。

（6）调节电枢电源，使电动机 M_1 的能耗制动电流 $I_1=0.8I_n=5.44$ A，将实验过程数据记录在表 2-10 中。

（7）逐渐减小电枢电源，直至电枢电源也为零，此时电动机 M_1 转速为零，将实验过程数据记录在表 2-10 中。

（8）将开关 SW_2、SW_3 打到右侧位置，逐渐增大电枢电源，使电动机 M_1 的能耗制动电流 $I_1=-0.8I_n=-5.44$ A，将实验过程数据记录在表 2-10 中。

（9）实验完成后，通过一体机软件下电（或切断电源启停旋钮），依次断开交流电源开关、直流电源开关、电枢电源面板开关、励磁电源 1# 面板开关和励磁电源 2# 面板开关；将电枢电源、励磁电源 1# 和励磁电源 2# 逆时针调到底；将 R_W、$RP_{1/2}$、$RP_{3/4}$、$RP_{5/6}$、$RP_{7/8}$、$RP_{9/10}$ 和 $RP_{11/12}$ 顺时针调至阻值最大位置，再将 SW_1、SW_2、SW_3 开关打到中间位置。

表 2-10　直流电动机能耗制动特性

序号	1	2	3	4	5	6	7	8	9	10	11	12	13	14	15
I_1/A															
$n/(\text{r}\cdot\text{min}^{-1})$															

（10）根据实验数据绘制 $R=10\ \Omega$ 时他励直流电动机在能耗制动状态下的机械特性。

实验六　他励直流电动机在各种运行状态下的机械特性的设计实验 （四象限运行）（创新性+综合性+设计性实验）

【实验目的】

针对不同容量的实验机组，求取他激直流电动机的电动、反馈制动、反接制动和能耗制动运行时的机械特性，从而加深理解改变他励直流电动机机械特性的各种方法，掌握他励直流电动机从电动机状态进入回馈制动状态的时间点，以及他励直流电动机回馈制动时能量的传递关系、电动势平衡方程式及机械特性的具体情况，并掌握他励直流电动机反接制动时能量的传递关系、电动势平衡方程式及机械特性。

【给定条件（实验器材）】

M_1-G_1 为机组 1#：M_1 为直流电动机，型号为 Z2-22，$P_N = 1.1$ kW、$U_N = 220$ V，$I_N = 6.5$ A；G_1 为直流发电机，型号为 ZF2-22，$P_N = 1.0$ kW、$U_N = 220$ V，$I_N = 4.78$ A。

M_2-G_2 为机组 2#：M_2 为三相鼠笼式异步电动机，型号为 Y100L-4，$P_N = 2.2$ kW、$U_N = 380$V，Y 接法；G_2 为直流发电机，型号为 ZF2-32，$P_N = 1.9$ kW、$U_N = 220$ V，$I_N = 8.3$ A；各种开关、仪表（含转速表）提供，负载电阻提供；0~300 V/30 A 直流电源 1 台；0~300 V/3 A 直流电源 2 台；导线若干。

【设计任务及实验内容】

(1)请设计他励直流电动机机械特性实验接线图。

(2)拟定详细的实验步骤并强调实验中的注意事项。

(3)通过实验求取他励直流电动机的自然机械特性（包括反馈制动特性）。

(4)通过实验求取他励直流电动机的电阻特性。

(5)通过实验求取被试直流电动机 M_1 的能耗制动特性。

(6)完成实验报告，根据实验数据绘制他励直流电动机运行在第一、第二、第四象限时的电动和制动状态及能耗制动状态下的机械特性 $n = f(Ia)$ 的特性曲线（用同坐标纸绘制）。

第 3 章

变压器实验

3.1 知识要点

3.1.1 变压器的基本结构

变压器在电力系统和电子线路中应用广泛，其主要组成部分是铁芯和绕组，铁芯构成变压器的磁路，绕组则构成变压器的电路。

三相隔离式变压器实物图

变压器结构示意简图

铁芯分为铁芯柱和铁轭两部分，铁轭的作用是使磁路闭合，铁芯柱上套装绕组，则是为了提高铁芯的导磁性能，减少铁芯内的磁滞损耗和涡流损耗。铁芯通常采用含硅量约为 5%，厚度为 0.35 mm 或 0.5 mm，两面涂绝缘漆或氧化处理的硅钢片叠装而成。铁芯在结构上又分为芯式铁芯和壳式铁芯，是按照绕组套入铁芯柱的形式来分的。芯式铁芯的变压器，原、副绕组套装在铁芯的两个铁芯柱上，线圈包围铁芯，结构简单，装配容易，用铁量较少，适用于大容量、高电压的变压器，一般电力变压器均采用芯式结构。壳式铁芯的变压器，铁芯包围着绕组的上下面和侧面，铁芯包围线圈，这种结构的变压器机械强度较高，铁芯容易散热，但用铁量较多，制造复杂，小型干式变压器多采用壳式结构。

绕组一般用绝缘扁(或圆)铜线或绝缘铝线绕制而成，近年来也有用铝箔绕制的。绕组是变压器的电路部分，其作用是作为电流的载体，产生磁通和感应电动势。变压器中，接到高压电网的绕组称为高压绕组，接到低压电网的绕组称为低压绕组。高压绕组匝数多，导线细，电阻值比低压绕组的大；低压绕组匝数少，导线粗，电阻值比高压绕组的小。

附件也是变压器的组成部分之一，包括油箱、油枕、测温装置、分接开关、安全气道、气体继电器、绝缘套管等，其作用是保证变压器的安全和可靠运行。

3.1.2 变压器的分类

为了达到不同的使用目的，并适应不同的工作条件，变压器有很多种类型，可按用途、容量、相数、铁芯结构、绕组结构、调压方式、冷却方式进行分类。

（1）按用途不同，变压器可分为：电力变压器(升压变压器、降压变压器、配电变压器、厂用变压器等)、特种变压器(电炉变压器、整流变压器、电焊变压器等)、仪用变压器(又可分为电压互感器、电流互感器)以及实验用的高压变压器和调压器等。

（2）按容量不同，变压器可分为：小型变压器，容量为 630 kV·A 及以下；中型变压器，容量为 800~6300 kV·A；大型变压器，容量为 8000~63000 kV·A；特大型变压器，容量为 900000 kV·A 及以上。

（3）按相数不同，变压器可分为：单相、三相、多相(如整流用六相)变压器。

其他分类方法见教材。

3.1.3　变压器的工作原理

变压器的工作原理的基础是法拉第电磁感应定律。由变压器的结构可知，变压器的主体是铁芯和套在铁芯上的绕组。把接入交流电源的绕组设定为原绕组，把接负载的绕组设定为副绕组，当原绕组通以交流电流时，在其铁芯中产生交变磁通，根据电磁感应原理，原、副绕组都产生感应电动势，副绕组的感应电动势相当于新的电源，这就是变压器的基本工作原理。

变压器原绕组从交流电源中吸收电能传递到副绕组供给负载，铁芯中的磁通是能量传递的中介和桥梁。变压器只能传递电能，而不能产生电能；它只能改变电压或电流的大小，而不能改变频率；在传递过程中，它几乎不改变电流与电压的乘积，即 $P = U_1 I_1 \approx U_2 I_2$。因此，变压器原、副绕组必须具备良好的磁耦合，并且铁芯材料具有良好的磁导率。在制作铁芯时，要尽量减少磁阻(对一般变压器而言)。绕组的放置要考虑绝缘，也要考虑安全生产，因此，芯式变压器高压绕组一般放在低压绕组的外面。

3.1.4　变压器的作用

（1）变压作用。能够将高电压变为低电压(降压变压器)，也可将低电压变为高电压(升压变压器)。

（2）变流作用。原、副绕组电流的大小与原、副绕组的匝数成反比。在远距离输送电能时，要做到经济合理，必须采用高压输电。

（3）变换阻抗作用。在电子设备中，往往要求负载能够获得最大的输出功率。负载若想获得最大功率，必须满足负载电阻与电源电阻相等这一条件(阻抗匹配)。但是，在一般情况下，负载电阻是一定的，不能随意改变，因此很难得到满意的阻抗匹配。利用变压器可以进行阻抗变换，适当地选择变压器的匝数比，把它接在电源与负载之间，从而可以实现阻抗匹配，使负载获得最大的输出功率。

3.1.5　变压器的相关理论计算

（1）理想变压器指的是铁芯磁导率为无穷大，没有漏磁通，没有损耗，线圈没有电阻，全部磁通与原、副绕组同时交链，这时，原、副绕组中感应的电动势 E_1 及 E_2 分别为：

$$U_1 \approx E_1 = 4.44 N_1 f \Phi_m = 4.44 N_1 f S B_m$$
$$U_2 \approx E_2 = 4.44 N_2 f \Phi_m = 4.44 N_2 f S B_m$$

（2）变压器是传递电能的电气设备，工作时电压平衡方程式为：

$$\dot{U}_1 = -\dot{E}_1 - \dot{E}_{s1} + r_1 \dot{I}_0 = -\dot{E}_1 + Z_{s1} \dot{I}_0 \approx -\dot{E}_1$$

$$\dot{U}_2 = \dot{E}_2 + \dot{E}_{s2} - r_2\dot{I}_2 = \dot{E}_2 - Z_{s2}\dot{I}_2 \approx \dot{E}_2$$

（3）变压器的磁动势平衡方程式为：

$$\dot{I}_1 N_1 + \dot{I}_2 N_2 = \dot{I}_0 N_1$$

（4）变压器的变比为：

$$K = \frac{E_1}{E_2} = \frac{N_1}{N_2} \approx \frac{U_1}{U_2} = \frac{I_2}{I_1}$$

（5）变压器副绕组电流的大小和性质取决于负载的大小和性质。电流的大小为：

$$I_2 = \frac{U_2}{Z_L}$$

由变压器的磁动势方程式可知，原、副绕组的电流 $\dot{I}_1$ 和 $\dot{I}_2$ 是反相的。副绕组电流 $\dot{I}_2$ 建立的磁动势 $\dot{I}_2 N_2$ 在铁芯中产生的磁通，对原绕组 $\dot{I}_1$ 建立的磁动势 $\dot{I}_1 N_1$ 在铁芯中产生的磁通而言，具有抵消作用。变压器正常运行，副绕组的电流增大时，原绕组的电流也随之增大。因此，原绕组电流大小是由副绕组电流大小决定的。

（6）原绕组与副绕组的阻抗关系为：

$$Z_1 = K^2 Z_L$$

即：变比为 K 的变压器，可以把其副绕组的负载阻抗，变换为对电源来说扩大到 K^2 倍的等效阻抗。

（7）变压器的外特性：变压器带负载时，其输出电压随着负载电流的变化而变化。当原绕组电压 U_1、电源频率 f 及负载功率因数 $\cos\varphi_2$ 不变时，副绕组 U_2 随副绕组电流 I_2 变化的关系曲线 $U_2 = f(I_2)$ 被称为变压器的外特性曲线。当负载为电阻性和电感性时，外特性曲线是下降的，且电感性下降较多。当负载为电容性时，通常外特性曲线是上升的。负载功率因数越低，外特性曲线下降（或上升）幅度越大。

（8）变压器电压调整率：变压器由空载到额定负载运行时，端电压变化的差值与空载额定电压的比值称为变压器电压调整率。即：

$$\Delta U\% = \frac{U_{2N} - U_2}{U_{2N}} \times 100\% = \frac{\Delta U}{U_{2N}} \times 100\%$$

电压调整率表征了电网电压的稳定性，是变压器的主要性能指标之一。它在一定程度上反映了供电的质量，并与变压器参数及负载性质有关。对于电力变压器，由于其原、副绕组的电阻和漏抗都很小，额定负载时，电压调整率为 4%～6%，但当负载功率因数 $\cos\varphi_2$ 下降时，电压调整率会明显增大。因此，提高企业供电的功率因数，可减少电压波动。

（9）变压器效率：由于变压器的铁芯和绕组在传输电能时有损耗（主要是铁耗和铜耗），因此输入功率大于输出功率。输出功率与输入功率的比值称为变压器的效率，即：

$$\eta = \frac{P_2}{P_1} \times 100\% = \frac{P_2}{P_2 + p_{Fe} + p_{Cu}} \times 100\%$$

（10）变压器在出厂前及检修后，都必须做空载实验和短路实验，以确定变压器的铁芯损耗 p_{Fe}、变比 K、空载电流 I_0 和励磁阻抗 Z_m，以及变压器的额定铜损耗 p_{Cu}、短路电压 U_K 和短路阻抗 Z_K。这两项实验是测定变压器特性的基本实验。

（11）三相变压器较单相变压器应用得更为广泛，因为在电力系统中，输配电都是采用三相制，三相变压器的磁路结构主要有两种：一是各相磁路没有直接关系的三相变压器组成的磁路；二是三相磁路彼此有直接关系的三相芯式变压器。不同的磁路结构，变压器的运行和经济效益是不同的。

（12）变压器绕组的极性是指变压器原、副绕组感应电动势之间的相位关系。相位相同的端点称同极性或同名端。绕组极性的判别依据是法拉第电磁感应定律和楞次定律，判断方法有电压表法和灵敏电流计法。

（13）三相变压器的原、副绕组都可以采用星形和三角形连接。采用星形、三角形连接要注意绕组的首、末端，即绕组的首、末端不能弄错。V 形连接一般在两台单相变压器作三相运行时采用。

（14）三相变压器连接组别的判别方法中，以时钟表示法最为方便、简单、适用。时钟表示法即以高压绕组的线电动势为长针（分针），方向始终指向钟面上数字"12"点，以低压绕组的线电动势为短针（时针），线电动势（简称线电势）方向指向钟面上的某一钟点数，其与高压绕组线电动势的相位差的大小由钟面上长短针之间的夹角表示出来。换句话说，就是把一个一次侧对应的线电势相量和二次侧对应的线电势相量分别看作时钟的分针和时针，使一次侧的线电势恒指向时钟的"12"点，这时对应的二次侧线电势相量指向时钟的几点，我们就称它为第几连接组。我们务必要掌握用此方法来判断三相变压器的连接组别的步骤，因为它十分直观，极其简单，也不会出错。

（15）三相变压器并联运行必须具备一定的条件：第一，变比必须相等；第二，短路电压也要相同；第三，变压器的连接组别也必须相同。此外，并联变压器的容量之比不能大于 3:1。

3.2　基本要求

（1）在了解变压器基本结构的基础上，通过变压器的空载运行掌握变压器的工作原理，分析影响变压器中感应电动势的大小的因素；掌握变压器感应电动势表达式、工作时电压平衡方程式、磁动势平衡方程式、变压器的变比等。

（2）掌握变压器副绕组电流大小和性质的取决因素及表达式。

（3）掌握变压器外特性及电压调整率的概念和表达式及曲线含义。

（4）必须理解变压器铭牌数据的意义（型号、各种额定数据）。

（5）了解变压器的损耗（内部损耗包括铁耗和铜耗）、效率及表达式。

（6）理解变压器出厂前或检修后必须做空载实验和短路实验的重要性。

（7）掌握变压器绕组极性（同名端）的判别方法。

（8）掌握变压器的空载实验和短路实验。

（9）掌握三相变压器的连接组别和判别方法，重点掌握时钟表示法。

（10）理解变压器并联运行的优越性及变压器并联运行必须满足的三个条件。

3.3　重点难点

1. 重点

（1）变压器的原、副绕组中感应电动势表达式的含义。

（2）作为传递电能的电气设备，变压器工作时的电压平衡方程式。

（3）变压器的变比、外特性、电压调整率、效率、损耗的概念。

（4）变压器绕组的极性（同名端）的概念及判断方法。

（5）三相变压器星形连接和三角形连接，总结三相变压器连接组别的规律。

（6）时钟判断三相变压器的连接组别主要内容。

2. 难点

本章节较难理解的内容是变压器运行原理、能量的传递方式，以及内部的电磁转换过程，还有变压器工作时，感应电动势、电压平衡式、磁动势的表达式和各种符号的确定。

另外，变压器的空载实验和短路实验的重要性，以及短路实验必须注意的因素；三相变压器的连接组别，以及三相变压器连接组别的判别方法，也是本章较难理解的部分。

3.4 实验内容及能力考察范围

实验七 单相变压器空载实验

【实验目的】

（1）通过空载实验测定变压器的变比和参数。

（2）通过空载实验测取变压器的空载特性曲线。

（3）绘出变压器的"T"形等效电路。

【实验器材】

（1）三相调压器。

（2）三相组式变压器：T_1。

（3）MK03 交流电压表模块：交流电压表 1#。

（4）MK04 交流电流表模块：交流电流表 1#。

（5）MK05 单相交流表模块：功率表 1#。

（6）导线等。

【实验内容】

（1）测取变压器的变比和参数。

（2）测取空载特性 $U_0 = f(I_0)$，$P_0 = f(U_0)$。

【实验步骤】

（1）单相变压器空载特性实验原理图见图 3-1。

（2）空载特性接线按图 3-2 接线（注意：空载实验是在变压器的低压侧加压，高压侧空载），接好线经老师检查无误后方可通电调试。

（3）将三相调压器逆时针调到底。

（4）通过一体机软件上电（或接通电源启停旋钮），合上交流电源开关。

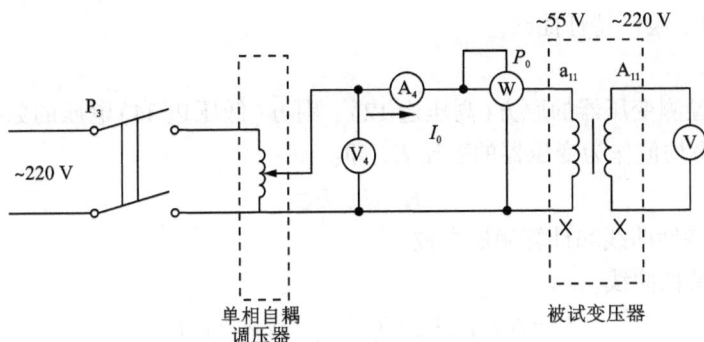

图 3-1 单相变压器空载实验原理图

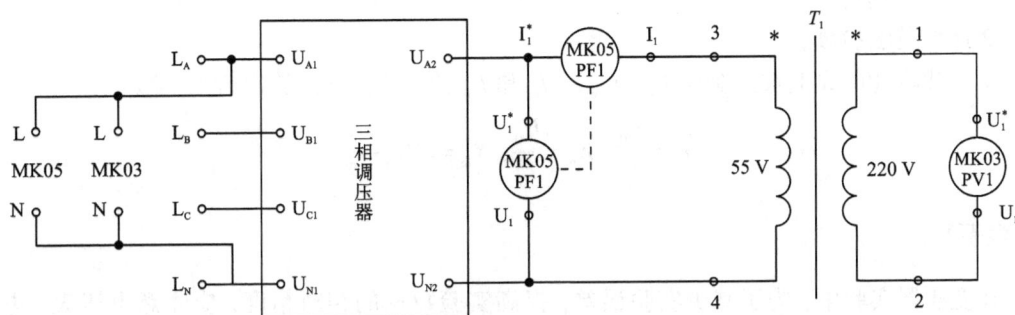

图 3-2 单相变压器空载实验接线图

(5)调节三相调压器,使变压器空载电压 $U_0 = 1.2U_N = 66$ V,然后逐渐降低电源电压,在 $1.2 \sim 0.2U_N$ 内,测取变压器的 U_0、I_0、P_0、U_A。测取数据时,$U_0 = U_N$ 点必须测,且在该点附近测的点较密,将数据记录在表 3-1 中。

(6)实验完成后,通过一体机软件下电(或切断电源启停旋钮),断开交流电源开关;将三相调压器逆时针调到底。

表 3-1 空载实验数据记录

序号	实验数据				计算数据
	U_0/V	I_0/A	P_0/W	U_A/V	$\cos\varphi_0$
1					
2					
3					
4					
5					
6					

注:U_0 为变压器低压侧的空载电压;I_0 为变压器低压侧的空载电流;P_0 为变压器低压侧的空载功率;U_A 为变压器高压侧的电压;$\cos\varphi_0$ 为空载功率因数。

(7)计算变比,绘制特性曲线。

1)计算变比。

根据空载实验测变压器的原方(高压边12)、副方(低压边34)电压的数据,分别计算出变比,然后取其平均值作为变压器的变比 K,即：

$$K = U_{12}/U_{34}$$

2)绘出空载特性曲线和计算激磁参数。

①绘出空载特性曲线。

$$U_0 = f(I_0),\ P_0 = f(U_0),\ \cos\varphi_0 = f(U_0)$$

式中：$\cos\varphi_0 = \dfrac{P_0}{U_0 I_0}$。

②计算激磁参数。

从空载特性曲线上查出对应 $U_0 = U_N$ 的 I_0 和 P_0 值,并由下式算出激磁参数：

$$r_m = \frac{P_0}{I_0^2},\ Z_m = \frac{U_0}{I_0},\ X_m = \sqrt{Z_m^2 - r_m^2}$$

【注意事项】

在变压器实验中,为了减少实验误差,提高实验数据的相对精度,应注意电压表、电流表、功率表的合理布置与选择。

【问题研讨】

(1)变压器的空载电流的大小与哪些因素有关?

(2)原方为 220 V 的变压器,为什么不能接在 380 V 的电压下运行?

(3)额定电压为 220 V 的变压器,为什么不能接在 220 V 的直流电源上运行?

实验八　单相变压器短路实验

【实验目的】

(1)通过短路实验绘出短路特性曲线和计算短路参数。

(2)作出变压器的等值电路。

【实验器材】

(1)三相调压器。

(2)三相组式变压器：T_1。

(3)MK04 交流电流表模块：交流电流表 1#。

(4)MK05 单相交流表模块：功率表 1#。

(5)导线等。

【实验内容】

测取短路特性 $U_K = f(I_K)$，$P_K = f(I_K)$。

【实验步骤】

单相变压器短路特性实验原理图见图 3-3。

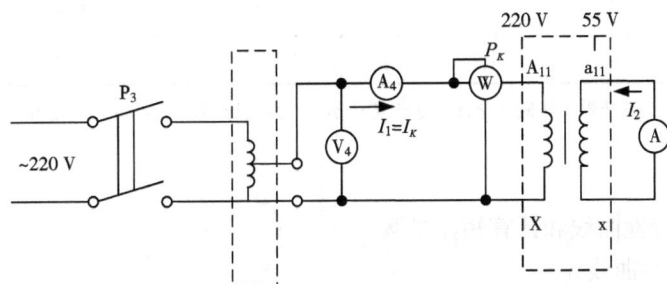

图 3-3　单相变压器短路实验原理图

（1）单相变压器短路实验按图 3-4 接线（注意：变压器的短路实验是在高压侧施压，低压侧短路，为测出低压侧的短路电流，在低压侧串接了一块交流电流表），接好线经老师检查无误，并做好下一步工作后方可通电调试。

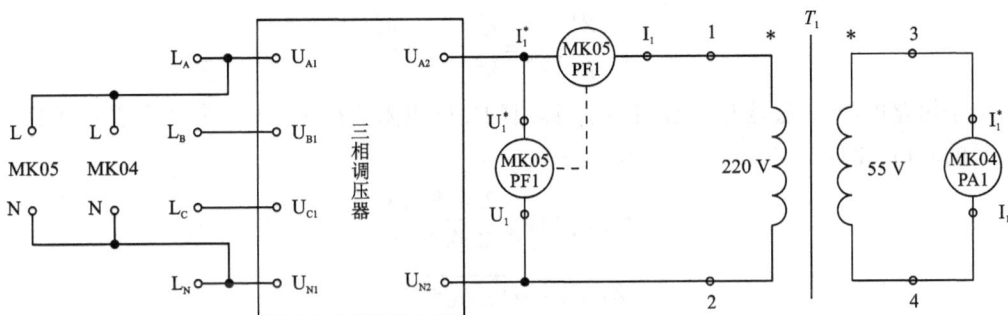

图 3-4　单相变压器短路实验接线图

（2）将三相调压器逆时针调到底（通电前，必须确保调压器的调压手柄逆时针调到底从而保证输出电压为 0）。

（3）通过一体机软件上电（或接通电源启停旋钮），合上交流电源开关。

（4）缓慢调节三相调压器，给 T_1 数伏电压，并谨慎升压观察仪表，使变压器的短路电流 $I_2 = 1.1I_{2N} = 8.8$ A，这时，不能再升压，在 $0.2 \sim 1.1I_{2N}$ 范围内，测取变压器的 U_K、I_K、P_K。测取数据时，$I_2 = I_{2N}$ 点必须测，且在该点附近测的点较密，将数据记录在表 3-2 中。

（5）实验完成后，通过一体机软件下电（或切断电源启停旋钮），断开交流电源开关；将三相调压器逆时针调到底。

表 3-2　短路实验数据记录(室温: 0 ℃)

序号	实验数据				计算数据
	U_K/V	I_K/A	P_K/W	I_2/A	$\cos \varphi_K$
1					
2					
3					
4					
5					

注: U_K、I_K、P_K 分别为变压器高压侧的电压、电流与功率; I_2 为变压器低压侧的短路电流; $\cos \varphi_K$ 为短路时的功率因数。

(6)绘出短路特性曲线和计算短路参数。

1)绘出短路特性曲线。

$$U_K = f(I_K), \quad P_K = f(I_K), \quad \cos \varphi_K = f(I_K)$$

2)计算短路参数。从短路特性曲线上查出对应于短路电流 $I_K = I_{KN}$ 时的 U_K 和 P_K 值, 由下式算出实验环境温度为 $\theta(℃)$ 时的短路参数:

$$Z_K' = \frac{U_K}{I_K}, \quad r_K' = \frac{P_K}{I_K^2}, \quad X_K' = \sqrt{Z_K'^2 - r_K'^2}$$

折算到低压方, 即:

$$Z_K = \frac{Z_K'}{K^2}, \quad r_K = \frac{r_K'}{K^2}, \quad X_K = \frac{X_K'}{K^2}$$

由于短路电阻 r_K 随温度变化, 因此, 算出的短路电阻应按国家标准换算到基准工作温度 75℃时的阻值, 即:

$$r_{K=75℃} = r_{K=\theta} \frac{234.5+75}{234.5+\theta}$$

$$Z_{K=75℃} = \sqrt{r_{K=75℃}^2 + X_K^2}$$

式中: 234.5 为铜导线的常数, 若用铝导线, 该常数应该为 228。

计算短路电路电压(阻抗电压)百分数:

$$U_K(\%) = \frac{I_{KN} Z_{K=75℃}}{U_{KN}} \times 100\%, \quad U_{Kr}(\%) = \frac{I_N r_{K=75℃}}{U_N} \times 100\%, \quad U_{KX}(\%) = \frac{I_N X_K}{U_N} \times 100\%$$

计算得 $I_K = I_N$ 时的短路损耗为 $P_{KN} = I_N^2 r_{K=75℃}$。

(7)绘出"T"形等效电路。

利用以空载和短路实验测定的参数, 画出被试变压器折算到低压方的"T"形等效电路。

【注意事项】

(1)在变压器实验中, 应注意电压表、电流表、功率表的合理布置选择。

(2)短路实验操作要快, 否则线圈发热引起电阻变化。

【问题研讨】

为什么变压器的短路实验是在高压侧进行？而空载实验又是在低压侧进行？

实验九　单相变压器负载实验

【实验目的】

通过负载实验测取变压器的外特性，确定电压变化率和效率。

【实验器材】

(1)三相调压器。

(2)三相组式变压器：T_1。

(3)MK04 交流电流表模块：交流电流表 $1^{\#}$、$2^{\#}$、$3^{\#}$。

(4)MK05 单相交流表模块：功率表 $1^{\#}$、$2^{\#}$。

(5)MK07 交流并网及切换开关模块：SW_1、SW_2、SW_3。

(6)可调电阻 $2^{\#}$：RP_7、RP_9、RP_{11}。

(7)导线等。

【实验内容】

负载实验：在保持 $U_1 = U_{1N}$，$\cos \varphi_2 = 1$ 的条件下，测取 $U_2 = f(I_2)$。

【实验步骤】

(1)单相变压器负载实验原理图见图 3-5。

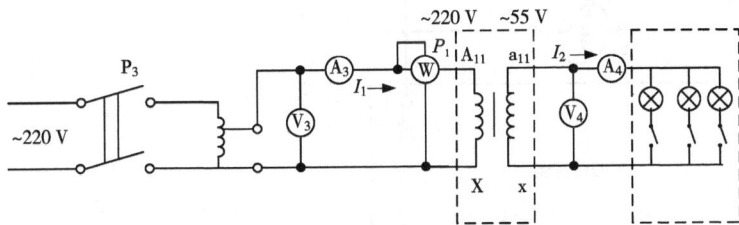

图 3-5　单相变压器负载实验原理图

(2)单相变压器负载实验按图 3-6 接线，接好线经老师检查无误后方可通电调试。

(3)将三相调压器逆时针调到底，将 RP_7、RP_9 和 RP_{11} 顺时针调至阻值最大位置，将 SW_1、SW_2 和 SW_3 开关打到中间位置。

(4)通过一体机软件上电(或接通电源启停旋钮)，合上交流电源开关。

(5)调节三相调压器，逐渐升高电源电压，使变压器空载电压 $U_1 = U_{1N} = 220$ V。

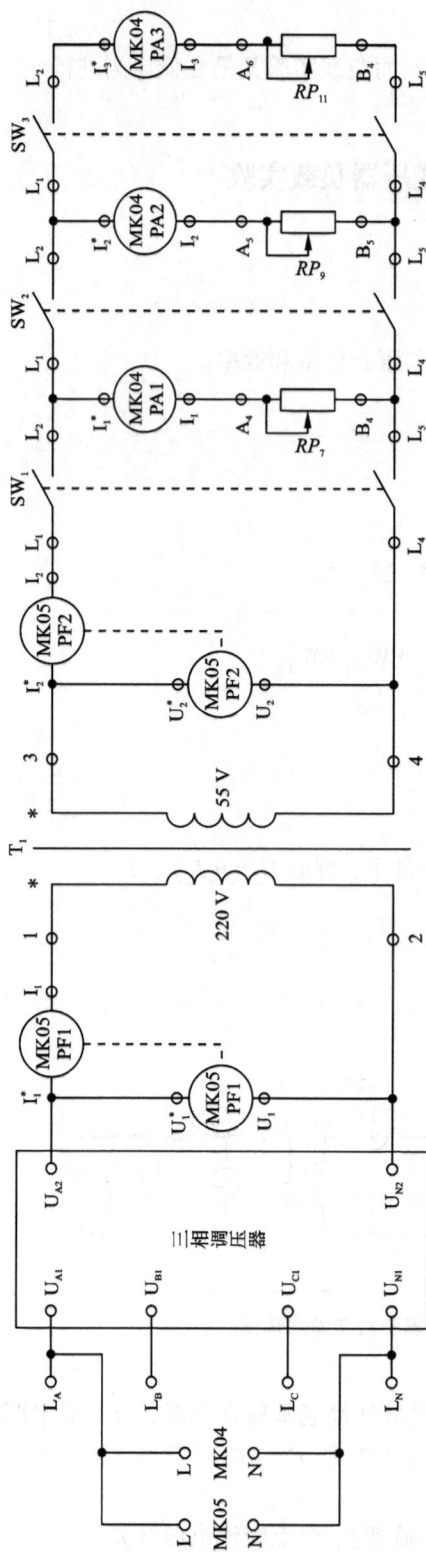

图3-6 单相变压器负载实验接线图

(6)逐步合上负载开关(开关由中间打到左侧),依次合上 SW_1、SW_2 及 SW_3,调节 RP_7、RP_9 及 RP_{11},使变压器负载电流 $I_2 = I_{2N} = 8$ A(注意:负载电流每条支路不得超过 2.7 A),测取变压器输出电压 U_2 和电流 I_2,测取数据时,$I_2 = 0$ 和 $I_2 = I_{2N} = 8$ A 处必测,且在 $I_2 = I_{2N} = 8$ A 附近应快速测量,将过程数据记录在表 3-3 中。

表 3-3　负载实验数据记录($\cos \varphi_2 = 1$,$U_1 = U_{1N} = V$)

序号	U_2/V	I_2/A
1		
2		
3		
4		
5		

(7)实验完成后,通过一体机软件下电(或切断电源启停旋钮),断开交流电源开关;将三相调压器逆时针调到底,将 RP_7、RP_9 和 RP_{11} 顺时针调至阻值最大位置,将 SW_1、SW_2 和 SW_3 开关打到中间位置。

(8)计算变压器的电压变化率 Δu。

1)绘出 $\cos \varphi_2 = 1$ 时的外特性曲线 $U_2 = f(I_2)$,由外特性曲线计算出 $I_2 = I_{2N}$ 时的电压变化率,即:

$$\Delta u = \frac{U_{20} - U_2}{U_{20}} \times 100\%$$

2)根据实验求出的参数,算出 $I_2 = I_{2N}$、$\cos \varphi_2 = 1$ 时的电压变化率,即:

$$\Delta u = U_{Kr} \cos \varphi_2 + U_{Kx} \sin \varphi_2$$

实验十　三相变压器空载实验

【实验目的】

(1)通过空载实验,测定三相变压器的变比和参数。
(2)通过空载实验,测取变压器的空载特性曲线。

【实验器材】

(1)三相调压器。
(2)三相芯式变压器:T_4、T_5、T_6。
(3)MK03 交流电压表模块:交流电压表 $1^\#$、$2^\#$、$3^\#$。

（4）MK06 智能测控仪表模块：交流电表。

（5）导线等。

【实验内容】

（1）通过空载实验，测定三相变压器的变比。

（2）测取空载特性 $U_0=f(I_0)$，$P_0=f(U_0)$，$\cos\varphi_0=f(U_0)$。

【实验步骤】

（1）三相变压器空载实验原理图见图 3-7。

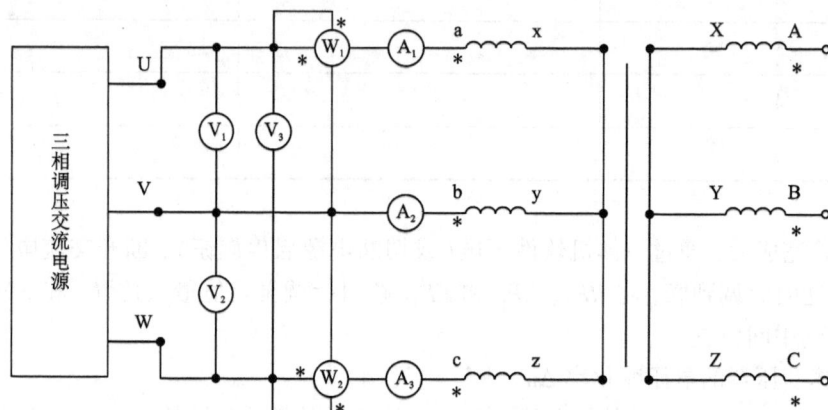

图 3-7　三相变压器空载实验原理图

（2）断电接线，三相变压器空载实验按图 3-8 接线［注：空载实验是在低压侧施压，高压侧开路（空载）］，接好线经老师检查无误，并确保下一步工作到位后，方可通电调试。

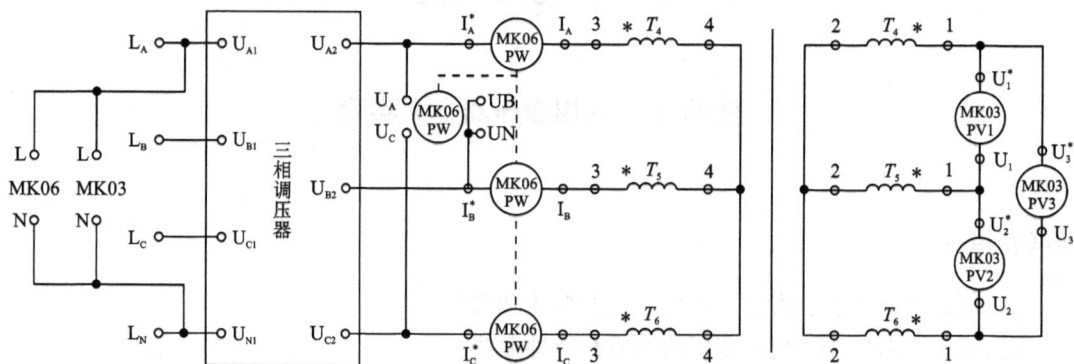

图 3-8　三相变压器空载实验接线图

（3）将三相调压器逆时针调到底。

（4）接通电源启停旋钮，合上交流电源开关。

（5）调节三相调压器，使变压器空载电压 $U_0 = 0.5U_N = 95$ V，测取变压器高、低压线圈的线电压 U_{AB}、U_{BC}、U_{CA}、U_{ab}、U_{bc}、U_{ca}，将数据记录在表 3-4 中。

（6）再次调节三相变压器，使变压器空载电压 $U_0 = 1.2U_N = 228$ V，然后逐渐降低电源电压，在 $1.2 \sim 0.2U_N$ 范围内，测取变压器的三相电压、电流和功率。测取数据时，在 $U_0 = U_N = 220$ V 点必须测，且在该点附近测的点较密，将过程数据记录在表 3-5 中。

（7）实验完成后，切断电源启停旋钮，断开交流电源开关；将三相调压器逆时针调到底。

表 3-4　变比实验数据

高压绕组线电压/V			低压绕组线电压/V			变比 K		
U_{AB}	U_{BC}	U_{CA}	U_{ab}	U_{bc}	U_{ca}	K_{AB}	K_{BC}	K_{CA}

计算变比 K，计算公式如下：

$$K_{AB} = \frac{U_{AB}}{U_{ab}}, \quad K_{BC} = \frac{U_{BC}}{U_{bc}}, \quad K_{CA} = \frac{U_{CA}}{U_{ca}}$$

则平均变比为：

$$K = \frac{1}{3}(K_{AB} + K_{BC} + K_{CA})$$

表 3-5　空载实验数据

序号	实验数据								计算数据			
	U_0/V			I_0/A			P_0/W		U_0/V	I_0/A	P_0/W	$\cos\varphi_0$
	U_{ab}	U_{bc}	U_{ca}	I_a	I_b	I_c	P_{01}	P_{02}				
1												
2												
3												
4												
5												
6												
7												

注：P_0 表示空载时，三相有功功率（总功率），$P_0 = P_{01} + P_{02}$，P_{01}、P_{02} 为两个瓦特计法分别测得的功率。

（8）计算变比，绘制特性曲线。

1）计算变压器的变比。

根据实验数据，计算各线电压之比，然后取其平均值作为变压器的变比，计算公式如下：

$$K_{AB} = \frac{U_{AB}}{U_{ab}}, \quad K_{BC} = \frac{U_{BC}}{U_{bc}}, \quad K_{CA} = \frac{U_{CA}}{U_{ca}}$$

则三相变压器变比为：

$$K = \frac{1}{3}(K_{AB} + K_{BC} + K_{CA})$$

2）绘出空载特性曲线和计算激磁参数。

①绘出空载特性曲线。

$$U_0 = f(I_0), \quad P_0 = f(U_0), \quad \cos \varphi_0 = f(U_0)$$

式中：$U_0 = \dfrac{U_{ab} + U_{bc} + U_{ca}}{3}$，$I_0 = \dfrac{I_a + I_b + I_c}{3}$，$P_0 = P_{01} + P_{02}$，$\cos \varphi_0 = \dfrac{P_0}{\sqrt{3} \, U_0 I_0}$。

②计算激磁参数。

从空载特性曲线上查出对应于 $U_0 = U_N$ 时的 I_0 和 P_0 值，并由下式算出激磁参数：

$$r_m = \frac{P_0}{3 I_0^2}, \quad Z_m = \frac{U_0}{\sqrt{3} \, I_0}, \quad X_m = \frac{\sqrt{3} \, I_0}{\sqrt{Z_m^2 - r_m^2}}$$

实验十一 三相变压器短路实验

【实验目的】

（1）通过短路实验，绘出短路特性曲线和计算短路参数。

（2）绘出变压器的等效电路。

【实验器材】

（1）三相调压器。

（2）三相芯式变压器：T_4、T_5、T_6。

（3）MK04 交流电流表模块：交流电流表 $1^{\#}$、$2^{\#}$、$3^{\#}$。

（4）MK06 智能测控仪表模块：交流电表。

（5）导线等。

【实验内容】

测取短路特性 $U_K = f(I_K)$，$P_K = f(I_K)$，$\cos \varphi_K = f(I_K)$。

【实验步骤】

（1）三相变压器短路实验原理图见图 3-9。

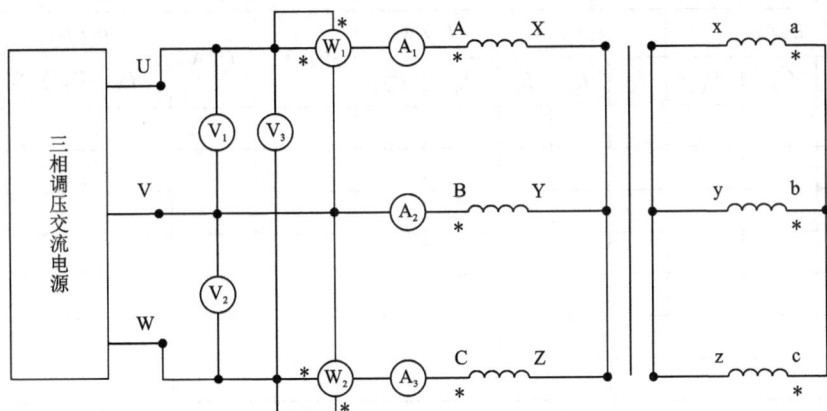

图 3-9　三相变压器短路实验原理图

（2）断电接线，三相变压器短路实验按图 3-10 接线（注意：短路实验是在高压侧施压，低压侧短路），接好线经老师检查无误，并确保下一步工作到位后，方可通电调试。

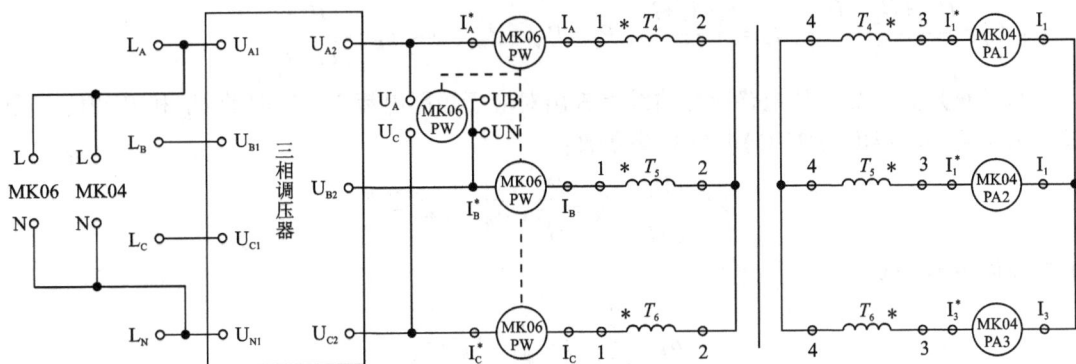

图 3-10　三相变压器短路实验接线图

（3）将三相调压器逆时针调到底。

（4）通过一体机软件上电（或接通电源启停旋钮），合上交流电源开关。

（5）缓慢调节三相调压器，给三相变压器的原边（高压侧）数伏电压，并谨慎升压，观察仪表。使变压器的短路电流 $I_2 = 1.1I_{2N} = 3.3$ A，这时，不能再升压，在 $0.2 \sim 1.1I_{2N}$ 范围内，测取变压器的 U_K、I_K、P_K。测取数据时，$I_2 = I_{2N}$ 点必须测，且在该点附近测的点较密，将过程数据记录在表 3-6 中。

（6）实验完成后，通过一体机软件下电（或切断电源启停旋钮），断开交流电源开关；将三相调压器逆时针调到底。

表 3-6　短路实验数据(室温: 0 ℃)

序号	实验数据								计算数据			
	U_K/V			I_K/A			P_K/W		U_K/V	I_K/A	$P_K(P_K = P_{W1}+P_{W2})/W$	$\cos\varphi_K$
	U_{AB}	U_{BC}	U_{CA}	I_A	I_B	I_C	P_{W1}	P_{W2}				
1												
2												
3												
4												
5												
6												
7												

注: $P_K=P_{W1}+P_{W2}$, 其中 P_K 为短路时, 三相总功率(有功功率), 利用基尔霍夫电流定律, 使用两瓦特计法测量三相功率, 两只瓦特表的读数之和等于三相总功率。

(7)绘出短路特性曲线和计算短路参数。

1)绘出短路特性曲线。

$$U_K=f(I_K),\ P_K=f(I_K),\ \cos\varphi_K=f(I_K)$$

式中: $U_K=\dfrac{U_{AB}+U_{BC}+U_{CA}}{3}$, $I_K=\dfrac{I_A+I_B+I_C}{3}$, $P_K=P_{W1}+P_{W2}$, $\cos\varphi_K=\dfrac{P_K}{\sqrt{3}\,U_K I_K}$。

2)计算短路参数。从短路特性曲线上查出对应于短路电流 $I_K=I_N$ 时的 U_K 和 P_K 值, 由下式算出实验环境温度为 $\theta(℃)$ 时的短路参数:

$$Z_K'=\frac{U_K}{\sqrt{3}\,I_N},\ r_K'=\frac{P_K}{3I_N^2},\ X_K'=\sqrt{Z_K'^2-r_K'^2}$$

折算到低压侧, 即:

$$Z_K=\frac{Z_K'}{K^2},\ r_K=\frac{r_K'}{K^2},\ X_K=\frac{X_K'}{K^2}$$

由于短路电阻 r_K 随温度变化, 因此, 算出的短路电阻应按国家标准换算到基准工作温度 75℃ 时的阻值, 即:

$$r_{K=75℃}=r_{K=\theta}\frac{234.5+75}{234.5+\theta}$$

$$Z_{K=75℃}=\sqrt{r_{K=75℃}^2+X_K^2}$$

式中: 234.5 为铜导线的常数, 若用铝导线, 该常数应该为 228。

计算短路电路电压(阻抗电压)百分数:

$$U_K(\%)=\frac{\sqrt{3}\,I_N Z_{K=75℃}}{K^2}\times100\%,\ U_{Kr}(\%)=\frac{\sqrt{3}\,I_N r_{K=75℃}}{U_N}\times100\%,\ U_{KX}(\%)=\frac{\sqrt{3}\,I_N X_K}{U_N}\times100\%$$

计算得 $I_K=I_N$ 时的短路损耗为 $P_{KN}=3I_N^2 r_{K=75℃}$。

(8)绘出"T"形等效电路。

利用以空载和短路实验测定的参数, 画出被试变压器折算到低压方的"T"形等效电路。

实验十二　三相变压器极性及连接和组别的测定

【实验目的】

(1)熟悉判断绕组的方法。

(2)掌握用实验方法判别变压器的连接组别的方法。

【实验器材】

(1)三相芯式变压器：T_4、T_5、T_6。

(2)MK07 交流并网及切换开关模块：SW_1。

(3)万用表。

(4)导线等。

【实验内容】

(1)绕组的判别。

(2)连接并判定 Y/Y-12 连接组。

(3)连接并判定 Y/Y-6 连接组。

(4)连接并判定 Y/△-11 连接组。

(5)连接并判定 Y/△-5 连接组。

【实验步骤】

1.绕组的判别

三相变压器有 6 个绕组，12 个接头(端点)。其中 3 个原绕组分别标以 T_{41}-T_{42}，T_{51}-T_{52}，T_{61}-T_{62}；3 个副绕组分别标以 T_{43}-T_{44}，T_{53}-T_{54}，T_{63}-T_{64}。在标号不清的情况下，可以根据下述方法来判别。

例如，一个三铁芯柱三相变压器，有 12 个端点，没有标号，要求连成 Y/Y-12 或 Y/Y-6 或 Y/△-5 或 Y/△-11 或其他组别，就必须首先判别绕组，其步骤如下。

(1)判别同一绕组所属的端点有万用表判别法和电压表指示法两种方法。

1)万用表判别法。将万用表转到欧姆电阻的 1 K 挡，先用电表的一根探针固接变压器的任一端点，再用电表的另一根探针碰变压器的其他端点，如果电表指针突然转动一个较大的角度，则表示所碰的变压器端点与电表固接的端点为同一绕组所属的两端点。照此进行下去，可以判别出全部 6 个绕组的所属端点。

2)电压表指示法。将一只 250 V 以上量程的交流电压表接到 220 V 的交流电网上，见图 3-11，用探针碰接变压器的端点，如电压表有读数，则此端点与固接电源的端点同属一个

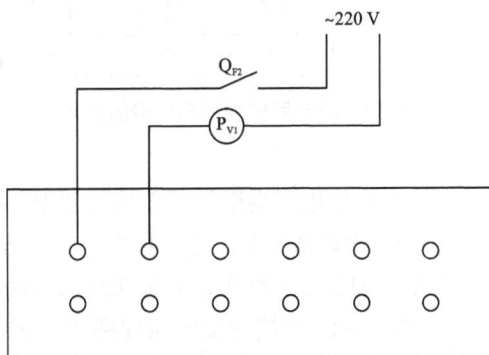

图 3-11　电压表指示法接线

绕组,其余绕组的判别照此类推。

(2)判别高压绕组或低压绕组的方法。

也可以用上述两种方法来判别。用万用表判别时,欧姆阻值大的为高压绕组;欧姆阻值小的为低压绕组。用交流电压表判别时,将电压表与绕组串联于交流电源上,电压表读数较低的为高压绕组;电压表读数较高的为低压绕组。

(3)判别同相(即同一铁芯柱)两绕组的方法。

将原绕组的任意一相接上交流电源,用交流电压表依次实测每一个副绕组的端电压,其中电压最大的那个副绕组与接上电源的原绕组属于同相,因为穿过同相副绕组的磁通最大,故感应电势最高。其他两相依同法确定。

(4)绕组同名端的判别方法。

有直流电压表判别法和交流电压表判别法两种。前者常用于小容量控制用变压器及脉冲变压器的同名端的确定,后者常用于电力变压器同名端的确定。下面介绍用交流电压表判别同名端的一种接线方式。

按图 3-12 接线,可以确定同相两绕组的同名端。如果电压表读数低于 220 V 交流电压,表示电压表两探针所接两端点为同名端,为 T_{41} 和 T_{43};如果读数高于 220 V 交流电压,表示所接两端点为异名端,为 T_{41} 和 T_{42}。

当第一原绕组任意标上了 T_{41} 和 T_{42} 后,其他两相(T_5 和 T_6 相)原绕组与 T_4 相原绕组同名端必须测定,这时按图 3-13 接线。如果电压表读数高于 220 V(用 500 V 挡),则电压表探针所接两端为异名端,为 T_{41} 和 T_{42},T_6 相原绕组同名端依同法确定。图 3-12 为确定同相绕组同名端的接线,图 3-13 为确定各相间原绕组(或副绕组)同名端的接线。

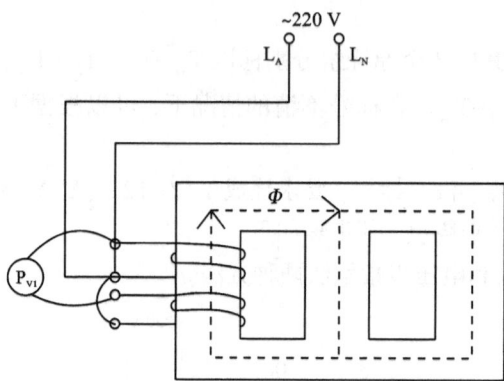

图 3-12　确定同相绕组同名端的接线　　图 3-13　确定各相间原绕组(或副绕组)同名端的接线

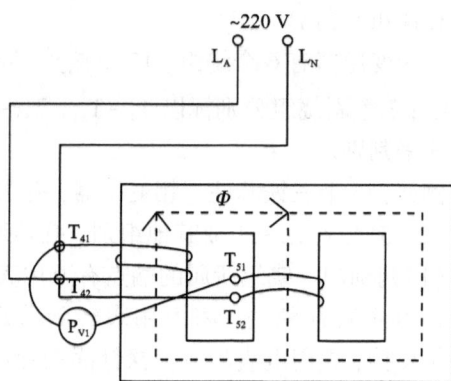

T_4 相和 T_5 相副绕组的同名端参照图 3-13 接线,如同确定 T_4 相副绕组同名端的道理和过程,可以确定端点 T_{53}、T_{54} 和 T_{63}、T_{64}。至此,全部绕组的同名端被确定。

2. Y/Y-12 连接组连接方法及组别实验

(1)Y/Y-12 连接的实验原理图如图 3-14 所示。

(2)按图 3-15 接线,接好线经老师检查无误后方可通电调试。

(3)接通电源启停旋钮,合上交流电源开关。

（4）将 SW_1 开关打到左侧位置，用万用表测量实验数据，将数据记录在表 3-8 中。

（5）实验完成后，切断电源启停旋钮，断开交流电源开关；将 SW_1 开关打到中间位置。

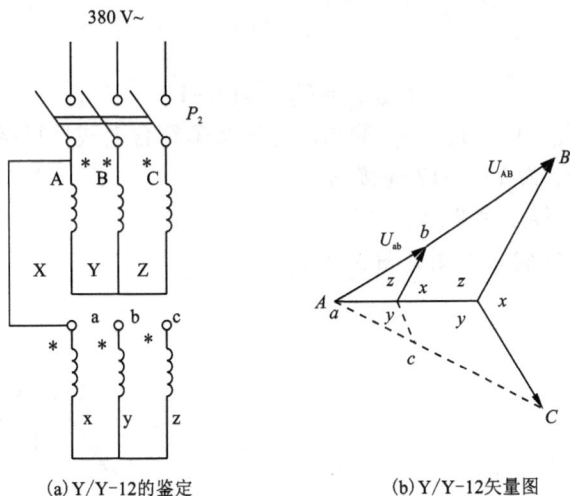

(a) Y/Y-12 的鉴定　　　　　(b) Y/Y-12 矢量图

图 3-14　Y/Y-12 连接的实验原理图

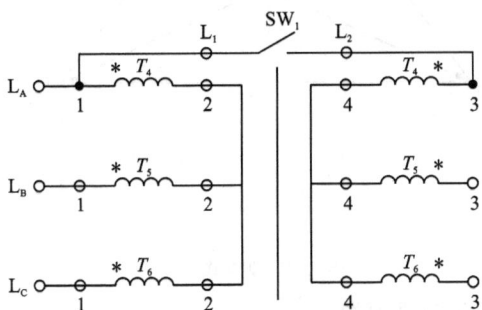

图 3-15　Y/Y-12 连接接线图

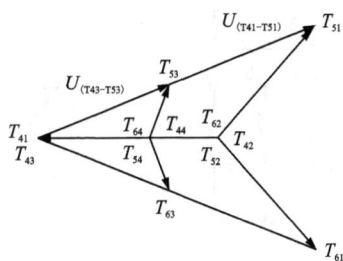

图 3-16　Y/Y-12 矢量图

表 3-8　Y/Y-12 连接方法判别实验数据

绕组连接方式	原方线电压			副方线电压			副方相电压			电压		组别判断
	$U_{T41-T51}$	$U_{T51-T61}$	$U_{T61-T41}$	$U_{T43-T53}$	$U_{T53-T63}$	$U_{T63-T43}$	$U_{T43-T44}$	$U_{T53-T54}$	$U_{T63-T64}$	$U_{T51-T53}$	$U_{T61-T63}$	

（6）T_{41} 和 T_{43} 变成等位点。因此，原、副绕组电压相量 $U_{T41-T51}$ 和 $U_{T43-T53}$ 重合于 T_{41} 点，见图 3-16。此时，在 T_5 相原、副绕组的 T_{51} 和 T_{53} 点间应有电压：

$$U_{T51-T53} = U_{T41-T51} - U_{T43-T53} = \left(\frac{U_{T41-T51}}{U_{T43-T53}} - 1 \right) U_{T43-T53} = U_{T43-T53}(K-1)$$

式中：$K=\dfrac{U_{T41-T51}}{U_{T43-T53}}$为原、副绕组线电压之比，它可以用电压表直接测出 $U_{T41-T51}$ 和 $U_{T43-T53}$ 来确定。

同理，对 T_6 有：

$$U_{T61-T63}=U_{T43-T53}(K-1)$$

如果用电压表从 T_{51}、T_{53}、T_{61}、T_{63} 测出的电压数值符合上式计算结果数值则表示极性判别正确，连接组别无误，为 Y/Y-12 连接组。

3. Y/Y-6 连接组连接方法及组别实验

（1）Y/Y-6 连接的实验原理图见图 3-17。

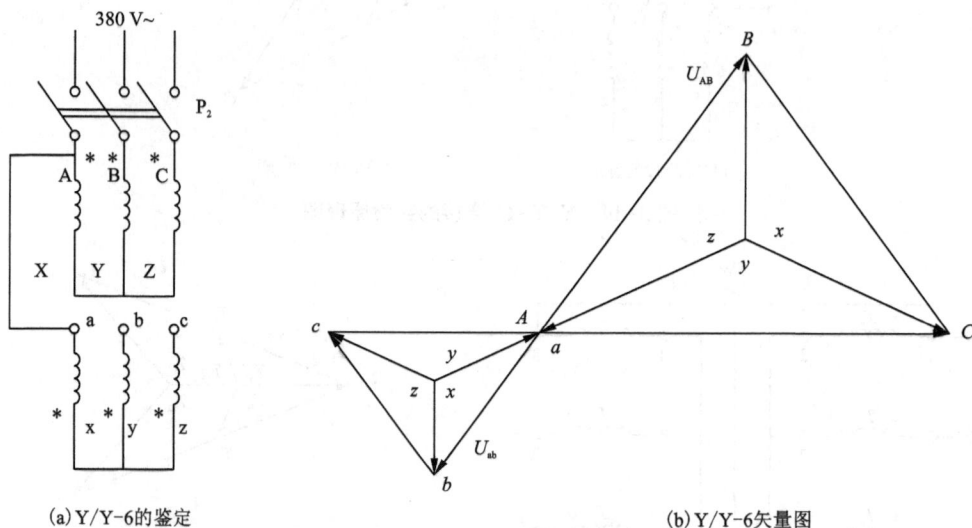

(a) Y/Y-6的鉴定　　　　　　(b) Y/Y-6矢量图

图 3-17　Y/Y-6 连接的实验原理图

（2）Y/Y-6 连接实验按图 3-18 接线，接好线经老师检查无误后方可通电调试。

（3）接通电源启停旋钮，合上交流电源开关。

（4）将 SW_1 开关打到左侧位置，用万用表测量实验数据，将数据记录在表 3-9 中。

（5）实验完成后，切断电源启停旋钮，断开交流电源开关；将 SW_1 开关打到中间位置。

表 3-9　Y/Y-6 绕组连接方法判别实验数据

绕组连接方式	原方线电压			副方线电压			副方相电压			电压		组别判断
	$U_{T41-T51}$	$U_{T51-T61}$	$U_{T61-T41}$	$U_{T44-T54}$	$U_{T54-T64}$	$U_{T64-T44}$	$U_{T43-T44}$	$U_{T53-T54}$	$U_{T63-T64}$	$U_{T51-T54}$	$U_{T61-T64}$	

（6）根据 Y/Y-6 连接组的电势相量图（图 3-19）可得：

$$U_{T51-T54} = U_{T61-T64} = (K_L + 1) U_{T44-T54}$$

$$U_{T51-T64} = U_{T44-T54} \sqrt{K_L^2 + K_L + 1}$$

若由上述两式计算出的电压 $U_{T51-T54}$、$U_{T61-T64}$、$U_{T51-T64}$ 的数值与实测相同，则绕组连接正确，属于 Y/Y–6 连接组。

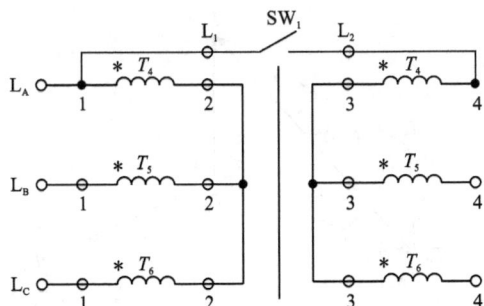

图 3-18　Y/Y–6 连接接线图

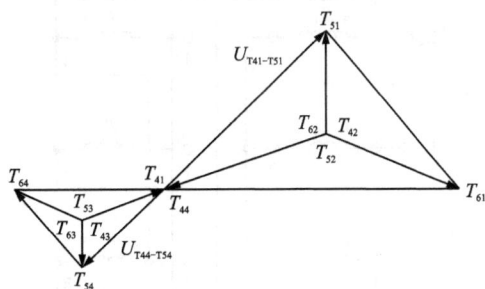

图 3-19　Y/Y–6 矢量图

4. Y/△–11 连接组连接方法及组别实验

(1) Y/△–11 连接的实验原理图见图 3–20。

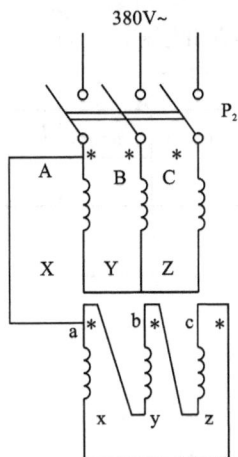

(a) Y/△–11的鉴定

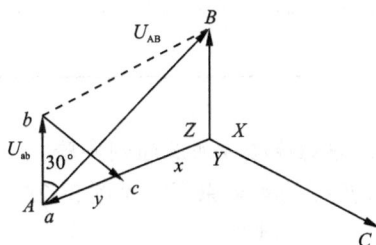

(b) Y/△–11矢量图

图 3-20　Y/△–11 连接的实验原理图

(2) 按图 3–21 接线，接好线经老师检查无误后方可通电调试。

(3) 接通电源启停旋钮，合上交流电源开关。

(4) 将 SW_1 开关打到左侧位置，用万用表测量实验数据，将数据记录在表 3–10 中。

(5) 实验完成后，切断电源启停旋钮，断开交流电源开关；将 SW_1 开关打到中间位置。

(6) 根据 Y/△–11 连接组的电势相量图 (图 3–22) 可得：

$$U_{T51-T53} = U_{T61-T63} = U_{T43-T53} \sqrt{K^2 - \sqrt{3}K + 1}$$

式中：$K = \dfrac{U_{T41-T51}}{U_{T43-T53}}$。

若由上述两式计算出的电压 $U_{T51-T53}$ 的数值与实测相同，则绕组连接正确，属于 Y/△-11 连接组。

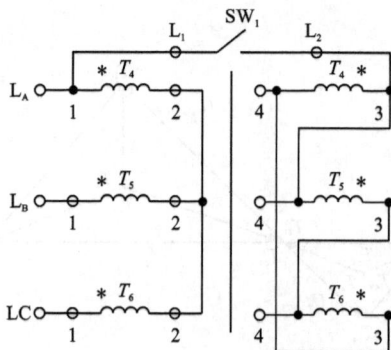

图 3-21　Y/△-11 连接接线图

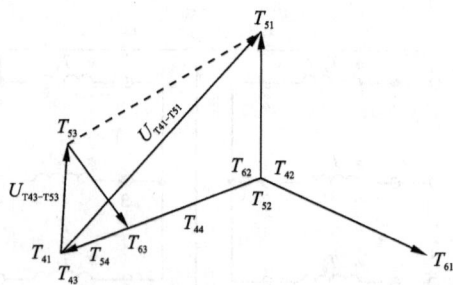

图 3-22　Y/△-11 矢量图

表 3-10　Y/△-11 连接方法判别实验数据

绕组连接方式	原方线电压			副方线电压			副方相电压			电压		组别判断
	$U_{T41-T51}$	$U_{T51-T61}$	$U_{T61-T41}$	$U_{T43-T53}$	$U_{T53-T63}$	$U_{T63-T43}$	$U_{T43-T44}$	$U_{T53-T54}$	$U_{T63-T64}$	$U_{T51-T53}$	$U_{T61-T63}$	

5. Y/△-5 连接组连接方法及组别实验

(1) Y/△-5 连接的实验原理图见图 3-23。

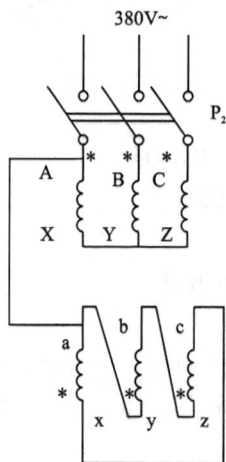

(a) Y/△-5 联接组的鉴定

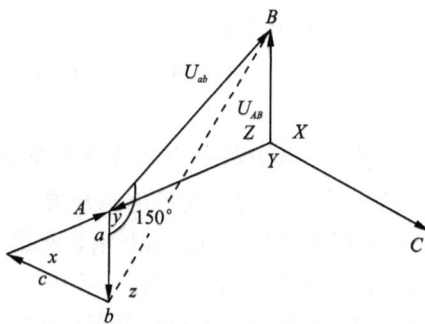

(b) Y/△-5 矢量图

图 3-23　Y/△-5 连接的实验原理图

（2）按图 3-24 接线，接好线经老师检查无误后方可通电调试。

（3）接通电源启停旋钮，合上交流电源开关。

（4）将 SW_1 开关打到左侧位置，用万用表测量实验数据，将数据记录在表 3-11 中。

（5）实验完成后，切断电源启停旋钮，断开交流电源开关；将 SW_1 开关打到中间位置。

表 3-11　Y/△-5 连接方法判别实验数据

绕组连接方式	原方线电压			副方线电压			副方相电压			电压		组别判断
	$U_{T41-T51}$	$U_{T51-T61}$	$U_{T61-T41}$	$U_{T43-T53}$	$U_{T53-T63}$	$U_{T63-T43}$	$U_{T43-T44}$	$U_{T53-T54}$	$U_{T63-T64}$	$U_{T51-T54}$	$U_{T61-T64}$	

（6）根据 Y/△-5 连接组的电势相量图（图 3-25）可得：

$$U_{T51-T54} = U_{T61-T64} = U_{T44-T54}\sqrt{K^2 + \sqrt{3}K + 1}$$

式中：$K = \dfrac{U_{T41-T51}}{U_{T44-T54}}$。

若由上述两式计算出的电压 $U_{T51-T54}$、$U_{T61-T64}$ 的数值与实测相同，则绕组连接正确，属于 Y/△-5 连接组。

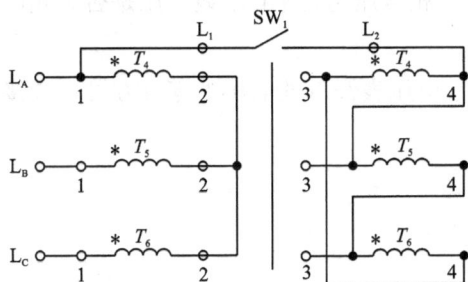

图 3-24　Y/△-5 连接接线图

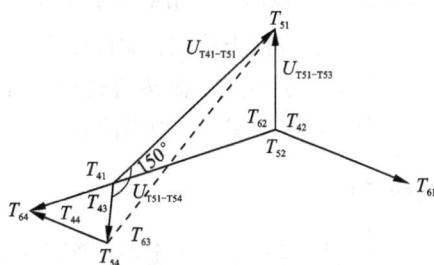

图 3-25　Y/△-5 矢量图

6. 变压器连接组校核公式（设 $U_{ab} = 1$，$U_{AB} = K_L \times U_{ab} = K_L$）

变压器连接组校核公式见表 3-12。

表 3-12　变压器连接组校核公式

组别	$U_{Bb} = U_{Cc}$	U_{Bc}	U_{Bc}/U_{Bb}
12	$K_L - 1$	$\sqrt{K_L^2 - K_L + 1}$	>1
1	$\sqrt{K_L^2 - \sqrt{3}K_L + 1}$	$\sqrt{K_L^2 + 1}$	>1
2	$\sqrt{K_L^2 - K_L + 1}$	$\sqrt{K_L^2 + K_L + 1}$	>1
3	$\sqrt{K_L^2 + 1}$	$\sqrt{K_L^2 + \sqrt{3}K_L + 1}$	>1

续表 3-12

组别	$U_{Bb} = U_{Cc}$	U_{Bc}	U_{Bc}/U_{Bb}
4	$\sqrt{K_L^2 + K_L + 1}$	$K_L + 1$	>1
5	$\sqrt{K_L^2 + \sqrt{3}K_L + 1}$	$\sqrt{K_L^2 + \sqrt{3}K_L + 1}$	= 1
6	$K_L + 1$	$\sqrt{K_L^2 + K_L + 1}$	<1
7	$\sqrt{K_L^2 + \sqrt{3}K_L + 1}$	$\sqrt{K_L^2 + 1}$	<1
8	$\sqrt{K_L^2 + K_L + 1}$	$\sqrt{K_L^2 - K_L + 1}$	<1
9	$\sqrt{K_L^2 + 1}$	$\sqrt{K_L^2 - \sqrt{3}K_L + 1}$	<1
10	$\sqrt{K_L^2 - K_L + 1}$	$K_L - 1$	<1
11	$\sqrt{K_L^2 - \sqrt{3}K_L + 1}$	$\sqrt{K_L^2 - \sqrt{3}K_L + 1}$	= 1

【注意事项】

在连接三相变压器的绕组时，一定要注意下列事项，切不可粗心大意。

(1)在接电源前，必须细心检查线路，避免原、副短路事故。

(2)在 Y/Y 接法时，用电压表测量副边绕组 3 个相电压是否平衡，线电压是否为相电压的 $\sqrt{3}$ 倍；否则，应检查错误，加以改正。

(3)在 Y/△ 接法时，副边首先接成开口三角形，电压表开口处电压为零时方可正式接成△形；否则，应检查错误，加以改正。

【问题研讨】

(1)如何用实验方法测定各绕组的同名端？

(2)三相组式变压器与三相芯式变压器之间有何区别？

(3)若三角形开口处的电压不为零，是什么原因？

(4)三相变压器连接组别组成的规律是什么？

(5)假设三相变压器的组别号为3，试确定它可能的连接方式。请以 Y/△ 接法进行分析，画出对应的相量图。

实验十三　三相变压器的连接及组别鉴定（设计及综合性实验）

请完成下列要求的三相变压器的连接及组别鉴定的课题任务并在实验室验证通过。

题目一：三相变压器 Y/Y-2 的连接及组别鉴定。

题目二：三相变压器 Y/Y-8 的连接及组别鉴定。

题目三：三相变压器 Y/Y-4 的连接及组别鉴定。

题目四：三相变压器 Y/Y-10 的连接及组别鉴定。

题目五：三相变压器 Y/△-1 的连接及组别鉴定。

题目六：三相变压器 Y/△-7 的连接及组别鉴定(△分顺序和逆序两种方法分别考虑)。

题目七：三相变压器 Y/△-3 的连接及组别鉴定(△分顺序和逆序两种方法分别考虑)。

题目八：三相变压器 Y/△-9 的连接及组别鉴定。

以上设计内容统一要求如下：

(1)根据选定的题目,画出相应的实验接线鉴定所对应的原理图。

(2)画出相应的鉴定所需的矢量图。

(3)拟定相应的详细的实验步骤及注意事项。

(4)回答以下问题：

①在接电源前,如果三相变压器原、副边短路,通电会有什么后果？

②在 Y/Y 接法时,用电压表交流 750 V 挡测量副边绕组 3 个线电压如果不平衡,线电压不为相电压的 $\sqrt{3}$ 倍,则应如何改正错误？

③如何用实验方法测定各绕组的同名端？

④三相组式变压器与三相芯式变压器之间有何区别？

⑤在 Y/△ 接法时,副边为什么必须首先接成开口三角形,而且要用电压表测开口处电压是否为零,只有为零时,才可正式接成△形？ Y/△ 接法时,若三角形开口处的电压不为零,是什么原因？若三角形开口处的电压不为零而强行接成△,通电后,后果是什么？

⑥用万用表测量的实验数据,为什么要详细记录在各自的表格中？ 如何根据记录的数据立即断定测试是否正确？

⑦实验数据测试完成后,关机的操作步骤是什么？

⑧三相变压器连接组别的规律是什么？

⑨假设三相变压器的组别号为 3,试确定它可能的连接方式？ 请以接法进行分析,画出它对应的相量图。

实验十四　三相变压器并联运行

【实验目的】

(1)学习三相变压器投入并联运行的方法。

(2)分析并联运行时阻抗电压对负载分配的影响。

【实验器材】

(1)三相组式变压器：T_1、T_2、T_3。

(2)三相芯式变压器：T_4、T_5、T_6。

(3)三相调压器。

(4)MK03 交流电压表模块：交流电压表 $1^{\#}$。

(5)MK04 交流电流表模块：交流电流表 $1^{\#}$、$2^{\#}$。

(6)MK06 智能测控仪表模块：交流电表。

(7)MK07 交流并网及切换开关模块：SW_1、SW_2。

(8)可调电阻 $2^{\#}$：$RP_{7/8}$、$RP_{9/10}$、$RP_{11/12}$。

(9)导线等。

【实验内容】

(1)将两台三相变压器空载投入并联运行。

(2)阻抗电压相等的两台三相变压器并联运行。

(3)阻抗电压不相等的两台三相变压器并联运行。

【实验步骤】

1. 将两台三相变压器空载投入并联运行

(1)按图 3-26 接线，接好线经老师检查无误后方可通电调试。

(2)将三相调压器逆时针调到底，将 $RP_{7/8}$、$RP_{9/10}$ 和 $RP_{11/12}$ 顺时针调至阻值最大位置，将 SW_1、SW_2 开关打到中间位置。

(3)通过一体机软件上电(或接通电源启停旋钮)，合上交流电源开关。

(4)调节三相调压器，使变压器副方电压 $U_{T13T23} = U_{UA2UB2}$，则两台变压器的变比相等，即 $K_1 = K_2$；测出副方电压 U_{T13UA2}、U_{T23UB2}、U_{T33UC2}，若电压均为零，则连接组相同。

(5)检查出两台变压器的变比相等和极性相同后，合上开关 SW_2，即可投入并联。若 K_1 和 K_2 不是严格相等，则会产生环流。

(6)实验完成后，通过一体机软件下电(或切断电源启停旋钮)，断开交流电源开关；将三相调压器逆时针调到底，将 SW_2 打到中间位置。

2. 阻抗电压相等的两台三相变压器并联运行

(1)按图 3-26 接线，接好线经老师检查无误后方可通电调试。

(2)将三相调压器逆时针调到底，将 $R_{P7/8}$、$RP_{9/10}$ 和 $RP_{11/12}$ 顺时针调至阻值最大位置，将 SW_1、SW_2 开关打到中间位置。

(3)通过一体机软件上电(或接通电源启停旋钮)，合上交流电源开关。

(4)调节三相调压器，使两台变压器的变比相等、极性相同，将 SW_2 开关打到左侧位置，将变压器投入并联运行。

(5)将 SW_1 开关打到左侧位置，逆时针同步调节 $RP_{7/8}$、$RP_{9/10}$ 和 $RP_{11/12}$(负载电流每路不得超过 6 A)，直至其中一台变压器的输出电流达到额定电流 3 A 为止。测取 I_1、I_2、I_a、I_b、I_c，将过程数据记录在表 3-13 中。

(6)实验完成后，切断电源启停旋钮，断开交流电源开关；将三相调压器逆时针调到底，将 $RP_{7/8}$、$RP_{9/10}$ 和 $RP_{11/12}$ 顺时针调至阻值最大位置，将开关 SW_1、SW_2 打到中间位置。

3. 阻抗电压不相等的两台三相变压器并联运行

(1)按图 3-26 接线，接好线经老师检查无误后方可通电调试。

(2)将三相调压器逆时针调到底，将 $RP_{7/8}$、$RP_{9/10}$ 和 $RP_{11/12}$ 顺时针调至阻值最大位置，将 SW_1、SW_2 开关打到中间位置。

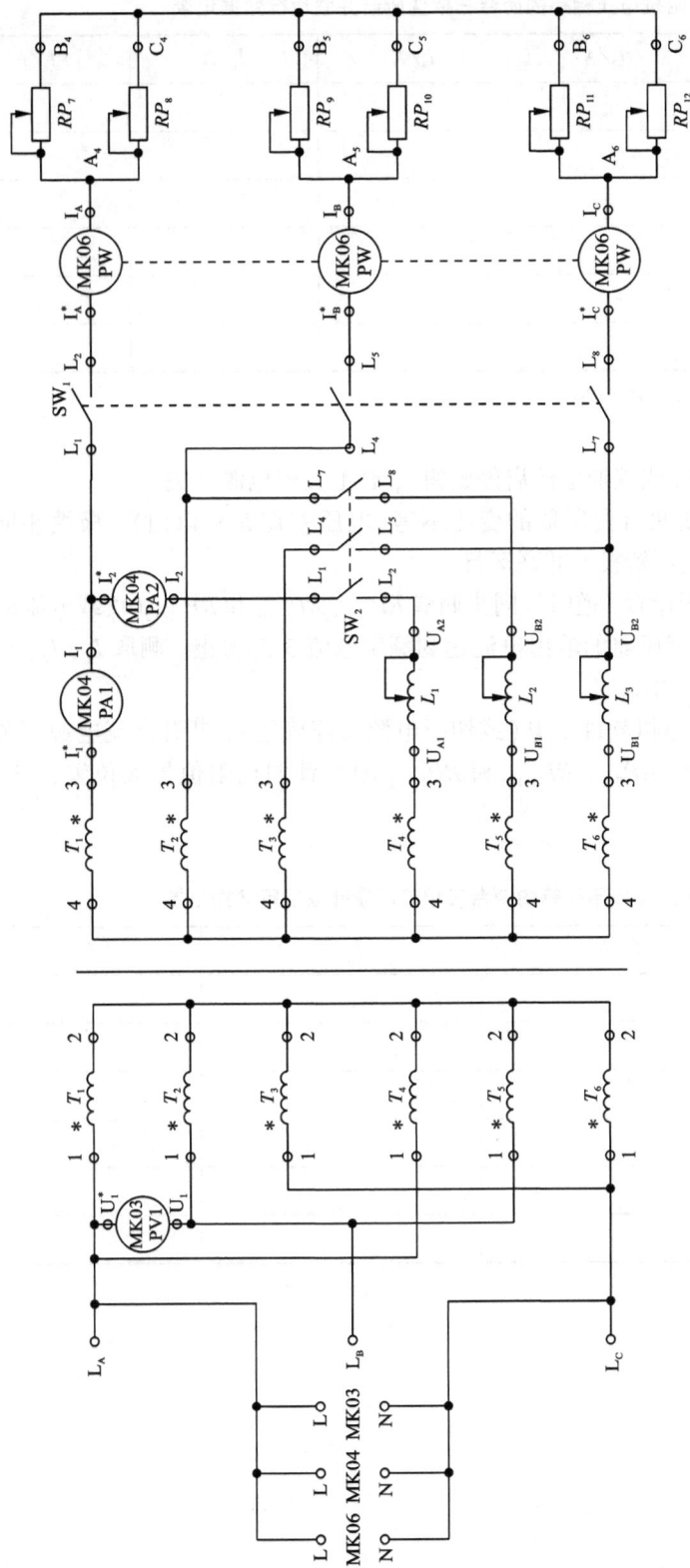

图3-26　三相变压器并联实验接线图

表 3-13　阻抗电压相等的两台三相变压器并联运行数据记录

序号	I_1/A	I_2/A	I_a/A	I_b/A	I_c/A
1					
2					
3					
4					
5					
6					

注：表中 I_1、I_2、I_a、I_b、I_c 具体含义见图 3-26。

（3）通过一体机软件上电（或接通电源启停旋钮），合上交流电源开关。

（4）调节三相调压器，使两台变压器的变比不等（电压差在 5 V 以内）、极性相同，将 SW$_2$ 开关打到左侧位置，将变压器投入并联运行。

（5）将 SW$_1$ 开关打到左侧位置，逆时针同步调节 $RP_{7/8}$、$RP_{9/10}$ 和 $RP_{11/12}$（负载电流每路不得超过 6 A），直至其中一台变压器的输出电流达到额定电流 3 A 为止。测取 I_1、I_2、I_a、I_b、I_c，将过程数据记录在表 3-14 中。

（6）实验完成后，通过一体机软件下电（或切断电源启停旋钮），断开交流电源开关；将三相调压器逆时针调到底，将 $RP_{7/8}$、$RP_{9/10}$ 和 $RP_{11/12}$ 顺时针调至阻值最大位置，将 SW$_1$、SW$_2$ 开关打到中间位置。

表 3-14　阻抗电压不相等的两台三相变压器并联运行数据记录

序号	I_1/A	I_2/A	I_3/A
1			
2			
3			
4			
5			
6			

注：I_1、I_2、I_3 分别为三相电流。

第 4 章

异步电动机实验

4.1　知识要点

4.1.1　三相异步电动机基本结构

　　三相异步电动机是交流电动机的一种，又称感应电动机。它具有结构简单、制造方便、坚固耐用、成本较低、效率较高和运行可靠等一系列优点，因此被广泛应用于工业、农业、国防、航天、科研、建筑、交通等领域以及人们的日常生活中。其基本结构是由固定不动的部分(定子)和转动部分(转子)以及气隙组成。

三相异步电动机结构简图

　　异步电动机的定子由定子铁芯、定子绕组、机座、端盖以及轴承等组成。定子铁芯是电机磁路的一部分；定子绕组有成型硬绕组和散嵌软绕组两类，一般三绕组的六个端线都会引到机座侧面的接线柱上，与电源相接时，可根据情况将六个端线接成三角形或星形；机座起着固定定子铁芯的作用；端盖起着保护电动机铁芯和绕组端部的作用。

　　异步电动机的转子由转子铁芯、转子绕组和转轴组成。转子绕组有笼型绕组和绕线型绕组两种，它们的结构不同，但工作原理基本相同。

　　定子、转子之间的间隙称为异步电动机的气隙，气隙的大小对于异步电动机的性能影响很大。气隙大，则磁阻大，励磁电流也就大，由于异步电动机的励磁电流取自电网，增大气隙将使气隙中消耗的磁势增大，导致电机的功率降低，因此从这一角度考虑，气隙应小一些好，但电机带负载运行时，转轴有一定的挠度，气隙太小，有可能发生定子铁芯与转子铁芯相擦的现象。另外，从减小高次谐波磁势产生的磁通、减少附加损耗及改善启动性能角度来考虑，气隙应大一些好。所以，气隙的大小除了考虑电性能外，还要考虑安装的简便性，避免在运行中发生转子与定子相擦的现象。异步电动机的气隙具有很小的数值。对于中小型异步电动机，气隙一般为 0.2~2.0 mm。

4.1.2　三相异步电动机的工作原理

　　交流电动机主要有异步电动机和同步电动机两大类，三相异步电动机又有鼠笼式和绕线式两种，由于鼠笼式异步电动机具有一系列优点，所以，它在机电传动控制系统中使用得最为广泛。

旋转磁场是三相交流电动机工作的基础，其同步转速为：

$$n_0 = \frac{60f_1}{p}$$

异步电动机依据电磁感应和电磁力的原理使转子以低于 n_0 的转速 n 旋转，其转差率为：

$$S = \frac{n_0 - n}{n_0}$$

转差率是异步电动机的一个非常重要的参数。

同步电动机则依据异性相吸的原理使转子严格地以同步转速 n_0 旋转。

4.1.3　三相异步电动机定子电路和转子电路中的几个主要电量

异步电动机工作时，其定子每相绕组的感应电势为：

$$E_1 = 4.44f_1N_1\phi$$

而且，定子每相绕组上施加的电压 $U_1 \approx E_1$，可见 $\phi \propto U_1$，当转子不动时，转子每相绕组的感应电势为：

$$E_2 = 4.44f_2N_2\phi = SE_{20}（因转子电势的频率为 f_2 = Sf_1）$$

转子每相绕组的电流为：

$$I_2 = \frac{SE_{20}}{\sqrt{R_2^2 + (SX_{20})^2}}$$

转子每相电路的功率因数为：

$$\cos\varphi_2 = \frac{R_2}{\sqrt{R_2^2 + (SX_{20})^2}}$$

4.1.4　三相异步电动机的机械特性

异步电动机所产生的电磁转矩为：

$$T = K\frac{SR_2U^2}{R_2^2 + (SX_{20})^2} \tag{4.1}$$

由式(4.1)可以绘出异步电动机固有的机械特性 $n = f(T)$ 曲线，此特性曲线上有 4 个重要特殊点，分别如下：

(1) $T = 0$，$n = n_0(S = 0)$ 为理想空载点。

(2) $T = T_N$，$n = n_N(S = S_N)$ 为额定工作点。

$$T_N = 9.55\frac{P_N}{n_N}$$

$$S_N = \frac{n_0 - n_N}{n_0}$$

(3) $T = T_{st}$，$n = 0(S = 1)$ 为启动工作点。

$$T_{st} = K\frac{R_2U^2}{R_2^2 + X_{20}^2}$$

且一般启动能力系数为：$\lambda_{st} = \dfrac{T_{st}}{T_N} = 1 \sim 1.2$。

(4) $T=T_{\max}$, $n=n_{\mathrm{m}}(S=S_{\mathrm{m}})$ 为临界工作点。

$$T_{\max} = K\frac{U^2}{2X_{20}} \tag{4.2}$$

$$S_{\mathrm{m}} = \frac{R_2}{X_{20}} \tag{4.3}$$

且一般过载能力系数为：$\lambda_{\mathrm{m}} = \dfrac{T_{\max}}{T_N} = 1.8 \sim 2.8$。

根据式(4.1)还可以作出改变 U、f 以及在定子、转子电路串接电阻或电抗的人为机械特性曲线。

异步电动机的铭牌数据和一些额定值，对使用者来说是非常重要的，必须给予高度重视。

4.1.5　异步电动机的启动

异步电动机启动电流大，有对电网影响大等一系列缺点，因此，必须采取措施限制启动电流，以改善启动性能，这对延长电动机的使用寿命，提高工作效率及可靠性都有十分重要的意义。改善启动性能可从两方面实现：一是从外部控制线路入手，对于鼠笼式电动机主要采取多种降压启动法(如定子串电阻或电抗、Y-△、自耦变压器、延边三角形等)，对于绕线式异步电动机则主要在转子电路中串接电阻或频敏变阻器；二是从电动机内部寻找突破口，即在制造上增加鼠笼式异步电动机转子导条电阻或改善转子槽形(如高转差率、双鼠笼和深槽式等)。但其最终结果都是为了减小启动电流，从而获得尽可能大的启动转矩。

直接启动只有在供电电网(或供电变压器)容量允许的前提下才能采用。各种启动方法都有其优缺点，应根据实际情况来选用不同的启动方法。

4.1.6　异步电动机的调速

由 $n = \dfrac{60f}{p}(1-S)$ 可知，异步电动机的调速方法有以下三种(请与直流电动机的三种调速方法进行比较)：

(1)改变 S(转差率)调速，包括转子串电阻调速和改变电压调速。这种调速方法，设备简单，启动性能好，但随着 S 的增大，电动机的特性变坏，效率降低。

(2)变极 p 调速，就是改变定子绕组的连接方式，使每相定子绕组的一半绕组内的电流改变方向，这不仅使电动机磁极对数和转速大小发生了变化，而且电流的相序和电动机的转向也发生了改变，为了保持电动机原来的转向，必须在改变磁极对数的同时改变三相绕组的接线相序。若绕组由 Y→YY，则属于恒转矩调速；若由 △→YY，则属于恒功率调速。

(3)变频 f 调速，能对异步电动机转速进行较大范围的连续调节。该方法控制功率小，调节方便，便于实现闭环控制，是目前被广泛采用的一种调速方式。

各种调速方法各有其优缺点，应具体情况具体分析。

4.1.7　异步电动机的制动

异步电动机的制动方法也有三种(请与直流电动机的制动方法进行比较)，如下：

(1)反馈制动状态。其特点是 $n>n_0$，S 和 T 均为负值，机械特性曲线是第一象限中电动机状态下的机械特性曲线在第二象限的延伸。

（2）反接制动状态。其特点是 n_0 与 n 反向，若是电源反接（对反抗转矩），则 T 与 T_L 同向，机械特性曲线由第一象限转为第二象限，使电机迅速停下（注意：$n=0$ 时要及时断开电源，否则反转）；若是倒拉反接（对位能转矩），则 T 与 T_L 仍然反向，机械特性曲线由第一象限转为第四象限，电机反转使重物慢速下降。

（3）能耗制动状态。其特点是要在定子两相绕组上加直流电压，产生制动转矩，使电机停下，机械特性曲线由第一象限转为第二象限。

实际应用时，应根据实际需要来选择适宜的制动方法。

4.1.8 单相异步电动机

单相异步电动机是一种采用单相电源供电的异步电动机，工作原理与三相异步电动机的单相运行相同，主要运行特点是电动机没有启动转矩。为使电动机启动，通常采用电容分相式启动和罩极式启动等方法，在原理上是将单相脉振磁场变为旋转磁场，具体方式是另设启动绕组或在极靴上加短路铜环。它的突出优点是只需要单相交流电源供电，因此，广泛应用于家用电器、医疗器械和自动控制装置中。

4.1.9 同步电动机

同步电动机的最大特点是转速恒定，功率因数可调，可用于改变电网的功率因数。但一般的同步电动机启动困难，需采用异步启动法。不过，用于变频调速的同步电动机，由于频率可调，很容易实现低速启动。

4.2 基本要求

（1）了解异步电动机的基本结构和旋转磁场的产生。

（2）掌握异步电动机的工作原理、机械特性，以及启动、调速和制动的各种方法、特点与应用。

（3）学会用机械特性的四个象限来分析异步电动机的运行状态。

（4）掌握单相异步电动机的工作原理和启动方法。

（5）了解同步电动机的结构特点、工作原理、运行特性和启动方法。

4.3 重点难点

1. 重点

（1）掌握异步电动机的机械特性。该特性是根据异步电动机的工作原理推导出来的，特别要掌握异步电动机的人为机械特性，因为它是分析异步电动机的启动、调速、制动工作状态的依据。

（2）熟悉并掌握异步电动机铭牌数据，理解额定值的含义。

（3）掌握异步电动机的直接启动方法，Y-△降压启动的条件和优缺点，绕线式异步电动机串电阻的启动、调速和制动，以及各种启动方法的运用场合。

(4)掌握异步电动机变频调速和变极调速的特性和优缺点。

2. 难点

本章在分析问题时较难理解的是：定子旋转磁场与转子运动的相对性和电动机的制动过程。

4.4 实验内容及能力考察范围

实验十五 三相鼠笼式/绕线式异步电动机启动与调速实验

【实验目的】

(1)通过实验，掌握三相鼠笼式异步电动机直接启动的方法。

(2)通过实验，掌握三相鼠笼式异步电动机 Y/△ 启动的方法。

(3)通过实验，掌握三相绕线式异步电动机转子绕组串入可变电阻器启动的方法。

【实验器材】

(1)机组 2#：三相鼠笼式异步电动机 M_2。

(2)机组 3#：三相线式绕异步电动机 M_3。

(3)MK03 交流电压表模块：交流电压表 1#。

(4)MK04 交流电流表模块：交流电流表 1#。

(5)MK07 交流并网及切换开关模块：转换开关 SW_1。

(6)三相调压器。

(7)三相可调电阻负载：$R_1 \sim R_9$。

(8)导线等。

三相鼠笼式电动机

三相绕线异步电动机

【实验内容】

(1)鼠笼式异步电动机的直接启动。

(2)鼠笼式异步电动机的 Y/△ 启动(仅作原理参考，不做该实验)。

(3)绕线式异步电动机转子绕组串入可变电阻器启动。

【知识储备及能力考察范围】

(1)三相异步电动机的各种启动方法各有什么不同？比较其优缺点和应用场合。

(2)绕线式异步电动机转子绕组串入电阻对启动电流和启动转矩的影响。

(3)绕线式异步电动机转子绕组串入电阻对转速的影响。

【实验步骤】

1. 三相鼠笼式异步电动机的直接启动

(1)按图 4-1 接线，用专用电缆线连接机组接口与机组 2#转速接口，接好线经老师检查无误后方可通电调试。

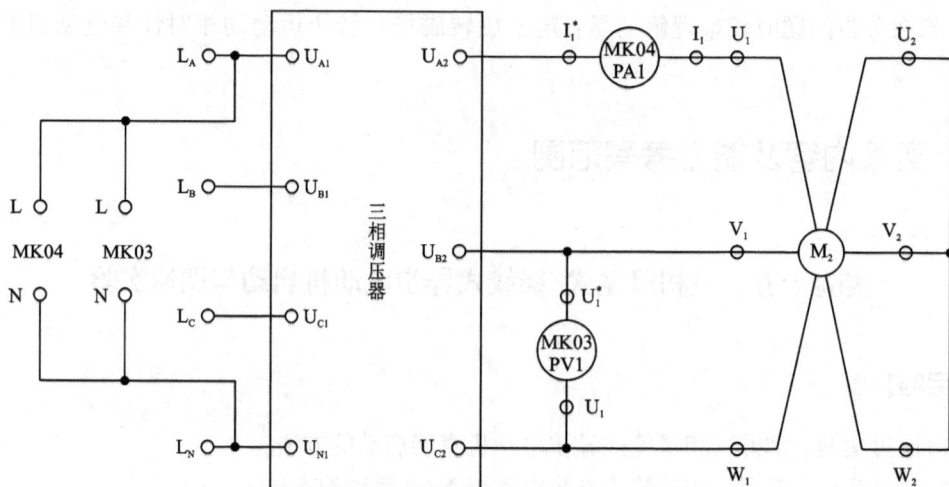

图 4-1　三相鼠笼式异步电动机直接启动实验接线图

（2）将三相调压器逆时针调到底。

（3）通过一体机软件上电（或接通电源启停旋钮），合上交流电源开关。

（4）缓慢调节三相调压器并观察仪表，使电动机 M_2 电压达到额定值的 1.2 倍（456 V），将实验数据记录在表 4-1 中。

表 4-1　三相鼠笼式异步电动机的直接启动实验数据

序号	1	2	3	4	5
U/V					
I/A					
$T/(N \cdot m)$					

注：U 为线电压；I 为相电流；T 为电磁转矩。

（5）实验完成后，通过一体机软件下电（或切断电源启停旋钮），断开交流电源开关；将三相调压器逆时针调到底。

2. 三相鼠笼式异步电动机的 Y/△ 启动

（1）按图 4-2 接线，接好线经老师检查无误后方可通电调试。

（2）将三相调压器逆时针调到底，将 SW_1 开关打到右侧位置（Y 形连接）。

（3）通过一体机软件上电（或接通电源启停旋钮），合上交流电源开关。

（4）调节三相调压器，使电动机 M_2 电压达到 220 V（线电压 220 V，相电压 127 V），记录电动机 M_2 的电流值。

（5）将 SW_1 开关打到左侧位置（△型连接），记录电动机 M_2 启动的电流值于表 4-2 中。

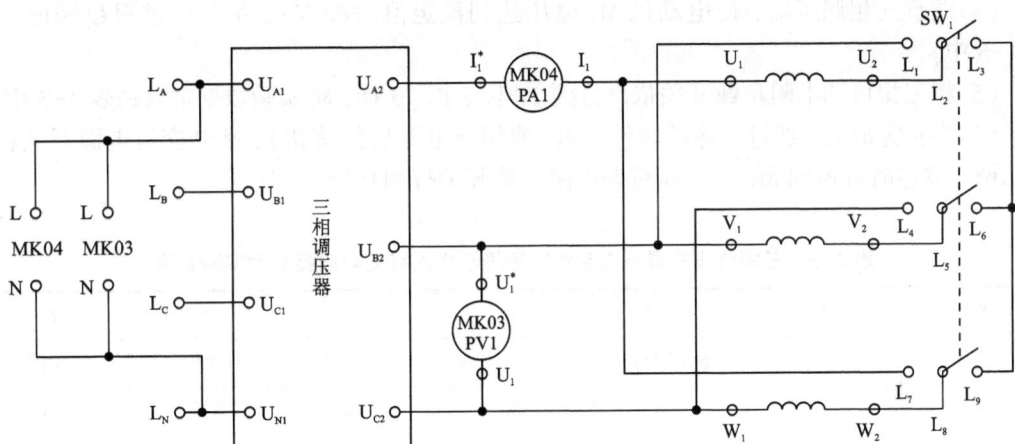

图 4-2 三相鼠笼式异步电动机 Y/△启动实验接线图

表 4-2 三相鼠笼式异步电动机 Y/△启动实验数据

形式	△形	Y 形
U/V		
I/A		

（6）实验完成后，先将三相调压器逆时针调到底，再断开电源开关；将三相调压器逆时针调到底。

3. 三相绕线式异步电动机转子绕组串入可变电阻器启动

（1）按图 4-3 接线，用专用电缆线连接转速表机组接口与机组 3# 转速接口，接好线经老师检查无误后方可通电调试。

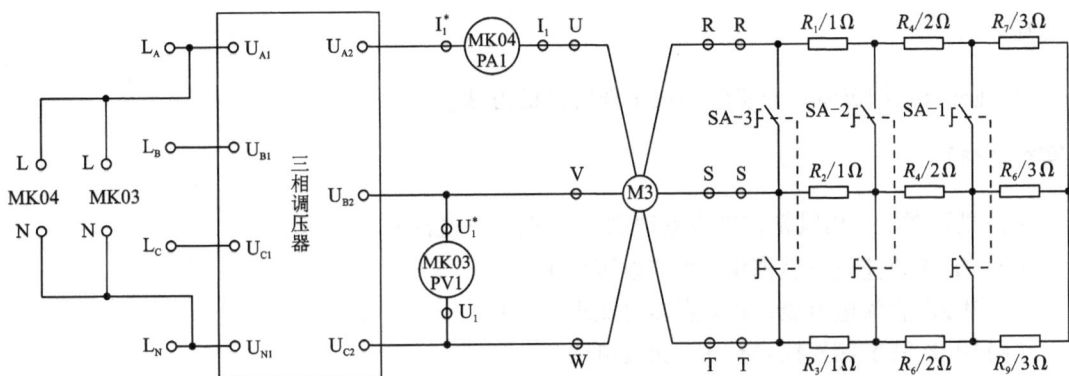

图 4-3 三相绕线式异步电动机转子绕组串入可变电阻器启动实验接线图

（2）将三相调压器逆时针调到底，将三相可调电阻负载开关打到 0 挡。

（3）通过一体机软件上电（或接通电源启停旋钮），合上交流电源开关。

(4)调节三相调压器,使电动机 M_3 电压达到额定值(380 V),将实验过程数据记录在表4-3中。

(5)将三相可调电阻负载开关依次打到1挡、2挡、3挡,将实验数据记录在表4-3中。

(6)实验完成后,通过一体机软件下电(或切断电源启停旋钮),断开交流电源开关;将三相调压器逆时针调到底,将三相可调电阻负载开关打到0挡。

表4-3 三相绕线式异步电动机转子绕组串入可变电阻器启动实验数据

序号	1	2	3	4	5	6
R/Ω	6(0 挡)			3(1 挡)	1(2 挡)	0(3 挡)
U/V	228	304	380	380	380	380
I/A						
$N/(\text{r}\cdot\text{min}^{-1})$						

【问题研讨】

(1)试简述转子绕组串入电阻调速与启动的物理过程。

(2)比较异步电动机不同启动方法的优缺点。

(3)绕线式异步电动机转子绕组串入电阻对启动电流和启动转矩的影响。

(4)绕线式异步电动机转子绕组串入电阻对电动机转速的影响。

(5)启动电流和外施电压成正比,启动转矩和外施电压的平方成正比,在什么情况下才能成立?

实验十六 三相鼠笼式异步电动机工作特性测取实验

【实验目的】

掌握求取三相鼠笼式异步电动机工作特性的方法。

【实验器材】

(1)机组 2#:三相鼠笼式异步电动机 M_2、直流发电机 G_2。

(2)MK01 直流电压表模块:直流电压表 1#。

(3)MK02 直流电流表模块:直流电流表 1#、3#。

(4)MK06 智能测控仪表模块:交流电表。

(5)MK07 交流并网及切换开关模块:转换开关 SW_1、SW_2、SW_3。

(6)可调电阻 2#:$RP_{7/8}$、$RP_{9/10}$。

(7)三相调压器。

(8)单相可调电阻负载:R_W。

(9)直流稳压电源(250 V/3 A)励磁电源 1#。

（10）导线若干。

【实验内容】

（1）三相鼠笼式异步电动机的空载实验，根据实验数据画出空载特性曲线。

（2）三相鼠笼式异步电动机的负载实验，根据实验数据画出三相鼠笼式异步电动机的工作特性曲线。

【实验步骤】

1. 三相鼠笼式异步电动机的空载实验（实验步骤）

（1）按图 4-4 接线，用专用电缆线连接转速表机组接口与机组 2# 转速接口，接好线经老师检查无误后方可通电调试。

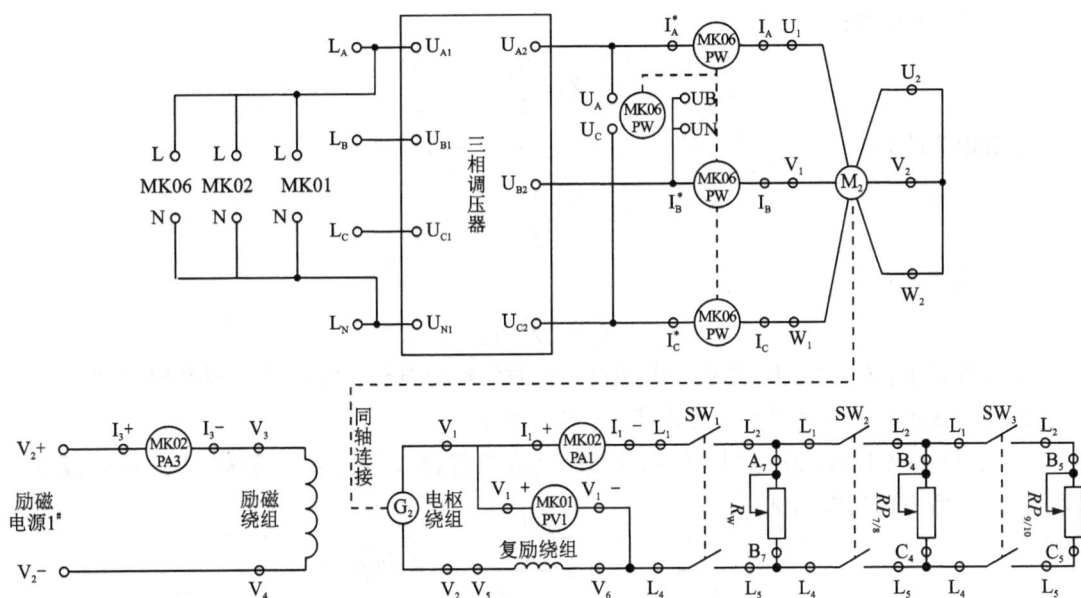

图 4-4 三相鼠笼式异步电动机的空载实验接线图

（2）将三相调压器逆时针调到底。

（3）通过一体机软件上电（或接通电源启停旋钮），合上交流电源开关。

（4）调节三相调压器，使电动机 M_2 电压达到额定值（380 V），此时机组 2# 达到 1500 r/min，观察电动机 M_2 的转动方向（面向机组顺时针旋转为正转）；保持电动机 M_2 在额定电压下空载运行 1 min，使机械损耗达到稳定后再进行下一步实验。

（5）调节三相调压器，由 1.2 倍额定电压（456 V）开始，逐渐降低电压，在额定电压附近多测几点，将过程数据记录在表 4-4 中。

（6）实验完成后，通过一体机软件下电（或切断电源启停旋钮），断开交流电源开关；将三相调压器逆时针调到底。

（7）作空载特性曲线。

根据有关参数 $[I_0、P_0、\cos\varphi_0 = f(U_0)]$ 作空载特性曲线。

表 4-4　三相鼠笼式异步电动机的空载实验数据

序号	U_0/V			I_0/A			P_0/W		$\cos\varphi_0$
	U_{AB}	U_{BC}	U_{CA}	I_A	I_B	I_C	P_I	P_{II}	
1									
2									
3									
4									

注：$U_0=\dfrac{U_{AB}+U_{BC}+U_{AC}}{3}$；$I_0=\dfrac{I_A+I_B+I_C}{3}$；$P_0=P_I+P_{II}$，$P_0$ 为三相总功率(有功功率)。

(8)根据空载实验数据求异步电动机的等效电路参数。

(9)空载阻抗为：

$$Z_0=\frac{U_0}{I_0}$$

空载电阻为：

$$r_0=\frac{P_0}{3I_0^2}$$

空载电抗为：

$$X_0=\sqrt{Z_0^2-r_0^2}$$

上面各式中：U_0、I_0、P_0 分别为电动机空载时的额定电压、相电流、三相空载功率。

2. 三相鼠笼式异步电动机的负载实验(实验步骤)

(1)按图 4-5 接线，用专用电缆线连接转速表机组接口与机组 2# 转速接口，接好线经老师检查无误后方可通电调试。

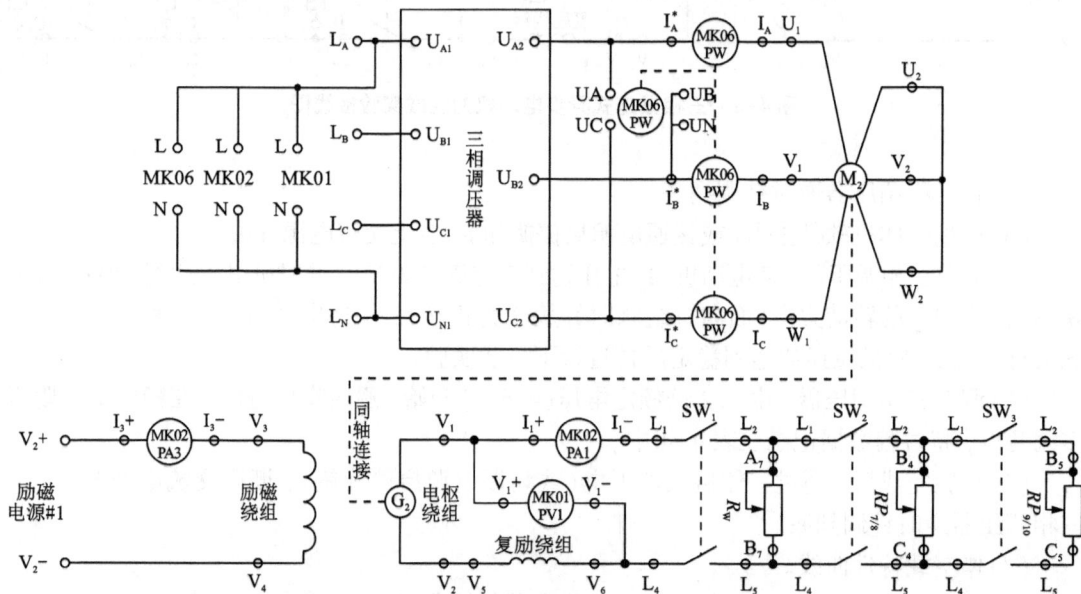

图 4-5　三相鼠笼异步电动机的负载实验接线图

（2）检查励磁电源1#是否在初始状态(按下红色电源按钮,左侧两个电流旋钮顺时针调到底,右侧两个电压旋钮逆时针调到底,上电后装置 C. C 灯灭, C. V 灯亮;实验过程中,只调节电压旋钮,不调节电流旋钮),将三相调压器逆时针调到底;将 R_W、$RP_{7/8}$ 和 $RP_{9/10}$ 顺时针调至阻值最大位置,将 SW_1、SW_2 和 SW_3 打到左侧位置。

（3）接通电源启停旋钮,依次合上交流电源开关、直流电源开关和励磁电源1#面板开关。

（4）调节三相调压器,使电动机 M_2 电压达到额定值(380 V),此时机组 2# 达到 1500 r/min。

（5）调节励磁电源1#,使励磁电流达到额定值(0.25 A)。

（6）逆时针同步调节 R_W、$RP_{7/8}$ 和 $RP_{9/10}$,使电动机 M_2 电流 I 达到额定值(3.7 A),快速记录该组数据;数据记录完毕后,快速顺时针调节 $RP_{7/8}$ 和 $RP_{9/10}$,使发电机电流 I_L 降到额定值(4.35 A),记录该组数据。

（7）逐渐顺时针同步增大负载电阻 R_W、$RP_{7/8}$ 和 $RP_{9/10}$,即减小发电机 G_1 的负载。将 R_W 顺时针调至最大后,逐步断开负载开关(开关由左侧打到中间),先断开 SW_3,再断开 SW_2,最后断开 SW_1,此时发电机 G_1 处于空载状态。将实验数据记录在表 4-5 中。

（8）实验完成后,通过一体机软件下电(或切断电源启停旋钮),依次断开交流电源开关、直流电源开关和励磁电源1#面板开关;将三相调压器逆时针调到底,将 R_W、$RP_{7/8}$ 和 $RP_{9/10}$ 顺时针调至阻值最大位置,将 SW_1、SW_2、SW_3 开关打到中间位置。

表 4-5 三相鼠笼式异步电动机的负载实验数据(一) $U_N = 220$ V, $I_r = $ _____ A

序号	记录点	I/A				P/W			I_L/A	$T_2/$ (N·m)	n /(r·min^{-1})
		I_A	I_B	I_C	I_f	P_I	P_{II}	P_0			
1	$I_A = 3.7$ A										
2	$I_L = 4.35$ A										
3	$R_W = $ MAX										
4	断开 SW_3										
5	断开 SW_2										
6	断开 SW_1										

注: I_f 为发电机作为异步电动机负载时的发电机电枢电流(负载电流)。

（9）作工作特性曲线 $[P_1$、I_1、η、S、$\cos \varphi_1 = f(P_2)]$。

由负载实验数据计算工作特性,将实验数据填入表 4-6 中。

表 4-6 三相鼠笼式异步电动机的负载实验数据(二) $U_1 = 220$ V, $I_f = $ _____ A

序号	电动机输入		电动机输出		计算值			
	I_1/A	P_1/W	T_2/(N·m)	n/(r·min^{-1})	P_2/W	S/%	η/%	$\cos \varphi_1$
1								
2								
3								

计算公式为：

$$I_1 = \frac{I_A + I_B + I_C}{3\sqrt{3}}, \quad S = \frac{1500-n}{1500} \times 100\%, \quad \cos\varphi_1 = \frac{P_1}{3U_1 I_1},$$

$$P_2 = 0.105 n T_2, \quad \eta = \frac{P_2}{P_1} \times 100\%$$

式中：I_1 为定子绕组相电流，A；U_1 为定子绕组相电压，V；S 为转差率；η 为效率。

【问题研讨】

根据空载实验数据求取异步电动机的等效电路参数时，哪些因素会引起误差？

实验十七　三相绕线式异步电动机工作特性测取实验

【实验目的】

掌握求取三相绕线式异步电动机工作特性的方法。

【实验器材】

(1)机组 3#：三相绕线式异步电动机 M_3、直流发电机 G_3。

(2)MK01 直流电压表模块：直流电压表 1#。

(3)MK02 直流电流表模块：直流电流表 1#、3#。

(4)MK06 智能测控仪表模块：交流电表。

(5)三相调压器。

(6)三相可调电阻负载：$R_1 \sim R_9$。

(7)可调电阻 2#：$RP_{7/8}$、$RP_{9/10}$。

(8)单相可调电阻负载：R_W。

(9)MK07 交流并网及切换开关模块：转换开关 SW_1、SW_2、SW_3。

(10)直流稳压电源(250 V/3 A)励磁电源 1#。

(11)导线若干。

【实验内容】

(1)三相绕线式异步电动机的工作特性(空载)。
(2)三相绕线式异步电动机的工作特性(负载)。

【实验步骤】

1.三相绕线式异步电动机的工作特性(空载)

(1)按图 4-6 接线,用专用电缆线连接转速表机组接口与机组 3#转速接口,接好线经老师检查无误后方可通电调试。

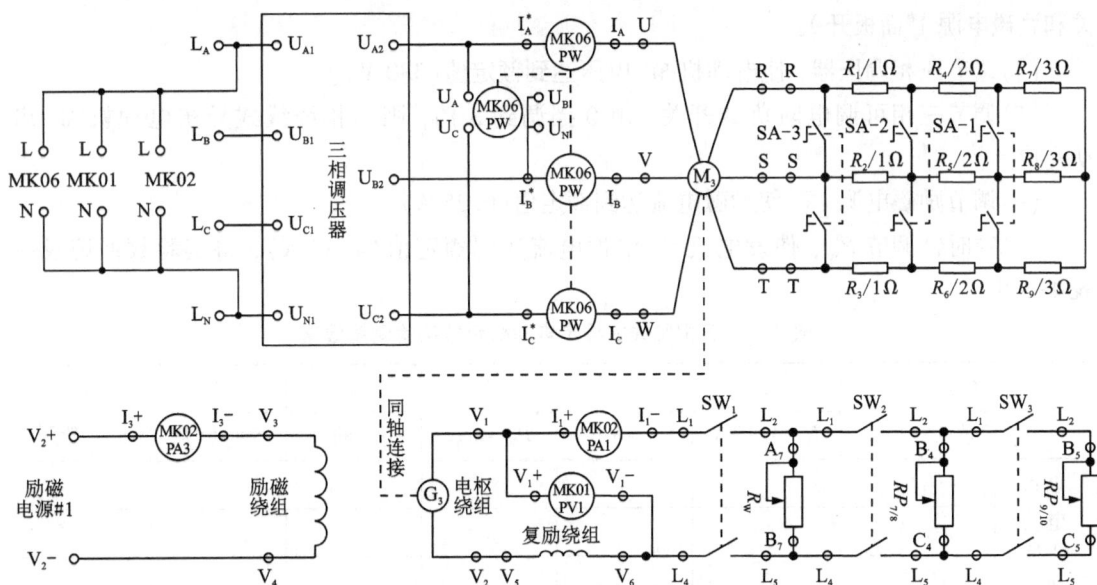

图 4-6　三相绕线式异步电动机实验接线图

(2)将三相调压器逆时针调到底,将三相可调电阻负载开关打到 3 挡。

(3)通过一体机软件上电(或接通电源启停旋钮),合上交流电源开关。

(4)调节三相调压器,使电动机 M_3 电压达到额定值(380 V),将实验数据记录在表 4-7 中。

(5)实验完成后,通过一体机软件下电(或切断电源启停旋钮),断开交流电源开关;将三相调压器逆时针调到底,将三相可调电阻负载开关打到 0 挡。

表 4-7　三相绕线式异步电动机空载特性实验数据

序号	1	2	3	4	5	6
U/V	100	150	200	250	300	380
I/A						
N/(r·min^{-1})						

注:U 为加在三相绕线式异步电动机上的线电压;I 为相电流。

2. 三相绕线式异步电动机的工作特性(负载)

(1)按图 4-6 接线,用专用电缆线连接转速表机组接口与机组 3# 接口,接好线经老师检查无误后方可通电调试。

(2)检查励磁电源 1# 是否在初始状态(按下红色电源按钮,右侧两个电压旋钮逆时针调到底,上电后装置 C.C 灯灭,C.V 灯亮;实验过程中,只调节电压旋转,不调节电流旋钮),将三相调压器逆时针调到底;将 R_W、$RP_{7/8}$ 和 $RP_{9/10}$ 顺时针调至阻值最大位置,将 SW_1、SW_2、SW_3 开关打到左侧位置,将三相可调电阻负载开关打到 0 挡。

（3）通过一体机软件上电（或接通电源启停旋钮），依次合上交流电源开关、直流电源开关和励磁电源 $1^{\#}$ 面板开关。

（4）调节三相调压器，使电动机 M_3 电压达到额定值（380 V）。

（5）调节三相可调电阻负载开关，由 0 挡调到 3 挡，则三相绕线式异步电动机 M_3 启动完成。

（6）调节励磁电源 $1^{\#}$，使励磁电流达到额定值（0.25 A）。

（7）逆时针调节 R_W，使发电机 G_3 电枢电流达到额定值（4.35 A），将实验数据记录在表 4-8 中。

表 4-8　三相绕线式异步电动机负载实验测量数据

序号		1	2	3	4	5	6
记录点		$I_F = 4.35$ A	$I_F = 3$ A	$R_W = \max$	SW_3 断开	SW_2 断开	SW_1 断开
异步电动机 M_3 实验数据	U_1/V						
	I_1/A						
	P_1/W						
	$n/(r \cdot min^{-1})$						
直流发电机 G_3 实验数据	U_F/V						
	I_F/A						
计算数据	P_F/W						
	$\cos \varphi$						
	η						
	S						
	P_2/W						

（8）同时调节 R_W，$RP_{7/8}$，$RP_{9/10}$，即减小发电机 G_1 的负载。将 R_W 顺时针调至最大后，逐步断开负载开关（开关由左侧打到中间），先断开 SW_3，再断开 SW_2，最后断开 SW_1，此时发电机 G_1 处于空载状态。将实验数据记录在表 4-8 中。

（9）实验完成后，按以下步骤关机：①将 R_W、$RP_{7/8}$ 和 $RP_{9/10}$ 顺时针调至阻值最大位置；②再将励磁电源 $1^{\#}$ 逆时针调到底；③将 SW_1、SW_2、SW_3 开关打到中间位置，将三相可调电阻负载开关打到 0 挡；④将三相调压器逆时针调到底；⑤依次断开交流电源开关、直流电源开关和励磁电源 $1^{\#}$ 面板开关。

（10）计算并绘出工作特性曲线。

1）计算公式为：

$$\cos \varphi = \frac{P_1}{\sqrt{3} U_1 I_1}$$

异步电动机效率为：

$$\eta_1 = \frac{P_2}{P_1}$$

式中：P_2 为异步电动机输出机械功率，负载发电机效率系数 $\eta_F = \dfrac{P_F}{P_2}$。

机组的总效率为：

$$\eta = \frac{P_F}{P_1} = \frac{P_2}{P_1} \cdot \frac{P_F}{P_2} = \eta_1 \cdot \eta_F$$

可以近似认为：

$$\eta_1 = \eta_F = \sqrt{\eta} = \sqrt{\frac{P_F}{P_1}}$$

则有：

$$P_2 = \eta_1 \frac{P_1}{1000}$$

$$S = \frac{n_1 - n}{n_1}$$

2）绘出下列曲线：

以 P_2 为横坐标，作被试感应电动机的工作特性曲线：

$$\cos \varphi = f_1(P_2) , \ \eta_1 = f_2(P_2) , \ n = f_3(P_2)$$

【问题研讨】

（1）绕线式与鼠笼式异步电动机有何异同点？

（2）画出三相绕线式异步电动机转子绕组串入电阻的测试其工作特性的实验原理图。

（3）如何正确地求取三相功率表中 P_1 值？（输入的总功率）

（4）三相感应电动机的工作特性包括哪几条曲线？详细阐述什么是三相感应电动机的工作特性？画出感应电动机在不同运行状态下的机械特性。

实验十八　三相异步电动机在各种运行状态下的机械特性

【实验目的】

了解三相绕线式异步电动机在各种运行状态下的机械特性。

【实验器材】

（1）机组 3#：三相绕线式异步电动机 M_3、直流发电机 G_3。

（2）MK01 直流电压表模块：直流电压表 1#。

（3）MK02 直流电流表模块：直流电流表 1#、2#。

（4）MK05 单相交流表模块：功率表 1#。

（5）MK07 交流并网及切换开关模块：SW_1、SW_2、SW_3。

(6)三相调压器。

(7)可调电阻 $2^\#$：$RP_{7/8}$、$RP_{9/10}$、$RP_{11/12}$。

(8)可调电阻 $1^\#$：$RP_{1/2}$、$RP_{3/4}$、$RP_{5/6}$。

(9)单相可调电阻负载：R_W。

(10)三相可调电阻负载：$R_1 \sim R_9$。

(11)直流稳压电源(250 V/20 A)电枢电源。

(12)直流稳压电源(250 V/3 A)励磁电源 $1^\#$。

(13)直流稳压电源(150 V/5 A)励磁电源 $2^\#$。

(14)导线若干。

【实验内容】

(1)$R = 0 \ \Omega$ 时三相异步电动机在电动运行状态及回馈制动状态下的机械特性。

(2)$R = 6 \ \Omega$ 时三相异步电动机在电动运行状态及反接制动状态下的机械特性。

(3)$R = 6 \ \Omega$ 时三相异步电动机在能耗制动状态下的机械特性。

(4)求取机组 $2^\#$ 空载力矩特性。

【实验步骤】

1. $R = 0 \ \Omega$ 时三相异步电动机在电动运行状态及回馈制动状态下的机械特性

(1)按图 4-7 接线，用专用电缆连接转速表机组接口与机组 $3^\#$ 转速接口，接好线经老师检查无误后方可通电调试。

(2)检查电枢电源、励磁电源 $1^\#$ 和励磁电源 $2^\#$ 是否在初始状态(按下红色电源按钮，右侧两个电压旋钮逆时针调到底，上电后装置 C.C 灯灭，C.V 灯亮；实验过程中，只调节电压旋钮，不调节电流旋钮)；将三相调压器逆时针调到底，将 R_W、$RP_{1/2}$、$RP_{3/4}$、$RP_{5/6}$、$RP_{7/8}$、$RP_{9/10}$ 和 $RP_{11/12}$ 顺时针调至阻值最大位置，将开关 SW_1、SW_2 打到左侧位置，将开关 SW_3 打到中间位置，将三相可调电阻负载打到 3 挡。

(3)接通电源启停旋钮，依次合上交流电源开关、直流电源开关、电枢电源面板开关、励磁电源 $1^\#$ 面板开关和励磁电源 $2^\#$ 面板开关。

(4)调节三相调压器，使输出电压达到 110 V。

(5)调节励磁电源 $1^\#$，使发电机 G_3 励磁电流达到额定值(0.25 A)。

(6)调节电枢电压，使发电机 G_3 空载电压与电枢电压大致相等、极性相反(SW_3 开关 L_2/L_5 端子与 L_1/L_4 端子之间的电压)。确认无误后，把 SW_3 开关打到左侧位置。

(7)逐渐同步逆时针减小 R_W、$RP_{1/2}$、$RP_{3/4}$ 和 $RP_{5/6}$，直至电动机 M_3 转速为零，将实验过程数据记录在表 4-9 中。

(8)减小电枢电源，直至电枢电源为零，把开关 SW_3 打到中间位置，此时电动机 M_3 由堵转状态到空载状态，将实验数据记录在表 4-9 中。

(9)将 R_W、$RP_{1/2}$、$RP_{3/4}$ 和 $RP_{5/6}$ 逆时针调至阻值最小位置，把开关 SW_2、SW_3 打到右侧位置，增大电枢电源，使电动机 M_3 转速达到 1.2 倍额定转速(1050 r/min)，此时电动机 M_3 处于回馈制动状态，将实验过程数据记录在表 4-9 中(特别注意，需严格按照步骤进行开关 SW_2、SW_3 的切换操作，否则会烧毁开关 SW_3)。

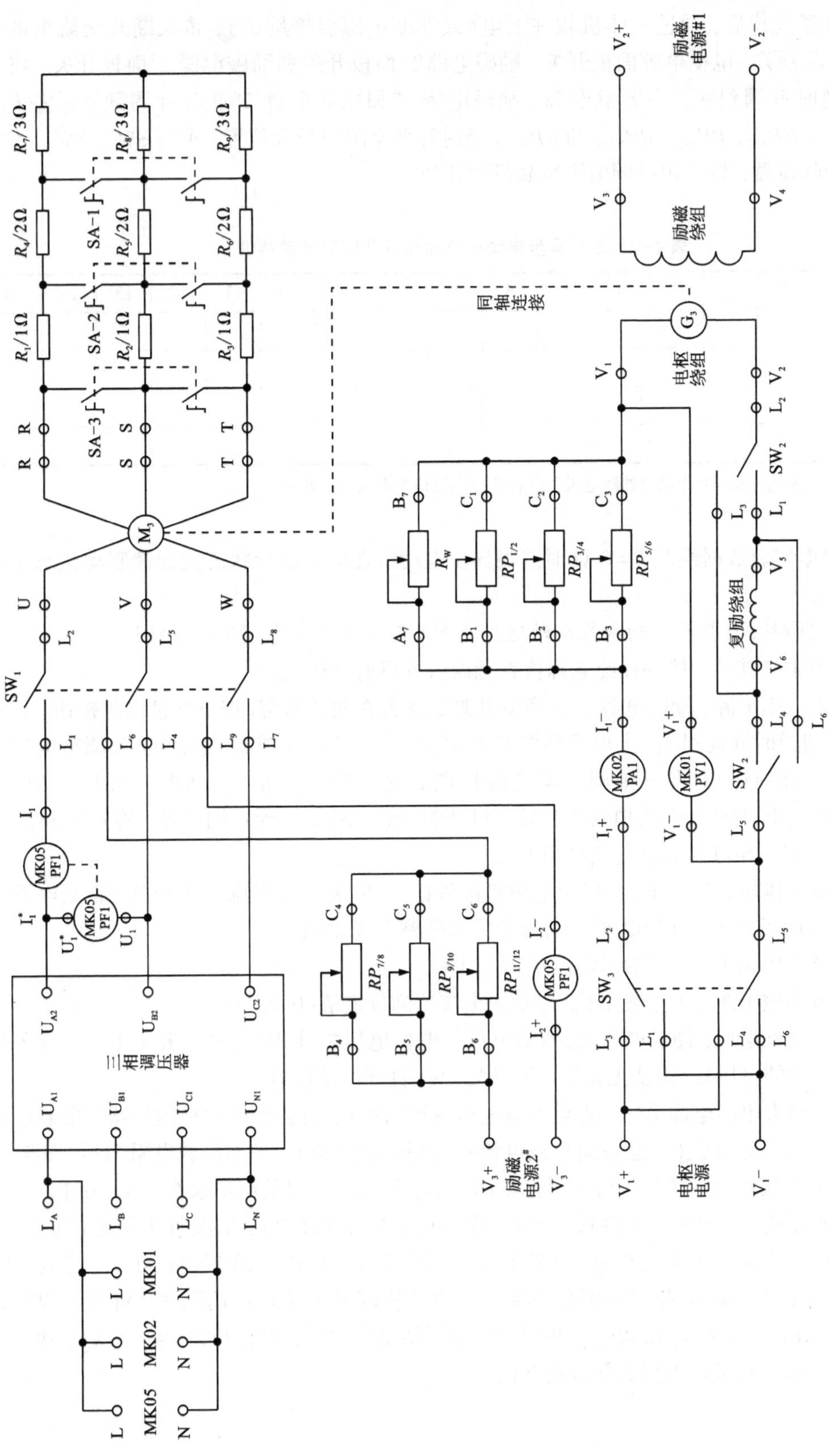

图4-7　三相异步电动机在各种运行状态下的机械特性实验接线图

（10）实验完成后，通过一体机软件下电（或切断电源启停旋钮），依次断开交流电源开关、直流电源开关、电枢电源面板开关、励磁电源 $1^{\#}$ 面板开关和励磁电源 $2^{\#}$ 面板开关；将三相调压器逆时针调到底，将电枢电源、励磁电源 $1^{\#}$ 和励磁电源 $2^{\#}$ 逆时针调到底；将 R_{W}、$RP_{1/2}$、$RP_{3/4}$、$RP_{5/6}$、$RP_{7/8}$、$RP_{9/10}$ 和 $RP_{11/12}$ 顺时针调至阻值最大位置，再将 SW_1、SW_2、SW_3 开关打到中间位置，将三相可调电阻负载打到 0 挡。

表 4-9　三相异步电动机电动运行及回馈制动特性

序号	1	2	3	4	5	6	7	8	9	10	11	12	13	14	15
U_1/V															
I_1/A															
I/A															
$n/(\mathrm{r\cdot min^{-1}})$															

注：U_1、I_1 分别为三相异步电动机的线电压和相电流；I 为直流发电机电枢电流。

（11）根据实验数据绘制 $R=0\ \Omega$ 时三相异步电动机在电动运行状态及回馈制动状态下的机械特性。

2. $R=6\ \Omega$ 时三相异步电动机在电动运行状态及反接制动状态下的机械特性

（1）按图 4-7 接线，接好线经老师检查无误后方可通电调试。

（2）检查电枢电源、励磁电源 $1^{\#}$ 和励磁电源 $2^{\#}$ 是否在初始状态（按下红色电源按钮，右侧两个电压旋钮逆时针调到底，上电后装置 C.C 灯灭，C.V 灯亮；实验过程中，只调节电压旋钮，不调节电流旋钮）；将三相调压器逆时针调到底，将 R_{W}、$RP_{1/2}$、$RP_{3/4}$、$RP_{5/6}$、$RP_{7/8}$、$RP_{9/10}$ 和 $RP_{11/12}$ 顺时针调至阻值最大位置，将开关 SW_1、SW_2 打到左侧位置，将开关 SW_3 打到中间位置，将三相可调电阻负载打到 1 挡。

（3）通过一体机软件上电（或接通电源启停旋钮），依次合上交流电源开关、直流电源开关、电枢电源面板开关、励磁电源 $1^{\#}$ 面板开关和励磁电源 $2^{\#}$ 面板开关。

（4）调节三相调压器，使输出电压达到 110 V。

（5）调节励磁电源 $1^{\#}$，使发电机 G_3 励磁电流达到额定值（0.25 A）。

（6）调节电枢电压，使发电机 G_3 空载电压与电枢电压极性相反（SW_3 开关 L_2/L_5 端子与 L_1/L_4 端子之间的电压）。确认无误后，把开关 SW_3 打到左侧位置。

（7）逐渐增大电枢电源电压，直至电枢电压达到 220 V，再逐渐逆时针同步减小负载电阻 R_{W}、$RP_{1/2}$、$RP_{3/4}$ 及 $RP_{5/6}$（注意各路负载电流不要超过额定值），直至负载电阻为零，此时电动机 M3 由电动状态到堵转状态再到反接制动状态，将实验过程数据记录在表 4-10 中。

（8）实验完成后，通过一体机软件下电（或切断电源启停旋钮），依次断开交流电源开关、直流电源开关、电枢电源面板开关、励磁电源 $1^{\#}$ 面板开关和励磁电源 $2^{\#}$ 面板开关；将电枢电源、励磁电源 $1^{\#}$ 和励磁电源 $2^{\#}$ 逆时针调到底；将三相调压器逆时针调到底，将 R_{W}、$RP_{1/2}$、$RP_{3/4}$、$RP_{5/6}$、$RP_{7/8}$、$RP_{9/10}$ 和 $RP_{11/12}$ 顺时针调至阻值最大位置，再将开关 SW_1、SW_2、SW_3 打到中间位置，将三相可调电阻负载打到 0 挡。

表 4-10　三相异步电动机电动运行及反接制动特性

序号	1	2	3	4	5	6	7	8	9	10	11	12	13	14	15
U_1/V															
I_1/A															
I/A															
$n/(\text{r}\cdot\text{min}^{-1})$															

(9)根据实验数据绘制 $R=6\ \Omega$ 时三相异步电动机在电动运行状态及反接制动状态下的机械特性。

3. $R=6\ \Omega$ 时三相异步电动机在能耗制动状态下的机械特性

(1)按图 4-7 接线,用专用电缆连接转速表机组接口与机组 3# 转速接口,接好线经老师检查无误后方可通电调试。

(2)检查电枢电源、励磁电源 1# 和励磁电源 2# 是否在初始状态(按下红色电源按钮,左侧两个电流旋钮顺时针调到底,右侧两个电压旋钮逆时针调到底,上电后装置 C. C 灯灭,C. V 灯亮;实验过程中,只调节电压旋钮,不调节电流旋钮);将三相调压器逆时针调到底,将 R_W、$RP_{1/2}$、$RP_{3/4}$、$RP_{5/6}$、$RP_{7/8}$、$RP_{9/10}$ 和 $RP_{11/12}$ 顺时针调至阻值最大位置,将开关 SW_1 打到右侧位置,将开关 SW_2、SW_3 打到左侧位置,将三相可调电阻负载打到 1 挡。

(3)通过一体机软件上电(或接通电源启停旋钮),依次合上交流电源开关、直流电源开关、电枢电源面板开关、励磁电源 1# 面板开关和励磁电源 2# 面板开关。

(4)调节励磁电源 2# 及 $RP_{7/8}$、$RP_{9/10}$、$RP_{11/12}$,使电动机 M_3 的定子绕组电流接近 $I=2\ \text{A}$(或 $I=-2\ \text{A}$)。

(5)调节励磁电源 1#,使发电机 G_3 励磁电流达到额定值(0.25 A)。

(6)调节电枢电源,使发电机 G_3 电枢电压达到额定值(220 V);再逆时针同步调节 R_W、$RP_{1/2}$、$RP_{3/4}$、$RP_{5/6}$,使电机机 M_3 转速达到额定值(-866 r/min),将实验过程数据记录在表 4-11 中。

(7)减小电枢电源,直到发电机 G_3 电枢电压为零,将实验数据记录在表 4-11 中。

表 4-11　三相异步电动机能耗制动特性

序号	1	2	3	4	5	6	7	8	9	10	11	12	13	14	15
U_1/V															
I_1/A															
I/A															
$n/(\text{r}\cdot\text{min}^{-1})$															

(8)实验完成后,通过一体机软件下电(或切断电源启停旋钮),依次断开交流电源开关、直流电源开关、电枢电源面板开关、励磁电源 1# 面板开关和励磁电源 2# 面板开关;将电枢电源、励磁电源 1# 和励磁电源 2# 逆时针调到底;将三相调压器逆时针调到底,将 R_W、$RP_{1/2}$、

$RP_{3/4}$、$RP_{5/6}$、$RP_{7/8}$、$RP_{9/10}$ 和 $RP_{11/12}$ 顺时针调至阻值最大位置，再将开关 SW_1、SW_2、SW_3 打到中间位置，将三相可调电阻负载打到 0 挡。

(9)根据实验数据绘制 $R=6\ \Omega$ 时三相异步电动机在能耗制动状态下的机械特性。

实验十九　三相异步电动机在各种运行状态下的机械特性
（创新性+综合性+设计性实验）

【实验目的】

了解三相绕线式异步电动机在各种运行状态下的机械特性；利用现有设备，掌握各种运行状态下的机械特性的数据测取方法，并掌握如何根据所测数据计算被试电机在各种运行状态下的机械特性。

【给定条件（实验器材）】

M_2-G_2 为机组 2#，M_3-G_3 为机组 3#，M_2 为三相鼠笼式异步电动机，型号为 Y100L-4，P_N = 2.2 kW、U_N = 380 V、Y 接法；G_2 为直流发电机，型号为 ZF2-32，P_N = 1.9 kW、U_N = 220 V；M3 为三相绕线式异步电动机，型号为 YZR112-4，P_N = 2.2 kW、U_N = 380 V、Y 接法；G_3 为直流发电机，型号为 ZF2-32，P_N = 1.9 kW、U_N = 220 V；各种开关、直流仪表、交流电压/电流表（含转速表）提供，绕线式异步电动机转子启动电阻提供，负载电阻提供。0~300 V/30 A 直流电源 1 台；0~300 V/3 A 直流电源 2 台；三相交流电源/可调电源提供；导线若干。

注意：以上机组与前面实验机组的铭牌参数不同，须在给定条件下自行设计线路图，并完成实验。

【设计任务及实验内容】

(1)请设计三相绕线式异步电动机机械特性实验接线图。

(2)拟定详细的实验步骤并具体说明实验中的注意事项。

(3)通过实验求取被试异步电动机 M_3 的自然特性和电阻特性（包括再生发电部分，即 I、II 象限部分）。

(4)通过实验求取被试异步电动机 M_3 的能耗制动特性，比较自由停车及能耗制动停车的时间。

(5)完成实验报告，根据实验数据光滑地绘制被试异步电动机运行在第一、第二、第四象限的电动和制动状态及能耗制动状态下的机械特性 $n=f(M)$ 的特性曲线（用同一坐标纸绘制）。

第 5 章

同步电机实验

5.1　知识要点

5.1.1　同步电机的基本结构

同步电机主要由定子和转子两部分组成,定子上有定子铁芯和定子绕组,转子上则有磁极铁芯、励磁绕组和转轴。

同步电机的结构有两种基本形式,一是旋转电枢式,二是旋转磁极式,后一种应用更为广泛。旋转磁极式又分为凸极式和隐极式,通常转速较高的采用隐极式,转速较低的采用凸极式。

通常三相同步电机的定子是三相定子绕组,与三相异步电动机的定子绕组相似,转子装有磁极和励磁绕组。当励磁绕组通入直流电后,转子立即建立恒定磁场。当转子在外力拖动下旋转时,定子导体由于和转子旋转有相对运动而产生交流电动势,此电动势的频率为 $f = \dfrac{pn}{60}$。

当在定子绕组内通过三相交流电时,定子绕组内便产生一个旋转磁场,这时转子绕组仍通以直流电,则转子所建立的恒定磁场将在定子旋转磁场的带动下,沿着定子磁场方向,以定子旋转磁场的转速旋转,转子的转速 $n = \dfrac{60f}{p}$。

同步电机既可作发电机使用,也可作电动机使用。

5.1.2　同步电机的工作原理

同步电机无论作发电机使用,还是作电动机使用,其转速与交流电频率之间都保持严格不变的关系,这是同步电机的基本特点。在磁极对数确定的情况下,电机的转速与交流电流的频率成正比。同步电机在恒定频率下的转速称为同步转速。这是同步电机与异步电机的基本差别之一。

同步发电机的工作原理是,当转子绕组通入直流电时会产生恒定磁场,这个磁场在定子绕组中间高速旋转,使定子绕组切割转子产生磁场,根据电磁感应定律,定子绕组中便产生感应电动势,如果接通负载便能对外供电。这就是同步发电机的工作原理。电动势的频率为 $f = \dfrac{pn}{60}$。

同步电动机的工作原理是,当定子绕组通入三相交流电时,定子绕组内便产生旋转磁场,转子仍通以直流电,产生恒定的磁场,定子绕组的旋转磁场与转子绕组的磁场相互作用,即异性磁极相互吸引，带动转子以旋转磁场的转速一同旋转。这就是同步电动机的工作原理。电动机的转速为 $n = \dfrac{60f}{p}$。

5.1.3 同步电机的分类

同步电机大致可分为发电机、电动机、调相机三类。

同步电机的励磁系统可分为同轴直流发电机励磁、同轴交流发电机励磁、晶闸管整流励磁以及三次谐波励磁等。

5.1.4 同步电动机的启动方法

同步电动机本身没有启动转矩，必须采用一定的启动方法。启动方法有以下几种：

(1)在转子上加笼形启动绕组法。

(2)辅助启动法，即用异步电动机或其他动力机械将同步电动机带到其他同步转速后再接通电源。

(3)调频启动法，使电动机转速始终等于同步转速。

5.1.5 同步发电机的并联运行条件

(1)发电机的电压应和电网电压具有相同的有效值、极性和相位。

(2)发电机的频率应和电网的频率相等。

具体工作时只注意这两条就足够了，其他条件在安装及出厂时都已得到满足。

并联投入的方法有准整步法和自整步法。现代自动和半自动并车装置的基本原理同准整步法的原理是一样的。

5.2 基本要求

(1)在了解同步电机基本结构的基础上，着重掌握同步电机的基本工作原理，与感应电动机相比较，掌握同步电动机的"同步"含义(转速的特点)。

(2)掌握同步电机励磁系统的分类，同步电动机中电枢磁场与主磁场之间的关系。

(3)掌握同步电动机励磁工作的三种情况。

(4)读懂、理解和掌握三相同步电机的结构和铭牌数据。

(5)理解和掌握同步电动机为什么不能自行启动，一般采取什么启动方法，异步启动原理是什么。

(6)了解三相同步发电机与电网并联运行必须满足的条件。

(7)了解并网运行条件不满足时并网的后果。

5.3 重点难点

1. 重点

(1)同步电机的工作原理。

(2)同步电机的特点(最大特点是转速恒定，功率因数可调，可用于改变电网的功率因数)。

（3）同步电动机的启动方法。

（4）三相同步发电机与电网并联运行必须满足的条件。

2．难点

（1）同步电动机的启动方法，异步启动法的过程和对异步启动原理的理解。

（2）三相同步发电机与电网并联运行必须满足的条件。

5.4　实验内容及能力考察范围

实验二十　三相同步发电机的空载实验

【实验目的】

（1）掌握三相同步发电机的空载实验的方法。

（2）会根据实验数据画出空载特性曲线。

【实验器材】

（1）机组 4#：三相同步发电机 G_4、直流电动机 M_4。

（2）三相调压器。

（3）MK02 直流电流表模块：直流电流表 1#、2#、3#。

（4）MK06 智能测控仪表模块：交流电表。

（5）MK07 交流并网及切换开关模块：转换开关 SW_1、SW_2。

（6）可调电阻 2#：$RP_{7/8}$、$RP_{9/10}$、$RP_{11/12}$。

（7）直流稳压电源（250 V/20 A）电枢电源。

（8）直流稳压电源（250 V/3 A）励磁电源 1#。

（9）直流稳压电源（150 V/5 A）励磁电源 2#。

（10）导线若干。

【实验内容】

（1）三相同步发电机的空载实验。

（2）根据实验数据画出空载特性曲线。

【知识储备及能力考察范围】

空载特性是指发电机不带负载并保持额定转速不变时，空载电压 U_0 与励磁电流 I_f 的关系，即 $n=n_N$，$I=0$ 时，$U_0=f(I_f)$。

【实验步骤】

（1）按图 5-1 接线，用专用电缆线连接转速表机组接口与机组 4#转速接口，接好线经老师检查无误后方可通电调试。

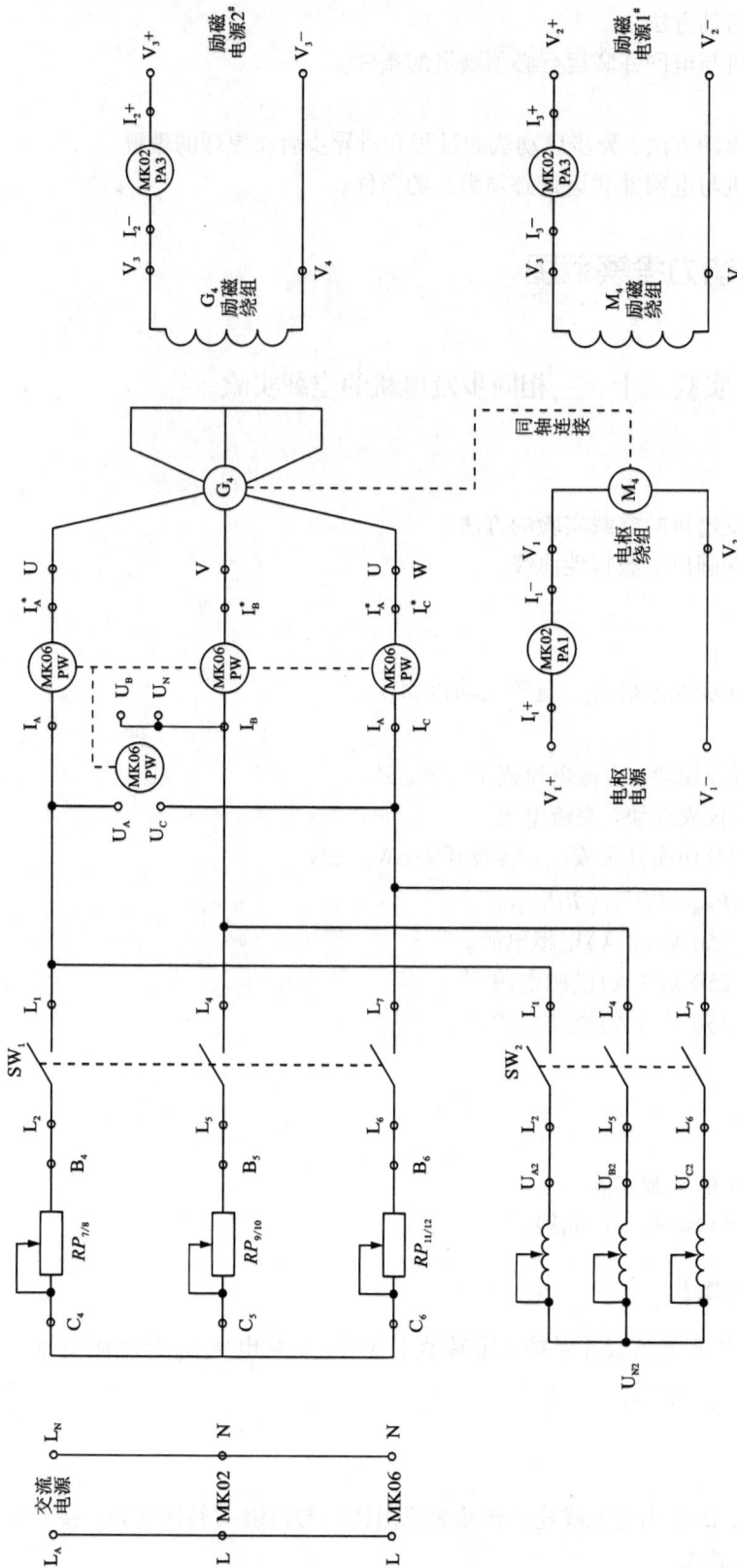

图5-1 三相同步发电机空载实验接线图

（2）检查电枢电源、励磁电源 1# 和励磁电源 2# 是否在初始状态（按下红色电源按钮，右侧两个电压旋钮逆时针调到底，上电后装置 C. C 灯灭，C. V 灯亮；实验过程中，只调节电压旋钮，不调节电流旋钮）；将三相调压器顺时针调到底，将 $RP_{7/8}$、$RP_{9/10}$ 和 $RP_{11/12}$ 顺时针调至阻值最大位置，将 SW_1、SW_2 开关打到中间位置。

（3）接通电源启停旋钮，依次合上交流电源开关、直流电源开关、电枢电源面板开关、励磁电源 1# 面板开关和励磁电源 2# 面板开关。

（4）调节励磁电源 1#，使电动机 M_4 励磁电流达到额定值（0.43 A）。

（5）调节电枢电源，使电动机 M_4 转速达到额定转速（1500 r/min）。

（6）调节励磁电源 2#，使励磁电流 I_f 单方向递增，直至发电机 G_4 输出的电压 U_0 达到 1.1～1.3 倍额定电压，将实验数据记录在表 5-1 中。

（7）调节励磁电源 2#，使励磁电流 I_f 单方向递减，直至 $I_f = 0$，将实验数据记录在表 5-2 中。

（8）实验完成后，通过一体机软件下电（或切断电源启停旋钮），依次断开交流电源开关、直流电源开关、电枢电源面板开关、励磁电源 1# 面板开关和励磁电源 2# 面板开关；将电枢电源、励磁电源 1# 和励磁电源 2# 电压旋钮逆时针调到底，将 SW_1 开关打到中间位置。

表 5-1　I_f 单方向递增　　　　　　　　$I = 0, n = n_N = 1500$ r/min

序号	1	2	3	4	5	6	7	8	9
U_0/V									
I_f/A									

表 5-2　I_f 单方向递减　　　　　　　　$I = 0, n = n_N = 1500$ r/min

序号	1	2	3	4	5	6	7	8	9
U_0/V									
I_f/A									

（9）在用实验方法测定同步发电机的空载特性时，由于转子磁路中剩磁情况的不同，当单方向改变励磁电流 I_f，使其从零增大到某一最大值，再反过来由此最大值减小到零时，将得到上升和下降的两条不同曲线，见图 5-2。两条曲线的出现，反映了铁磁材料中的磁滞现象。测定发电机参数时使用下降曲线，其最高点取 $U_0 \approx 1.3 U_N$；如剩磁电压较高，可延伸曲线的直线部分使其与横轴相交，交点的横坐标绝对值 $\triangle I_{f0}$ 应作为校正量，在所有实验中测得的励磁电流数据上再加上此值，即可得通过原点的校正曲线，见图 5-3。

注意：①转速要保持恒定；②在额定电压附近的读数相应高些。

（10）根据实验数据绘出同步发电机的空载特性曲线。

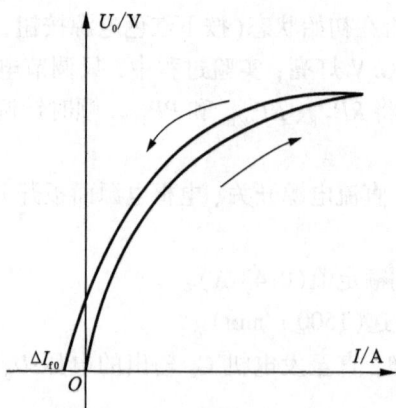

图 5-2　上升和下降的两条控制特性曲线　　　图 5-3　校正过的下降空载特性曲线

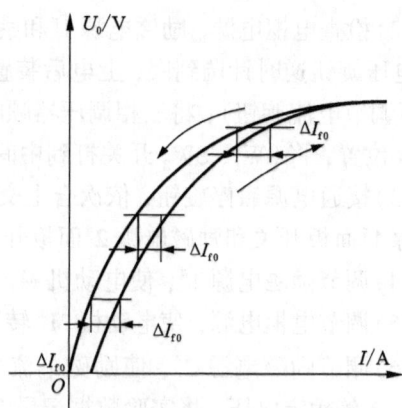

实验二十一　三相同步发电机的短路实验

【实验目的】

(1)掌握三相同步发电机的短路实验的方法。

(2)根据实验数据画出短路特性曲线。

【实验器材】

(1)机组 4#：三相同步发电机 G_4、直流电动机 M_4。

(2)三相调压器。

(3)MK02 直流电流表模块：直流电流表 1#、2#、3#。

(4)MK06 智能测控仪表模块：交流电表。

(5)MK07 交流并网及切换开关模块：转换开关 SW_1、SW_2。

(6)可调电阻 2#：$RP_{7/8}$、$RP_{9/10}$、$RP_{11/12}$。

(7)直流稳压电源(250 V/20 A)电枢电源。

(8)直流稳压电源(250 V/3 A)励磁电源 1#。

(9)直流稳压电源(150 V/5 A)励磁电源 2#。

(10)导线若干。

【实验内容】

(1)三相同步发电机的短路实验。

(2)根据实验数据画出短路特性曲线。

【实验步骤】

(1)按图 5-1 接线,用专用电缆连接转速表机组接口与机组 4#转速接口,接好线经老师检查无误后方可通电调试。

（2）检查电枢电源、励磁电源 1# 和励磁电源 2# 是否在初始状态（按下红色电源按钮，右侧两个电压旋钮逆时针调到底，上电后装置 C.C 灯灭，C.V 灯亮；实验过程中，只调节电压旋钮，不调节电流旋钮）；将三相调压器顺时针调到底，将 $RP_{7/8}$、$RP_{9/10}$ 和 $RP_{11/12}$ 逆时针调至阻值最小位置，将 SW_1 开关打到左侧位置（因为是短路实验），SW_2 开关打到中间位置。

（3）通过一体机软件上电（或接通电源启停旋钮），依次合上交流电源开关、直流电源开关、电枢电源面板开关、励磁电源 1# 面板开关和励磁电源 2# 面板开关。

（4）调节励磁电源 1#，使电动机 M_4 励磁电流达到额定值（0.43 A）。

（5）调节电枢电源，使电动机 M_4 转速达到额定转速（1500 r/min）。

（6）调节励磁电源 2#，使发电机 G_4 的定子电流 $I_K = 1.2 I_N = 2.16$ A，将实验数据记录在表 5-3 中。

（7）调节励磁电源 2#，使励磁电流 I_f 和定子电流 I_K 减小，直至 $I_f = 0$，将实验数据记录在表 5-3 中。

（8）实验完成后，通过一体机软件下电（或切断电源启停旋钮），依次断开交流电源开关、直流电源开关、电枢电源面板开关、励磁电源 1# 面板开关和励磁电源 2# 面板开关；将电枢电源、励磁电源 1# 和励磁电源 2# 电压旋钮逆时针调到底，将 $RP_{7/8}$、$RP_{9/10}$ 和 $RP_{11/12}$ 顺时针调至阻值最大位置，将 SW_1、SW_2 开关打到中间位置。

表 5-3　三相同步发电机短路实验数据　　　　　$U = 0$ V，$n = n_N = 1500$ r/min

序号	1	2	3	4	5	6	7
I_K/A							
I_f/A							

（9）根据实验数据绘制出同步发电机的短路特性曲线。

实验二十二　三相同步发电机的并网实验

【实验目的】

掌握三相同步发电机投入电网并网运行的条件与操作方法。

【实验器材】

（1）机组 4#：直流电动机 M_4、三相同步发电机 G_4。

（2）MK02 直流电流表模块：直流电流表 1#、2#、3#。

（3）MK06 智能测控仪表模块：交流电表。

（4）MK07 交流并网及切换开关模块：交流同期系统。

（5）直流稳压电源（250 V/20 A）电枢电源。

（6）直流稳压电源（250 V/3 A）励磁电源 1#。

（7）直流稳压电源（150 V/5 A）励磁电源 2#。

(8)导线若干。

【实验内容】

用准同步法将三相同步发电机投入电网并网运行。

【实验步骤】

(1)按图5-4接线,用专用电缆连接转速表机组接口与机组4#转速接口,接好线经老师检查无误后方可通电调试。

(2)检查电枢电源、励磁电源1#和励磁电源2#是否在初始状态(按下红色电源按钮,右侧两个电压旋钮逆时针调到底,上电后装置C.C灯灭,C.V灯亮;实验过程中,只调节电压旋钮,不调节电流旋钮);将相位检测、同期开关断开。

(3)通过一体机软件上电(或接通电源启停旋钮),依次合上交流电源开关、直流电源开关、电枢电源面板开关、励磁电源1#面板开关和励磁电源2#面板开关。

(4)调节励磁电源1#,使电动机M_4励磁电流达到额定值(0.43 A)。

(5)调节电枢电源,使电动机M_4转速达到额定转速(1500 r/min)。

(6)调节励磁电源2#,使发电机G_4输出电压接近系统侧电压。

(7)用相序表测量待并侧和系统侧电压,确保发电机电压与电网电压相序相同。

(8)准同期并网:合上相位检测开关,观察同期表电压差、频率差、相角差,当三者数值≈0时,满足并网条件,长按合闸按钮,发电机准同期节点闭合,一定要听到接触器吸合的声音,同时相应的绿色指示灯点亮,松开合闸按钮,发电机准同期实验完成。准同期实验结束后,按下分闸按钮,一定要听到接触器断开的声音,分闸按钮红色指示灯点亮,分开准同期节点。

(9)同期并网:确定(分闸按钮红色指示灯亮)按下分闸按钮后,合上同期开关,观察同期表电压差、频率差、相角差,当三者数值≈0时,满足并网条件,长按合闸按钮,发电机准同期节点闭合,发电机并网成功。

(10)实验完成后,通过一体机软件下电(或切断电源启停旋钮),依次断开交流电源开关、直流电源开关、电枢电源面板开关、励磁电源1#面板开关和励磁电源2#面板开关;将电枢电源、励磁电源1#和励磁电源2#电压旋钮逆时针调到底,将相位检测、同期开关断开。

【注意事项】

并网必须满足三个条件,即压差为0,频差为0,相角相同(相差为0);否则,将损坏设备,烧毁电机。

【问题研讨】

(1)三相同步发电机与电网并网运行必须满足哪些条件?

(2)试述并网运行条件不满足时将会引发什么后果。

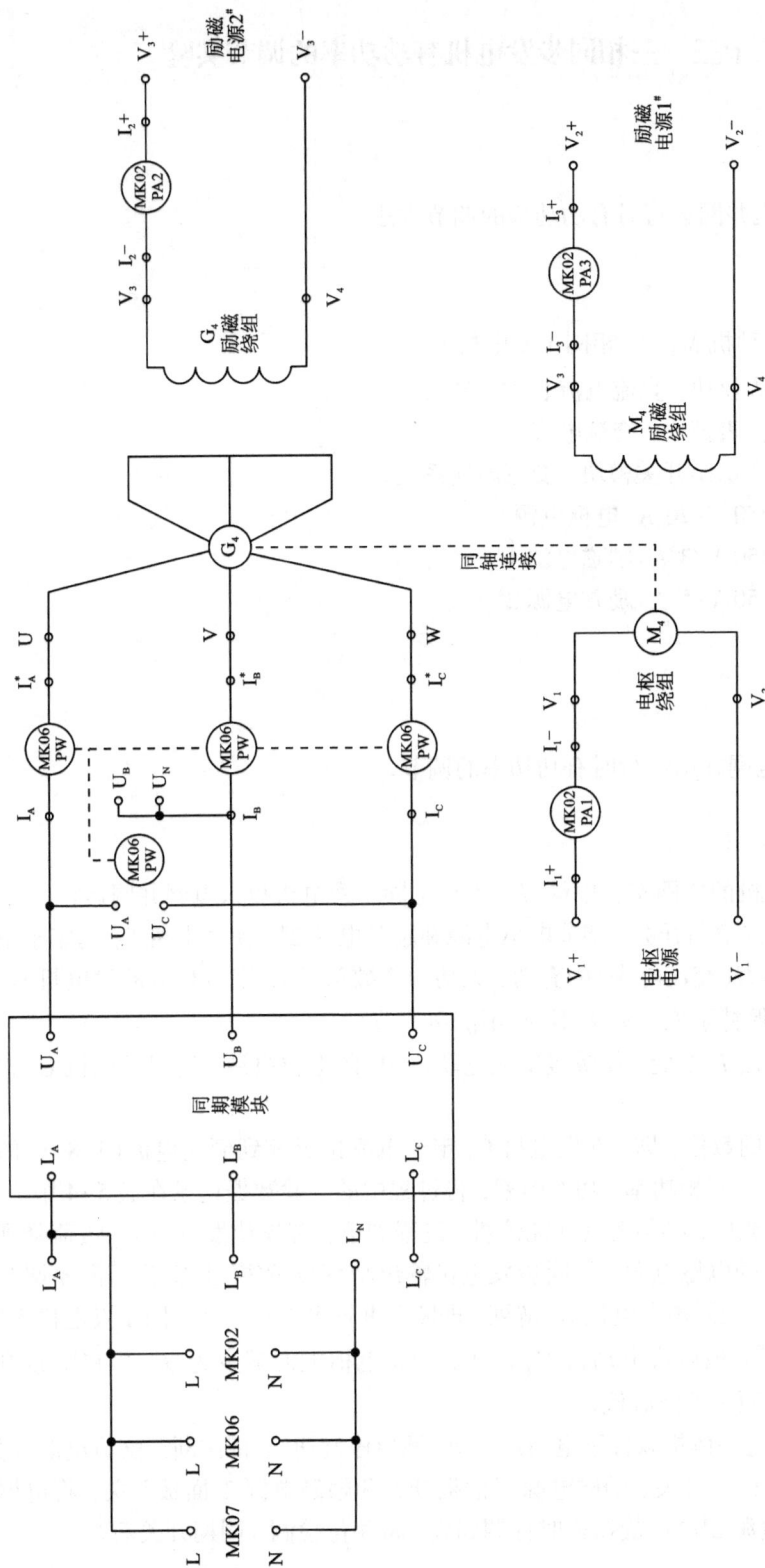

图5-4 三相同步发电机并网实验接线图

实验二十三　三相同步发电机有功功率的调节实验

【实验目的】

掌握三相同步发电机并网运行时有功功率的调节方法。

【实验器材】

(1)机组 4#：直流电动机 M_4、三相同步发电机 G_4。

(2)MK02 直流电流表模块：直流电流表 1#、2#、3#。

(3)MK06 智能测控仪表模块：交流电表。

(4)MK07 交流并网及切换开关模块：交流同期系统。

(5)直流稳压电源(250 V/20 A)电枢电源。

(6)直流稳压电源(250 V/3 A)励磁电源 1#。

(7)直流稳压电源(150 V/5 A)励磁电源 2#。

(8)导线若干。

【实验内容】

三相同步发电机与电网并网运行时有功功率的调节。

【实验步骤】

(1)按三相同步发电机的并网实验中的实验方法把同步发电机投入电网并网运行。

(2)并网后，断开相位检测开关，调节电枢电源和励磁电源 2#，使发电机 G_4 的定子电流接近零，观察 MK06 功率表(交流电表)的有功，无功功率数值 ≈ 0，这时相应的发电机 G_4 励磁电流 $I_f = I_{f0}$。这时，须保持励磁电源 2#不变(不能再调节)。

(3)保持这一励磁电流 I_f 不变，仅缓慢增大电动机 M_4 的电枢电源，这时发电机 G_4 输出功率 P_2 同步增加。

(4)记录上述过程中的数据，即：在发电机 G_4 定子电流接近零到额定电流(1.8 A)的范围内读取相应的三相电流、三相功率、功率因素，将过程中的实验数据记录在表 5-4 中。

(5)实验数据记录完成后，必须解列才能停机，过程如下：首先让发电机 G_4 负荷降到接近零，即缓慢减少电动机的电枢电源，使同步发电机输出功率接近零(此实验不需要调节无功，即励磁电源 2#不动)；让同步发电机 G_4 解列，即断开并网开关；然后将同步发电机灭磁，即将励磁电源 2#减少为零；最后将电动机 M_4 停机，即将电枢电源减少为零，再将励磁电源 1#减少到零，此过程先后顺序不能颠倒。

(6)实验完成后，通过一体机软件下电(或切断电源启停旋钮)，依次断开交流电源开关、直流电源开关、电枢电源面板开关、励磁电源 1#面板开关和励磁电源 2#面板开关；将电枢电源、励磁电源 1#和励磁电源 2#电压旋钮逆时针调到底，将相位检测、同期开关断开。

表 5-4　有功功率的调节实验数据　　　　　　$U =$ _____ V；$I_f = I_{f0} =$ _____ A

序号	测量值					计算值		
	输出电流 I/A			输出功率 P/W		I	P_2	$\cos \varphi$
	I_A	I_B	I_C	P_{I}	P_{II}			
1								
2								
3								
4								
5								
6								

注：$I = (I_A + I_B + I_C)/3$，$P_2 = P_{\mathrm{I}} + P_{\mathrm{II}}$，$\cos \varphi = P_2 / \sqrt{3} UI$。

【问题探讨】

(1)三相同步发电机并网及有功功率的调节应该注意些什么？如何从三相功率中读取三相电流，输出功率？

(2)测试完数据，如何解列？试述关机的操作步骤，为什么不能弄反？

实验二十四　三相同步发电机无功功率的调节实验

【实验目的】

掌握三相同步发电机并网运行时无功功率的调节方法。

【实验器材】

(1)机组 4#：直流电动机 M_4、三相同步发电机 G_4。

(2)MK02 直流电流表模块：直流电流表 1#、2#、3#。

(3)MK06 智能测控仪表模块：交流电表。

(4)MK07 交流并网及切换开关模块：交流同期系统。

(5)直流稳压电源(250 V/20 A)电枢电源。

(6)直流稳压电源(250 V/3 A)励磁电源 1#。

(7)直流稳压电源(150 V/5 A)励磁电源 2#。

(8)导线若干。

【实验内容】

三相同步发电机与电网并网运行时无功功率的调节。

【实验步骤】

(1)按三相同步发电机的并网实验中的实验方法把同步发电机投入电网并网运行。

（2）并网后，断开相位检测开关，调节电枢电源，使发电机 G_4 输出功率 $P_2 \approx 0$；调节励磁电源 2#，使发电机 G_4 励磁电流 I_f 上升，直至发电机 G_4 定子电流接近 $I = I_N = 1.8$ A；读取发电机 G_4 励磁电流 I_f 与定子电流 I，将数据记录在表 5-5 中。

表 5-5 无功功率的调节实验数据 $n =$ ＿＿ r/min；$U =$ ＿＿ V；$P_2 \approx 0$ W

序号	三相电流 I/A				励磁电流 I_f/A
	I_A	I_B	I_C	I	I_f
1					
2					
3					
4					
5					
6					
7					
8					
9					
10					

注：$I = (I_A + I_B + I_C)/3$。

（3）调节励磁电源 2#，使发电机 G_4 励磁电流 I_f 下降，直至发电机 G_4 定子电流 I 减小到最小值；读取定子电流 I 下降过程中的励磁电流 I_f 和定子电流 I，将过程中的数据记录在表 5-5 中。

（4）调节励磁电源 2#，继续使发电机 G_4 励磁电流 I_f 下降，这时发电机 G_4 定子电流 I 又将增大，直至发电机 G_4 定子电流 $I = I_N = 1.8$ A；读取定子电流 I 上升过程中的励磁电流 I_f 和定子电流 I，将数据记录在表 5-5 中。

（5）实验完成后，通过一体机软件下电（或切断电源启停旋钮），依次断开交流电源开关、直流电源开关、电枢电源面板开关、励磁电源 1# 面板开关和励磁电源 2# 面板开关；将电枢电源、励磁电源 1# 和励磁电源 2# 电压旋钮逆时针调到底，将相位检测、同期开关断开。

实验二十五 三相同步发电机 V 形曲线实验

【实验目的】

（1）掌握输出功率 P_2 等于零时三相同步发电机数据的测取方法及其 V 形曲线的绘制方法。

（2）掌握输出功率 P_2 等于 0.5 倍额定功率时三相同步发电机数据的测取方法及其 V 形曲线的绘制方法。

【实验器材】

（1）机组 4#：直流电动机 M_4、三相同步发电机 G_4。

（2）MK02 直流电流表模块：直流电流表 1#、2#、3#。

（3）MK06 智能测控仪表模块：交流电表。

（4）MK07 交流并网及切换开关模块：交流同期系统。

（5）直流稳压电源（250 V/20 A）电枢电源。

（6）直流稳压电源（250 V/3 A）励磁电源 1#。

（7）直流稳压电源（150 V/5 A）励磁电源 2#。

（8）导线若干。

【实验内容】

（1）测取当输出功率等于零时三相同步发电机的 V 形曲线。

（2）测取当输出功率等于 0.5 倍额定功率时三相同步发电机的 V 形曲线。

【实验步骤】

1. 测取当输出功率等于零时三相同步发电机的 V 形曲线

（1）按三相同步发电机与电网并网运行时无功功率的调节实验中的实验方法测取实验数据。

（2）绘制出 $P_2 \approx 0$ 时同步发电机的 V 形曲线 $I = f(I_f)$。

2. 测取当输出功率等于 0.5 倍额定功率时三相同步发电机的 V 形曲线

（1）按三相同步发电机的并网实验中的实验方法把同步发电机投入电网并网运行。

（2）并网后，断开相位检测开关，调节电枢电源，使发电机 G_4 输出功率 $P_2 \approx 0.5 P_N = 500$ W（观察 MK06 智能表有功数值接近 500 W，此后的实验过程中，保持电枢电源不变），调节励磁电源 2#，使发电机 G_4 励磁电流 I_f 上升，直至发电机 G_4 定子电流 $I = I_N = 1.8$ A；读取励磁电流 I_f 和定子电流 I，将数据记录在表 5-6 中。

（3）调节励磁电源 2#，使发电机 G_4 励磁电流 I_f 下降，直至发电机 G_4 定子电流 I 减小到最小值；读取定子电流 I 下降过程中的励磁电流 I_f 和定子电流 I，将数据记录在表 5-6 中。

（4）调节励磁电源 2#，继续使发电机 G_4 励磁电流 I_f 下降，这时发电机 G_4 定子电流 I 又将增大，直至发电机 G_4 定子电流 $I = I_N = 1.8$ A；读取定子电流 I 上升过程中的励磁电流 I_f 和定子电流 I，将数据记录在表 5-6 中。

（5）实验数据记录完成后，首先让发电机 G_4 负荷降到接近零，即减少电动机 M_4 电枢电源，使同步发电机 G_4 输出有功接近零；再调节发电机 G_4 励磁电源 2#，使同步发电机 G_4 输出无功接近零，此时同步发电机 G_4 输出功率接近零；最后将电动机 M_4 停机，即将电枢电源减少为零，再将励磁电源 1# 减少为零。

（6）实验完成后，通过一体机软件下电（或切断电源启停旋钮），依次断开交流电源开关、直流电源开关、电枢电源面板开关、励磁电源 1# 面板开关和励磁电源 2# 面板开关；将电枢电源、励磁电源 1# 和励磁电源 2# 电压旋钮逆时针调到底，将相位检测、同期开关断开。

(7)绘制出 $P_2 \approx 0.5 P_N$ 倍额定功率时同步发电机的 V 形曲线。

表 5-6　V 形曲线的调节实验数据

$n=$ ____ r/min; $U=$ ____ V; $P_2 \approx 0.5 P_N$

序号	三相电流 I/A				励磁电流 I_f/A
	I_A	I_B	I_C	I	I_f
1					
2					
3					
4					
5					
6					
7					
8					
9					

注：$I=(I_A+I_B+I_C)/3$。

【问题研讨】

为什么同步发电机投入电网后，改变直流电动机的励磁电流，可以改变直流电动机和同步发电机的输出功率?

第2篇

电力电子技术实验

第 6 章

实验须知

6.1 实验的基本要求

培养学生根据实验目的、实验内容及实验设备拟定实验线路,选择所需仪表,确定实验步骤,测取所需数据,进行分析研究,得出必要结论,从而完成实验报告的能力。学生在整个实验过程中,必须集中精力,及时认真做好实验。现按实验过程对学生提出下列基本要求。

一、实验前的准备

实验前应复习教科书有关章节,认真研读实验指导书,了解实验目的、项目、方法与步骤,明确实验过程中应注意的问题(有些内容可到实验室对照实验预习,如熟悉组件的编号、使用及其规定值等),并按照实验项目准备记录抄表等。

实验前应写好预习报告,经指导教师检查,认为确实做好了实验前的准备后,方可开始做实验。

认真做好实验前的准备工作,对于培养学生的独立工作能力,提高实验质量和保护实验设备都是很重要的。

二、实验的进行

1. 建立小组,合理分工

每次实验都以小组为单位进行,每组由 2~3 人组成,实验中的接线、调节负载、保持电压或电流、记录数据等工作应有明确的分工,以保证实验操作协调无误,记录数据准确可靠。

2. 选择组件和仪表

实验前先熟悉该次实验所用的组件,记录电机铭牌和选择仪表量程,然后依次排列组件和仪表,以便测取数据。

3. 按图接线

根据实验线路图及所选组件、仪表按图接线,线路力求简单明了,一般接线原则是先接串联主回路,再接并联支路。为查找线路方便,每路可用相同颜色的导线。

4. 认真负责,实验有始有终

实验完毕,须将数据交给指导教师审阅。经指导教师认可后,才允许拆线并把实验所用的组件、导线及仪器等物品整理好。

三、实验报告

实验报告是根据实测数据和实验中观察和发现的问题，经过自己分析研究或小组分析讨论后写出的实验总结和心得体会。

实验报告要简明扼要、字迹清楚、图表整洁、结论明确。

实验报告应包括以下内容：

（1）实验名称、专业班级、学号、姓名、实验日期、室温（℃）。

（2）实验中所用的仪器、设备、规格型号、数量及主要参数。

（3）列出实验项目并绘出实验时所用的线路图，并注明仪表量程、电阻器阻值、电源端编号等。

（4）数据的整理和计算。

（5）按记录及计算的数据用坐标纸画出曲线，图纸尺寸不小于 8 cm×8 cm，曲线要用曲线尺或曲线板连成光滑曲线，不在曲线上的点仍须按实际数据标出。

（6）根据数据和曲线进行计算和分析，说明实验结果与理论是否符合，可对某些问题提出一些自己的见解并最后写出结论。实验报告应写在一定规格的报告纸上，保持整洁。

（7）每次实验每人独立完成一份报告，按时送交指导教师批阅。

6.2　实验安全操作规程

为了按时完成电力电子实验，确保实验时的人身安全与设备安全，要严格遵守规定的安全操作规程：

（1）实验时，人体不可接触带电线路。

（2）接线或拆线都必须在切断电源的情况下进行。

（3）学生独立完成接线或改接线路后必须经指导教师检查和允许，并引起组内其他同学注意后方可接通电源。实验中如发生事故，应立即切断电源，查清问题和妥善处理故障后，才能继续进行实验。

（4）总电源或实验平台上的电源接通应由实验指导人员来控制，其他人只能经实验指导人员允许后方可操作，不得自行合闸。

6.3　各模块功能介绍

一、EZT3-10 TC787 触发电路模块

1. TC787 芯片介绍

TC787 触发电路作为功率晶闸管的移相触发电路，适用于主功率器件是晶闸管的三相全控桥或其他拓扑电路结构的系统中。

TC787 在单、双电源下均可工作，这使其适用电源的范围较广泛，其输出三相触发脉冲的触发控制角可在 0°~180°范围内连续同步改变。其对零点的识别非常可靠，这使其常被用作过零开关，同时器件内部设计有移相控制电压与同步锯齿波电压交点（交相）的锁定电路，

抗干扰能力极强。电路自身具有输出禁止端,使用户可在过电流、过电压时进行保护,保证系统安全。

　　TC787 通过改变 6 脚的电平高低来设置其输出是双脉冲还是单脉冲。正序时同步信号与双脉冲触发关系如图 6-1 所示。晶闸管的导通采用双脉冲触发,脉冲宽度由 C_x 端(图 6-2)外接电容容值决定,每组脉冲之间的间隔为 60°。

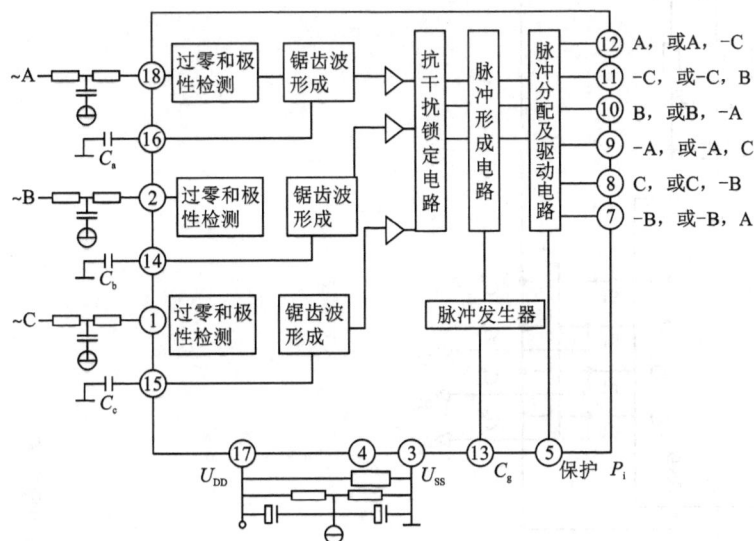

图 6-1　TC787 触发电路原理框图

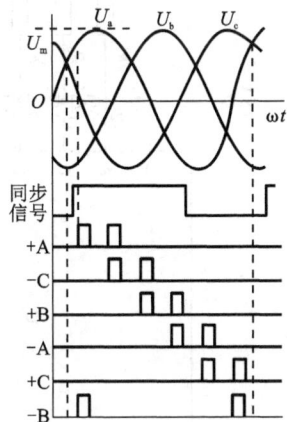

　　TC787 的逻辑电路框图如图 6-1 所示。它由同步过零电路、极性检测电路、锯齿波形成电路、锯齿波比较电路、抗干扰锁定电路、脉冲发生器电路、脉冲形成电路和脉冲分配电路等组成。经滤波后的三相同步电压,通过过零和极性检测单元检测出零点和极性后,可作为内部三个恒流源的控制信号。三个恒流源输出的恒值电流给三个等值电容 C_a、C_b、C_c 恒流充电,形成良好的等斜率锯齿波。锯齿波形成单元输出的锯齿波与移相控制电压 V_r(图 6-2)比较后取得交相点,该交相点经集成块内部的抗干扰锁定电路锁定,能保证交相点唯一且稳定,这使交相点以后的锯齿波或移相电压的波动不影响输出。该交相信号与脉冲发生器输出的调制脉冲信号经脉冲形成电路处理后,变为与三相输入同步信号相位对应且与移相电压大小适应的脉冲信号,并送到脉冲分配及驱动电路。此时脉冲分配电路根据用户在引脚 6(图 6-2)设定的状态完成双脉冲(引脚 6 为高电平)或单脉冲(引脚 6 为低电平)的分配功能,并经输出驱动电路功率放大后输出。一旦系统发生过电流、过电压或其他非正常情况,在引脚 5 输入高电平信号,脉冲分配及驱动电路内部的逻辑电路动作,封锁脉冲输出,即可确保集成块的 12、11、10、9、8、7 六个引脚输出全为低电平。

　　2.模块介绍

　　模块原理图如图 6-2 所示。

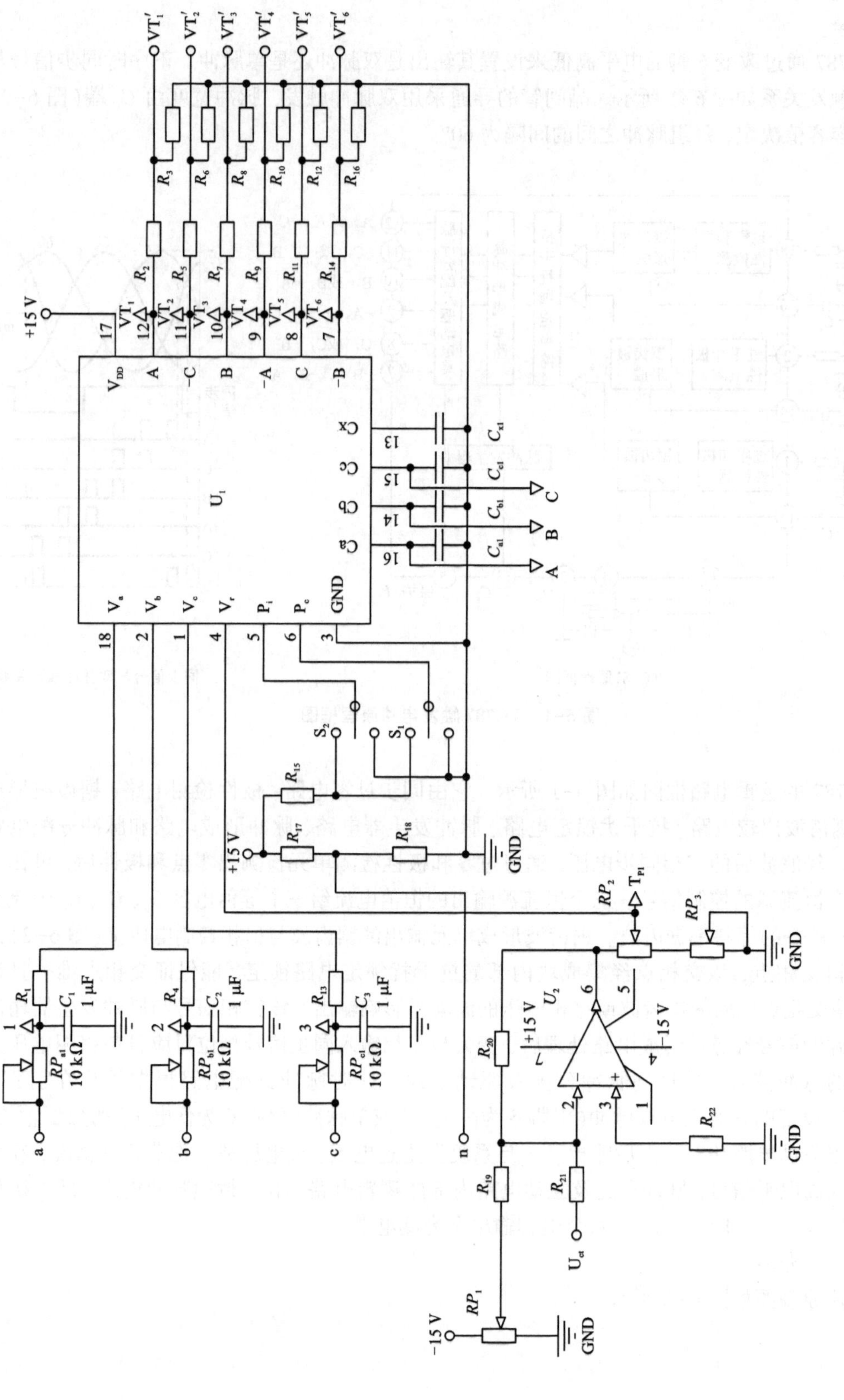

图6-2 TC787模块原理图

（1）a、b、c 三个三号弱电柱输入端口接控制屏上的三相同步信号，n 点接在直流电源电压的 1/2 处（同步信号的峰值不要大过直流电源电压）。

（2）电位器 RP_{a1}、RP_{b1}、RP_{c1} 起调节芯片输入的同步信号幅值的作用，同时也能与电容配合起微调输入到芯片的同步信号相位的作用（输入芯片的信号波形从 1、2、3 观测点观测）。所以芯片输出的双窄脉冲（观测点为 VT＊）间距可通过此电位器来调节，也可与 RP_3 电位器配合调节，起到限制触发脉冲的移向范围的作用。调节时应保证三相均衡调节。

（3）外部给定从 U_{ct} 端口输入，实验时通常限定为 0~6 V。经比例放大后的实际输入芯片的给定电压可通过 T_{P1} 测量点测量。

（4）A、B、C 相锯齿波观测点为与同步信号相对应的锯齿波波形。

（5）芯片 6 脚为功能选择端，高电平表示芯片输出波形为全控双脉冲，低电平表示芯片输出波形为半控单脉冲。5 脚为禁止端（使能端）输入高电平芯片封锁输出。两处由纽子开关 S_1、S_2 作为切换。

3.调试方法

（1）接线图如图 6-3 所示。

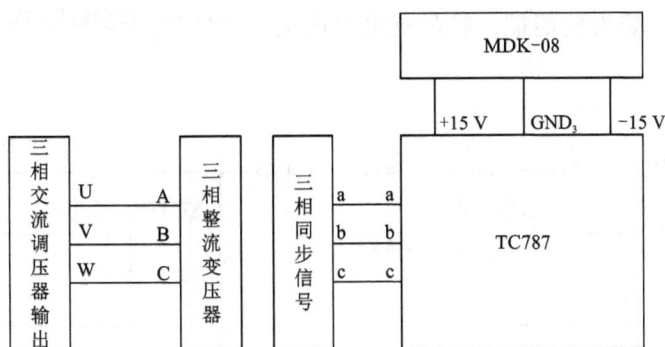

图 6-3　TC787 模块接线图

（2）将电位器 RP_{a1}、RP_{b1}、RP_{c1} 逆时针调到底，用双踪示波器观测 A、B、C 三相锯齿波观测孔，用一路通道观测同步信号，另一路探头观测锯齿波波形，其中 a、b、c 三路同步信号 a 对应 A 相锯齿波，b 对应 B 相锯齿波，c 对应 C 相锯齿波。所测波形如图 6-4 所示。

（3）顺时针调节 RP_2 到底，调节 RP_3 使 T_{P1} 点电压达到最低，然后用一路探头观测同步信号 A，另一路探头观测点 VT_1，调节 RP_1 电位器，使触发信号出现在同步信号 150° 的

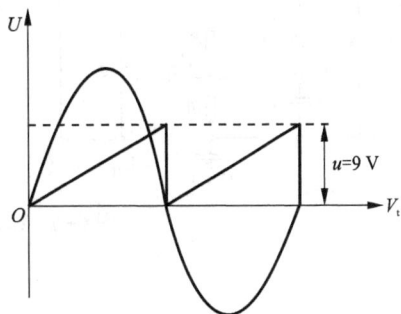

图 6-4　各相锯齿波与同步信号的相位关系

位置（即 $\alpha = 120°$）。此时观测 VT_1、VT_2、VT_3、VT_4、VT_5、VT_6 六路观测孔波形，$VT_1 \sim VT_6$ 依次增加 60°，调节 RP_2，观测每路脉冲的可移相范围是否大于 120°，否则调节 RP_3 电位器，必

要时也可调节 RP_1 电位器，同步信号与双列脉冲触发关系应满足图 6-5（将拨动开关拨到正常工作侧，有脉冲输出；将拨动开关拨到封锁输出侧，则无脉冲；将拨动开关由双列脉冲拨到单列脉冲时，则双列脉冲由双窄脉冲变为单窄脉冲）。

（4）若在双窄脉冲状态时，双窄脉冲宽度不满足 60°，则微调 RP_{a1}、RP_{b1}、RP_{c1} 电位器，保证双窄脉冲宽度至少为 60°，然后重复第三步的调试过程，否则无法完成三相全控实验。

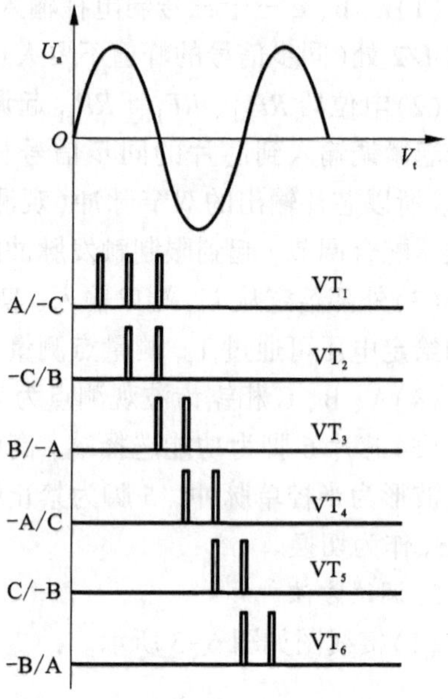

二、EZT3-11 功放电路 I 模块

该模块的主要作用是将 TC787 触发电路模块输出的触发信号进行功率放大，以驱动晶闸管模块。

模块原理图如图 6-6 所示。

触发信号从 V_T 端输入，功放后从 G、K 输出端输出至晶闸管。U_{lf} 端为使能端，需在使用时连接到 GND。

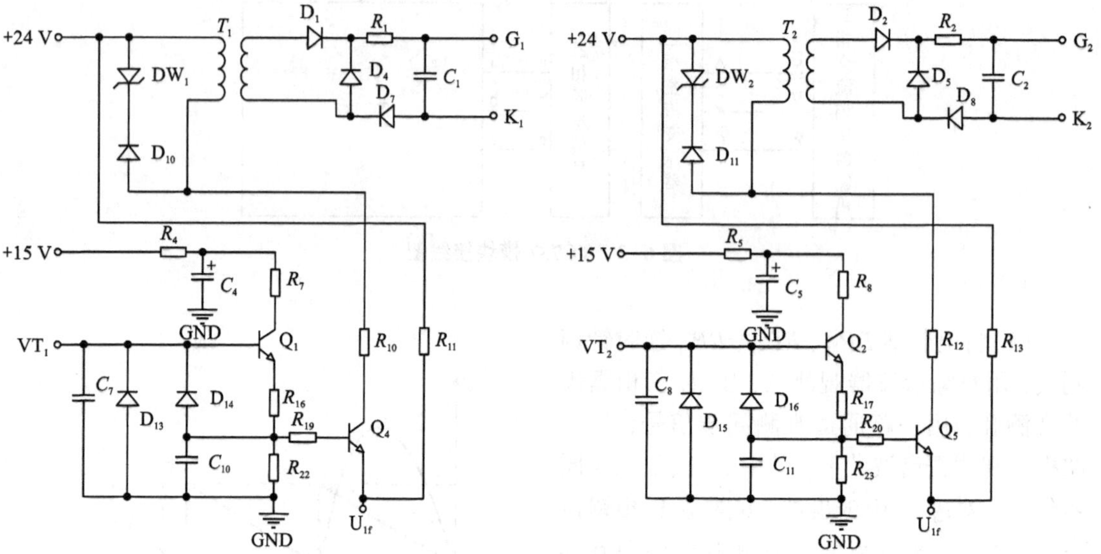

图 6-5　同步信号与双列脉冲触发关系

图 6-6　EZT3-11 功放电路 I 模块

三、EZT3-12 功放电路 II 模块

EZT3-12 功放电路 II 模块工作原理与 EZT3-11 功放电路 I 模块相同。

四、EZT3-13 功放电路Ⅲ模块

EZT3-13 功放电路Ⅲ模块工作原理与 EZT3-11 功放电路Ⅰ模块相同。

五、EZT3-15 调节器Ⅰ模块

1.模块介绍

该模块的功能是对给定和反馈两个输入量进行加法、比例、积分等运算，使其输出按某一规律变化。该模块由运算放大器、输入变换器、反馈环节、二极管输出限幅环节构成，其原理图如图 6-7 所示。

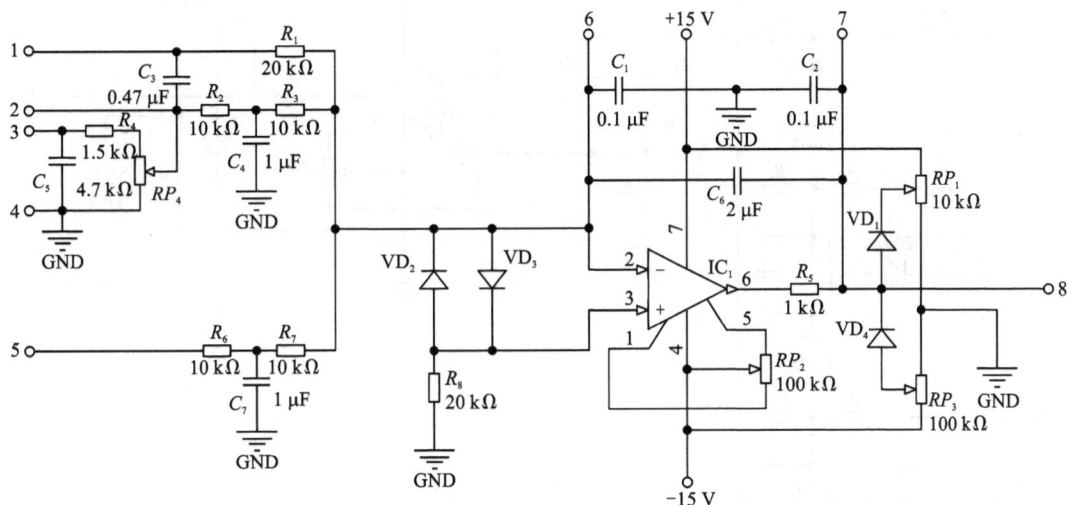

图 6-7　EZT3-15 调节器Ⅰ模块原理图

在图 6-7 中，1、2、3、4、5 端为信号输入端。其中，2、5 端由 C_4、R_2、C_7、R_6 组成微分反馈矫正环节，有助于抑制振荡，减少超调。3、4 端间构成有输入电压变换环节，其值经过电位器 RP_4 调节后作用于 2 端。二极管 VD_2、VD_3 为运放的输入限幅，起到保护运放的作用。二极管 VD_1、VD_4 和电位器 RP_1、RP_3 组成正负限幅值可调的输出限幅电路。6、7 端用于外接比例电阻与积分电容(从 EZT3-19 上得到)，用以调整系统的放大倍数与相应时间。RP_2 为运放的调零电位器。

2.调试方法

(1)调零：把输入端 1、2、3、5 短接后接地，在 6、7 端之间接 30 kΩ 电阻(从 EAZT3-19 可调电阻电容模块得到)构成比例调节器，用万用表的直流"mV 挡"测量 8 端，调节调零电位器 RP_2，调节至输出约为零。

(2)正负限幅值的整定：在 6、7 端串接 30 kΩ 电阻和可调电容(可调电容调至最大值)(从 EAZT3-19 可调电阻电容模块得到)构成比例积分调节器，在输入端 5 加一个 +3 V 的给定电压，用万用表测量输出端 8，调节 RP_3 电位器，将其值整定接近 0 V；在输入端 5 加一个 -3 V 的给定电压，调节 RP_1 电位器，将其值整定为 6 V。

六、EZT3-16 调节器 II 模块

1. 模块介绍

该模块是由运算放大器、限幅电路、输入选择网络等构成的。其工作原理基本上与 EZT3 -15 调节器 I 模块相同,原理图如图 6-8 所示。

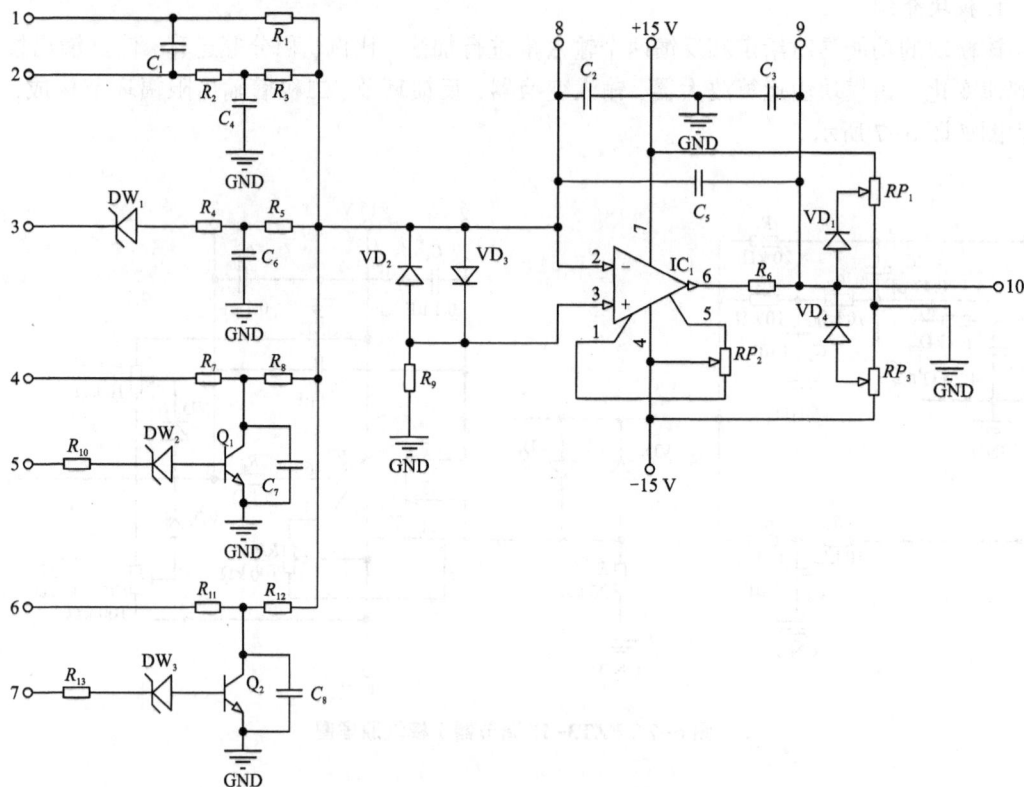

图 6-8　EZT3-16 调节器 II 模块原理图

EZT3-16 调节器 II 与 EZT3-15 调节器 I 相比,增加了几个输入端,其中 3 端用于接收推 β 信号,当主电路输出过流时,电流反馈与过流保护的 U_β 端输出一个推 β 信号(高电平),信号击穿稳压管,正电压信号输入运放的反向输入端,使调节器的输出电压下降,α 角向 180° 方向移动,从而降低整流时的输出电压,保护主电路。5、7 端预留出用于外接逻辑控制器的相应输出端,当高电平输入击穿稳压管时,三极管 Q_1、Q_2 导通,相应地,4、6 端的输入电压信号对地短接。

2. 调试方法

(1)调零:把输入端 1~7 短接后接地,在 8、9 端间接 30 kΩ 电阻(从 EAZT3-19 可调电阻电容模块得到)构成比例调节器,用万用表的直流"mV 挡"测量 10 端输出,调节调零电位器 R_{P2},直至输出约为零。

(2)正负限幅值的整定:在 8、9 端串接 30 kΩ 电阻和可调电容(可调电容调至最大值)(从 EAZT3-19 可调电阻电容模块得到)构成比例积分调节器,在输入端 4 加一个+3 V 给定电压,用万用表测量输出端 10,调节 R_{P3} 电位器,将其值整定为-6 V;在输入端 4 加一个-3 V

给定电压,调节 RP_1 电位器,将其值整定为+6 V。

经过实验检测,调节器Ⅰ和调节器Ⅱ正负限幅的调节最好在完整的实验系统中进行,而不是单个模块进行调节。

七、EZT3-17 电流反馈与过流保护模块

本模块的主要作用是检测主电源输出的电流反馈信号,并且当主电源输出的电流超过某一设定值时发出过流信号报警并切断控制屏的主电源。其原理图如图 6-9 所示。

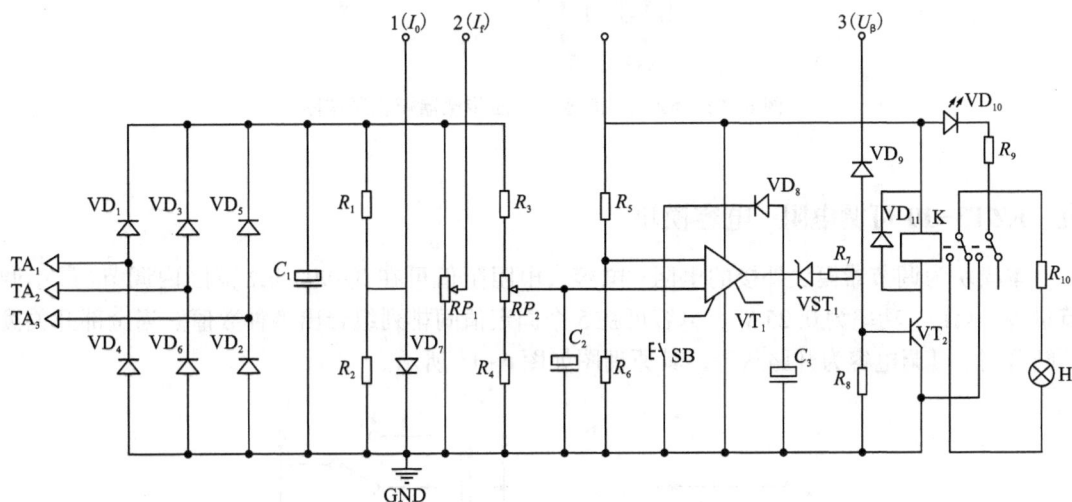

图 6-9 EZT3-17 电流反馈与过流保护模块原理图

TA_1、TA_2、TA_3 接连电流互感器模块的输出端,它的电压高低反映了三相主电路输出的电流大小,二极管 VD_9 阳极截取零电流检测信号 I_0,并预留给检测模块使用。电位器 RP_1 滑动抽头端输出作为电流采样(反馈)信号,从 I_f 端输出。电流反馈系数由 RP_1 调节。RP_2 的滑动端与过流保护电路相连,调节 RP_2 可以调节过流保护的告警点。当告警时运放一个高电平信号从 $U_β$ 端输出,作为推 $β$ 信号供电流调节器(调节器Ⅱ)使用。

八、EZT3-18 直流电压传感器模块

电压传感器的作用是为电压环提供电压反馈信号,它利用线性光偶隔离对输入的直流电压进行实时测量,并转换为适当电压值输出,通过调节 R_{W3} 即可得到所需的电压反馈系数。其原理图如图 6-10 所示。

输入端直流电压不得超过 300 V,输出端直流电压的极性与输入电压的极性有关,即当输入电压以上端为地时,输出电压以-OUT 端为地;当输入电压以下端为地时,输出电压以+OUT 端为地。

整定电位器决定 R_{W3} 电位器的调节上限。若调节 R_{W3} 电位器到底后仍不满足需要,则可以调节整定电位器。调零电位器的作用是平衡输入电压在极性不同时,输出电压的偏移值(例:输入+200 V 与-200 V 直流电压时,假定输出电压为-5 V 与+7 V,则可以通过调节调零电位器使其输出电压为-6 V 与+6 V)。

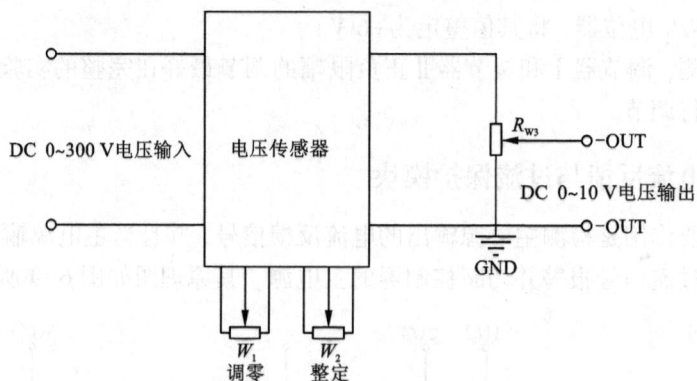

图 6-10　EZT3-18 直流电压传感器模块原理图

九、EZT3-19 可调电阻、电容模块

本模块为调节器模块外接的电阻、电容。电阻阻值可在 $0 \sim 999$ kΩ 范围内调节(最小调节量为 1 kΩ),功率为 0.25 W。电容可在 5 个固定值间排列组合出多种数值。当全部开关拨到断开时,可调电容为开路状态。其原理图如图 6-11 所示。

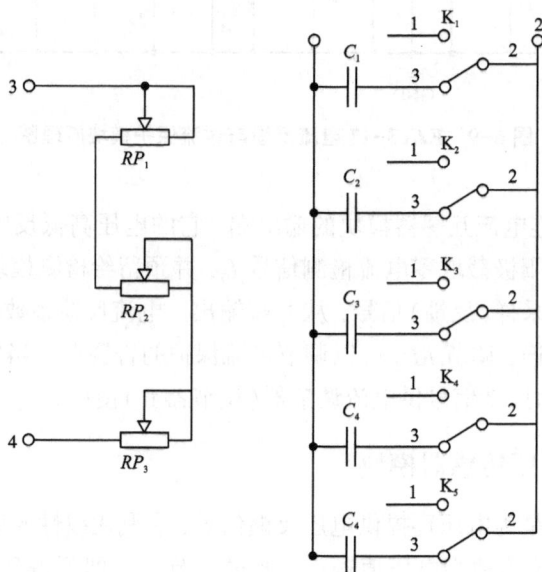

图 6-11　EZT3-19 可调电阻电容模块原理图

十、EZT3-20 TCA785 触发电路模块

1. 模块介绍

西门子 TCA785 集成电路的内部框图如图 6-12 所示。

集成模块主要由同步寄存器、基准电源、锯齿波形成电路、移相电压、锯齿波比较电路和逻辑控制功率放大等功能块组成。

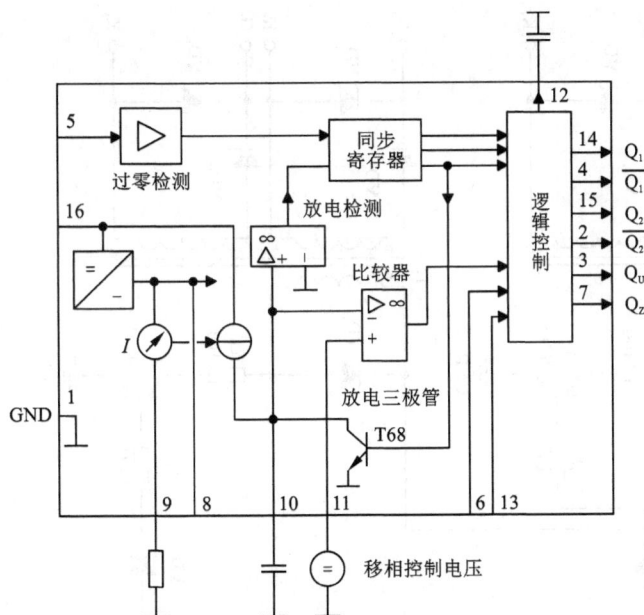

图 6-12　西门子 TCA785 集成电路内部框图

同步信号从 TCA785 集成电路的第 5 脚输入，在过零检测部分对同步电压信号进行检测，当检测到同步信号过零时，信号送同步寄存器。

同步寄存器输出控制锯齿波发生电路，锯齿波的斜率大小由第 9 脚外接电阻和第 10 脚外接电容决定；输出脉冲的宽度由第 12 脚外接电容的大小决定；第 14、15 脚输出对应负半周和正半周的触发脉冲，移相控制电压从第 11 脚输入。

其模块原理图如图 6-13 所示，同步信号由模块的 a、x 端口输入（即图中的 AC 15 V），移相电压由 U_{ct} 端口（图中的 INPUT）输入，锯齿波的幅值由 RP_1 电位器调节，RP_2、RP_3、RP_4 电位器调节偏移电压与限定 α 角的移相范围。

2. 调试方法

（1）将 RP_1 电位器顺时针调到底，此时第 10 脚输出的锯齿波幅值应为最大，将 RP_3、RP_4 电位器调到底，使第 11 脚电压值最大。

（2）示波器的一路探头检测同步信号，另一路探头检测触发脉冲信号输出口 G_1、K_1（需连接好晶闸管模块），调节 RP_2 电位器，使触发脉冲信号出现并处于 $\alpha = 180°$ 的位置。

（3）调节 RP_3 电位器，观测触发脉冲的可移相范围是否大于 175°，小于 175° 则调节 RP_4 电位器，必要时也可调节 RP_2 电位器，然后按照（2）重新整定。

十一、MDK-64 逻辑控制模块

1. 逻辑控制模块

逻辑控制用于逻辑无环流可逆直流调速系统，其作用是对转矩极性和主回路零电平信号进行逻辑运算，切换加于正桥或反桥晶闸管整流装置上的触发脉冲，以实现系统的无环流运行。其原理图如图 6-14 所示。其主要由逻辑判断电路、延时电路、逻辑保护电路、推 β 电路和功放电路等组成。

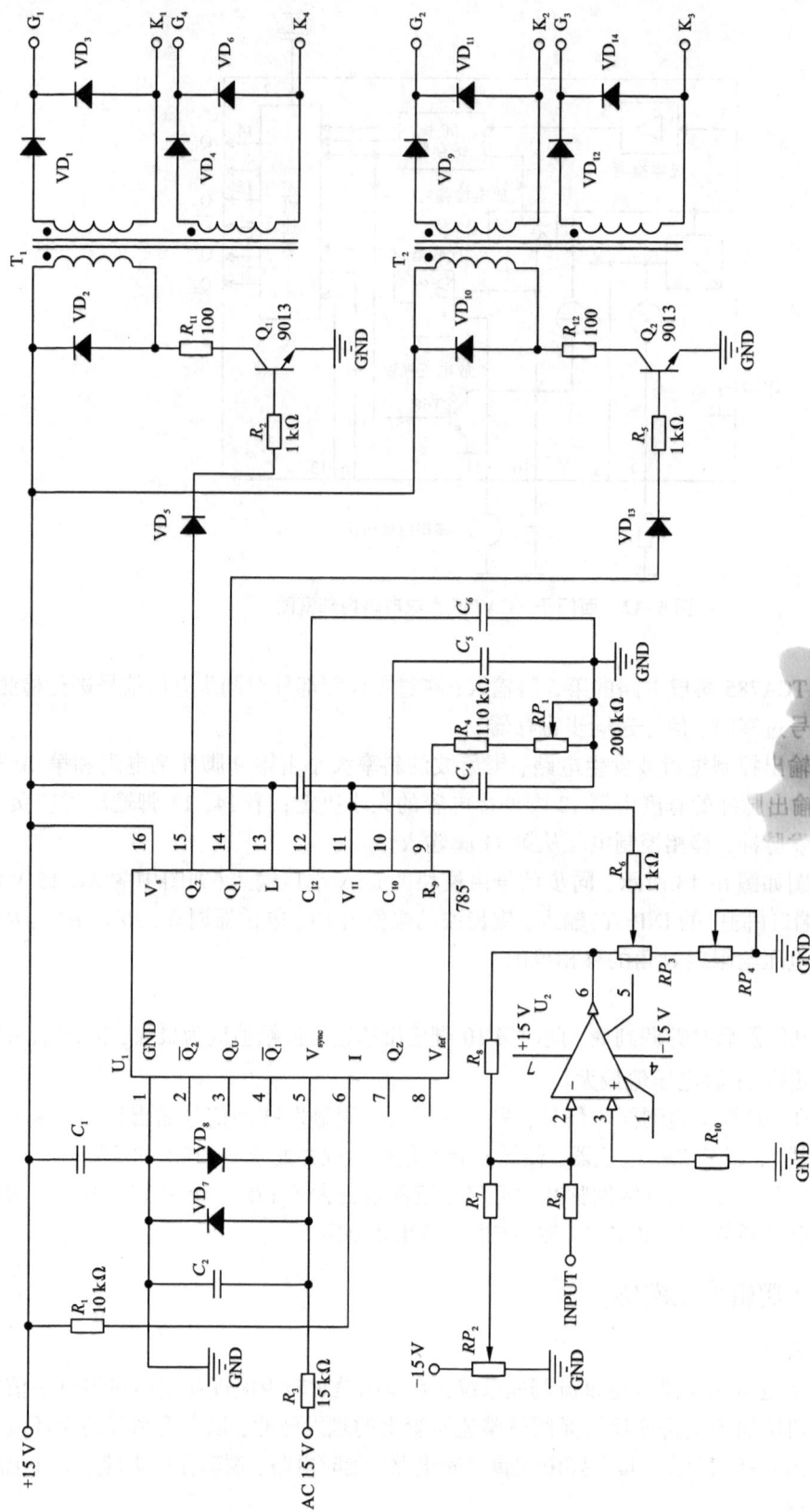

图6-13 EZT3-20 TCA785触发电路模块原理图

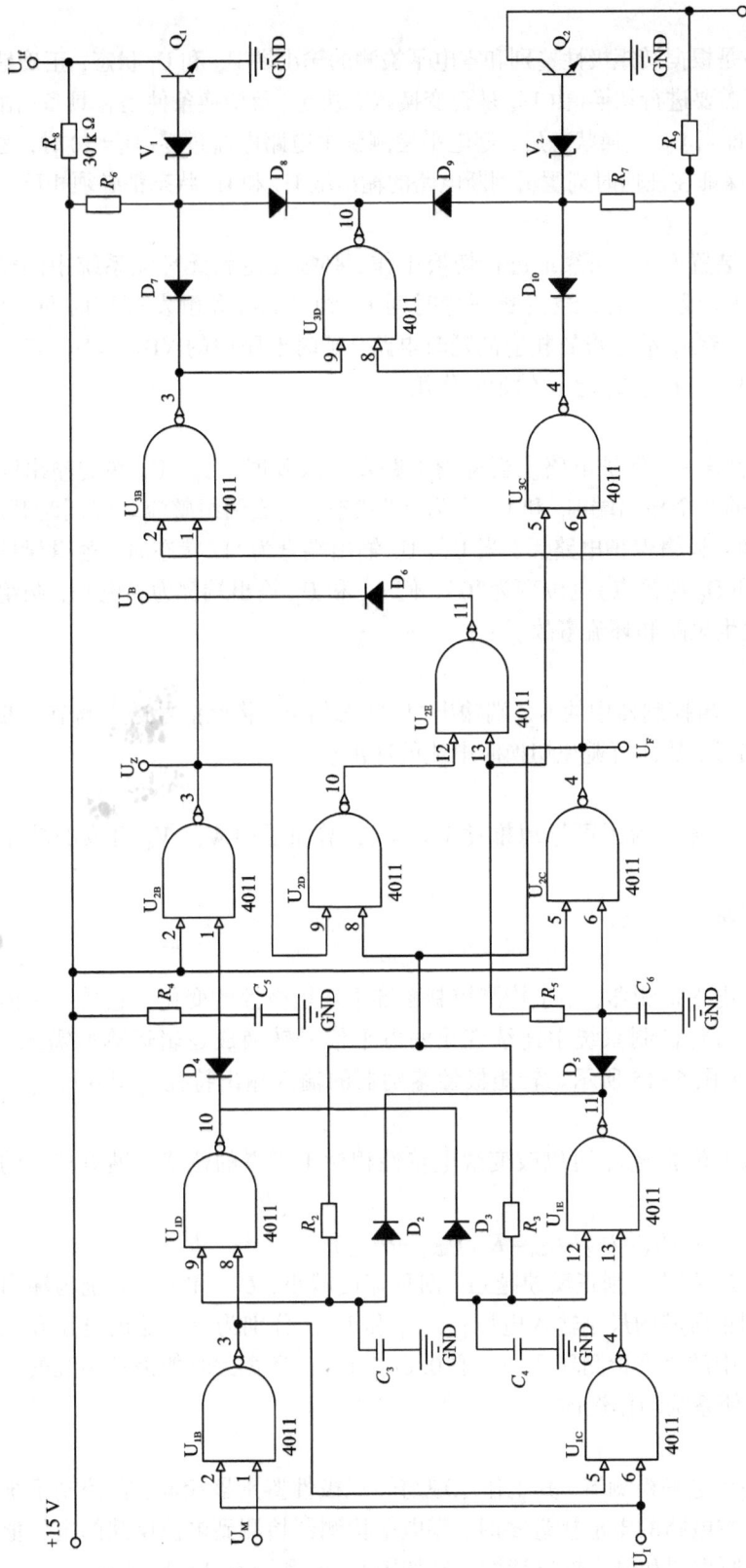

图6-14　逻辑控制器原理图

(1)逻辑判断电路。

逻辑判断电路的任务是根据转矩极性鉴别和零电平检测的输出端 U_M 和 U_I 状态，正确地判断晶闸管的触发脉冲是否需要进行切换(由 U_M 是否变换状态决定)及切换条件是否具备(由 U_I 是否从"0"变"1"决定)。即当 U_M 变换状态后，零电平检测到主电路电流过零($U_I=1$)时，逻辑判断电路立即翻转，同时保证在任何时刻逻辑判断电路的输出端 U_Z 和 U_F 状态都必须相反。

(2)延时电路。

要使正、反两组整流装置安全、可靠地进行切换工作，必须在逻辑无环流系统中的逻辑判断电路发出切换指令 U_Z 或 U_F 后，经关断等待时间 t_1(约 3 ms)和触发等待时间 t_2(约 10 ms)之后才能执行切换指令，故须设置相应的延时电路，延时电路中的 VD_1、VD_2、C_1、C_2 起 t_1 的延时作用，VD_3、VD_4、C_3、C_4 起 t_2 的延时作用。

(3)逻辑保护电路。

逻辑保护电路也称为"多一"保护电路。当逻辑电路发生故障时，U_Z、U_F 端的输出同时为"1"状态，逻辑控制器的两个输出端 U_{lf} 和 U_{lr} 全为"0"状态，造成两组整流装置同时开放，引起短路和环流事故。加入逻辑保护电路后，当 U_Z、U_F 输出端全为"1"状态时，逻辑保护环节输出 A 点(二极管 D_8 和 D_9 连接点)电位变为"0"，使 U_{lf} 和 U_{lr} 输出端都为高电平，两组触发脉冲同时封锁，避免发生短路和环流事故。

(4)推 β 电路。

在正、反桥切换时，逻辑控制器中的 U_{2E} 端输出"1"状态信号，将此信号送入调节器Ⅱ的输入端作为脉冲后推 β 信号，从而可避免切换时电流的冲击。

(5)功放电路。

由于与非门输出功率有限，为了可靠地推动 U_{lf}、U_{lr}，增加了由 V_3、V_4 组成的功率放大极。

2.转矩极性零电平模块

(1)转矩极性。

转矩极性鉴别器为一电平检测器，用于检测控制系统中转矩极性的变化。它是一个由比较器组成的模数转换器，可将控制系统中连续变化的电平信号转换成逻辑运算所需的"0""1"电平信号。其原理图如图 6-15 所示。转矩极性鉴别器的输入输出特性如图 6-17(a)所示，具有继电特性。

调节运放同相输入端电位器 R_{P1}，可以改变继电特性相对于零点的位置。继电特性的回环宽度为：

$$U_K = U_{sr2} - U_{sr1} = K_1(U_{scm2} - U_{scm1})$$

式中：K_1 为正反馈系数，K_1 越大，则正反馈越强，回环宽度越小；U_{sr2} 和 U_{sr1} 分别为输出由正翻转到负及由负翻转到正所需的最小输入电压；U_{scm1} 和 U_{scm2} 分别为反向输出电压和正向输出电压。逻辑控制系统中的电平检测环宽一般取 0.2~0.6 V，环宽大时能提高系统的抗干扰能力，但环宽太大又会使系统动作迟钝。

(2)零电平。

零电平检测器也是一个电平检测器，其工作原理与转矩极性鉴别器相同，在控制系统中进行零电流检测，当输出主电路的电流接近零时，零电平检测器检测到电流反馈的电压值也接近零，输出高电平。其原理图和输入输出特性分别如图 6-16 和图 6-17(b)所示。

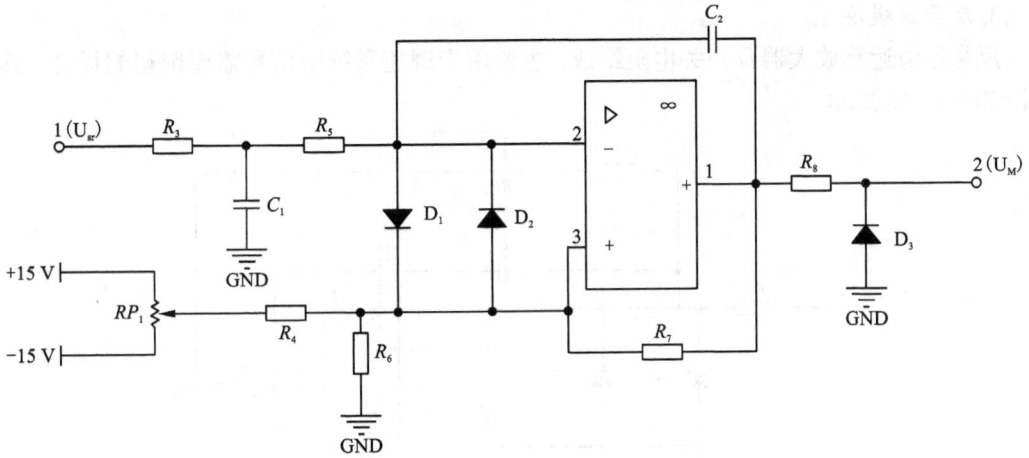

图 6-15　转矩极性鉴别器原理图

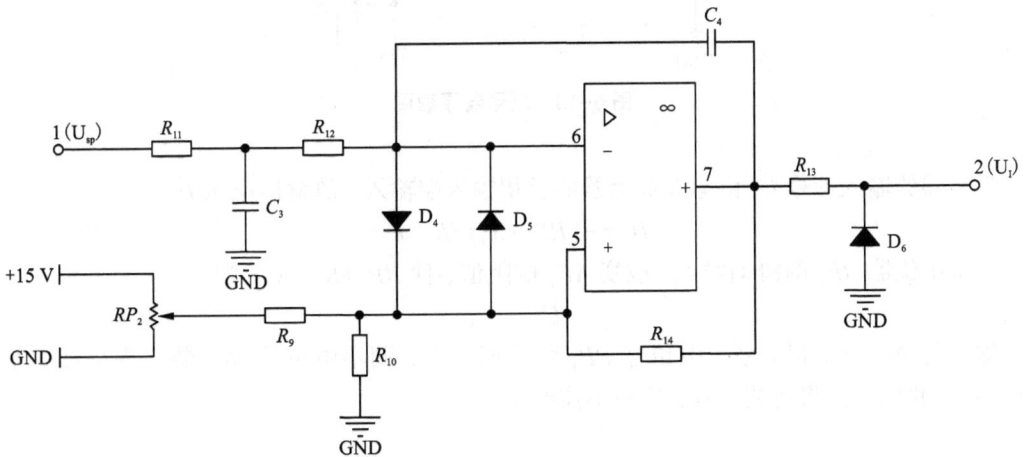

图 6-16　零电平检测器原理

注意：零电平检测器的坐标零点 U_{sr} 不一定代表 0 V，而是表示在接线完整的情况下，可以在电机开环实验情况下，给定为零时，电流反馈端口 I_0 端口输出给零电平检测器的电压一般为 0.3 V 左右。

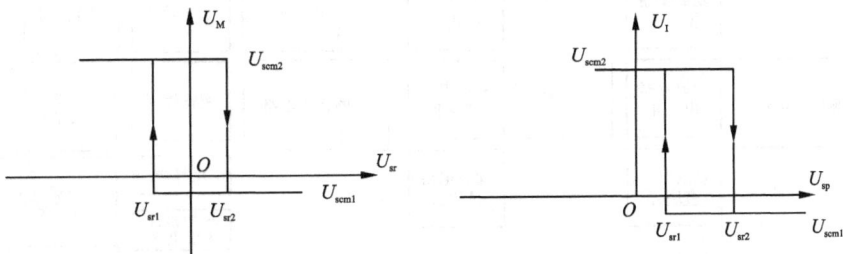

(a)转矩极性鉴别器　　　　(b)零电平检测器

图 6-17　转矩极性鉴别器及零电平检测器输入输出特性

3.反号器模块

反号器由运算放大器及相关电阻组成，主要用于调速系统中信号需要倒相的场合，其原理图如图 6-18 所示。

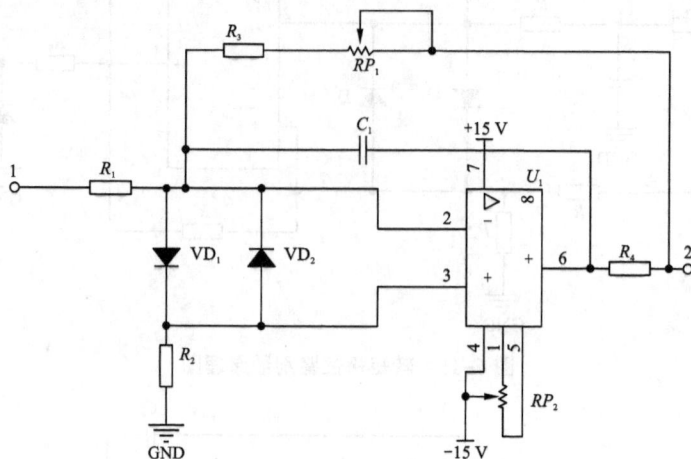

图 6-18　反号器原理图

反号器的输入信号 U_1 由运算放大器的反相输入端输入，故输出电压 U_2 为：

$$U_2 = -(RP_1 + R_3)/R_1 \times U_1$$

调节电位器 RP_1 的滑动触点，改变 RP_1 的阻值，使 $RP_1 + R_3 = R_1$，则：

$$U_2 = -U_1$$

输入与输出成倒相关系。电位器 RP_1 装在面板上，调零电位器 RP_2 装在内部线路板上（在出厂前我们已经将运放调零，用户不需调零）。

6.4　实验模块总体布局参考图

为防止胡乱摆放模块而造成接线紊乱，特提供模块的总体布局图，教师、学生在做相关实验时可参考此按照布局图进行模块的布局，如图 6-19 所示。

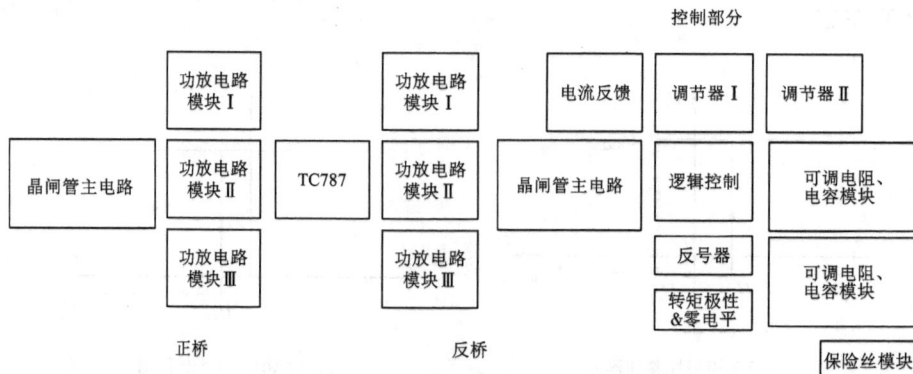

图 6-19　实验模块总体布局一览图

第 7 章

电力电子实验

7.1　知识要点

7.1.1　晶闸管的工作原理及特性

晶闸管(简称 SCR)就是用很小的功率控制大功率(如大电机实验)的可控整流元件,要使晶闸管导通,必须在门极(控制极)和阴极之间同时加一定的正向电压,晶闸管导通后,门极(控制极)就失去了作用。使晶闸管导通的门极正向控制信号电压一般为正向脉冲电压,称为触发电压或触发脉冲。要使晶闸管恢复阻断状态,则必须把阳极正向电压降低到一定值(断开或反向)。晶闸管的伏安特性曲线是非线性的,为了正确地选用晶闸管,了解它的主要参数非常重要。

晶闸管的主要参数有:通态平均电流 $I_T(A)$、断态重复峰值电压 $U_{DRM}(V)$、反向重复峰值电压 $U_{RRM}(V)$、断态重复峰值电流 $I_{DRM}(mA)$、反向重复峰值电流 $I_{RRM}(mA)$、维持电流 $I_H(mA)$、通态峰值电压 $U_{TM}(V)$、工作结温 $T_j(℃)$、断态电压临界上升率 $\dfrac{du}{dt}\left(\dfrac{V}{\mu s}\right)$、通态电流临界上升率 $\dfrac{di}{dt}\left(\dfrac{A}{\mu s}\right)$ 和浪涌电流 $I_{TSM}(kA)$。晶闸管的门极参数也要了解(见教材)。

7.1.2　各种晶闸管可控整流电路的性能比较与选用

由晶闸管构成的可控整流电路可以把交流电变成大小可调的直流电。晶闸管可控电路的共同特点是通过改变控制角 α 来改变晶闸管的导通角 θ,以达到改变直流输出电压的目的。

但是,对于不同的整流电路、不同的控制角和不同性质的负载,这种变换具有不同的特点和指标。各种整流电路的性能比较见附表 3-1。

从附表 3-1 可以看出,单相半波整流电路最简单,但各项指标都较差,只适用于小功率和对输出电压波形要求不高的场合。

单相桥式整流电路各项性能较好,只是电压脉动频率大,故最适合用于小功率电路。

单相全波整流电路由于元件所承受的峰值电压较高,又需要采用带中心抽头的变压器,结构较复杂,所以较少使用。

晶闸管在直流负载侧的单相桥式电路,各项性能较好,只用一只晶闸管,接线简单,一般用于小功率的反电势负载。

三相半波可控整流电路各项指标都一般,但因元件承受峰值电压较大,所以用得不多。

三相桥式可控整流电路各项指标都好,在输出电压一定的情况下,元件承受的峰值电压最低,因此,最适合用于大功率高压电路。

综上,一般的小功率电路应优先选用单相桥式电路,而大功率电路则优先选用三相桥式可控整流电路。只有在某些特殊情况下,才选用其他电路。如负载要求功率很小,各项指标要求不高,则可采用单相半波整流电路。

至于桥式电路是选用半控桥还是全控桥,要根据电路的要求而定。如果要求电路不仅能工作于整流状态,而且还能工作于逆变状态,则选用全控桥;对于直流电动机负载,一般采用全控桥;对于一般要求不高的负载,可采用半控桥。

以上内容仅是选用整流电路的一般原理,具体选用时,应根据负载的性质、容量的大小、电源情况、元件的准备情况等进行具体分析和比较,全面衡量后再确定。

7.1.3 晶闸管可控整流电路中晶闸管额定通态平均电流 $I_T(A)$ 的选择

由式 $I_e = KI_d = 1.57I_T$,可知 $I_T = \dfrac{KI_d}{1.57} = \dfrac{I_e}{1.57}$,但由于通过晶闸管的电流波形在各种不同的整流电路、不同性质的负载和不同的导通角 θ 中是不一样的,所以波形系数 K 也不同,见表7-1和表7-2。表中的 m 为并联支路数。

表7-1 不同电路 $\alpha = 0°$ 时的 K 值

电路形式	单相半波	单相半波		单相桥式		三相半波	三相桥式
		用两只SCR	用一只SCR	用两只或四只SCR	用一只SCR		
K	1.57	1.57	1.11	1.57	1.11	1.73	1.73
m	1	2	1	2	1	3	3

表7-2 单相(半波、全波、桥式)电路纯电阻负载在不同 $\alpha(\theta = \pi - \alpha)$ 时的 K 值

控制角 $\alpha/(°)$	0	30	60	90	120	150	180
波形系数 K	1.57	1.66	1.88	2.22	2.78	3.99	—

例如,在单相半波整流电路中,当负载为纯电阻时,输出电压(负载上的电压)的平均值为:

$$U_d = \frac{1}{2\pi}\int_\alpha^\pi (\sqrt{2}U_2\sin\omega t)\,\mathrm{d}(\omega t) = 0.45U_2\frac{1+\cos\alpha}{2}$$

输出电压的有效值为:

$$U_e = \sqrt{\frac{1}{2\pi}\int_\alpha^\pi (\sqrt{2}U_2\sin\omega t)^2\,\mathrm{d}(\omega t)}$$

$$= U_2\sqrt{\frac{1}{4\pi}\sin 2\alpha + \frac{\pi - \alpha}{2\pi}}$$

通过晶闸管的电流（负载电流）的平均值为：

$$I_d = \frac{U_d}{R} = 0.45\frac{U_2}{R}\frac{1+\cos\alpha}{2}$$

通过晶闸管的电流（负载电流）的有效值为：

$$I_e = \frac{U_e}{R} = \frac{U_2}{R}\sqrt{\frac{1}{4\pi}\sin 2\alpha + \frac{\pi-\alpha}{2\pi}}$$

波形系数 K 为：

$$K = \frac{I_e}{I_d} = \left(\frac{U_2}{R}\sqrt{\frac{1}{4\pi}\sin 2\alpha + \frac{\pi-\alpha}{2\pi}}\right)\Big/\left(0.45\frac{U_2}{R}\frac{1+\cos\alpha}{2}\right)$$

$$= \left(\sqrt{\frac{1}{4\pi}\sin 2\alpha + \frac{\pi-\alpha}{2\pi}}\right)\Big/\left(0.45\frac{U_2}{R}\frac{1+\cos\alpha}{2}\right) \tag{7-1}$$

当 $\alpha = 0°$ 时，$K = 1.57$；当 $\alpha = \frac{\pi}{6} = 30°$ 时，$K = 1.66$。

注意：式（7.1）中 $\frac{\pi-\alpha}{2\pi}$ 中的 α 要用弧度表示，$\alpha = 30°$ 化成弧度为 $\frac{\pi}{6} = 0.523$。

对一个晶闸管而言，在纯电阻负载情况下，式（7.1）也适用于单相全波（用两只 SCR）、单相桥式（用两只或四只 SCR）电路。在电感负载或电动机负载情况下，由于电流的连续性，按等效发热（有效值）选元件，故电流的波形系数 K 要略小一些。

三相（半波、桥式）电路电感负载或电动机负载情况下，由于电流的连续性，每个晶闸管元件的导通角总是 $\theta = \frac{2\pi}{3} = 120°$，而与控制角 α 无关，所以电流波形系数 K 是相同的。而在纯电阻负载情况下，电流的波形系数 K 则与控制角 α 有关。

总之，一般对各种晶闸管可控整流电路，每个晶闸管元件所允许通过的电流平均值均为：

$$I_T' = \frac{I_d}{1.57m} \tag{7-2}$$

式中：I_d 为最大负载电流（平均电流）。I_d 是晶闸管电路的输出电压 U_d（平均值）处出来的电流，或是负载所要求的直流电流 I（对有续流二极管的电路，要减去通过续流二极管的平均电流）。

7.1.4　逆变器

逆变器的工作是整流器工作的逆过程，它把直流电变成交流电。逆变器分为有源逆变器和无源逆变器，有源逆变器主要用于直流电动机的可逆调速等场合；无源逆变器则通常被用作变频器，主要用于电动机变频调速系统。为了实现既可调频又可调压的目的，逆变器必须进行电压控制，控制电压可以从逆变器的外部或内部进行，改变直流输入电压是从逆变器的外部进行的控制，而脉宽控制和脉宽调制则是从逆变器的内部进行的控制。在逆变器中，为了能使晶闸管关断，一般都会设置专门环节进行强迫关断和换流。

7.1.5 晶闸管的触发电路

触发电路是给晶闸管提供触发电压的，为了保证触发可靠，对触发电路触发器的要求有：脉冲幅度要足够大且有一定的脉宽，脉冲前沿要足够陡且有一定的触发功率，移相范围要足够宽且与主电源同步等。

触发电路的种类很多，各种触发器的工作流程一般都是由同步波形产生、移相控制与脉冲形成三个环节组成。目前用得最多的是集成触发电路，如 TCA785、TCA787 芯片等。

7.1.6 晶闸管的串、并联与保护

为了满足大容量生产机械拖动控制的要求，晶闸管要进行串、并联应用。为克服晶闸管性能参数分散性对串、并联应用的影响，必须采取均流、均压措施。

另外过载能力较差是晶闸管的缺点，短时间的过电压和过电流均会使晶闸管损坏，所以，具体使用时除了要在选择晶闸管时考虑一定的安全系数外，还必须针对过电压和过电流发生的原因，采取适当的过压、过流保护。

过电压产生的原因一般有：交流电源接通、断开产生的过电压；直流侧产生的过电压；晶闸管关断产生的过电压。

抑制过电压的方法一般有：阻容吸收回路；由硒堆及压敏电阻等非线性元件组成的吸收电路。

过电流产生的原因一般有：生产机械过载；晶闸管装置直流侧断路；可逆系统中产生环流和逆变失败；晶闸管损坏；触发电路和控制系统故障。

抑制过电流的方法一般有：

(1)限流控制保护：用电流检测装置得到电流信号，当电流超过额定值时，限流控制起作用，将控制角 α 增大，以减小输出整流电压，或干脆封锁触发电路，使晶闸管不工作。常用的限流控制保护有电流调节器、电流截止、脉冲封锁、推 β 角保护等多种方法。

(2)用过流继电器或直流快速开关保护。

(3)快速熔断器保护。

7.1.7 斩波器

直流斩波器是将负载与电源接通继而又断开的一种"通-断"开关。它能将恒定输入的直流电压经过斩波后形成可调的负载电压，所以又称直流/直流(DC/DC)变换器。实现直流/直流变换有两种基本电路：Buck 降压电路和 Boost 升压电路。

降压斩波器输出电压(负载两端的电压平均值)：

$$U_{d}=\frac{t_{on}}{t_{on}+t_{off}}U_{s}=\frac{t_{on}}{T}U_{s}=\alpha U_{s} \qquad (7-3)$$

$$\alpha=\frac{t_{on}}{T} \qquad (7-4)$$

式中：α 为占空比。

负载电压的大小受斩波器占空比 α 的控制。变更 α 有两种方法：一种是脉冲宽度调制

（PWM），即保持斩波频率 $f=\dfrac{1}{T}$ 不变，只改变导通时间 t_{on}；另一种是频率调制，即保持导通时间 t_{on} 或 t_{off} 不变，只改变斩波周期 T（即斩波频率 f）。一般常用 PWM 方法。

升压斩波器输出电压：

$$U_{\text{d}}=\frac{t_{\text{on}}+t_{\text{off}}}{t_{\text{off}}}U_{\text{s}}=\frac{T}{T-t_{\text{on}}}U_{\text{s}}=\frac{T}{1-\alpha}U_{\text{s}} \tag{7-5}$$

当 α 在 0~1 内变化时，电压 U_{d} 的变化范围为 $U_{\text{s}}<U_{\text{d}}<\infty$，直流电动机的再生制动就是利用了这一工作原理（这时的 U_{s} 表示直流电动机的电枢，U_{d} 表示直流电源，通过适当调节占空比 α 即可把电能从下降中的电动势 E_{D} 回馈到固定的电源电压 U_{d} 里去）。

将 Buck 降压电路与 Boost 升压电路串联成两级，就构成了 Buck-Boost 降、升压电路和 Boost-Buck 升、降压电路以及 Cuk 电路。

用晶闸管作为开关的斩波器，由于晶闸管无自关断能力，它在直流回路里工作时，必须有一套使其关断的换相（流）电路。

晶闸管的换流方式有电源换流、负载换流和强迫换流。根据换相电路工作方式的不同，晶闸管斩波器有电压换相等多种电路。电路中换流元件 L 和 C 参数的选择要确保晶闸管可靠地关断，安全地换流。

采用具有自关断能力的全控型器件作为斩波器开关，从根本上去除了换流回路，使斩波器的体积和质量大大减少。由高频、全控型电力电子器件构成的直流脉冲宽度调制（PWM）变换器是今后的发展方向。

直流 PWM 变换器分为不可逆和可逆两大类。前者只能输出一种极性的电压，而后者可输出正或负极性的电压。选择何种类型的直流 PWM 变换器要视负载的要求而定。

直流 PWM 变换器的控制电路一般由产生调制信号的振荡器、电压-脉冲变换器与分配器以及功率变换电路中开关管的驱动保护电路组成。直流 PWM 变换器的控制电路今后的发展方向是以微处理器为中心的数字控制器。

7.1.8 AC/AC 变换器

AC/AC 变换器是能把一种交流电能变换为另一种交流电能的转换电路，根据转换参数的不同分为电压和频率变换电路两类，前者叫交流电调压器，后者叫周波变换器。

由晶闸管组成的交流调压器通常采用相控方式。交流电实际上由两个半周组成，所以，只要把两只晶闸管反并联后串接在交流回路中，控制正、反两只晶闸管的导通时间就可以实现交流调压，这是交流调压电路的基本原理。

交流调压器有电阻性负载和电感性负载两种情况（自学分析其工作过程）。

周波变换器能把固定频率的交流电变成频率可变的交流电（自学了解周波变换器的工作原理）。

7.2 基本要求

（1）掌握晶闸管的基本工作原理、特性和主要参数的含义。
（2）掌握几种单相和三相基本可控整流电路的工作原理及其特点（特别在不同性质负载

下的工作特点）以及波形分析方法，确定电路的数量关系。

(3)掌握逆变器的基本工作原理、用途和控制法。

(4)了解晶闸管工作时对触发电路的要求和触发电路的基本工作原理。

(5)掌握斩波器的工作原理，基本的和组成后的电路形式、特点及应用场合。

(6)掌握 AC/AC 变换器的基本原理。

7.3　重点难点

1. 重点

(1)晶闸管的导通与关断条件、可控性。

(2)晶闸管单相和三相基本可控整流电路在不同性质负载下的工作特点，波形分析的方法和电路的数量关系。

(3)晶闸管额定通态平均电流 I_T 的含义及基本可控整流电路中 I_T 的选择和额定电压的选择。

(4)斩波器的工作原理，组合电路形式与特点。

2. 难点

(1)整流电路接电感性负载、电动势负载时的工作情况。

(2)额定通态平均电流 I_T 的选择。

(3)逆变器的工作原理。

7.4　实验内容与能力考察范围(自动化专业)

实验二十六　单相半波可控整流电路实验

一、实验目的

(1)掌握 TCA785 触发电路的调试步骤和方法。

(2)掌握单相半波可控整流电路在电阻负载时的工作状态。

二、实验所需挂件及附件(表7-3)

表 7-3　单相半波可控整流电路实验所需挂件及附件

序号	型　号	名称	数量	单位
1	THMDK-3	电源控制屏	1	套
2	EZT3-20	TCA785 触发电路模块	1	块
3	MDK-08	低压直流电源及给定组件	1	组
4	MDK-66	单相同步变压器模块	1	块
5	MDK-62	晶闸管主电路模块	1	块
6	—	双踪示波器	1	台

三、实验线路及原理

单相半波可控整流电路接单相可调电阻箱作为电阻性负载，实验接线图如图 7-1 所示。

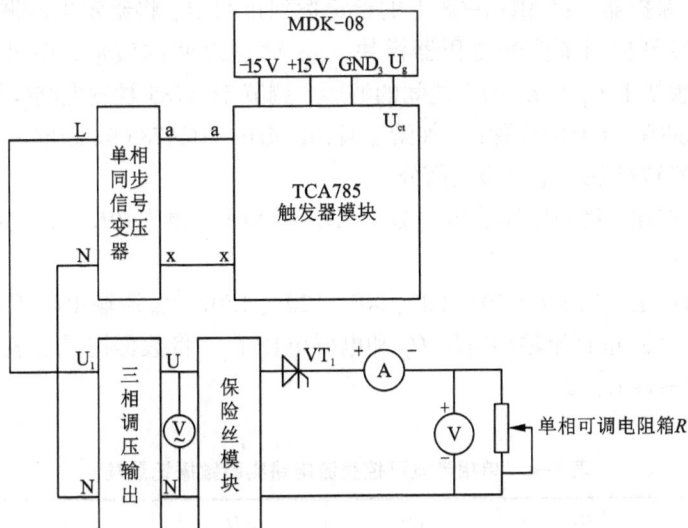

图 7-1　单相半波可控整流电路实验接线图

四、实验内容

(1) TCA785 触发电路的调试。

(2) 单相半波可控整流电路带电阻性负载时 $U_d/U_2=f(\alpha)$ 特性的测定。

五、预习要求

阅读有关 TCA785 触发电路的内容，弄清触发电路的工作原理。

六、注意事项

(1) 双踪示波器有两个探头，可同时观测两路信号，但这两个探头的地线都与示波器的外壳相连，所以两个探头的地线不能同时接在同一电路不同电位的两个点上，否则这两点会通过示波器外壳发生电气短路。因此，为了保证测量的顺利进行，可将其中一个探头的地线取下或外包绝缘，而只使用其中一路的地线，这样就从根本上解决了这个问题。当需要同时观察两路信号时，必须在被测电路上找到这两路信号的公共点，将探头的地线短路接于此处，然后将探头各接至被测信号，只有这样才能在示波器上同时观察到两路信号，而不发生意外。

(2) 由于 G、K 输出端有电容影响，故观察触发脉冲电压波形时，需将输出端 G 和 K 分别接到晶闸管的门极和阴极(也可用约 100 Ω 阻值的电阻接到 G、K 两端，来模拟晶闸管门极与阴极的阻值)，否则，无法观察到正确的脉冲波形。

(3) 警告：示波器电源三芯插头上端的地接头要折断，变成两芯插头，否则，测量同步信号 L、N 两端波形时，控制屏会跳闸断电。

七、实验方法

(1)断开漏电保护器。从单相固定交流电源220 V引线接入挂箱 MDK-08 和所需仪表挂件,按照图 7-1 进行接线。

(2)合上漏电保护器。将 MDK-08 上的给定拨到正给定,将给定电压调到零。用双踪示波器一路探头观察单相同步信号变压器模块 a、x 两点之间的波形,用另外一路探头观察 TCA785 触发电路模块上 G_1 和 K_1 两点之间的波形。调节 TCA785 触发电路模块上 RP_2 电位器,使给定 0 V 时,脉冲在 $\alpha=180°$ 位置;增加给定时,α 减小。TCA785 触发电路模块的具体调试方法参考 6.3 介绍 TCA785 触发电路模块部分。

(3)按下启动按钮,将调压器输出端 U、N 调至 220 V,调节 RP_2,使给定 0 V 时,输出电压也为 0 V。

(4)缓慢增加给定,观察 $\alpha=30°$、$60°$、$90°$、$120°$、$150°$ 时整流输出电压 U_d 和晶闸管两端电压 U_{VT} 的波形,并测量直流输出电压 U_d 和电源电压 U_2,将数据记录于表 7-4 中。计算公式:$U_d=0.45U_2(1+\cos\alpha)/2$。

表 7-4　单相半波可控整流电路实验数据记录表

$\alpha/(°)$	30	60	90	120	150
U_2/V					
U_d(记录值)/V					
$U_d/U_2/V$					
U_d(计算值)/V					

八、实验报告要求

(1)整理、绘制实验中记录的各点波形,并标出其幅值和宽度。
(2)讨论、分析实验中出现的各种现象。

九、思考题

(1)TCA785 触发电路有哪些特点?
(2)TCA785 触发电路的移相范围和脉冲宽度与哪些参数有关?

实验二十七　三相脉冲触发电路实验

一、实验目的

(1)加深对 TC787 触发电路的工作原理及各元件的作用的理解。
(2)掌握 TC787 触发电路的调试方法。

二、实验所需挂件及附件(表7-5)

表7-5 三相脉冲触发电路实验所需挂件及附件

序号	型 号	名 称	数 量	单位
1	THMDK-3	电源控制屏	1	套
2	EZT3-20	TC787触发电路模块	1	块
3	MDK-08	低压直流电源及给定组件	1	组
4		双踪示波器	1	台

三、实验线路及原理

TC787触发电路的原理、实验线路与调试方法参考6.3节TC787触发电路模块介绍,这里不再赘述。

四、实验内容

(1)TC787触发电路的调试。
(2)TC787触发电路各点波形的观察和分析。

五、预习要求

阅读有关TC787触发电路的内容,弄清楚TC787触发电路的工作原理。

六、注意事项

(1)参考"实验二十三"的注意事项。
(2)MDK-08挂箱的GND_1与GND_3短接。

七、实验方法

(1)实验接线原理图参考6.3节TC787触发电路模块介绍部分。将所需实验模块按顺序摆放在实验平台上。THMDK-3电源控制屏上有单相固定交流电源220 V,用两根实验导线引出接到MDK-08组件上。关闭MDK-08上的电源开关,从MDK-08挂箱上用实验导线引出一组+15 V、GND3、-15 V电源接到TC787触发电路模块上。从主电源端可调端U、V、W引出实验导线对应接到三相整流变压器端A、B、C,铝面板三相同步信号端a、b、c对应接到TC787触发电路的同步信号端。从MDK-08挂箱"给定"电压U_g端口引线到TC787触发电路模块端口U_{ct}。打开MDK-08上的电源开关,按下"启动"按钮,这时TC787触发电路开始工作。

(2)将电位器RP_{a1}、RP_{b1}、RP_{c1}逆时针调到底,用双踪示波器观测A、B、C三相锯齿波观测孔,用一路探头观测同步信号,用另一路探头观测锯齿波波形(示波器探头地线一端接TC787触发模块端口GND),其中a、b、c三路同步信号中,a对应A相锯齿波,b对应B相锯齿波，c 对应 C 相锯齿波。所测波形如图 7-2 所示。

(3)顺时针调节 RP_2 到底，调节 RP_3，使 T_{P1} 点电压达到最低，然后用一路探头观测同步信号 A，用另一路探头观测点 VT_1，调节 RP_1 电位器，使触发信号出现在同步信号的 150° 位置（即 $\alpha = 120°$）。此时观测 VT_1、VT_2、VT_3、VT_4、VT_5、VT_6 六路观测孔波形，将 $VT_1 \sim VT_6$ 依次增加 60°，调节 RP_2，观测每路脉冲的可移相范围是否大于 120°，小于 120° 则调节 RP_3 电位器，必要时也可

图 7-2 各相锯齿波与同步信号的相位关系

调节 RP_1 电位器，同步信号与双列脉冲触发关系应满足图 7-2(将拨动开关拨到正常工作侧，有脉冲输出；拨到封锁输出侧，则无脉冲；将拨动开关由双列脉冲拨到单列脉冲时，则双列脉冲由双窄脉冲变为单窄脉冲)。

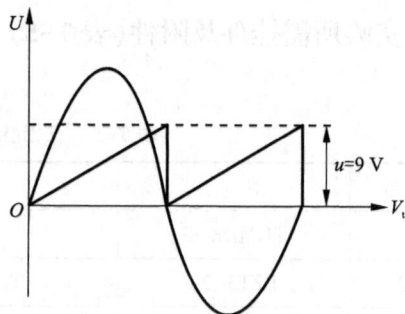

(4)若在双窄脉冲状态时，双窄脉冲宽度不满足 60°，则微调 RP_{a1}、RP_{b1}、RP_{c1} 电位器，保证双窄脉冲宽度至少为 60°，然后重复(3)调试过程。否则无法做出三相全控实验。

①同时观察同步电压和 1 点(图 6-2)的电压波形，了解 1 点波形形成的原因。

②观察输出脉冲 VT_1、VT_2、VT_3、VT_4、VT_5、VT_6 的波形，记下各波形的幅值与宽度。

(5)调节触发脉冲的移相范围。

调节移相电位器 RP_2，用示波器观察同步电压信号和 VT_1 的波形(一路探头观测端口 a，另一路探头观测端口 VT_1。探头底线接 TC787 触发电路模块端口 n 或者端口 GND)，观察和记录触发脉冲的移相范围。

(6)调节电位器 RP_2，使 $\alpha = 60°$，观察并记录端口 a、测试点 1、A 相锯齿波、端口 VT_1 及端口 VT_1 脉冲电压的波形，标出其幅值与宽度，并记录在表 7-6 中(可在示波器上直接读出，读数时应将示波器的"V/div"和"t/div"微调旋钮旋到校准位置)。

表 7-6 三相脉冲触发电路实验数据记录表

项目	U_1	U_2	U_3	U_4
幅值/V				
宽度/ms				

八、实验报告要求

(1)整理、绘制实验中记录的各点波形，并标出其幅值和宽度。
(2)讨论、分析实验中出现的各种现象。

九、思考题

(1)TC787 触发电路有哪些特点？
(2)TC787 触发电路的移相范围和脉冲宽度与哪些参数有关？

实验二十八 三相半波可控整流电路实验

一、实验目的

了解三相半波可控整流电路的工作原理,研究可控整流电路外接电阻负载和电阻-电感性负载时的工作情况。

二、实验所需挂件及附件(表 7-7)

表 7-7 三相半波可控整流电路实验所需挂件及附件

序号	型 号	名 称	数量	单位
1	THMDK-3	电源控制屏	1	套
2	MDK-62	晶闸管主电路模块	1	块
3	EZT3-11	功放电路模块 I	1	块
4	EZT3-12	功放电路模块 II	1	块
5	EZT3-13	功放电路模块 III	1	块
6	MDK-31	直流仪表组件	1	套
7	EZT3-20	TC787 触发电路模块	1	块
8	MDK-08	低压直流电源及给定组件	1	组
9	EZT3-33	保险丝模块	1	块
10	—	单相可调电阻箱	1	台
11	—	双踪示波器	1	台
12	—	万用表	1	只

三、实验线路及原理

三相半波可控整流电路用了三只晶闸管,与单相电路比较,其输出电压脉冲小,输出功率大。其不足之处是晶闸管电流,即变压器的副边电流在一个周期内只有 1/3 时间有电流流过,变压器利用率较低。晶闸管用 MDK-62 中的 VT_1、VT_3、VT_5,电阻 R 用单相可调电阻箱,将阻值调至最大位置,其三相触发信号由控制屏面板上的"三相同步信号"提供,直流电压、电流表由 MDK-31 直流仪表组件获得。三相芯式变压器用作升压变压器,采用 Y/Y-12 接法。实验原理图如图 7-3 所示,实验所需模块如图 7-4 所示。

四、实验内容

(1)研究三相半波可控整流电路带电阻性负载。

(2)研究三相半波可控整流电路带电阻-电感性负载。

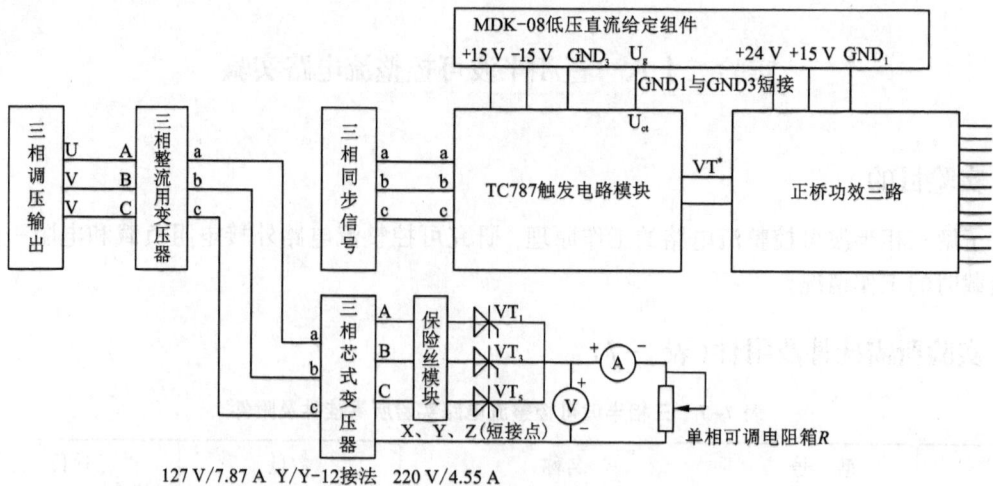

图7-3　三相半波可控整流电路实验原理图

127 V/7.87 A Y/Y-12接法　220 V/4.55 A

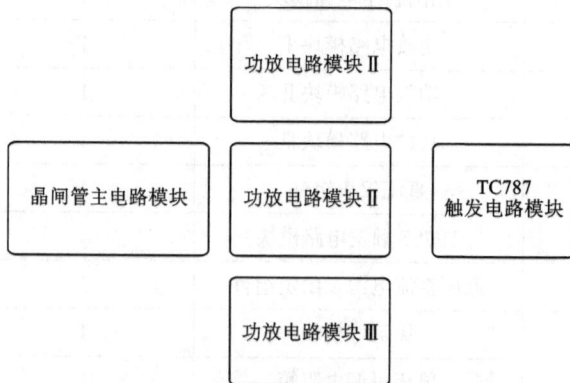

图7-4　三相半波可控整流电路实验所需模块

五、预习要求

阅读《电力电子技术》教材中有关三相半波可控整流电路的内容。

六、注意事项

(1)参考"实验二十六"的注意事项。

(2)整流电路与三相电源连接时，一定要注意相序对应。

(3)MDK-08挂箱的 GND_1 与 GND_3 短接。

七、实验方法

(1)断开漏电保护器，将三相调压器旋转至0，关闭 MDK-08 上的电源开关。将 GND_1 与 GND_3 短接。三路功放的相同端口进行短接，TC787 触发电路模块的六路脉冲 VT* 分别与功放进行对接。从 MDK-08 上引出一路低压电源+24 V、+15 V，GND_1 去功放，引出另一路电源+15 V、-15 V，GND_3 去 TC787 触发电路模块。功放端口 U_{lf} 暂不接 GND，保持功放处于不工作状态。

（2）按照三相半波可控整流电路对晶闸管主电路进行接线。将晶闸管主电路的 K_1、K_3、K_5 短接，功放电路的 K_1、K_3、K_5 短接，两者再用一根线短接在一起。将晶闸管主电路的 G_1、G_3、G_5 与功放电路进行一一对接。

（3）三相电经三相调压输出可调端到三相整流用变压器输入端 A、B、C，再从三相整流用变压器输出端 a、b、c 到三相芯式变压器的 a、b、c。三相芯式变压器 x、y、z 短接，X、Y、Z 短接。三相芯式变压器 A、B、C 经过保险丝模块对接到晶闸管主电路模块中间强电柱的黄、绿、红，K_1、K_3、K_5 短接点作为晶闸管主电路模块正极，三相芯式变压器 X、Y、Z 短接点作为晶闸管主电路模块负极，串接直流电流表和可调电阻箱。

（4）将三相同步信号对接到 TC787 触发电路模块，将 MDK-08 挂箱的端口 U_g 接到 TC787 触发电路模块的端口 U_{ct}。将纽子开关拨到正给定，运行。并将 RP_1 逆时针旋转到底，将直流电压表并联在晶闸管主电路模块正极和负极两端。

（5）从单相固定交流电源 220 V 引线给 MDK-08、仪表挂箱等供电。

（6）检查接线无误后，打开 MDK-08 上的电源开关，按下"启动"按钮。调压器调节到指针表显示的 150 V 位置。由于功放端口 U_{lf} 暂不接 GND，处于不工作状态，所以要先检查 TC787 触发电路模块的好坏，检查三相同步信号相序是否正确，幅值是否相等，然后稍微增加给定，可在测量端观察到很好的 VT^* 双脉冲波形，一共六路（若是没有，可测量 TC787 触发电路模块上的锯齿波是否完好，若锯齿波缺失，则可能是芯片损坏）。

（7）断开电源，将功放端口 U_{lf} 接 GND，再次按下"启动"按钮，此时功放处于工作状态，用示波器观察三相半波可控整流电路输出的正极（K_1、K_3、K_5 短接点）和负极（三相芯式变压器 X、Y、Z 短接点），增加给定，直流电压表恰好为最大电压值，示波器显示最大电压值波形。若不是给定 6 V 时，直流电压表到刚刚最大电压值，则需要按以下步骤调节 TC787 触发电路模块：

①将 RP_2 顺时针旋转到底；

②然后调节 RP_1，使给定 6 V 时，直流电压表恰好为最大电压值，示波器显示最大电压值波形；

③然后给定 0 V，逆时针微调 RP_2，使给定 0 V 时，晶闸管输出电压刚刚为-0 V；

④然后再验证②，如果不是，则再微调 RP_1，使给定 6 V 时，直流电压表到刚刚最大电压值，示波器显示最大电压值波形。

（8）三相半波可控整流电路带电阻性负载。

MDK-08 上的给定从零开始，慢慢增加移相电压，使 α 角在 30°到 150°范围内调节，用示波器观察并记录三相电路中 α=30°、60°、90°、120°、150°时整流输出电压 U_d 和晶闸管两端电压 U_{VT} 的波形，并记录相应的电源电压 U_2 及 U_d 的数值于表 7-8 中。

表 7-8　三相半波可控整流电路实验数据记录表

α/(°)	30	60	90	120	150
U_2/V					
U_d（记录值）/V					
U_d/U_2/V					
U_d（计算值）/V					

计算公式为：

$$U_d = 1.17U_2 \cos\alpha \ (0 \sim 30°)$$

$$U_d = 0.675U_2 \left[1 + \cos\left(a + \frac{\pi}{6}\right)\right] \quad (30° \sim 150°)$$

(9)三相半波可控整流带电阻-电感性负载。

关闭电源，将控制屏上 200 mH 的电抗器与负载电阻 R 串联后接入主电路，再次开启电源，进行实验，观察不同移相角 α 时 U_d、I_d 的输出波形，并记录相应的电源电压 U_2、U_d、I_d 值于表 7-9 中，画出 $\alpha = 90°$ 时的 U_d 及 I_d 波形图。

表 7-9 三相半波可控整流电路实验数据记录表(1)

$\alpha/(°)$	30	60	90	120
U_2/V				
U_d(记录值)/V				
$U_d/U_2/V$				
U_d(计算值)/V				

八、实验报告要求

绘出当 $\alpha = 90°$ 时，三相半波可控整流电路供电给电阻性负载、电阻-电感性负载时的 U_d 及 I_d 的波形图，并进行分析讨论。

九、思考题

(1)如何确定三相触发脉冲的相序？主电路输出的三相相序能任意改变吗？

(2)根据所用晶闸管的定额，如何确定整流电路的最大输出电流？

实验二十九 三相半波有源逆变电路实验

一、实验目的

研究三相半波有源逆变电路的工作，验证可控整流电路在有源逆变时的工作条件，并比较整流工作时的区别。

二、实验所需挂件及附件(表 7-10)

表 7-10 三相半波有源逆变电路实验所需挂件及附件

序号	型号	名称	数量	单位
1	THMDK-3	电源控制屏	1	套
2	MDK-31	直流仪表组件	1	套
3	MDK-62	晶闸管主电路模块	1	块

续表 7-10

序号	型号	名称	数量	单位
4	EZT3-11	功放电路模块Ⅰ	1	块
5	EZT3-12	功放电路模块Ⅱ	1	块
6	EZT3-13	功放电路模块Ⅲ	1	块
7	EZT3-20	TC787 触发电路模块	1	块
8	MDK-08	低压直流电源及给定组件	1	组
9	—	单相可调电阻箱	1	台
10	—	双踪示波器	1	台
11	—	万用表	1	只

三、实验线路及原理

三相半波有源逆变电路实验原理图如图 7-5 所示，其工作原理详见《电力电子技术》教材中的有关内容。

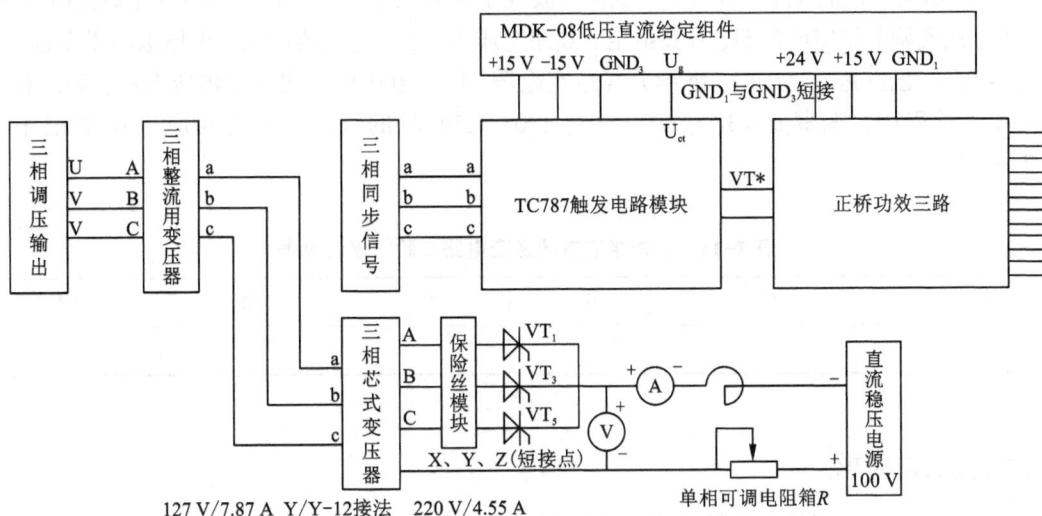

图 7-5 三相半波有源逆变电路实验原理图

模块布局参考图 6-19。

晶闸管选用 MDK-62，电感用控制屏上的 $L_d = 200$ mH，电阻 R 选用单相可调电阻箱，使用前将阻值调至最大位置，直流电源用控制屏上的直流稳压电源(调节到 100 V)，三相芯式变压器采用 Y/Y-12 接法，用作升压变压器。直流电压、电流表均在 MDK-31 上。为各个模块供电的低压直流电源和给定从 MDK-08 上面选取。

详细接线图见附件 2 的图册。

四、注意事项

(1)参考"实验二十六"注意事项中的(1)。

(2)为防止逆变颠覆,逆变角必须安置在 $30° \leqslant \beta \leqslant 90°$,也就是 $90° \leqslant \alpha \leqslant 150°$。即 $U_{ct} = 0$ 时,$\alpha = 150°$,调整 U_{ct} 时,用直流电压表监视逆变电压,待逆变电压接近零时,必须缓慢操作。

(3)在实验过程中调节 β,必须监视主电路电流,防止 β 的变化引起主电路出现过大的电流。

(4)实验中要注意加载在 TC787 触发模块上同步信号的相位。

五、实验方法

(1)参考"实验二十五",做出三相半波整流实验。

记录下 $\alpha = 90°$ 时,三相半波整流的输出电压值,并将图 7-5 中的直流稳压电源调节到与之相等。按下"停止"按钮,给定退到零,结束实验。

(2)三相半波整流及有源逆变电路。

断开漏电保护器,按照三相半波有源逆变电路对接线电路进行适当的修改,参考图 7-5 接线,将单相可调电阻箱调至最大阻值处,输出给定调到零。

按下"启动"按钮,此时 $\alpha = 150°$,三相半波处于逆变状态,用示波器观察电路输出电压 U_d 的波形,缓慢调节给定电位器,升高给定。观察电压表的指示,其值由负的电压值向零靠近,当到达零电压,也就是 $\alpha = 90°$ 时,继续升高给定电压,输出电压由零向正的电压升高,进入整流区。在此过程中,观察 $\alpha = 30°$、$60°$、$90°$、$120°$、$150°$ 时的波形,并将相应电压值记录于表 7-11 中。

表 7-11 三相半波有源逆变电路实验数据记录表

$\alpha/(°)$	30	60	90	120	150
U_1/V					

六、实验报告要求

(1)画出实验所得的各特性曲线与波形图。

(2)对可控整流电路在整流状态与逆变状态的工作特点进行比较。

实验三十 三相桥式全控整流及有源逆变电路实验

一、实验目的

(1)加深对三相桥式全控整流及有源逆变电路的工作原理的理解。

(2)了解 TC787 触发电路模块的调整方法和各点的波形。

二、实验所需挂件及附件(表 7-12)

表 7-12 三相桥式全控整流及有源逆变电路实验所需挂件及附件

序号	型号	名称	数量	单位
1	THMDK-3	电源控制屏	1	套
2	MDK-08	低压直流电源及给定组件	1	组
3	MDK-31	直流仪表组件	1	套
4	MDK-62	晶闸管主电路模块	1	块
5	EZT3-11	功放电路模块 Ⅰ	1	块
6	EZT3-12	功放电路模块 Ⅱ	1	块
7	EZT3-13	功放电路模块 Ⅲ	1	块
8	EZT3-20	TC787 触发电路模块	1	块
9	—	单相可调电阻箱	1	台
10	—	双踪示波器	1	台
11	—	万用表	1	只

三、实验线路及原理

实验线路如图 7-6 和图 7-7 所示。主电路由三相全控整流电路和作为逆变直流电源的三相不控整流电路组成,触发电路为 EZT3-20 中的 TC787 触发电路模块,三相桥式整流及逆变电路的工作原理可参见《电力电子技术》教材的有关内容。

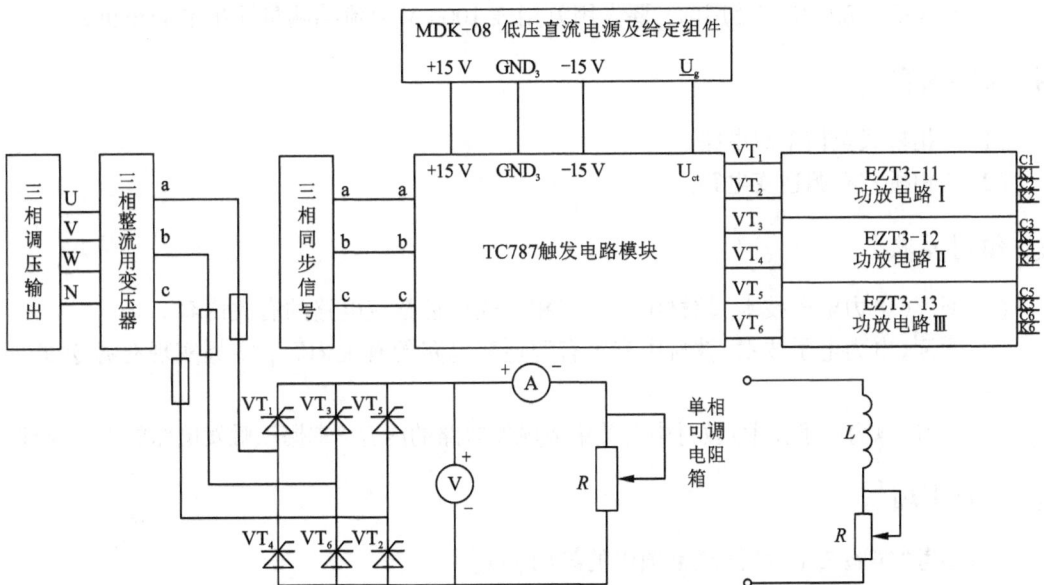

图 7-6 三相桥式全控整流电路实验原理图

在三相桥式有源逆变电路中，电阻、电感与整流时一致，只是增加了三相不控整流模块和三相芯式变压器。三相芯式变压器在控制屏面板上，采用 Y-Y 接法（x、y、z 短接，X、Y、Z 短接）。三相芯式变压器用作升压变压器，三相整流用变压器输出端 a、b、c 对应接到三相芯式变压器的低压侧 a、b、c，三相芯式变压器的高压侧 A、B、C 依次接晶闸管主电路中间强电柱的黄、绿、红。

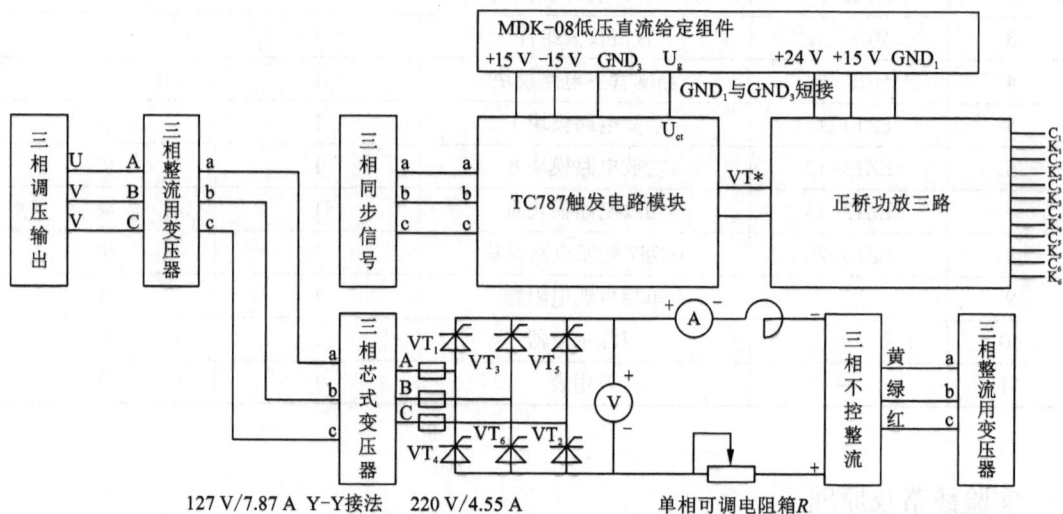

图 7-7　三相桥式有源逆变电路实验原理图

图 7-7 中的 R 均使用单相可调电阻箱，将阻值调至最大位置；电感 L 也在控制屏面板上，选用 300 mH，直流电压、电流表由控制屏仪表面板获得。详细接线图见附件 2 的图册（注：三相不控整流模块在使用前，要先用万用表 1000 V 直流挡测量输出端的正负）。

四、实验内容

(1)三相桥式全控整流电路。

(2)三相桥式有源逆变电路。

五、预习要求

(1)阅读《电力电子技术》教材中有关三相桥式全控整流电路的有关内容。

(2)阅读《电力电子技术》教材中有关有源逆变电路的有关内容，掌握实现有源逆变的基本条件。

(3)学习《电力电子技术》教材中有关集成触发电路的内容，掌握该触发电路的工作原理。

六、注意事项

(1)参考"实验二十六"注意事项中的第(1)点。

(2)为了防止过流，启动时将可调电阻箱 R 调至最大阻值位置。

七、实验方法

（1）断开电源，MDK-08 上 GND$_1$ 与 GND$_3$ 短接。三路功放的相同端口进行短接，TC787 触发电路模块的六路脉冲 VT* 与功放进行对接。从 MDK-08 上引出一路低压电源+24 V、+15 V，GND$_1$ 去功放，引出另一路电源+15 V、−15 V，GND$_3$ 去 TC787 触发电路模块。功放端口 U$_{lf}$ 暂不接 GND，保持功放处于不工作状态。

（2）按照三相桥式整流对晶闸管主电路进行接线。将晶闸管主电路的 K$_1$、K$_3$、K$_5$ 短接，功放电路的 K$_1$、K$_3$、K$_5$ 短接，再用一根线将两者短接在一起。晶闸管主电路的 A$_2$、A$_4$、A$_6$ 短接，其余端口晶闸管主电路与功放电路一一对接。

（3）三相电经三相调压输出可调端到三相整流用变压器输入端 A、B、C，再从三相整流用变压器输出端 a、b、c 经过保险丝模块到达晶闸管主电路模块，a、b、c 对应晶闸管主电路模块中间强电柱的黄、绿、红。

（4）从晶闸管主电路模块的两侧的左侧强电柱（正极）经过电流表串入单相可调电阻箱、电感，然后回到晶闸管主电路模块的两侧的右侧强电柱（负极）。单相可调电阻箱在使用前要调至最大电阻值处。直流电压表并联在正极和负极两端。将三相同步信号对接到 TC787 触发电路模块，将 MDK-08 挂箱端口 U$_g$ 接到 TC787 触发电路模块的端口 U$_{ct}$（为保证实验效果良好，直流电压表的强电柱放在晶闸管主电路模块两侧的最上端，负载的两端放在两侧的最下端）。

（5）从单相固定交流电源 220 V 引线给 MDK-08、仪表挂箱等供电。

（6）检查接线无误后，启动电源。调压器调节到指针表显示的 150 V 位置。由于功放端口 U$_{lf}$ 暂不接 GND，处于不工作状态，所以要先检查 TC787 触发电路模块的好坏，检查三相同步信号相序是否正确，幅值是否相等，然后稍微增加给定，可在测量端观察到很好的 VT* 双脉冲波形，一共六路（若是没有，可测量 TC787 触发电路模块上的锯齿波是否完好，若锯齿波缺失，则可能是芯片损坏）。

（7）断开电源，将功放端口 U$_{lf}$ 接 GND，启动电源，此时功放处于工作状态，用示波器观察晶闸管主电路模块的最下端两侧的强电柱，增加给定，直流电压表到刚刚最大电压值，示波器显示最大电压值波形。若不是给定 6 V 时，直流电压表到刚刚最大电压值，则需要按以下步骤调节 TC787 触发电路模块：

①将 RP$_2$ 顺时针旋转到底；

②然后调节 RP$_1$，使给定 6 V 时，直流电压表到刚刚最大电压值，示波器显示最大电压值波形；

③然后给定 0 V，逆时针微调 RP$_2$，使给定 0 V 时，晶闸管输出电压刚刚为−0 V；

④然后再验证②，如果不是，则再微调 RP$_1$，使给定 6 V 时，直流电压表到刚刚最大电压值，示波器显示最大电压值波形。

（8）三相桥式全控整流电路。

断开电源，将 MDK-08 上的给定输出调到零（逆时针旋转到底），单相可调电阻箱 R 放在最大阻值处 230 Ω，双踪示波器探头地接 TC787 触发电路模块上的 GND，用一个探头观测 TC787 触发电路模块上 a 相同步信号测量端，用另一个探头观测 VT$_1$ 脉冲波形，调节给定电位器，增加移相电压，使 α 角在 30°~150° 内调节，同时，用示波器观察并记录 α=30°、60°、90° 时的整流电压 U$_d$ 和晶闸管两端电压 U$_{VT}$ 的波形，并记录相应的 U$_d$ 数值于表 7-13 中。

表 7-13　三相桥式全控整流电路实验数据记录表

$\alpha/(°)$	30	60	90
U_2			
U_d(记录值)/V			
$U_d/U_2/V$			
U_d(计算值)/V			

计算公式为：

$$U_d = 2.34U_2\cos\alpha \qquad (0\sim60°)$$

$$U_d = 2.34U_2\left[1+\cos\left(a+\frac{\pi}{3}\right)\right] \qquad (60°\sim120°)$$

(9)三相桥式有源逆变电路。

断开电源，按图 7-7 接线(注：三相不控整流模块在使用前，要先用万用表 1000 V 直流挡测量一下输出端的正负)，将 MDK-08 上的给定输出调到零(逆时针旋转到底)，将单相可调电阻箱 R 放在最大阻值处，按下"启动"按钮，将 MDK-08 上的开关 S_1 拨到正给定。增加给定电压，使 $\beta(\beta=180-\alpha)$ 角在 30°~90°内调节，单相电阻箱保持在最大电阻值。用示波器观察并记录 $\beta=30°$、60°、90°时的电压 U_d 和晶闸管两端电压 U_{VT} 的波形，并记录相应的 U_d 数值于表 7-14 中。计算公式为：$U_d=2.34U_2\cos(180°-\beta)$。

表 7-14　三相桥式有源逆变电路实验数据记录表

$\beta/(°)$	30	60	90
U_2/V			
U_d(记录值)/V			
U_dU_2/V			
U_d(计算值)/V			

八、实验报告要求

(1)画出电路的移相特性 $U_d=f(\alpha)$。

(2)画出触发电路的传输特性 $\alpha=f(U_{ct})$。

(3)画出 $\alpha=30°$、60°、90°、120°、150°时的整流电压 U_d 和晶闸管两端电压 U_{VT} 的波形。

九、思考题

(1)如何解决主电路和触发电路的同步问题？在本实验中，主电路三相电源的相序可任意设定吗？

(2)在本实验的整流及逆变时，对 α 角有什么要求？为什么？

实验三十一 单相交流调压电路实验

一、实验目的

(1)加深对单相交流调压电路的工作原理的理解。

(2)加深对单相交流调压电路带电感性负载对脉冲及移相范围的要求的理解。

(3)了解 TCA785 触发电路模块的原理和应用。

二、实验所需挂件及附件(表 7-15)

表 7-15 单相交流调压电路实验所需挂件及附件

序号	型号	名称	数量	单位
1	THMDK-3	电源控制屏	1	套
2	MDK-08	低压直流电源及给定组件	1	组
3	MDK-33	交流仪表组件	1	套
4	MDK-62	晶闸管主电路模块	1	块
5	EZT3-11	功放电路模块 I	1	块
6	EZT3-12	功放电路模块 II	1	块
7	EZT3-20	TCA785 触发电路模块	1	块
8	—	单相可调电阻箱	1	台
9	—	双踪示波器	1	台
10	—	万用表	1	只

三、实验线路及原理

实验原理图如图 7-8 所示,图中电阻 R 用单相可调电阻箱,将电阻箱的阻值调至最大位置,晶闸管则利用 MDK-62 晶闸管主电路上的 VT_1 与 VT_4,交流电压、电流表由控制屏仪表面板上得到,电抗器 L_d 从控制屏面板上得到,用 200 mH。

四、实验内容

(1)TCA785 触发电路模块的调试。

(2)单相交流调压电路带电阻性负载。

(3)单相交流调压电路带电阻-电感性负载。

五、预习要求

(1)阅读《电力电子技术》教材中有关交流调压的内容,掌握交流调压的工作原理。

(2)查阅资料,了解 TCA785 晶闸管触发芯片的工作原理及其在单相交流调压电路中的应用。

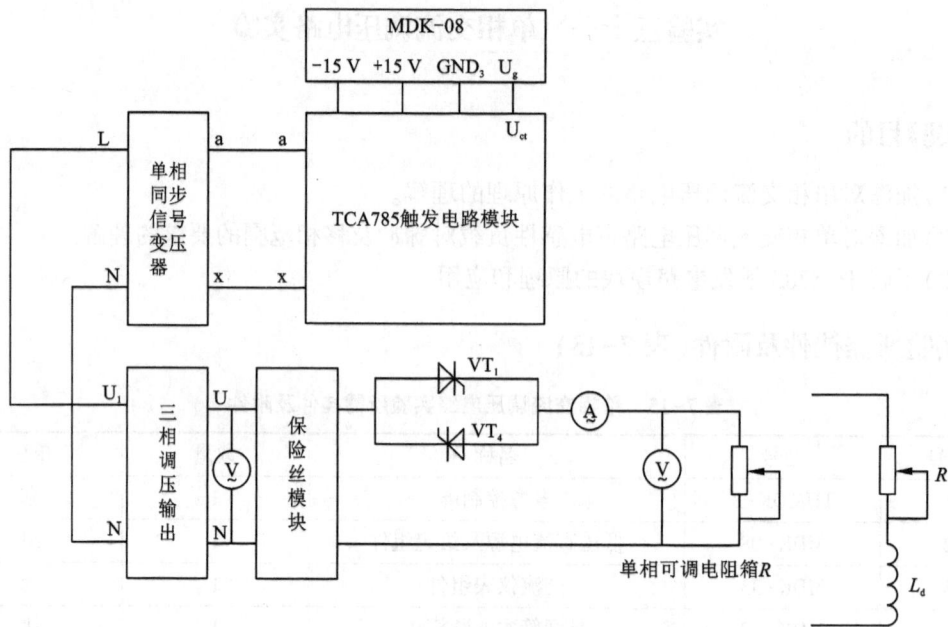

图 7-8 单相交流调压主电路原理图

六、注意事项

（1）参考"实验二十六"的注意事项。

（2）触发脉冲是从外部接入 MDK11 面板上晶闸管的门极和阴极，此时应将所用晶闸管对应的触发脉冲拨向"断"的位置，以避免误触发。

（3）由于 G、K 输出端有电容影响，故观察触发脉冲电压波形时，需将输出端 G 和 K 分别接到晶闸管的门极和阴极（也可用约 100 Ω 的电阻接到 G、K 两端，来模拟晶闸管门极与阴极的阻值），否则无法观察到正确的脉冲波形。

七、实验方法

（1）TCA785 触发电路模块调试。

断开漏电保护器，按图 7-8 接线。TCA785 触发电路模块的 G_1、K_1 接 VT_1，G_4、K_4 接 VT_4。从单相固定交流电源引线到 MDK-08 挂箱和所需仪表挂箱。合上漏电保护器，打开挂箱上的电源开关，参考 6.3 节对 TCA785 触发电路模块进行调试，并使给定 0 V 时，$\alpha = 180°$。

（2）单相交流调压带电阻性负载。

按下"启动"按钮，用示波器观察负载电压、晶闸管两端电压 U_{VT} 的波形。调节 TCA785 模块上的电位器 RP_2，观察在不同 α 角时各点波形的变化，并记录 $\alpha = 30°$、$60°$、$90°$、$120°$ 时的波形。$\alpha = 30°$ 时，电阻性负载两端波形如图 7-9 所示。

（3）单相交流调压带电阻电感性负载。

①按照要求进行接线，在进行电阻-电感性负载实验时，需要调节负载阻抗角的大小，因此应该知道电抗器的内阻和电感量。常采用直流伏安法来测量内阻，如图 7-10 所示。电抗

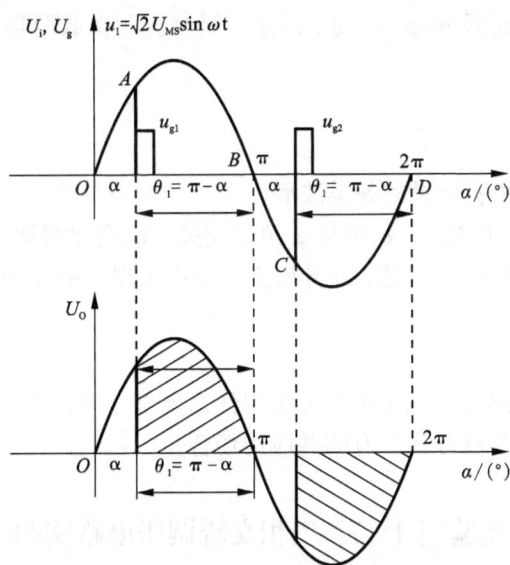

图 7-9　$\alpha = 30°$ 时，电阻性负载两端波形

器的内阻为：

$$R_{\mathrm{L}} = U_{\mathrm{L}}/\mathrm{I} \tag{7-6}$$

　　电抗器的电感量可采用交流伏安法测量，如图 7-11 所示。由于电流大时，对电抗器的电感量影响较大，可采用自耦调压器调压，多测几次取其平均值，从而得到交流阻抗。

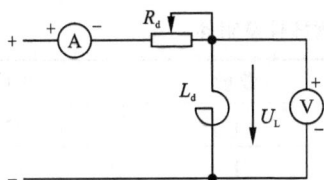

图 7-10　用直流伏安法测电抗器内阻

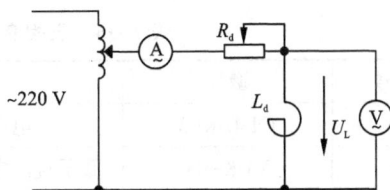

图 7-11　用交流伏安法测定电感量

$$Z_{\mathrm{L}} = \dfrac{U_{\mathrm{L}}}{I} \tag{7-7}$$

电抗器的电感为：

$$L = \dfrac{\sqrt{Z_{\mathrm{L}}^2 - R_{\mathrm{L}}^2}}{2\pi f} \tag{7-8}$$

$$\varphi = \arctan \dfrac{\omega L}{R_{\mathrm{d}} + R_{\mathrm{L}}}$$

这样，即可求得负载阻抗角。

　　在实验中，欲改变阻抗角，只需改变可调电阻器 R 的电阻值即可。

　　②切断电源，将 L 与 R 串联，改接为电阻-电感性负载。按下"启动"按钮，用示波器同

时观察负载电压 U_1 和负载电流 I_1 的波形。调节 R 的数值，使阻抗角为一定值，观察在不同 α 角时波形的变化情况，记录 $\alpha > \varphi$、$\alpha = \varphi$、$\alpha < \varphi$ 三种情况下负载两端的电压 U_1 和流过负载的电流 I_1 的波形。

八、实验报告要求

(1)整理、画出实验中所记录的各类波形。

(2)分析电阻-电感性负载时，α 角与 φ 角相应关系的变化对调压器工作的影响。

(3)分析实验中出现的各种问题，并分析实验中产生误差的原因。

九、思考题

(1)交流调压在带电感性负载时可能会出现什么现象？为什么？如何解决？

(2)交流调压有哪些控制方式？有哪些应用场合？

实验三十二　三相交流调压电路实验

一、实验目的

(1)了解三相交流调压触发电路的工作原理。

(2)加深对三相交流调压电路的工作原理的理解。

(3)了解三相交流调压电路带不同负载时的工作特性。

二、实验所需挂件及附件(表 7-16)

表 7-16　三相交流调压电路实验所需挂件及附件

序号	型号	名称	数量	单位
1	THMDK-3	电源控制屏	1	套
2	MDK-08	低压直流电源及给定组件	1	组
3	MDK-33	交流仪表组件	1	套
4	MDK-62	晶闸管主电路模块	1	块
5	EZT3-11	功放电路模块 I	1	块
6	EZT3-12	功放电路模块 II	1	块
7	EZT3-13	功放电路模块 III	1	块
8	EZT3-20	TC787 触发电路模块	1	块
9	—	单相可调电阻箱	1	台
10	—	双踪示波器	1	台
11	—	万用表	1	只
12	—	机组 3#	1	组
13	—	三相可调电阻箱	1	台

三、实验线路及原理

交流调压器应采用宽脉冲或双窄脉冲进行触发。实验装置中使用双窄脉冲。实验线路如图 7-12 所示。

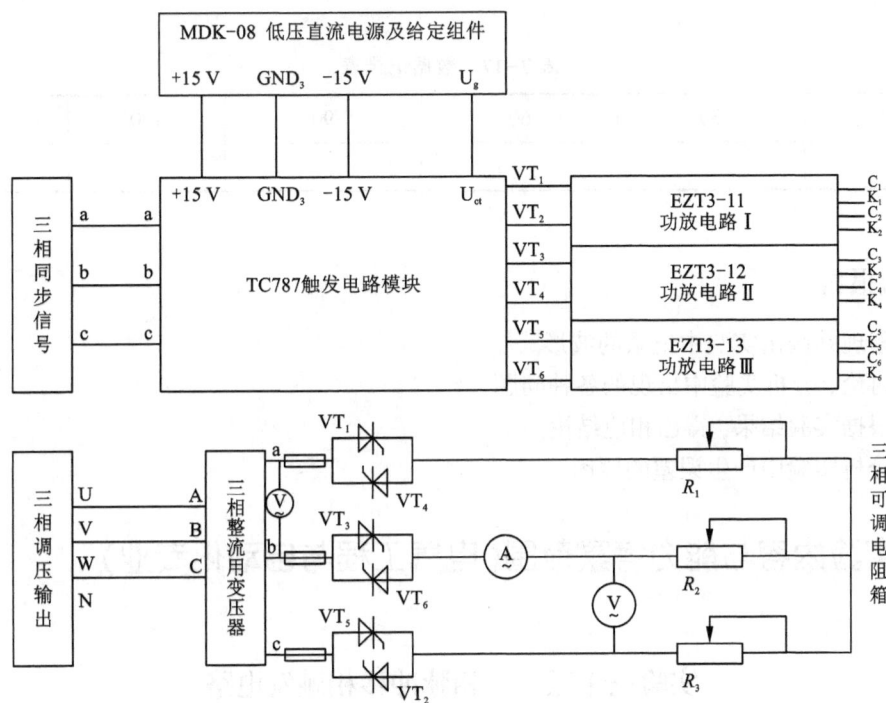

图 7-12　三相交流调压实验线路图

四、实验内容

(1)三相交流调压器触发电路的调试。
(2)三相交流调压电路带电阻性负载。

五、预习要求

(1)阅读《电力电子技术》教材中有关交流调压的内容,掌握三相交流调压的工作原理。
(2)了解如何将三相可控整流的触发电路用于三相交流调压电路。

六、注意事项

触发脉冲与晶闸管主电路电源必须同步,两者频率应该相同,而且要有固定的相位关系,使得每一周期都能在同一相位上触发。

七、实验方法

(1)参考"实验三十"做出三相全控整流实验。

按下"停止"按钮,使给定退到零,将单相可调电阻箱调至最大值,结束实验。

(2) 三相交流调压器带电阻性负载

断开漏电保护器。按照图 7-12 对接线合上漏电保护器,按下"启动"按钮,调节 MDK-08 挂箱上的正给定电位器。用示波器观察并记录 α=30°、60°、90°、120°、150°时的输出电压波形,并记录相应的输出电压有效值于表 7-17 中。

表 7-17 数据记录表

α/(°)	30	60	90	120	150
U					

八、实验报告

(1)整理并画出实验中记录的波形。

(2)讨论、分析实验中出现的各种问题。

(3)根据实验结果,得出相应结论。

(4)分析实验中产生误差的原因。

7.5 实验内容与能力考察范围(电气工程与自动化专业)

实验三十三 三相脉冲移相触发电路

一、实验目的

熟悉、了解集成触发电路的工作原理、双脉冲形成过程及掌握集成触发电路的应用。

二、实验设备

①YB4320A 型双踪示波器一台;②万用表一只;③MPD-15 实验设备中"模拟量可逆调速系统"控制大板中的"脉冲触发单元"。

三、实验内容

集成触发电路的调试及各点波形的观察与分析。

四、实验接线

实验接线如图 7-13 所示。该实验接好三根线,即 SZ 与 SZ$_1$、GZ 与 GND、U$_{GD}$ 与 U$_{CT}$ 连接好就可以了。

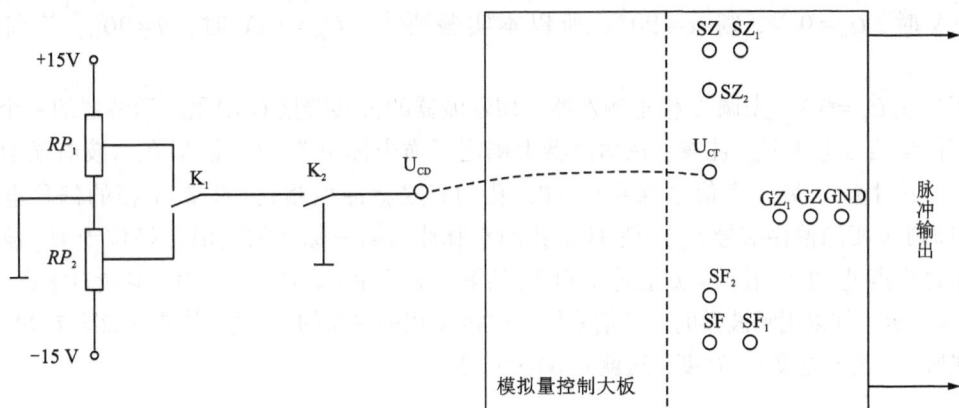

图 7-13　三相脉冲移相触发电路实验接线图

五、实验步骤

(1)将实验台左下方的三相电源总开关 QF_1 合上(其他开关和按钮不要动)。

(2)将模拟挂箱上左边的电源开关拨至"通"位置,此时控制箱便接入了工作电源和三相交流同步电源 U_{sa}、U_{sb}、U_{sc}(注:U_{sa}、U_{sb}、U_{sc} 与主回路电压 U_{A16}、U_{B16}、U_{C16} 相位一致)。

(3)将模拟挂箱上正组脉冲开关拨至"通"位置,此时正组脉冲便接至正组晶闸管。

(4)用示波器观察 U_{sa}、U_{sb}、U_{sc} 孔的相序是否正确,相位是否依次相差 120°(注:用示波器的公共端接 GND 孔,其他两个信号探头分别依次检查三个同步信号)。

(5)触发器锯齿波斜率的整定。

①先将信号给定电位器逆时针调至零位,即使控制信号 $U_{ct}=0$ V。

②将示波器的两个信号探头检测同一个被测点(例如斜率 A 孔),示波器的两个信号探头使用唯一的公共端接 GND(注:示波器的两个信号探头各有一个公共端,但两个公共端在示波器内部已经连接好,为避免烧坏示波器,只允许一个公共端作外部检测用)。调节示波器上的幅值调整旋钮,使两根线的波形完全重合,调整好后,在斜率检查时不要再动示波器的幅值调整旋钮。

③将示波器的一个信号探头移至 B 孔,观察 A 孔和 B 孔的斜率是否一致,若不一致,则调斜率电位器 RW_9 或 RW_{11},使其完全一致。

④将观察 A 孔的示波器探头移至 C 孔,观察 C 孔的斜率是否与斜率 B 孔的斜率一致,若不一致,只能调 RW_{13} 电位器使其一致。

注意:触发器的斜率调整好后,调斜率的电位器不能再动。

(6)触发器相位特性整定。

1)系统初始相位的整定。

在触发器中偏移电位器 RW_{10}、RW_{12}、RW_{14} 的作用是整定系统的初始工作状态。对于不同的负载,初始工作状态所对应的控制角 α 是不同的。但一般指当触发器输入的控

制信号 $U_{ct}=0$ V 时，要求 $U_d=0$ V，对于阻感负载或平波电抗器的反电动势负载，当 $U_{ct}=0$ V 时，$U_d=0$ V，则 $\alpha=90°$。所以本实验要求：$U_{ct}=0$ V 时，$\alpha=90°$，其调试步骤为：

①先使 $U_{ct}=0$ V，先调 A 相角触发器。用示波器的公共端接 GND 孔，示波器的一个信号探头接同步信号电压 U_{sb}（注意：在示波器上确定好横坐标位置，U_{sb} 波形在示波器显示屏上必须上、下对称），另一个信号探头接 TP$_{11}$ 孔（11$^\#$双脉冲检测孔）调节 A 相的偏移电位器 RW_{10}（即调 A 相的偏移信号 U_p），使 TP$_{11}$ 孔的双脉冲的第一脉冲的前沿正好位于 U_{sb} 波形由负到正过零点处，TP$_{14}$ 孔（14$^\#$双脉冲检测孔）的第一个脉冲正好位于 U_{sb} 由正到负过零点处，如图 7-14 所示。如果用示波器的一个信号探头观察 A 相触发器的 P$_A$ 孔，其波形如图 7-14(b) 中的实线所示，其 x 宽度=y 宽度，这就是 $\alpha=90°$ 的位置。

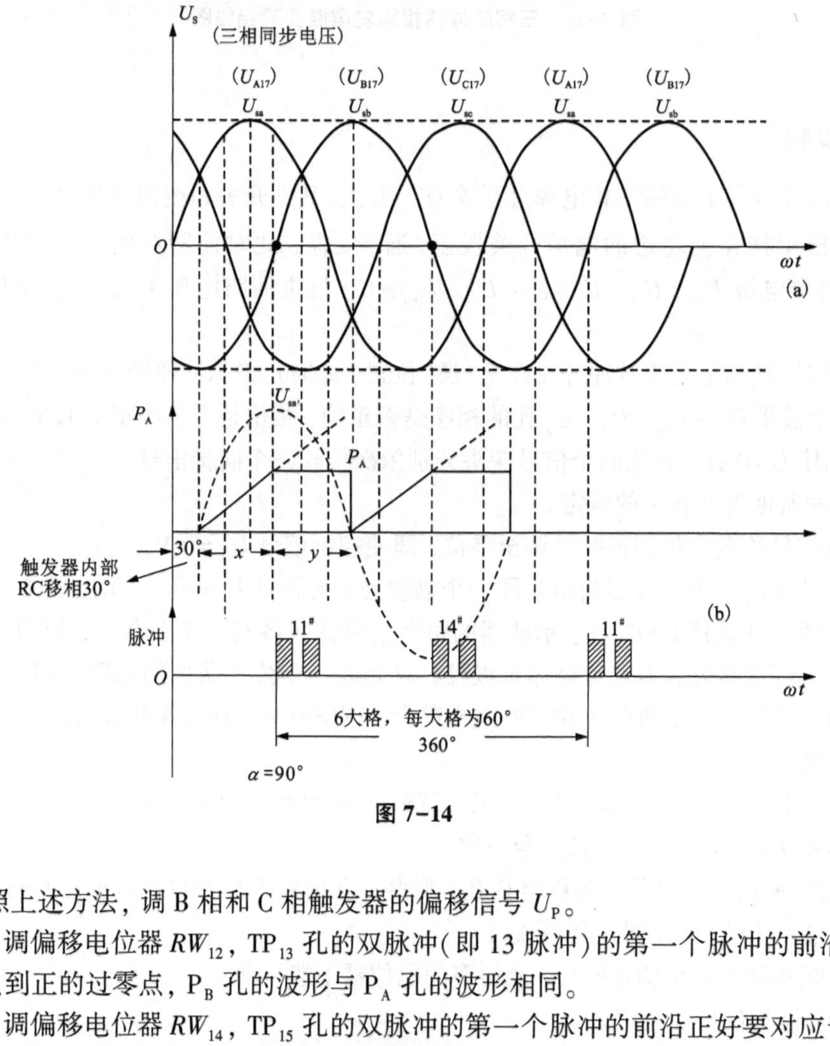

图 7-14

②仿照上述方法，调 B 相和 C 相触发器的偏移信号 U_p。

B 相：调偏移电位器 RW_{12}，TP$_{13}$ 孔的双脉冲（即 13 脉冲）的第一个脉冲的前沿正好要对于 U_{sc} 由负到正的过零点，P$_B$ 孔的波形与 P$_A$ 孔的波形相同。

C 相：调偏移电位器 RW_{14}，TP$_{15}$ 孔的双脉冲的第一个脉冲的前沿正好要对应于 U_{sa} 由负到正的过零点，P$_C$ 孔的波形与 P$_A$ 孔的波形相同。

注：图 7-15 为脉冲输出端的电路。图 7-16 为 T$_{11}$ 与 TP$_{11}$ 点的波形对比。

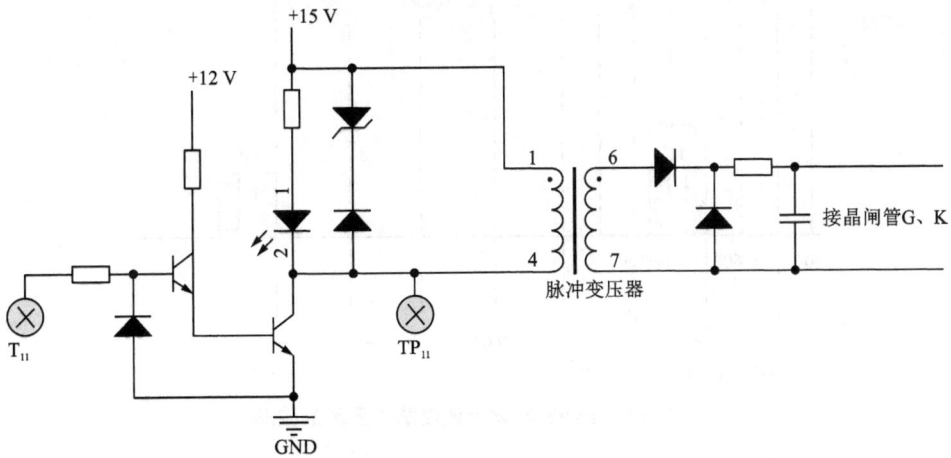

图 7-15　脉冲输出端的电路

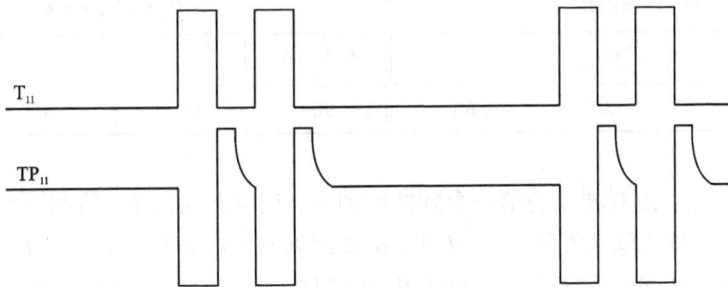

图 7-16　T_{11} 与 TP_{11} 孔的波形对比

2）触发器移相控制特性的整定与 $\pm U_{ctm}$ 的确定。

在这一环节实验中，要记录好当 U_{CT} 为多少伏时，对应的控制角 α 为多少度，以便后面的实验快而准确。步骤为：

①先将信号给定电位器 RP_1 和 RP_2 逆时针旋转至零位，并将 K_2 开关拨至"停止"位置，即 $U_{CT}=0$ V，$\alpha=90°$，用示波器观察 TP_{11} 点双脉冲，并调整示波器使波形如图 7-17 所示。说明：第一个周期 $11^{\#}$ 脉冲到第二个周期 $11^{\#}$ 脉冲的发出正好经历了一个周期的时间，即 360°，在示波器上可分为六大格，每大格为 60°。

②将 K_2 开关拨至"运行"位置，K_1 开关拨至"正给定"位置，顺时针缓慢旋转 RP_1，使 $U_{ct}>0$ V，脉冲向前移动，若脉冲向前移动了一大格的 1/2，则脉冲向前移动了 30°，即 $\alpha=60°$，将所对应的 U_{ct} 记录于表格 7-18 中。

③继续增大 U_{ct}，脉冲继续向前移动，再往前移动 1/2 大格，即脉冲移动了 60°，即 $\alpha=30°$，将 $\alpha=30°$ 所对应的 U_{ct} 值记录于表 7-18 中，该值就作为 $+U_{ctm}$ 值，其所对应的 α 角就是 $\alpha_{min}=30°$。

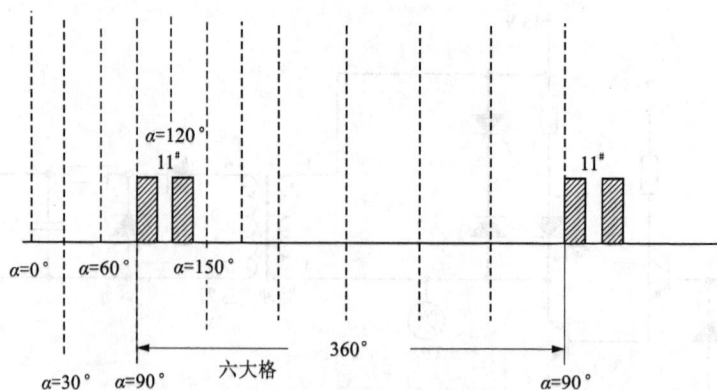

图 7-17 $\alpha=90°$ 时调示波器脉冲显示的波形

表 7-18 α 角所对应的 U_{ct} 值

	$U_{ct}>0$ V, $\alpha<90°$			$U_{ct}<0$ V, $\alpha>90°$		
U_{ct}/V		$+U_{ctm}$		$U_{ct}=0$ V		$-U_{ctm}$	
α 角度	脉冲刚消失	30°	60°	90°	120°	150°	脉冲刚消失

④若再增大 U_{ct},使双脉冲的第一个脉冲刚消失,记录此时的 U_{ct} 值和脉冲移动的角度。

⑤将 RP_1 又逆时针调至零位,$U_{ct}=0$ V,α 又回到 90°的位置。将开关 K_1 拨至"负给定"位置,使 $U_{ct}<0$ V,脉冲向后移动,当 $\alpha=150°$时(即 $\beta_{min}=30°$),记录此时的值,它作为最小 β 角所对应的 $-U_{ctm}$ 的值(注:$\pm U_{ctm}$ 的值将作为运动控制系统中电流调节器的外限幅值)。

⑥做出触发器移相特性如图 7-18 所示。

⑦脉冲移相范围的确定:当分别给定 $\pm U_{ct}$,使脉冲刚消失,所有移动的 α 角度相加就是脉冲移相的范围,一般 KJ004 为 170°左右。

⑧将 RP_1 和 RP_2 逆时针旋转至零位,K_2 拨至"停止运行"位置,将电源开关拨至"断"位置,实验完毕。

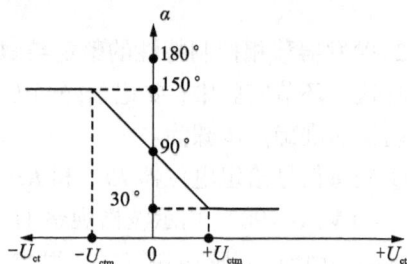

图 7-18   触发器移相特性

六、实验报告要求

(1)根据实验结果得出相应结论。

(2)分析实验中产生误差的原因。

(3)根据实验数据绘制曲线。

实验三十四　三相桥式整流电路的研究

一、实验目的

(1) 熟悉三相桥式整流电路的组成、研究及其工作原理。

(2) 研究该电路在不同负载(R、$R+L$、$R+L+$VDR)下的工作情况、波形及其特性。

(3) 掌握晶体管整流电路的试验方法。

二、实验设备

(1) YB4320A 型双踪示波器一台。

(2) 万用表一只。

(3) 模拟量挂箱一个。

(4) MPD-08 实验台主回路。

三、实验接线

(1) 先断开三相电源总开关 QF_1。

(2) 触发器单元接线维持实验三十三线路不变。

(3) 主回路接线按图 7-19 进行。

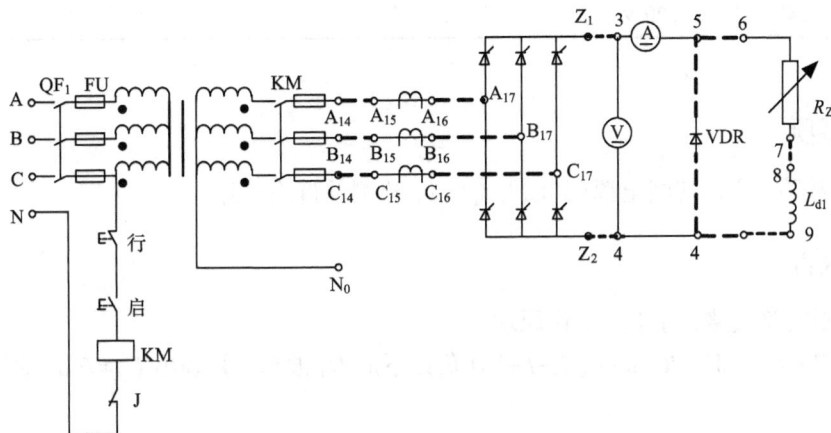

图 7-19　三相桥式整流电路(虚线部分用导线接好)

四、实验步骤(注意：根据表 7-18 中 α 所对应的 U_{ct} 数据来调节 U_{ct} 的大小)

(1) 先用导线把电感 L_{d1} 短接(即将 8、9 短接)，续流二极管 VDR 暂不接。

(2) 合三相电源总开关 QF_1，将模拟挂箱上的电源开关拨至"通"位置，将正组脉冲开关拨至"通"位置，将 RP_1 电位器逆时针旋转至零位；将 K_2 拨至"停止运行"位置，此时，$U_{ct}=0$ V，$\alpha=90°$。

（3）按"启动"按钮，主回路接通，用示波器观察负载电阻两端波形，分析此时 $U_{ct}=0$ V，$\alpha=90°$ 的波形与它的正确性，并将 U_d 记录于表 7-19 中。

（4）去掉短接 L_{d1} 的接线，此时应为 $R+L$ 负载，观察其波形，将 U_d 记录于表 7-19 中。

（5）将续流二极管 VDR 并联于负载旁（注意：VDR 极性不能接错，否则会引起短路），观察其波形，将 U_d 记录于表 7-19 中。

（6）将 K_2 拨至"运行"位置，缓慢调节正给定电位器 RP_1，根据表 7-18 中的参数，确定当 $\alpha=60°$ 时，所对应的 U_{ct} 值，仿照上述过程将 $\alpha=60°$ 时，将 R、$R+L$、$R+L+$VDR 实验做完。

（7）将 α 调至 30° 位置，重复上述实验。

（8）将 RP_1 逆时针调至零位，并将开关拨至"负给定"位置，调 RP_2 使脉冲位于 $\alpha=120°$ 位置，重复上述实验。

（9）调 RP_2 是脉冲位于 $\alpha=150°$ 位置，重复上述实验。

（10）用万用表测量 U_2 的数据，将理论计算值和实验值进行比较。

（11）该实验完毕，将 RP_1、RP_2 逆时针调至零位，将电源开关拨至"断"位置，最后将三相电源总开关 QF_1 拉开，停止供电。

表 7-19　三相桥式整流电路的研究数据记录表

负载性质	$\alpha=$？	$\alpha=60°$	$\alpha=90°$	$\alpha=120°$	$\alpha=150°$
R 负载	220 V				
$R+L$ 负载	220 V				
$R+L+$VDR 负载	220 V				

五、注意事项

若发现故障，立即切断电源（如断开 QF_1），检测并排除故障。

六、实验报告

（1）绘制实验线路，分析其工作原理。

（2）绘制 $\alpha=30°$ 时，R、$R+L$、$R+L+$VD 负载下的 U_d 波形，并画出 $U_d=f(\alpha)$ 曲线。

实验三十五　三相桥式整流电路反电动势负载实验

一、实验目的

（1）加深对三相桥式整流电路反电动势负载工作情况的理解。

（2）了解三相桥式整流电路反电动势负载的结构、原理及其工作特性。

二、实验内容

三相桥式电路串电感的反电动势负载工作特性测试。

三、实验设备

(1)YB4320A 型双踪示波器一台。

(2)万用表一只。

(3)模拟量挂箱触发器单元。

(4)MPD-08 实验台主电路。

四、实验线路

实验线路如图 7-20 所示。

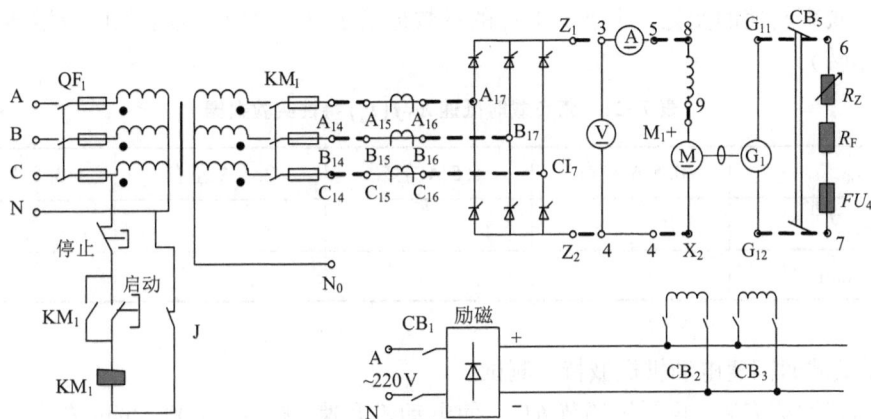

图 7-20 三相桥式反电动势负载

五、实验步骤

(1)按图 7-20 将虚线部分接好线,并检查连线是否有错。

(2)合三相电源总开关 QF_1 模拟挂箱上"电源"开关拨至"通"位置,"正组脉冲"开关拨至"通"位置(注意:反组脉冲开关必须拨至"断"位置)。RP_1 和 RP_2 给定电位器逆时针旋转至零位。K_1 开关拨至"正给定"位置,K_2 开关拨至"运行"位置,此时给定的控制信号 U_{ct} 应为 0 V。

(3)合励磁开关 CB_1、CB_2、CB_3,先给电动机 M_1 和发电机 G_1 加励磁(注意:开关 CB_5 必须置"断"位置,不然会造成事故)。

(4)合主回路"启动"按钮,此时接通了主回路,由于 $U_{ct}=0$ V,$\alpha=90°$,$U_d=0$ V,电动机应该不旋转。

(5)空载时电动机机械特性测试。

①先将接在发电机 G_1 两端的负载断开(即 G_{11}-6 和 G_{12}-7 连线拔掉),负载即为空载。缓慢调节 RP_1,电动机开始缓慢转动,把转速表和电流表的读数分别填到表 7-20 中。

表 7-20 空载时 $n=f(I_d)$ 实验数据

$n/(\text{r} \cdot \text{min}^{-1})$	200	400	600	800	1000	1400
I_d/A						
U_d/V						

②做完后将 RP_1 逆时针旋至零位，电动机停止不动。

（6）带负载时低速电动机机械特性测试。

①先将发电机负载接上（即把 R_Z 和 R_F 回路并联在发电机 G_1 两端）。

②缓慢调节 RP_1，待 $n=200$ r/min 时，停止 RP_1 的调节，此时改变负载电阻 R_Z 的大小，从转速表上观察转速的变化，并把 n 和 I_d 的参数记录于表 7-21 中（注：如电流增加，电动机可能处于堵转）。

表 7-21 带负载时低速 $n=f(I_d)$ 特性实验数据

I_d	0.5 A 左右	1.5 A 左右	2.5 A 左右	3.5 A 左右
U_d/V				
$n/(\text{r} \cdot \text{min}^{-1})$				

（7）带负载时高速电动机机械特性测试。

在低速特性测完后，再缓慢调节 RP_1，使电动机升速，待 $n=1400$ r/min 左右，停止 RP_1 的调节，此时改变 R_Z，仿照第（6）步，将参数记于表 7-22 中。

表 7-22 带负载时高速 $n=f(I_d)$ 特性实验数据

I_d	0.5 A 左右	1.5 A 左右	2.5 A 左右	3.5 A 左右
U_d/V				
$n/(\text{r} \cdot \text{min}^{-1})$				

（8）做完后将 RP_1 立即退回零位，将电源开关拨至"断"位置，将三相电源开关断开，将 CB_1 拨至"断"位置。

（9）根据表 7-20~表 7-22 分别做出 $n=f(I_d)$ 特性和 $U_d=f(I_d)$ 的整流装置外特性。

实验三十六 三相桥式有源逆变电路实验

一、实验目的

（1）加深有源逆变的概念。

（2）了解实现有源逆变的条件和逆变失败所产生的后果。

二、实验内容

有源逆变电路的组成、实验方法及逆变波形的分析。

三、实验设备

(1) YB4320A 型双踪示波器一台。

(2) 万用表一只。

(3) 模拟量挂箱一个。

(4) 变流电路及两套机组

四、有源逆变的概念

以位式负载来说明有源逆变的概念。图 7-21 为提升重物到某一高度，此时控制角 $\alpha<90°$，变流装置 ZL 处于整流状态，即工作在整流区，电动机 M_1 处于电动状态，其 U_d、I_d、EM_1 极性如图 7-22 所示。电动机从电网吸收电能转换为位能。

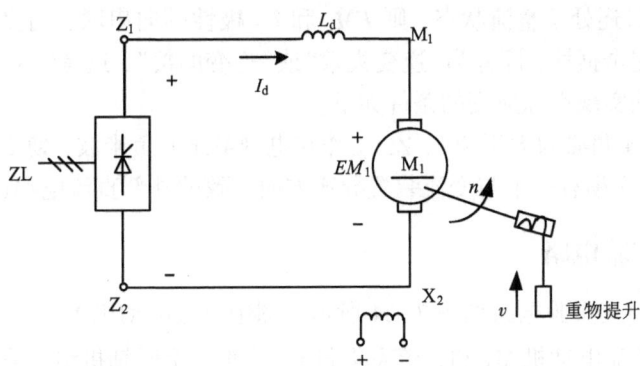

图 7-21 $\alpha<90°$，变流装置 ZL 处于整流状态

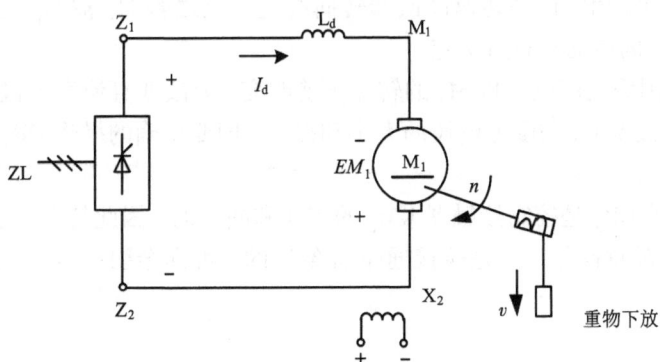

图 7-22 U_d、I_d、EM_1 极性

图 7-23 为重物往下面放，电动机被重物拖着迫使反转 EM_1 改变极性，此时要求控制角 $\alpha>90°$，脉冲位于逆变区，变流装置处于逆变状态。其 U_d、I_d、EM_1 极性如图 7-22 所示，位能通过 M_1 变成电能，再通过 ZL 逆变成与交流电网同频率的交流电送回电网。

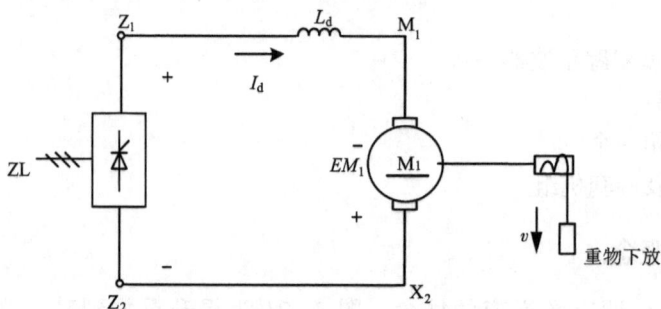

图 7-23　$\alpha>90°$，变流装置处于逆变状态

如果重物下放时带动电动机 M_1 反转，EM_1 改变极性（下正，上负），此时控制角还处于 $\alpha<90°$，变流装置 ZL 还处于整流状态，则 EM_1 和 U_d 极性顺向串联，则直流侧短路，产生很大的电流，将电路完全损坏，即称为"逆变失败"或"逆变颠覆"，这是绝对不允许的。

综上所述，得到实现有源逆变的条件如下。

（1）内部条件：α 角必须大于 $90°$，ZL 工作在电网电压的负半波，使 U_d 为负值。

（2）外部条件：必须有一个与变流装置导通方向一致的外部直流电源（即逆变电源）。

五、有源逆变的实验电路

三相桥式有源逆变实验电路如图 7-24 所示。图中直流电动机 M_1 和直流发电机 G_1 为第一个同轴的机组，交流电动机 M_2 和直流发电机 G_2 为第二个同轴机组，是一个以动能转化为电能逆变至电网的有源逆变的电路。

第一机组中，直流发电机 G_1 和直流电动机 M_1 的励磁的极性和大小是不能改变的，G_1 所发出的电压大小和极性由 M_1 的转速高低和转向决定。反之若 M_1 被 G_1 拖动，则 M_1 输出电压大小和极性由 G_1 的运动状态所决定。

第二机组中，因为交流电动机 M_2 的转速不能改变，要改变直流发电机 G_2 所发出的电压大小和极性则必须改变 G_2 的励磁电压的大小和极性，即要正确的操作 CB_4 开关和调节 R_L 盘式变阻器。

图 7-24 中开关 CB_5 是控制接触器 KM_2 的接通和断开的，因此特别注意：在 G_1-G_2 回路中的 CB_5 开关不能随意操作。它是否接通是有条件的，否则会引起 G_1-G_2 回路电势串联而短路。

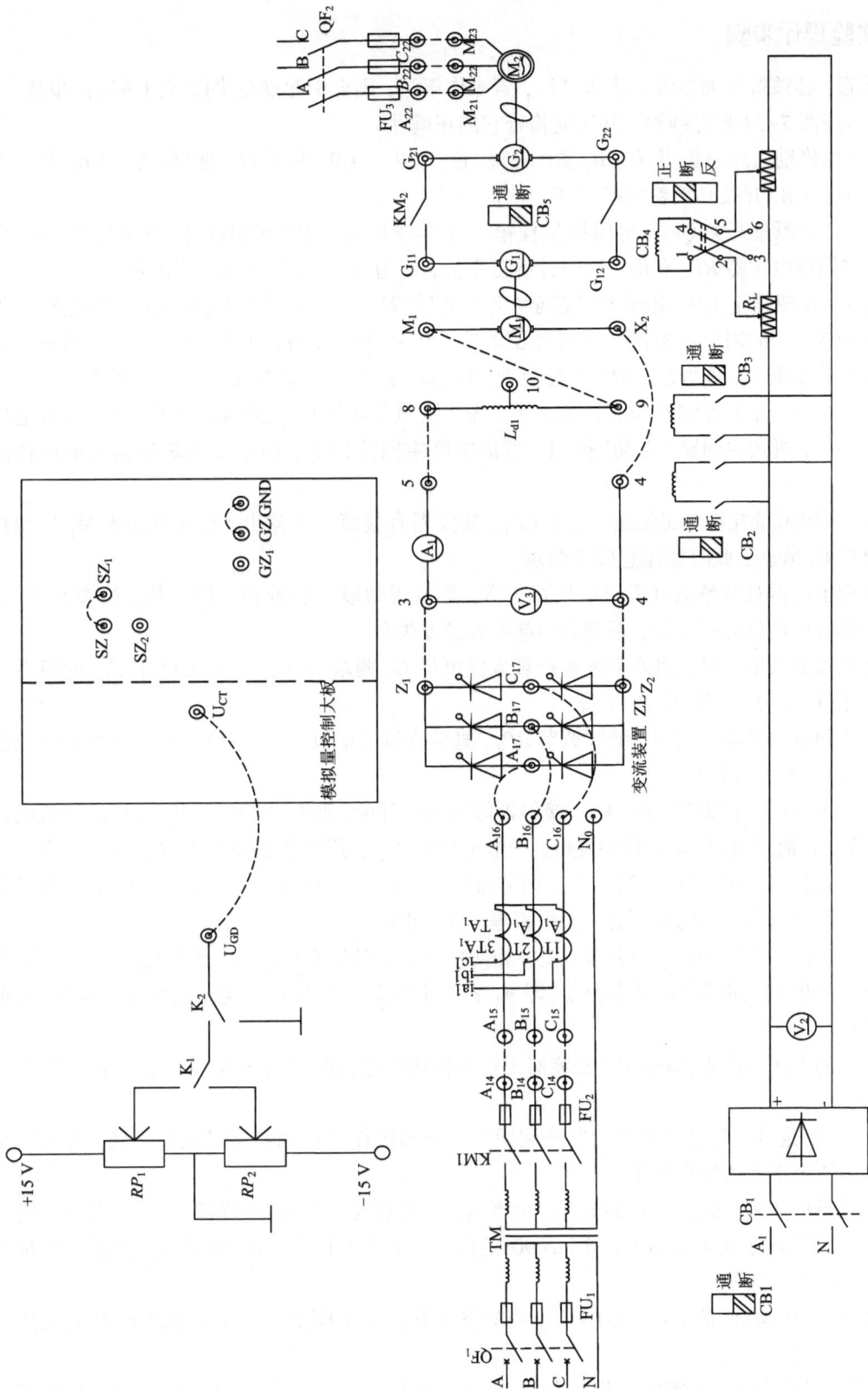

图7-24　三相桥式有源逆变实验电路

六、实验操作步骤

注意：必须按下列步骤一步步进行，若操作不当，则会引起逆变失败或直流短路事故。

（1）按图7-24接好线路，并反复检查它的正确性。

（2）先将励磁总电源开关 CB_1 置"断"位置， CB_2、CB_3 开关置"通"位置，CB_4 开关置"正"位置。CB_5 开关必须置"断"位置。

（3）合电源总开关 QF_1，将模拟量挂箱上的"电源"开关和"正组脉冲"开关拨至"通"位置，再将调速电位器 RP_1 和 RP_2 逆时针调至零位，K_2 钮子开关拨至"运行"位置。

（4）将模拟挂箱上 K_1 钮子开关拨至"负给定"位置，调节负给定电位器 RP_2，使之输出为 $-4.5 \sim -4$ V，此时对应触发器的控制角 α 角在 $120° \sim 130°$（β 角在 $50° \sim 60°$），这为后面的有源逆变实验做准备，调好后，RP_2 不能再动，然后将 K_1 钮子开关拨至"正给定"位置。

（5）在 CB_5 开关置"断"位置的前提下，先将励磁总开关 CB_1 置"通"位置，所有直流电机均加上励磁，再按主回路"启动"按钮，整流电路主回路得电，用示波器观察整流电压输出波形。

（6）调模拟量挂箱上正给定电位器 RP_1，变流器有整流电压输出，直流电动机 M_1 带动直流发电机 G_1 旋转，此时要注意以下两点：

①用示波器观察整流电压波形是否正常，如发现缺波头和缺相立即关机，检查其原因，排除故障后再进行后续实验，否则会引起有源逆变失败。

②如整流波形正常，用万用表检查直流发电机 G_1 两端极性，G_1 发出电压 U_{G1} 的极性必须是上正 $[G_{11}(+)]$ 下负 $[G_{12}(-)]$。

上述两点均正确无误后，继续调节 RP_1，直至直流发电机 G_1 两端电压 U_{G1} 为150 V（极性上正下负），停止调节 RP_1。

（7）CB_5 开关置"断"位置，KM_2 接触器触电是断开的，此时合断路器开关 QF_2，交流电动机 M_2 带动直流发电机 G_2 旋转并发电，发电电压为 U_{G2}，其极性也是上正 $[G_{21}(+)]$ 下负 $[G_{22}(-)]$，（注意 CB_4 开关置"正"位置），调节盘式变阻器 R_L，使得 $U_{G2} = U_{G1} = 150$ V，因此发电机回路是两发电机发出的电压是：大小相等、极性相向。

（8）并车。在 $U_{G2} = U_{G1} = 150$ V，极性相向情况下，将开关 CB_5 置"通"位置，接通了发电机回路，发电机回路的电流基本为零（即 A_1 表电流数值基本不变），电枢直流电压表 V_3 为正的平均值。

以上的工作状态为：$\alpha<90°$，变流器工作在整流状态，M_1 工作在电动状态，G_1 工作在发电状态。

（9）有源逆变。变流器从整流状态到逆变状态的操作过程和顺序必须要正确，否则逆变失败。整流至逆变的操作顺序：

①将模拟挂箱上的钮子开关 K_1 由"正给定"突然拨至"负给定"位置（说明：因为事先已经将"负给定"调至 $3.4 \sim 4.5$ V），即 $\alpha<90°$ 的整流状态突然切换到 $\alpha>90°$ 的逆变状态，满足了有源逆变的内部条件。

②在 K_1 切换至"负给定"的 1 s 后，突然将发电机 G_2 的励磁开关 CB_4 由"正"位置突然切换到"反"位置。

说明：发电机 G_2 转速方向没有改变，但励磁极性改变了，所以发电机 G_2 发出的电压极性是下正$[G_{21}(+)]$上负$[G_{22}(-)]$，该电压加在 G_1 两端使其反向旋转(相对变流器在整流状态时)，G_1 由发电状态变成了电动状态，它拖动的 M_1 则由电动状态变成了发电状态，因此 M_1 发出的电势 UM_1 极性是下正$[X_2(+)]$上负$[M_1(-)]$，根据所接成的实验电路，UM_1 就是满足了有源逆变的外部条件，即与晶闸管导通方向一致的外部直流电源。

观察电流表 A_1，电流的方向没有改变，但电压的极性改变了，证明晶闸管工作在电源电压负半波。

(10)从有源逆变到整流状态。操作顺序：

①先将 CB_4 由"反"位置突然切换到"正"位置。

②1 s 后将 K_1 由"负给定"突然切换到"正给定"位置。

(11)停止实验的操作。

①将开关 CB_5 置"断"位置，先断开发电机回路。

②将 QF_2 断路器分闸。

③将 RP_1 和 RP_2 电位器逆时针调至零位。

④按下"停止"按钮，切断变流主回路。

⑤将 CB_1 开关置"断"位置。

(12)回答下列问题。

①在本实验电路中，从整流状态切换到有源逆变状态，如先将 CB_4 从"正"位置切换到"反"位置，后将 K_1 从"正给定"位置切换到"负给定"位置，会出现什么问题，请分析。

②从有源逆变切换到整流状态，操作顺序可改变吗？为什么？

③在可逆直流调速中，在什么情况下会产生有源逆变？请举例并说明。

第 3 篇

运动控制系统实验
(直流调速实验)

第 8 章

运动控制系统——直流电机调速实验

8.1　运动控制系统实验注意事项

为了按时完成运动控制系统实验，确保实验时人身安全与设备安全，要严格遵守如下安全操作规程。

（1）实验合闸前及实验完成后：须将电阻器调至最大值；调压器需左旋到底；保证所有空气开关、电源开关断开。

（2）实验时，人体不可接触带电线路。

（3）接线或拆线及变换量程都必须在切断电源的情况下进行。

（4）学生独立完成接线或改接线路后必须经指导教师检查和允许，并使组内其他同学引起注意后方可接通电源。实验过程中，须注意机器的运行情况（如温度、气味、声音、振动等），如不正常或发生事故，应立即切断电源，经查清问题和妥善处理故障后，才能继续进行实验。

（5）直流电机实验不允许直接启动，必须满磁启动，必须串电阻启动或降压启动。

（6）实验室总电源的接通应由实验指导人员来完成，实验台控制屏上的电源由实验指导人员允许后方可接通，不得自行合闸。

8.2　运动控制系统实验规则

（1）实验前必须做好预习工作，抽问不通过者不准参加实验。

（2）学生必须按实验室指定地点进行实验，不得乱取仪表。

（3）实验台面板和仪表上不准用笔作记号。

（4）学生接完线经全组检查通过后再经教师检查，确认无误后，才能合上开关进行实验。

（5）仪表不得超过量程使用。

（6）实验完毕后将电阻器、调压器左旋到位，所有空气开关、电源开关断开，把所有连接导线从面板上取下归类整理并放回原处。

（7）安全用电。本实验室是强电实验室，室内到处有电，必须严格认真运用所学原理与操作规程进行操作，不得大惊小怪，不得谈笑。

（8）实验室严禁吸烟，饮食。水杯、水瓶不允许放在实验室台的面板上。雨伞集中放实验室外的雨伞架上。

（9）学生发生严重错误行为以致教学设备的损坏，必须赔偿，并呈请学校处理。

（10）学生必须服从教师及实验室工作人员指导。

8.3 运动控制系统实验基本要求

运动控制实验课的目的在于培养学生掌握基本的实验方法与操作技能，培养学生学会根据实验目的、实验内容及实验设备拟定实验线路，选择所需仪表，确定实验步骤，测取所需数据，进行分析研究，得出必要结论，从而完成实验报告。在整个实验过程中，学生必须集中精力，及时认真做好实验。现按实验过程提出下列基本要求。

8.3.1 实验前的准备

实验前应复习教科书有关章节，认真研读实验指导书，了解实验目的、项目、方法与步骤，明确实验过程中应注意的问题（有些内容可到实验室对照实验预习，如熟悉组件的编号、使用及其规定值等），并按照实验项目准备记录抄表等。

实验前应写好预习报告，经指导教师检查认为确实做好了实验前的准备，方可开始做实验。

认真做好实验前的准备工作，对于培养学生的独立工作能力，提高实验质量和保护实验设备都是很重要的。

8.3.2 实验的进行

1. 建立小组，合理分工

每次实验都以小组为单位进行，每组由3~4人组成，实验中的接线、调节负载、保持电压或电流、记录数据等工作应有明确的分工，以保证实验操作协调，记录数据准确可靠。

2. 选择组件和仪表

实验前先熟悉该次实验所用的机组及配件，记录电机铭牌和选择仪表量程，然后依次排列组件和仪表便于测取数据。

3. 按图接线

根据实验线路图（对于设计性的实验，要求学生自己拟定线路图）及所选组件、仪表，按图接线，线路力求简单明了，接线原则是先接串联主回路，再接并联支路。为方便查找线路，每路可用不同颜色的导线或插头。

4. 启动机组，观察仪表

在正式实验开始之前，先熟悉所用仪表及仪表刻度，并记下倍率，然后按一定规范启动电机，观察所有仪表是否正常（如指针正、反向是否超满量程等）。如果出现异常，应立即切断电源，并排除故障；如果一切正常，即可正式开始实验。

5. 测取数据

预习时对电机的实验方法及所测数据做到心中有数。正式实验时，根据实验步骤逐次测取数据。

6.认真负责，实验有始有终

实验完毕，须将数据交指导教师审阅。经指导教师认可后，才允许拆线并把实验所用的组件、导线及仪器等物品整理好。

8.4   运动控制系统实验报告要求

实验报告是根据实测数据和在实验中观察和发现的问题，经过自己分析研究或分析讨论后写出的心得体会。

实验报告要简明扼要、字迹清楚、图表整洁、结论明确。

实验报告包括以下内容：

(1)实验名称、专业、班级、学号、姓名、实验日期、室温(℃)。

(2)列出实验中所用组件的名称及编号，电机铭牌数据(P_N、U_N、I_N、n_N)等。

(3)列出实验项目并绘出实验时所用的线路图，并注明仪表量程，电阻器阻值、电源端编号等。

(4)数据的整理和计算。

(5)按记录及计算的数据在坐标纸上画出曲线。图纸尺寸不小于 8 cm×8 cm，图形尺寸的长度比例不要大于 1：1.5，同一机器的几条曲线可绘在同一坐标纸上，以作比较，但必须妥善安排，不得拥挤，尽可能避免两条以上曲线相交，可用不同颜色绘制各种曲线，这样更加清晰。绘制曲线时通常将各自变量作为横坐标，他变量(因变量)作纵坐标，坐标标度的比例尺应选得在作图和应用时都很方便，合理的标度为 1mm(或 1 小格)，若等于 A 个测量单位，则 A 应是 10 的倍数，或是 1、2、5 这些数字中的一个，不得为 2.5 或 3 的倍数，坐标名称及单位必须指出，或者用相对单位制。绘出的曲线应平滑，故绘制曲线时应先描点，然后用铅笔将所描的点用曲线尺或曲线板连成光滑曲线，如果某些点离此光滑曲线很远，则弃去，在曲线两旁的点不要擦去，不在曲线上的点仍按实际数据标出。

(6)根据数据和曲线进行计算、分析、讨论与总结。根据实验结果，得出相应结论，分析实验过程中产生误差的原因，这是实验报告中很重要的部分，在一份好的实验报告中，明确、清晰的分析与结论是必不可少的。实验者应根据实验要求，开动脑筋，深入细致地思考，分析实验结果与理论是否符合，如果实验结果和理论计算值相差较大，要认真分析并说明实验产生误差的原因，对某些问题提出一些自己的见解(有目的地培养自己的创新能力)并最后写出结论。

(7)实验报告应写在一定规格的报告纸上，保持整洁。每次实验每人独立完成一份报告，力求内容正确，书写整齐，按时送交指导教师批阅。如有不合规格或严重错误，得返还修正后在一星期内交上。

8.5   知识要点

8.5.1   运动控制系统研究的主要内容

电力拖动的自动控制系统——运动控制系统是一门研究电力拖动控制系统的原理、分析和设计方法的综合性学科。其主要思路是理论与实际相结合，以各类电动机为控制对象，以计算机和其他装置为控制手段，以电力电子装置为弱电控制强电的纽带，应用自动控制理论解决运动控制系统的分析和设计等实际问题。以转速、转矩(电流)和磁链(磁通)控制规律为主线，按照从开环到闭环、从直流到交流、从调速到伺服的层次论述运动控制系统的静、动态性能和设计方法。

8.5.2 自动控制原理对控制系统的要求

自动控制原理对控制系统的基本要求可以归结为三个字——稳、快、准，即稳定性、快速性和准确性。

(1)稳定性：是对控制系统的基本要求，它是系统能否正常工作的首要条件。

(2)快速性：是对控制系统的动态要求，即超调量要小，调节时间要短。

(3)准确性：是对控制系统的稳态要求，即稳态误差要短。

对自动控制系统而言，稳定性是其能否正常工作的首要条件，必须要保证系统的稳定性。

稳定性的基本概念：设线性定常系统处于某一平衡状态，在扰动的作用下偏离了平衡位置，在扰动作用消失后，经过一段过渡过程，如果系统能够恢复到原来的平衡状态，即系统的零输入响应是收敛的，则称系统是稳定的；反之，若系统不能恢复平衡状态，即零输入响应是发散的，则称系统是不稳定的。系统的稳定性是系统本身的固有特性，与输入无关。

(1)线性定常系统时域分析法：线性定常系统稳定的充要条件是系统的所有闭环特征根都具有负实部，即系统的所有闭环特征根都位于左半 s 平面。

(2)线性定常系统频域分析法：线性定常系统稳定的充要条件是奈奎斯特曲线[简称奈氏曲线，即频率特性 $G(jw)H(jw)$ 的幅相曲线]逆时针包围 $(-1, j0)$ 点的圈数 N 等于开环传递函数右半平面的极点数 P，若开环传递函数在右半 s 平面没有极点，则奈氏曲线不包围 $(-1, j0)$ 点，如果 $N \neq P$，则闭环系统稳定，不稳定根的个数可由下式确定：$Z = P - N$。

8.5.3 运动控制系统的组成

运动控制系统由电动机、功率放大与变换装置、控制器及相应的传感器及信号处理等构成，是一门电机学、电力电子技术、微电子技术、计算机控制技术、自动控制理论、现代控制理论、信号检测与处理技术等多门学科相互交叉的综合性学科，要完成电力拖动的自动控制系统——运动控制系统课程的学习和实验，需要先学习并完成与上述课程有关的理论知识和实验。当然，在完成上述专业基础课之前，还必须先完成模电、数电、电路、高数、线性代数、工程数学与复变函数、矩阵等课程的学习及其相关实验。

8.5.4 运动控制系统的任务

运动控制系统的任务就是控制电动机的转速和转角，而控制转速和转角的唯一途径就是控制电动机的电磁转矩。为了有效地控制电磁转矩，充分利用电机铁芯，在一定的电流作用下尽可能产生最大的电磁转矩，以加快系统的过渡过程，必须在控制转矩的同时控制磁通(或磁链)。所以，转矩控制和磁链控制成为运动控制的根本问题。

8.5.5　运动控制系统-直流调速系统的三种调速方式

对于直流调速系统，根据直流电机转速方程 $n=\dfrac{U-IR}{K_e\Phi}$ 知，有三种调速方式，分别是调压 (U) 调速、调阻 (R) 调速和调磁 (Φ) 调速。对于要求在一定范围内无级平滑直流调速系统而言，以调节电枢电压 U 的方式为最好。改变电阻 R 只能有级调速；减弱磁通 Φ 虽然能够平滑调速，但调速范围不大，往往只是配合调压方案，在基速 (即电机额定转速) 以上作小范围的弱磁升速。因此，作为电力拖动自动控制系统——运动控制系统的被控对象直流电动机，往往以调压调速为主，在晶闸管整流器-直流电动机 (简称 V-M) 组成的可逆调速系统中，正向制动时，反组逆变，机械特性位于第二象限。

8.5.6　PWM (脉冲宽度调制) 系统的特点

PWM (脉冲宽度调制) 变换器-直流电动机系统 (简称直流脉宽调制系统) 与 V-M 系统比较，其具有主电路简单、开关频率高、低速性能好、稳定精度高、调速范围宽、动态响应快、抗干扰能力强、导通损耗小、装置效率高等一系列优点，所以应用日益广泛，在中、小容量的高动态性能系统中，已经取代了 V-M 系统。根据 PWM 变换器主电路的不同形式，直流脉宽调制系统又分为不可逆和可逆两大类。

8.5.7　可控直流电源的分类

转速开环的直流调速系统采用可控电压的直流电源给直流电动机供电，通过改变直流电动机的电枢电压来调节电动机的转速。而采用电力电子技术的可控直流电源主要有两类：第一类是晶闸管相控整流器，它把交流电直接转换成可控的直流电源；第二类是脉冲宽度调制 (PWM) 变换器，它先用不可控整流器把交流电变成直流电，然后改变直流脉冲电压的宽度来调节输出的直流电压。

8.5.8　单闭环控制下的直流调速系统的特点

由于转速开环的直流调速系统对负载的扰动没有任何抑制作用，其额定速降和静差率远远达不到人们的期望值，所以引入了自动控制原理的负反馈概念，采用转速负反馈闭环控制的直流调速系统来解决此问题。

闭环控制的直流调速系统反馈控制规律：

(1) 只有比例控制的反馈控制系统，其被调量是有静差的。

(2) 反馈控制系统的作用是抵抗扰动，服从给定。

(3) 系统的精度依赖于给定和反馈检测的精度。闭环系统静特性要比开环的机械特性硬得多。

在比例控制的转速闭环系统中，比例系数 K_p 越大，稳态误差越小，稳态性能就越好，但是闭环调速系统是否能正常运行，还要看系统的动态稳定性。

积分控制的转速单闭环直流调速系统可以实现系统的无静差调速，稳态精度高，但响应速度度慢，动态性能差。

8.5.9　比例积分(PI)控制下的转速单闭环系统的特点

比例积分(PI)控制综合了比例(P)控制和积分(I)控制两种控制规律的优点,克服了各自的缺点,扬长避短,互相补充。比例部分能迅速响应控制作用,积分部分则最终消除稳态偏差。如何设计 PI 调节器、如何选择合适的参数(K_P 和 K_I)使 PI 调节器达到所要求的"稳"定性能好、响应速度"快"、稳态精度"高"(即"准")和抗干扰,需要反复试凑。

用比例积分(PI)调节器组成的转速单闭环系统实现了转速稳态无静差,消除了负载转矩扰动对稳态转速的影响,并用电流截止负反馈限制了电枢电流的冲击,避免出现过电流现象。但转速单闭环系统并不能按照要求充分控制电流(或电磁转矩)的动态过程,对于经常处于启动、制动的调速系统,无法缩短启动、制动过程的时间,因而无法提高生产效率。

8.5.10　双闭环直流调速系统的优点及组成

许多生产机械,加工和运行的要求使电动机经常处于启动、制动、反转的过渡过程中,因此启动和制动过程的时间在很大程度上决定了生产机械的生产效率。为缩短这一部分时间,仅采用 PI 调节器的转速负反馈单闭环调速系统,其性能还不是很令人满意。双闭环直流调速系统由速度调节器和电流调节器进行综合调节,可获得良好的静、动态性能(两个调节器均采用 PI 调节器),是目前应用最广的直流调速系统。

在转速、电流双闭环直流调速系统中,由于调整系统的主要参量为转速,故将转速环作为主环放在外面,电流环作为副环放在里面,这样可以抑制电网电压扰动对转速的影响。

在转速单闭环、电流单闭环、电压单闭环及转速、电流组成的双闭环直流调速系统中,由于晶闸管的单向导电性,用一组晶闸管对电动机供电,只适用于不可逆运行。而在某些场合中,要求电动机既能正转,也能反转,并要求其在减速时产生制动转矩,加快制动时间,而要在一套装置中完成该任务,就需要逻辑无环流可逆直流调速系统。

8.5.11　逻辑无环流可逆直流调速系统的主要内容

要改变直流电动机的转向通常有两种方法,一是改变电动机电枢电流的方向,二是改变励磁电流的方向。由于电枢回路的电感量比励磁回路的要小得多,使得电枢回路有较小的时间常数,可满足某些设备频繁启动、快速制动的要求,从而提高生产效率。

逻辑无环流可逆直流调速系统的主回路由正桥及反桥反向并联组成,并通过逻辑控制来控制正桥和反桥的工作与关闭,并保证在同一时刻只有一组桥路工作,另一组桥路不工作,这样就没有环流产生。由于没有环流,主回路不需要再设置平波电抗器,但为了限制整流电压幅值的脉动和尽量使整流电流连续,仍然保留了平波电抗器。

8.5.12　数字控制系统

由于转速给定波动和测速反馈误差使模拟的调速系统无法实现高精度的转速控制,高性能的交、直流调速系统均采用数字给定和数字测速控制反馈,并借助数字信号处理器(DSP)、单片机、FPGA 等采用数字方式加以实现,即数字控制系统。

8.5.13　交流调速系统的学习方向

随着时代的发展，交流调速系统是现代实际应用中的主流，但直流调速系统仍是其理论和实践的基础，没有扎实的直流调速系统分析与设计的理论基础和直流调速系统中超强的实践动手能力，学习交流电动机就成了无源之水，无本之木，空中楼阁，学习难度也会很大。交流电动机的动态模型、矢量控制系统与直接转矩控制是理论学习中的难点。交流电动机经过矢量变换、磁链定向、电流闭环控制可等效为直流电动机。

8.5.14　异步电动机的调速系统的分类

异步电动机的调速系统可分为转差功率消耗型、转差功率不变型和转差功率馈送型三类。三相异步电动机在三相轴系上数学模型的本质是一个多变量、高阶、非线性、强耦合的系统。

8.5.15　交流调速系统的主要内容

基于稳态模型和动态模型的异步电动机调速系统，绕线式异步电动机变频控制系统，同步电动机变压变频调速系统。

8.5.16　伺服系统

伺服系统的特征及组成，伺服系统控制对象的数学模型，伺服系统的设计。

8.6　基本要求

（1）理解控制系统稳定性的基本概念，掌握在线性定常系统时域分析法下线性定常系统稳定的充要条件，掌握劳斯（Routh）-赫尔维茨（Hurwitz）判据，掌握线性系统的稳态误差相关的定义和计算及系统的动态指标。

（2）掌握频率特性的概念、幅相频率特性曲线、对数频率特性、（奈奎斯特）稳定判据、对数频率特性稳定判据、稳定裕度和闭环特性性能指标。

（3）了解晶闸管相控整流器——直流电动机系统的工作原理及调速特性。

（4）掌握 PWM 变换器——电动机系统的工作原理及调速特性。

（5）理解并掌握直流电动机对转速控制三方面的要求（调速、稳速和加、减速）及调速系统的两个稳态性能指标（调速范围 D 和静差率 s）的具体含义，理解调速系统的静差率指标以最低速时所能达到的数值为准，一个调速系统的调速范围是指在最低速时还能满足所需静差率的转速可调范围。

（6）掌握调速范围 D、静差率 s 和额定速降 Δn_N 之间的关系：$D = \dfrac{n_N s}{\Delta n_N (1-s)}$。

（7）理解开环直流调速系统的性能指标存在的问题以及解决的方法。

（8）掌握纯比例控制的转速负反馈闭环直流调速系统的结构和静特性，会画带转速负反馈闭环直流调速系统的原理框图和稳态结构框图、闭环调速系统给定作用和扰动作用下的结构框图、额定励磁下直流电动机的动态结构框图、转速反馈控制直流调速系统的动态结构框图，读懂、理解、对比闭环静特性和开环机械特性的关系曲线。掌握闭环直流调速系统的反馈控制规律。了解比例控制转速闭环系统的稳定性。

（9）理解积分调节器的输入和输出动态过程曲线图。

（10）能画出有静差调速系统在突加负载时的动态过程曲线，掌握积分调节器的作用和积分控制规律及比例积分的控制规律，理解积分调节器的输入和输出的动态过程曲线含义，能理解并画出无静差调速系统在突加负载时的动态过程曲线。

（11）能画出闭环系统中 PI 调节器的输入和输出的动态过程曲线图，利用自动控制理论中的根轨迹法、频率法（伯德图）对 PI 调节器的进行设计，选择 K_P 和 K_I 合适的参数，使 PI 控制器达到"稳""快""准""抗干扰"，或利用 MATLAB 计算机仿真的工程设计方法，进行反复试凑，以获得满意结果。

（12）能画出 PI 调节器控制下的无静差转速单闭环直流调速系统稳态结构框图，会计算其稳态参数。

（13）了解单闭环直流调速系统的原理、组成及各主要单元部件的作用，能认识闭环反馈控制系统的基本特性。

（14）对于经常处于启动、制动、正、反转的调速系统，如何缩短启动、制动、从正转到反转或从反转到正转的过程时间，使时间最优，从而提高劳动效率？其时间最优的理想过渡过程应该是怎样的？能画出其对应曲线并理解其含义。

（15）熟练掌握转速、电流双闭环控制的直流调速系统的组成及静特性，掌握系统的动态数学模型，并从跟随和抗干扰两个方面分析其性能。理解并掌握速度调节器和电流调节器的控制作用。熟练掌握转速、电流双闭环控制直流调速系统的工程设计方法（原则、思路、步骤）及注意事项，能和经典的控制理论的动态校正方法相比，知其设计方法的优点；理解在转速、电流双闭环调速系统的基础上增设励磁电流控制环的作用（控制直流电动机的气隙磁通，实现弱磁调速）。能熟练地使用 MATLAB 仿真软件对转速、电流双闭环控制的直流调速系统进行仿真。

（16）理解并熟悉逻辑无环流可逆直流调速系统的原理和组成。掌握各控制单元的原理及作用。了解逻辑无环流可逆直流调速系统的静态特性和动态特性。理解调节器参数对系统动态性能的影响。

（17）理解数字控制系统的优点。要设计高性能的数字控制调速系统，必须加以解决的几个主要问题：①采样频率的选择；②转速检测的数字化；③PI 调节器的数字化；④数字控制系统的调节器参数设计。要求掌握这四方面的理论知识。

（18）读懂微机（单片机）数字控制双闭环直流 PWM 调速系统硬件结构图（《电力拖动自动控制系统：运动控制系统》第 5 版，机械工业出版社，111 面），了解系统主要包括主电路、检测电路、故障综合、数字控制四个部分。理解数字控制器是系统的核心，其控制作用靠写入单片机、DSP 中的软件来实现。理解控制软件如何实现转速、电流双闭环控制。对于交直流调速系统，特别是现代交流调速系统，如何实现数字化控制，除了硬件条件满足要求外，在很大程度上取决于软件开发者的开发质量。

（19）理解基于稳态模型和动态模型的异步电动机调速系统的基本概念，能比较矢量控制和直接转矩控制的性能与特点。理解绕线式异步电机变频控制的原理及四种基本工况，能画出并分析绕线式异步电机变频串级调速系统原理图并对相关特性进行分析，能画出并分析双闭环控制串级调速系统的近似动态结构图。

（20）了解双馈变频调速系统的组成、应用场合。了解双馈控制风力发电系统的应用前景。

（21）掌握同步电动机的特点，其调速方式与直流电动机、异步电动机的调速有何不同。

（22）了解自控式和他控式两种变频同步电动机调速系统各自的优缺点。

（23）了解伺服系统的组成及其基本特征，了解伺服系统对象的数学模型。

8.7　重点难点

1. 重点

（1）转速、电流双闭环控制的直流调速系统的组成及静特性，系统的动态数学模型，性能分析，速度调节器和电流调节器的控制作用。转速、电流双闭环控制直流调速系统的工程设计方法（原则、思路、步骤）及注意事项。

（2）逻辑无环流可逆直流调速系统的原理和组成。各控制单元的原理及作用。逻辑无环流可逆直流调速系统的静态特性和动态特性。调节器参数对系统动态性能的影响。

（3）基于稳态模型的异步电动机的调压调速和变压调速系统和高性能的动态模型的直接转矩控制和磁场链控制的调速系统控制方法研究。

2. 难点

逻辑无环流可逆直流调速系统的原理和实验，交流电机的矢量控制和直接转矩控制。

8.8　实验内容与能力考察范围

实验三十七　晶闸管直流调速系统主要单元的调试

一、实验目的

（1）熟悉直流调速系统主要单元部件的工作原理及调速系统对其提出的要求。

（2）掌握直流调速系统主要单元部件的调试步骤和方法。

二、实验所需挂件及附件（表 8-1）

表 8-1　直流调速系统主要单元部件的调试实验所需挂件及附件

序号	型号	名称	数量	单位
1	THMDK-3	电源控制屏	1	套
2	MDK-08	低压直流电源及给定组件	1	组
3	EZT3-15	调节器 I	1	块

续表

序号	型号	名称	数量	单位
4	EZT3-16	调节器Ⅱ	1	块
5	EZT3-19	可调电阻、电容模块	2	块
6	MDK-61	反号器模块	1	块
7	MDK-64	逻辑控制模块	1	块
8	MDK-65	转矩极性零电平模块	1	块
9	—	单相可调电阻箱	1	台
10	—	双踪示波器	1	台
11	—	万用表	1	只

三、实验内容

(1)调节器Ⅰ(速度调节器)的调试。

(2)调节器Ⅱ(电流调节器)的调试。

(3)反号器的调试。

(4)转矩极性鉴别器及零电平检测器的调试。

(5)逻辑控制器的调试(选做)。

四、实验方法

接通电源,按下"启动"按钮,从单相交流固定电源模块引出 220 V 接到 MDK-08 挂件上,从 MDK-08 引出+15 V、-15 V、GND 接到需要测试的调节器Ⅰ、调节器Ⅱ、反号器、逻辑控制和转矩极性零电平模块上,给模块供电。

(1)调节器Ⅰ(一般作为速度调节器使用)的调试。

①调节器调零。

将调节器Ⅰ的所有输入端接地,再将控制屏面板上的可调电阻 30 kΩ(建议用 30 kΩ)接到调节器Ⅰ的 6、7 两端,使调节器Ⅰ成为 P(比例)调节器。用万用表的"mV 挡"测量调节器Ⅰ的 8 端的输出,调节面板上的调零电位器 RP_2,使其输出电压尽可能接近于零。

②调整输出正、负限幅值。

在 6、7 两端再串接全部电容,将调节器Ⅰ的所有输入端上的接地线去掉,将 MDK-08 的给定输出端接到调节器Ⅰ的 5 端,当加+5 V 的正给定电压时,调整负限幅电位器 RP_3,观察调节器负电压输出的变化规律,使之输出的电压尽可能接近于-6 V;当调节器输入端加-5 V 的负给定电压时,调整正限幅电位器 RP_1,观察调节器正电压输出的变化规律(使调压器Ⅰ的输出电压正限幅为+6 V)。

③测定输入输出特性。

6、7 两端只串接 30 kΩ 电阻(建议用 30 kΩ 电阻),使调节器Ⅰ成为 P(比例)调节器(电容短接),同时将正负限幅电位器 RP_1 和 RP_3 均顺时针旋到底,在调节器的输入端分别逐渐加入正、负电压，测出相应的输出电压变化，直至输出限幅值，并画出对应的曲线。

④观察 PI 特性。

6、7 两端串接 30 kΩ 电阻（建议用 30 kΩ 电阻）和全部电容，给调节器输入端突加给定电压，用慢扫描示波器观察输出电压的变化规律。改变调节器的外接电阻和电容值（改变放大倍数和积分时间），观察输出电压的变化。

（2）调节器 Ⅱ（一般作为电流调节器使用）的调试。

①调节器的调零。

将调节器 Ⅱ 的所有输入端接地，再将控制屏面板上的可调电阻 30 kΩ 接调节器 Ⅱ 的 8、9 两端，使调节器 Ⅱ 成为 P（比例）调节器。用万用表的"mV 挡"测量调节器 Ⅱ 的 10 端的输出，调节面板上的调零电位器 RP_2，使其输出电压尽可能接近于零。

②调整输出正、负限幅值。

将 8、9 两端再串接全部电容，使调节器成为 PI（比例积分）调节器，将调节器 Ⅱ 的所有输入端上的接地线去掉，将 MDK-08 的给定输出端接到调节器 Ⅱ 的 4 端，当加+5 V 的正给定电压时，调整负限幅电位器 RP_3，观察调节器负电压输出的变化规律，使输出电压接近 0；当调节器输入端加−5 V 的负给定电压时，调整正限幅电位器 RP_1，观察调节器正电压输出的变化规律，使输出电压接近+6 V。

③测定输入输出特性。

将 8、9 两端只串接 13 kΩ 电阻，使"调节器 Ⅱ"为 P 调节器，同时将正、负限幅电位器 RP_1 和 RP_3 均顺时针旋到底，在调节器的输入端分别逐渐加入正、负电压，测出相应的输出电压变化，直至输出限幅值，并画出对应的曲线。

④观察 PI 特性。

将 8、9 两端串接 13 kΩ 电阻、可调电容 0.47 μF，突加给定电压，用慢扫描示波器观察输出电压的变化规律。改变调节器的外接电阻和电容值（改变放大倍数和积分时间），观察输出电压的变化。

（3）反号器的调试。

测定输入输出的比例，将反号器输入端 1 接给定输出端，调节给定输出为 5 V 电压，用万用表测量 2 端输出是否等于−5 V 电压，如果两者不等，则通过调节 RP_1 使输出等于负的输入。再调节给定电压使输出为−5 V 电压，观测反号器输出是否为 5 V。

（4）转矩极性鉴别及零电平检测器的调试。

①测定转矩极性鉴别器的环宽，一般环宽为 0.4~0.6 V，记录高电平的电压值，调节单元中的 RP_1 电位器使特性满足其要求，使得转矩极性鉴别器的特性范围从−0.25 V 到 0.25 V。

转矩极性鉴别器的具体调试方法如下：

A. 调节给定 U_g，使转矩极性鉴别器的 1 脚得到约 0.25 V 电压，调节电位器 RP_1，恰好使其 2 端输出从高电平跃变为低电平。

B. 调节负给定从 0 V 起调，当转矩极性鉴别器的 2 端从低电平跃变为高电平时，检测转矩极性鉴别器的 1 端应为−0.25 V 左右，否则应适当调整电位器 RP_1，使 2 端输出由高电平跃变为低电平。

C. 重复上述步骤，观测正、负给定时跳变点是否基本对称，如有偏差则适当调节，使得正、负的跳变电压的绝对值基本相等。

②测定零电平检测器的环宽，一般环宽为 $0.4 \sim 0.6\,V$，调节 RP_2 电位器，使回环沿纵坐标右侧偏离 $0.2\,V$，即特性范围从 $0.2\,V$ 到 $0.6\,V$。

零电平检测器的具体调试方法如下：

A. 调节给定 U_g，使零电平检测器的 1 端输入约 $0.6\,V$ 电压，调节电位器 RP_2，恰好使 2 端输出从高电平跃变为低电平。

B. 慢慢减小给定，当零电平检测器的 2 端输出从低电平跃变为高电平时，检测零电平检测器的 1 端输入应为 $0.2\,V$ 左右，否则应调整电位器。

③根据测得数据，画出两个电平检测器的回环特性(图 6-17)。

(5)逻辑控制器的调试。

①将 MDK-08 的给定输出端接到逻辑控制模块 MDK-64 的输入端 U_m，将 MDK-08 上的 +15 V 接到逻辑控制的输入端 U_I，并将+15 V 模块中的 GND 与给定的 GND 共地。

②将 MDK-08 给定的 RP_1 电位器顺时针旋到底，将给定部分的 S_2 打到运行侧表示输出是"1"，打到停止侧表示输出是"0"。从+15 V 模块中引出一根线，直接+15 V 端口时是"1"(高电位)，短接到 GND 时是"0"(低电位)。

③两个给定都输出"1"时，用万用表测量逻辑控制的 U_Z、U_F 端输出应该是"0"，U_{lf}、U_{lr} 端输出应该是"1"，依次按表 8-2 从左到右的顺序，控制+15 V 和给定的输出状态，同时用万用表测量逻辑控制的 U_Z、U_{lf} 和 U_F、U_{lr} 端的输出是否符合表 8-2。

表 8-2　MDK-64 逻辑控制模块真值表

输入	U_m	1	1	0	0	0	1
	U_I	1	0	0	1	0	0
输出	$U_Z(U_{lf})$	0	0	0	1	1	1
	$U_F(U_{lr})$	1	1	1	0	0	0

五、实验报告

(1)画出各控制单元的调试连线图。

(2)简述各控制单元的调试要点。

实验三十八　单闭环不可逆直流调速系统实验(SCR)

一、实验目的

(1)了解单闭环直流调速系统的原理、组成及各主要单元部件的原理。

(2)掌握晶闸管直流调速系统的一般调试过程。

(3)认识闭环反馈控制系统的基本特性。

二、实验所需挂件及附件(表 8-3)

表 8-3 单闭环不可逆直流调速系统实验所需挂件及附件

序号	型号	名称	数量	单位
1	THMDK-3	电源控制屏	1	台
2	MDK-08	低压直流电源及给定组件	1	组
3	MDK-31	直流仪表组件	1	组
4	MDK-62	晶闸管主电路模块	1	块
5	EZT3-11	功放电路模块Ⅰ	1	块
6	EZT3-12	功放电路模块Ⅱ	1	块
7	EZT3-13	功放电路模块Ⅲ	1	块
8	EZT3-15	调节器Ⅰ	1	块
9	EZT3-16	调节器Ⅱ	1	块
10	EZT3-17	电流反馈及过流保护	1	块
11	EZT3-19	可调电阻、电容模块	2	块
12	EZT3-18	直流电压传感器模块	1	块
13	EZT3-10	TC787 触发电路模块	1	块
14		单相可调电阻箱	1	台
15		双踪示波器	1	台
16		万用表	1	只
17		机组一	1	台

三、实验线路及原理

为了提高直流调速系统的动静态性能指标,通常采用闭环控制系统(包括单闭环系统和多闭环系统)。对调速指标要求不高的场合,采用单闭环系统,而对调速指标较高的则采用多闭环系统。其按反馈的方式不同可分为转速反馈、电流反馈、电压反馈等。在单闭环系统中,转速单闭环系统使用较多,图 8-1 所示为转速单闭环系统原理图。

在转速单闭环系统中,将反映转速变化的电压信号作为反馈信号,经转速变换后接到速度调节器的输入端,与给定的电压相比较经放大后,得到移相控制电压 U_{ct},用作控制整流桥的触发电路,触发脉冲经功放后加到晶闸管的门极和阴极之间,以改变三相全控整流的输出电压,这就构成了速度负反馈闭环系统。电机的转速随给定的电压变化,电机最高转速由速度调节器的输出限幅所决定,速度调节器采用 P(比例)调节对阶跃输入有稳态误差,要想消除上述误差,则需将调节器换成 PI(比例积分)调节。当给定恒定时,闭环系统对速度变化起抑制作用,当电机负载或电源电压波动时,电机的转速能稳定在一定范围内变化。

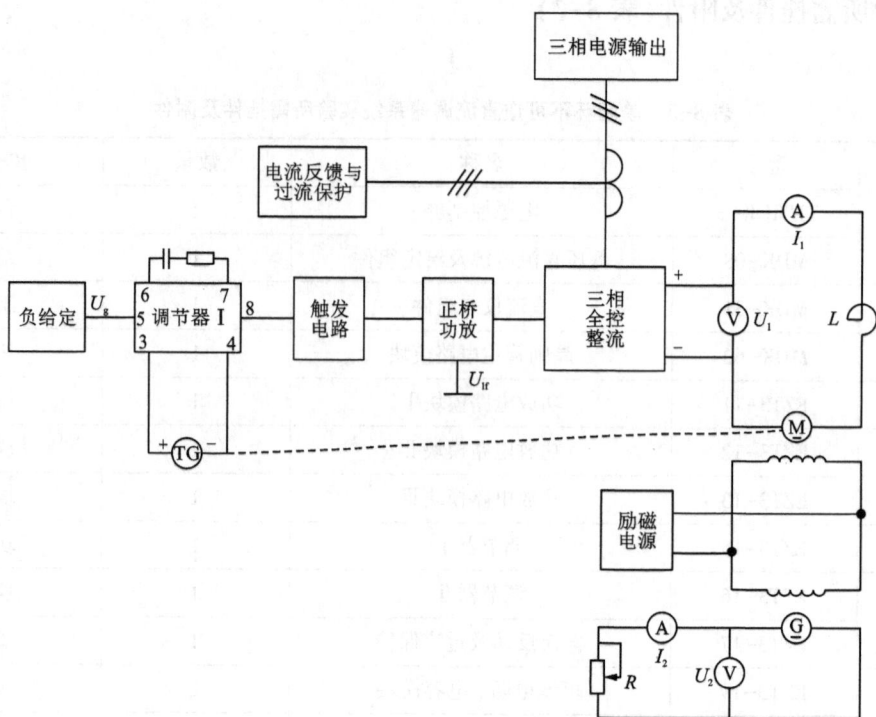

图 8-1 转速单闭环系统原理图

在电流单闭环系统中（图 8-2），将反映电流变化的电流互感器输出电压信号作为反馈信号加到电流调节器的输入端，与给定的电压相比较，经放大后，得到移相控制电压 U_{ct}，控制整流桥的触发电路，改变三相全控整流的电压输出，从而构成了电流负反馈闭环系统。电机的最高转速也由电流调节器的输出限幅所决定。同样，电流调节器若采用 P（比例）调节，则对阶跃输入有稳态误差，要消除该误差则需将调节器换成 PI（比例积分）调节。当给定恒定时，闭环系统对电枢电流变化起抑制作用，当电机负载或电源电压波动时，电机的电枢电流能稳定在一定范围内变化。

在电压单闭环系统中（图 8-3），将反映电压变化的电压隔离器输出电压信号作为反馈信号加到电压调节器的输入端，与给定的电压相比较，经放大后，得到移相控制电压 U_{ct}，控制整流桥的触发电路，改变三相全控整流的电压输出，从而构成了电压负反馈闭环系统。电机的最高转速也由电压调节器的输出限幅所决定。同样，调节器若采用 P（比例）调节，则对阶跃输入有稳态误差，要消除该误差则需将调节器换成 PI（比例积分）调节。当给定恒定时，闭环系统对电枢电压变化起抑制作用，当电机负载或电源电压波动时，电机的电枢电压能稳定在一定的范围内变化。

在本实验中，调节器Ⅰ作为"速度调节器"和"电压调节器"使用，调节器Ⅱ作为"电流调节器"使用。

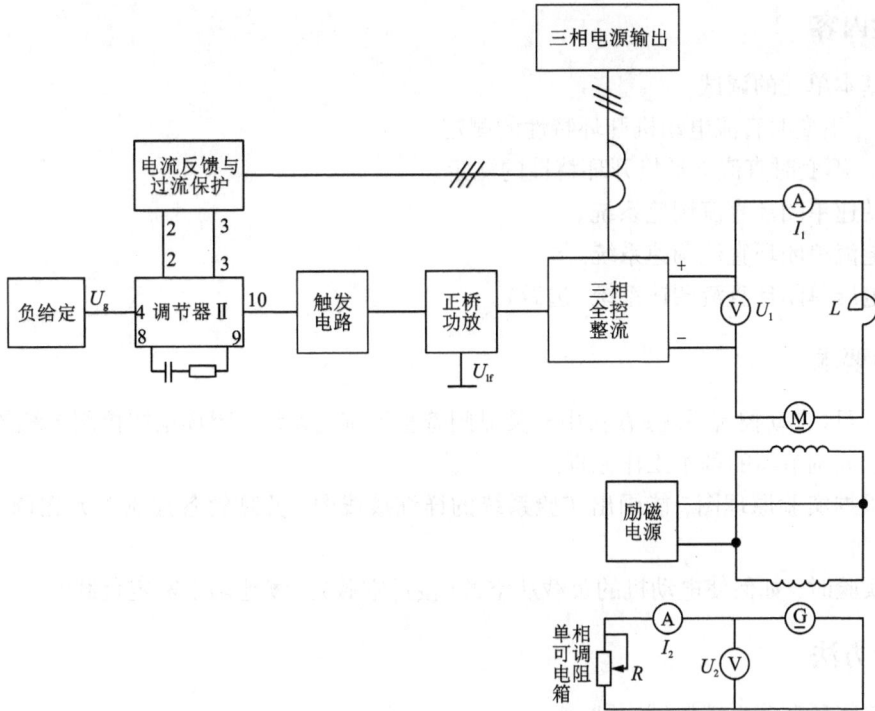

图 8-2　电流单闭环系统原理图

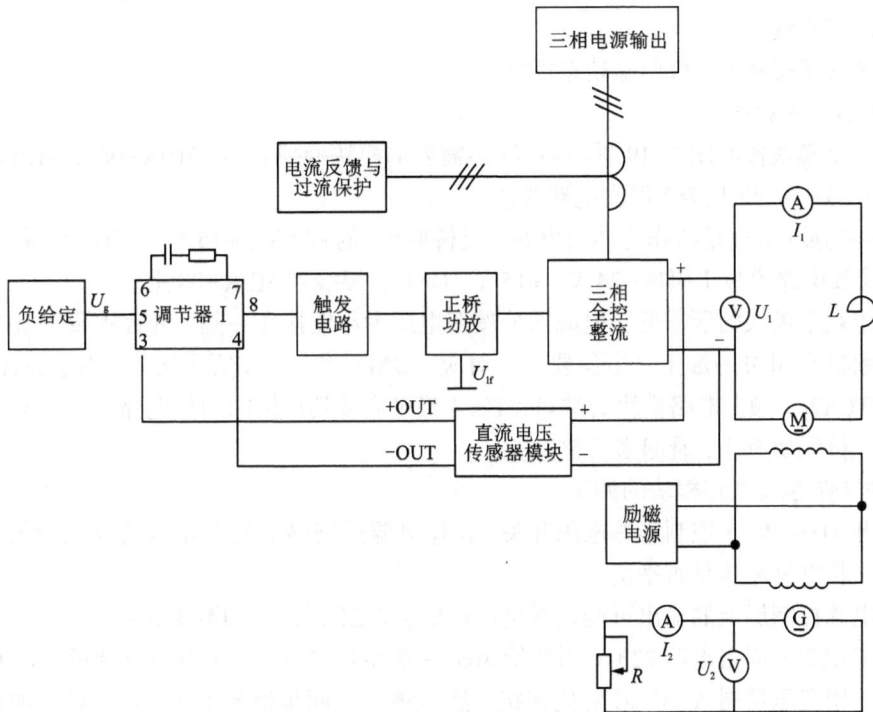

图 8-3　电压单闭环系统原理图

四、实验内容

(1)基本单元的调试。

(2)U_{ct} 不变时直流电动机开环特性的测定。

(3)U_d 不变时直流电动机开环特性的测定。

(4)转速单闭环直流调速系统。

(5)电流单闭环直流调速系统。

(6)电压单闭环直流调速系统(选做)。

五、预习要求

(1)复习《自动控制系统》教材中有关晶闸管直流调速系统、闭环反馈控制系统的内容。

(2)掌握调节器的基本工作原理。

(3)根据实验原理图,能画出实验系统的详细接线图,并理解各控制单元在调速系统中的作用。

(4)实验时,如何使电动机的负载从空载(接近空载)连续地调至额定负载?

六、实验方法

(1)单闭环调速系统调试原则。

①先单元,后系统,即先将单元的参数调好,然后才能组成系统。

②先开环,后闭环,即先使系统运行在开环状态,然后在确定电流或转速均为负反馈后,才可组成闭环系统。

③先调整稳态精度,后调整动态指标。

(2)低压电源接线。

①将各个模块按照图 7-19 进行布局(不需要的模块摘掉)。从 MDK-08 上引出+15 V、-15 V、GND_1 3 根线到 TC787 触发电路模块。

②三路功放(选取正桥作为功放电路,反桥摘掉)的+24 V、+15 V、GND、U_{lf} 各自短接在一起,从功放电路模板 I 引出+24 V、+15 V、GND 3 根线到 MDK-08 上。

③对于剩余模块的所需低压电源部分按照电压大小短接在一起,然后从靠近 MDK-08 的端口引线数根到 MDK-08 上。电压要一一对应。GND_1 和 GND_3 要短接在一起,保证共地。

⑤将 TCA787 触发电路模块的端口 $VT'_1 \sim VT'_6$ 对应接到正桥的功放电路中。实验导线选择最短长度。接线要有序,看起来工整。

(3)TC787 触发电路模块的调试。

①打开 THMDK-3 控制屏总电源开关,操作电源控制屏上的三相电网电压指示开关,观察输入的三相电网电压是否平衡。

②将电源控制屏上的输出可调端线电压(线与线之间电压)调至 380 V。

③从单相交流固定电源 220 V 引线给 MDK-08 组件供电,从主电路电源可调端 U、V、W 与三相整流用变压器端 A、B、C 对应连接,然后将三相同步信号端 a、b、c 对应加到 TC787 触发电路模块上。

④按下"启动"通电后,能够从 TC787 触发电路模块上测试端口观察锯齿波和三相同步

电压信号(可通过调节电位器 RP_{a1}、RP_{b1}、RP_{c1} 改变三相同步信号的幅值大小,保持三相同步信号对称)。

⑤将 MDK-08 上的给定输出 U_g 直接与 TC787 触发电路模块上的移相控制电压 U_{ct} 相接,将给定开关 S_2 拨到接地位置(即 $U_{ct}=0$),调节 TC787 触发电路模块上的偏移电压电位器 RP_2,用双踪示波器观察 A 相同步电压信号和 VT_1 的输出波形,使 $\alpha=150°$(注意此处的 α 表示三相晶闸管电路中的移相角,它的 0° 从自然换流点开始计算,前面实验中的单相晶闸管电路的 0° 移相角表示从同步信号过零点开始计算,两者存在相位差,前者比后者滞后 30°)。

⑥S_2 拨到运行位,适当增加给定 U_g 的正电压输出,观测 TC787 触发电路模块的脉冲波形,此时通过切换模块上的钮子开关应观测到单窄脉冲和双窄脉冲。实验中使用双窄脉冲。

⑦将正桥功放电路模块上的端口 U_{lf} 接 GND,将功放电路的放大触发信号端口(端口 G^*、端口 K^*)对应加载到晶闸管主电路模块上。按照三相桥式全控整流线路进行晶闸管主电路的接线。

(4)控制单元调试。

1)移相控制电压 U_{ct} 调节范围的确定。

直接将 MDK-08 上的给定电压 U_g 接入 TC787 触发电路模块上移相控制电压 U_{ct} 的输入端,机组一的电动机与发电机的励磁并联在一起,可调直流稳压电源调节到 220 V 给励磁供电。三相全控整流输出端接机组一电动机电枢绕组。发电机电枢绕组接单相可调电阻箱,电阻调到最大。用转速测量线连接机组一测量端口与转速表。转速表所在挂箱需要用单相固定交流电源 220 V 供电。实验导线选择最短长度。接线要有序,看起来工整。

当给定电压 U_g 由零调大时,转速将随给定电压的增大而增大,当转速到达 1500 r/min 时,给定电压应当为 6 V。如果不是 6 V,调节 TC787 触发电路模块电位器 RP_2,使给定在 6 V 时,电机转速在 1500 r/min。为保证安全,调节过程中不可使电机转速过高。

2)U_{ct} 不变时的直流电机开环外特性的测定。

①按图 8-1 接线(不接转速反馈),机组一电动机与发电机的励磁并联接直流 220 V 电源。TC787 触发电路模块上的移相控制电压 U_{ct} 由 MDK-08 上的给定输出 U_g 直接接入,三相桥式全控整流电路负载接机组一电动机电枢绕组。直流发电机电枢绕组接单相可调电阻箱 R,L_d 用控制屏面板上的 100 mH,将给定的输出调到零。

②按下电源控制屏的“启动”按钮,使主电路输出三相交流电源,将 MDK-08 挂箱给定电压拨到“正给定”,从零开始逐渐增加给定电压 U_g,使电动机慢慢启动并使转速 n 达到 1200 r/min。

③改变负载电阻 R 的阻值,使电动机的电枢电流从空载直至 I_{ed},即可测出在 U_{ct} 不变时的直流电动机开环外特性 $n=f(I_d)$,测量并记录数据于表 8-4 中。

表 8-4　U_{ct} 不变时直流电机开环外特性曲线测试数据

$n/(\text{r}\cdot\text{min}^{-1})$							
I_d/A							

（5）基本单元部件调试。

①调节器的调零。

具体步骤详见实验三十七。

②调节器正、负限幅值的调整。

将短接电容的实验导线拔掉，使调节器 Ⅰ 成为 PI（比例积分）调节器，将调节器 Ⅰ 的所有输入端的接地线去掉，将 MDK-08 的给定接到调节器 Ⅰ 的 5 端。当加+5 V 的正给定电压时，调整负限幅电位器 RP_3，使其输出电压尽可能接近-6 V；当调节器输入端加-5 V 的负给定电压时，调整正限幅电位器 RP_1，使调节器 Ⅰ 的输出正限幅为+6 V。

将短接电容的实验导线拔掉，使调节器 Ⅱ 成为 PI（比例积分）调节器，将调节器 Ⅱ 所有输入端的接地线去掉，将 MDK-08 的给定输出端接到调节器 Ⅱ 的 4 端，当加+5 V 的正给定电压时，调整负限幅电位器 RP_3，使其输出电压尽可能接近于零。当调节器输入端加-5 V 的负给定电压时，调整正限幅电位器 RP_1，使调节器 Ⅱ 的输出正限幅为+6 V。

③转速反馈系数 α 和电流反馈系数 β 的整定。

电流反馈系数 β 的整定：按照三相桥式整流进行接线（不接调节器 Ⅰ 和调节器 Ⅱ），负载接机组一直流电动机串直流电流表（电动机与发电机励磁并联接直流 220 V 稳压电源），机组一发电机电枢接单相可调电阻箱，电阻箱调到最大阻值。将 MDK-08 挂箱给定电压 U_g 接入 TC787 触发电路模块移相控制电压 U_{ct} 的输入端，在电流反馈与过流保护的 $TA_1 \sim TA_3$ 对接到控制屏上相应位置后，调节给定，使电机转速达到 1500 r/min，减小电阻箱阻值，电流表数值增大，到达 5 A 左右，调节电流反馈与过流保护上的电流反馈电位器 RP_1，用万用表测得电流反馈与过流保护的 2 端电流反馈电压 $U_{fi}=6$ V。这时的电流反馈系数为 $\beta=U_{fi}/I=6/5=1.2$。

转速反馈系数 α 的整定：按照三相桥式整流进行接线，在电机转速达到 1500 r/min 时，将转速反馈（转速表下方两个 3 号弱电柱端口）接到调节器 Ⅰ 的端口 3 和端口 4，端口 3 接负，端口 4 接正。调节调节器 Ⅰ 上的转速反馈电位器 RP_4，使得 $n=1500$ r/min 时，用万用表测得调节器 Ⅰ 的端口 2（转速反馈电压）输出为 $U_{fn}=-6$ V，这时的转速反馈系数 $\alpha=U_{fn}/n=0.004$ V/(r·min^{-1})。

电压反馈系数的整定：做开环实验，MDK-08 挂箱给定电压与 TC787 触发电路模块端口 U_{ct} 直接相连，使电机转速达到 1500 r/min，用万用表测量电动机电枢绕组两端电压，得到电压值 U_d。将控制屏上的直流可调电压源调到 U_d，接到直流电压传感器的 1、2 端，用直流电压表测量电压隔离器的输入电压 U_d，根据电压反馈系数 $\gamma=6$ V/U_d，调节电位器 W 使电压隔离器的输出电压恰好为 $U_{fv}=6$ V。

（6）转速单闭环直流调速系统。

①按图 8-1 完成接线，在本实验中，MDK-08 上的给定电压 U_g 为负给定，转速反馈为正电压，将调节器 Ⅰ 接成 PI（比例积分）调节器。直流发电机接单相可调电阻箱负载 R，L_d 用控制屏面板上 100 的 mH（或不接），给定输出调到零。

②直流发电机先轻载，从零开始逐渐调大给定电压 U_g，使电动机的转速接近 $n=1200$ r/min。

③由小到大调节直流发电机负载 R，测出电动机的电枢电流 I_d 和电机的转速 n，直至 $I_d=I_{ed}=5$ A，即可测出系统静态特性曲线 $n=f(I_d)$，将数据记录于表 8-5 中。

表 8-5　转速单闭环直流调速系统曲线数据记录

$n/(\mathrm{r}\cdot\mathrm{min}^{-1})$						
I_d/A						

(7)电流单闭环直流调速系统。

①按图 8-2 完成接线,在本实验中,给定 U_g 为负给定,电流反馈为正电压,将调节器 Ⅱ 接成 P(比例)调节器或 PI(比例积分)调节器。直流发电机接单相可调电阻箱(负载 R),L_d 用控制屏面板上 100 mH(或不接),将给定输出调到零。

②直流发电机先轻载,从零开始逐渐调大给定电压 U_g,使电动机转速接近 $n=1200\ \mathrm{r/min}$。

③由小到大调节直流发电机负载 R,测定相应的 I_d 和 n,直至最大允许电流(该电流值由给定电压决定),即可测出系统静态特性曲线 $n=f(I_\mathrm{d})$,将数据记录于表 8-6 中。

表 8-6　电流单闭环直流调速系统曲线数据记录

$n/(\mathrm{r}\cdot\mathrm{min}^{-1})$						
I_d/A						

(8)电压单闭环直流调速系统。

①按图 8-3 完成接线,在本实验中,给定 U_g 为负给定,电压反馈为正电压,将调节器 Ⅰ 接成 P(比例)调节器或 PI(比例积分)调节器。直流发电机接负载单相可调电阻箱 R,L_d 用控制屏面板上的 100 mH(或不接),将给定输出调到零,在电压隔离器输出端 3 与地之间并联 6 μF 电容(从控制屏面板获得)。

②直流发电机先轻载,从零开始逐渐调大给定电压 U_g,使电动机转速接近 $n=1200\ \mathrm{r/min}$。

③由小到大调节直流发电机负载 R,测定相应的 I_d 和 n,直至电动机 $I_\mathrm{d}=I_\mathrm{ed}$,即可测出系统静态特性曲线 $n=f(I_\mathrm{d})$,将数据记录于表 8-7 中。

表 8-7　电压单闭环直流调速系统曲线数据记录

$n/(\mathrm{r}\cdot\mathrm{min}^{-1})$						
I_d/A						

七、实验报告

(1)根据实验数据,画出 U_ct 不变时直流电动机开环机械特性。

(2)根据实验数据,画出 U_d 不变时直流电动机开环机械特性。

(3)根据实验数据,画出转速单闭环直流调速系统的机械特性。

(4)根据实验数据,画出电流单闭环直流调速系统的机械特性。

(5)根据实验数据,画出电压单闭环直流调速系统的机械特性。

(6)比较以上各种机械特性,并作出解释。

八、思考题

(1)P(比例)调节器和 PI(比例积分)调节器在直流调速系统中的作用有什么不同?

(2)实验中,如何确定转速反馈的极性并把转速反馈正确接入系统中?调节什么元件能改变转速反馈的强度?

(3)改变调节器 Ⅰ 和调节器 Ⅱ 上可变电阻、电容的参数,对系统有什么影响?

九、注意事项

(1)双踪示波器有两个探头,可同时观测两路信号,但这两个探头的地线都与示波器的外壳相连,所以两个探头的地线不能同时接在同一电路的不同电位的两个点上,否则这两点会通过示波器外壳发生电气短路。因此,为了保证测量的顺利进行,可将其中一个探头的地线取下或外包绝缘,只使用其中一路的地线,这就从根本上解决了这个问题。当需要同时观察两路信号时,必须在被测电路上找到这两路信号的公共点,将探头的地线接于此处,探头各接至被测信号,只有这样才能在示波器上同时观察到两路信号,而不发生意外。

(2)电机启动前,应先加上电动机的励磁,才能使电机启动。在启动前必须将移相控制电压调到零,使整流输出电压为零,这时才可以逐渐加大给定电压,不能在开环或速度闭环时突加给定,否则会引起启动电流过大,使过流保护动作,告警,跳闸。

(3)通电实验时,可先用单相可调电阻箱作为三相晶闸管全控整流桥的负载,待确定电路能正常工作后,再换成电动机作为负载。

(4)在连接反馈信号时,给定信号的极性必须与反馈信号的极性相反,确保为负反馈,否则会失控。

(5)在完成电压单闭环直流调速系统实验时,由于晶闸管整流输出的波形不仅有直流成分,同时还包含有大量的交流信号,所以在电压隔离器输出端必须要接电容进行滤波,否则系统必定会发生震荡。

(6)直流电动机的电枢电流不要超过额定值使用,转速也不要超过 1.2 倍的额定值,以免影响电机的使用寿命,或发生意外。

(7)MDK-08 挂箱的 GND_1、GND_2、GND_3 不共地,做实验时,一般用线将这三个端口地短接。

实验三十九　双闭环直流调速系统实验

一、实验目的

(1)了解闭环不可逆直流调速系统的原理、组成及各主要单元部件的原理。

(2)掌握双闭环不可逆直流调速系统的调试步骤、方法及参数的整定。

(3)研究调节器参数对系统动态性能的影响。

二、实验所需挂件及附件(表 8-8)

表 8-8　双闭环直流调速系统实验所需挂件及附件

序号	型号	名称	数量	单位
1	THMDK-3	电源控制屏	1	台
2	MDK-08	低压直流电源及给定组件	1	组
3	MDK-31	直流仪表组件	1	组
4	MDK-62	晶闸管主电路模块	1	块
5	EZT3-11	功放电路模块 I	1	块
6	EZT3-12	功放电路模块 II	1	块
7	EZT3-13	功放电路模块 III	1	块
8	EZT3-15	调节器 I	1	块
9	EZT3-16	调节器 II	1	块
10	EZT3-17	电流反馈及过流保护	1	块
11	EZT3-19	可调电阻、电容模块	2	块
12	EZT3-10	TC787 触发电路模块	1	块
13		单相可调电阻箱	1	台
14		双踪示波器	1	台
15		万用表	1	只
16		机组一	1	台

三、实验线路及原理

许多生产机械,由于实际加工和运行的要求电动机经常处于启动、制动、反转的过渡过程中,因此启动和制动过程的时间在很大程度上决定了生产机械的生产效率。为缩短这一部分时间,仅采用 PI 调节器的转速负反馈单闭环调速系统,其性能无法满足要求和生产需要。双闭环直流调速系统由速度调节器和电流调节器进行综合调节,可获得良好的静、动态性能(两个调节器均采用 PI 调节器),由于调整系统的主要参量为转速,故将转速环作为主环放在外面,电流环作为副环放在里面,这样可以抑制电网电压扰动对转速的影响。实验系统的原理框图如图 8-4 所示。

启动时,加入给定电压 U_g,速度调节器和电流调节器即以饱和限幅值输出,使电动机以限定的最大启动电流加速启动,直到电动机转速达到给定转速(即 $U_g = U_{fn}$),并在出现超调后,速度调节器和电流调节器退出饱和,最后稳定在略低于给定转速值下运行。

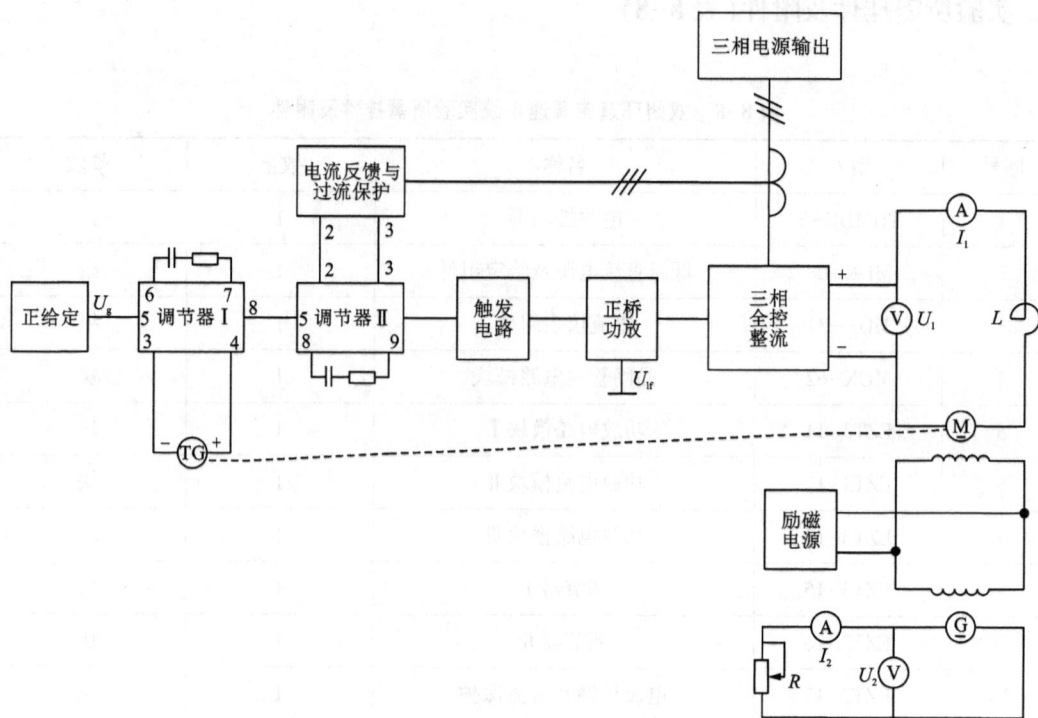

图 8-4 双闭环直流调速系统原理框图

系统工作时,要先给电动机加励磁,改变给定电压 U_g 的大小即可方便地改变电动机的转速。速度调节器、电流调节器均设有限幅环节,速度调节器的输出作为电流调节器的给定,利用速度调节器的输出限幅可达到限制启动电流的目的。电流调节器的输出作为触发电路的控制电压 U_{ct},利用电流调节器的输出限幅可达到限制最大转速反馈系数 α_{max} 的目的。

在本实验中调节器 I 作为速度调节器使用,调节器 II 作为"电流调节器"使用。

四、实验内容

(1)各控制单元调试。

(2)测定电流反馈系数 β、转速反馈系数 α。

(3)测定开环机械特性及高、低转速时系统闭环静态特性 $n = f(I_d)$。

(4)闭环控制特性 $n = f(U_g)$ 的测定。

(5)观察、记录系统动态波形。

五、预习要求

(1)阅读《电力拖动自动控制系统》教材中有关双闭环直流调速系统的内容,掌握双闭环直流调速系统的工作原理。

(2)理解 PI(比例积分)调节器在双闭环直流调速系统中的作用,掌握调节器参数的选择方法。

（3）了解调节器参数、反馈系数、滤波环节参数的变化对系统动、静态特性的影响。

六、思考题

（1）为什么双闭环直流调速系统中使用的调节器均为 PI 调节器？

（2）转速负反馈的极性如果接反会产生什么现象？

（3）双闭环直流调速系统中哪些参数的变化会引起电动机转速的改变？哪些参数的变化会引起电动机最大电流的变化？

七、实验方法

（1）双闭环调速系统调试原则。

①先单元，后系统，即先将单元的参数调好，然后才能组成系统。

②先开环，后闭环，即先使系统运行在开环状态，然后在确定电流和转速均为负反馈后，才可组成闭环系统。

③先内环，后外环，即先调试电流内环，后调试转速外环。

④先调整稳态精度，后调整动态指标。

（2）低压电源接线。

①将各个模块按照图 7-19 进行布局（不需要的模块摘掉）。从 MDK-08 上引出+15 V、-15 V、GND₁ 3 根线到 TC787 触发电路模块。

②三路功放（选取正桥作为功放电路，反桥摘掉）的+24 V、+15 V、GND、U_{lf} 各自短接在一起，从功放 I 引出+24 V、+15 V、GND 3 根线到 MDK-08 上。

③对于剩余模块的所需低压电源部分按照电压大小短接在一起，然后从靠近 MDK-08 的端口引线数根到 MDK-08 上。电压要一一对应。GND₁ 和 GND₃ 要短接在一起，保证共地。

⑤将 TCA787 的端口 VT'_1—VT'_6 对应接到正桥的功放电路中。实验导线选择最短长度。接线要有顺序，看起来工整。

（3）TC787 触发电路模块的调试。

①打开 THMDK-3 控制屏总电源开关，操作电源控制屏上的三相电网电压指示开关，观察输入的三相电网电压是否平衡。

②将电源控制屏上的输出可调端线电压（线与线之间电压）调至 380 V。

③从单相交流固定电源 220 V 引线给 MDK-08 组件供电，从主电路电源可调端 U、V、W 与三相整流用变压器端 A、B、C 对应连接，然后将三相同步信号端 a、b、c 对应加到 TC787 触发电路模块上。

④按下"启动"通电后，能够从 TC787 触发电路模块上标名测试端口观察锯齿波和三相同步电压信号（可通过调节电位器 RP_{a1}、RP_{b1}、RP_{c1} 改变三相同步信号的幅值大小，保持三相同步信号对称）。

⑤将 MDK-08 上的给定输出 U_g 直接与 TC787 触发电路模块上的移相控制电压 U_{ct} 相接，将给定开关 S_2 拨到接地位置（即 $U_{ct}=0$），调节 TC787 触发电路模块上的偏移电压电位器 RP_2，用双踪示波器观察 A 相同步电压信号和 VT_1 的输出波形，使 $\alpha=150°$（注意此处的 α 表示三相晶闸管电路中的移相角，它的 0° 从自然换流点开始计算，前面实验中的单相晶闸管电路的 0° 移相角表示从同步信号过零点开始计算，两者存在相位差，前者比后者滞后 30°）。

⑥适当增加给定 U_g 的正电压输出,观测 TC787 触发电路模块的脉冲波形,此时通过切换模块上的钮子开关应观测到单窄脉冲和双窄脉冲。实验中使用双窄脉冲。

⑦将正桥功放电路模块上的端口 U_{lf} 接 GND,将功放电路的放大触发信号端口(端口 G^*、端口 K^*)对应加载到晶闸管主电路模块上。按照三相桥式全控整流线路进行晶闸管主电路的接线。

(4)控制单元调试。

操作方法详见实验三十七。

(5)开环外特性的测定。

①TC787 触发电路模块控制电压 U_{ct} 由 MDK-08 上的给定输出 U_g 直接接入。三相全控整流电路负载接机组—直流电动机(在机组—电动机和发电机励磁都接入直流 220 V 电源的情况下,才能给电动机电枢通电),L_d 用控制屏面板上的 100 mH,直流发电机接负载单相电阻箱 R,负载电阻箱放在最大值,输出给定调到零。

②按下"启动"按钮,先接通励磁电源,然后从零开始逐渐增加给定电压 U_g,使电机启动升速,转速到达 1200 r/min。

③增大负载(即减小负载电阻 R 阻值),使得电动机电流 $I_d = I_{ed} = 5$ A,可测出该系统的开环外特性 $n = f(I_d)$,记录于表 8-9 中。

表 8-9　开环外特性的测定数据记录

$n/(\text{r} \cdot \text{min}^{-1})$							
I_d/A							

将给定退到零,断开励磁电源,按下"停止"按钮,结束实验。

(6)系统静态特性测试。

①按图 8-4 接线,MDK-08 上的给定电压 U_g 输出为正给定,转速反馈电压为负电压,直流发电机接负载电阻 R,L_d 用控制屏面板上的 100 mH,负载电阻放在最大值,给定的输出调到零。将调节器 I、调节器 II 都接成 PI(比例积分)调节器后接入系统,形成双闭环不可逆系统,按下启动按钮,接通励磁电源,增加给定,观察系统能否正常运行,确认整个系统的接线正确无误后,缓慢增加给定,增大转速,构成实验系统。

②机械特性 $n = f(I_d)$ 的测定。

A. 发电机先空载(发电机电枢回路接一开关,开关处于断开状态),让发电机的电流从零开始(这时电动机电流将从实际空载电流开始),逐渐调大给定电压 U_g,使电动机转速接近 $n = 1200$ r/min,然后接入发电机负载电阻 R_L,逐渐改变负载电阻,直至 $I_d = I_{ed} = 5$ A,即可测出系统静态特性曲线 $n = f(I_d)$,并记录于表 8-10 中。

表 8-10　$n = 1200$ r/min 系统静态特性曲线 $n = f(I_d)$ 数据记录

$n/(\text{r} \cdot \text{min}^{-1})$	1200	1200	1200	1200	1200	1200	1200
I_d/A							

B.降低 U_g，再测试 $n = 800$ r/min 时的静态特性曲线，并记录于表 8-11 中。

表 8-11　$n = 800$ r/min 系统静态特性曲线 $n = f(I_d)$ 数据记录

$n/(\mathrm{r \cdot min^{-1}})$	800	800	800	800	800	800	800
I_d/A							

C.闭环控制系统 $n = f(U_g)$ 的测定。

调节 U_g 及 R，使 $I_d = I_{ed}$、$n = 1200$ r/min，逐渐降低 U_g，记录 U_g 和 n，即可测出闭环控制特性 $n = f(U_g)$，并记录于表 8-12 中。

表 8-12　闭环控制系统 $n = f(U_g)$ 的数据测定

$n/(\mathrm{r \cdot min^{-1}})$							
U_g/V							

八、实验报告

(1)根据实验数据，画出闭环控制特性曲线 $n = f(U_g)$。

(2)根据实验数据，画出两种转速时的闭环机械特性 $n = f(I_d)$。

(3)根据实验数据，画出系统开环机械特性 $n = f(I_d)$，计算静差率，并与闭环机械特性进行比较。

(4)分析系统动态波形，讨论系统参数的变化对系统动、静态性能的影响。

九、注意事项

(1)参见实验三十八的注意事项。

(2)直流电机必须在励磁绕组通电的情况下才能给电枢进行通电，否则可能造成电枢短路或飞车事故，非常危险。

(3)转速反馈在转速表下方两个 3 号弱点柱端口，标记有正负。

(4)功放电路的 U_{lf} 端口必须在确保 TC787 触发电路正确的情况下才能接地，在不需要的情况下，一般接+15 V 高电平。

实验四十　逻辑无环流可逆直流调速系统实验

一、实验目的

(1)了解、熟悉逻辑无环流可逆直流调速系统的原理和组成。

(2)掌握各控制单元的原理、作用及调试方法。

（3）掌握逻辑无环流可逆直流调速系统的调试步骤和方法。

（4）了解逻辑无环流可逆直流调速系统的静态特性和动态特性。

二、实验所需挂件及附件(表8-13)

表 8-13　逻辑无环流可逆直流调速系统实验所需挂件及附件

序号	型号	名称	数量	单位
1	THMDK-3	电源控制屏	1	台
2	EZT3-11	功放电路模块Ⅰ	2	块
3	EZT3-12	功放电路模块Ⅱ	2	块
4	EZT3-13	功放电路模块Ⅲ	2	块
5	EZT3-15	调节器Ⅰ	1	块
6	EZT3-17	电流反馈及过流保护	1	块
7	EZT3-10	TC787触发电路模块	1	块
8	MDK-08	低压直流电源及给定组件	1	件
9	MDK-31	直流仪表组件	1	组
10	MDK-61	反号器模块	1	块
11	MDK-62	晶闸管主电路模块	2	块
12	MDK-64	逻辑控制模块	1	块
13	MDK-65	转矩极性零电平模块	1	块
14	—	单相可调电阻箱	1	台
15	—	双踪示波器	1	台
16	—	万用表	1	只
17	—	机组一	1	台

三、实验线路及原理

在此之前的晶闸管直流调速系统实验，由于晶闸管的单向导电性，用一组晶闸管对电动机供电，只适用于不可逆运行。而在某些场合中，要求电动机既能正转，也能反转，并要求在减速时产生制动转矩，加快制动时间。

要改变电动机的转向有以下方法，一是改变电动机电枢电流的方向，二是改变励磁电流的方向。由于电枢回路的电感量比励磁回路的要小，因此电枢回路有较小的时间常数，可满足某些设备对频繁启动、快速制动的要求。

本实验的主回路由正桥及反桥反向并联组成，并通过逻辑控制单元来控制正桥和反桥的工作与关闭，并保证在同一时刻只有一组桥路工作，另一组桥路不工作，避免环流产生。由于没有环流，主回路不需要再设置平衡电抗器，但为了限制整流电压幅值的脉动和尽量使整流电流连续，仍然保留了平波电抗器。

该控制系统主要由速度调节器、电流调节器、反号器、转矩极性鉴别、零电平检测、逻辑控制、转速变换等环节组成。图 8-5 所示为逻辑无环流可逆直流调速系统原理框图，图 8-6 所示为实验模块布局图。

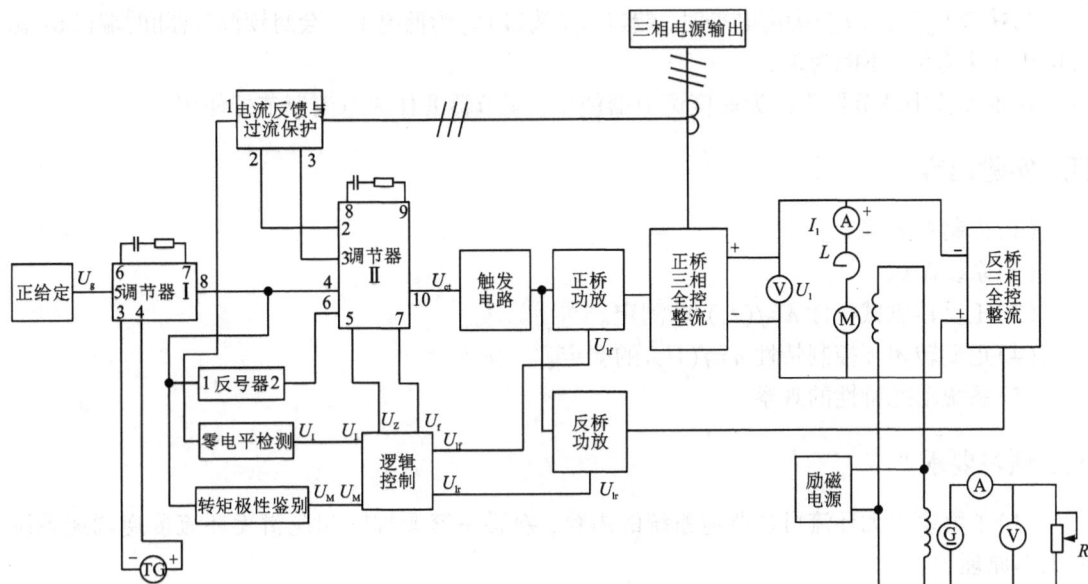

图 8-5　逻辑无环流可逆直流调速系统原理图

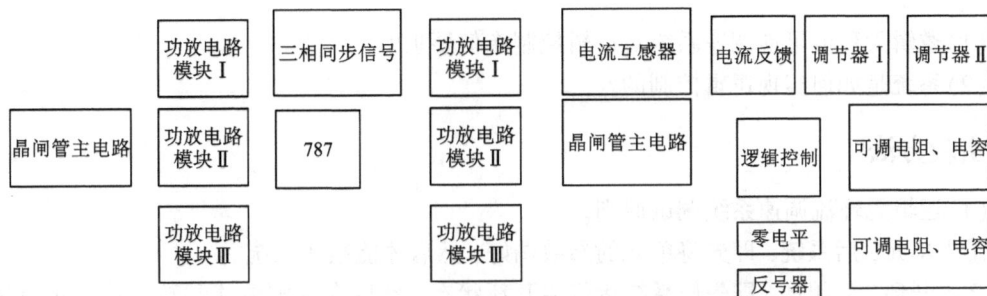

图 8-6　逻辑无环流可逆直流调速系统实验模块布局图

正向启动时，给定电压 U_g 为正电压，逻辑控制的输出端 U_{lf} 为"0"态，U_{lr} 为"1"态，即正桥触发脉冲开通，反桥触发脉冲封锁，主回路正桥三相全控整流工作，电机正向运转。

当 U_g 反向时，整流装置进入本桥逆变状态，而 U_{lf}、U_{lr} 不变，当主回路电流减小并过零后，U_{lf}、U_{lr} 输出状态转换，U_{lf} 为"1"态，U_{lr} 为"0"态，即进入它桥制动状态，使电机降速至设定的转速后再切换成反向电动运行；当 $U_g=0$ 时，则电机停转。

反向运行时，U_{lf} 为"1"态，U_{lr} 为"0"态，主电路反桥三相全控整流工作。

逻辑控制模块端口 U_{lf}(端口 U_z)和端口 U_{lr}(端口 U_f)作用：

U_z 接调节器 II 的端口 5，U_f 对应接到调节器 II 的端口 7。

U_{lf} 接到正桥功放电路的端口 U_{lf}，功放电路模块 Ⅰ、Ⅱ、Ⅲ 的端口 U_{lf} 要短接在一起。

U_{lr} 接到反桥功放电路的端口 U_{lr}，功放电路模块 Ⅰ、Ⅱ、Ⅲ 的端口 U_{lf} 要短接在一起。

正桥与反桥的端口 U_{lf} 不能短接。

当端口 U_{lf}（端口 U_{z}）为低电平时，端口 U_{lr}（端口 U_{f}）为高电平时会封锁调节器Ⅱ的端口 4；保证电机转速为正，不能为负。

当端口 U_{lf}（端口 U_{z}）为高电平时，端口 U_{lr}（端口 U_{f}）为低电平时会封锁调节器Ⅱ的端口 6；保证电机转速为负，不能为正。

在本实验中调节器Ⅰ作为速度调节器使用，调节器Ⅱ作为电流调节器使用。

四、实验内容

(1)控制单元调试。

(2)系统调试。

(3)正反转机械特性 $n=f(I_{\mathrm{d}})$ 的测定。

(4)正反转闭环控制特性 $n=f(U_{\mathrm{g}})$ 的测定。

(5)系统动态特性的观察。

五、预习要求

(1)了解逻辑无环流可逆调速系统的内容，熟悉系统原理图和逻辑无环流可逆调速系统的工作原理。

(2)掌握逻辑控制器的工作原理及其在系统中的作用。

六、思考题

(1)逻辑无环流可逆调速系统对逻辑控制有何要求？

(2)系统是如何实现逻辑控制的？

七、实验方法

(1)逻辑无环流调速系统调试原则。

①先单元，后系统，即先将单元的参数调好，然后才能组成系统。

②先开环，后闭环，即先使系统运行在开环状态，然后在确定电流和转速均为负反馈后才可组成闭环系统。

③先双闭环，后逻辑无环流，即先使正、反桥的双闭环正常工作，然后再组成逻辑无环流。

④先调整稳态精度，后调动态指标。

(2)低压电源接线。

①将各个模块按照实验模块布局图进行布局。从 MDK-08 上引出+15 V、-15 V、GND₁ 3 根线到 TC787 触发电路模块。

②以左边为正桥，正桥三路功放的+24 V、+15 V、GND、U_{lf} 各自短接在一起，从功放电路模块Ⅰ引出+24 V、+15 V、GND 3 根线到 MDK-08 上。

③以右边为反桥，反桥三路功放的+24 V、+15 V、GND、U_{lf} 各自短接在一起，从功放电

路模块 I 引出+24 V、+15 V、GND 到 MDK-08 上。

④对于剩余模块的所需低压电源部分按照电压大小短接在一起，然后从靠近 MDK-08 的端口引线数根到 MDK-08 上。电压要一一对应。GND_1 和 GND_3 要短接在一起，保证共地。

⑤将 TCA787 触发电路模块的端口 $VT_1' \sim VT_6'$ 对应接到正桥和反桥的功放电路中，先接正桥的，再接反桥的。实验导线选择最短长度。接线要有序，看起来工整。

（3）TC787 触发电路模块的调试。

①打开 THMDK-3 控制屏总电源开关，操作电源控制屏上的三相电网电压指示开关，观察输入的三相电网电压是否平衡。

②将电源控制屏上的输出可调端线电压（线与线之间电压）调至 380 V。

③从单相直流固定电源引线给 MDK-08 组件供电，从主电路电源可调端与三相整流用变压器对应连接，然后将三相同步信号端 a、b、c 对应加到 TC787 触发电路模块上。

④按下"启动"通电后，能够从 TC787 触发电路模块上测试端口观察锯齿波和三相同步电压信号（可通过调节电位器改变三相同步信号的幅值大小，保持三相同步信号对称）。

⑤将 MDK-08 上的给定输出 U_g 直接与 TC787 触发电路模块上的移相控制电压 U_{ct} 相接，将给定开关 S_2 拨到接地位置（即 $U_{ct}=0$），调节 TC787 触发电路模块上的偏移电压电位器 RP_2，用双踪示波器观察 A 相同步电压信号和 VT_1 的输出波形，使 $\alpha=150°$（注意此处的 α 表示三相晶闸管电路中的移相角，它的 0° 从自然换流点开始计算，前面实验中的单相晶闸管电路的 0° 移相角表示从同步信号过零点开始计算，两者存在相位差，前者比后者滞后 30°）。

⑥适当增加给定 U_g 的正电压输出，观测 TC787 触发电路模块的脉冲波形，此时通过切换模块上的钮子开关应观测到单窄脉冲和双窄脉冲。

⑦将正桥功放电路模块上的端口 U_{lf} 接 GND，将功放电路的放大触发信号端口（端口 G^*、端口 K^*）对应加载到晶闸管主电路模块上。按照三相桥式全控整流线路进行晶闸管主电路的接线。

（4）控制单元调试。

操作方法详见实验三十七。

（5）系统调试。

根据图 8-5 接线，组成逻辑无环流可逆直流调速实验系统，首先将控制电路接成开环（即 TC787 触发电路模块的移相控制电压 U_{ct} 由 MDK-08 上的给定直接提供），要注意的是 U_{lf}、U_{lr} 不可同时接地，因为正桥和反桥首尾相连，加上给定电压时，正桥和反桥的整流电路会同时开始工作，造成两个整流电路直接发生短路，电流迅速增大，要么过流保护报警跳闸，要么烧毁保护晶闸管的保险丝，甚至还有可能会烧坏晶闸管。所以较好的方法是对正桥和反桥分别进行测试：先将正桥功放电路使能端 U_{lf} 接地，反桥功放使能端 U_{lf} 悬空。慢慢增加 MDK-08 的给定电压值，使电机开始提速，确保最高转速为 1500 r/min；正桥测试好后将反桥功放使能端 U_{lf} 接地，正桥功放的 U_{lf} 悬空，同样慢慢增加 MDK-08 的给定电压值，使电机开始提速，确保最高转速为 1500 r/min。

当正桥和反桥一方在已有条件下，调节给定电压时，转速超过 1500 r/min，调节 TC787 触发电路模块，确保最高转速为 1500 r/min。

开环测试好后，开始测试双闭环，按照实验原理图把双闭环接线。正桥和反桥功放的使能端 U_{lf} 同样不可同时接地。将正桥功放使能端 U_{lf} 接地，反桥功效的 U_{lf} 接+15 V，慢慢增加

MDK-08 的给定电压值,观测电机是否受控制(速度随给定的电压变化而变化)。

在轻载(电阻箱阻值为最大值 230 Ω)时,调节给定,使转速达到 1500 r/min,减小电阻箱阻值,转速不变,电流增大;继续减小电阻箱阻值,转速减小,电流稳定在 5 A 左右。

正桥测试好后,将 MDK-08 的反桥功放使能端 U_{lf} 接地,正桥功效的 U_{lf} 悬空,观测反桥工作电机是否受控制,实验效果如正桥。因为反桥主电路是负值电压加到电机的,所以此时要将接入电机的两根线互换一下,确保电机正转。开环和闭环中正、反两桥都测试好后,就可以开始逻辑无环流的实验。

按照逻辑无环流原理图把实验导线接好。用万用表测量逻辑控制的逻辑值正确。电机不转时,零电平检测输出+15 V 左右,将所有功放 U_{lf} 端接+15 V 后,给定输出为正,逻辑控制端口 U_z 输出为 0 V 左右,U_F 输出为+15 V;给定输出为负,逻辑控制端口 U_F 输出为 0,U_z 输出为+15 V。

在确保以上条件的情况下,给定输出为正,调节转速到 1200 r/min 左右,然后给定输出为负,调节转速到-1200 r/min 左右。将给定直接由正输出与负输出来回切换,电机转速会在正负 1200 r/min 之间来回切换。将给定开关拨到停止,电机转速下降为零。

(6)机械特性 $n=f(I_d)$ 的测定。

当系统正常运行后,改变给定电压,测出并记录当 n 分别为 1200 r/min、800 r/min 时的正、反转机械特性 $n=f(I_d)$,方法与双闭环实验相同。实验时,将发电机的负载 R 逐渐增加(减小电阻 R 的阻值),使电动机负载从轻载增加到直流并励电动机的负载为 $I_d=I_{ed}$。记录实验数据于表 8-14、表 8-15 中。

表 8-14　$n=1200/800$ r/min 电机机械特性 $n=f(I_d)$ 曲线数据记录(正转)

$n/(\text{r} \cdot \text{min}^{-1})$	1200	1200	1200	1200	1200	1200	1200
I_d/A							
$n/(\text{r} \cdot \text{min}^{-1})$	800	800	800	800	800	800	800
I_d/A							

表 8-15　$n=1200/800$ r/min 电机机械特性 $n=f(I_d)$ 曲线数据记录(反转)

$n/(\text{r} \cdot \text{min}^{-1})$	1200	1200	1200	1200	1200	1200	1200
I_d/A							
$n/(\text{r} \cdot \text{min}^{-1})$	800	800	800	800	800	800	800
I_d/A							

(7)闭环控制特性 $n=f(U_g)$ 的测定。

从正转开始逐步增加正给定电压,记录实验数据于表 8-16 中。

表 8-16　闭环控制特性 n=f(U_g) 数据记录(正转)

$n/(\text{r} \cdot \text{min}^{-1})$							
U_g/V							

从反转开始逐步增加负给定电压,记录实验数据于表 8-17 中。

表 8-17　闭环控制特性 n=f(U_g) 数据记录(反转)

$n/(\text{r} \cdot \text{min}^{-1})$							
U_g/V							

八、实验报告

(1)根据实验结果,画出正、反转闭环控制特性曲线 $n=f(U_g)$ 。

(2)根据实验结果,画出两种转速时的正、反转闭环机械特性 $n=f(I_d)$,并计算静差率。

(3)分析调节器 I 、调节器 II 参数变化对系统动态过程的影响。

(4)分析电机从正转切换到反转过程中,电机经历的工作状态,系统能量转换情况。

九、注意事项

(1)参见实验三十八的注意事项。

(2)在调试零电平检测时,不明原因导致电机不转时电流反馈与过流保护模块端口 2 仍可能有小电压。所以在调试时,确保在这个小电压时,零电平检测一直输出高电平。

(3)实验时,应保证逻辑控制工作逻辑正确后才能使系统正、反向切换运行。

(4)MDK-08 上的低电压模块之间不共地,实验时必须将地短接在一起。

实验四十一　逻辑无环流可逆系统实验(电气工程与自动化专业)

一、实验目的

(1)理论联系实际,把"运动控制系统""电力电子技术"等课程所学的理论应用于实际,掌握和巩固逻辑无环流可逆系统的组成原理和主要优缺点。

(2)熟悉和掌握逻辑无环流可逆系统的调试方法和步骤。

(3)通过实验,分析和研究系统的静态堵转特性及动态特性,并研究调节器参数对动态品质的影响。

(4)通过实验,使同学提高实际操作能力,并在实验中培养分析和解决问题的能力。

二、实验要求

1.预习要求

(1)实验前必须掌握实验系统方框原理图、系统图及实验系统各个单元的工作原理。

（2）熟悉 MPD-15 实验装置的结构、面板布置及系统主要设备的参数。

（3）实验前必须认真阅读实验指导书，拟定实验的具体操作步骤，列出所需记录的数据表格，实验前由教师进行抽查，如发现未预习者，不得参加实验。

2. 实验指标要求

（1）电流超调量 $\sigma_i\% \leqslant 5\%$，并记录有关参数对 σ_i 的影响，用理论计算并分析误差的原因。

（2）由突加给定到稳态的过渡过程中，转速超调量 $\sigma_n\% \leqslant 10\%$，并记录波形，用理论计算分析误差原因。

（3）用示波器测定系统启动、制动、由正转稳态运行到反转稳态运行的过渡时间。

（4）稳态转速无静差。

3. 实验报告要求

（1）画出组成实验系统的实验线路的方框图和原理图。

（2）实验的内容、步骤和方法，实验测定的结果数据曲线和波形图。

（3）分析参数的关系。

（4）提出对本实验的改进意见。

三、实验系统的简介及操作说明

调速系统的原理框图如图 8-7 所示。

1. 系统简介

（1）实验系统为典型的电流、速度双闭环系统，采用逻辑选触无环流的控制方式，只用一个电流调节器和一组触发器，简化了系统的结构，便于系统参数的调整。

（2）由于电流反馈信号 U_i 的极性不能改变，故用逻辑控制单元来指挥切换电流给定信号 U_i^* 的极性，以实现电流的负反馈控制。

（3）只因为采用一组触发器，故正、反组脉冲输出用逻辑控制单元来指挥切换，以实现无环流控制。

（4）实验系统在触发器单元人为增设了 SZ、SZ_1、SZ_2（正组）、SF、SF_1、SF_2（反组）及 GZ、GZ_1、GND_1（正组）、GF、GF_1、GND_2（反组）插孔和正组、反组脉冲电源开关，目的是简化实验线路的连接与步骤，使做实验时更加方便和安全。具体见操作说明。

（5）实验系统增设了零速封锁单元，当速度给定信号 U_n^* 和速度反馈信号 U_n 为 0 V 时，速度调节器 ASR、电流调节器 ACR 的输入-输出端被电子开关短接，即输出为零，目的是防止放大器的零点漂移和其他的扰动信号的窜入使电机爬行或运行而造成事故。若要对 ASR、ACR 进行单元调试时，必须要解除封锁，即在给上述两个单元控制信号时，同时也要给零速封锁单元控制信号。

2. 操作说明（注：这只是操作说明，不要急于接线）

（1）主回路操作说明。

①合上墙壁上三相电源开关，实验台带电，进线电源指示灯亮。

②合上 QF_1，操作电路得电，操作电源指示灯亮。在此操作下：

A. 按启动按钮，则主回路得电；

B. 拨控制挂箱上的电源开关，控制挂箱便接通了工作电源；

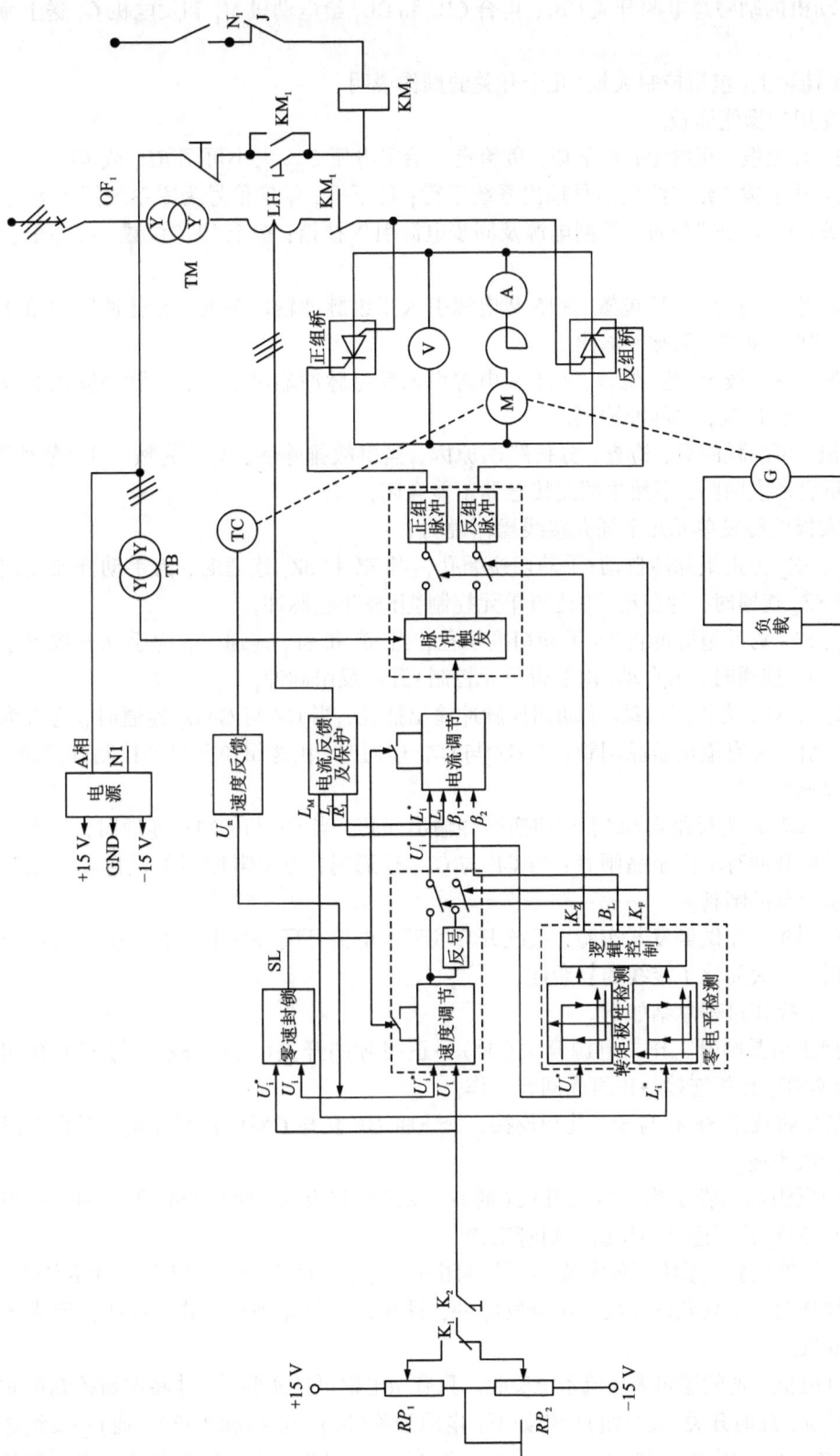

图 8-7　调速系统的原理图

C. 合电动机的励磁总电源开关 CB_1，再合 CB_2 和 CB_3 给电动机 M_1 和发电机 G_1 送上励磁电源。

（2）模拟挂箱上（包括控制大板）几个开关的操作说明。

①挂箱左边的操作面板。

K_1 开关：往上拨，正给定；往下拨，负给定。给定电压 U_{GD} 大小可调 RP_1 或 RP_2。

K_2 开关：往上拨，允许给定信号输出系统运行；往下拨，给定信号为零系统停止运行。

电源开关：拨至"通"位置，控制电源及同步电源引入挂箱；拨至"断"位置，挂箱的全部电源被切断。

正组脉冲开关：拨至"通"位置，+15 V 电源引入正组脉冲输出单元，有脉冲输出给正组晶闸管；拨至"断"位置，无脉冲输出。

反组脉冲开关：拨至"通"位置，+15 V 电源引入反组脉冲输出单元，有脉冲输出给反组晶闸管；拨至"断"位置，无脉冲输出。

复位按钮：事故跳闸后，检查、分析跳闸原因，当事故排除后，必须先按一下"复位"按钮，才能重新启动主回路，不然主回路接触器不能合闸。

②控制大板的触发单元几个插孔接线操作说明。

SZ、SZ_1、SZ_2 为正组脉冲自动/手动切换插孔，当 SZ 和 SZ_1 连通时，为手动开放正组脉冲；当 SZ 和 SZ_2 连通时，为自动（由逻辑单元控制）开放正组脉冲。

SF、SF_1、SF_2 为反组脉冲自动/手动切换插孔，当 SF 和 SF_1 连通时，为手动开放反组脉冲；当 SF 和 SF_2 连通时，为自动（由逻辑单元控制）开放反组脉冲。

GZ、GZ_1、GND_1 为正组自动/手动切换脉冲输出插孔，当 GZ 与 GND_1 连通时，为人为手动接地，使正组脉冲有输出至晶闸管；当 GZ 与 GZ_1 连通时，由逻辑单元自动控制其接地，有脉冲输出至晶闸管。

GF、GF_1、GND_2 为反组自动/手动切换脉冲输出插孔，当 GF 与 GND_2 连通时，为人为手动接地，使反组脉冲有输出至晶闸管；当 GF 与 GF_1 连通时，由逻辑控制单元自动控制其接地，有脉冲输出至晶闸管。

这样做的目的：在做触发器实验、系统开环实验、电流环闭环实验、不可逆的电流速度双闭环实验时，大大简化了接线的复杂性。

综合上述，操作过程总结如下。

①手动使正组晶闸管工作。电源开关（通）→正组脉冲开关（通）→SZ 孔与 SZ1 孔相连接→GZ 孔与 GND_1 孔相连接→正组晶闸管工作。

注意：禁止将反组 SF 孔与 SF_1 孔相连接，禁止将 GF 孔与 GND_2 孔相连接，否则会形成环流短路而造成事故。

②手动使反组晶闸管工作。电源开关（通）→反组脉冲开关（通）→SF 孔与 SF_1 孔相连接→GF 孔与 GND_2 孔相连接→反组晶闸管工作。

说明：触发器实验、系统开环实验、电流环闭环实验、不可逆的电流速度双闭环实验，必须遵循上述操作过程，只允许开放一组触发脉冲，只允许一组晶闸管工作，否则会形成环流短路，造成事故。

③双闭环电枢可逆的逻辑无环流系统实验。只有做电枢可逆实验时，才将逻辑控制单元接入系统参与控制，此时开关（或按钮）操作如下：电源开关（通）→正组脉冲开关（通）→反组脉冲开关（通）→SZ-SZ_2、SF-SF_2、GZ-GZ_1、GF-GF_1 连接好，此时完全由逻辑控制单元来控制其工

作。经检查接线无误后，才能按下主回路的"启动"按钮，开始做反并联可逆电路的实验。

四、实验方法与步骤

系统总的调试步骤：先单元，后系统；先开环，后闭环；先内环，后外环；先单向（不可逆），后双向（可逆）；先电阻负载，后电动机负载。

五、系统的开环调试

实验线路如图 8-8 所示。

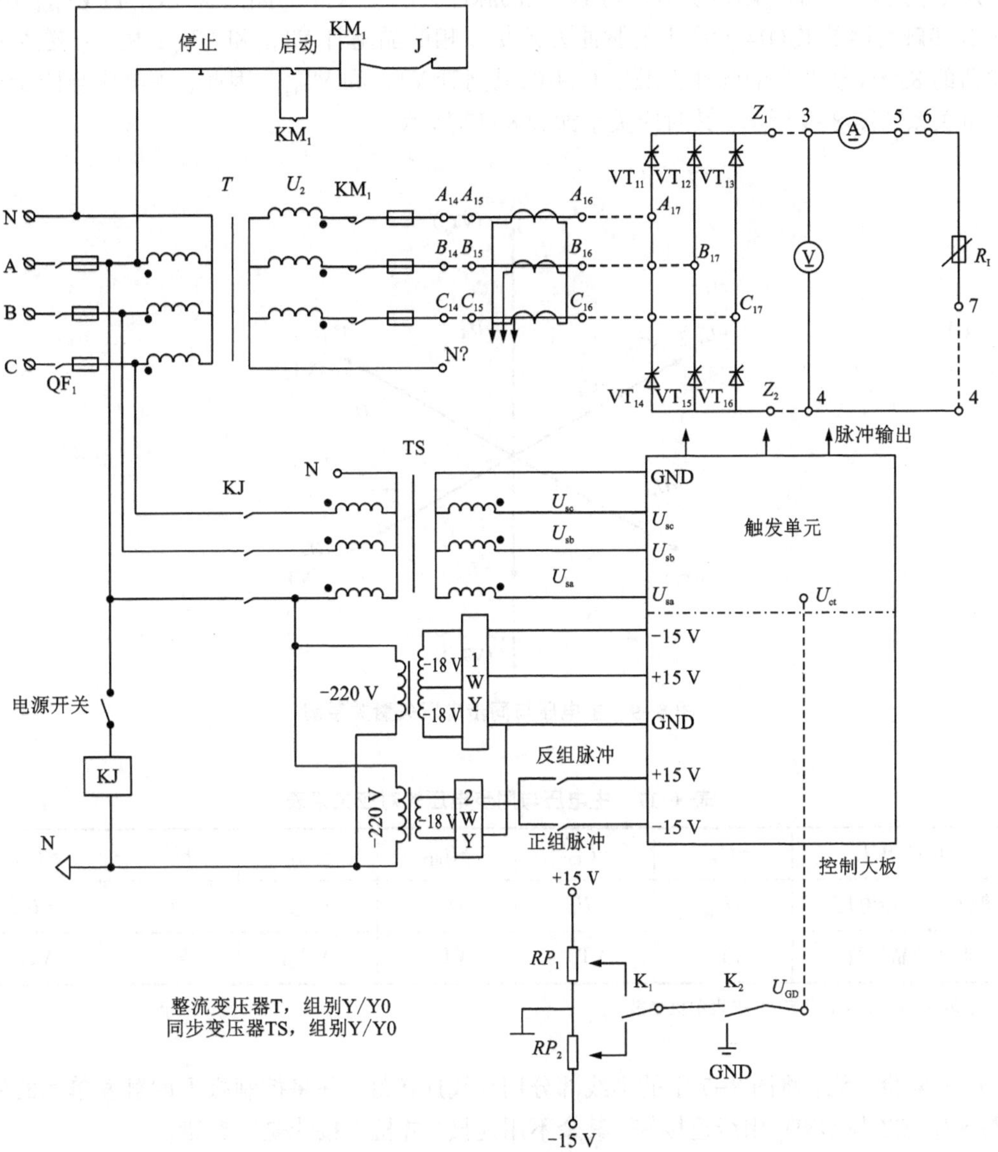

图 8-8　开环系统接线图

注：只将虚线部分用导线连接，实线部分线路已接好。

1. 系统的相位整定

（1）定相分析。

定相目的是根据各相晶闸管各自的导电范围，触发器能给出触发器脉冲，也就是确定触发器的同步电压与其对应的主回路电压之间的正确相位关系，因此必须根据触发器结构原理及主变压器的接线组别确定同步变压器的接线组别。

由 KJ004 组成的三相移相触发电路要求三相交流同步电压 U_{sa}、U_{sb}、U_{sc} 应分别与主回路电源电压 U_{A17}、U_{B17}、U_{C17} 同相位，因此若主电路的整流变压器 TM 的接线组别为 Y/Y-12 型，则要求触发器的同步变压器 TB 的接线组别也为 Y/Y-12 型。其矢量关系图如图 8-9 所示。

用 U_{sa} 送入 A 相触发器的 KJ004 所产生的脉冲去触发 A 相的晶闸管 VT_{11} 和 VT_{14}；用 U_{sb} 送入 B 相触发器的 KJ004 所产生的脉冲去触发 B 相的晶闸管 VT_{13} 和 VT_{16}；用 U_{sc} 送入 C 相触发器的 KJ004 所产生的脉冲去触发 C 相的晶闸管 VT_{15} 和 VT_{12}。因此，主电压与同步电压的矢量关系如图 8-9 所示，其对应关系如表 8-17 所示。

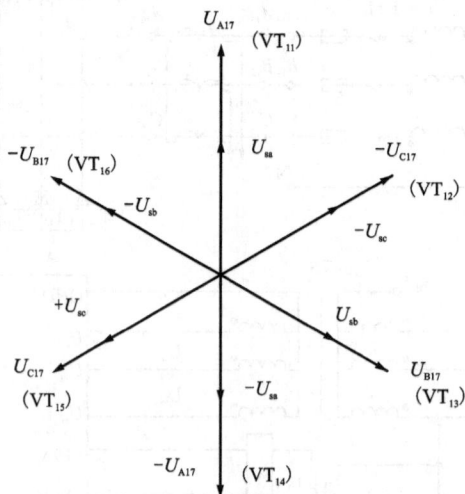

图 8-9　主电压与同步电压矢量关系图

表 8-17　主电压与同步电压的对应关系表

主回路电压	$+U_{A17}$	$-U_{C17}$	$+U_{B17}$	$-U_{A17}$	$+U_{C17}$	$-U_{B17}$
触发器同步电压	$+U_{sa}$	$-U_{sc}$	$+U_{sb}$	$-U_{sa}$	$+U_{sc}$	$-U_{sb}$
被触发晶闸管	VT_{11}	VT_{12}	VT_{13}	VT_{14}	VT_{15}	VT_{16}

注：表中"+"表示正半波，"-"表示负半波。

（2）实验接线：将图 8-7 中的虚线部分用导线连接好，并将控制板上的触发单元的插孔 SZ 与 SZ_1、GZ 与 GND_1 用线连接好，其余不用连接，并检查接线是否有错。

（3）相位相序检查，步骤如下。

①接通三相电源总开关 QF_1。

②将模拟挂箱上左边的电源开关拨至"通"位置，此时，控制箱便接入了直流工作电源也

引入了三相同步电源 U_{sa}、U_{sb}、U_{sc}。

③用示波器观察 U_{sa}、U_{sb}、U_{sc} 孔的相序是否正确，相位是否一次相差 $120°$（注：用示波器的公共端接 GND，其他两个探头分别依次检测三个同步信号）。

2. 触发器的整定（调试）

（1）触发器锯齿波斜率的调试。

①先将触发器的控制信号 $U_{ct} = 0$ V。

②将示波器的两个信号探头检测同一个被测试点（例如 A 孔），示波器的两个探头使用唯一的公共端（注：示波器两个探头各有一个公共端，在示波器内部已经连接好，为避免发生烧坏示波器的事故，只允许一根公共端线作外部检测用）。接 GND 孔，调节示波器上的幅值调整旋钮，使两根线的锯齿波完全重合。调整好后，在斜率检查时不要再动幅值调整旋钮。

③用示波器的一个探头检测 B 孔，观察 A 孔的斜率是否与 B 孔的斜率一致。若不一致，调斜率电位器 RW_{23} 或 RW_{21} 使其一致。

④将观察 A 孔的示波器信号探头移至 C 孔，观察 C 孔的斜率是否与 B 孔的斜率一致。若不一致，调 C 相斜率电位器 RW_{25} 使其一致。

（2）触发器相控特性的整定。

1）系统初相位（脉冲零位）的整定。

触发器中偏移电位器 RW_{22}、RW_{24}、RW_{26} 就是为了整定系统的初始工作状态而设置的。在本系统中，要求 $U_{ct} = 0$ V 时，$U_d = 2.34U_2 \cos \alpha = 0$ V，$\alpha = 90°$，电机应停止不动。

①先设置 $U_{ct} = 0$ V，先调 A 相触发器，用示波器的公共端接 GND 孔，示波器的一个探头接同步信号电压的 U_{sb} 孔（注意：确定横坐标位置，U_{sb} 波形在示波器显示屏上必须上下对称），一信号探头接 11#孔，调节斜率电位器 RW_{22}，使 11#孔双脉冲的第一个脉冲前沿正好位于 U_{sb} 由负到正的过零点处，14#孔脉冲正好位于 U_{sb} 由正到负的过零点处，如图 8-10 所示。再用示波器的一个探头观察 P_A 孔，其波形如图 8-11 实线所示，其 x 宽度$=y$ 的宽度，这就是 $\alpha = 90°$位置。

②仿照上述方法，调 B 相和 C 相触发器的偏移信号 U_p。

B 相：调偏移电位器 RW_{24}，13#双脉冲正好对应于 U_{sc} 由负变正的过零点处，16#孔双脉冲正好对应于 U_{sc} 由正变负的过零点处，P_B 孔的波形与 P_A 孔的波形形状相同。

C 相：调偏移电位器 RW_{26}，15#孔双脉冲正好对应于 U_{sa} 由负变正的过零点处，12#双脉冲正好对应于 U_{sa} 由正变负的过零点处，P_C 孔的波形与 P_A 孔的波形形状相同。

备注："给定为零，$\alpha = 90°$，则输出为零"是有前提条件的，即所带电感为无穷大。事实上不可能达到，故为了保证给定为零输出为零，把 α 调得稍微大于 $90°$。

③验证 α 是否在 $90°$位置，按下列步骤进行。

A. 按图 8-8 接好实验线路，带纯电阻负载；

B. 使 $U_{ct} = 0$ V；

C. 将正组脉冲电源开关置"通"位置；

D. 将孔 SZ-SZ$_1$ 和 GZ-GND$_1$ 分别连接好；

E. 按主回路启动按钮，接通主电路（注：负载电源不要超过 2 A）；

F. 用示波器观察负载两端的电压波形应如图 8-11 所示。

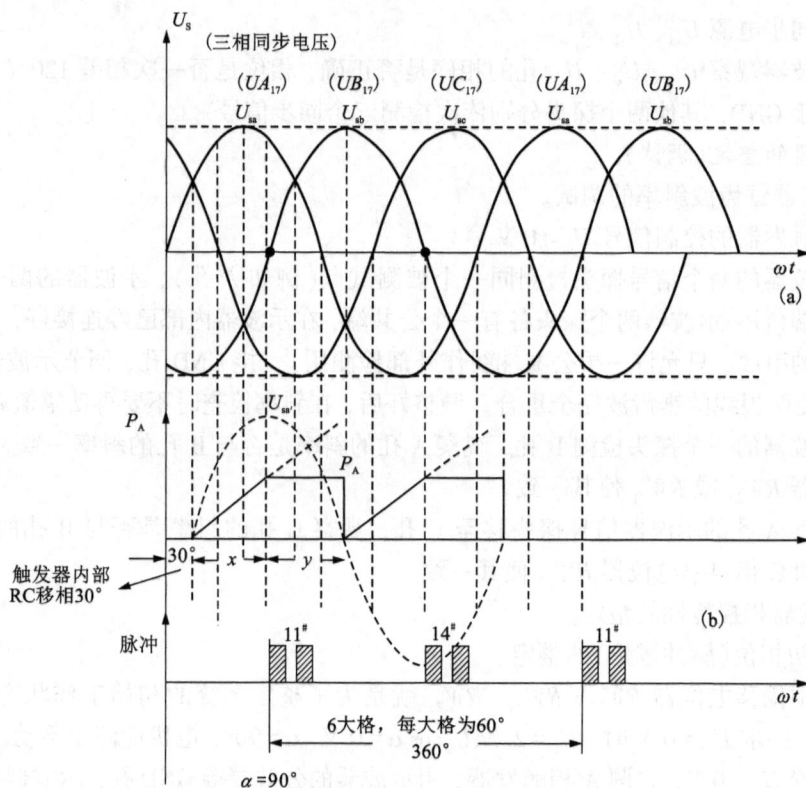

图 8-10 系统初相位(脉冲零位)的整定

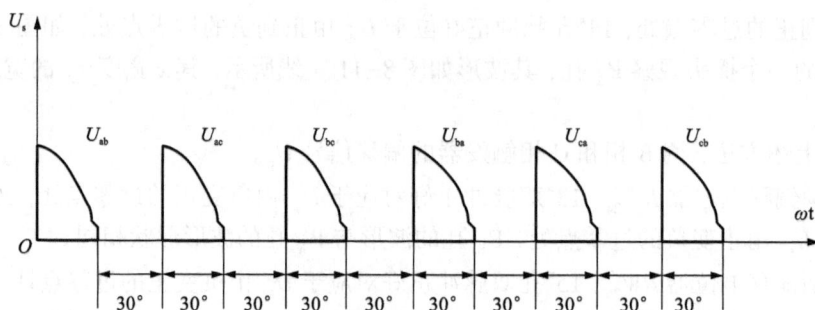

图 8-11 纯电阻负载 $\alpha = 90°$ 的三相桥式整流电压波形

若个别波形不符合上述要求,可微调所对应的斜率电位器和偏移电位器。一旦符合上述波形要求,则所有斜率电位器和偏移电位器不能再动。

④初始相位整定好后,按"停止"按钮,切断主回路的供电。

备注:由于 α 稍微大于 90°,故平直线比斜线要稍微宽些。

2)触发器移相控制特性的整定与 $\pm U_{ctm}$ 的确定。

①将 K_2 开关拨至"停止"位置,即给定为 $U_{ct} = 0$ V,$\alpha = 90°$,用示波器观察 11#孔脉冲,并调整示波器显示如图 8-12 所示的波形(说明:第一个周期 11#孔脉冲的发出到第二个周期 11#孔脉冲的发出正好经历了一个周期时间,即 360°,在示波器上将其分为 6 大格,每大格为 60°)。

②将正给定电位器 RP_1 和负给定电位器 RP_2 逆时针调至零位，再将 K_2 开关拨至运行位置，将 K_1 开关拨至正给定位置，顺时针调 RP_1，使 $U_{ct}>0$ V，脉冲向前移动，若脉冲向前移动了一大格的 $1/2$，即脉冲向前移动了 $30°$，即 $\alpha=60°$，将 α 和 U_{ct} 数据记于表 8-18 中。

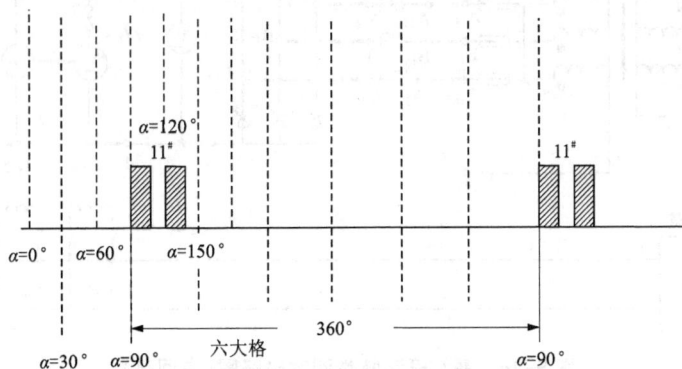

图 8-12　$\alpha=90°$ 调整示波器脉冲显示的波形

表 8-18　α 角所对应的 U_{ct} 值

$U_{ct}>0$ V，$\alpha<90°$			$U_{ct}<0$ V，$\alpha>90°$			
U_{ct}/V		$+U_{ctm}$	$U_{ct}=0$ V		$-U_{ctm}$	
α 角度	脉冲刚消失	30°	60°	90°	120°	150°	脉冲刚消失

③继续增大 $+U_{ct}$，脉冲继续向前移，当脉冲再向前移动一大格的 $1/2$ 时（较 $\alpha=90°$ 时移动了一大格），即脉冲又向前移动了 $30°$，即 $\alpha=30°$，将 α 和 U_{ct} 数据记于表 8-19 中，此时的 α 角作为 $\alpha_{min}=30°$，对应的 U_{ct} 作为 U_{ctm}，作为电流调节器 ACR 输出正限幅值的参数。

④若再增大 $+U_{ct}$，脉冲继续前移，$11^{\#}$孔双脉冲的第一个脉冲刚消失，记录此时的 α 角和对应的 U_{ct}。

⑤将 RP_1 又逆时针回调使 $U_{ct}=0$ V，将 K_1 开关拨至"负给定"位置，顺时针调 RP_2，使 $U_{ct}<0$ V，脉冲后移，将表中 α 角所对应的 $-U_{ct}$ 记入表 8-19 中，$\alpha=150°$ 即 $\beta_{min}=30°$ 所对应的 $-U_{ct}$ 作为 $-U_{ctm}$，作为电流调节器 ACR 输出负限幅值的参数。

⑥做出触发器的移相特性如图 8-13 所示。

⑦脉冲移相范围的确定：当分别给定 $\pm U_{ct}$ 脉冲刚消失，所有移动的 α 角度相加，就是脉冲移动的范围，一般 KJ004 为 $170°$ 左右。

⑧触发器实验做完后，将 RP_1 和 RP_2 逆时针旋转至零位，K_2 拨至停止运行位置。

3. 系统开环运行及特性测试

实验线路在图 8-8 的基础上，将主回路的电阻性负载改为反电动势负载，如图 8-14 所示（只画出了负载改动部分）。

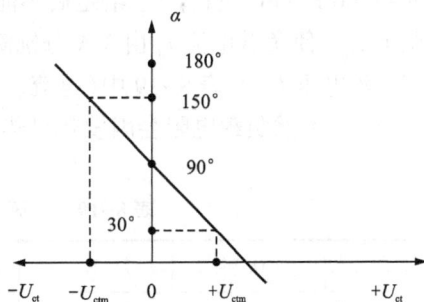

图 8-13　触发器移相控制特性

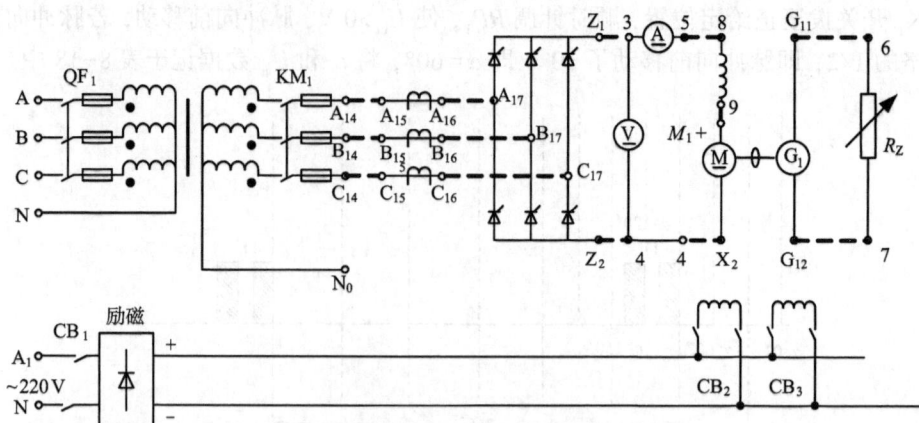

图 8-14 系统开环特性测定电路图（主回路）

（1）先断开 QF_1，按图 8-14 接好实验线路，并检查连线是否有错。

（2）合电源总开关 QF_1→模拟挂箱上电源开关拨至"通"位置→正组脉冲开关拨至"通"位置（注意：反组脉冲电源开关必须拨至"断"位置），控制大板上接线维持原接线不变。

（3）RP_1 和 RP_2 给定电位器逆时针旋转至零位，K_1 开关拨至"正给定"位置，K_2 开关拨至"运行"位置，这时给定信号应为零。

（4）合励磁开关 CB_1、CB_2、CB_3，先给电动机 M_1 和发电机 G_1 加励磁（注意：CB_3 上方的开关 CB_5 必须拨至"断"位置，不然会造成事故）。

（5）按主回路"启动"按钮，此时接通了主回路，由于 $U_{ct} = 0$ V，$\alpha = 90°$，电机应该不旋转。

（6）高速特性测试。

缓慢调节 RP_1 即逐步增加给定电压 $+U_{ct}$，$\alpha < 90°$，使电动机启动、升速。

注意：开环调试时，U_{ct} 不能增加过快，更不能突加给定，不然主回路电流过大而跳闸或因电流过大烧坏其他元器件。

调节 U_{ct} 和负载电阻 R_Z 的大小，使流过电动机的电流（从直流表直接读取）$I_d = I_{dm} = 3$ A，转速 $n = 1200$ r/min（注意：U_{ct} 给定后不能动）。

调节 R_Z，使负载电流 I_d 由 3 A 分别降至 2.5 A、2 A、1.5 A、1 A、0.5 A，记录所对应的转速和整流电压 U_d 至表 8-19 中（电流、电压、转速可以直接从表中读出）。注意：操作过程及记录要快，不然负载电阻会因发热过热而烧坏。

表 8-19 开环高速 $n = f(I_d)$ 特性实验数据

I_d/A	0.5	1	1.5	2	2.5	3
U_d/V						
$n/(\text{r} \cdot \text{min}^{-1})$						

（7）低速特性测试。

缓慢降低 U_{ct}，调节 R_Z，使 $I_d = I_{dm} = 3$ A，$n = 200$ r/min，然后改变 R_Z 使电流由 3 A 逐步降低，记录所对应的转速和整流电压 U_d 值至表 8-20 中（注：若 $n = 200 \sim 300$ r/min，调 R_Z 使电流达不到 3 A 时，就从 R_Z 最小所对应的 I_d 做起）。

表 8-20　开环低速 $n = f(I_d)$ 特性实验数据

I_d/A	0.5	1	1.5	2	2.5	3
U_d/V						
$n/(\mathrm{r \cdot min^{-1}})$						

（8）根据开环高速和低速时的实验数据作出 $n = f(I_d)$ 特性如图 8-15 所示。

（9）根据上述 U_d 和 I_d 值，可测得整流装置外特性：$U_d = f(I_d)$。

备注：由于流过负载电阻的电流很大，所以要求用体积很大的大功率电阻，而实验台的空间有限，只能做到 40 Ω，这样导致实际做实验时 I_d 会很大。

4. 系统各单元的调试与参数整定

（1）电流反馈系数 β 的整定。

系统开环运行，主回路接电枢负载（但电动机不加励磁，将励磁总电源开关 SB$_1$ 拨至"断开"位置）。

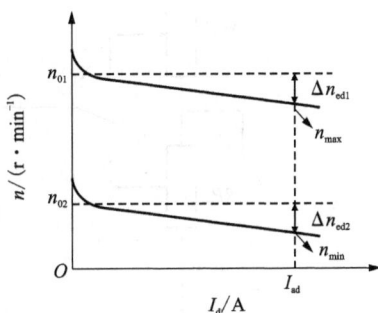

图 8-15　系统的开环特性

电流反馈强度整定：若考虑速度调节器输出的限幅值为 ±8 V，电机最大启动电流为 4 A，缓慢调节 U_{ct}，使 $I_d = 4$ A 时，调整（电流反馈及保护单元）电流反馈电位器 RW_1，使 $U_i = 8$ V。即 $U_{im} \approx U_i^* = \beta I_{dm}$。

$$\beta = U_{im}/I_{dm} = U_{im}^*/I_{dm} = 8\ \mathrm{V}/4\ \mathrm{A} = 2\ \mathrm{V/A}$$

（2）速度反馈系数 α 的整定。

注意：当电机达到 1450 r/min 时，负载电流会很大，为防止负载电阻烧坏，在把转速调上去之前一定要把准备工作都做好再调给定，且在 1450 r/min 停留的时间一定要短。

①先使 $U_{ct} = 0$ V，合电动机的励磁电源开关（将励磁总电源开关 SB$_1$ 及电动机励磁开关 SB$_2$ 拨至"通"位置）。

②缓慢增加给定 +U_{ct}，使电机启动并升速。当电机升速至电机的额定转速 1450 r/min 时，检查"速度反馈单元" U_n 信号的极性是否为负（因是速度负反馈，反馈信号极性必须为负值）。若考虑速度给定 U_n^* 为 8 V 时，对应的转速为 1450 r/min，则调节速度反馈强度电位器 RW_{27}，使速度反馈电压 $U_n = -8$ V，因而可求得速度反馈系数 α。

$$\alpha = U_{nm}/1450\ \mathrm{r/min} = U_{nm}^*/1450\ \mathrm{r/min} = 8\ \mathrm{V}/1450\ \mathrm{r/min} = 0.0055\mathrm{V}/(\mathrm{r \cdot min^{-1}})$$

做完后，先将给定电位器逆时针调至零位，按电源控制的"停止"按钮，切断主回路的供电，再将励磁总电源开关 CB$_1$ 推至"断"位置，切断电动机的励磁电源。

（3）速度调节器 ASR 和电流调节器 ACR 的调试。

①S_1 或 S_2 是调节 PI 参数的微拨开关(共 10 位),其中将 5 位和 10 位开关同时往上拨,调节器为比例调节器。第 1~4 位改变调节器的反馈电阻大小,第 6~9 位改变调节器反馈电容的大小,因此 PI 参数的组合有多种,而且可在线调节 PI 参数(注:开关往上拨为接通,往下拨为切断,在调节 PI 参数时,将第 1~4 位至少拨上一个开关,第 6~9 位至少拨上一个开关后,可把第 5 位和第 10 位开关同时往下拨)。

②ASR 的检查及正、负限幅的整定。

A. 实验线路:将操作面板的 U_{GD} 给定孔分别接入 ASR 的 U_n^* 端和零速封锁单元的 U_n^* 孔,并将 ASR 单元的 U_n 孔接 GND 孔(图 8-16)。

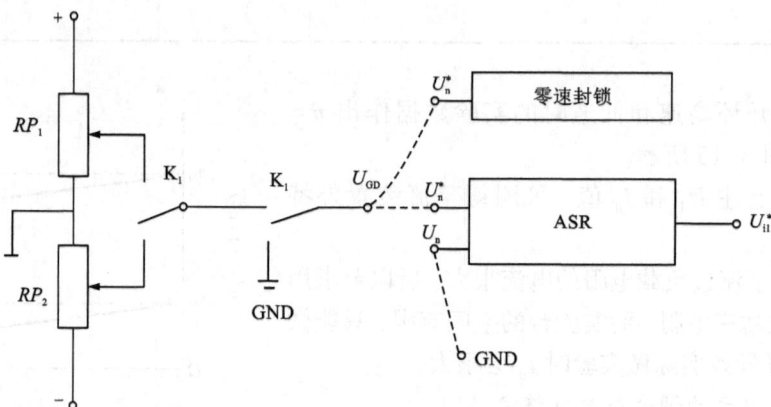

图 8-16 ASR 正、负限幅的整定

B. 将 ASR 单元的 S_1 微拨开关 1 位和 10 位往上拨(其余往下拨),使 ASR 成为 P(比例)调节器。当给定 U_{GD} 为 0 V 时,用万用表测 ASR 输出 U_{i1}^* 应为 0 V。当 U_{GD} 为正时,U_{i1}^* 应为负,U_{GD} 为负时,U_{i1}^* 应为正,说明调节器具有倒相作用。验证后将 U_{GD} 为 0 V。

C. 将 S_1 微拨开关 1~4 位的任一位往上拨,6~9 位的任一位往上拨,再将第 5 位和第 10 位往下拨,ASR 便构成 PI 调节器。

D. 给定正 U_{GD},调节负限幅电位器 R_{W4},使之 U_{i1}^* 为负限幅值(-8 V);给定负 U_{GD},调节正限幅电位器 R_{W3},使之 U_{i1}^* 为正限幅值(+8 V)。

注意:若 U_{GD} 的给定超过±8 V,U_{i1}^* 仍为±8 V,则正、负限幅的调节已完成。

③ACR 的检查及正、负限幅的整定。

A. 实验线路:将操作面板上的 U_{GD} 孔分别接入 ACR 的 U_i^* 孔和零速封锁单元的 U_n^* 孔,并将 ACR 的 U_i、β_1、β_2 孔接 GND(图 8-17)。

B. 其余检查过程与调节 ASR 环节一样,但 ACR 输出必须按表 8-18 中±U_{ctm} 值来限幅。

(4)逻辑控制单元的检查。

逻辑切换的必要和充分条件为:转矩必须要改变极性,主回路电流必须为零。U_i^* 代表转矩极性信号,U_{i0} 代表主回路电流过零信号,因此检测逻辑控制单元工作是否正常,实验线路和操作过程如下。

①实验线路:按虚线接好,如图 8-18 所示。

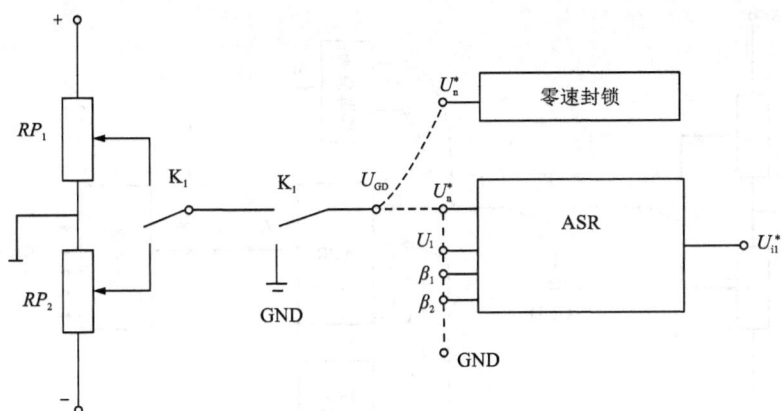

图 8-17　零速封锁单元接线图

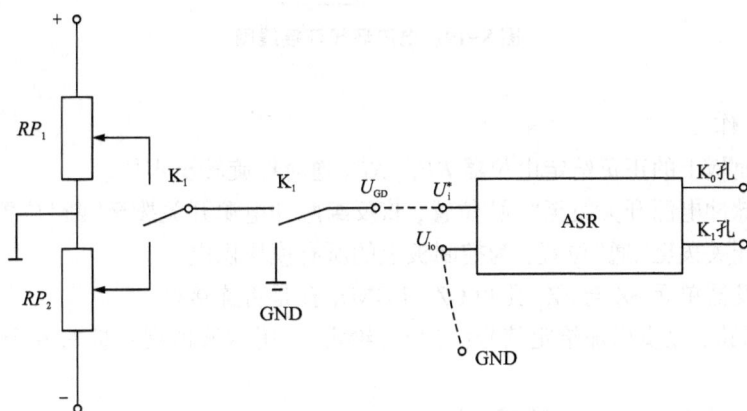

图 8-18　逻辑控制单元接线图

②操作过程。

将 K_2 合上，调 RP_1 和 RP_2 给出 ±1 V 左右的 U_{GD} 信号，用示波器或万用表直流电压挡检查检测孔 K_0 和 K_1。当切换 K_1 开关时，K_0 和 K_1 两孔也切换电平，表明逻辑控制单元工作正常。

各单元检查完毕后，将操作面板上的电源开关拨至"断"位置，停止对控制板的供电，为下面实验接线做准备。

5.电流环闭环调试(电动机不加励磁)

在开环调试基础上，增加电流环。

(1)实验接线。

主回路为三相桥式(正组)，接电枢负载(电动机不加励磁)，并串入平波电抗器 L_{d1}。

控制回路：如图 8-19 所示。ACR 单元的 U_c 孔与脉冲触发单元的 U_{ct} 孔相连接；操作面板的 U_{GD} 孔分别与 ACR 单元 U_i^* 孔和零速封锁单元的 U_n^* 孔相连接；ACR 单元的 U_i 孔和 β_2 孔分别与电流反馈及保护单元的 U_i 孔和 β_2 孔相连。触发器单元原连线不变。检查整个接线电路是否完全正确。

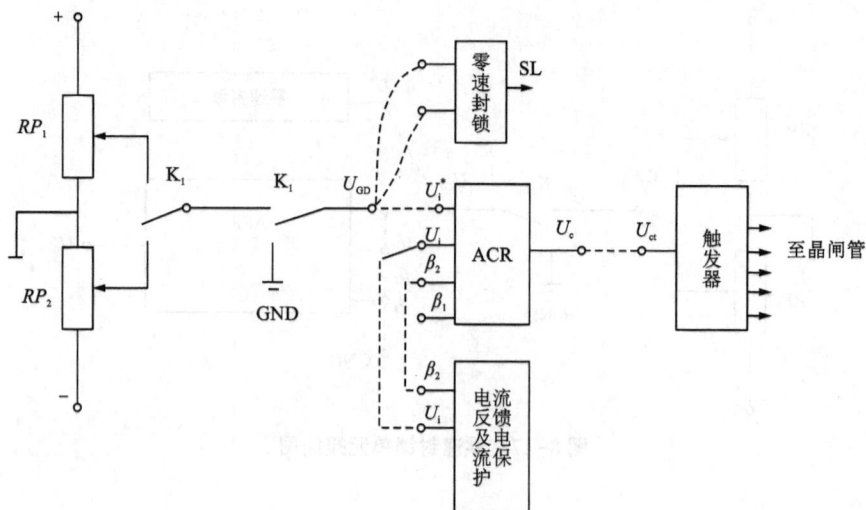

图 8-19　电流环闭环接线图

（2）准备工作。

①将操作面板上的正负给定电位器 RP_1、RP_2 逆时针旋转至零位。

②将正组脉冲电源开关拨至"通"位置，将反组脉冲电源开关拨至"断"位置。

③将电源开关拨至"通"位置，为控制板上的所有模块供电。

④检查触发器单元 SZ 与 SZ_1 孔和 GZ 与 GND_1 孔是否连接好。

（3）合主回路，逐步增加给定信号（应为负给定），用示波器观察应有 6 个对称波形平滑变化。

（4）给 ACR 输入突加给定（阶跃）信号（$-2\sim-1$ V 左右），用示波器（将示波器扫描调成亮点状）观察电流的动态波形（从 U_i 孔观测）。

（5）做完上一步后，将负给定电位器 RP_2 逆时针调至零位，停止主回路，将操作面板上的电源开关拨至"断"位置，切断主回路及控制回路的供电。

6. 速度环闭环调试（电动机加励磁）

（1）实验接线：主回路接成三相桥式反并联，接电动机负载，并串接平波电抗器 L_{d1}。控制回路在电流环闭环线路基础上，再加外环（速度环），接线如图 8-20 所示。

接线：ACR 单元的 U_i^* 孔与 ASR 单元的 U_i^* 孔相连接；ACR 单元的 β_1 孔与逻辑控制单元的 β_1 孔相连接；ASR 单元的 KF 孔与逻辑控制单元的 KF 孔相连接；ASR 单元的 KZ 孔与逻辑控制单元的 KZ 孔相连接；ASR 单元的 U_{i1}^* 孔与逻辑控制单元的 U_i^* 孔相连接；电流反馈及保护单元的 U_{i0} 孔与逻辑控制单元的 U_{i0} 孔相连接；ASR 单元的 U_n^* 孔与操作面板上的 U_{GD} 孔相连接，再与零速封锁单元的 U_n^* 孔相连接；ASR 单元的 U_n 孔与速度反馈单元和零速封锁单元的 U_n 孔相连接。检查整个接线线路是否有错。

（2）准备工作。

①将脉冲触发单元 SZ 与 SZ_2、SF 与 SF_2 孔用线接好，再将 GZ 与 GZ_1、GF 与 GF_1 孔用导线接好，这样由逻辑控制单元来控制其工作状态。

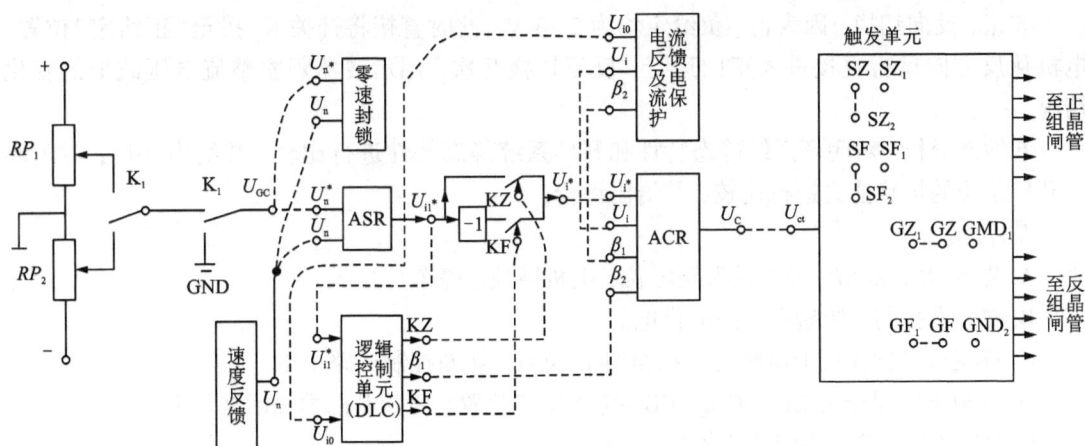

图 8-20 逻辑无环流直流可逆调速系统接线图

②先做单边(不可逆)实验,即将操作面板上的正组脉冲电源开关拨至"通",将反组脉冲电源开关拨至"断"位置。

③将操作面板上给定电位器逆时针旋转至零位。

(3)合励磁总电源开关 CB_1,合电动机 M_1 的励磁开关 CB_2,合发电机 G_1 的励磁开关 CB_3。

(4)合操作面板上控制电源开关,控制板得电。

(5)按主回路"启动"按钮,主回路接通了交流电源。

(6)缓慢调节正给定电位器 RP_1,电机开始旋转(若有异常,按停止按钮)。用示波器观察 U_d 波形,应比较连续平滑。

(7)突加给定(阶跃)信号(+1~+3 V 左右),用示波器观察速度反馈 U_n 波形。

(8)做闭环系统静特性:调 U_{GD},使 $n=1000$ rpm 左右,再调节 R_z,使负载电流变化(注意:I_d 不能超过 4 A),观察转速表速度的变化大小情况(一般会维持在 $n=1000$ r/min 左右)。

(9)满足要求后,先将正给定电位器 RP_1 调至零位,电机停止转动。

(10)做可逆调速系统实验。准备工作如下:

①先将正、负给定电位器 RP_1 和 RP_2 逆时针都调至零位。

②将模拟控制箱的操作面板上"反组脉冲电源"开关也拨至"通"位置。

③检查电机励磁电源开关 CB_1、CB、CB_3 是否合上(注:CB_5 必须拨至"断"位置,不然直流发电机 G_1 和 G_2 会被损坏)。

④用示波器观察整流电压波形。

①先将 K_1 拨至"正给定"位置,缓慢调节正给定电位器 RP_1,电机缓慢启动,当 U_{GD} 约为 +3 V 时(电流不要超过 3 A),让电机稳态运行并停止 RP_1 的调节(注:若有异常,按"停止"按钮)。

②若正向运行正常,将 K_2 开关拨至"停止"位置,电动机正向停车。

③当电机正向停车后,将 K_1 开关拨至"负给定"位置,将 K_2 开关拨至"运行"位置。

④缓慢调节 RP_2 电机反向启动,当 U_{GD} 约为 -3 V 时,停止调节(注:反向运行若有异常,

按"停止"按钮,切断主回路电源)。

⑤正、反向切换:因为正、负给定均为 2~3 V,此时直接将开关 K₁ 拨至"正给定"位置,电机从反方向运行直接进入正向运行,反复切换几次,用示波器观察整流电压波形的变化情况。

⑥性能分析:对闭环系统静态特性和开环系统静态特性进行比较,并给出评价;对闭环和开环系统的抗扰能力进行比较,并给出评价。

⑦停车。

A.先将 RP₁ 和 RP₂ 逆时针调至零位,电机减速、停车。

B.按停车按钮,切断主回路的供电。

C.将模拟箱操作板上电源开关拨至"断"位置,切断控制回路供电。

D.将励磁电源开关 CB₁、CB₂、CB₃ 拨至"断"位置,切断电机励磁回路供电。

E.分断 QF₁,整个系统停止供电。

⑧实验完毕,关闭仪表、仪器,整理实验台。

附录1

电机及电力拖动实验装置设备简介及操作说明

一、设备简介

1. 设备概述

该实验装置包括电机及电力拖动实验系统和智能安全配电管理系统(附图 1-1)。其中,电机及电力拖动实验系统主要由嵌入式一体机电脑、三相交流总电源、MK01 直流电压表模块、MK02 直流电流表模块、MK03 交流电压表模块、MK04 交流电流表模块、MK05 单相交流表模块、MK06 智能测控仪表模块、MK07 交流并网及切换开关模块、MK08 电力电子控制模块、三相调压器、直流稳压电源、扭矩表、转速表、三相组式变压器、三相芯式变压器、三相电抗器、电机组及可调电阻组成;智能安全配电管理系统主要由人机界面、监控主机、监控从机及遥控模块等设备组成。

2. 设备结构

(1)三相交流总电源(附图 1-1、附表 1-1)。

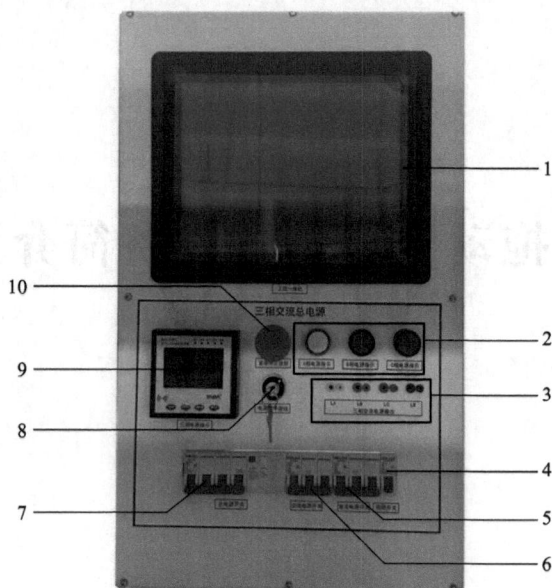

附图 1-1　三相交流总电源

附表 1-1　三相交流总电源参数表

序号	单元名称	元器件名称	参数	作用
1	工控一体机	工控一体机	0.4 m，分辨率 1024 px×768 px	测量、显示、控制
2	三相交流 总电源	A、B、C 相电源指示灯	AC 220 V	指示总电源工作情况
3		三相交流电源输出接口	AC 380 V 电源输出	输出 AC 380 V 三相交流电压
4		照明开关	额定电流(6 A)	实训柜照明控制开关
5		直流电源开关	额定电流(16 A)	直流电源的控制开关
6		交流电源开关	额定电流(16 A)	交流电源控制开关
7		总电源开关	额定电流(25 A)	总电源控制开关
8		电源启停旋钮	电流(25 A)， 转换角度(30°)	控制电源的启动与停止
9		三相电源指示仪表 /YDH30P	AC 220 V	对柜内剩余电流、温度、电压等参数进行实时监测保护
10		紧急停止按钮	φ40，1NO+1NC	紧急停止电源(交流电源、直流电源、照明)

（2）MK01 直流电压表模块、MK02 直流电流表模块（附图 1-2、附图 1-4、附表 1-2、附表 1-3）。

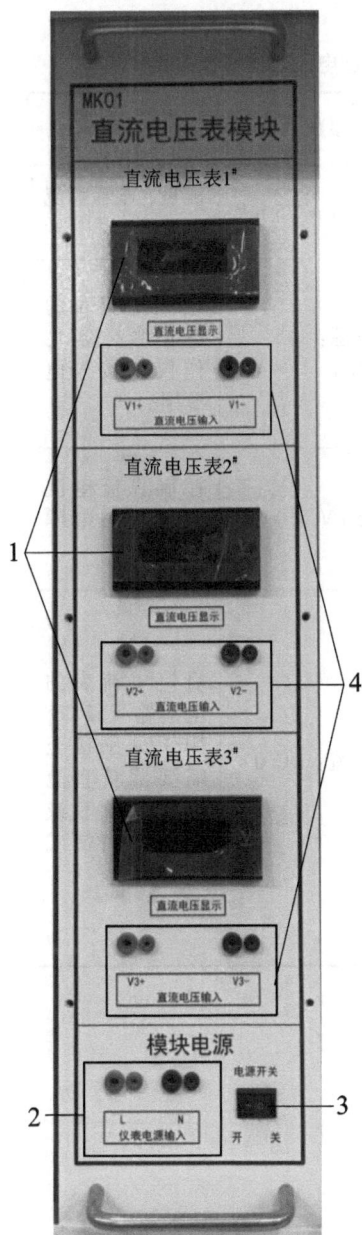

附图 1-2　MK01 直流电压表模块

附表 1-2　MK01 直流电压表模块参数表

序号	单元名称	元器件名称	参数	作用
1	MK01 直流电压表模块	直流电压表/YD8530	输入：DC 0~300 V 电源：AC 85~265 V 或者 DC 85~330 V	测量、显示直流电压值
2		仪表电源输入接口	接入电源：AC 220 V	直流电压表的电源输入接口，作仪表接入电源用
3		电源开关	6 A/250 V	控制直流电压表模块的电源通断
4		直流电压输入接口	输入电压：DC 0~300 V	直流电压表的电压输入接口，用于分别接至需要测量直流电压的仪表或电路两端

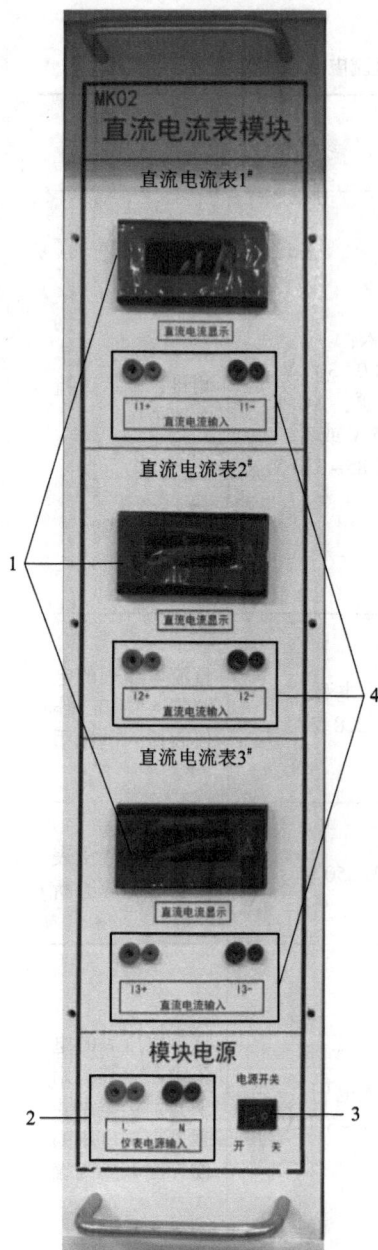

附图 1-3　MK02 直流电流表模块

附表 1-3　MK02 直流电流表模块参数表

序号	单元名称	元器件名称	参数	作用
1	MK02直流电流表模块	直流电流表	DC 0~20 A/75 mV	测量、显示直流电流值
2		仪表电源输入接口	接入电源：AC 220 V	直流电流表的电源输入接口，作仪表接入电源用
3		电源开关	6 A/250 V	控制直流电流表模块的电源通断
4		直流电流输入接口	输入电流：DC 0~75 mV	直流电流表的电流输入接口，用于分别接至需要测量直流电流的仪表或电路的前端或后端

（3）MK03 交流电压表模块、MK04 交流电流表模块（附图 1-4、附图 1-5、附表 1-4、附表 1-5）。

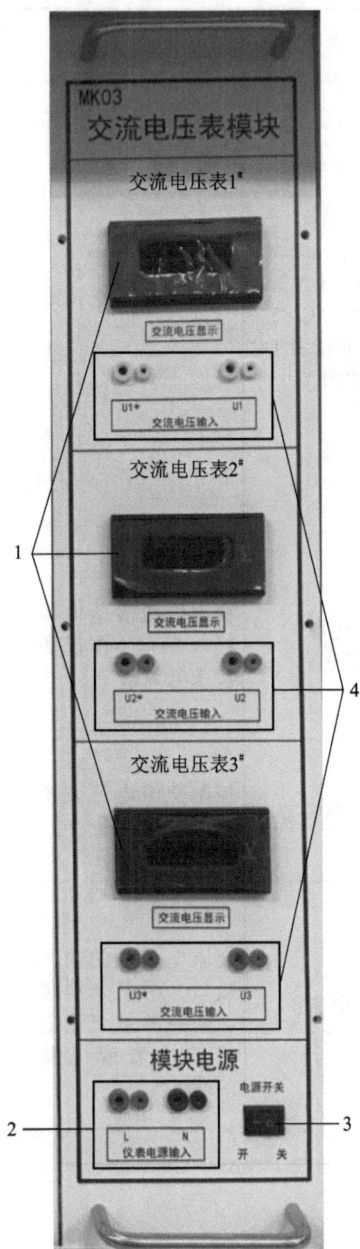

附表 1-4　MK03 交流电压表模块参数表

序号	单元名称	元器件名称	参数	作用
1	MK03 交流电压表模块	交流电压表/YD8510	输入：AC 0～600 V 电源：AC 85～265 V 或者 DC 85～330 V	测量、显示交流电压值
2		仪表电源输入接口	接入电源：AC 220 V	交流电压表的电源输入接口，作仪表接入电源用
3		电源开关	6 A/250 V	控制交流电压表模块的电源通断
4		交流电压输入接口	输入电压：AC 0～600 V	交流电压表的电压输入接口，用于分别接至需要测量交流电压的仪表或电路两端

附图 1-4　MK03 交流电压表模块

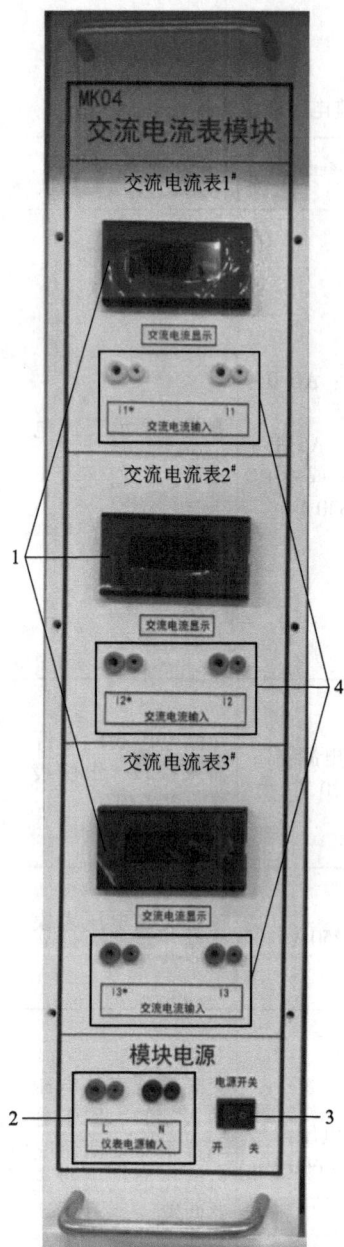

附图 1-5　MK04 交流电流表模块

附表 1-5　MK04 交流电表模块参数表

序号	单元名称	元器件名称	参数	作用
1	MK04 交流电流表模块	交流电流表/YD8500	输入：AC 0~5 A 电源：AC 85~265 V 或者 DC 85~330 V	测量、显示交流电流值
2		仪表电源输入接口	接入电源：AC 220 V	交流电流表的电源输入接口，作仪表接入电源用
3		电源开关	6 A/250 V	控制交流电流表模块的电源通断
4		交流电流输入接口	输入电流：AC 0~5A	交流电流表的输入接口，用于分别接至需要测量交流电流的仪表或电路两端

（4）MK05 单相交流表模块（附图 1-6、附表 1-6）。

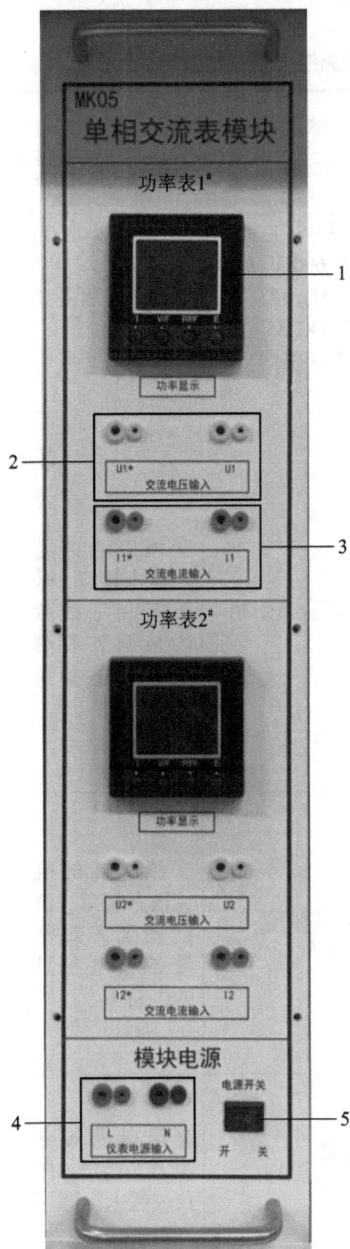

附图 1-6　MK05 单相交流表模块

附表 1-6　MK05 单相交流表模块参数表

序号	单元名称	元器件名称	参数	作用
1	MK05单相交流表模块	功率表1#/YD8181Y	AC 220 V/5 A RS485, AC 85～265 V 或者 DC 100~330 V	测量、显示各项电参量
2		交流电压输入接口	输入电压：AC 220 V	功率表的电压输入接口，用于分别接至需要测量各项电参量的电路两端
3		交流电流输入接口	输入电流：AC 5 A	功率表的电流输入接口，用于分别接至需要测量各项电参量的电路两端
4		仪表电源输入接口	接入电源：AC 220 V	功率表的电源输入接口，作仪表接入电源用
5		电源开关	6 A/250 V	控制单相交流表模块的电源通断

说明：功率表 2# 和功率表 1# 的接线方法、使用方法相同。

（5）MK06 智能测控仪表模块（附图 1-7、附表 1-7）。

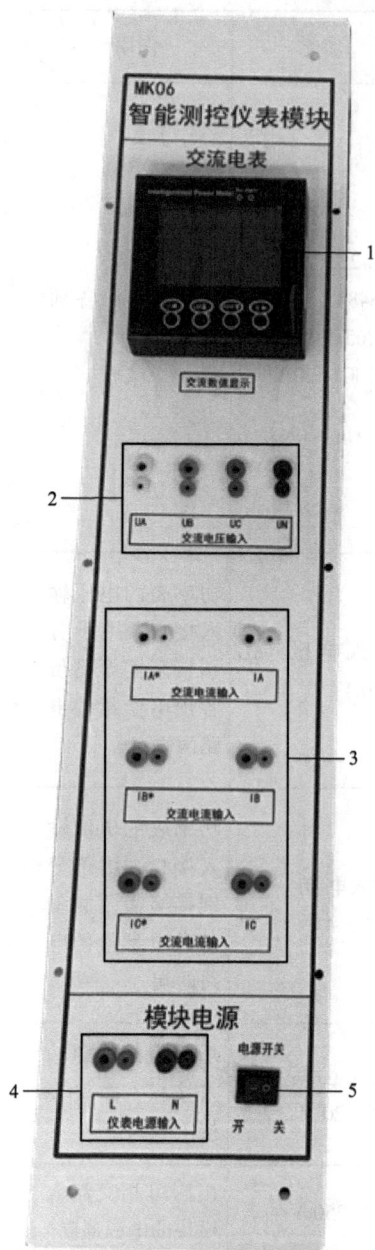

附图 1-7　MK06 智能测控仪表模块

附表 1-7　MK06 智能测控仪表模块参数表

序号	单元名称	元器件名称	参数	作用
1	MK06 智能测控仪表模块	交流电表 /YD2037Y	AC 30~600 V／AC 0~6A，AC 85~265 V 或者 DC 85~330 V（内置互感器）	测量、显示各项电参量
2		交流电压输入接口	输入电压：AC 30~600 V	交流电表的电压输入接口，采用三相三线接法接至需要测量各项电参量的电路中
3		交流电流输入接口	输入电流：AC 0~6 A	交流电表的电流输入接口，串连接至需要测量各项电参量的电路中
4		仪表电源输入接口	接入电源：AC 220 V	交流电表的电源输入接口，作仪表接入电源用
5		电源开关	6A/250 V	控制智能测控仪表模块的电源通断

（6）MK07 交流并网及切换开关模块（附图 1-8、附表 1-8）。

附表 1-8 MK07 交流并网及切换开关模块参数表

序号	单元名称	元器件名称	参数	作用
1	转换开关	钮子开关	3 挡 9 脚 15 A 250 V	用于手动控制交直流电路的通断，作切换开关使用
2	交流同期系统	同期表	三相/单相 100 V	检测三相同步发电机与运行的电网系统进行并联时的电压差、频率差和相角差
3		合闸按钮	1NO+1NC	对交流同期系统控制电路进行合闸
4		分闸按钮	1NO+1NC	对交流同期系统控制电路进行分闸
5		待并测电压输入接口	三相三线，输入电压：AC 380 V	用于接至三相同步发电机的三相电压端子上
6		系统侧电压输入接口	三相三线，输入电压：AC 380 V	用于接至正常运行的电网上
7		电源开关	6 A/250 V	交流同期系统控制电路的电源控制开关
8		仪表电源输入接口	接入电源：250 V	用于接入单相交流电源
9		相位检测开关	额定电流：16 A	相位检测的控制开关
10		同期开关	额定电流：6 A	当满足条件时，同期开关合闸后即并网成功

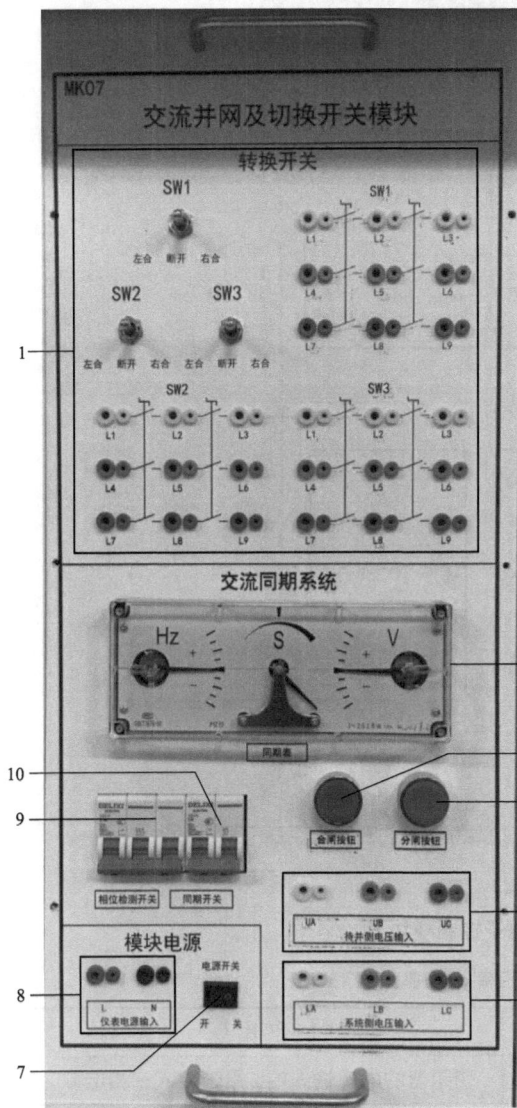

附图 1-8 MK07 交流并网及切换开关模块

（7）MK08 电力电子控制模块（附图 1-9、附表 1-9）。

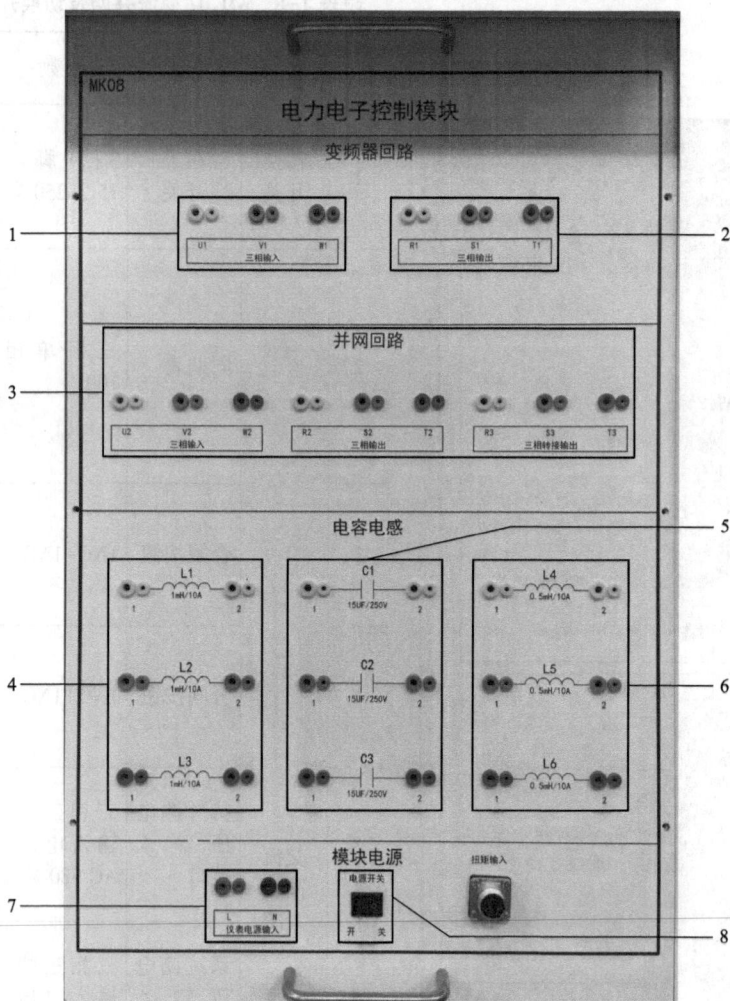

附图 1-9　MK08 电力电子控制模块

附表 1-9　MK08 电力电子控制模块参数表

序号	元器件名称	参数	作用
1	变频器三相输入接口	—	变频器的电源输入端，用于接入三相电源
2	变频器三相输出接口	—	变频器的输出端，用于接三相马达
3	并网回路	—	电力电子实验用
4	磁环电感	1.0 mH/10 A	提供实验磁环电感
5	磁环电容	15 μF/250 V	提供实验磁环电容
6	磁环电感	0.5 mH/10 A	提供实验磁环电感
7	仪表电源输入接口	—	用于接入单相交流电源
8	电源开关	6 A/250 V	电力电子控制模块的电源控制开关

（8）三相调压器（附图 1-10、附表 1-10）。

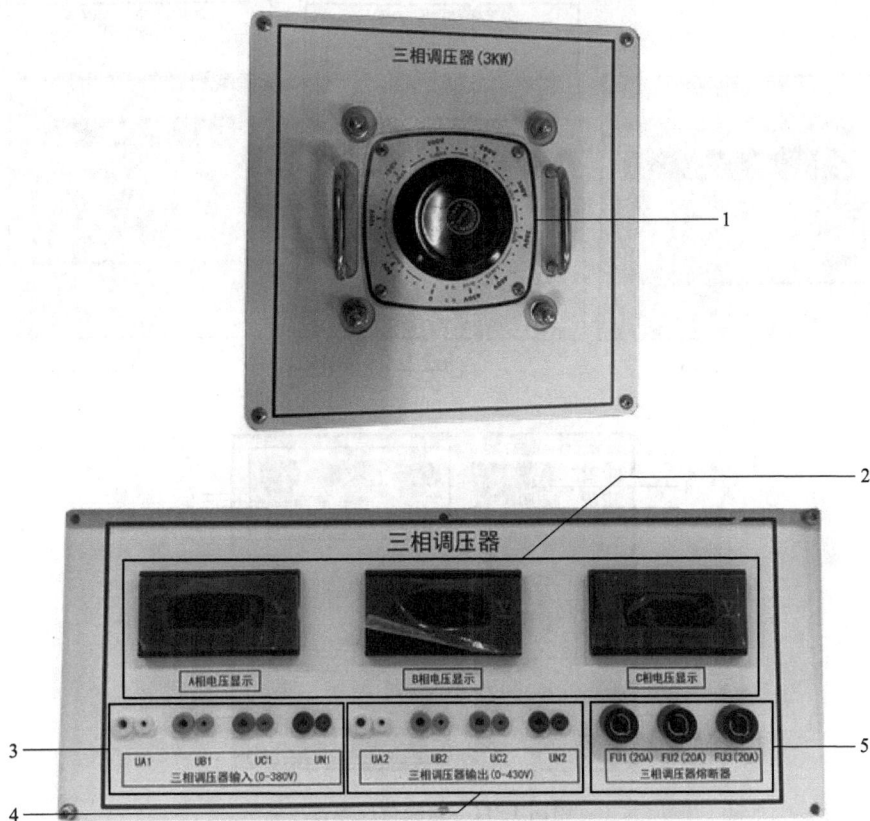

附图 1-10　三相调压器

附表 1-10　三相调压器参数表

序号	元器件名称	参数	作用
1	三相调压器	0~430 V	可调自耦变压器，可作为带动三相负载的无级平滑调节电压设备
2	A、B、C 相电压显示表/YD8510	输入：AC 0~600 V，电源：AC 85~265 V 或者 DC 85~330 V	测量、显示交流电压值
3	三相调压器输入（0~380 V）接口	输入电压：0~380 V	三相调压器的电压输入接口，接入三相交流电源
4	三相调压器输出（0~430 V）接口	输出电压：0~430 V	三相调压器的电压输出接口，接用电负载
5	三相调压器熔断器	20 A/250 V	切断电源，保护电路安全运行

(9)直流稳压电源(附图 1-11、附表 1-11)。

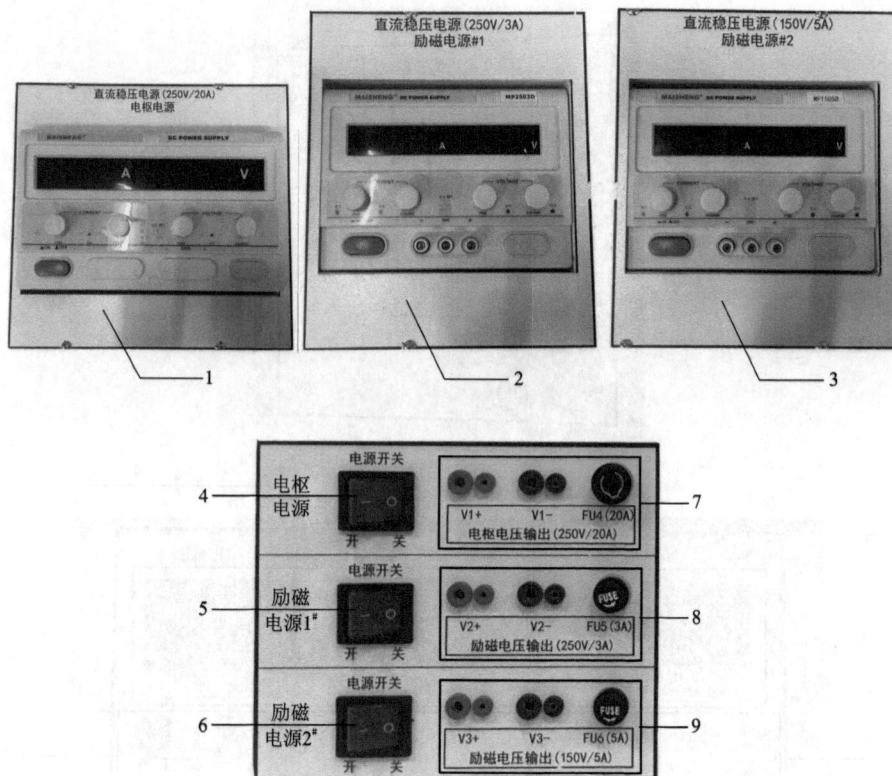

附图 1-11　直流稳压电源

附表 1-11　直流稳压电源参数表

序号	元器件名称	参数	作用
1	直流稳压电源(250 V/20 A) 电枢电源	250 V/20 A	提供电枢电源,同时显示电压和电流
2	直流稳压电源(250 V/3 A) 励磁电源 1#	250 V/3 A	提供励磁电源,同时显示电压和电流
3	直流稳压电源(150 V/5 A) 励磁电源 2#	150 V/5 A	提供励磁电源,同时显示电压和电流
4	电枢电源开关	AC30 A/250 V	电枢电压输出控制开关
5	励磁电源 1#开关	AC30 A/250 V	1#励磁电压输出控制开关
6	励磁电源 2#开关	AC30 A/250 V	2#励磁电压输出控制开关
7	电枢电压输出(250 V/20 A)接口	输出电压：250 V	提供电枢电压输出
8	1#励磁电压输出(250 V/3 A)接口	输出电压：250 V	提供 1#励磁电压输出
9	2#励磁电压输出(150 V/5 A)接口	输出电压：150 V	提供 2#励磁电压输出

（10）扭矩表（附图 1-12、附表 1-12）。

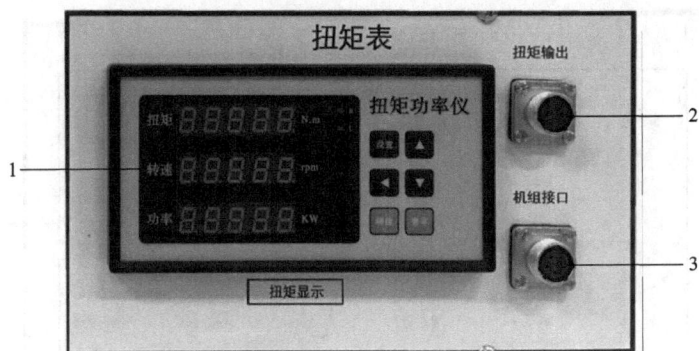

附图 1-12　扭矩表

附表 1-12　扭矩表

序号	元器件名称	参数	作用
1	扭矩表	AC220 V	同时显示扭矩、转速、功率
2	扭矩输出	2 芯	与 MK 08 电力电子控制模块的扭矩输入接口相接
3	机组接口	5 芯	与机组 1#、2# 的机组扭矩接口相接

（11）转速表（附图 1-13、附表 1-13）。

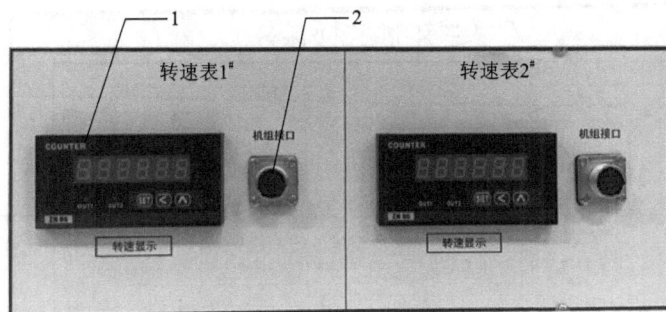

附图 1-13　转速表

附表 1-13　转速表

序号	元器件名称	参数	作用
1	转速表	AC/DC 100~250 V	进行转速控制与显示
2	机组接口	7 芯	与机组 1#、2#、3#、4# 机组转速接口相接

说明：转速表 2# 和转速表 1# 的接线方法、使用方法相同。

（12）三相组式变压器（附图 1-14、附表 1-14）。

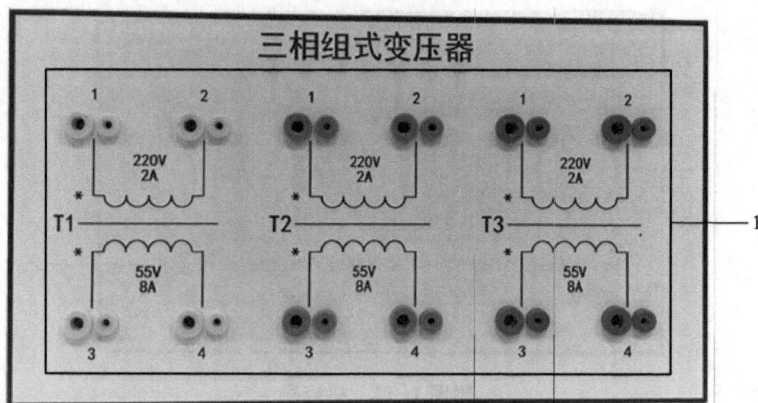

附图 1-14　三相组式变压器

附表 1-14　三相组式变压器参数表

序号	单元名称	元器件名称	参数	作用
1	三相组式变压器	单相组式变压器/T1、T2、T3	220 V 输入，55 V 输出，500 VA 容量	用于单相负荷和三相变压器组

说明：单相组式变压器 T1、T2 和 T3 的接线方法、使用方法相同。

（13）三相芯式变压器（附图 1-15、附表 1-15）。

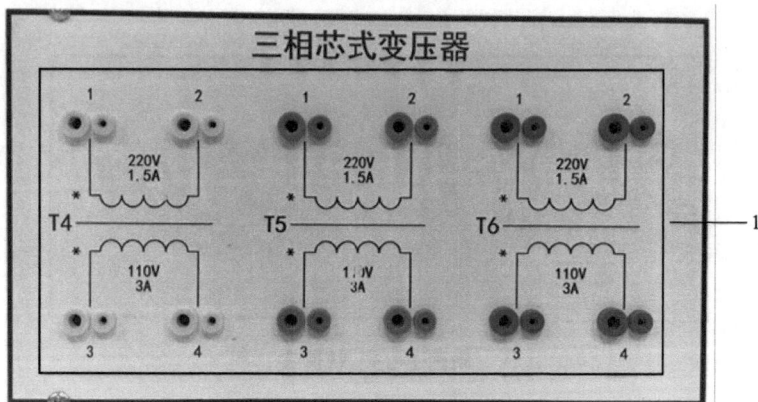

附图 1-15　三相芯式变压器

附表 1-15　三相芯式变压器参数表

序号	单元名称	元器件名称	参数	作用
1	三相芯式变压器	三相芯式变压器/T4、T5、T6	三相，1 kVA，50/60 Hz	用于三相系统的升、降电压

说明：三相芯式变压器 T4、T5 和 T6 的接线方法、使用方法相同。

（14）三相电抗器（附图 1-16、附表 1-16）。

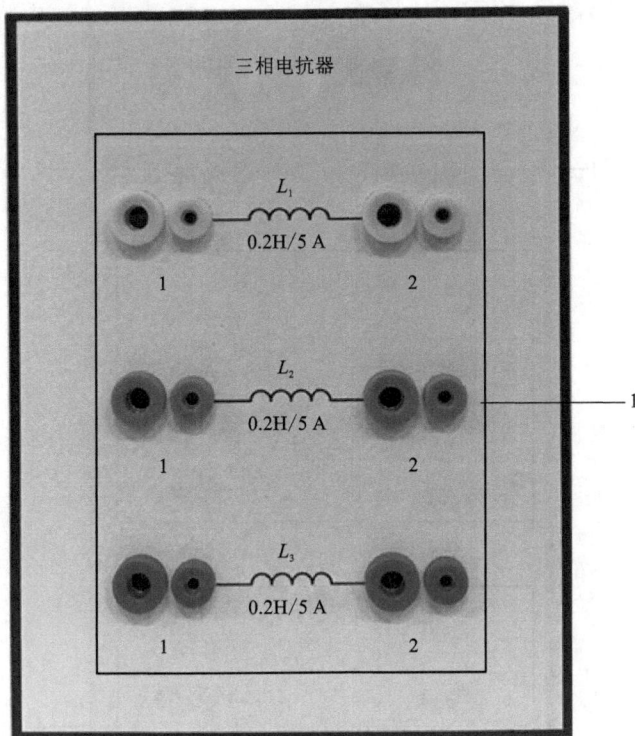

附图 1-16　三相电抗器

附表 1-16　三相电抗器参数表

序号	单元名称	元器件名称	参数	作用
1	三相电抗器	单相电抗器/L1、L2、L3	0.2 H/5 A	在电路中起阻抗作用

说明：单相电抗器 L_1、L_2 和 L_3 的接线方法、使用方法相同。

（15）机组 1#（附图 1-17、附表 1-17）。

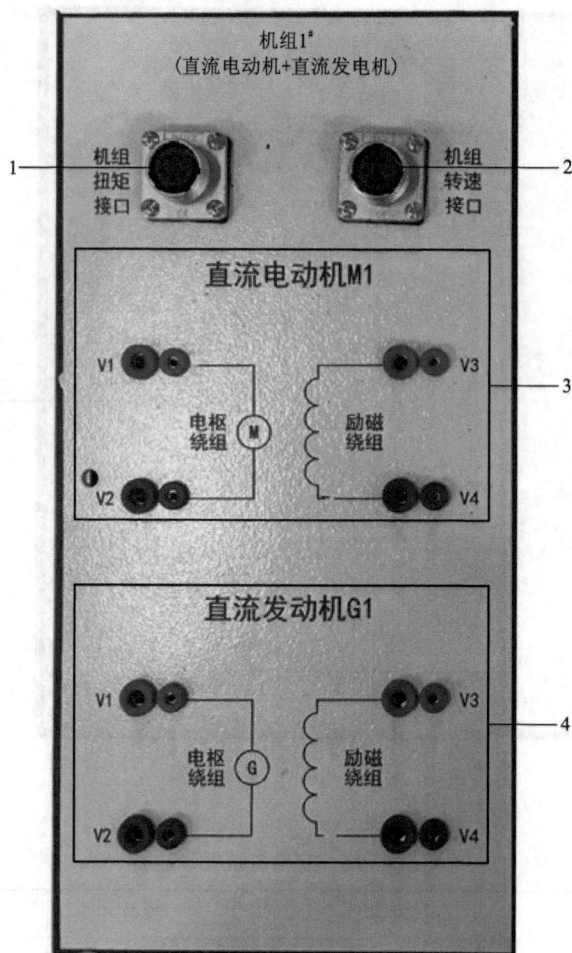

附图 1-17　机组 1#

附表 1-17　机组 1#参数表

序号	单元名称	元器件名称	参数	作用
1	机组 1#	机组扭矩接口	5 芯	与扭矩表的扭矩输出接口相接
2		机组转速接口	7 芯	与转速表 1#、2#的机组接口相接
3		直流电动机 M1	1.5 kW 1450 r/min	提供实验直流电动机 M1
4		直流发动机 G1	1 kW 1450 r/min	提供实验直流发动机 G1

（16）机组 2#（附图 1-18、附表 1-18）。

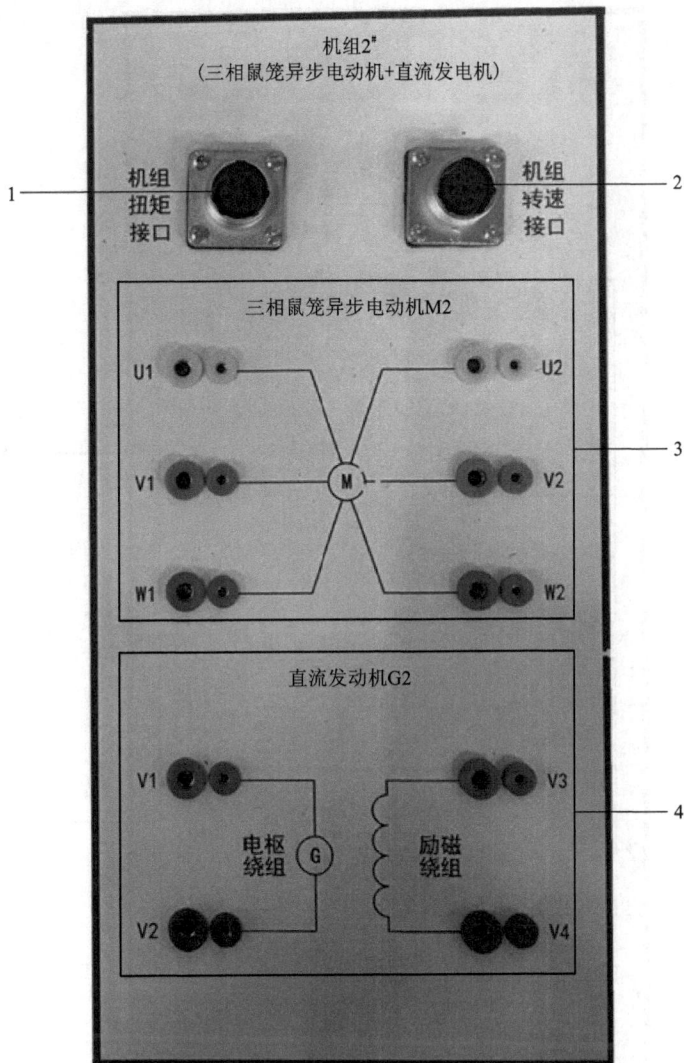

附图 1-18　机组 2#

附表 1-18　机组 2#参数表

序号	单元名称	元器件名称	参数	作用
1	机组 2#	机组扭矩接口	5 芯	与扭矩表的扭矩输出接口相接
2		机组转速接口	7 芯	与转速表 1#、2#的机组接口相接
3		三相鼠笼异步电动机 M2	1.5 kW 1390 r/min	提供实验三相鼠笼异步电动机 M2
4		直流发动机 G2	1 kW 1450 r/min	提供实验直流发动机 G2

（17）机组 3#（附图 1-19、附表 1-19）。

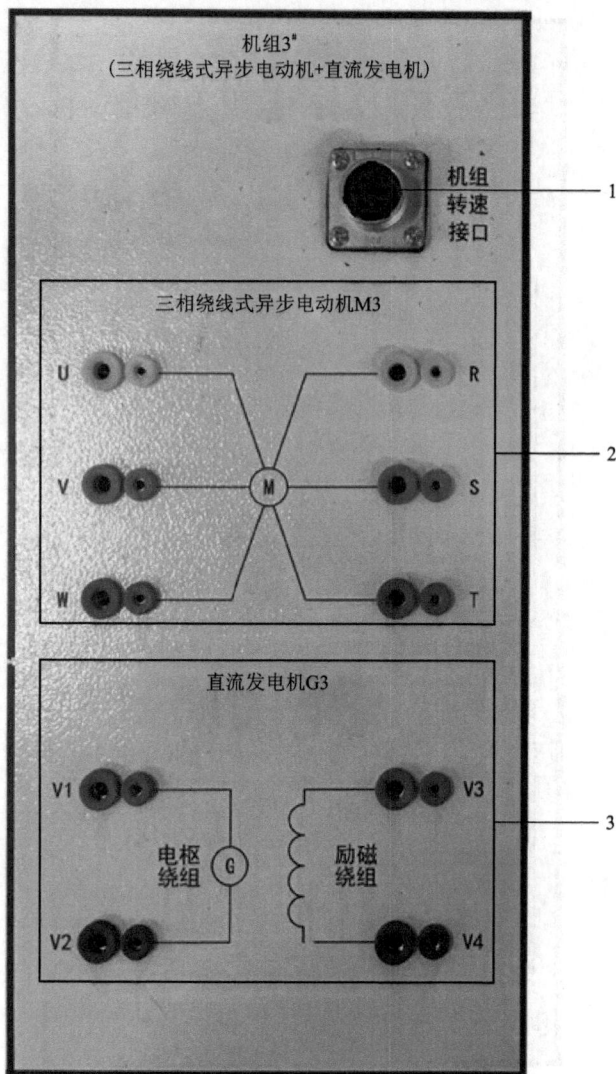

附图 1-19　机组 3#

附表 1-19　机组 3#参数表

序号	单元名称	元器件名称	参数	作用
1	机组 3#	机组转速接口	7 芯	与转速表 1#、2#的机组接口相接
2		三相绕线式异步电动机 M3	1.5 kW 866 r/min	提供实验三相绕线式异步电动机 M3
3		直流发电机 G3	1 kW 1450 r/min	提供实验直流发动机 G3

（18）机组 4#（附图 1-20、附表 1-20）。

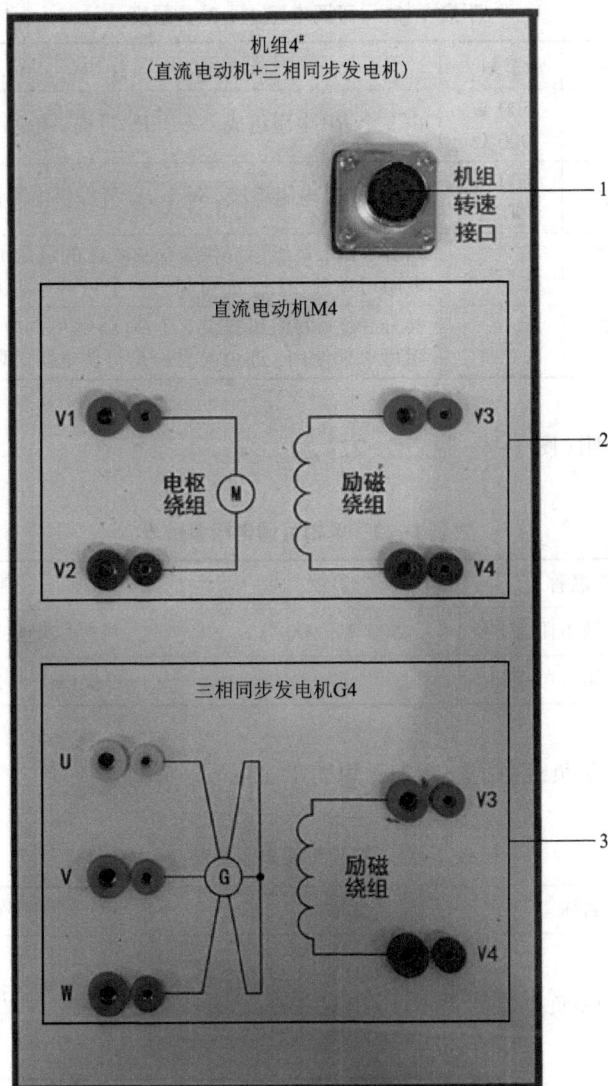

附图 1-20　机组 4#

附表 1-20　机组 4#参数表

序号	单元名称	元器件名称	参数	作用
1		机组转速接口	7 芯	与转速表 1#、2#的机组接口相接
2	机组 4#	直流电动机 M4	1.5 kW 1450 r/min	提供实验直流电动机 M4
3		三相同步发电机 G4	1.5 kW 1500 r/min	提供实验三相同步发电机 G4

（19）可调电阻 1#、2#（图 1-3、附表 1-21）。

附表 1-21　可调电阻 1#、2#参数表

序号	元器件名称	参数	作用
1	可调电阻 1#	500 W 900 Ω	由 3 个 RP 电阻组成，每个 R_p 可提供电阻范围：0~900 Ω
2	可调电阻 2#	500 W 90 Ω	由 3 个 R_p 电阻组成，每个 R_p 可提供电阻范围：0~90 Ω
3	可调电阻 1# 接口	—	共分 3 组，每组可提供 2 个 900 Ω 的可调电阻，每个 900 Ω 可调电阻可单独使用，亦可与另一个可调电阻并联使用
4	可调电阻 2# 接口	—	共分 3 组，每组可提供 2 个 90 Ω 的可调电阻，每个 90 Ω 可调电阻可单独使用，亦可与另一个可调电阻并联使用

（20）单相可调电阻（图 1-4、附表 1-22）。

附表 1-22　单相可调电阻参数表

序号	元器件名称	参数	作用
1	单相可调电阻	500 W, 900 Ω	可提供电阻范围：0~300 Ω
2	单相可调电阻负载接口	—	可提供 1 个 300 Ω 可调电阻

（21）三相可调电阻负载（附图 1-21、附表 1-23）。

附表 1-23　三相可调电阻负载参数表

序号	元器件名称	参数	作用
1	三相可调电阻负载	(3×1000) W-1 Ω； (3×1000) W-2 Ω； (3×1000) W-3 Ω；	根据电阻切换开关挡位(0, 1, 2, 3)对应可提供 6 Ω、3 Ω、1 Ω、0 Ω 的电阻值
2	电阻切换开关	0~3 四挡，3 节，M1 方形	分为 0、1、2、3 四挡

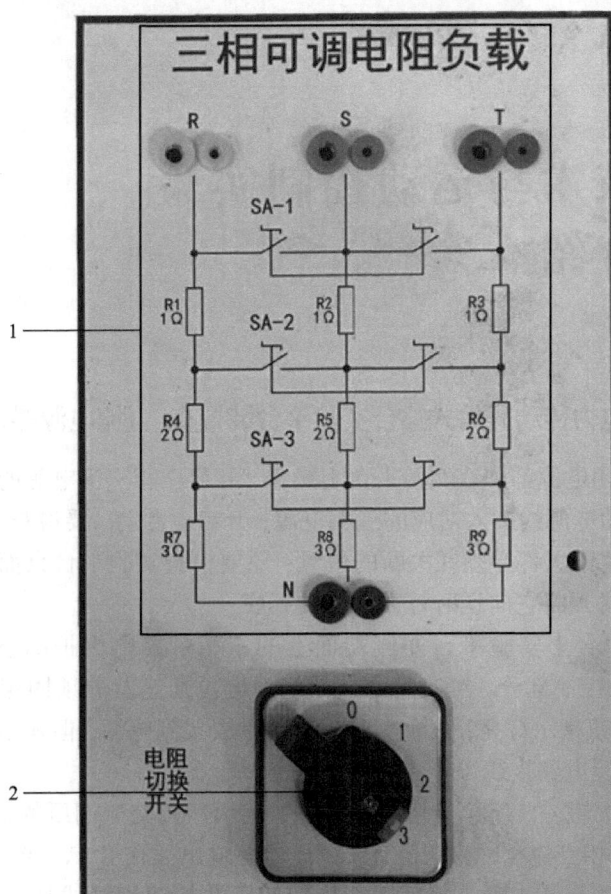

附图 1-21　三相可调电阻负载

附录 2

电力电子技术与运动控制实验所需装置介绍

电力传动开放式综合实验平台

一、THMDK-3 型电力传动开放式综合实验平台装置交/直流电源操作说明

实验中开启及关闭电源都须在实验平台上操作，开启三相交流电源的步骤为：

（1）将实验平台的电源线接入对应的三相电源，开启电源前，要检查平台上"稳压直流电源"开关和"散热风扇"开关都必须在关断的位置；还要检查实验平台桌面左端安装的调压器旋钮必须在零位，即必须将它向逆时针方向旋转到底。

（2）检查无误后，合上实验平台左侧端面上的三相带漏电保护的空气开关（电源总开关），此时实验平台的控制部分、实验平台上的侧面电源插座及单项固定 220 V 电源输出端都将得电。"停止"按钮指示灯亮，表示实验装置的进线接到电源，但还不能输出电压。此时在电源输出端进行实验电路接线操作是安全的。

（3）按下"启动"按钮，"启动"按钮指示灯亮，表示三相交流调压的输入端 U_1、V_1、W_1、N_1 插孔已经接入到三相交流电网，三相交流调压电源输出插孔 U、V、W、N 都已接电。实验电路所需的不同大小的交流电压，都可适当旋转调压器旋钮用导线从三相四线制插孔中取得。输出线电压为 0~450 V（可调），由实验平台铝面板上的交流电压表指示，通过切换开关可观察三相各相间的电压。当电压表下面的"电压指示切换"开关拨向"三相电网电压"时，它指示三相电网进线的相电压；当"电压指示切换"开关拨向"三相调压电压"时，它指示三相四线制插孔 U、V、W 输出端的相电压。

（4）实验中如果需要改接线路，必须按下"停止"按钮以切断交流电源，保证实验操作安全。实验完毕，还需切断电源总开关，并将实验平台桌面左端安装的调压器旋钮调回到零位，将稳压直流电源的开关拨回到关断位置。

二、直流电源的操作

（1）开启总电源开关。

（2）打开稳压直流电源开关，调节电压调节电位器，实验平台桌面上对应的端口即有电压输出。以下实验中所提到的"30 A 直流电源"指"300 V/30 A 直流稳压电源"，"直流电源（一）"指"300 V/3 A 直流稳压电源（一）"，"直流电源（二）"指"300 V/3 A 直流稳压电源（二）"，如附图 2-1 所示。

附图 2-1　直流稳压电源平面图

右侧平台扭矩测量仪如附图 2-2 所示。

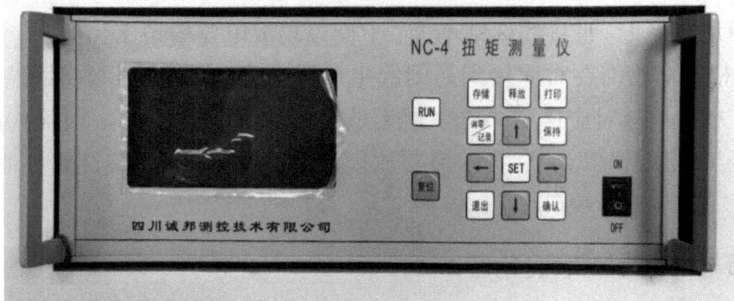

附图 2-2　扭矩测量仪

三、模块外部接线

1. TC787 触发电路模块接线示意图(附图 2-3)

端口 n 一般不接。U_{ct} 为移相控制电压,在电力电子实验中,一般接 MDK-08 组件上给定 U_g,转速单闭环中接调节器 I 端口 8,电流单闭环、双闭环、逻辑无环流中接调节器 II 端口 10。VT* 端口根据实验需要选择接线,对应功放电路模块 I、II、III。

2. TCA785 晶闸管触发电路模块(附图 2-4)

端口 a、x 对应接到单相同步信号变压器模块上。G*、K* 根据实验需要选择对应接到晶闸管主电路中,不需要再经过功放。U_{ct} 在本实验指导书中一般接 MDK-08 组件上的给定 U_g。

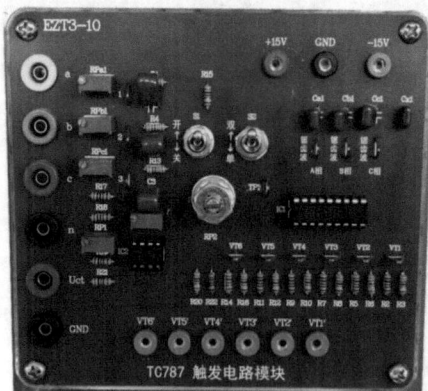

附图 2-3　TC787 触发电路模块接线示意图

附图 2-4　TCA785 晶闸管触发电路模块

3. 功放电路模块(附图 2-5)

功放电路模块 Ⅰ、Ⅱ、Ⅲ 接线区别不大,下面以功放电路模块 Ⅰ 为例。

端口 G、K 根据实验需要对应接到晶闸管主电路中。U_{lf} 短接到本模块端口 GND 中,否则功放电路不工作。VT* 对应接到 TC787 触发电路模块。低压电源从 MDK-08 组件获取。

在逻辑无环流双闭环实验中,有六路功放模块,正桥三组 U_{lf} 接逻辑控制模块端口 U_{lf},反桥三组 U_{lf} 接"逻辑控制"端口 U_{lr}。

4. 电流反馈与过流保护模块(附图 2-6)

此模块一般在"电流单闭环""转速电流双闭环""逻辑无环流"实验中使用。

附图 2-5　功放电路

附图 2-6　电流反馈与过流保护模块

5. 调节器 Ⅰ(附图 2-7)

端口 3、4 接转速反馈或者电压反馈,端口 5 接输入电压,一般接 MDK-08 组件给定 U_g。

6. 调节器Ⅱ(附图 2-8)

端口 2 接电流反馈与过流保护模块(I_f)，端口 3 接电压反馈与过流保护模块(U_β)；端口 4、6 接输入电压，一般接 MDK-08 组件给定 U_g 和调节器Ⅰ端口 8。

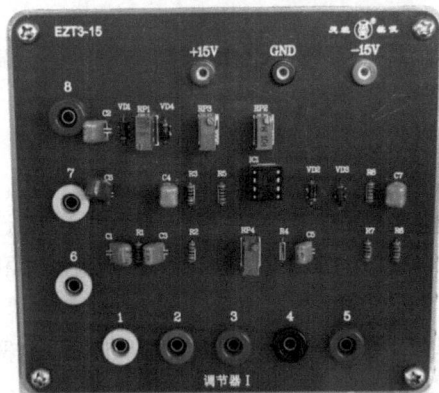

附图 2-7　调节器Ⅰ

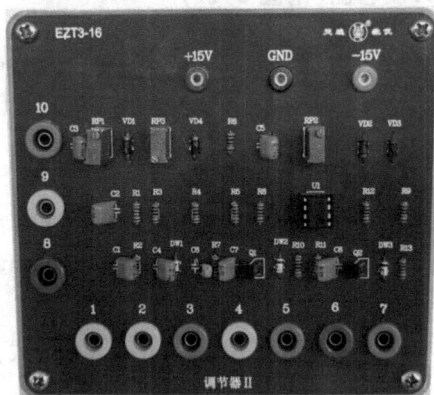

附图 2-8　调节器Ⅱ

端口 5 高电平时，封锁端口 4 的输入；端口 7 高电平时，封锁端口 6 的输入。低电平时导通。连接逻辑控制模块的 U_f 和 U_z。

7. 转矩极性鉴别、零电平检测模块(附图 2-9)

端口 1(U_{sr})为转矩极性检测，接调节器Ⅰ的端口 8；端口 2(U_m)为输出端，对应接到逻辑控制模块；端口 1(U_{sp})为零电平检测，接电流反馈与过流保护模块端口 1(I_0)；端口 2(U_I)为输出端；端口+15 V、GND、−15 V 连接 MDK-08 组件中的端口+15 V、GND_1、−15 V。

8. 逻辑控制模块(附图 2-10)

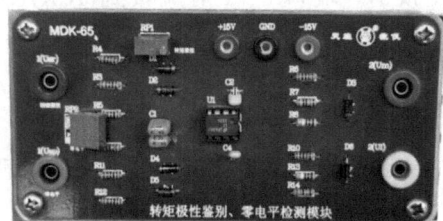

附图 2-9　转矩极性鉴别、零电平检测模块

附图 2-10　逻辑控制模块

端口 U_m 和 U_1 对应接到转矩极性和零电平模块；端口 U_z 接调节器 II 的端口 5；端口 U_f 接调节器 II 的端口 7。逻辑控制中，功放电路模块 U_{lf} 不接 GND，靠逻辑控制模块进行封锁与导通。逻辑控制模块 U_{lf} 封锁正桥功放电路 U_{lf}，端口 U_{lr} 封锁反桥。

正桥功放电路的端口 U_{lf} 要短接在一起，反桥功放电路的端口 U_{lr} 也要短接在一起。

9. 反号器(附图 2-11)

端口 1 接调节器 I 的输出端口 8；端口 2 为输出端，接调节器 II 的输入端口 6。端口 +15 V、GND、-15 V 连接 MDK-08 组件中的端口 +15 V、GND_1、-15 V。

10. 可调电阻、电容模块(附图 2-12)

电容是并联的，电阻是串联的，总电容值和总电阻值都是相加的。根据实验需要，选择挡位，将电阻和电容串联接入调节器 I 的端口 6 和端口 7，或者接入调节器 II 的端口 8 和端口 9。

在本实验指导书中，经过无数次调试，一般选择电阻 30 kΩ，而电容则全部加上去，实验效果最佳。

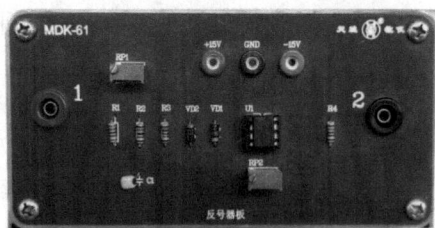

附图 2-11　反号器

附图 2-12　可调电阻、电容模块

11. 单相同步变压器模块(附图 2-13)

输出端口 L 一般接三相调压输出的端口 U_1，N 接 N。端口 a、x 对应接到 TCA785 模块中。

12. 晶闸管主电路模块(附图 2-14)

晶闸管主电路模块就是将六只晶闸管的端口 G、K、A 引出，实验人员可根据实验原理图进行接线。

附图 2-13　单相同步变压器模块

附图 2-14　晶闸管主电路模块

13. 三相快熔保险丝模块(附图 2-15)

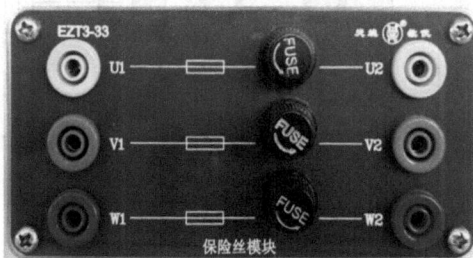

附图 2-15　三相快熔保险丝模块

附录 3

各模块及各实验的详细接线图

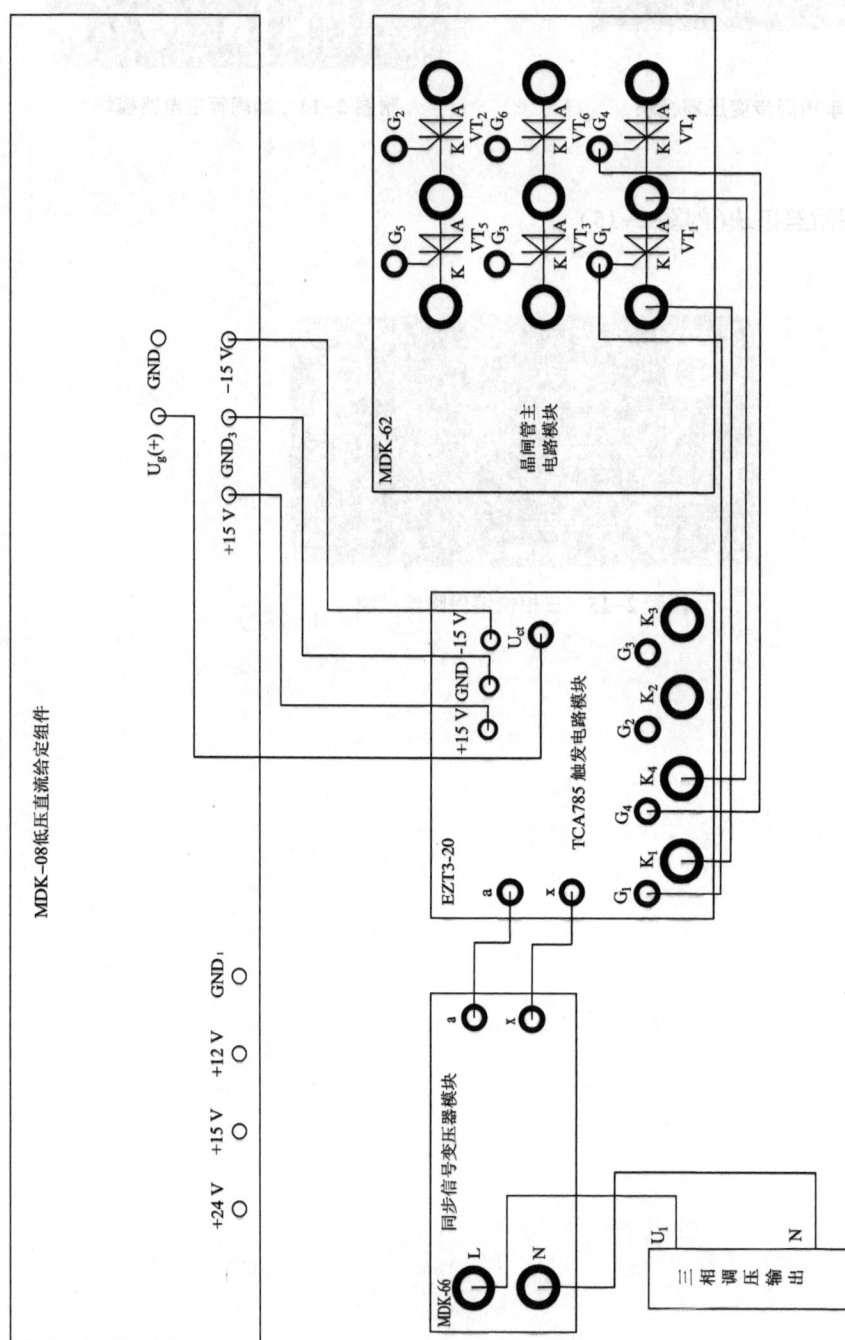

附图3-1 TCA785触发电路接线图

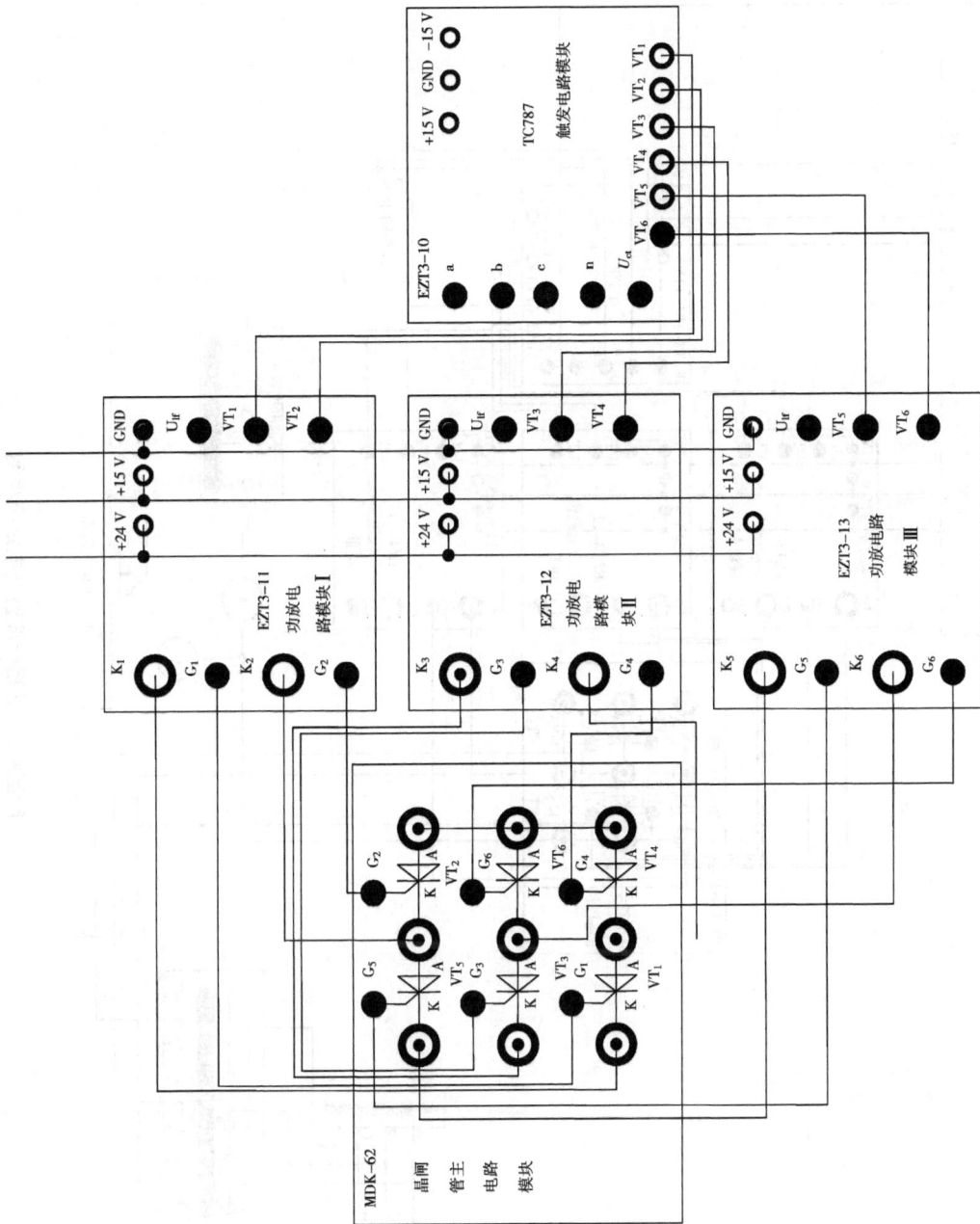

附图3-2　TC787触发电路接线图

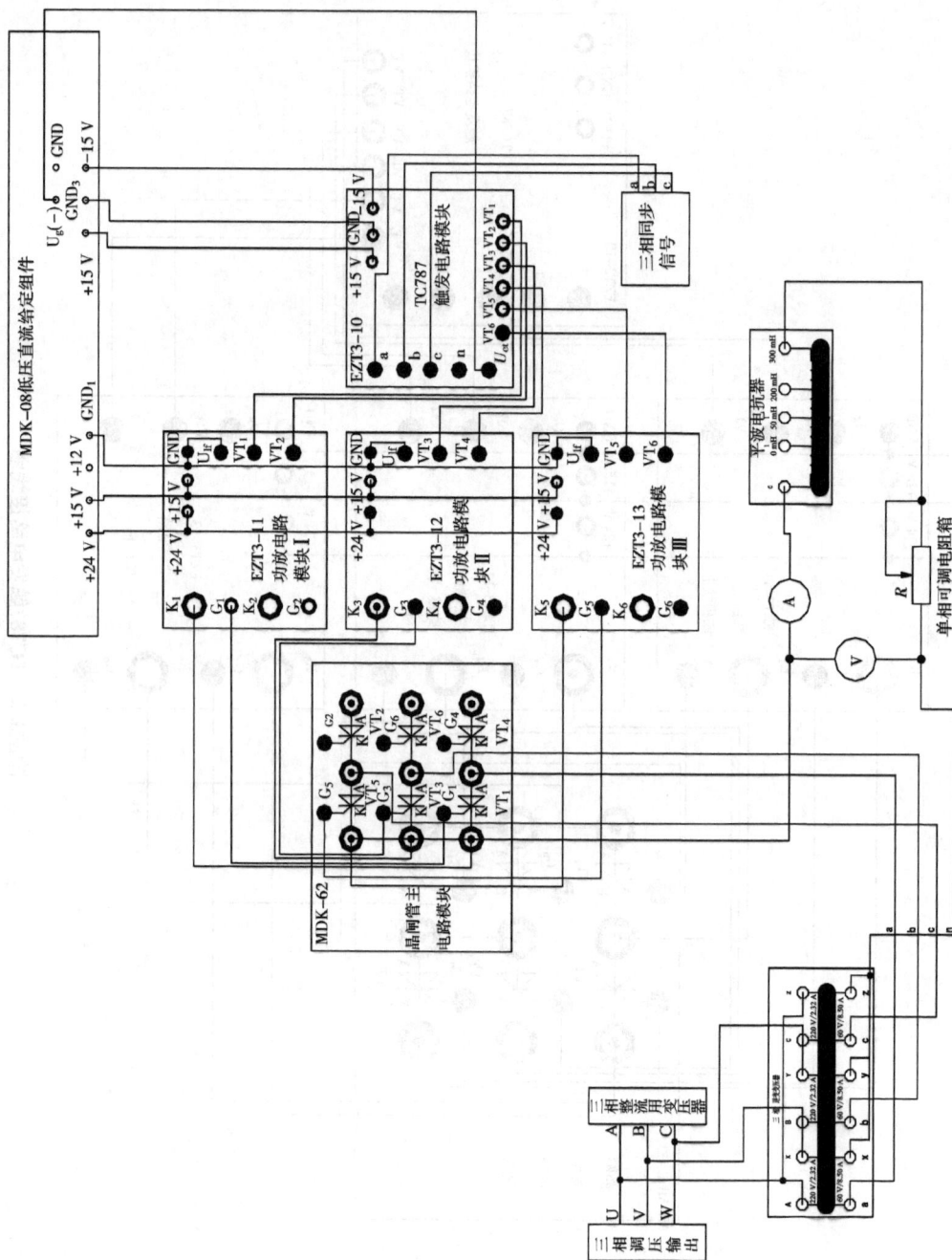

附图3-3 三相半波整流电路接线图

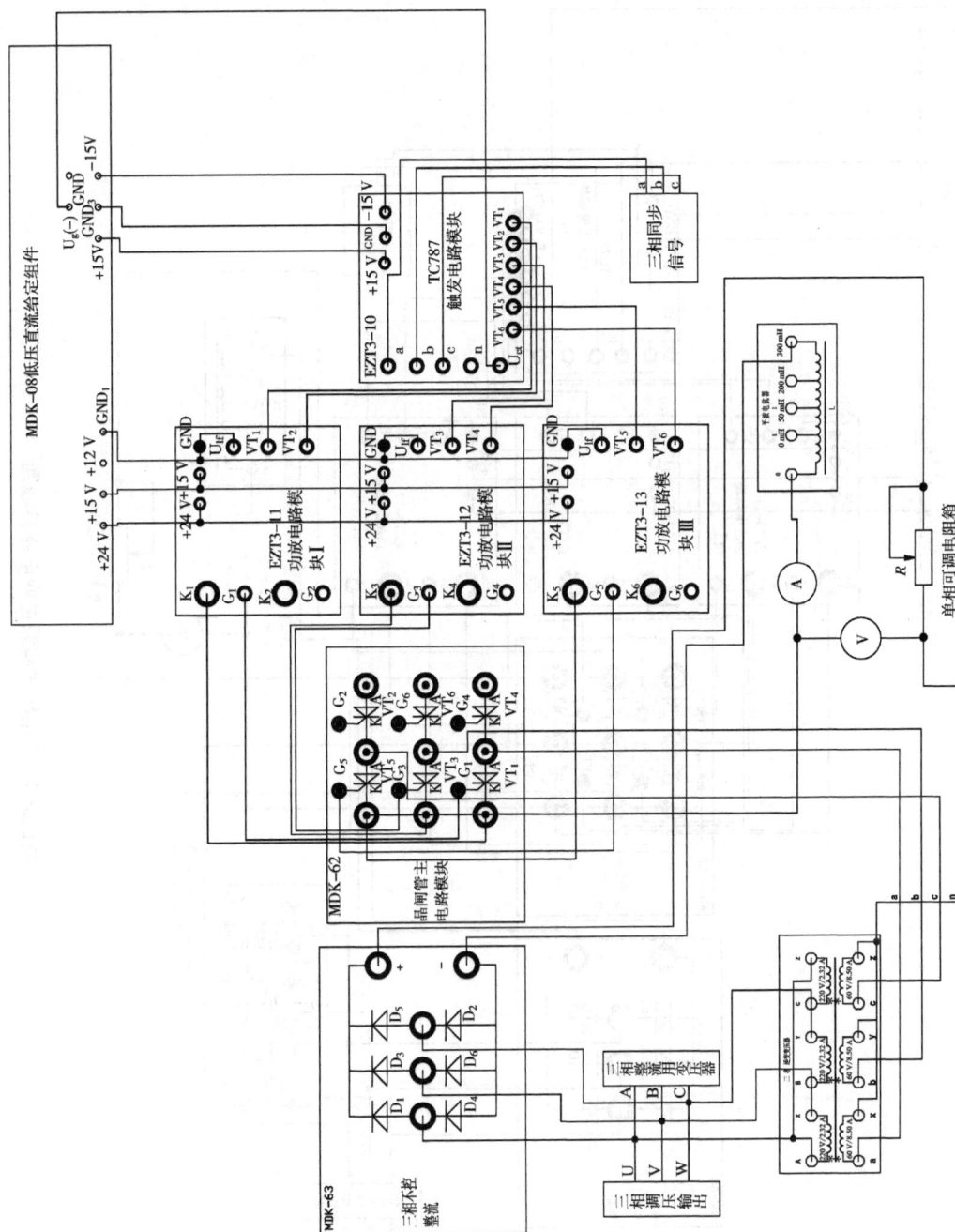

附图3-4　三相半波有源逆变电路接线图

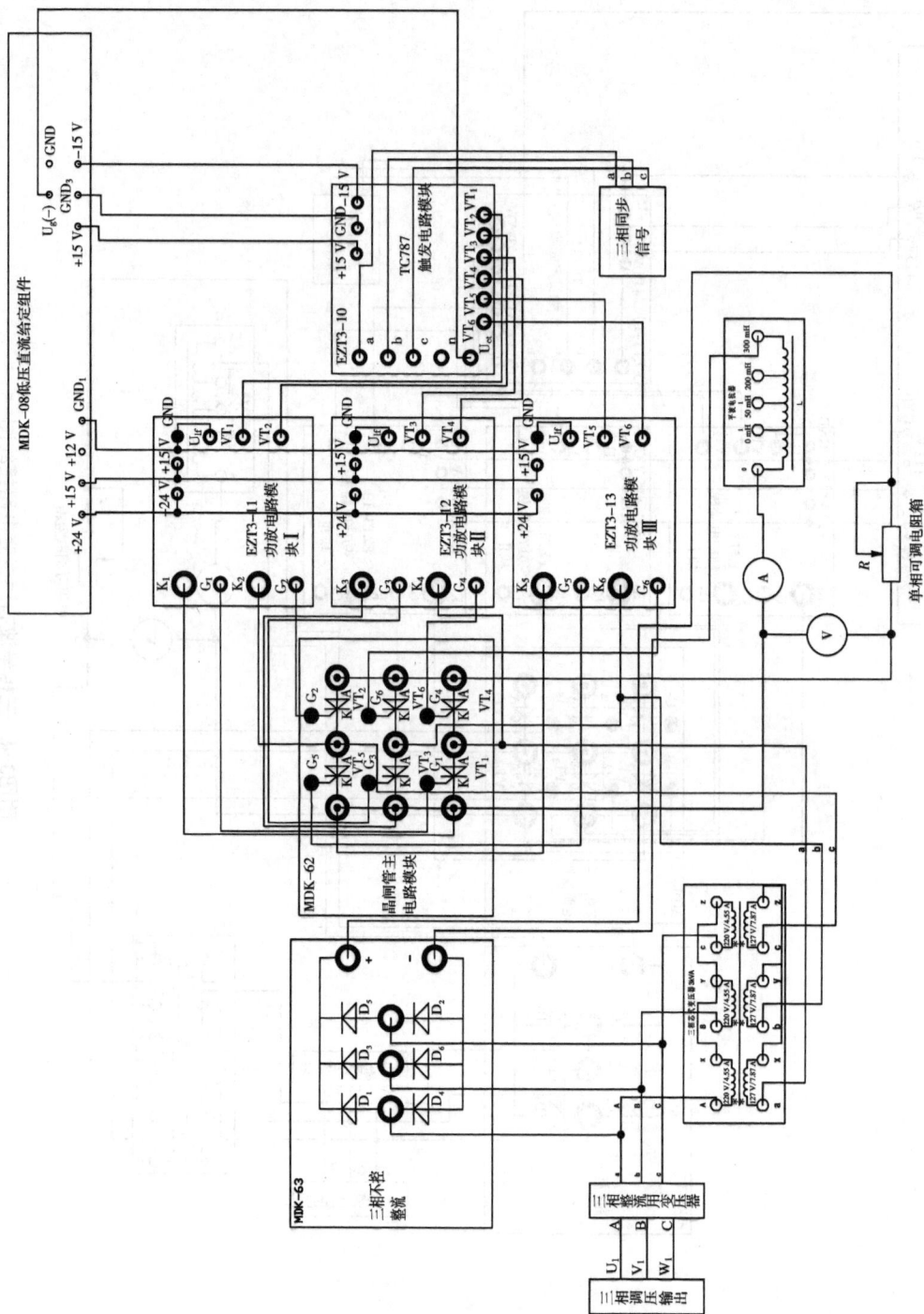

附图3-5 三相桥式有源逆变电路接线图

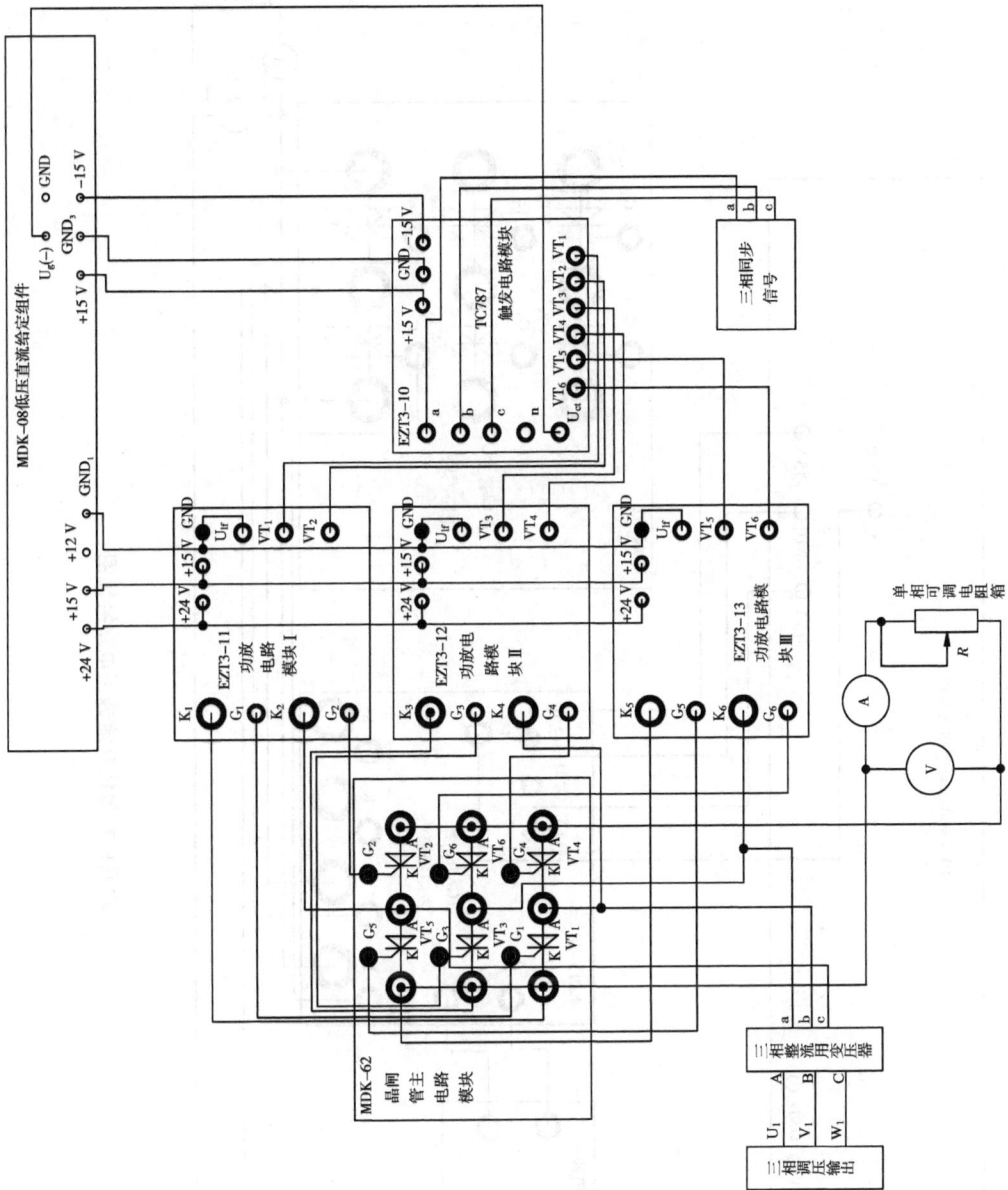

附图3-6　三相桥式全控整流电路接线图

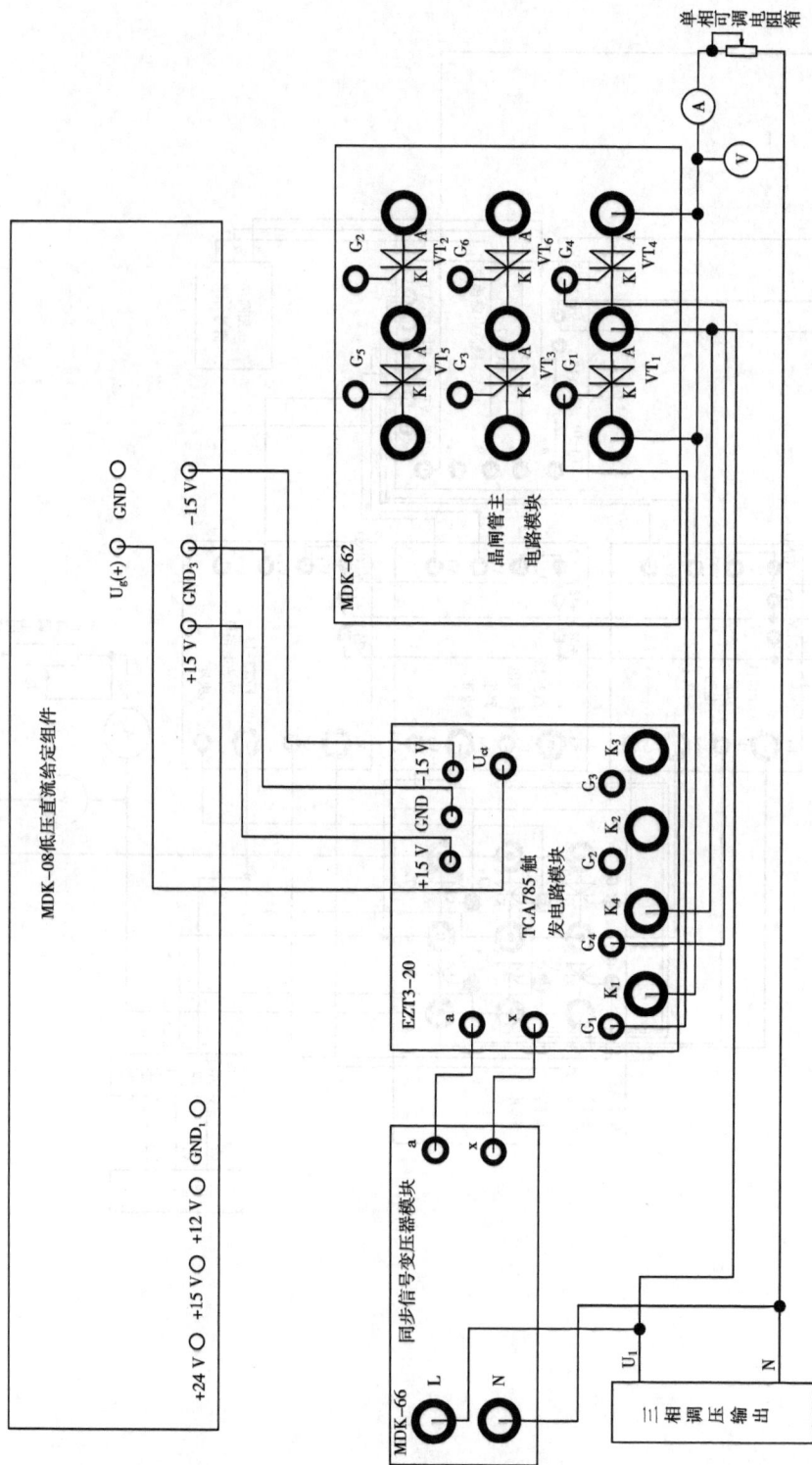

附图3-7 单相交流调压电路接线图

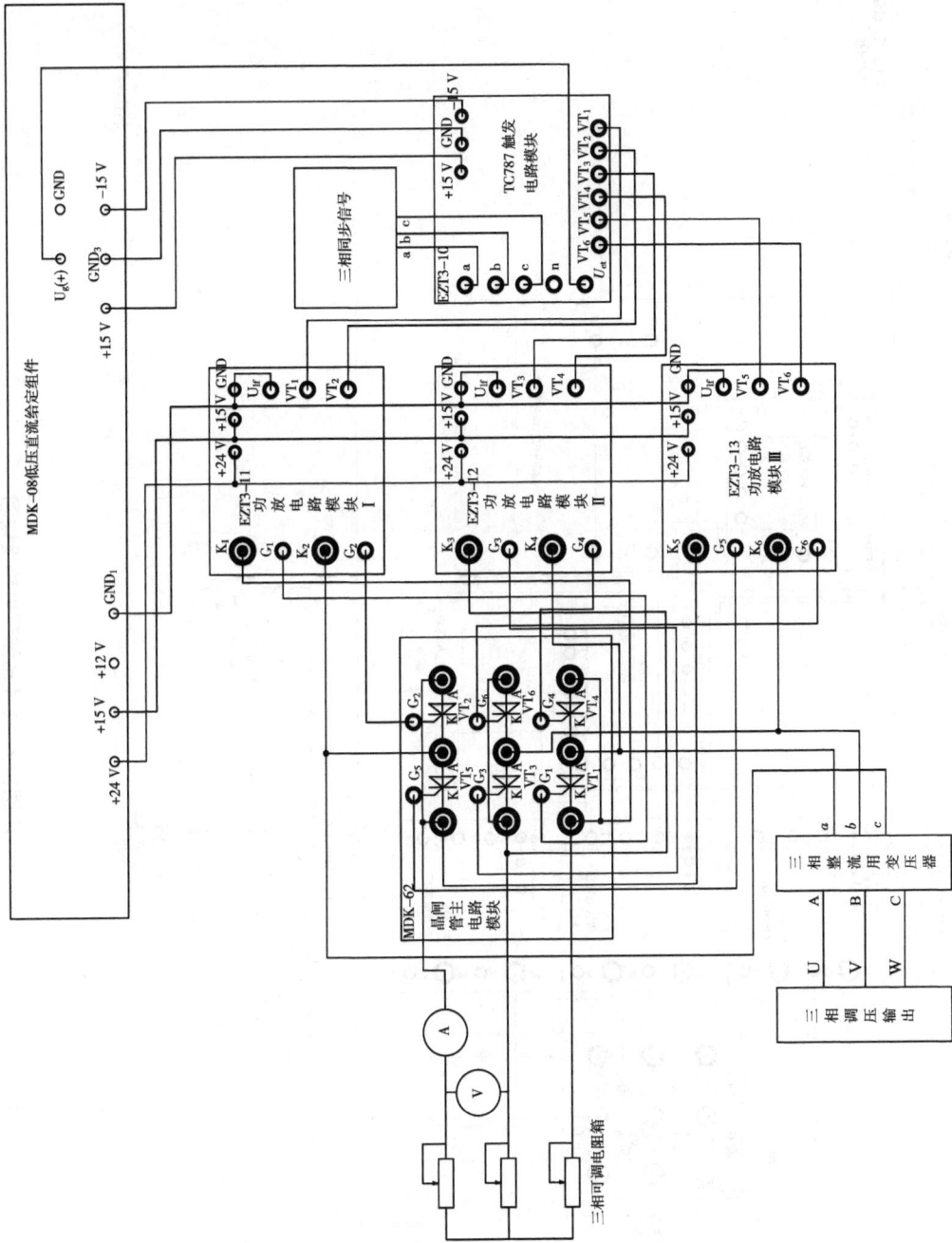

附图3-8　三相交流调压接线图

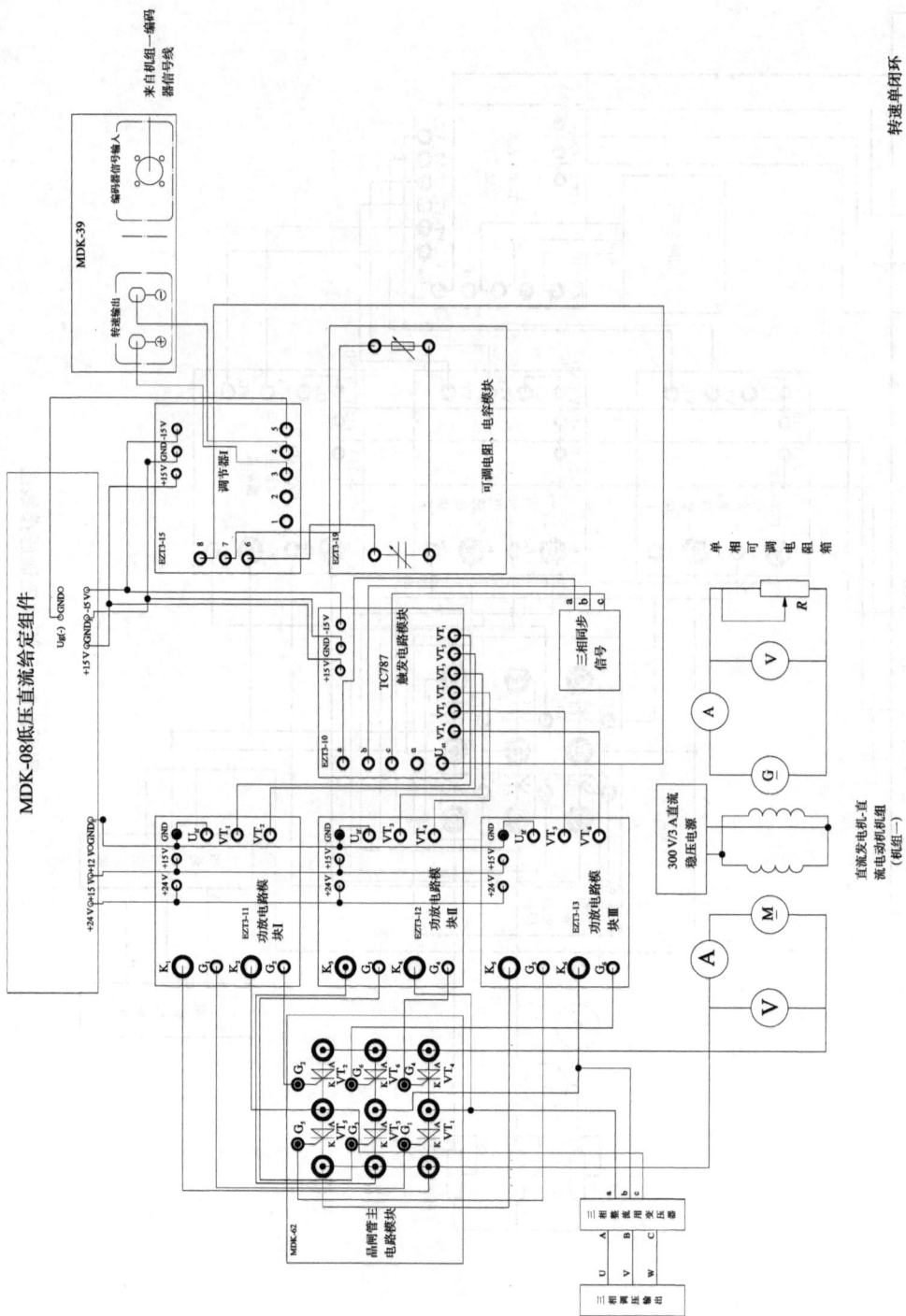

附图3-9 转速单闭环电路接线图

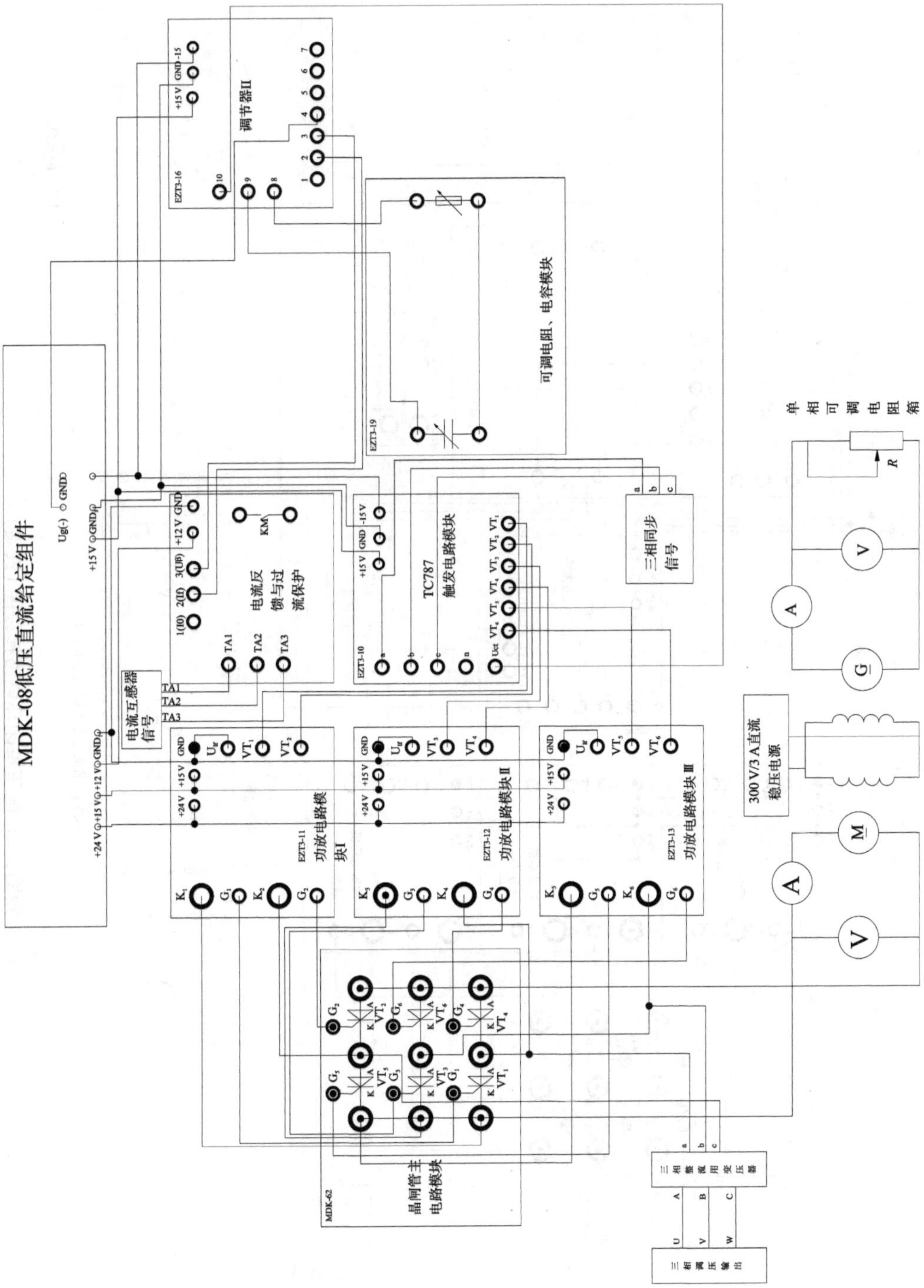

附图 3-10　电流单闭环电路接线图

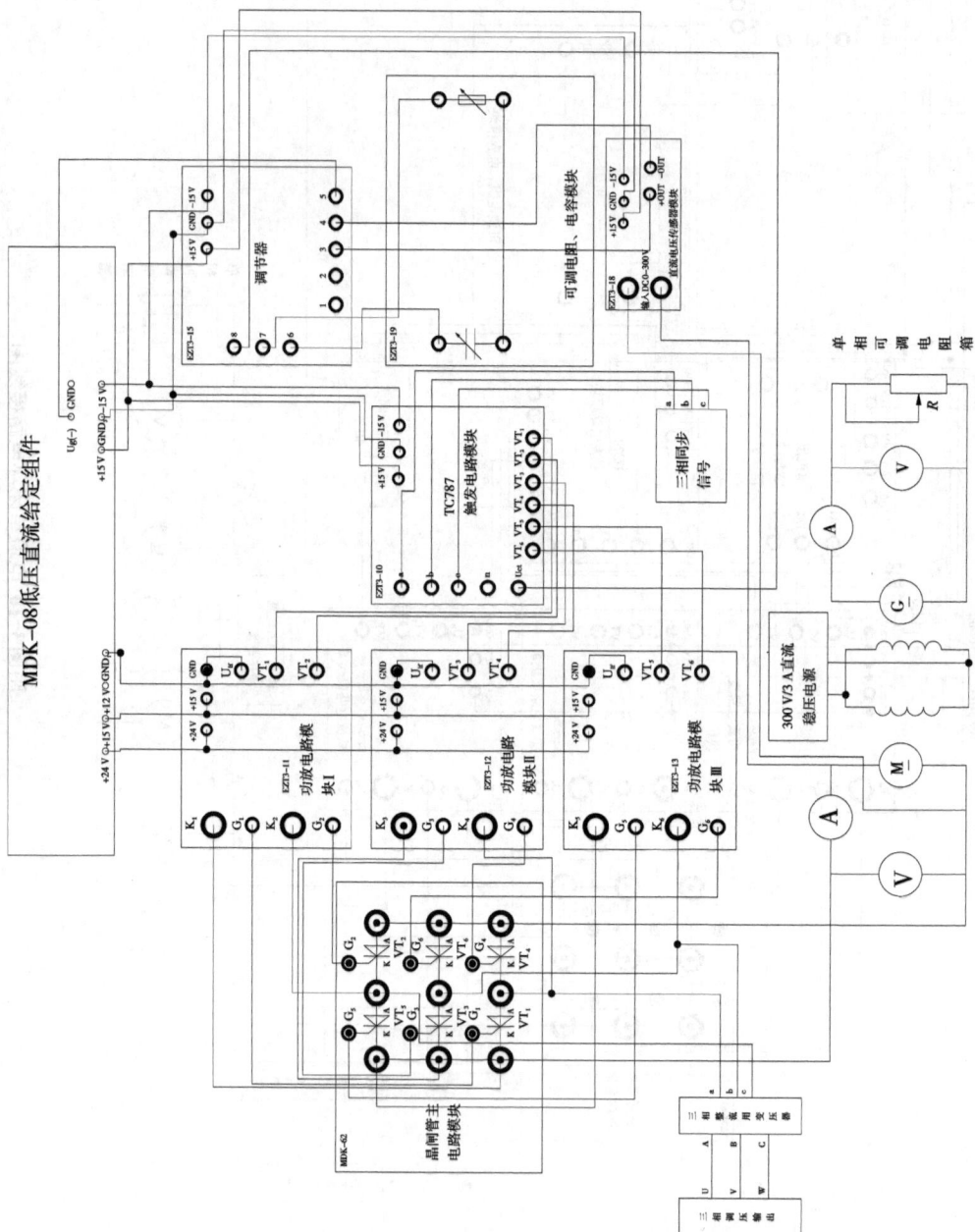

附图3-11 电压单闭环电路接线图（选做）

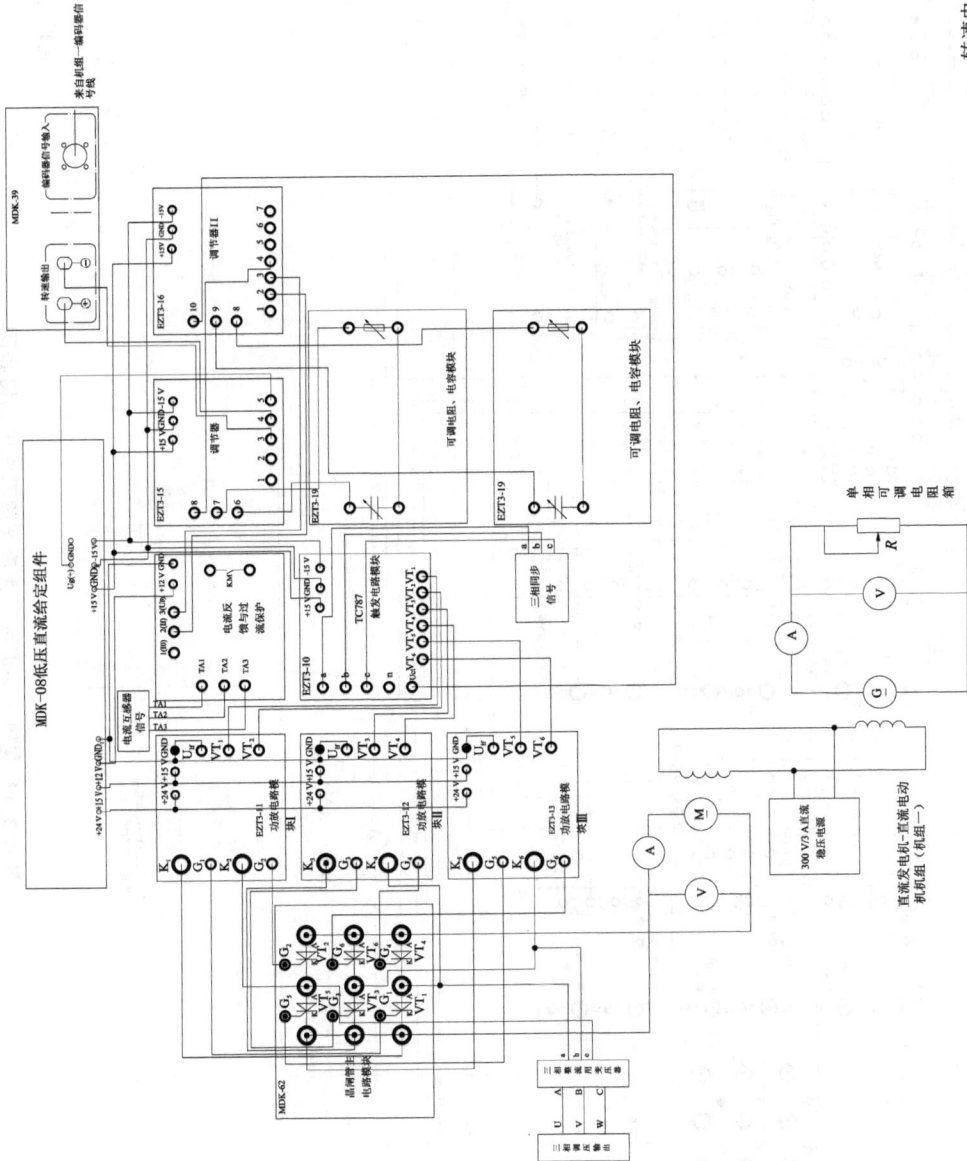

附图 3-12 转速电流双闭环电路接线图

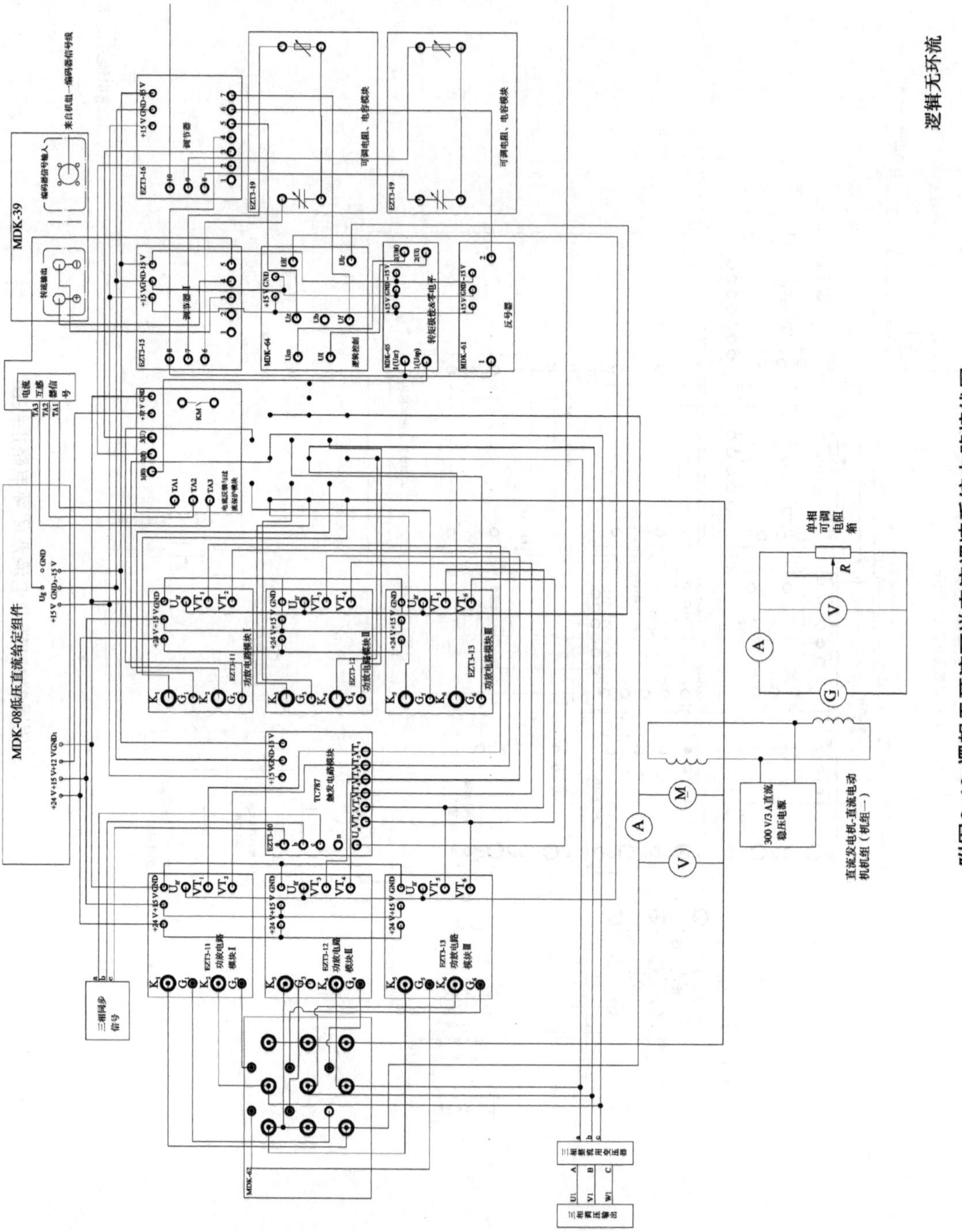

附图3-13 逻辑无环流可逆直流调速系统电路接线图

附表 3-1 各种整流电路的性能比较

整流主电路	单相半波	单相双半波	单相半控桥	单相全控桥	晶闸管在负载侧单相桥式	三相半波相控	三相半控桥	三相全控桥
主电路接线方式								
控制角 $\alpha=0°$ 时，空载直流输出电压平均值 U_{d0}	$0.45U_2$	$0.9U_2$	$0.9U_2$	$0.9U_2$	$0.9U_2$	$1.17U_{2p}$	$2.34U_{2p}$	$2.34U_{2p}$
控制角 $\alpha=0°$ 时空载输出直流电压平均值 — 电阻负载或电感负载有续流二极管情况	$U_{d0}(1+\cos\alpha)/2$	同左侧	$U_{d0}(1+\cos\alpha)/2$	同左侧	同左侧	当 $0\le\alpha\le\pi/6$ 时为 $U_{d0}\cos\alpha$；当 $\pi/6<\alpha<5\pi/6$ 时为 $0.577U_{d0}[1+\cos(\alpha+\pi/6)]$	$U_{d0}(1+\cos\alpha)/2$	当 $0\le\alpha\le\pi/3$ 时为 $U_{d0}\cos\alpha$；当 $\pi/3<\alpha\le2\pi/3$ 时为 $U_{d0}[1+\cos(\alpha+\pi/3)]$
控制角 $\alpha=0°$ 时空载输出直流电压平均值 — 电阻+无限大电感限流情况	—	$U_{d0}\cos\alpha$	$U_{d0}(1+\cos\alpha)/2$	$U_{d0}\cos\alpha$	—	$U_{d0}\cos\alpha$	$U_{d0}(1+\cos\alpha)/2$	$U_{d0}\cos\alpha$
$\alpha=0°$ 时输出电压最低脉动频率	f	$2f$	$2f$	$2f$	$2f$	$3f$	$6f$	$6f$

续表附 3-1

整流主电路	单相半波	单相双半波	单相半控桥	单相全控桥	晶闸管在负载侧单相桥式	三相半波相控	三相半控桥	三相全控桥
晶闸管元件承受的最大正向电压	$\sqrt{2}U_2$	$2\sqrt{2}U_2$	$\sqrt{2}U_2$	$\sqrt{2}U_2$	$\sqrt{2}U_2$	$\sqrt{2}U_{2\varphi}$	$\sqrt{6}U_{2\varphi}$	$\sqrt{6}U_{2\varphi}$
晶闸管元件承受的最大反向电压	$\sqrt{2}U_2$	$2\sqrt{2}U_2$	$\sqrt{2}U_2$	$\sqrt{2}U_2$	$\sqrt{2}U_2$	$\sqrt{6}U_{2\varphi}$	$\sqrt{6}U_{2\varphi}$	$\sqrt{6}U_{2\varphi}$
移相范围：纯电阻负载或电感负载有续流二极管情况	$0\sim\pi$	$0\sim\pi$	$0\sim\pi$	$0\sim\pi$	$0\sim\pi$	$0\sim5\pi/6$	$0\sim\pi$	$0\sim2\pi/3$
移相范围：电阻+无限大电感负载情况	—	$0\sim\pi/2$	$0\sim\pi$	$0\sim\pi/2$	—	$0\sim\pi/2$	$0\sim\pi$	$0\sim\pi/2$
晶闸管最大导通角	π	π	π	π	π	$2\pi/3$	$2\pi/3$	$2\pi/3$
适用场合	对电压要求不高的低电压小电流负载	因缺点较多使用较少	各项指标较好，适用率多负载	各项指标较好，适用于小功率负载	适用小功率负载但电感负载时需加续流二极管	指标一般，但因元件受峰压较大，较少采用	各项指标均较好，适用于高电压负载	各项指标均较好，适用于大功率

参考文献

[1] 张静秋.电路与电子技术实验教程[M].2 版.北京：中国水利水电出版社，2023.

[2] 覃爱娜.数字电子技术[M].北京：中国水利水电出版社，2021.

[3] 罗桂娥.模拟电子技术[M].2 版.北京：中国水利水电出版社，2020.

[4] 邱关源.电路[M].5 版.北京：高等教育出版社，2006.

[5] 阮毅，杨影，陈伯时，等.电力拖动自动控制系统－运动控制系统[M].5 版.北京：机械工业出版社，2019.

[6] 胡寿松.自动控制原理[M].7 版.北京：科学出版社，2019.

[7] 张嗣瀛，高立群.现代控制理论[M].2 版.北京：清华大学出版社，2017.

[8] 于海生.微型计算机控制技术[M].3 版.北京：清华大学出版社，2020.

[9] 胡向东.传感器及检测技术[M].3 版.北京：机械工业出版社，2018.

[10] 王秀和.电机学[M].3 版.北京：机械工业出版社，2018.

[11] 彭鸿才，边春元.电机原理及拖动[M].3 版.北京：机械工业出版社，2015.

[12] 王兆安.电力电子技术[M].5 版.北京：机械工业出版社，2016.

[13] 彭鸿才.电机原理及拖动[M].第 3 版.北京：机械工业出版社，2017.

[14] 顾绳谷.电机及拖动基础[M].第 5 版.北京：机械工业出版社，2016.

[15] 张广溢.电机与拖动基础[M].北京：中国电力出版社，2012.

[16] 陈永校，汤宗武.小功率电动机[M].北京：机械工业出版社，1992.

[17] 史国生.交直流调速系统[M].北京：化学工业出版社，2002.

[18] 邓星钟.机电传动控制[M].武汉：华中科技大学出版社，2001.

[19] 汤蕴璆.电机学[M].5 版.北京：机械工业出版社，2014.

[20] 辜承林.电机学[M].武汉：华中理工大学出版社，2001.

[21] 辜承林，机电动力系统分析[M].武汉：华中理工大学出版社，1998.

[22] 李志民，张遇杰.同步电动机调速系统[M].北京：机械工业出版社，1996.

[23] 刘锦波，张承慧.电机与拖动[M].北京：清华大学出版社，2006.

[24] 高景德，王祥珩，李发海.交流电机及其系统的分析[M].北京：清华大学出版社，1993.

[25] 许大中，贺益康.电机控制[M].2 版.杭州：浙江大学出版社，2002.

[26] 马葆庆，孙庆光.直流电动机动态数学模型[J].电工技术，1997(1)..

[27] 王生.电机与变压器[M].北京：机械工业出版社，1992.

[28] 郑治同.电机实验[M].2 版.北京：机械工业出版社，1992.

[29] 徐虎.电机原理[M].北京：机械工业出版社，1991.

[30] 李发海，陈汤铭，朱东起，等.电机学[M].2 版.北京：科学出版社，1991.

[31] 杨渝钦.控制电机[M].北京：机械工业出版社，1991.

[32]侯恩奎.电机与拖动[M].北京：机械工业出版社，1991.

[33]许实.电机学[M].修订版.北京：机械工业出版社，1990.

[34]杨传箭.电机学[M].北京：中国水利水电出版社，1990.

[35]王毓东.电机学[M].杭州：浙江大学出版社，1990.

[36]任兴权.电力拖动基础[M].修订版.北京：冶金工业出版社，1989.

[37]刘宗富.电机学[M].修订版.北京：冶金工业出版社，1986.

[38]陈伯时，李发海，王岩.电机与拖动[M].北京：中央广播电视大学出版社，1983.

[39]郑朝科，唐顺华.电机学[M].上海：同济大学出版社，1980.

图书在版编目(CIP)数据

电机学与电力传动实验指导书／黎群辉主编.
长沙：中南大学出版社，2024.9.
　ISBN 978-7-5487-5907-2

　Ⅰ．TM3-33；TM921-33

中国国家版本馆 CIP 数据核字第 2024KU0084 号

电机学与电力传动实验指导书
DIANJIXUE YU DIANLI CHUANDONG SHIYAN ZHIDAOSHU

黎群辉　主编

□出 版 人	林绵优	
□责任编辑	韩　雪	
□责任印制	唐　曦	
□出版发行	中南大学出版社	
	社址：长沙市麓山南路	邮编：410083
	发行科电话：0731-88876770	传真：0731-88710482
□印　　装	长沙创峰印务有限公司	

□开　　本	787 mm×1092 mm　1/16	□印张 16.5	□字数 418 千字	
□版　　次	2024 年 9 月第 1 版	□印次 2024 年 9 月第 1 次印刷		
□书　　号	ISBN 978-7-5487-5907-2			
□定　　价	48.00 元			